Jochen M. Auler | Jens Becker (BG Verkehr) | Uwe Beyer | Ralf Brandau (BG Verkehr) | Stephan Burgmann | Petra Drünkler (BG Verkehr) | Josef Frauenrath (BG Verkehr) | Anselm Grommes | Sven Hallmann (BG Verkehr) | Frank Lenz | Daniela Leonhardt | Dr. Birger Neubauer (BG Verkehr) | Reiner Rosenfeld | Ralf Zanetti (BG Verkehr)

Beschleunigte Grundqualifikation

Basiswissen Lkw/Bus

EU-BKF.DE
Ihr Cockpit für Aus- und Weiterbildung

Egal ob für Ausbilder, Fahrer oder Unternehmer:
EU-BKF.DE liefert ausführliche Informationen
und Hilfestellungen zur Umsetzung des Berufskraftfahrer-Qualifikations-Gesetzes und ist damit Ihr neues Cockpit für Aus- und Weiterbildung. Übersichtlich gegliedert finden Sie dort:

Organizer
Programm zur Seminar- und Kundenverwaltung (für Ausbilder).

Erhältlich voraussichtlich ab Herbst 2011

Infoportal
Hier gibt es aktuelle Nachrichten und Hintergrundinformationen rund um das BKrFQG sowie einen umfangreichen Downloadbereich und einen kostenlosen Newsletter.

Seminarfinder
Der EU-BKF.DE Seminarfinder ist **das neue Vermarktungstool für Ihre BKF-Seminare**! Hier bewerben Sie Ihre Seminare professionell und im richtigen Branchenumfeld! Denn Speditionen, Personalverantwortliche und Fahrer können hier kostenlos nach ihrem Wunschkurs suchen.

Medien
Alles zum Vogel-Modulkonzept sowie zu den Inhalten der einzelnen Medien für die beschleunigte Grundqualifikation und Weiterbildung sowie für Stapler, Gefahrgut & Co.

Sie haben noch Fragen? | Service-Telefon: 089/20 30 43 - 1600
eMail-Bestellungen: vertriebsservice@springer.com | www.eu-bkf.de

VOGEL
VERLAG HEINRICH VOGEL

Jochen M. Auler | Jens Becker (BG Verkehr) | Uwe Beyer | Ralf Brandau (BG Verkehr) | Stephan Burgmann | Petra Drünkler (BG Verkehr) | Josef Frauenrath (BG Verkehr) | Anselm Grommes | Sven Hallmann (BG Verkehr) | Frank Lenz | Daniela Leonhardt | Dr. Birger Neubauer (BG Verkehr) | Reiner Rosenfeld | Ralf Zanetti (BG Verkehr)

Beschleunigte Grundqualifikation
Basiswissen Lkw/Bus

TRAINER-HANDBUCH

Der Verlag Heinrich Vogel ist Fördermitglied von „DocStop für Europäer e.V."

VOGEL
VERLAG HEINRICH VOGEL

© 2008 Verlag Heinrich Vogel,
in der Springer Fachmedien
München GmbH,
Aschauer Str. 30, 81549 München

Springer Fachmedien München GmbH
ist Teil der Fachverlagsgruppe
Springer Science+Business Media

3. Auflage 2011
Stand 03/2011

Autoren Jochen M. Auler, Jens Becker (BG Verkehr), Uwe Beyer, Ralf Brandau (BG Verkehr), Stephan Burgmann, Petra Drünkler (BG Verkehr), Josef Frauenrath (BG Verkehr), Anselm Grommes, Sven Hallmann (BG Verkehr), Frank Lenz, Daniela Leonhardt, Dr. Birger Neubauer (BG Verkehr), Reiner Rosenfeld, Ralf Zanetti (BG Verkehr)
Beratung Reinhold Abel, Thomas Arnhold
Bildnachweis Aboutpixel.de, Actia, Beru AG, Berufsgenossenschaft für Transport und Verkehrswirtschaft (BG Verkehr), Ralf Brandau (BG Verkehr), Sascha Böhnke, Bundesministerium des Inneren, Bundespolizei, Bundesverband deutscher Omnibusunternehmer e.V. (bdo), Continental AG, Daimler AG, ddp, Deutsche Gesellschaft für Ernährung e.V., Deutscher Verkehrssicherheitsrat e.V. (DVR), Efkon, EWE Oldenburg, Axel Gebauer (BG Verkehr), Anselm Grommes, Hagener Straßenbahn AG, Knorr-Bremse, Kraftfahrtbundesamt (KBA), Frank Lenz, Lobbe Entsorgung GmbH, Wolfgang Maier, MAN Truck & Bus, pixelio.de, Reiner Rosenfeld, Siemens VDO, Scania Deutschland, Stoneridge, TOTAL Feuerschutz GmbH, VAG Nürnberg, VDO Automotive AG, Archiv Verlag Heinrich Vogel, VKT.Georg Fischer, Volvo Trucks Deutschland, Wabco, Wikipedia, ZF-Friedrichshafen
Illustrationen Jörg Thamer
Umschlaggestaltung Bloom Project
Layout und Satz Uhl+Massopust, Aalen
Lektorat Rico Fischer, Ruth Merkle
Herstellung Markus Tröger
Druck Schätzl Druck & Medien e.K., Donauwörth

Das Werk einschließlich aller seiner Teile ist urheberrechtlich geschützt. Jede Verwertung außerhalb der engen Grenzen des Urheberrechtsgesetzes ist ohne Zustimmung des Verlages unzulässig und strafbar. Das gilt insbesondere für Vervielfältigungen, Übersetzungen, Mikroverfilmungen und die Einspeicherung und Verarbeitung in elektronischen Systemen.
Das Werk ist mit größter Sorgfalt erarbeitet worden. Eine rechtliche Gewähr für die Richtigkeit der einzelnen Angaben kann jedoch nicht übernommen werden.

Aus Gründen der Lesbarkeit wurde im Folgenden die männliche Form (z.B. Fahrer) verwendet. Alle personenbezogenen Aussagen gelten jedoch stets für Männer und Frauen gleichermaßen.

Die Berufsgenossenschaft für Transport und Verkehrswirtschaft (BG Verkehr) ist Rechtsnachfolgerin der Berufsgenossenschaft für Fahrzeughaltungen (BGF).

ISBN 978-3-574-24760-6

Inhalt

Vorwort		**7**
Medienverweis		**10**
Einführung		**13**
1	**Technische Ausstattung und Fahrphysik**	**15**
1.1	Gesetzliche Vorschriften	15
1.2	Arten von Bremsanlagen	19
1.3	Betriebsbremsanlagen	24
1.4	Feststellbremse, Hilfsbremse, Haltestellenbremse	41
1.5	Dauerbremsen	44
1.6	Anhängerbremsen	47
1.7	Systeme zur Verbesserung der Fahrsicherheit und Fahrerassistenzsysteme	50
1.8	Einsatz der Bremsanlage und Bremsenprüfung	66
1.9	Erzielen des besten Verhältnisses zwischen Geschwindigkeit und Getriebeübersetzung	74
1.10	Räder und Reifen	76
1.11	Verhalten bei Defekten	95
1.12	Fahrphysik	98
1.13	Lösungen zum Wissens-Check	131
2	**Optimale Nutzung der kinematischen Kette**	**140**
2.1	Kinematische Kette	140
2.2	Bedeutung der wirtschaftlichen Fahrweise	149
2.3	Einflussfaktoren auf die Wirtschaftlichkeit	154
2.4	Bedeutung der Fahrwiderstände	170
2.5	Motorkenndaten	175
2.6	Der Fahrer als Schlüssel zum rationellen Fahren	186
2.7	Lösungen zum Wissens-Check	197
3	**Sozialvorschriften**	**200**
3.1	Warum Sozialvorschriften?	200
3.2	Rechtliche Grundlagen der Sozialvorschriften	203
3.3	Die Lenk- und Ruhezeiten	212
3.4	Kontrollgeräte	245
3.5	Mitführpflichten	302
3.6	Sanktionen bei Fehlverhalten	310
3.7	Das Arbeitszeitgesetz	312
3.8	Lösungen zum Wissens-Check	321

Beschleunigte Grundqualifikation
Basiswissen Lkw/Bus

4	**Risiken des Straßenverkehrs und Arbeitsunfälle**	**327**
4.1	Die Komplexität des Straßenverkehrs	327
4.2	Risikofaktor Technik	347
4.3	Arbeits- und Verkehrsunfälle im Überblick	362
4.4	Sicherheitsgerechtes Verhalten	375
4.5	Lösungen zum Wissens-Check	407
5	**Kriminalität und Schleusung illegaler Einwanderer**	**412**
5.1	Illegale Einwanderung	412
5.2	Rechtliche Grundlagen und staatliche Kontrolle	419
5.3	Schutz vor Diebstahl und Überfällen	436
5.4	Gefahren von Drogen- und Warenschmuggel	443
5.5	Lösungen zum Wissens-Check	447
6	**Gesundheitsschäden vorbeugen**	**450**
6.1	Ergonomie	450
6.2	Sehen und gesehen werden	467
6.3	Klima	481
6.4	Lärm	487
6.5	Einflussfaktor Alter	494
6.6	Arbeitsmedizinische Betreuung	505
6.7	Lösungen zum Wissens-Check	511
7	**Sensibilisierung für die Bedeutung einer guten körperlichen und geistigen Verfassung**	**515**
7.1	Ernährung	515
7.2	Tagesrhythmik und Müdigkeit	539
7.3	Stress	549
7.4	Alkohol, Arzneimittel, Stoffe mit Änderung des Verhaltens	568
7.5	Lösungen zum Wissens-Check	581
8	**Verhalten in Notfällen**	**590**
8.1	Pannen und Notfälle	590
8.2	Reaktionen bei Pannen oder Notfällen	596
8.3	Durchführung weiterer Notmaßnahmen	601
8.4	Verhalten bei Busunfällen	609
8.5	Problemfelder Tunnel und Brücken	615
8.6	Nach dem Unfall	620
8.7	Lösungen zum Wissens-Check	625
Abkürzungsverzeichnis		**631**
Stichwortverzeichnis		**638**
Übersicht zur Zeiteinteilung		**647**

Vorwort

Am 01. Oktober 2006 ist das Berufskraftfahrer-Qualifikationsgesetz (BKrFQG) in Kraft getreten. Es basiert auf der EG-Richtlinie 2003/59 und regelt die Aus- und Weiterbildung von Berufskraftfahrern.
Das BKrFQG bedeutet für alle gewerblich tätigen Berufskraftfahrer grundlegende Veränderungen in der Ausbildung. Berufkraftfahrer im Personenverkehr, denen die Fahrerlaubnis der Klassen D1, D1E, D und DE am 10. September 2008 oder später erteilt wird sowie Berufskraftfahrer im Güterverkehr, denen die Fahrerlaubnis der Klassen C1, C1E, C und CE am 10. September 2009 oder später erteilt wird, benötigen zur gewerblichen Nutzung ihres Führerscheins eine Grundqualifikation. Diese kann durch die Teilnahme an einem 140-stündigen Unterricht (inklusive 10 praktischen Stunden) mit anschließender 90-minütiger theoretischer Prüfung erworben werden (beschleunigte Grundqualifikation), durch 7,5-stündige praktische und theoretische Prüfung ohne vorherige Teilnahme an einem Unterricht oder durch die Berufsausbildung zum/zur Berufskraftfahrer/in bzw. zur Fachkraft im Fahrbetrieb.

Der vorliegende Band soll zusammen mit den Bänden „Spezialwissen Bus" oder „Spezialwissen Lkw" den Unterricht für die beschleunigte Grundqualifikation begleiten. Er eignet sich jedoch ebenfalls für die Vorbereitung auf die 7,5-stündige Prüfung zur Grundqualifikation.
Die Ziele für die Grundqualifikation werden in der Anlage 1 der Berufskraftfahrer-Qualifikationsverordnung (BKrFQV) definiert und bilden die Rahmenvorgaben für den Unterricht und die Prüfung.

Der Verlag Heinrich Vogel setzt die Inhalte der Anlage 1 in diesem Trainer-Handbuch um. Dabei wurden die Inhalte, in denen die Verordnung nicht zwischen Personen- und Güterverkehr differenziert, im vorliegenden Band zusammengefasst, mit Ausnahme des Punktes 3.6 (Verhalten, das zu einem positiven Image des Unternehmens beiträgt), der aufgrund der unterschiedlichen Bedeutung des Themas für die beiden Gruppen separat behandelt wird.

Zu jedem der drei Bände sind ein Trainer-Handbuch, ein Arbeits- und Lehrbuch und ein PC-Professional Multiscreen erhältlich.
Das vorliegende Trainer-Handbuch soll Sie unterstützen, die geforderten Inhalte unter Berücksichtigung pädagogisch/didaktischer Grund-

sätze in einen zielgerichteten Unterricht umzusetzen. Dazu finden Sie in jedem Kapitel didaktische Hinweise mit Vorschlägen zum möglichen Aufbau des Unterrichts, Zeitansätze und Verweise auf ausgewählte Elemente in der Unterrichtssoftware PC-Professional Multiscreen. Diese Informationen sowie die Kästen mit Hintergrundwissen befinden sich nicht im Arbeits- und Lehrbuch und sind deutlich als Zusatzangaben für den Trainer gekennzeichnet. Die übrigen Texte, Schaubilder und Abbildungen sind mit dem Arbeits- und Lehrbuch identisch, so dass Sie stets genau wissen, was die Teilnehmer vorliegen haben. Im Trainer-Handbuch finden Sie außerdem die Lösungen zu den Aufgaben im Arbeits- und Lehrbuch. Alle aufgeführten Zeitansätze sind lediglich Vorschläge für die Gewichtung der Inhalte, andere Schwerpunktsetzungen sind selbstverständlich möglich.

Auf Anregungen und Kritik freuen wir uns. Wir wünschen allen, die mit diesem Buch arbeiten, eine spannende und erfolgreiche Grundqualifikation!

Ihr Verlag Heinrich Vogel

Symbolerläuterung

▶	Ziel	↻	Didaktischer Hinweis/ Hinweis zum Ablauf
⏰	Lehrzeit	➕	Hintergrundwissen
📺	Medienverweis	🔧	Material
👥	Teilnehmerzahl	⚠	Warnhinweis
👍	Praxistipp	✏	Aufgabe/Lösung

PC PROFESSIONAL Hinweis auf ausgewählte Elemente der interaktiven Unterrichtssoftware PC-Professional Multiscreen. Dabei symbolisieren die Rahmenfarben verschiedene Elementtypen:

Gelb = Interaktives Element

Grün = Video

Grau = Abbildung

Blau = Serienbild

Aus der Praxis – für die Praxis

An verschiedenen Stellen im Buch finden Sie Praxisseiten, die hilfreiche Tipps für unterwegs enthalten. Hier steht nicht die Prüfung im Vordergrund, sondern der künftige Berufsalltag der Teilnehmer! Die meisten Tipps stammen von Lkw-Fahrern, viele können trotzdem auch von Busfahrern genutzt werden.

Medienverweis →

Arbeits- und Lehrbuch
Beschleunigte Grundqualifikation Basiswissen Lkw/Bus
Artikelnummer: 24765

PC-Professional Multiscreen
Beschleunigte Grundqualifikation Basiswissen Lkw/Bus
Artikelnummer: 24775

Trainer-Handbuch
Beschleunigte Grundqualifikation Spezialwissen Lkw
Artikelnummer: 24762

Trainer-Handbuch
Beschleunigte Grundqualifikation Spezialwissen Bus
Artikelnummer: 24761

FAHREN LERNEN
Lehrbuch Klasse C
Artikelnummer: 27270

FAHREN LERNEN
Lehrbuch Klasse D
Artikelnummer: 27290

Für die **Weiterbildung gem. BKrFQG**
bietet der Verlag Heinrich Vogel
jeweils fünf Module à 7 Stunden für Bus und Lkw

Weiterführende Medien:

Burgmann/Wonn/Schlobohm/Lenz/Strehl/Borgdorf/Steinert/Hildach
Lehrbuch „Berufskraftfahrer Lkw/Omnibus"
Artikelnummer: 23201

Beschleunigte Grundqualifikation Prüfungstest

Der Band enthält vier komplette Prüfungstests (jeweils zwei Bus und Lkw), die in Struktur und Inhalt an die IHK-Musterprüfungen angelehnt sind. Wie die realen Prüfungen bestehen die Tests aus Multiple-Choice- und offenen Fragen und sind entsprechend gewichtet. Abgefragt werden Inhalte aus allen drei Kenntnisbereichen der Anlage 1 der BKrFQV. Ebenfalls enthalten ist ein separater Lösungsteil zur Lernkontrolle.

Darüber hinaus sind Auszüge aus den IHK-Musterprüfungen inklusive Lösungsvorschlägen abgedruckt.

Softcover, DIN A4
96 Seiten
Bestell-Nr. 24763
€ 16,90
(€ 18,08 inkl. MwSt.)

NEU AB 3. QUARTAL 2011:

Vogel-Check:
Der neue Online Prüfungstest beschleunigte Grundqualifikation

Jederzeit online trainieren – über 1.000 Fragen zu allen Kenntnisbereichen der BKrFQV können nach Themengebieten oder in Prüfungssimulationen geübt werden. Kritische Fragen können mithilfe der Lernbox eingeübt werden, bis sie wirklich sitzen.

Vogel-Check beschleunigte Grundqualifikation
für Bus | Bestell-Nr. 24780
für Lkw | Bestell-Nr. 24781

...fragen Sie Ihren Verlag Heinrich Vogel Fachberater

Beschleunigte Grundqualifikation
Basiswissen Lkw/Bus

Hans-Jürgen Borgdorf
Fahreranweisung „Sicher Fahren"
Artikelnummer: 13982

Hans-Jürgen Borgdorf
Fahreranweisung „Wirtschaftliches Fahren"
Artikelnummer: 13983

Fahreranweisung „Lenk- und Ruhezeiten im Straßenverkehr"
Artikelnummer: 13981

Berufskraftfahrer unterwegs
Artikelnummer: 26032

erhältlich unter:
Tel. 089/203043-1600
Fax 089/203043-2100

oder fragen Sie Ihren Verlag Heinrich Vogel Fachberater
www.heinrich-vogel-shop.de
www.eu-bkf.de

Zu den Themen Sicherheit und Gesundheit bietet die Berufsgenossenschaft für Transport und Verkehrswirtschaft (BG Verkehr) die Moderationsprogramme „Gesund und Sicher – Arbeitsplatz Lkw" bzw. „Gesund und Sicher – Arbeitsplatz Omnibus" sowie weitere Seminare und Medien an.
Weitere Infos: www.bg-verkehr.de; praevention@bg-verkehr.de; Fax-Nr.: 040-39801999

Einführung

▶ **Die Teilnehmer sollen einen Überblick über den Ablauf der Grundqualifikation bekommen.**

↪ Stellen Sie den Tagesablauf vor und erläutern Sie kurz, was die Teilnehmer bei den einzelnen Kapiteln inhaltlich und methodisch erwartet.

🕒 Ca. 10 Minuten

Ziele des Bandes Basiswissen Lkw/Bus zur beschleunigten Grundqualifikation

Die Ziele dieses Bandes basieren auf der Anlage 1 der BKrFQV und beinhalten folgende Schwerpunkte:

- Kapitel 1 – Technische Ausstattung und Fahrphysik
  - Dieses Kapitel behandelt Nr. 1.2 der Anlage 1 der BKrFQV (Kenntnis der technischen Merkmale und der Funktionsweise der Sicherheitsausstattung des Fahrzeugs, um es zu beherrschen, seinen Verschleiß möglichst gering zu halten und Fehlfunktionen vorzubeugen) sowie in Verbindung damit Nr. 1.3 (Fähigkeit zur Optimierung des Kraftstoffverbrauchs).

- Kapitel 2 – Optimale Nutzung der kinematischen Kette
  - Dieses Kapitel behandelt Nr. 1.1 der Anlage 1 der BKrFQV (Kenntnis der Eigenschaften der kinematischen Kette für eine optimierte Nutzung) sowie in Verbindung damit Nr. 1.3 (Fähigkeit zur Optimierung des Kraftstoffverbrauchs).

- Kapitel 3 – Sozialvorschriften
  - Dieses Kapitel behandelt Nr. 2.1 der Anlage 1 der BKrFQV (Kenntnis der sozialrechtlichen Rahmenbedingungen und Vorschriften für den Güterkraft- oder Personenverkehr).

**Beschleunigte Grundqualifikation
Basiswissen Lkw/Bus**

- Kapitel 4 – Risiken des Straßenverkehrs und Arbeitsunfälle
  - Dieses Kapitel behandelt Nr. 3.1 der Anlage 1 der BKrFQV (Bewusstseinsbildung für Risiken des Straßenverkehrs und Arbeitsunfälle).

- Kapitel 5 – Kriminalität und Schleusung illegaler Einwanderer
  - Dieses Kapitel behandelt Nr. 3.2 der Anlage 1 der BKrFQV (Fähigkeit, der Kriminalität und der Schleusung illegaler Einwanderer vorzubeugen).

- Kapitel 6 – Gesundheitsschäden vorbeugen
  - Dieses Kapitel behandelt Nr. 3.3 der Anlage 1 der BKrFQV (Fähigkeit, Gesundheitsschäden vorzubeugen).

- Kapitel 7 – Sensibilisierung für die Bedeutung einer guten körperlichen und geistigen Verfassung
  - Dieses Kapitel behandelt Nr. 3.4 der Anlage 1 der BKrFQV (Sensibilisierung für die Bedeutung einer guten körperlichen und geistigen Verfassung).

- Kapitel 8 – Verhalten bei Notfällen
  - Dieses Kapitel behandelt Nr. 3.5 der Anlage 1 der BKrFQV (Fähigkeit zu richtiger Einschätzung der Lage bei Notfällen).

Alle weiteren Ziele nach Anlage 1 der BKrFQV werden im jeweiligen Band „Spezialwissen Lkw" bzw. „Spezialwissen Bus" behandelt.

1 Technische Ausstattung und Fahrphysik

> Dieses Kapitel behandelt Nr. 1.2 und 1.3 der Anlage 1 der BKrFQV

1.1 Gesetzliche Vorschriften

▶ **Die Teilnehmer sollen einen Überblick über wichtige gesetzliche Vorschriften zur Bremsanlage erhalten und grundlegende Anforderungen an diese wiedergeben können.**

↻ Versuchen Sie, das eigentlich trockene Thema „Gesetzliche Vorschriften" mit Beispielen zu hinterlegen oder an diesen aufzubauen. Nutzen Sie dazu auch die Erfahrungen der Teilnehmer. Achten Sie jedoch darauf, nicht zu weit vom eigentlichen Thema abzudriften.

🕒 Ca. 45 Minuten

📖 Führerschein: Fahren lernen Klasse C, Lektion 6; Fahren lernen Klasse D, Lektion 6

Die Kriterien Komfort und Sicherheit spielen bei der Produktion neuer Fahrzeuge eine zentrale Rolle. Für die Verkehrssicherheit in Nutzfahrzeugen sind die Bremsanlage und deren Funktion von größter Bedeutung.
Erste Patentanmeldungen aus dem Bremsenbereich gab es bereits in den zwanziger Jahren des vergangenen Jahrhunderts.
Ein Durchbruch wurde Anfang der sechziger Jahre erzielt. Hier standen erstmals elektronische Bauelemente zur Verfügung und die weltweite Entwicklung von ABS-Systemen begann.
1970 wurde von Mercedes-Benz und Bosch das erste ABS vorgestellt.
Die rasende Entwicklung der Elektroniktechnologien hin zu analogen und digitalen Schaltkreisen gestattete endlich 1978 nach 35 Millionen Testkilometern die Vorstellung des ersten großserienreifen ABS. Weiteren Entwicklungen stand nichts mehr im Wege. So werden bis zum heutigen Tag immer neue Sicherheitstechniken und Weiterentwicklungen der Bremsanlagen für Kraftfahrzeuge vorangetrieben.

StVZO

Die gesetzlichen Grundlagen für Bremsanlagen sind in verschiedenen nationalen und internationalen Vorschriften niedergelegt. Im Rahmen der Erteilung einer allgemeinen Betriebserlaubnis für Typen gemäß §20 StVZO oder einer Betriebserlaubnis für Einzelfahrzeuge gemäß §21 StVZO müssen die Bremsanlagen den Bau- und Betriebsvorschriften des §41 StVZO entsprechen.

EG-Vorschriften

Für Fahrzeuge, die nach 1991 in den Verkehr gekommen sind, gelten die meist weiterreichenden Anforderungen, die in EG-Richtlinien und DIN-Normen vorgeschrieben werden.
In Deutschland werden nur Fahrzeuge zugelassen, die entweder der EG-Richtlinie oder der StVZO entsprechen.
Die Anforderungen der so genannten EG-Bremse sind von den unterschiedlichen Fahrzeugklassen abhängig. Kraftomnibusse sind in die Klassen M1-M3, Lastkraftwagen in die Klassen N1-N3 eingestuft.
Als Bremsanlage wird die Gesamtheit der Teile bezeichnet, deren Aufgabe es ist, die Geschwindigkeit eines fahrenden Fahrzeugs zu verringern, es zum Stillstand zu bringen oder zu halten, wenn es bereits steht.

Die Bremsanlage besteht aus der:
- Betätigungseinrichtung
- Übertragungseinrichtung
- eigentlichen Bremsen

Die Bremsanlage muss folgende Anforderungen erfüllen:

1. Betriebsbremse
Die Betriebsbremsanlage dient zur Verzögerung der Geschwindigkeit des Fahrzeugs. Sie wird vom Fahrer betätigt, ohne dass dieser die Hände von der Lenkanlage nehmen muss.

2. Feststellbremse
Die Feststellbremse sichert ein stehendes Fahrzeug gegen Wegrollen. Sie muss auch bei Ausfall der Energieversorgung voll wirken.

3. Dauerbremse

Die Dauerbremsen in einem Fahrzeug arbeiten verschleißfrei. Sie sind als Zusatzbremse zu betrachten und für KOM über 5,5 t zGM und andere Kraftfahrzeuge über 9 t zGM vorgeschrieben.

4. Hilfsbremse

Die Hilfsbremsanlage muss bei Ausfall der Betriebsbremse deren Funktion mit verminderter Wirkung erfüllen. Sie braucht keine unabhängige Bremsanlage zu sein. Der Fahrer muss mit einer Hand die Kontrolle über die Lenkanlage behalten.

An der Bremsanlage müssen zwei voneinander unabhängige Betätigungseinrichtungen vorhanden sein. Die Betriebsbremsanlage und die Feststellbremse müssen getrennte Betätigungseinrichtungen haben.

In der Richtlinie für Bremsanlagen 71/320 EWG sind alle wichtigen
- Anwendungsbereiche
- Sicherheitsstandards
- Prüfsysteme
- Fahrzeugkontrollsysteme

festgelegt.

Nach der EG-Richtlinie müssen alle Fremdkraftbremsen zweikreisig ausgeführt sein und folgende Mindestverzögerung erreichen:
- Betriebsbremse 5 m/s^2
- Feststellbremse $1,5 \text{ m/s}^2$
- Hilfsbremse $2,5 \text{ m/s}^2$

Weitere Anforderungen betreffen:
- Zulässige Handkraft
- Zulässige Fußkraft
- Maximale Betätigungswege
- Vermeiden von Ausfall der Bremse durch Überhitzung (Fading)
- Kursstabilität des Fahrzeugs
- Radbremsdrücke für ABS, Antriebsschlupfregelung (ASR) und Elektronisches Stabilitätsprogramm (ESP)
- Ggf. situationsabhängige Bremskrafterhöhung (z. B. Bremsassistent)

AUFGABEN/LÖSUNGEN

Mit welchen Bremsen ist ein Lkw über 9 t zGM ausgestattet?

1. Betriebsbremse
2. Feststellbremse
3. Dauerbremse
4. Hilfsbremse

Welche Mindestverzögerung müssen die Bremsanlagen eines Kraftfahrzeugs mindestens erreichen?

Die Betriebsbremse 5 m/s^2
Die Feststellbremse 1,5 m/s^2
Die Hilfsbremse 2,5 m/s^2

Technische Ausstattung und Fahrphysik 1.2

1.2 Arten von Bremsanlagen

▶ Die Teilnehmer sollen die physikalischen Grundlagen für das Bremsen mit Fahrzeugen kennenlernen. Sie sollen den Unterschied zwischen den Reibungsarten kennen und um die Bedeutung des Kamm'schen Kreises wissen.
Die Teilnehmer sollen die verschiedenen Arten von Bremsanlagen und ihre Aufgaben kennen und die Funktion erklären können.
Sie sollten wissen, wie und wann sie welche Bremse einsetzen können.

↻ Stellen Sie den Teilnehmern kurz die physikalischen Grundlagen für den Bremsvorgang vor (das Thema Fahrphysik wird später noch ausführlicher behandelt) und erläutern Sie dann die verschiedenen Arten von Bremsanlagen.

⏲ Ca. 45 Minuten

📖 Führerschein: Fahren lernen Klasse C, Lektion 6; Fahren lernen Klasse D, Lektion 6

Physikalische Grundlagen

Physikalisch gesehen sind Bremsvorgänge eine Umwandlung der Bewegungsenergie eines fahrenden Fahrzeugs in Wärmeenergie.
Diese ist von der Fahrzeugmasse und der Geschwindigkeit abhängig.

Die gewünschte Verzögerung ist abhängig von:
- Der Leistung der Bremsanlage
- Der Haftung zwischen Reifen und Fahrbahn
- Der Bremskraftverteilung

Grundsätzlich unterscheidet man zwischen drei verschiedenen Reibungsarten, die im Betrieb mit Kraftfahrzeugen vorkommen.
Diese sind:
- Haftreibung
- Gleitreibung
- Rollreibung

Jede dieser Reibungsarten hat eine charakteristische Reibungszahl µ. Der Reibwert µ ist jedoch keine konstante Größe, sondern ist unter

Beschleunigte Grundqualifikation
Basiswissen Lkw/Bus

anderem abhängig vom Fahrbahnbelag und den Witterungsverhältnissen.

Bei der Rollreibung ist die Reibungszahl am geringsten, bei der Haftreibung am größten.
Im normalen Fahrbetrieb mit einem Fahrzeug, das auf einer Straße fährt, tritt zwischen dem Reifen und der Fahrbahn die Rollreibung auf.

Oberstes Ziel beim Bremsen ist es, einen möglichst kurzen Bremsweg zu erreichen. Der Fahrer soll bei jedem Bremsvorgang Haftung zwischen Reifen und Fahrbahn anstreben. Die höchstmögliche Verzögerung kann erreicht werden, wenn alle Räder gebremst werden und an die Kraftschlussgrenze stoßen.
Die Kraftschlussgrenze ist der Übergang von Haftreibung in Gleitreibung. Von entscheidender Bedeutung ist hier der Oberflächenzustand der Fahrbahn, das Material der Fahrbahn und der Reifenzustand in Profil und Profiltiefe.

PRAXIS-TIPP

Bei ungleichmäßiger Beladung kann das Fahrzeug bei blockierten Hinterrädern seitlich ausbrechen. Beladen Sie daher Ihre Nutzfahrzeuge gleichmäßig.

Abbildung 1:
Bremstest Sattelzugmaschine
Quelle: Daimler AG

Technische Ausstattung und Fahrphysik 1.2

Ein weiteres Ziel ist, dass das Fahrzeug während des Bremsvorgangs jederzeit lenkbar bleibt.
Dies ist aber nur möglich, wenn die Räder nicht blockieren. Somit müssen neu zugelassene Nutzfahrzeuge über 3,5 t zGM mit einem automatischen Blockierverhinderer (ABV) gemäß §41b StVZO ausgestattet sein, um Gleitreibung zu verhindern und das Fahrzeug lenkfähig zu halten.
Soll jedoch durch die Reifen hundert Prozent Bremskraft übertragen werden, bleibt für die Übertragung der Seitenführungskraft nichts mehr übrig. Ein Fahrzeug mit blockierenden Rädern ist daher nicht lenkbar.

Abbildung 2:
Bremsentraining Bus
Quelle: Daimler AG

Der sogenannte Kamm'sche Reibungskreis verdeutlicht den Zusammenhang zwischen Bremskraft und Seitenführungskraft.
Man erkennt, dass nur in einem bestimmten Verhältnis zur Bremskraft eine optimale Seitenführungskraft übertragen werden kann. Wenn die Hinterräder blockieren, können keine Seitenführungskräfte übertragen werden. Das Fahrzeug kann hinten ausbrechen und ins Schleudern kommen.
Die Seitenführungskraft wird für die Kurvenfahrt und Fahrstabilität benötigt. Den erforderlichen Anteil „stiehlt" sie sich von der vorhandenen Bremskraft. Bei der Kurvenfahrt stellt sich also stets eine Kompromisslösung zwischen Fahrstabilität, Lenkbarkeit und Bremsweg ein.

Da beim Bremsen sehr hohe Temperaturen entstehen können, werden an Bremstrommeln und Bremsscheiben Materialien verwendet, die Wärme aufnehmen und speichern können, ohne sich selbst übermäßig stark zu erhitzen. Weiterhin muss das Material die Wärme rasch an die Umgebungsluft abgeben, um ein Bremsfading, das heißt die Verminderung der Bremsleistung durch Überhitzung, zu verhindern.

Beschleunigte Grundqualifikation
Basiswissen Lkw/Bus

AUFGABE/LÖSUNG

Warum soll der Fahrer beim Bremsen immer Haftreibung anstreben?

Weil beim Bremsen mit Haftreibung die höchstmögliche Verzögerung erreicht werden kann, wenn alle Räder gebremst werden und an die Kraftschlussgrenze stoßen. Die Kraftschlussgrenze ist der Übergang von Haftreibung in Gleitreibung.

Arten von Bremsanlagen

Definition
Die Bremsanlage ist ein technisches System zur Verzögerung und Verhinderung der Rollbewegung eines Fahrzeugs. Die Wirkung der Bremse wird über die Bremsverzögerung definiert, die als Abnahme der Geschwindigkeit pro Zeit definiert wird. Die Bremsverzögerung ist als negative Beschleunigung zu verstehen.

Abbildung 3: Fußbremspedal

Abbildung 4: Feststellbremsventil
Quelle: Knorr-Bremse

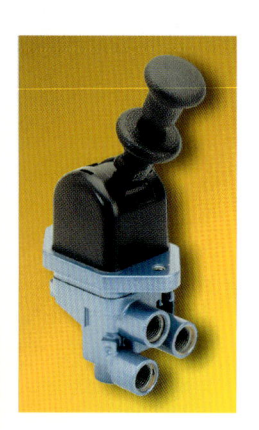

Betriebsbremsanlage
Die Betriebsbremsanlage (BBA) dient dazu, die Geschwindigkeit des Fahrzeugs zu verlangsamen oder es zum Stillstand zu bringen. Zur Berechnung der Verzögerung der Betriebsbremsanlage ist die Bezugsgröße die Fallbeschleunigung von 9,81 m/s². Die Betriebsbremsanlage muss eine Mindestverzögerung von 45 %, also 4,42 m/s² bei Lkw über 3,5 t erreichen. Bei Hauptuntersuchungen und Sicherheitsprüfungen werden diese Werte ermittelt und in ein Prüfprotokoll eingetragen.

Feststellbremsanlage
Die Feststellbremsanlage (FBA) dient dazu, die Räder eines Fahrzeugs auch bei Abwesenheit des Fahrers dauerhaft zu blockieren und ein Wegrollen zu verhindern.

In Personenkraftwagen finden Seilzugbremsen als Feststellbremsen Anwendung. Die Betätigung erfolgt mit Hilfe von Hebeln oder Pedalen mechanisch oder hydraulisch.
Neuere Fahrzeuggenerationen verwenden auch elektromechanische Feststellbremsen. Hier werden die Bremsbeläge mit Hilfe von Stellmotoren am Bremssattel an die Bremsscheibe gedrückt.
Betriebsbremsanlage und Feststellbremsanlage müssen unabhängig voneinander sein. In Nutzfahrzeugen finden Federspeicherbremsen Anwendung. Die Bremsung erfolgt mittels Federkraft. Die Feststellbremse muss eine Mindestverzögerung von 1,5 m/s^2 erreichen.

Hilfsbremsanlage
Die Hilfsbremsanlage (HBA) ist eine Ersatzbremse. Mit ihr muss bei Ausfall der kompletten Betriebsbremse eine Notbremsung durchgeführt werden können. Sie ist keine eigenständige Bremse und kann in die Betriebsbremsanlage oder Feststellbremsanlage integriert sein. Es gilt die Funktionsbeschreibung der Betriebsbremsanlage oder Feststellbremsanlage.

Abbildung 5:
Elektrischer Wirbelstromretarder
Quelle: Frank Lenz

Dauerbremsanlage
Kraftomnibusse mit einer zulässigen Gesamtmasse von mehr als 5,5 t sowie andere Kraftfahrzeuge mit einer zGM von mehr als 9 t müssen mit einer Dauerbremse ausgerüstet sein. Die Dauerbremsanlage (DBA) soll das Fahrzeug in einem Gefälle von 7 % bei einer Geschwindigkeit von 30 km/h halten.
Die Dauerbremsen arbeiten verschleißfrei. Es finden Motorbremsen und/oder Retarder Anwendung.

Haltestellenbremse
Die Haltestellenbremse wird vorwiegend in Linienbussen eingesetzt. Mit ihrer Hilfe soll das Fahrzeug an Haltestellen schnell und einfach festgehalten werden können. Durch das schnelle lösen wird ein zügigerer Anfahrvorgang ermöglicht.

**Beschleunigte Grundqualifikation
Basiswissen Lkw/Bus**

1.3 Betriebsbremsanlagen

▶ Die Teilnehmer sollen die Betriebsbremsanlagen unterscheiden sowie deren Bauteile und die Funktion erläutern können. Das möglicherweise schon vorhandene Vorwissen aus der Führerscheinausbildung kann hier wiederholt und weiter vertieft werden.

↻ Nutzen Sie zur Erläuterung der verschiedenen Betriebsbremsen Modellanlagen oder auch praktische Ausbildungsabschnitte an realen Fahrzeugen. Das Vorwissen aus der Führerscheinausbildung sollte wiederholt und weiter vertieft werden.

🕐 Ca. 135 Minuten

🖥 Führerschein: Fahren lernen Klasse C, Lektion 6-8, 12; Fahren lernen Klasse D, Lektion 6-8

Mechanische Bremsanlage

Mechanisch wirkende Bremsanlagen werden in Pkw, in Anhängern und leichten Zweirädern als Feststell- oder Handbremse eingesetzt. Sie finden in großen Nutzfahrzeugen keine Verwendung. Bei KOM oder

Abbildung 6:
Mechanische Bremsanlage am Vorderrad eines Motorrads

kleinen Lastkraftwagen mit Anhängerbetrieb kann jedoch eine mechanische Feststellbremsanlage Anwendung finden. Die Übertragung der Kräfte erfolgt hier mittels Drahtseil oder Gestänge zur Radbremse.

Auflaufbremse

Bremsen, deren Wirkung ausschließlich durch die Auflaufkraft erzeugt wird, nennt man Auflaufbremsen. Sie sind an Anhängern bis zu einer zulässigen Gesamtmasse von 3,5 t erlaubt (Bei Fahrzeugen mit einer betriebsbedingten Höchstgeschwindigkeit bis 40 km/h ist auch höhere Tonnage erlaubt). Es wird die Massenträgheit genutzt. Wird das Zugfahrzeug gebremst, läuft der Anhänger auf das ziehende Fahrzeug auf. Von der Anhängerkupplung wird die so entstehende Auflaufkraft über mechanische Hebel oder Seilzüge auf die Bremsen des Anhängers übertragen. Die Bremskraft ist abhängig von der Kraft, mit der der Anhänger auf das Zugfahrzeug aufläuft.

Abbildung 7:
Auflaufbremse
Quelle: Frank Lenz

Hydraulische Bremsanlage

In Pkw und kleinen bis teilweise mittleren Nutzfahrzeugen werden hydraulische Bremsanlagen verwendet. Diese Bremsanlage arbeitet nach dem Pascal'schen Prinzip. Der Druck wird in einer eingeschlossenen Flüssigkeit nach allen Seiten gleichmäßig übertragen.

In einer hydraulischen Anlage werden zur Kraftübertragung folgende Bauteile benötigt:
- Geberzylinder
- Leitungssystem
- Nehmerzylinder

Eine hydraulische Bremsanlage besteht aus:
- Hauptbremszylinder (Geberzylinder)
- Leitungssystem mit Bremsflüssigkeit zur Übertragung der hydraulischen Kraft
- Radbremszylinder (Nehmerzylinder)
- Reibsysteme
- Bremsbeläge

Beschleunigte Grundqualifikation
Basiswissen Lkw/Bus

In den vorgenannten Kraftfahrzeugen werden zweikreisige Bremsanlagen eingebaut, um den Totalausfall des Bremssystems zu minimieren. Bei Ausfall eines Bremskreises kann man mit dem zweiten Kreis noch wirksam abbremsen. Beim Betätigen der Bremse werden in einem Hauptbremszylinder Kolben verschoben und die im System befindliche Bremsflüssigkeit unter Druck gesetzt.

Der so entstehende Druck wird über ein Leitungssystem an die Bremszylinder der Vorder- und Hinterachse weitergeleitet. Die Bremszylinder erzeugen Spannkräfte, die zum Anpressen der Bremsbeläge an die Bremstrommeln oder Bremsscheiben benötigt werden. Der Fahrer kann durch unterschiedlichen Druck auf das Bremspedal die Bremswirkung variieren.

Abbildung 8: Hydraulische Bremsanlage
Quelle: Frank Lenz

Bei der Aufteilung der Bremskreise sind folgende Möglichkeiten gegeben:

Abbildung 9: Achsweise Aufteilung

- Achsweise Aufteilung
- Diagonale Aufteilung
- L-Aufteilung

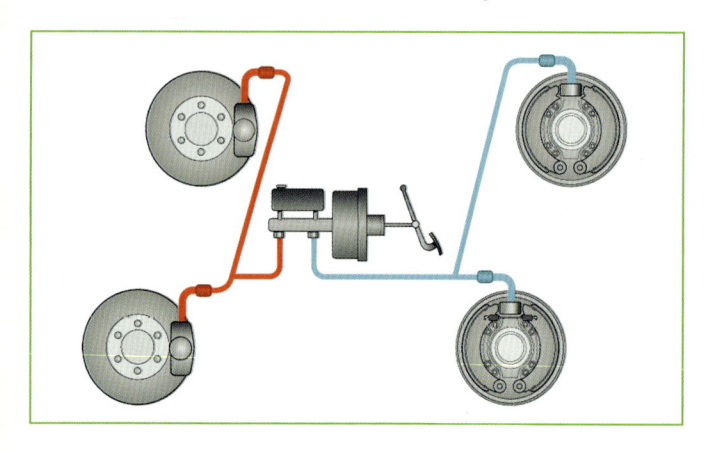

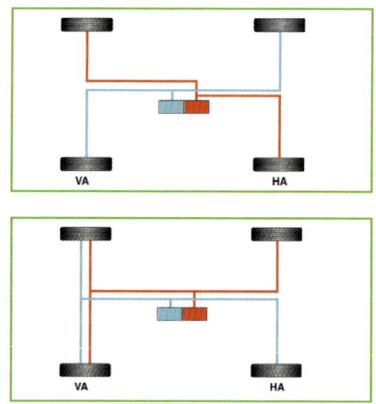

Abbildung 10: Diagonale Aufteilung

Die **achsweise Aufteilung** ermöglicht bei Ausfall der Hinterachsbremse, dass die Vorderachse bremsfähig bleibt bzw. umgekehrt.

Abbildung 10a: L-Aufteilung

Bei der **diagonalen Version** ist ein Vorderrad diagonal mit dem gegenüberliegenden Hinterrad verbunden. Bei Ausfall bremst immer ein Vorder- und ein Hinterrad.

Technische Ausstattung und Fahrphysik 1.3

Bei der **L-Aufteilung** werden Vierzylinder-Bremssattel an den Vorderrädern verwendet. Zwei Kolben vorne und ein Kolben hinten werden einem Kreis zugeordnet. Bei Ausfall eines Kreises werden immer beide Vorderräder und ein Hinterrad gebremst.

AUFGABE/LÖSUNG

Welche Bremskreisaufteilung ist bei einer hydraulischen Bremse möglich?

- ☒ Diagonale Aufteilung
- ☐ Linke Seite
- ☐ Rechte Seite

Zur Übertragung der hydraulischen Kraft wird Bremsflüssigkeit verwendet. Mit ihr wird die Pedalkraft beim Bremsen auf die Radbremszylinder übertragen. Bremsflüssigkeit ist gesundheitsschädlich und reizt Haut und Augen. Weiterhin greift sie Lack und Kunststoffteile an. Die Qualität wird durch DOT-Klassen festgelegt. DOT 3 - DOT 5 (höchste Qualität) sind im Handel erhältlich und unterscheiden sich in ihrem Siedeverhalten. Ist die Siedetemperatur zu niedrig, können sich beim Bremsen Dampfblasen im System bilden, die zum Ausfall der Bremse führen. Generell sollte die Bremsflüssigkeit verwendet werden, die die Fahrzeughersteller vorgeben. Auf ein Mischen verschiedener DOT-Klassen sollte verzichtet werden. Nachteilig wirkt sich die Eigenschaft „hygroskopisch", d. h. Wasser aufnehmend, aus.

Abbildung 11: Bremsflüssigkeit

PRAXIS-TIPP

Es darf nur Originalflüssigkeit eingefüllt werden. Nur beim Einsatz von Qualitätsbremsflüssigkeit ist gewährleistet, dass sich auch bei hohen Temperaturen keine Dampfblasen bilden. Da die Bremsflüssigkeit mit der Zeit Wasser aufnimmt, sollte sie regelmäßig alle zwei Jahre gewechselt werden.

Beschleunigte Grundqualifikation
Basiswissen Lkw/Bus

AUFGABE/LÖSUNG

Welche nachteilige Eigenschaft hat Bremsflüssigkeit?

Die nachteilige Eigenschaft von Bremsflüssigkeit ist „hygroskopisch", d. h. Wasser aufnehmend.

Druckluftbremsanlagen

Abbildung 12:
Druckluftbeschaffungsanlage

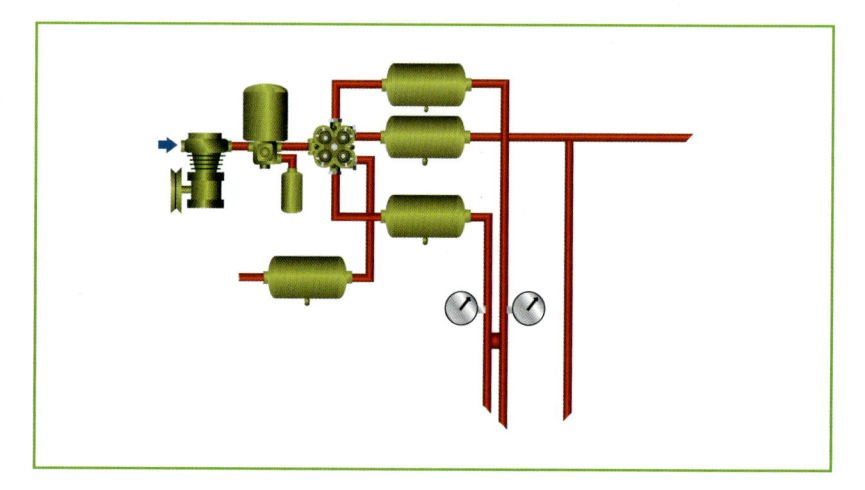

In großen Lkw und KOM werden reine Druckluftbremsanlagen eingesetzt.

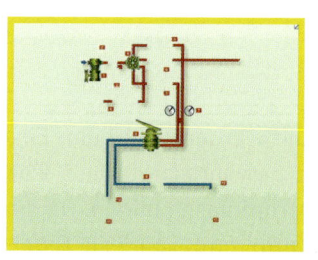

In dieser Animation im PC-Professional Multiscreen können Sie die Bauteile in den Aufbau einer Zweikreisdruckluftbremsanlage einfügen. Per Mausklick rufen Sie diese in beliebiger Reihenfolge auf.
Schnell bekommen Sie einen Überblick über den Wissensstand der Teilnehmer, z. B. über vorhandenes Vorwissen aus der Führerscheinausbildung. In Ihrem Unterricht können Sie dann gezielt auf schwierige Punkte eingehen.

> Anhand der Animation ist auch eine wirksame Erfolgskontrolle zum Ende des Themas oder einzelner Ausbildungsabschnitte möglich.

Druckluftbeschaffung

Luftpresser

Luftpresser werden je nach Luftbedarf in Ein- oder Zweizylinderausführung eingebaut, beim Niederflur-Linienbus werden auch 3-Zylinder-Ausführungen eingesetzt. Mit einem möglichst hohen Wirkungsgrad hat der Luftpresser die Druckluftversorgung der Bremsanlage sicherzustellen.

Durch den ständigen Betrieb des Luftpressers erwärmt sich dieser stark. Die Kühlung der Kompressoren erfolgt mit Hilfe von Fahrtwind oder sie sind an den Kühlwasserkreislauf des Motors mit angeschlossen. Neue Fahrzeuggenerationen verwenden „abschaltbare bzw. bedarfsgesteuerte Luftpresser".

Der Kraftfahrer hat sich von der einwandfreien Funktion des Luftpressers zu überzeugen. Er muss die Druckluftmanometer und die optischen oder akustischen Warneinrichtungen überwachen. Ist der Druck unzulässig abgesunken, muss der Luftpresser überprüft werden.

Weiterhin ist die Fülldauer der Bremsanlage entsprechend der Richtlinie 71/320 EWG zu prüfen. Der Druckanstieg auf Betriebsdruck muss bei Solofahrzeugen unter acht Minuten liegen (bei Zuggespannen unter elf Minuten). Der Fahrer kann dies prüfen, indem er testet, ob der Druckanstieg bei 1000 U Motordrehzahl mindestens 1 bar pro Minute erreicht und der Abschaltdruck (Betriebsdruck der Anlage) überhaupt erreicht wird.

Werden die Füllzeiten überschritten, können folgende Ursachen vorliegen:

- Verschmutzter Luftfilter
- Zylinder verschliessen, Ventile schadhaft
- undichte Anschlüsse/Druckluftbehälter

In Abstellhallen von KOM kann die Druckluftanlage bei längeren Standzeiten zur Vermeidung von Lärm- und Geruchsbelästigung mit Fremdluft über einen externen Kompressor befüllt werden, ohne dass der Motor laufen muss.

Abbildung 13: Luftpresser
Quelle: Knorr-Bremse

Beschleunigte Grundqualifikation
Basiswissen Lkw/Bus

Druckregler

Der Druckregler hat die Aufgabe, die Bremsanlage nur bis zu einem zugelassenen Betriebsdruck zu füllen. Darüber hinaus wird die Druckluftversorgung nicht abgeschaltet, sondern drucklos in die Umgebung abgeleitet. Das Erreichen des Betriebsdruckes können Sie am „Abblasen" hören.

Nach dem Abblasen entsteht eine Entlastung des Luftpressers, und er kühlt ab. Über einen besonderen Anschluss (Reifenfüllanschluss) können Reifen gefüllt, das Nutzfahrzeug abgeschleppt oder die Bremsanlage von einer Fremdquelle gefüllt werden.

Abbildung 14: Druckregler

> **PRAXIS-TIPP**
>
> Im Fahrzeugschein findet man Angaben über den Betriebsdruck eines Fahrzeugs. Der Druckregler schaltet den Betriebsdruck zwischen 7,3 und 12,5 bar, bei Hochdruckanlagen auch 16 bar, ab.

Lufttrockner

Die benötigte Druckluft enthält Wasseranteile. Die enthaltene Feuchtigkeit kann zu gefährlichen Funktionseinschränkungen durch Korrosion oder im Winter durch Einfrieren führen. Dadurch kann die Bremsfunktion bis hin zum Totalausfall beeinträchtigt werden. Bei Druckluftanlagen ohne Lufttrockner müssen daher regelmäßig die Luftbehälter entwässert werden.

Der Lufttrockner entzieht mit Hilfe einer Lufttrocknerpatrone, die ein Granulat enthält, der angesaugten Luft die Feuchtigkeit. Ebenfalls werden Öl und Verunreinigungen absorbiert. Durch einen Regenerationsbehälter wird die Standzeit des Granulats erhöht. Trotz regelmäßiger Regeneration sind Verschleißerscheinungen unumgänglich.

Abbildung 15:
Lufttrockner
Quelle: Knorr-Bremse
Abbildung 16:
Lufttrocknerpatrone
Quelle: Wabco

Technische Ausstattung und Fahrphysik 1.3

> **PRAXIS-TIPP**
>
> Der Fahrer muss regelmäßig an den Entwässerungsventilen kontrollieren, ob der Lufttrockner einwandfrei arbeitet. Dieser ist weitgehend wartungsfrei. Neuere Fahrzeuge verwenden Feuchtigkeitssensoren, die dem Fahrer über das Fahrerinformationssystem (FIS) eine nötige Wartung des Lufttrockners anzeigen. Die Wartungsintervalle der Fahrzeughersteller/Bremsenhersteller sind einzuhalten.

Mehrkreisschutzventil

Das Mehrkreisschutzventil (im Lkw und KOM auch als Vierkreisschutzventil bezeichnet) hat die Aufgabe, die Druckabsicherung der beiden Betriebsbremskreise, der Feststellbremse und des Nebenverbraucherkreises sicherzustellen. Bei einem eventuellen Druckverlust im System übernimmt es die Sicherungsaufgabe und schließt einen defekten Kreis gegen die anderen ab. Bei einem Vierkreisschutzventil handelt es sich um eine Kombination von vier Überströmventilen mit begrenzter Rückströmung.

Abbildung 17: Vierkreisschutzventil
Quelle: Knorr-Bremse

Die Überströmventile haben die Aufgabe, die vier Kreise unabhängig mit Druckluft zu versorgen und bei einem Ausfall den defekten Kreis auszuschalten. Das Ventil stellt sich so ein, dass die intakten Kreise einen Sicherungsdruck von ca. 6 bar halten. Somit bleibt das Fahrzeug in jedem Fall bremsbar.

> **Hintergrundwissen** → Der Schließdruck gibt an, ab welchem Druck der ausgefallene Kreis abgeschaltet wird. Er liegt zwischen 5,5 und 6,5 bar.

Druckluftbehälter

Die Druckluftbehälter aus Stahl, Blech oder Aluminium haben die Aufgabe, die Vorratsluft zum Betreiben der Bremsanlage zu speichern und anfallendes Kondenswasser zu sammeln. Das eventuell angesammelte Wasser wird mit Hilfe von eingebauten Entwässerungsventilen per Handbedienung oder automatisch ins Freie geblasen. Der Luftinhalt und die Anzahl der Behälter richten sich nach dem Volumen der

Bremszylinder, den Rohrleitungen und der Art und Anzahl der Nebenverbraucher.
Druckbehälter sind mit einem Typenschild versehen. Dort findet man Angaben über:
- Behälterhersteller
- Baujahr
- Luftinhalt
- Druckverhältnisse

Beschädigte Luftbehälter müssen durch neue, baugleiche ersetzt werden.

> **Hintergrundwissen** → Schweißarbeiten an Behälter und Leitungen sind nicht zulässig. Bei fehlendem Fabrik- oder Typenschild muss der Behälter ausgetauscht werden. Durch angesammeltes Wasser in den Behältern verkürzt sich die Fülldauer in der Anlage und beim Bremsen entsteht ein größerer Druckabfall. Daher sollten sie regelmäßig entwässert werden (bei Bremsanlagen ohne Lufttrockner täglich, mit Lufttrockner wöchentlich). Ziehen Sie dazu seitlich am Ring des Entwässerungsventils, bis das Wasser vollständig abgeflossen ist).

Druckmanometer

Zu Überwachung der Bremsanlage sind im Fahrzeug optische oder akustische Warnanzeigen eingebaut. Diese Warneinrichtungen in Form von Manometer oder Displayanzeigen zeigen dem Fahrer den Vorratsdruck in den einzelnen Bremskreisen an.
Bei einigen Kraftomnibussen wird auch der durch den Fahrer beim Bremsen eingesteuerte Bremsdruck angezeigt.
Bei Druckabfall oder Ausfall eines Kreises wird der Fahrer optisch oder auch akustisch über den Druckverlust informiert. Er muss die Schadensursache umgehend in einer Fachwerkstatt beheben lassen.

Technische Ausstattung und Fahrphysik 1.3

Abbildung 18:
Druckmanometer

AUFGABEN/LÖSUNGEN

Nennen Sie mindestens drei Mängel, die als Ursache für eine zu geringe Förderleistung des Luftpressers in Frage kommen (Führerscheinwissen)!

1. Schadhafte Ventile
2. Rutschen des Keilriemens
3. Undichte Anschlüsse
4. Verschmutzter Luftfilter

Während der Fahrt leuchtet plötzlich die Druckwarneinrichtung der Bremsanlage. Was bedeutet das?

- ❏ Ein Bremszylinder ist undicht
- ☒ Die Bremsanlage ist defekt
- ☒ Der Vorratsdruck ist nicht mehr ausreichend

Bremsteil

Betätigungseinrichtung

Der Fahrer steuert mit den Betätigungseinrichtungen Druckluft als Hilfskraft zu den Bauteilen der Radbremsen. Hierzu gehören das Motorwagen-Bremsventil, das Feststellbremsventil und beim Gelenkfahrzeug das Schaltventil für den Nachläufer.

**Beschleunigte Grundqualifikation
Basiswissen Lkw/Bus**

Abbildung 19:
Zweikreis-Druckluftbremsanlage

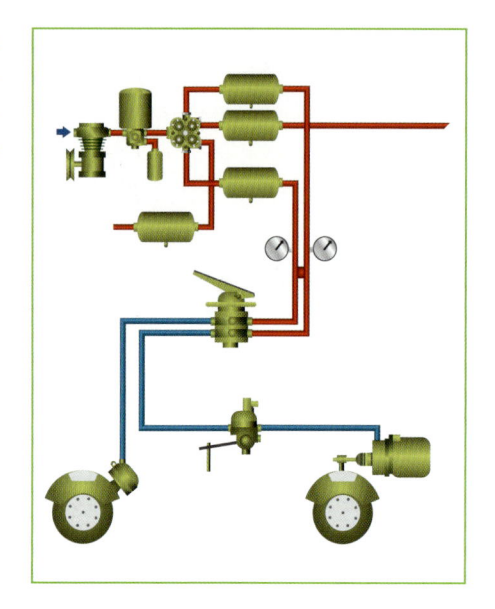

Abbildung 20:
Automatisch-lastabhängiger Bremskraftregler

Automatisch-Lastabhängige-Bremskraftregelung (ALB)

Bei Lastkraftwagen und Kraftomnibussen ist je nach Beladungszustand das Fahrgewicht verschieden. Durch den Einbau eines ALB-Reglers wird die Bremskraft dem jeweiligen Achsgewicht angepasst. Es wird ein Überbremsen verhindert.

Bei luftgefederten Fahrzeugen werden luftgesteuerte Bremskraftregler genutzt. Diese Bremskraftregler werden vom jeweiligen Faltenbalgdruck beaufschlagt und steuern den Bremsdruck an der entsprechenden Achse.

Der Faltenbalgdruck ist in seiner Höhe von der Beladung des Fahrzeugs abhängig. Unterschiedliche Faltenbalgdrücke durch ungleiche Beladung oder Kurvenfahrt werden über separate Anschlüsse ermittelt und im Bremskraftregler gemittelt. Somit ist immer eine optimale Bremskraftregelung sichergestellt.

Bei modernen Fahrzeugen mit elektronischen Bremssystemen übernimmt die Aufgabe des ALB ein sogenannter Achsmodulator.

Technische Ausstattung und Fahrphysik

1.3

Radbremsen

Die Radbremsen eines Kraftfahrzeugs sind normalerweise Reibungsbremsen. Sie wandeln Bewegungsenergie von aneinander reibenden Teilen in Wärmeenergie und in einen kleinen Teil mechanischen Materialabtrag um. Man unterscheidet Trommel- und Scheibenbremsen. Kleinere oder ältere Fahrzeuge verwenden noch Trommelbremsen; Standard sind überwiegend Scheibenbremsen.

Trommelbremsen unterscheiden sich nach der Betätigungseinrichtung der Bremsbacken und nach dem Funktionsprinzip.

Abbildung 21:
S-Nockenbremse

Unterschieden werden:
- Simplex Trommelbremsen
  - Zylinder Simplex Bremse
  - S-Nocken Simplex Bremse
  - Spreizkeil Simplex Bremse

- Duplex Trommelbremsen
  - Duo-Duplex-Bremse
  - Duo-Servo-Trommelbremse

Aufgrund der bauartbedingt schlechteren Wärmeableitung von Trommelbremsen treten Kennwertschwankungen (Fading) auf. Aus diesem Grund werden die Trommelbremsen mehr und mehr durch die Scheibenbremsen verdrängt. Steigende Anforderungen der Nutzfahrzeuge bringen die Scheibenbremse verstärkt zum Einsatz.

Sie bieten entscheidende Vorteile:
- Gute Kühlung
- Konstanteres Kennwertverhalten
- Bessere Dosierbarkeit
- Größere Wartungsfreundlichkeit

> **⊕ Hintergrundwissen** → Bei Fahrzeugen ohne automatische Gestängesteller muss die Einstellung der Bremsgestänge häufig geprüft werden. Gründe für zu weit ausfahrende Gestänge liegen in abgefahrenen Bremsbelägen, verschlissenen Bremstrommeln und ausgeschlagenen Gestängen.

Im Nutzfahrzeugbereich haben sich innenbelüftete Schwimmsattel-Scheibenbremsen durchgesetzt.

AUFGABE/LÖSUNG

Was bewirkt eine automatisch-lastabhängige Bremskraftregelung (ALB)?

Die Bremskraft wird automatisch dem Beladungszustand angepasst.

Kombinierte Bremsanlage

Kleinere Nutzfahrzeuge verfügen teilweise über gemischte Systeme. Das heißt, es werden Flüssigkeitsbremsen mit Druckluftunterstützung oder Druckluftbetätigung eingesetzt.

Bei der druckluftunterstützten Bremse wird mit Hilfe der Druckluft die Fußkraft des Fahrers unterstützt und sie dient somit als Verstärkung der Bremskräfte. Bei Ausfall eines hydraulischen Kreises kann das Fahrzeug noch über den zweiten intakten Kreis mit verminderter Bremswirkung abgebremst werden. Versagt die Druckluftversorgung, kann das Fahrzeug noch mit dem Hydraulikteil und erheblichem Kraftaufwand abgebremst werden.

Bei der druckluftbetätigten Bremse erzeugt allein die Druckluft den gewünschten Bremsblock. Wenn ein hydraulischer Kreis ausfällt, kann das Fahrzeug noch über den intakten zweiten Hydraulikkreis gebremst werden. Fällt jedoch die Druckluft aus, ist ein Bremsen nicht mehr möglich.

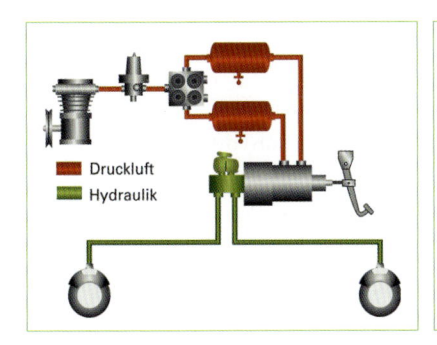

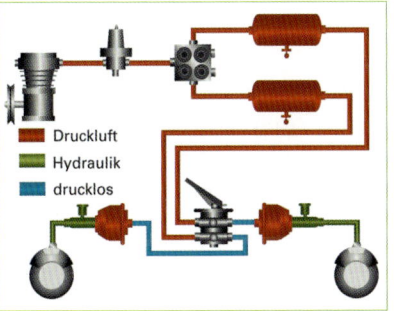

Abbildung 22:
Druckluft als Hilfskraft

Abbildung 23:
Fremdkraft pneumatisch/hydraulisch

Elektronische Bremsanlage (EBS)

Durch den Einsatz des elektronischen Bremssystems (EBS) lässt sich der Bremsvorgang von Nutzfahrzeugen optimieren. Das elektronische Bremssystem ist eine Weiterentwicklung der Druckluftbremsanlage. Durch die elektronische Komponente wird eine kürzere Ansprechzeit der Bremsen erreicht. Die Grundfunktion besteht aus der elektronischen Betriebsbremse, wobei der Radzylinderdruck individuell geregelt wird. Darüber hinaus sind ABS und ASR sowie weitere Funktionen integriert. Bei einer elektronischen Störung macht ein Sicherheitssystem eine pneumatische Abbremsung möglich. Durch einen Elektronikverbund entsteht ein Informationsaustausch zwischen Motor, Getriebe und Retarder.

Eine elektronische Aktivierung der EBS-Bremskomponenten verringert deutlich die Reaktions- und Druckaufbauzeit in den Bremszylindern. So wird der Bremsweg um mehrere Meter verkürzt, was von großer Bedeutung sein kann. Die integrierte ABS-Funktion sichert die Fahrstabilität und Steuerbarkeit während des gesamten Bremsvorgangs.

Mit der Betätigung der Bremse gibt der Fahrer seinen Verzögerungswunsch vor. Die Elektronik des Systems hat dann die Aufgabe, die Bremszylinder so anzusteuern, dass alle Bremsen des Fahrzeugs sofort, gleichzeitig und gleichmäßig ansprechen. Das ermöglicht eine schnellere Ansprech- und Schwellzeit, ein feinfühligeres Dosieren und somit ein komfortableres Bremsgefühl unabhängig vom Beladungszustand. Ebenso reduziert sich der Bremsbelagverschleiß.

Bauteile

Bremswertgeber
Der Bremswertgeber wandelt den Bremswunsch des Fahrers in ein elektrisches Signal zur Weiterleitung an das Zentralmodul um.

Zentralmodul
Das Zentralmodul steuert und überwacht das EBS. Es koordiniert die Bremsfunktionen der Vorder- und Hinterachse sowie die ABS-Regelung für die Vorderachse. Zudem wertet das Zentralmodul die Sensorsignale aus und kommuniziert mit den anderen Fahrzeugsystemen, wie ABS, ASR und ESP.

Proportional-Relaisventil
Das Proportional-Relaisventil regelt den Vorderachsbremsdruck.

ABS-Magnetventil
Das ABS-Magnetventil lässt den Bremsdruck kontrolliert zu den Membran-Zylindern durch.

Sensor
Die Radsensoren überwachen den Bremsvorgang. Die Sensoren messen die Drehzahl der Räder und senden die Werte dem Zentralmodul.

Membran-Zylinder
Die Membran-Zylinder leiten den Bremsdruck weiter zu den Radbremszylindern an Vorder- bzw. Hinterachse.

Redundanzventil
Redundanzventile dienen zur schnellen Be- und Entlüftung der Bremszylinder. Sie werden überwiegend bei Sattel-Kraftfahrzeugen eingebaut, zum einen an der Hinterachse, damit der Zug nicht einknickt, und zum anderen an der Vorderachse, damit die leere Sattelzugmaschine bei einer Vollbremsung nicht überkippt.

Achsmodulator
Der Achsmodulator regelt den Bremsdruck an der Hinterachse und steuert zusätzlich das elektropneumatische Anhängersteuerventil an.

Funktionsweise Vorderachse

1. Der Fahrer betätigt das Bremspedal, dadurch wird der Bremswertgeber aktiviert
2. Der Bremswertgeber gibt den „Verzögerungswunsch" an das Zentralmodul weiter
3. Das Zentralmodul steuert das Proportional-Relaisventil an und gibt den Bremsdruck an die Vorderachse weiter
4. Die Überwachung des Bremsdrucks erfolgt durch den Drucksensor am Proportional-Relaisventil, der die Werte an das Zentralmodul zurückmeldet
5. Das ABS-Magnetventil lässt den Bremsdruck kontrolliert zu den Membran-Zylindern
6. Die Radsensoren überwachen den Bremsvorgang

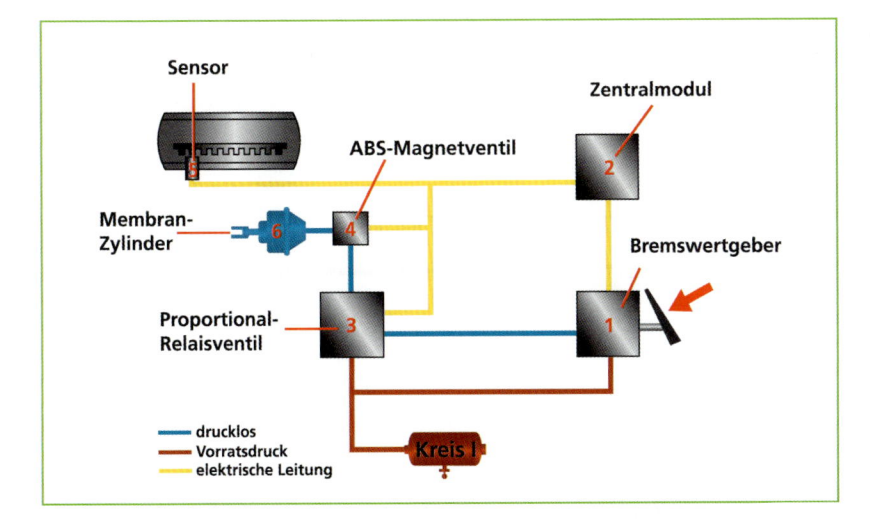

Abbildung 24: Regelkreis elektronisch geregeltes Bremssystem (EBS); rechte Vorderachse

Funktionsweise Hinterachse

1. Der Fahrer betätigt das Bremspedal, dadurch wird der Bremswertgeber aktiviert
2. Der Bremswertgeber gibt den „Verzögerungswunsch" an das Zentralmodul weiter
3. Das Zentralmodul steuert den Achsmodulator an und regelt den Bremsdruck auf beiden Seiten der Achse
4. Das Redundanzventil regelt die Be- und Entlüftung der Hinterachse
5. Die Radsensoren überwachen den Bremsvorgang

Vorteile

- Verringerung des Bremswegs
- Reduzierung der Ansprech- und Anschwellzeiten
- Bremsbelagverschleißanzeige
- Verbesserung der Bremsstabilität
- Diagnose- und Überwachungsfunktion aller Komponenten und Funktionen der Betriebsbremsen
- Verbesserte ABS-Funktion mit integrierter ASR
- Reduzierte Servicekosten durch:
  - Geringen Verschleiß der Bremsbeläge
  - Gleichmäßigen Verschleiß der Bremsbeläge
  - Höhere Wirtschaftlichkeit
  - Weniger Stillstandszeiten

Abbildung 25: Regelkreis elektronisch geregeltes Bremssystem (EBS); rechte Hinterachse

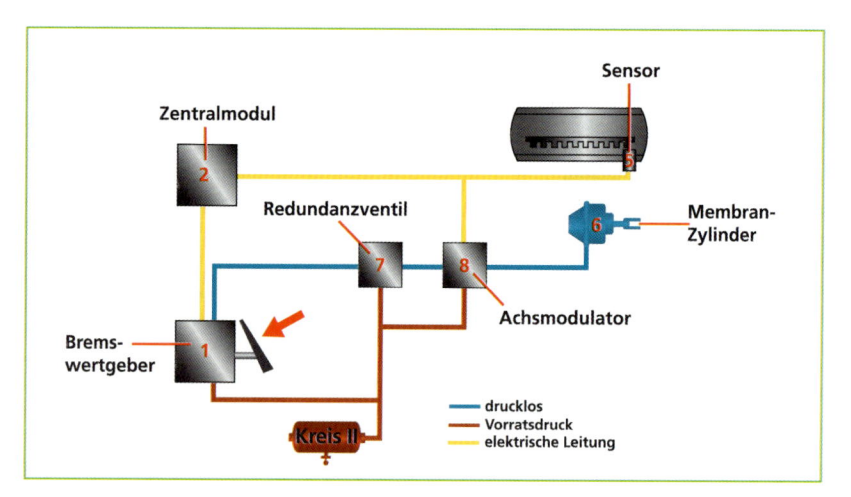

PRAXIS-TIPP

Bei einer Störung in der Elektronik muss das Fahrzeug auf herkömmliche Art abgebremst werden. Das bedeutet für den Fahrer, dass er sich auf eine längere Ansprechzeit der Bremsen und somit auf einen längeren Bremsweg einstellen muss.

1.4 Feststellbremse, Hilfsbremse, Haltestellenbremse

▶ **Die Teilnehmer sollen die Bremsanlagen unterscheiden sowie deren Bauteile und die Funktion erläutern können.**

↪ Nutzen Sie zur Erläuterung Modellanlagen oder planen Sie praktische Ausbildungsabschnitte an Nutzfahrzeugen ein. Sollten kein entsprechendes Fahrzeug für die praktische Ausbildung zur Verfügung stehen, lässt sich evtl. eine Führung in einer Nutzfahrzeug-Werkstatt organisieren.

🕒 Ca. 45 Minuten

📖 Führerschein: Fahren lernen Klasse C, Lektion 7 und 12, 13; Fahren lernen Klasse D, Lektion 7-8

Feststellbremse

Die Feststellbremsen in Nutzfahrzeugen und ihren Anhängern sind als Federspeicherbremsen ausgelegt. Die Hauptbauteile sind das Feststellbremsventil und der Kombizylinder (Federspeicherbremszylinder). Durch das Einlegen der Bremse wird die Bremskraft rein mechanisch mittels Federkraft im Kombizylinder erzeugt und übertragen.

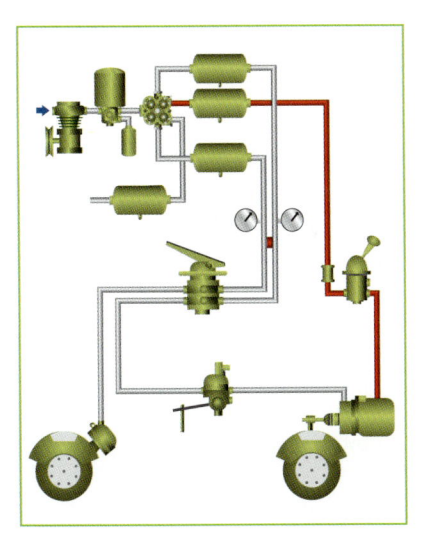

Abbildung 26: Feststellbremsanlage

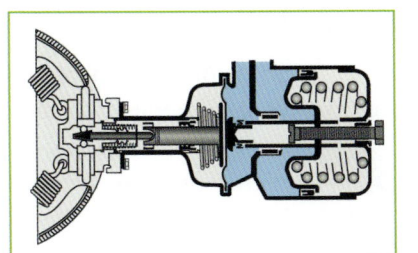

Abbildung 27: Federspeicher in Bremsstellung

Beschleunigte Grundqualifikation
Basiswissen Lkw/Bus

Beim Betätigen der Feststellbremse wird der Druck im Federspeicherzylinder vollständig abgebaut. Dadurch wird die Kraft der Vorspannfeder zur Erzielung der maximalen Bremswirkung freigegeben.

PRAXIS-TIPP

Der Federspeicherzylinder arbeitet auf Entlüften. Die Bremse ist somit ausfallsicher.

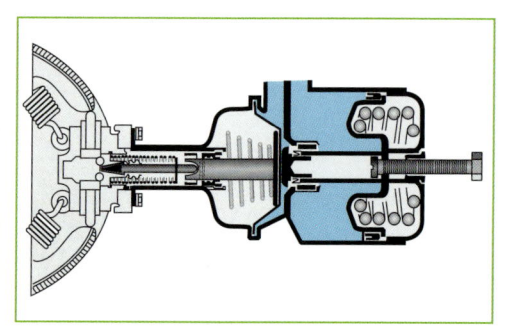

Zum Lösen der Bremse muss die Federkraft im Federspeicherzylinder mit Hilfe von einströmender Druckluft überwunden werden. Dadurch wird die Bremse gelöst.

Um bei einem technischen Defekt am Motor, an der Betätigungseinrichtung oder der Luftversorgung die Bremsen lösen zu können, ist im Federspeicherzylinder eine Notlöseeinrichtung vorgesehen.

Abbildung 28:
Federspeicher mit Notlöseeinrichtung

Sollte das spannen der Feder mit Druckluft nicht mehr möglich sein, wird mit Hilfe einer Gewindestange die Feder mechanisch gespannt, und so die Bremse gelöst.

⚠ Vor dem Lösen ist das Fahrzeug gegen Wegrollen mit Unterlegekeilen zu sichern. Nachdem der Schaden behoben wurde, darf nicht vergessen werden, die Löseeinrichtung wieder in die Ausgangsstellung zu bringen.

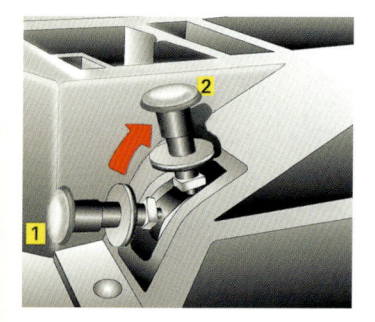

Abbildung 29:
Handbremsventil

Hilfsbremse

Sollte die Betriebsbremse einmal einen Totalausfall erleiden, wird eine Hilfsbremsanlage benötigt. Mit ihr kann das Fahrzeug zum Stillstand gebracht werden.

Hierbei werden die Federspeicherzylinder über das Handbremsventil stufenlos bis zur gewünschten Bremswirkung entlüftet. Das Fahrzeug kommt zum Stehen.

Technische Ausstattung und Fahrphysik 1.4

Haltestellenbremse

Mit der Haltestellenbremse kann der Linien- oder Stadtbus an den Haltestellen schnell und mit geringem Luftbedarf gehalten werden.
Die Bremsfunktion erfolgt durch einen eingestellten Druck von ca. 2–4 bar auf die Membranzylinder (Kombibremszylinder) an der Hinterachse.
Der Fahrer betätigt zum Einlegen der Haltestellenbremse einen Schalter am Armaturenbrett.
In Fahrzeugen neuerer Generation besteht eine Koppelung von Bremsanlagen, Türsteuerung, Kneeling-Funktion und Knickschutzeinrichtung. Der Fahrer erkennt an einer Kontrollleuchte oder am Display, dass die Haltestellenbremse eingelegt ist.

Abbildung 30:
Haltestellenbremse
Quelle: Frank Lenz

Hintergrundwissen → Durch die Kopplung von Bremsanlage und Türsteuerung können Fahrzeuge mit geöffneten Türen nicht bewegt werden. Die Fahrzeugbremsen werden erst nach dem Schließen aller Türen wieder gelöst.

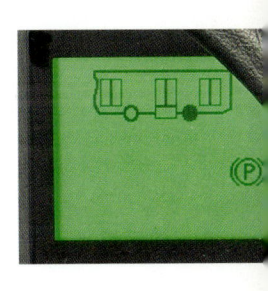

Abbildung 31:
Anzeige
Haltestellenbremse

Es ist nicht erlaubt, KOM nur mit eingelegter Haltestellenbremse abzustellen. Bei Druckverlust würde die Bremswirkung nachlassen und das Fahrzeug könnte sich selbstständig machen.

AUFGABE/LÖSUNG

Welche Aufgabe hat die Hilfsbremse?

Sie hat die Aufgabe, bei Ausfall der Betriebsbremse als Notbremse das Anhalten zu ermöglichen.

Beschleunigte Grundqualifikation
Basiswissen Lkw/Bus

1.5 Dauerbremsen

▶ Die Teilnehmer sollten die verschiedenen Arten von Dauerbremsanlagen, deren Funktionsprinzip und den richtigen Einsatz erläutern können.

↻ Nutzen Sie zur Erläuterung Modellanlagen. Gehen Sie besonders auf den richtigen Einsatz der Dauerbremsen ein.

🕒 Ca. 45 Minuten

💻 Führerschein: Fahren lernen Klasse C, Lektion 2, 9, 8, 13; Fahren lernen Klasse D, Lektion 8

Der wirtschaftliche Druck auf das Beförderungs- und Transportgewerbe nimmt seit Jahren mehr und mehr zu. Es werden größere Nutzlasten, höhere Laufleistungen und höhere Durchschnittsgeschwindigkeiten gefordert.
Die Motorleistungen der eingesetzten Fahrzeuge werden kontinuierlich erhöht. Die Betriebsbremsen stoßen an ihre Grenzen. Die Folge: Die Sicherheit für Fahrer, Fahrgäste und Fahrzeug bleibt auf der Strecke.

Die Betriebsbremsen eines schweren Nutzfahrzeugs sind nicht für den Dauereinsatz geeignet. Durch längere Betätigung bei Bergabfahrten kann es zur thermischen Überlastung kommen, da Temperaturen von bis zu 1000 °C entstehen können. Die Bremswirkung nimmt dadurch rapide ab. Aus diesen Gründen schreibt der Gesetzgeber bei Kraftomnibussen über 5,5 t zGM sowie anderen Kraftfahrzeugen mit einem zulässigen Gesamtgewicht von mehr als 9 t den Einbau einer Dauerbremsanlage vor, die unabhängig von der Betriebsbremse wirken muss.

Abbildung 32: Konstantdrossel-Bremse

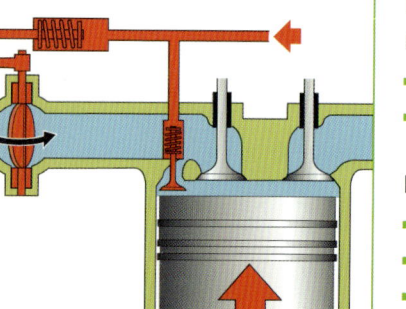

In Nutzfahrzeugen werden zwei Arten von Dauerbremsen eingesetzt:
– Motorbremsen
– Retarderbremsen

Die Motorbremsen unterscheiden sich in:
– Auspuffklappenbremse
– Konstantdrossel
– Auslassventil-Bremse
– Turbobrake

Technische Ausstattung und Fahrphysik 1.5

Alle Motorbremssysteme sind Primärsysteme und arbeiten in Verbindung mit der Motordrehzahl. Das heißt: Hohe Drehzahl = Hohe Bremsleistung.
Sollten größere Anforderungen an die Bremsanlagen gestellt werden kommen Retarder zum Einsatz. Sie sind – wie auch die Motorbremsen – verschleißfrei.

Man unterscheidet:
- Aquatarder
- Hydrodynamische Retarder
- Elektrodynamische Retarder

Retarder sind bis auf den Aquatarder Sekundärsysteme, das heißt, sie sind hinter dem Getriebe eingebaut und wirken direkt auf die Gelenkwelle des Fahrzeugs.

Abbildung 33:
Aquatarder
Quelle: Frank Lenz

Das größte Problem beim Einsatz von Retardern ist die enorme Wärmeentwicklung. Elektronische Überwachungssysteme vermeiden Beschädigungen der Bauteile durch zu hohe Temperaturen. Weiterhin schaltet bei Blockierneigung der Räder das ABS die Retarderfunktion aus. Bei niedrigen Drehzahlen kann auch mit dem Retarder nur begrenzt Bremsleistung erzielt werden.

Abbildung 34:
Hydrodynamischer Retader in Form eines Intarders

Besondere Merkmale von Retardern

Aquatarder
- Niedrige Geräuschemission
- Geringes Gewicht
- Einfache Kühlung durch Einbindung in den Wasserkreislauf
- Hohe Bremsleistung auch bei niedrigen Drehzahlen

Hydrodynamische Retarder (Strömungsbremsen)
- Stufenlose Regelung der Bremskraft
- Hohe thermische Belastung
- Kühlanlage muss größer dimensioniert sein
- Hoher Bauaufwand

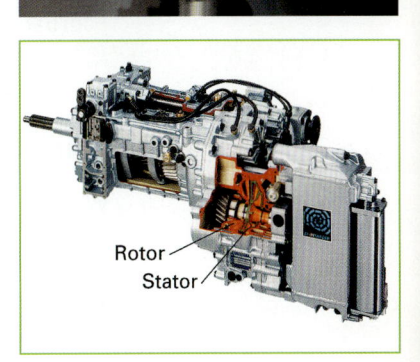

Beschleunigte Grundqualifikation
Basiswissen Lkw/Bus

Elektrodynamischer Retarder (Wirbelstrombremsen)
- Hohes Gewicht
- Niedriger Bauaufwand
- Nachlassende Bremswirkung bei Erwärmung des Systems
- Wärme wird an die Umwelt abgegeben

Vorteile von Retardern

- Der Retarder amortisiert sich meist schon in weniger als 2 Jahren
- Höhere, gleichmäßigere Durchschnittsgeschwindigkeiten bei erhöhten Sicherheitsreserven
- Die Betriebsbremse wird geschont
- Bremsbeläge halten bis zu achtmal länger
- Richtige Retardernutzung spart Kraftstoff und Zeit
- Geringere Betriebskosten
- Mehr Sicherheit im Gefälle und bei Anpassungsbremsungen
- Höherer Fahrkomfort
- Konstante Fahrgeschwindigkeit
- Weiche, dauerwirksame Bremskraft

Hintergrundwissen → Durch den richtigen Einsatz der Dauerbremse erhöht sich die Lebensdauer der Bremsbeläge um ein Vielfaches. Es fallen somit weniger Kosten und Standzeiten für Wartung und Reparaturen an.

Bei hohem Retardereinsatz und gleichzeitiger Betriebsbremsbetätigung ohne ABV kann selbst bei trockener Fahrbahn eine Blockierwirkung der Antriebsachsen vorkommen.

AUFGABE/LÖSUNG

Welche Bremsen arbeiten ohne nennenswerten Verschleiß?

- ☐ Betriebsbremse
- ☒ Wirbelstrombremse
- ☒ Motorbremse
- ☐ Federspeicherbremse

1.6 Anhängerbremsen

▶ **Die Teilnehmer sollen die Bauteile der Anhängerbremsen kennen und die Funktion erläutern können.**

↻ Nutzen Sie zur Erläuterung ggf. Modellanlagen und/oder planen Sie nach Möglichkeit praktische Ausbildungsabschnitte an einem Anhänger ein. Gerade an den oft unkompliziert aufgebauten Anhängerbremsen lässt sich deren Funktion gut sichtbar und praktisch erklären.

🕒 Ca. 45 Minuten

💻 Führerschein: Fahren lernen Klasse C, Lektion 12-14; Fahren lernen Klasse D, Lektion 7-8

Anhängerbetrieb

Anhängerbremsanlage Lkw

- Beim Betrieb von Anhänger sind folgende Bremsanlagen in diesen vorgeschrieben: Betriebsbremsanlage (BBA)
- Feststellbremsanlage (FBA)
- Abrisssicherung

Die Betriebsbremsanlage in einem Anhänger wird vom Zugfahrzeug aus mit Energie versorgt und auch betätigt. Man spricht daher von einer durchgehenden Bremsanlage.

Die Luftversorgung und Ansteuerung wird über zwei Luftleitungen, die mit dem Zugfahrzeug verbunden sind, vorgenommen. Die rote Leitung (Vorratsleitung) versorgt den Anhänger mit Vorratsluft die benötigt wird, um die Bremsanlage des Anhängers zu betätigen. Die gelbe Leitung (Steuerleitung) steuert die Bremsanlage des Anhängers. Eingeleitet wird die Bremsung vom Anhängersteuerventil. Es befindet sich im Motorwagen. Die Bremssignale, die der Fahrer mit dem Fußbremsventil einsteuert, werden über die gelbe Bremsleitung an den Anhänger weitergegeben. So löst eine Bremsung des Zugfahrzeuges immer auch die Bremsung des Anhängers aus. Dies geschieht durch Druckanstieg in der Bremsleitung.
Die meisten Anhängerbremsventile verfügen über eine einstellbare „Voreilung", wodurch ein höherer Druck als der Steuerdruck zur Be-

triebsbremse angesteuert werden kann. So wird ein Einknicken des Zuges beim Bremsen verhindert.

Die Anhängerbremsanlage besitzt als Schutzeinrichtung eine Abreißsicherung. Beim Bruch der Steuerleitung geschieht zunächst nichts, erst wenn der Fahrer am Betriebs- oder Handbremsventil eine Bremsung einleitet, wird die Notbremsung am Anhänger eingeleitet.

Das Entlüften oder ein Bruch in der Vorratsleitung (z.B. Abriss der roten Leitung) bewirkt die sofortige automatische Bremsung des Anhängers. Die meisten Anhänger sind mit einem automatisch-lastabhängigen Bremskraftregler ausgestattet.

Abbildung 35: Kupplungsköpfe

Abbildung 36: Bremskraftregler

PRAXIS-TIPP

Ältere Anhänger haben noch einen handverstellbaren Bremskraftregler. Hier muss der Fahrer den Bremskraftregler auf den Beladungszustand einstellen. Steht der Regler auf Volllast, obwohl der Anhänger unbeladen ist, besteht die Gefahr, dass er bei einer Vollbremsung ausbricht, da die Räder blockieren.

Bei landwirtschaftlichen Fahrzeugen kommt häufig noch die Auflaufbremse zum Einsatz. Hier wird die Bremskraft ausschließlich durch die Auflaufkraft erzeugt.

Anhängerbremsanlage KOM

Werden hinter Kraftomnibussen Anhänger mitgeführt, so können diese mit einer Auflaufbremse oder einer durchgehenden Bremsanlage (Druckluft) ausgestattet sein. In der Regel werden hinter Kraftomnibussen Gepäckanhänger mit Auflaufbremsen an einer Kugelkopfanhängerkupplung mitgeführt. Anhänger bis 750 kg zGM benötigen keine eigene Bremsanlage. Bei einer Anhängelast über 750 kg ist jedoch eine eigene Bremse vorgeschrieben. Auflaufgebremste Anhänger sind nur bis zu 3,5 t Gesamtmasse zulässig. Hat der Anhänger ein größeres Gewicht, muss er mit einer durchgehenden Bremsanlage ausgestattet sein. Aufbau und Funktion sind mit der Lkw-Anhängerbremsanlage identisch.

Abbildung 37: Bus mit angekuppeltem Anhänger

Bremsanlage Gelenkbus

Die Bremsanlage ist ausgestattet wie in einem normalen Kraftomnibus. Man benötigt allerdings noch weitere Bauteile, wie Anhängersteuerventil, Relaisventile und zusätzliche Luftbehälter.

Das Anhängersteuerventil wird zweikreisig von der Betriebsbremse angesteuert und ist für die Bremsanlage im Nachläufer zuständig. Bei Ausfall eines Bremskreises bleibt somit die Nachläuferbremse voll intakt.

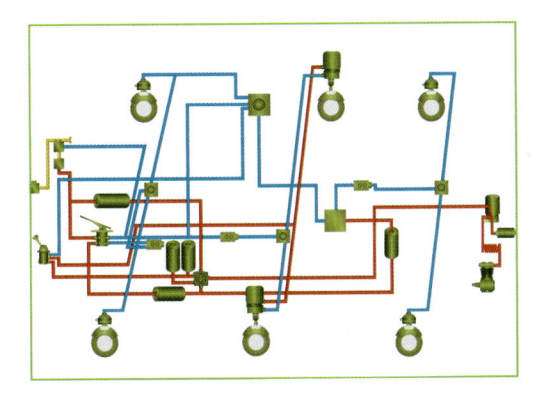

Abbildung 38: Gelenkbus-Druckluftbremsanlage, Fahrstellung

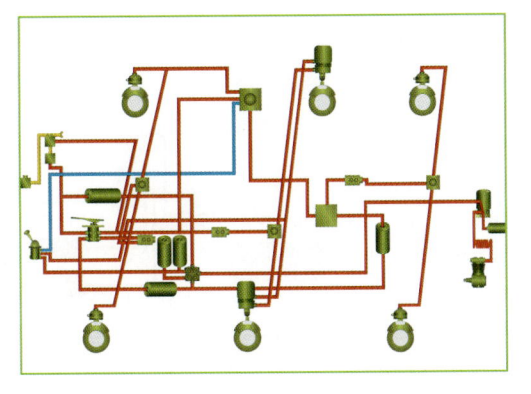

Abbildung 39: Gelenkbus-Druckluftbremsanlage, Bremsstellung: Betriebsbremse

Beschleunigte Grundqualifikation
Basiswissen Lkw/Bus

1.7 Systeme zur Verbesserung der Fahrsicherheit und Fahrerassistenzsysteme

▶ Die Teilnehmer sollen die verschiedenen Sicherheitssysteme und deren Funktionsweisen kennen.

↻ Erläutern Sie die Funktionsweisen, Nutzen und den Einsatz der verschiedenen Systeme. Verdeutlichen Sie, dass eine vorausschauende Fahrweise trotz dieser Systeme notwendig ist und technisch nicht ersetzt werden kann.

🕓 Ca. 90 Minuten

🖥 Führerschein: Fahren lernen Klasse C, Lektion 1 und 8; Fahren lernen Klasse D, Lektion 8, 9, 15 und 16

Automatischer Blockierverhinderer (ABV)/Antiblockiersystem (ABS)

Seit 1991 müssen Fahrzeuge mit einer durch die Bauart bestimmten Höchstgeschwindigkeit von mehr als 60 km/h mit einem automatischen Blockierverhinderer ausgerüstet sein.
Das Antiblockiersystem ist ein technisches System zur Verbesserung der Verkehrssicherheit.
Durch Verringerung der Bremskraft wird bei Teilbremsungen auf glatten und schmierigen Fahrbahnen sowie bei Notbremsungen das Blockieren der Räder verhindert und das Fahrzeug bleibt lenkbar.

Abbildung 40: ABV-Regelung

1 Polrad und Sensor
2 Radbremszylinder
3 Elektromagnetische Regelventile
4 Elektronisches Steuergerät
5 Motorwagen-Bremsventil

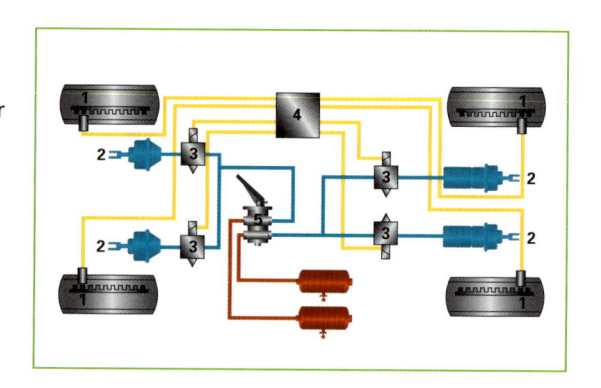

Technische Ausstattung und Fahrphysik 1.7

Funktion

An den Rädern montierte Sensoren ermitteln den Umlauf der einzelnen Räder. Das elektronische Steuergerät des ABV/ABS hat die Aufgabe, die gesendeten Impulse zu messen, zu überprüfen und verschiedene Radumläufe zu vergleichen.

Neigt ein Rad zum Blockieren, dann gibt das Steuergerät ein Signal an ein Drucksteuerventil, welches die Bremse an dem blockierenden Rad kurzzeitig löst. Dieser Vorgang wiederholt sich mehrmals in der Sekunde. Eine ABS-Kontrolllampe signalisiert dem Fahrer eine Störung des Systems. Bei einer Störung im ABS-System steht die Bremsanlage dennoch zu Verfügung. Es kann jedoch zum Blockieren einzelner Räder kommen.

PRAXIS-TIPP

Erlischt die ABS-Kontrolllampe beim Anfahren nicht oder leuchtet sie während der Fahrt auf, muss sich der Fahrer darauf einstellen, dass die Räder beim Bremsen blockieren können. Die Funktion der Bremse bleibt trotzdem erhalten.

Vorteile

- Funktion der herkömmlichen Bremsanlage bleibt erhalten
- Individuelle Regelung der Bremskraft
- Schonung der Reifen, da sich die Reifenabnutzung gleichmäßig verteilt
- Besseres Bremsverhalten und kürzere Bremswege auf nassen Straßen
- Bessere Lenkbarkeit auf unterschiedlich griffigen Fahrbahnen
- Lenkbarkeit des Fahrzeugs während des Bremsvorgangs

Abbildung 41: Kontrolllampe

PRAXIS-TIPP

Kommt während des Bremsvorganges das ABS zum Einsatz, kann das Bremspedal stark vibrieren. Das ist ein ganz normaler Vorgang, allerdings sollte der Fahrer das Bremspedal auch bei glatter Fahrbahn voll durchtreten.

Antriebsschlupfregelung (ASR)

Die Antriebsschlupfregelung (ASR) verhindert das Durchdrehen der Räder beim Anfahren und beim Beschleunigen. Droht ein zu starker Schlupf der Antriebsräder, wird die Antriebskraft durch gezielten Brems- und/oder Motorsteuerungseingriff reguliert.
Das ASR-Regelsystem gewährleistet so die nötige Fahrstabilität. Ein Ausbrechen der Antriebsachse wird vermieden.
In den ABS-Steuergeräten ist die Funktion der ASR-Regelung integriert.

Schlupf

Bei jeder Art der Kraftübertragung zwischen Reifen und Fahrbahn, sei es beim Anfahren, Beschleunigen, Kurven fahren oder Bremsen, tritt ein sogenannter Schlupf auf.
Tatsächlich ist keine Kraftübertragung in Fahrtrichtung ohne Schlupf möglich. Im normalen Fahrtzustand bemerken wir den Schlupf nicht.
Ein Schlupf von 0 % bedeutet keine unterschiedliche Drehzahl, während ein Schlupf von 100 % im Falle des Antreibens das „Räderdurchdrehen" und im Falle des Bremsens das „Blockieren" beschreibt. Ein Reifenschlupf von etwa 10 % kann die maximale Kraft übertragen. Dieser Wert ist bei der Antriebs-Schlupf-Regelung (ASR) und dem Antiblockiersystem (ABS) eingestellt und bleibt ohne Eingriff.
Mit steigendem Schlupf sinkt die maximal übertragbare Seitenkraft rapide ab, was beim Beschleunigen in einer Kurve bei frontgetriebenen Fahrzeugen zum Untersteuern und bei heckgetriebenen Fahrzeugen zum Übersteuern führt.

Antriebsschlupfregelung durch Bremseneingriff

Die Bauteile, die benötigt werden, sind bereits durch das ABS vorhanden. Somit ist nur eine Softwareerweiterung des ABS-Systems nötig, damit man jedes Antriebsrad einzeln abbremsen kann.
Ein solcher Eingriff ist nur für die Räder erforderlich, die angetrieben werden. Das zu schnelle Rad wird abgebremst, dadurch erhält das andere Rad mehr Antriebskraft. Der Eingriff erfolgt ohne die Mitwirkung des Fahrers.

Technische Ausstattung und Fahrphysik 1.7

Antriebsschlupfregelung über Eingriff in die Motorsteuerung

Hier erfolgt ein Eingriff in das Motormanagement. Durch Minderung der Motorkraft wird dem Durchdrehen des angetriebenen Rads oder der ganzen Antriebsachse entgegengewirkt.
Registriert die ASR einen zu großen Antriebschlupf, wird beim Dieselmotor entweder der Verstellhebel der Einspritzpumpe, bei Motoren mit Common-Rail Technik mit Hilfe des CAN-Datenbusses die Kraftstoffmenge auf Anforderung der ASR reduziert, sodass sich überschüssige Antriebskraft verringert. Neuere ASR-Systeme berücksichtigen auch den Lenkwinkel.

Kombinierte Systeme

Hier erfolgen die Eingriffe über die Bremsanlage, und auch über das Motormanagement.

> **PRAXIS-TIPP**
>
> Die Antriebs-Schlupfregelung kann mit einem Schalter am Armaturenbrett ein- bzw ausgeschaltet werden. Wenn die ASR arbeitet, leuchtet die ASR-Kontrolllampe. Blinkt die Kontrolllampe, ist die ASR ausgeschaltet.

Abbildung 42:
Kontrolllampe ASR

Vorteile

- Problemloses Anfahren auf glatten Fahrbahnen
- Mithilfe des ASR-Systems werden die Kraftschlüsse zwischen Reifen und Fahrbahn optimal genutzt

Elektronisches Stabilitätsprogramm (ESP)

Bei Kurvenfahrten, Spurwechseln oder auch bei Ausweichmanövern zur Verhinderung eines Unfalles wirken Fliehkräfte auf Ihr Fahrzeug. Diese Kräfte können das Fahrzeug von der vorgesehenen Fahrtrichtung abbringen. Der Fliehkraft entgegen wirken Haftreibungskräfte an den Reifenaufstandsflächen.

Beschleunigte Grundqualifikation
Basiswissen Lkw/Bus

Werden die je nach Fahrsituation maximal zulässigen Kräfte überschritten, dann

- schiebt Ihr Fahrzeug entweder über die Vorderachse lenkunfähig geradeaus (Untersteuern)

oder

- das Heck des Fahrzeuges bricht aus, so dass das Fahrzeug schleudert (Übersteuern).

Zur Optimierung der Längs- und Seitenführungskräfte an den Rädern wurde das elektronische Stabilitätsprogramm (ESP) als Erweiterung der Systeme ABS und ASR entwickelt.

Das elektronische Stabilitätsprogramm (ESP) hilft dem Fahrer, in kritischen Fahrsituationen die Kontrolle über das Fahrzeug zu behalten. Durch einen gezielten, exakt dosierten Bremseneingriff an den Rädern und einer Reduzierung des Motormoments wird versucht, sowohl das Übersteuern (Schleudern) des Fahrzeuges als auch das Untersteuern eines Fahrzeuges zu beeinflussen bzw. zu verhindern und die Richtungsstabilität wiederherzustellen.

Einrichtungen zur Steigerung der Fahrsicherheit wie ESP berücksichtigen neben statischen Faktoren eines Fahrzeuges auch die dynamischen Faktoren. Dadurch werden beispielsweise dynamische Achslastverlagerungen bei den Systemen berücksichtigt.

Abbildung 43:
Spurwechsel Bus ohne ESP
Quelle: Daimler AG

Abbildung 44:
Spurwechsel Lkw ohne ESP
Quelle: Daimler AG

Funktionsweise

Die Elektronik des ESP erfasst die Bewegungen des Lkw/Omnibusses und vergleicht diese Informationen in Sekundenbruchteilen mit dem Lenkradeinschlag. Erkennt das System eine kritische Fahrsituation, erfolgt elektronisch ein gezieltes Abbremsen einzelner Radbremsen und eine Reduzierung des Motordrehmomentes.

Zusätzlich zu den bei Pkw verwendeten Systemen zeichnen sich die beim Nutzfahrzeug eingesetzten ESP-Systeme dadurch aus, dass eine Funktion integriert ist, die die bei diesen Fahrzeugen erhöhte Kippneigung berechnet und so weit wie möglich vermindert.

Technische Ausstattung und Fahrphysik 1.7

> ⊕ **Hintergrundwissen** → ESP beeinflusst außer der Kraftaufteilung zwischen Längs- und Seitenführungskraft an den einzelnen Rädern des Fahrzeuges auch gezielt das gesamte aus diesen Radkräften auf das Fahrzeug resultierende sog. Giermoment (d.h. Drehmoment um die senkrechte, durch den Fahrzeugschwerpunkt verlaufende Achse, auch als Hochachse oder z-Achse bezeichnet).

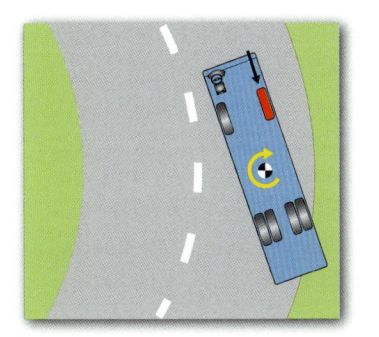

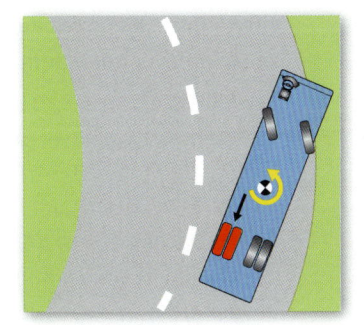

Abbildung 45 (links):
Wirkung ESP beim Übersteuern

Abbildung 46 (rechts):
Wirkung ESP beim Untersteuern

> ⚠ Auch ein Elektronisches Stabilitätsprogramm (ESP) kann Unfälle nicht verhindern, wenn die physikalisch zulässigen Grenzen überschritten werden!
> Ihr Fahrzeug kann bei Überschreitung dieser Grenzen trotzdem aus der Kurve schieben, ins Schleudern geraten, Umkippen oder im Straßengraben landen. ESP kann die Grenze zum Kontrollverlust nur hinausschieben und ist kein Freibrief für sorgloses Fahren! ESP soll Sie als Fahrer dann unterstützen, wenn Sie eine Fahrsituation einmal doch falsch eingeschätzt haben.

> ⊕ **Hintergrundwissen** → Beispiel für die ESP-Funktion innerhalb fahrphysikalischer Grenzen:
>
> **Untersteuern**
> 1. Beim Untersteuern wird durch eine zu hohe Fliehkraft die Haftgrenze zuerst an den Vorderrädern überschritten; das Fahr-

zeug schiebt über die Vorderräder aus der Kurve hinaus und kann dem vom Fahrer vorgesehenen Kurs nicht mehr folgen.
2. Ein Bremseingriff am kurveninneren Hinterrad bewirkt ein Gegenmoment am Fahrzeug, wodurch das Fahrzeug wieder auf den vorgesehenen Kurs in die Kurve geführt wird. Zur Unterstützung kann je nach Geschwindigkeit und Lenkeinschlag zusätzlich eine Bremskraft auf das kurveninnere Vorderrad geleitet und das Motormoment reduziert werden.
3. Durch die ESP-Reaktion wurde die Fahrgeschwindigkeit gesenkt und die größtmögliche Spurtreue erreicht. Das Fahrzeug kann wieder dem vorgesehenen Fahrkurs folgen.

Übersteuern
1. Beim Übersteuern wird durch eine zu hohe Fliehkraft die Haftgrenze zuerst an den Hinterrädern überschritten; das Fahrzeug bricht mit dem Heck nach außen aus (Schleudern), dreht sich zur Kurveninnenseite und kann dem vom Fahrer vorgesehenen Kurs nicht mehr folgen.
2. Ein Bremseingriff am kurvenäußeren Vorderrad bewirkt ein Gegenmoment am Fahrzeug, wodurch das Fahrzeug wieder eingefangen und auf den vorgesehenen Kurs geführt wird. Zur Unterstützung kann je nach Geschwindigkeit und Lenkeinschlag zusätzlich eine Bremskraft auf das kurvenäußere Hinterrad geleitet und das Motormoment reduziert werden.
3. Durch die ESP-Reaktion wurde die Fahrgeschwindigkeit gesenkt und die größtmögliche Spurtreue erreicht. Das Fahrzeug kann wieder auf dem vorgesehenen Fahrkurs folgen.

PRAXIS-TIPP

Das ESP erkennt kritische Situationen und leitet selbsttätig Bremsvorgänge ein. Deswegen kann es sein, dass Bremsungen ohne Ihren Eingriff durchgeführt werden. Dabei wird die ESP-Funktion gleichzeitig als Signal in den Kontrollinstrumenten angezeigt. Für Sie ist dies der warnende Hinweis, dass Sie in dieser Fahrsituation eigentlich zu schnell gefahren sind und Gefahr bestand!

Technische Ausstattung und Fahrphysik

Assistenzsysteme

Moderne Fahrerassistenzsysteme bieten technische Lösungen zur Unterstützung und Entlastung des Fahrers. Sie helfen die Zahl von schweren Unfällen zu senken und erhöhen die Verkehrssicherheit. Weiterhin ermöglichen sie ein entspannteres Fahren. Kritische Fahrsituationen entstehen nicht oder werden entschärft.
Jedoch auch die komplexeste Technologie kann die Fahrphysik nicht außer Kraft setzen. Bitte beachten Sie dieses zu jeder Zeit.

Geschwindigkeitsregelanlage (GRA)/Tempomat

Eine Geschwindigkeitsregelanlage, auch Tempomat genannt, ist eine Vorrichtung die eine vom Fahrer vorgegebene Geschwindigkeit durch automatische Regelung der Kraftstoffzufuhr hält.

Die Regelung erfolgt:
- mechanisch
- pneumatisch
- oder elektronisch

Der Tempomat erweist sich als besonders nützlich auf Autobahnen, auf längeren ebenen Strecken und bei Fahrten mit Anhänger. Bei richtigem Einsatz führt er zu entspannterem Fahren und sorgt für eine Senkung des Kraftstoffverbrauchs. Weiterhin kann man mit ihm Geschwindigkeitsbeschränkungen genau einhalten. Der Einsatz verlangt vom Fahrer eine erhöhte Aufmerksamkeit, denn je nach Position des rechten Fußes in Ruhestellung kann es gegenüber der Platzierung auf dem Fahrpedal zu Verzögerungen bis zum Erreichen des Bremspedals kommen.

PRAXIS-TIPP

Der Tempomat sollte nur benutzt werden, wenn die Verkehrsverhältnisse eine gleichbleibende Geschwindigkeit zulassen.

Geschwindigkeitsbegrenzer

Der Geschwindigkeitsbegrenzer ist eine Einrichtung, die im Kraftfahrzeug durch Steuerung der Kraftstoffzufuhr zum Motor die Fahrzeuggeschwindigkeit auf einen fest eingestellten Geschwindigkeitswert beschränkt. Die Elektronik lässt keine höhere Geschwindigkeit als die eingestellte zu. Es wird immer nur soviel Kraftstoff verbraucht, wie für das Halten der Geschwindigkeit erforderlich ist.

Ausrüstpflicht

Alle Kraftomnibusse sowie Lastkraftwagen, Zugmaschinen und Sattelzugmaschinen mit einer zulässigen Gesamtmasse von jeweils mehr als 3,5 t müssen mit einem Geschwindigkeitsbegrenzer ausgerüstet sein. Der Geschwindigkeitsbegrenzer muss so beschaffen sein, dass er nicht ausgeschaltet werden kann.

Ausnahmen

- Kraftfahrzeuge, deren bauartbedingte Höchstgeschwindigkeit geringer ist als der einzustellende Wert
- Kraftfahrzeuge von Bundeswehr, Bundesgrenzschutz, Katastrophenschutz, Feuerwehr, Rettungsdienst und Polizei
- Kraftfahrzeuge, die für wissenschaftliche Versuchszwecke auf der Straße oder zur Erprobung benutzt werden
- Kraftfahrzeuge, die ausschließlich für öffentliche Dienstleistungen innerhalb geschlossener Ortschaften eingesetzt werden oder die überführt werden (z. B. vom Aufbauhersteller zum Betrieb oder für Wartungs- und Reparaturarbeiten)

Einstellung des Geschwindigkeitsbegrenzers

Die Geschwindigkeitsbegrenzer sind nach der Fahrzeugart unterschiedlich einzustellen:
1. Bei Kraftomnibussen auf eine Höchstgeschwindigkeit von 100 km/h (V_{set})
2. Bei Lastkraftwagen, Zugmaschinen und Sattelzugmaschinen auf eine Höchstgeschwindigkeit – einschließlich aller Toleranzen – von 90 km/h (V_{set} + Toleranzen < 90 km/h)

Prüfung des Geschwindigkeitsbegrenzers

Eine Prüfung des Geschwindigkeitsbegrenzers ist erforderlich nach:
- jedem Einbau
- jeder Reparatur
- jeder Änderung der Wegdrehzahl bzw. des Reifenumfangs
- jeder Änderung der Kraftstoffzuführungseinrichtung

Im Rahmen der Hauptuntersuchung wird die Kraftstoffzuführungseinrichtung, das Einbauschild und die eingestellte Geschwindigkeit geprüft.

PRAXIS-TIPP

Manipulationen in Sachen Geschwindigkeitsbegrenzer werden für den Fahrer mit 100 € und Halter mit 150 € Bußgeld, sowie je 3 Punkten belegt.

Spurassistent (SPA)

Bei langen und monotonen Strecken oder Nachtfahrten kommt es vor, dass die Aufmerksamkeit des Fahrers nachlässt oder Sekundenschlaf eintritt. Dies kann dramatische Unfälle zur Folge haben.

Abbildung 47:
Spurassistent Lkw
Quelle: Daimler AG

Beschleunigte Grundqualifikation
Basiswissen Lkw/Bus

Abbildung 48:
Spurassistent im Bus

Der Spurassistent hat die Aufgabe, den müden oder unaufmerksamen Fahrer vor dem Verlassen der Fahrspur zu warnen. Der kamerabasierte Spurassistent hat den Vorteil, dass das System in der Lage ist, Fahrbahnverläufe vorauszusehen. Droht das Fahrzeug die Markierungslinien zu überfahren, wird der Fahrer durch ein akustisches Signal aus dem Radiolautsprecher oder ein Pulsieren im Fahrersitz gewarnt. Diese Warnungen erfolgen richtungsgetreu, so dass der Fahrer sofort weiß, aus welcher Richtung die Gefahr droht.
Die Vibrationswarnung im Sitz warnt den Fahrer sehr deutlich und unabhängig vom Lärmpegel im Fahrzeug. Zudem hat diese Art der Warnung den Vorteil, dass Fahrgäste in Kraftomnibussen diese nicht wahrnehmen können und somit auch nicht beunruhigt oder verunsichert werden.
Der SPA schaltet sich bei einer fest eingestellten Geschwindigkeit ein und kann vom Fahrer über einen Schalter ausgeschaltet werden. Die Deaktivierung erfolgt durch Betätigung des Blinkers. Warnungen erfolgen Geschwindigkeitsabhängig in Bezug auf die Innen- bzw. Außenkante der Fahrspurmarkierungen. Sie werden abgebrochen, sobald der Fahrer zurück zur Fahrbahnmitte lenkt. Voraussetzung für ein fehlerfreies Funktionieren sind weiße oder gelbe Markierungslinien auf der Fahrbahn.

Technische Ausstattung und Fahrphysik 1.7

Abstandsregelung

In der heutigen Zeit ist das Abstandhalten eine der wichtigsten Sicherheitsregeln. Es gilt, diese Regelung immer und überall einzuhalten. Mit zunehmendem Verkehr auf den europäischen Autobahnen wird es immer schwerer, das zu erfüllen. Aus diesem Grund haben die Fahrzeughersteller neue Systeme für die Abstandsregelung auf den Markt gebracht.

Kraftomnibus: Abstandsregeltempomat (ART)

Ein Abstandsregeltempomat (ART) ist eine Geschwindigkeitsregelanlage, die bei der Regelung den Abstand zu einem vorausfahrenden Fahrzeug als zusätzliche Berechnungsgrundlage einbezieht. Er entlastet den Fahrer auf Autobahnen und vergleichbaren Fernstraßen.
Beim Einsatz wird die Position und die Geschwindigkeit des vorausfahrenden Fahrzeugs mit einem Sensor ermittelt und die Geschwindigkeit sowie der Abstand des mit diesem System ausgerüsteten nachfolgenden Fahrzeugs durch entsprechende Motor- und Bremseingriffe geregelt.
Ein Abstandssensor tastet 20-mal pro Sekunde die Umgebung vor dem Bus ab. Der Sensor schaltet ständig zwischen drei „Radarkeulen" hin und her. Die drei Keulen verwendet der Sensor um festzustellen, wo sich das reflektierende Objekt befindet: In der eigenen Fahrspur oder in (einer) der Nachbarfahrspur(en). Er misst dabei den Abstand, die Fahrgeschwindigkeit und den Winkel der vorausfahrenden Fahrzeuge in einer Entfernung von maximal 150 Metern. Die Ergebnisse werden ständig abgeglichen. Das System reagiert erst, wenn der Vorausfahrende als sicher erfasst gilt. Der Abstandssensor ist mit den Steuer-

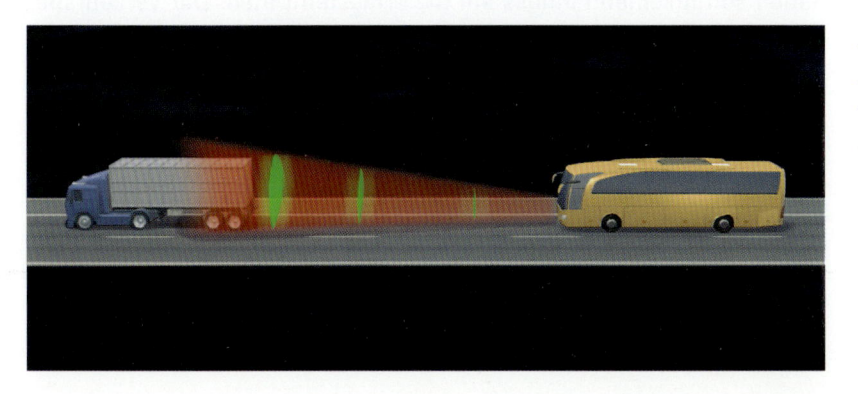

Abbildung 49:
Abstandsregeltempomat
Quelle: Daimler AG

geräten der Bremsanlage und des Motors gekoppelt, mit denen er wichtige Daten austauscht und abgleicht.

Der Abstandsregeltempomat (ART) sollte bei Sichtbehinderung, Nebel, Schneefall, starkem Regen sowie bei glatten Fahrbahnen nicht eingesetzt werden. In einigen Ländern ist in diesen Situationen der Einsatz sogar gesetzlich untersagt. Hier muss der Fahrer seine Fahrweise der jeweiligen Situation anpassen.

Abstandsregelung beim Lkw

> **Hintergrundwissen** → Der Abstandsregeltempomat wird auch allgemein nach dem Englischen Adaptive Cruise Control (ACC) bezeichnet. Wie bei vielen anderen Systemen finden sich weltweit betrachtet noch weitere Bezeichnungen, weil die Fahrzeughersteller teilweise selbständig am Markt agieren wollen.

Durch ein Hightech-System wird nun der bisher bekannte Tempomat zu einem automatischen Abstandsregler aufgerüstet.

Die meisten Hersteller setzen dabei auf ein radargestütztes System. Vorn auf der Stoßstange sitzt ein Radarsensor und ermittelt den Abstand zum vorausfahrenden Fahrzeug. Im Abstandsregler sind „sichere" Abstände bereits eingespeichert. So ist bei einer Geschwindigkeit von 50 km/h ein Mindestabstand von 50 m festgelegt. Vom Fahrer gewünschte Erhöhungen sind zulässig und können direkt eingegeben werden. Witterungseinflüsse wie Nebel, Schnee oder starker Regen haben somit keinen Einfluss auf die erfassten Daten. Der Verkehrsbereich bis zu 150 Meter vor dem Fahrzeug wird erfasst, die Abstände zu vorausfahrenden Fahrzeugen und deren Geschwindigkeit aufgenommen und die Veränderung ausgewertet. Als Ergebnis werden Geschwindigkeit und Abstand der sich dauernd ändernden Verkehrssituationen automatisch angepasst. Bei Abstandunterschreitungen reagiert das System und nimmt das Gas zurück. Reicht diese Maßnahme nicht aus, wird der Retarder (sofern vorhanden) zugeschaltet.

Abbildung 50:
Radarkeule
Quelle: Daimler AG

1.7 Technische Ausstattung und Fahrphysik

> **PRAXIS-TIPP**
>
> Nutzen Sie den Tempomat unter günstigen Bedingungen. Verzichten Sie bei dichtem Verkehr und schlechten Fahrbahnzuständen (Eis, Nässe, Laub usw.) aus Sicherheitsgründen auf das Einsetzen des Tempomats.

Abbiegeassistent

Der Abbiegeassistent warnt den Fahrer, wenn er beim Abbiegen an Kreuzungen und Einmündungen Fußgängern und Radfahrern übersehen könnte. Mit Hilfe von Ultraschallsensoren, die auf der rechten Lkw-Seite verbaut sind bekommt der Fahrer zunächst ein optisches Signal in der Nähe des rechten Außenspiegels, wenn sich jemand im Gefahrenbereich aufhält. Ein akustisches Signal kommt hinzu, wenn beim Anfahren eine Kollisionsgefahr weiterhin besteht.

Notbremsassistent

Der Notbremsassistent oder Active Brake Assistent der zweiten Generation hilft den Fahrern von Nutzfahrzeugen beim Auftreten einer akuten Gefahr das Fahrzeug rechtzeitig zum Stehen zu bringen. Bei der Gefahr eines Auffahrunfalls auf ein langsam vorausfahrendes Fahrzeug oder stehende Hindernisse, wie etwa ein Stauende, wird der Fahrer optisch, durch ein rot aufleuchtendes Dreieck, sowie akustisch gewarnt. Er hat nun Zeit, entsprechende Gegenmaßnahmen einzuleiten. Erfolgt keinerlei Reaktion seitens des Fahrers, leitet das Notbremssystem ABA (Active Brake Assist) bei Verschärfung der Kollisionsgefahr zunächst eine Teilbremsung mit ca. 30 % Bremsleistung ein, danach erfolgt eine Vollbremsung. Der ABA reagiert nicht auf kleinere Hindernisse, wie verlorene Ladung oder ähnliches, da im

Abbildung 51:
Abbiegeassistent
Quelle:
MAN Truck & Bus

**Beschleunigte Grundqualifikation
Basiswissen Lkw/Bus**

System Fahrzeugkonturen als Erkennungsmerkmal hinterlegt sind. Eine Kollision kann der ABA nicht immer verhindern, aber er verringert die Kollisionsgeschwindigkeit und somit die Unfallfolgen erheblich.

Abbildung 52:
Anzeige Active Break Assistent
Quelle: Daimler AG

Abbildung 53:
Notbremsassistent
Quelle: Daimler AG

Der Dauerbremslimiter (DBL)

Der Dauerbremslimiter (DBL) ist serienmäßig in einigen Reisebussen eingebaut. Er verhindert aktiv mittels des Retarders, dass die gesetzlich vorgegebene Höchstgeschwindigkeit von 100 Stundenkilometern beim Bergabfahren deutlich überschritten wird.

Abbildung 54:
System Dauerbremslimiter (DBL)
Quelle: Daimler AG

Der DBL besteht aus einem Softwaremodul im Fahrregler. Das System kann weder abgeschaltet noch verstellt werden. Es steuert den Retarder an und sorgt somit für eine Reduzierung der Fahrgeschwindigkeit. Bei sehr langen und steilen Gefällen kann es unter Umständen vorkommen, dass der Retarder wegen Überhitzung kurzzeitig abschaltet.

Der DBL informiert den Fahrer über die ungewollte Geschwindigkeitsüberschreitung. Ab 107 km/h ertönt ein

Technische Ausstattung und Fahrphysik

Warnsignal und eine optische Anzeige erscheint auf dem Display. Hier muss der Fahrer die Betriebsbremse einsetzen. Erst wenn das Fahrzeug wieder eine Geschwindigkeit von 100 km/h erreicht hat, erlischt die Warnanzeige.

Vorteile
- Erhöhung der Sicherheit
- Entlastung des Fahrers
    - Einhaltung der zulässigen Höchstgeschwindigkeit in Gefällen
    - Automatische Ansteuerung des Retarders
    - Akustisches und optisches Warnsignal ab 107 km/h

PRAXIS-TIPP

Beim Befahren von Gefällstrecken sollte der Fahrer die Anzeigeinstrumente aufmerksam beobachten.

AUFGABE/LÖSUNG

Wofür stehen die Abkürzungen ART, GRA und DBL?

ART = Abstandsregeltempomat
GRA = Geschwindigkeitsregelanlage (Tempomat)
DBL = Dauerbremslimiter

Bremsassistent (BAS)

Ein Bremsassistent (BAS) ist eine Vorrichtung in einem Kraftfahrzeug, die in der Lage ist Bremsmanöver, die während einer Gefahrensituation eingeleitet werden, zu erkennen. Ob das System eingreift und den Fahrer unterstützt hängt von verschiedenen Faktoren (z. B. der Fahrtgeschwindigkeit und der Betätigungswechsel zwischen Gas- und Bremspedal) ab. Wenn ein Fahrer bei einer Notbremsung das Bremspedal anfangs schnell betätigt, dann aber das Pedal nicht weiter mit voller Kraft durchtritt, verlängert sich der Bremsweg unnötig. Jetzt greift der Bremsassistent ein und baut mit Hilfe eines Bremsverstärkers den maximalen Bremsdruck auf.
Das Antiblockiersystem (ABS) verhindert ein Blockieren der Räder.

1.8 Einsatz der Bremsanlage und Bremsenprüfung

▶ **Die Teilnehmer sollen die Kombination vorhandene Bremsanlagen und deren wirkungsvollen Einsatz kennen.
Die technischen Untersuchungen an Nutzfahrzeugen sowie deren Untersuchungs-Rhythmus sollte ihnen bekannt sein.
Bei technischen Defekten an der Bremsanlage sollen die Teilnehmer entscheiden können, ob eine Fahrt fortgesetzt oder das Fahrzeug stillgelegt werden muss.**

↻ Erläutern Sie den richtigen Einsatz der Bremsen, die vorgeschriebenen technischen Untersuchungen sowie das richtige Verhalten bei möglichen Defekten. Versuchen Sie, das persönliche Verantwortungsgefühl der Teilnehmer anzusprechen und zeigen Sie mögliche Auswirkungen auf.

🕒 Ca. 90 Minuten

💻 Führerschein: Fahren lernen Klasse C, Lektion 8; Fahren lernen Klasse D, Lektion 9

Kombinierter Einsatz von Brems- und Dauerbremsanlagen

Die Betriebsbremse kann unabhängig von den vorhandenen Dauerbremsen eingesetzt werden. Kann der Fahrer im Gefälle trotz eingeschalteter Dauerbremse seine gewünschte Geschwindigkeit nicht halten, muss er die Betriebsbremse des Fahrzeugs dazunehmen und einen oder mehrere Getriebegänge zurückschalten.
Bei älteren Kraftfahrzeugen ohne ABS kann der gleichzeitige Einsatz beider Bremsen zum Blockieren der Antriebsräder führen. Auf den Einsatz der Dauerbremsen sollte bei schlechten Witterungseinflüssen wie Schnee und Eis verzichtet werden. Im Zusammenspiel von Retarder und ABS wird bei glatter Straße auch eine Blockierneigung der Räder sofort erkannt und die Elektronik schaltet den Retarder ab. Der Fahrer kann unbeeinflusst von der Regelung der Elektronik die Betriebsbremse weiterhin einsetzen und ohne Retarder wie gewünscht bremsen.

Einsatz der Bremsanlage

1. Vorausschauendes Fahren
Durch eine bewusste Verkehrsbeobachtung kann sich der Fahrer auf die wechselnden Verkehrsabläufe einstellen. Das spart Kraftstoff und schont die Bremsen.

2. Gänge überspringen wo möglich, splitten wo nötig
Die heutigen Getriebe ermöglichen es, in allen Fahrsituationen im optimalen Drehzahlbereich zu fahren. Der Fahrer muss nicht jeden Gang schalten, sondern kann auch einzelne Gänge überspringen oder halbe Gänge schalten (splitten). Durch das Überspringen von Gängen hat man weniger Zugkraftunterbrechungen und eine bessere Beschleunigung.

3. Sicher und wirtschaftlich bremsen
Nutzen Sie die zur Verfügung stehenden verschleißfreien Bremsen (Motorbremsen- und/oder Retarder) möglichst als erste, wenn es die Verkehrs- und Straßenverhältnisse zulassen. Dadurch wird die Betriebsbremse entlastet und man hat für eventuelle Notsituationen eine kalte Bremse zur Verfügung. Schalten Sie rechtzeitig zurück und nutzen Sie den gelben Bereich im Drehzahlmesser voll aus, um die Motorbremsleistung zu erhöhen und mehr Kühlleistung für den Retardereinsatz zu haben. Die verschleißfreien Dauerbremsen stufenweise zuschalten, die Bedienhebel nicht durchreißen.

4. Bremsfading
Als Fading („Dahinschwinden") oder Bremsschwund bezeichnet man ein unerwünschtes Nachlassen der Bremswirkung durch Wärme. Dadurch kann sich der Bremsweg dramatisch verlängern. Dieser unerwünschte Effekt tritt vor allem bei Trommelbremsen auf. Bei Scheibenbremsen gibt es kaum Fading.
Wegen der hohen Fading-Anfälligkeit werden heute kaum noch Trommelbremsen verbaut, allenfalls nur noch an der Hinterachse. Um das Fading bei Scheibenbremsen fast ganz auszuschließen, benutzt man innenbelüftete Bremsscheiben.

Beschleunigte Grundqualifikation
Basiswissen Lkw/Bus

PRAXIS-TIPP

Bei langen Gefällstrecken ist der dauerhafte Einsatz der Betriebsbremse zu vermeiden. Sie sollte nur kurz gleichzeitig mit der Dauerbremse des Fahrzeugs einsetzt werden.

Bremsenprüfung

Nationale und internationale Bauvorschriften regeln den Bau, die Wirkung und das Zeitverhalten der Bremsanlagen genau.

Druckluft- und hydraulische Bremsen von Nutzfahrzeugen müssen auch bei Undichtigkeit an einer Stelle mindestens zwei Räder bremsen können, die nicht auf derselben Seite liegen. Bei Druckluftbremsen muss das unzulässige Absinken des Drucks dem Fahrer durch eine optische oder akustische Warneinrichtung angezeigt werden.

Abbildung 55:
Arbeitsgrube mit Bremsenprüfstand
Quelle: Frank Lenz

Prüfung nach STVZO

Halter von Lastkraftwagen und Kraftomnibussen haben ihre Fahrzeuge in regelmäßigen Zeitabständen untersuchen zu lassen. Der Halter hat den Monat, in dem das Fahrzeug spätestens zur:
- Hauptuntersuchung (HU) vorgeführt werden muss, durch eine Prüfplakette auf dem amtlichen Kennzeichen nachzuweisen

- Abgasuntersuchung (AU) vorgeführt werden muss nachzuweisen. Die AU ist Bestandteil der HU. Eine gesonderte Plakette wird nicht mehr erteilt.
- Sicherheitsprüfung (SP) vorgeführt werden muss, durch eine Prüfmarke in Verbindung mit einem SP-Schild nachzuweisen

Die Kraftomnibusse, Lastkraftwagen und deren Anhänger sind mindestens in folgenden regelmäßigen Zeitabständen den Untersuchungen zu unterziehen:

Fahrzeugart	HU/AU	SP
KOM und andere Kfz mit mehr als 8 Fahrgastplätzen		
> bei erstmals in den Verkehr gekommenen Kfz in den ersten 12 Monaten	12	–
> weitere Untersuchungen von 12–36 Monaten nach Erstzulassung	12	6
> alle weiteren Untersuchungen	12	3/6/9
Kfz, die zur Güterbeförderung bestimmt sind, selbstfahrende Arbeitsmaschinen, Zugmaschinen sowie nicht oben genannte Kfz (außer Pkw)		
> baulich bedingte Höchstgeschwindigkeit nicht mehr als 40 km/h oder zGM max. 3,5 t	24	–
> zGM größer 3,5 t max. 7,5 t	12	–
> zGM größer 7,5 t max. 12 t • bei erstmals in den Verkehr gekommenen Kfz in den ersten 36 Mon. • alle weiteren Untersuchungen	 12 12	 – 6
> zGM größer 12 t • bei erstmals in den Verkehr gekommenen Kfz in den ersten 24 Mon. • alle weiteren Untersuchungen	 12 12	 – 6

Beschleunigte Grundqualifikation
Basiswissen Lkw/Bus

Anhänger, einschließlich angehängte Arbeitsmaschinen u. Wohnanhänger		
> zGM max. 0,75 t oder ohne eigene Bremsanlage ▪ bei erstmals in den Verkehr gekommenen Fahrzeugen für die 1. HU ▪ alle weiteren HU	36 24	– –
> bbH nicht mehr als 40 km/h oder zGM größer 0,75 t, max. 3,5 t	24	–
> zGM größer 3,5 t, max. 10 t	12	
> zGM größer 10 t ▪ bei erstmals in den Verkehr gekommenen Fahrzeugen in den ersten 24 Mon. ▪ alle weiteren Untersuchungen	12 12	– 6

Bei den vorgeschriebenen Untersuchungen wird eine Sicht-, Wirkungs- und Funktionsprüfung des Fahrzeugs vorgenommen. Als sichtbare Zeichen der bestandenen Prüfung wird das Fahrzeug mit entsprechenden Prüfplaketten versehen und ein Eintrag in das Prüfbuch des Fahrzeugs vorgenommen.

> **Hintergrundwissen** → Bei gefüllter Bremsanlage und stehendem Motor darf bei einer Druckeinsteuerung von ca. 3 bar (Pedalstütze verwenden) nach 3 Minuten nur ein Druckabfall von < 5 % feststellbar sein.
> Bei einer Vollbremsung darf der Druckabfall bei Anlagen mit einem Abschaltdruck des Druckreglers über 6,5 bar maximal 0,7 bar pro Vollbremsung betragen.

Verhalten bei Defekten

Der Fahrer eines Fahrzeugs zur Güter- oder Personenbeförderung hat sich während der gesamten Fahrt davon zu überzeugen, dass seine Bremsanlage zu hundert Prozent funktioniert. Sollte er einen Defekt feststellen, hat er zu prüfen, ob eine Weiterfahrt bis zum Betriebshof oder in eine nahegelegene Fachwerkstatt noch gefahrlos möglich ist.

Sollte eine Weiterfahrt nicht möglich sein, hat der Fahrer in Verbindung mit seinem Unternehmer oder Werkstattmeister die weiteren Schritte zu besprechen.

> ⚠ Bei mangelnder Förderleistung des Luftpressers oder Undichtigkeiten an der Bremsanlage ist das Kraftfahrzeug aus Gründen der Verkehrssicherheit stillzulegen.

Wartungsarbeiten an Bremsanlagen

Häufig geschehen Unfälle mit Schwerverletzten oder sogar Toten. Viele Unfälle müssten aber gar nicht sein. In einer Untersuchung wurde festgestellt, dass jeder vierte beteiligte Unfallwagen technische Mängel hatte. Häufigste Unfallursache: Schäden an der Bremsanlage.

Wichtiger noch als das Beschleunigen ist das Abbremsen. Die Bremsanlage gehört daher zu den wichtigsten Bauteilen an einem Kraftfahrzeug.

> ⚠ Alle Arbeiten an der Bremsanlage dürfen nur von geeigneten Fachkräften durchgeführt werden.

Der Arbeitsaufwand für die Wartung einer Bremsanlage bei neuen Fahrzeuggenerationen ist nicht sehr groß. Die einwandfreie Funktionsfähigkeit der Bremsen ist allerdings lebenswichtig.

Einsatz von Bremsflüssigkeit

Mischen Sie in keinem Fall die Bremsflüssigkeiten der Klassen DOT-3 oder DOT-4 mit der Bremsflüssigkeit DOT-5. DOT-5-Bremsflüssigkeit ist auf Silikonbasis hergestellt und daher nicht mischbar. Dieses Gemisch kann die gesamte Bremsanlage zerstören. Markieren Sie am Ausgleichsbehälter, welche Bremsflüssigkeit sich im Bremssystem befindet. Die neu entwickelte DOT-5.1 lässt sich wieder mit DOT-3 und -4 mischen.

Im Ausgleichsbehälter muss sich immer ausreichend Bremsflüssigkeit befinden. Selbst bei hermetisch verschlossenen Bremssystemen zieht Bremsflüssigkeit nach einiger Zeit Wasser. Dadurch wird der Siedepunkt der Bremsflüssigkeit herabgesetzt, was bei einer zu heißen Bremse zu Blasenbildung in der Bremsflüssigkeit führen kann. Dies kann unter Umständen zum Versagen der Bremse führen. Aus diesem Grund sollte spätestens alle zwei Jahre die Bremsflüssigkeit gewechselt werden!

Beachten Sie, dass die Bremsflüssigkeit stark säurehaltig ist und deswegen Lack sehr schnell angreift.

Trommelbremsen

Es muss immer genügend Bremsbelag vorhanden sein. Die Mindestdicke sollte 2 mm nicht unterschreiten. Als Messpunkt gilt immer die dünnste Stelle des Belages. Neue Bremsbeläge müssen auf den ersten 200 Kilometern vorsichtig eingebremst werden. Vermeiden Sie während dieser Zeit unnötige Gewaltbremsungen.

Sollten Ihre Bremsen quietschen, hilft eine dünne Schicht Kupferpaste zwischen dem Belagträger und dem Bremskolben.

Scheibenbremsen

Auch hier gilt, dass eine ausreichende Dicke an Bremsbelägen vorhanden sein muss. Wenn die Beläge zu weit abgefahren sind, wird die Bremsscheibe von dem Belagträger beschädigt und muss dann unbedingt ausgetauscht werden!
Die Bremsscheiben müssen sauber sein. Verunreinigungen wirken nämlich wie ein Schmierfilm. Besondere Vorsicht ist bei der Benutzung von Reinigungsmitteln geboten, die eine rückfettende Wirkung haben (z. B. Antikorrosionssprays).

Verschleißanzeigen

Moderne Fahrzeuggenerationen verfügen über eine Bremsbelagverschleißanzeige. Im Fahrerinformationssystem (FIS) wird dem Fahrer über eine optische Anzeige der fortgeschrittene Verschleiß angezeigt. Ein Wechsel der Beläge ist dann unumgänglich.

Lufttrockner

Diese Trockenmittelbehälter enthalten ein spezielles Trockenmittel, das eine hohe Wasseraufnahmekapazität und somit einen hohen Trocknungsgrad gewährleistet. Dieses Trockenmittel hat eine hohe Beständigkeit gegen Ölverschmutzung.
Die Behälter müssen entsprechend der Wartungsintervalle der Fahrzeughersteller ausgetauscht werden. Fahrzeuge mit Fahrerinformationssystem (FIS) zeigen im Display an, dass sich Wasser in den Behältern angesammelt hat und somit die Funktion des Lufttrockners überprüft werden muss. Nähere Angaben hierzu findet man in der Betriebsanleitung der Fahrzeuge.

Bremsgestänge

Alle Bremsübertragungsteile sollen auf einwandfreie Funktion und Beweglichkeit überprüft werden. Verbogene Gestänge müssen ausgetauscht werden. Bewegliche Teile müssen eingefettet werden, um eine gute Funktion sicherzustellen und unnötigen Verschleiß zu verhindern. Automatische Gestängenachsteller müssen auf Gangbarkeit überprüft werden und, sofern nicht wartungsfrei, in regelmäßigen Abständen abgeschmiert werden.

Beschleunigte Grundqualifikation
Basiswissen Lkw/Bus

1.9 Erzielen des besten Verhältnisses zwischen Geschwindigkeit und Getriebeübersetzung

▶ Die Teilnehmer sollen die Grundzüge einer wirtschaftlichen und materialschonenden Fahrweise wiedergeben können.

↪ Den richtigen Umgang mit dem Fahrzeug können Sie z. B. auch am Beispiel eines kompletten Transport-/Beförderungsauftrages erläutern.

🕓 Ca. 45 Minuten

🖳 Führerschein: Fahren lernen Klasse C, Lektion 10; Fahren lernen Klasse D, Lektion 15

1. Motor nicht unnötig laufen lassen
    - Bei langen Stopps den Motor abstellen
2. Richtiges Starten
    - Motor ohne Gas und Betätigung der Kupplung starten
3. Richtiges Anfahren
    - Nicht über die schleifende Kupplung fahren
    - Erst Gas geben, wenn eingekuppelt ist
    - Vorhandene Rollsperren benutzen
4. Niedrige Drehzahl, wo möglich
    - Im Teillastbereich ist die geringstmögliche Drehzahl die, bei der der Motor am wenigsten Kraftstoff verbraucht
5. Hohe Drehzahl (Leistung), wo nötig
    - Wird Leistung benötigt, sollte sie auch eingesetzt werden
    - Durch rechtzeitiges Zurückschalten in einen niedrigeren Getriebegang Leistungsreserven des Motors nutzen
    - Versuchen, eine verkehrssituationsangepasste, hohe Durchschnittsgeschwindigkeit zu erreichen
6. Fahren nach Drehzahlmesser
    - Der Drehzahlmesser enthält markierte Bereiche, um den Fahrer bei seiner wirtschaftlichen Fahrweise zu unterstützen
    - Neuere Fahrzeuggenerationen haben ökonomische Drehzahlmesser mit einem variablen grünen Bereich
7. Geschwindigkeitsänderung, Geschwindigkeitsspitzen
    - Möglichst gleichmäßig fahren

Technische Ausstattung und Fahrphysik 1.9

- Häufige Geschwindigkeitsänderungen kosten Kraftstoff
- Geschwindigkeitsspitzen erhöhen nur den Kraftstoffverbrauch, nicht den Zeitgewinn

Benutzung von Tempomaten

Wirtschaftliches Fahren bedeutet gleichmäßiges Fahren. Dieses ist in der Praxis nur schwer durchführbar. Um diesem Ziel näher zu kommen, lassen sich Hilfsmittel einsetzen. Dieses Hilfsmittel ist zum einen der Tempomat und zum anderen der Geschwindigkeitsbegrenzer.

Eine Geschwindigkeitsregelanlage (GRA) bzw. ein Tempomat ist eine Vorrichtung in Kraftfahrzeugen, die dafür sorgt, dass eine vom Fahrer vorgegebene Geschwindigkeit eingehalten wird. Diese Regelung erfolgt meistens elektronisch.
Auf Autobahnen und längeren ebenen Strecken erweist sie sich als besonders praktisch. Sie führt zu stressfreiem Fahren und kann den Kraftstoffverbrauch reduzieren.

Abbildung 56:
Umschalter zwischen Tempomat und Geschwindigkeitsbegrenzer

Benutzung von Automatikgetrieben

Das Automatikgetriebe nimmt dem Fahrer viele Entscheidungen bezüglich der Getriebeübersetzungen ab. Die Möglichkeit wirtschaftlich zu fahren kann leichter genutzt werden.
Die Schaltungen des Automatik-Getriebes lassen sich über das Fahrpedal beeinflussen.

Grundsätze für das wirtschaftliche Fahren mit Automatikgetrieben:

- Zügig anfahren, um den Wandlerbereich schnell zu verlassen
- Die grüne Welle ausnutzen
- Den Schub des Fahrzeugs ausnutzen
- Vorausschauend fahren und unnötige Stopps vermeiden
- Auf die Kick-down Funktion verzichten

Abbildung 57:
Automatikschalter Bus

> **Beschleunigte Grundqualifikation**
> **Basiswissen Lkw/Bus**

1.10 Räder und Reifen

▶ Die Teilnehmer sollen den Aufbau von Nutzfahrzeugreifen, Reifenarten und deren Vor- und Nachteile kennen. Sie sollen wichtige Reifenbezeichnungen wiedergeben und diese richtig interpretieren. Sie sollen Anlagen zur Reifendrucküberwachung kennen.

↺ Nutzen Sie zur Erläuterung möglichst Reifenschnittmodelle. Gehen Sie besonders auf die Bezeichnungen, den Aufbau und die Kontrollen des Fahrers ein.

🕒 Ca. 120 Minuten

💻 Führerschein: Fahren lernen Klasse C, Lektion 4; Fahren lernen Klasse D, Lektion 12

Die Hauptaufgabe der Fahrzeugbereifung ist
- Aufnahme von Fahrzeuggewicht und Stoßkräften der Fahrbahn
- Übertragen von Antriebs-, Brems- und Seitenführungskräften
- Abführen von Bremswärme
- Abdichten bei schlauchlosen Reifen

Felgen

Anforderungen an ein modernes Scheibenrad bzw. an eine Felge sind ein geringes Eigengewicht und zugleich eine hohe Tragkraft.

Einteilige Räder

In der Regel werden heute einteilige Scheibenräder benutzt. Sie bestehen aus der Radscheibe (Radschüssel) und der Felge. Die Radscheibe verbindet die Felge, die den Reifen aufnimmt, mit der Nabe.

Abbildung 58: Stahlfelge

Abbildung 59: Leichtmetallfelge

Die Radscheibe und die Felge können verschweißt sein, gegossen oder geschmiedet werden. Gussräder sind in den meisten Fällen Leichtmetallräder. Gegossene oder geschmiedete Räder haben hohe Festigkeiten und sind teurer in der Anschaffung als Stahl-Scheibenräder.

Mehrteilige Räder
Bei segmentgeteilten Felgen unterscheidet man Trilex-Felgen, Tuplex-Felgen und Unilex-Felgen.

Abbildung 60: Segmentgeteilte Felgen
Quelle: VKT.Georg Fischer

Radstern mit TRILEX-Felge, 15"/20"/24"
für Reifen mit Schlauch

Radstern mit TUBLEX-Felge, 22,5"
für schlauchlose Reifen

Radstern mit UNILEX-Felge, 20"
für mit oder ohne Schlauch

Bei allen mehrteiligen Felgen werden die Felge oder Felgenteile und der Radkranz oder Radstern verschraubt. Diese Felgen bieten als Vorteil einen einfachen Reifenwechsel ohne Montagegeräte. Als Nachteil sind jedoch ein hohes Gewicht und eine teure Fertigung zu sehen.

Abbildung 61: Mehrteilige Felge
Quelle: VKT.Georg Fischer

Felgen-Bauformen
Bei Nutzfahrzeugfelgen unterscheidet man zwischen:
- Flachbettfelge
- Tiefbettfelge
- Schrägschulterfelge
- Steilschulterfelge

Tiefbett- und Steilschulterfelgen sind einteilige Felgen, Schrägschulterfelgen sind mehrteilig. Schrägschulterfelgen haben ein abnehmbares Felgenhorn, wodurch eine einfachere Reifenmontur möglich ist.

Beschleunigte Grundqualifikation
Basiswissen Lkw/Bus

> **PRAXIS-TIPP**
>
> Lassen Sie Reifen auf Schrägschulterfelgen nur von geschultem Fachpersonal wechseln. Durch das unsachgemäße Öffnen des Verschlussringes können schwere Verletzungen entstehen.

Kennzeichnung der Felgen

An den Rädern müssen an gut sichtbarer Stelle dauerhaft und gut lesbar folgende Kennzeichnung angegeben werden:
- Hersteller
- Felgengröße
- Herstellungsdatum
- Felgentyp
- Typenzeichen
- Einpresstiefe oder halber Mittenabstand

Bezeichnungen von Felgen

1. Schrägschulterfelge
   - 8.00 = Maulweite in Zoll
   - – = mehrteilige Felge
   - 20 = Felgendurchmesser in Zoll

2. Steilschulterfelge
   - 8.50 = Maulweite in Zoll
   - X = einteilige Felge
   - 22.5 = Felgendurchmesser in Zoll

Reifen

Der moderne Nutzfahrzeugreifen soll weitergehende Anforderungen erfüllen. Diese sind:

Komfort
- Hoher Federungskomfort
- Laufruhe
- Rundlauf
- Geringe Geräuschentwicklung
- Gutes Handling

Technische Ausstattung und Fahrphysik 1.10

Wirtschaftlichkeit
- Hohe Laufleistung
- Geringer Preis
- Hohe Tragfähigkeit
- Niedriges Eigengewicht
- Geringer Rollwiderstand
- Runderneuerbarkeit

Fahrsicherheit
- Hohe Pannensicherheit
- Guter Kraftschluss zwischen Fahrbahn und Reifen
- Alterungsbeständig
- Gute Traktion

Umweltverträglichkeit
- Recycelbar
- Niedrige Geräuschbelastung
- Niedriger Materialverbrauch

Abbildung 62:
Reifenmontage
Quelle: Continental AG

Reifenaufbau

Je nach Aufbau des Reifens unterscheidet man zwischen Diagonalreifen und Radialreifen. Bei Lkw und KOM werden heute fast ausschließlich Radialreifen verwendet.

Vorteile des Radialreifens gegenüber dem Diagonalreifen:

- Bessere Federung
- Geringerer Rollwiderstand
- Hohe Laufleistung
- Gute Haftung
- Bessere Bremskraftunterstützung
- Bessere Antriebskraftübertragung

Abbildung 63:
Diagonalreifen
Quelle:
Continental AG

Abbildung 64:
Radialreifen
Quelle: Continental AG

Diagonalreifen

Diagonalreifen haben diagonal gekreuzte Gewebelagen im Unterbau.
Die Seitenwände des Diagonalreifens sind durch den Unterbau sehr stabil gebaut. Beim Abrollen entsteht durch die Anordnung der Lagen eine große Verformung des Reifens und somit auch eine nachteilige große Walkarbeit.

Radialreifen

Beim Radialreifen sind die Gewebelagen der Karkasse radial angeordnet. Zwischen der Karkasse, die meist aus zwei Lagen besteht, und der Lauffläche wird ein zusätzlicher Gürtel aus mehreren Textilfasern oder feinen Stahlseilen hergestellt. Daher auch der Name Gürtelreifen. Die Steifigkeit des Radialreifens ergibt einen kleinen Rollwiderstand und vermindert Verformungen in der Aufstandsfläche. Dies ergibt eine geringere Wärmeentwicklung, weniger Reifenverschleiß und einen hohen Fahrkomfort.

> **Hintergrundwissen** → An Kraftfahrzeugen (ausgenommen Pkw) über 3,5 t zGM mit einer durch die Bauart bestimmten Höchstgeschwindigkeit von mehr als 40 km/h und ihren Anhängern dürfen die Räder einer Achse entweder nur mit Diagonalreifen oder nur mit Radialreifen ausgerüstet sein. Über Profilunterschiede gibt es keine einschränkenden Vorschriften.

Reifenbezeichnungen

Auf der Reifenseitenwand (Flanke) werden durch die Hersteller zahlreiche Kenndaten und Bezeichnungen dargestellt. Als Fahrer sollten Sie die teilweise verschlüsselten Angaben kennen und zu deuten wissen. Die Reifenbezeichnung enthalten ECE-Kennzeichen und US-Normen.

Technische Ausstattung und Fahrphysik

1.10

Ein Reifen kann folgende Bezeichnungen enthalten:
- Hersteller
- Herstellungsland
- Regroovable (nachschneidbar)
- E (Reifen erfüllt die ECE Sollwerte)
- Länderkennzahl (Zeigt, wo der Reifen geprüft wurde, zum Beispiel 4 = Niederlande)
- US-Lastkennzeichnung
- US-Fülldruck
- Betriebskennung (Lastindex Einzel-/Zwillingsbereifung, Kennbuchstabe für die Geschwindigkeit)
- Tragfähigkeitsklasse nach US-Norm
- Angaben über den inneren Reifenaufbau gemäß US-Norm
- Größenbezeichnungen (Breite, Verhältnis Höhe/Breite, Bauweise, Felgendurchmesser)
- Profilbezeichnung
  - Herstellercode (Herstellungsdatum, Reifenausführung)
  - DOT (Rechtsvorschriftenbestätigung für USA)
  - M+S (Mud and Snow = Matsch und Schnee)
  - Tubeless (Schlauchlos)
  - Tube Type (mit Schlauch)
  - PR-Zahl (Ply Rating = Lagenanzahl von Baumwolle oder Cord entsprechen der Festigkeit)
  - TWI (Tread Wear Indicator = Abfahrmakierung)
  - Retread (Runderneuert)
  - Reinforced (verstärkter Reifen)

Abbildung 65:
Reifenbezeichnungen
Quelle: Continental AG

Reifenverschleiß

Der Grad der Abnutzung wird über den Verschleißanzeiger TWI (Tread Wear Indicator) angezeigt. Mit ihm kann man die vorgeschriebenen Mindestprofiltiefen gemäß der StVZO von 1,6 mm kontrollieren. Ein bei der Herstellung eingegossener Gummisteg auf dem Profilgrund kommt zum Vorschein, wenn die gesetzliche Abfahrgrenze erreicht ist. So kann der Fahrer mit einem Blick die Profiltiefe kontrollieren.

Abbildung 66:
Reifenverschleiß

> **PRAXIS-TIPP**
>
> In der Praxis ist es ratsam, Reifen unter 3 mm Profiltiefe, bei Winterreifen unter 4 mm Profiltiefe zu wechseln.

Der größte Reifenverschleiß entsteht durch:
- Schlupf
- Durchdrehen der Räder beim Anfahren
- Beim normalen Abrollen
- Falscher Luftdruck
- Fehler in der Achsgeometrie

> **PRAXIS-TIPP**
>
> Muldenförmige Auswaschungen deuten auf defekte Stoßdämpfer hin.
> Der Reifenverschleiß kann vom Fahrer durch gute Pflege und sachgerechte Handhabung deutlich reduziert werden.

> **AUFGABE/LÖSUNG**
>
> Was bedeutet die Bezeichnung „TUBELESS" auf einem Reifen?
>
> Der Reifen ist für die Verwendung ohne Schlauch vorgesehen.

Reifendruck

Der Reifendruck muss möglichst oft überprüft werden. Bei der Überprüfung ist das Reserverad mit einzubeziehen. Der Luftdruck ist gemäß den Herstellerangaben vor der Fahrt und bei kalten Reifen zu prüfen.

Eine Luftdruckkontrolle bei erwärmten Reifen ist nicht empfehlenswert, da sich die Luft bei Erwärmung des Reifens ausdehnt und somit der Luftdruck im Reifen steigt und dass Messergebnis verfälscht.
Der Luftdruck ist auch den wechselnden Beladezuständen anzupassen. Angabe hierzu findet man in der Betriebsanleitung des Fahrzeugs.
Die Auswirkungen eines falschen Reifendrucks sind erheblich.

Technische Ausstattung und Fahrphysik 1.10

Zu geringer Reifendruck führt zu:
- Höherem Abrieb
- Unregelmäßigem Abrieb
- Höherem Rollwiderstand
- Geringerer Laufleistung
- Verstärkter Walkbewegung
- Reifenbränden

Abbildung 67:
Luftdruckkontrolle
Quelle: Frank Lenz

Zu hoher Reifendruck führt zu:
- Minderung der zu erwartenden Laufleistung um bis zu 20 %
- Minimal vermindertem Kraftstoffverbrauch

Bei einer Zwillingsbereifung eines Nutzfahrzeuges ist der richtige oder falsche Reifendruck eines Reifens fast überhaupt nicht sichtbar. Speziell der innere Zwillingsreifen wird gerne vernachlässigt. Vorgeschobene Gründe sind häufig:
- Schlechtere Zugänglichkeit
- Keine direkte Sichtbarkeit
- Starke Verschmutzungen an Rädern, Achsen und Radläufen
- Mehr Aufwand

Lassen Sie es nicht so weit kommen!

Abbildung 68: Zu niedriger Luftdruck

Reifenbrände entstehen durch Überladung des Fahrzeuges oder durch einen zu geringen Reifendruck. Eine übermäßige Erwärmung durch zu geringen Luftdruck kann zum Ablösen der Lauffläche führen. Bei Zwillingsreifen kann durch zu wenig Luft das innere Aneinanderreiben der Reifen einen Reifenbrand erzeugen.

Abbildung 69: Zu hoher Luftdruck

> **Hintergrundwissen** → Ein um 20% zu hoher Luftdruck reduziert die Reifenlaufleistung auf ca. 90%. Ein um bis zu 30% zu niedriger Druck reduziert die Reifenlaufleistung auf bis zu 50%.

Abbildung 70:
Richtiger Luftdruck

Beschleunigte Grundqualifikation
Basiswissen Lkw/Bus

👍 PRAXIS-TIPP

Der Reifendruck ist einer der wichtigsten Parameter für Fahrsicherheit und eine der wichtigsten Ursachen für übermäßigen Reifenverschleiß und Reifenbeschädigungen. Eine häufige Kontrolle ist daher unerlässlich.

Weitere Aufgaben und Kontrollen:

Überprüfung des Reifendrucks:
Beim Thema Luftdruck ist neben dem Reifen auch das Reifenventil ein wichtiges Bauteil. Beachten Sie:
- Jedes Ventil sollte mit einer Ventilkappe versehen sein.
- Ersetzen Sie verloren gegangene Ventilkappen möglichst schnell, denn Schmutz kann zu Undichtigkeiten führen und Luftverlust beschleunigen.
- Überprüfen Sie Gummiventile auf Beschädigung am Ventilsitz.
- Benetzen Sie die Ventilöffnung mit Spucke. Bei Blasenbildung: Ventil nachziehen oder ggf. tauschen.
- Vergessen Sie das Reserverad nicht. Auch hier muss der Luftdruck regelmäßig geprüft werden, sonst kann es bei einer Reifenpanne eine ärgerliche Überraschung geben. Grundsätzlich sollten Sie in den Reservereifen immer einen etwas höheren Luftdruck sicherstellen.

Abbildung 71:
Kontrolle
Reserverad Bus
Quelle: Daimler AG

Technische Ausstattung und Fahrphysik

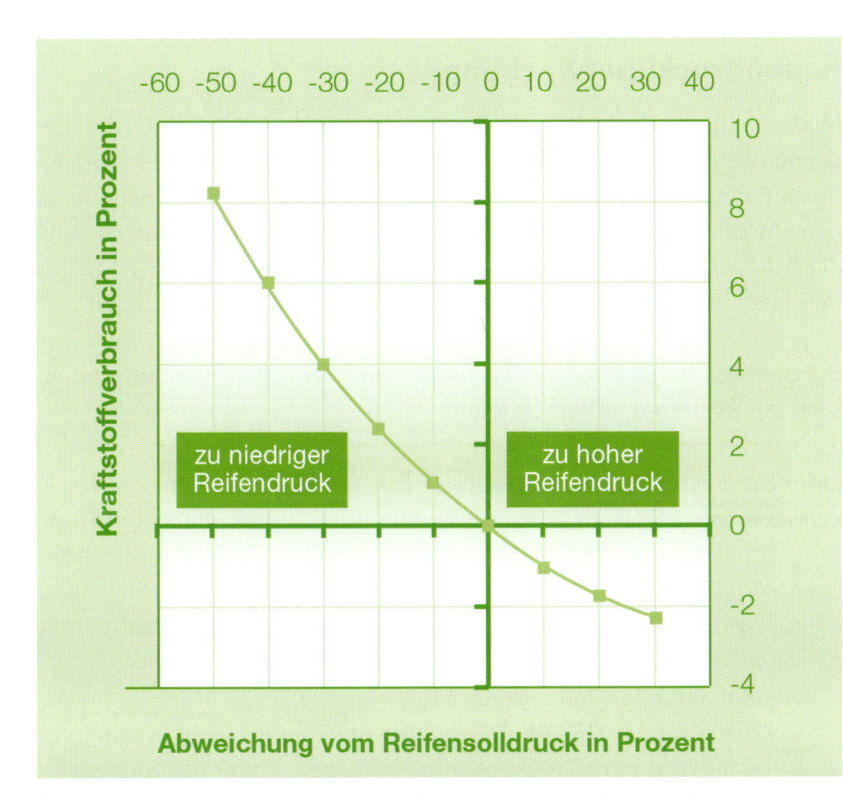

1.10

Abbildung 72:
Reifendruck und Kraftstoffverbrauch
Quelle: Wabco

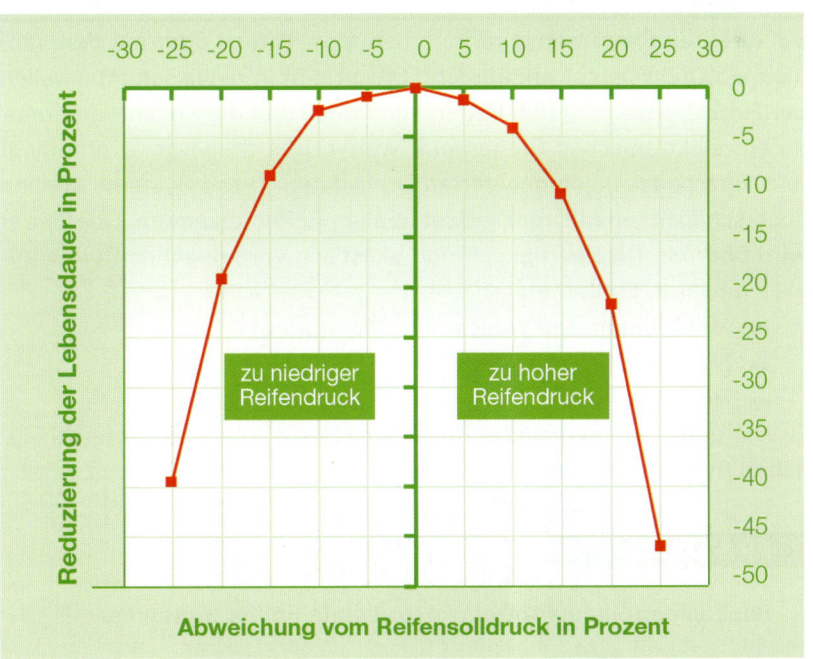

Abbildung 73:
Reifendruck und Reifenlebensdauer
Quelle: Wabco

**Beschleunigte Grundqualifikation
Basiswissen Lkw/Bus**

Reifendrucküberwachung

Moderne Reifendruckkontrollsysteme dienen der ständigen Überwachung des Reifendrucks. Mit ca. 25% sind Reifenschäden die zweithäufigste Pannenursache bei Nutzfahrzeugen. Nur ca. 60% der Reifenpannen entstehen durch eine plötzliche Beschädigung. Die übrigen ca. 40% der Schäden beginnen mit schleichendem Luftdruckverlust. Ein zu spätes Bemerken kann eine Kette von schwerwiegenden Folgen auslösen.

Bei den **Reifendruckkontrollsystemen** wird zwischen direkten und indirekten Systemen unterschieden.

Indirekte Systeme messen nicht den Reifendruck. Im Fall eines Druckverlustes verringert sich der Außendurchmesser, wodurch die Drehzahl verglichen mit den anderen Reifen ansteigt. Dieser Drehzahlanstieg wird von Sensoren erfasst, und als Druckabfall interpretiert. Der Fahrer wird dann akustisch oder optisch gewarnt. Schwachpunkte dieses Systems sind:
- Kein aktueller Reifendruck
- Gleichzeitiger Druckabfall in allen Reifen wird nicht erkannt
- Es muss ein großer Druckabfall vorliegen, damit das System reagiert

Bei direkten Systemen wird innerhalb des Reifens oder auf den Ventilen ein Drucksensor angebracht. Dieser gibt in gewissen Interwallen per Funkübertragung den Reifeninnendruck und die Reifentemperatur an ein elektronisches Steuergerät weiter. Das Steuergerät empfängt und verarbeitet diese gelieferten Druckdaten. Diese Systeme können auch schleichenden Druckverlust in allen Reifen erkennen. Der Fahrer wird über ein Display optisch und akustisch vor kritischen Reifendrücken gewarnt. Systeme:
- IVTM (Integrated Vehicle Tire Monitoring)
- TPM (Tire Pressure Monitoring)
- Tire-IQ-System

Gravierende und plötzliche Reifenschäden können die unterschiedlichen Systeme aber nicht erkennen.

PRAXIS-TIPP

Beobachten Sie die Anzeigeinstrumente immer aufmerksam!

Technische Ausstattung und Fahrphysik 1.10

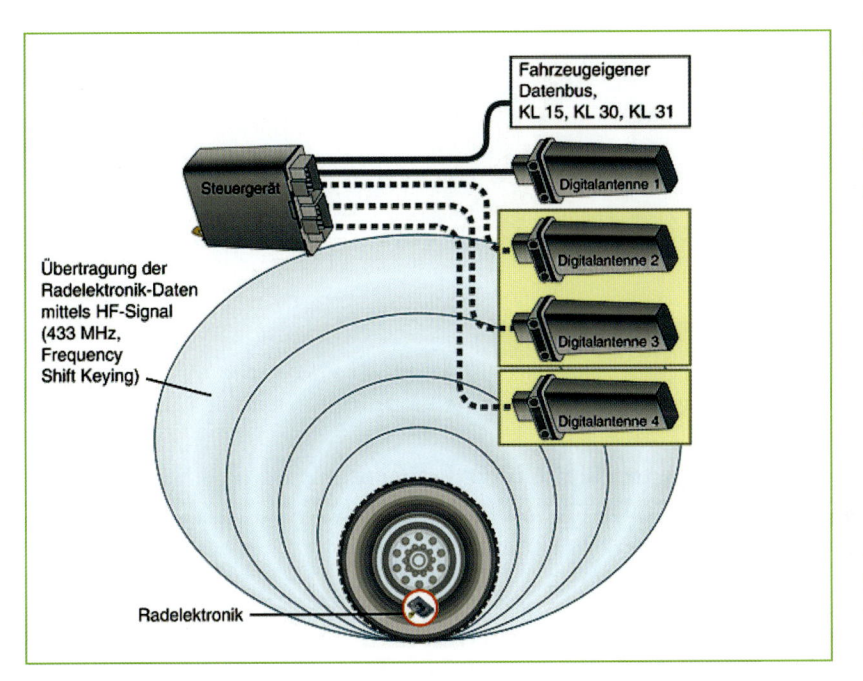

Abbildung 74: Systemkomponenten des Reifendruckkontrollsystems
Quelle: Beru AG

Abbildung 75: Integrated Vehicle Tire Monitoring
Quelle: Wabco

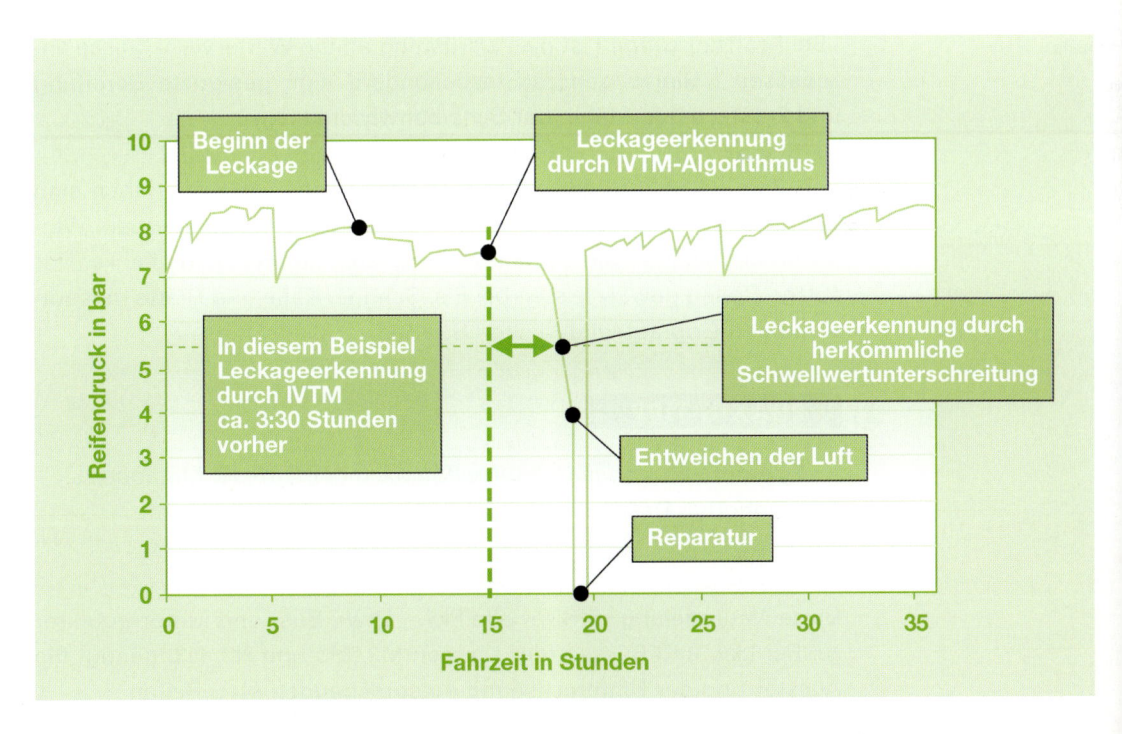

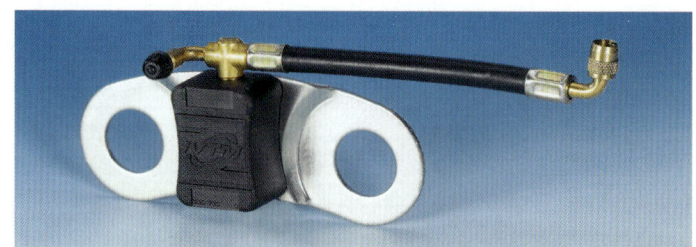

Beschleunigte Grundqualifikation
Basiswissen Lkw/Bus

Abbildung 76:
IVTM Multifunktionsdisplay
Quelle: Wabco

Abbildung 77:
IVTM Radmodul
Quelle: Wabco

AUFGABE/LÖSUNG

Wozu kann ein zu niedriger Reifendruck führen?

- ❏ Senkung des Kraftstoffverbrauches
- ☒ Erhöhung des Kraftstoffverbrauches
- ☒ Überhitzung des Reifens

Neue gesetzliche Regelungen in Deutschland

„Bei Kraftfahrzeugen ist die Ausrüstung an die Wetterverhältnisse anzupassen." Hierzu gehören insbesondere eine geeignete Bereifung und Frostschutzmittel in der Scheibenwaschanlage.

Seit dem 04.12.2010 gilt die Winterreifenpflicht. Vorgeschrieben sind Winterreifen bei entsprechend schlechten Straßenverhältnissen. Winterreifen erkennen Sie an dem M+S Symbol auf der Reifenflanke. Nur solche Reifen gewährleisten bei Eis, Schnee, Kälte und Glätte den notwendigen Grip auf winterlichen Straßen.

PRAXIS-TIPP

Es empfiehlt sich die Winterreifen nach der O-bis-O-Methode zu montieren. Das bedeutet von Oktober bis Ostern!

Diese Neuregelung trifft für alle Pkw-, Lkw-, Bus- und Motorradfahrer zu. Bei Lkw und Bussen (der Klassen M2, M3 und N2, N3) genügt die Ausstattung der Hinterachse mit entsprechenden M+S Reifen.

Abbildung 78:
Winterreifen
Quelle: Frank Lenz

Wer bei winterlichen Bedingungen mit falscher Bereifung unterwegs ist, muss mit einem Bußgeld in Höhe von 40 Euro rechnen. Kommt es dadurch zu einer Behinderung oder Gefährdung anderer Verkehrsteilnehmer, droht eine Erhöhung auf 80 Euro plus ein Punkt im Flensburger Zentralregister.

Hinweis: Auch in anderen europäischen Ländern gibt es Vorschriften zur Ausrüstungspflicht mit Winterreifen, die aber z. B. durch fest vorgeschriebene Benutzungszeiträume abweichen. Deshalb erkundigen Sie sich vor der Fahrt ins Ausland über die dort gültigen Regelungen.

Abbildung 79:
Schneekettenpflicht

Nachschneiden von Reifen

Alle Reifen, bei denen ein Nachschneiden zulässig ist, tragen in Übereinstimmung mit ECE-Regelung 54 an beiden Seitenwänden das Wort „REGROOVABLE".
Um die Kilometerleistung eines Reifens noch zu erhöhen, können sie nachgeschnitten werden. Durch das Nachschneiden gewinnt man bis zu 4 mm zusätzliche Profiltiefe. Es muss jedoch eine Restgrundstärke von 2 mm erhalten bleiben.
Soll ein Reifen nach Erreichen der Abfahrgrenze runderneuert werden, ist ein Nachschneiden nicht in jedem Fall zu empfehlen. Durch die Ver-

Abbildung 80:
Nachschneiden von Reifen

ringerung der Grundstärke können Fremdkörper schneller in den Stahlgürtel eindringen und dort durch die Beschädigung Rostbildung hervorrufen. Hierdurch ist dann die Eignung zur Runderneuerung stark beeinträchtigt.
Der beste Zeitpunkt zum Nachschneiden ist erreicht, wenn das Profil gleichmäßig auf ca. 3 mm abgefahren ist. Blockierstellen und unregelmäßiger Verschleiß sind zu beachten. Um Ausfälle zu vermeiden, sollte das Nachschneiden nur von qualifizierten Fachkräften durchgeführt werden. Moped-, Motorrad-, Pkw- und deren Anhängerreifen dürfen unter keinen Umständen nachgeschnitten werden.

Runderneuern von Reifen

Schätzungsweise fünfzig Prozent aller montierten Reifen auf Nutzfahrzeugen sind runderneuert. Im Pkw-Bereich ist der Anteil bedeutend kleiner.

Was geschieht beim Runderneuern?
Computergesteuerte Aufraumaschinen entfernen alle alten Laufstreifengummi-Bestandteile millimetergenau vom Reifenunterbau, der dabei nicht beschädigt werden darf. Jede Unregelmäßigkeiten im Unterbau der Karkasse, die nach dem Aufrauen sichtbar werden, führen zum

sofortigen Aus. Eine neue Rohgummimischung wird durch schablonengesteuerte Beleg-Extruder aufgebracht. Die Zusammensetzung entspricht der von Neureifen.

Die entstandenen Rohlinge werden erneut vermessen und der jeweils richtigen Heizpresse zugeführt. Unter ca. 15 bar Druck und einer Temperatur von ca. 160 °C bekommt der Reifen sein neues Profil.

Bevor der Reifen die Produktion verlässt, wird er ein letztes Mal geprüft. Nur wenn alles hundertprozentig stimmt, kommt der Reifen in den Handel.

Runderneuerte Reifen und ihre Bedeutung auf dem Markt

Die Anteile runderneuerter Reifen am Pkw- und Lkw-Reifen-Ersatzmarkt in Europa sind sehr unterschiedlich:

- Bei Pkw-Reifen reichen sie von minimalen 1–2 % in der Schweiz bis hin zu Werten von >20 % in Skandinavien.
- In Deutschland liegt der Anteil der runderneuerten Pkw-Reifen bei ca. 10 %; im Segment Winterreifen sogar bei 20 %.
- Bei Lkw- und Busreifen ist der Anteil der Runderneuerten deutlich höher und reicht von etwa 40 % in Spanien bis über 70 % in Finnland.
- In Deutschland und Frankreich machen die runderneuerten Lkw- und Busreifen ca. die Hälfte des Reifenersatzmarktes aus.
- Im ganzen EU-Raum kommen pro Jahr mehr als 15 Mio. Lkw- und Busreifen zum Einsatz. Davon sind ca. 8 Mio. Reifen neu und ca. 7 Mio. Reifen runderneuert.

Bei Nutzfahrzeugen ist eine qualitativ hochwertige Runderneuerung eine gute Alternative zum Neureifen, denn sie bietet Sicherheit, hohe Laufleistungen und ein sehr gutes Preis-Leistungs-Verhältnis.

Vorteile der Runderneuerung

Umweltbewusst und kosteneffizient! Nach verschlissener Lauffläche sind erst ca. 25 % eines Reifens verbraucht. Die Karkasse, in der ca. 75 % des Reifenwertes enthalten sind, kann für ein „neues Reifenleben" wieder aufgummiert werden. Zur Herstellung eines Lkw- oder Busneureifens benötigt man ca. 70–80 kg Gummimischung. Die Runderneuerung eines solchen Reifens erfordert lediglich ca. 15 kg Gummimischung. Hierdurch werden eine erhebliche Menge an Rohstoffen eingespart. In der EU sind dies pro Jahr mehr als 300.000 Tonnen.

Aus der Praxis – für die Praxis

TIPPS FÜR UNTERWEGS

Reifenverschleiß ist teuer

Fahrer, die bemüht sind, die Betriebskosten ihres Lastwagens niedrig zu halten, sind ein Gewinn für jede Firma. Zu diesem Themenbereich gehört neben bewusst kraftstoffsparender Fahrweise auf jeden Fall auch der verantwortungsbewusste Umgang mit Reifen. Immerhin kostet ein kompletter Satz für einen Sattelzug mit dreiachsigem Auflieger, je nach Reifenqualität, zwischen 4000 und 6000 Euro. Ein hochwertiger Winterreifen für die Antriebs- oder Lenkachsen knackt dabei schon mal die 600.- Euro Marke. Um die teuren Gummimischungen nicht zu schnell abzunutzen, sollten Sie deswegen folgende Praxistipps berücksichtigen:

Verschleißarmes fahren

Drehen Sie die Vorderräder Ihres Schwerfahrzeuges nie im Stand. Denn das Gewicht, das dabei auf den Reifen lastet, ist so hoch, dass sich auf dem Asphalt runde Plaques aus Gummiabrieb bilden. Teure Winterreifen, die durch ihre extrem weiche Gummimischung auf Eis und Schnee guten Grip bieten, leiden unter solchem Missbrauch ganz besonders. Profis halten den Truck deshalb beim Drehen am Lenkrad immer ein wenig in Bewegung. Das gleiche gilt für Reifen auf einem beladenen Auflieger. Wenden Sie mit einem beladenen Auflieger nie auf der Stelle. Die Gewalt, die dabei auf Reifen, Radbolzen und Achsen wirkt, ist unglaublich. Wer einmal beobachtet hat, wie sich Reifenflanken bei einem solchen Manöver unter dem Gewicht von 24 Tonnen Ladung verwinden, vergisst dieses Bild nicht mehr. Mindestens genau so beeindruckend ist aber auch der Gummiabrieb, den die sechs Reifen des Aufliegers dabei auf dem Asphalt zurück lassen. In einigen Firmen haben Fahrer wegen eines solchen Wendemanövers schon schriftliche Abmahnungen kassiert. Kostenbewusste Chefs betrachten so etwas nämlich als Sachbeschädigung. Also fahren Sie, wo immer möglich, einen kleinen Bogen, wenn sie mit Ihrem Fahrzeug wenden müssen. Alternativ können sie auch, wo möglich, ein kleines Stück im 90 Grad Winkel rückwärtsfahren und dann vorwärts in die gewünschte Fahrtrichtung einschwenken. Auch das schont die Reifen an Ihrem Auflieger.

Kontrolle ist besser

Nun ein Wort zum Thema Fahrzeugübernahme. Das ist ein wichtiges Thema, denn als CE-Neuling werden Sie bei Ihrem Arbeitgeber wahrscheinlich zunächst auf älteren bis ganz alten Fahrzeugen eingesetzt werden. Schließlich muss Ihr Chef davon ausgehen, dass Sie am Fahrzeug den ein oder andere Schaden verursachen, weil Sie hinterm Lkw-Lenkrad noch unerfahren sind. Die ältesten Fahrzeuge eines Fuhrparks haben aber meist das Problem, dass sich niemand dafür verantwortlich fühlt. Deswegen sollten Sie bei der Übernahme der Fahrzeugrentner bei der Abfahrtskontrolle besonders umsichtig vorgehen. Werfen Sie dabei einen besonders intensiven Blick auf die inneren Zwillingsreifen der Antriebsachse. Die werden meist stiefmütterlich behandelt, wenn Fahrzeuge keinen festen Fahrer haben! Oft reicht der Zustand von halbleer bis platt. Dann droht ein Fahrzeugbrand, weil die Reifen überhitzen oder es kommt zum Reifenplatzer **(Foto)**, wenn die Traglast des gesunden, äußeren Pneus bei maximaler Beladung überschritten wird.

Einen unbekannten Lkw, mit dem Sie am nächsten Morgen starten wollen, sollten Sie übrigens, wenn möglich, bereits am Abend zuvor genau unter die Lupe nehmen. So haben Sie die Chance, abgefahrene Reifen noch vom Werkstattpersonal wechseln zu lassen. Ansonsten müssen Sie am nächsten Morgen vor Beginn Ihrer Fahrt unter Umständen selbst zu Wagenheber und Radkreuz greifen, weil das Werkstattpersonal noch in den Federn liegt! Sollten Sie mit Ihrem Lastwagen unterwegs einen schleichenden Plattfuß feststellen, muss das übrigens nicht gleich ein Grund für einen Radwechsel sein. Durchsuchen Sie lieber die Staukästen Ihres Fahrzeuges. Vielleicht finden Sie dort ja einen Reifenfüllschlauch **(Foto)**. Den können Sie am Druckluftsystem Ihres Fahrzeuges anschließen und den Reifen wieder auf Betriebsdruck bringen.

Bevor Sie sich aber ans Befüllen machen, überprüfen Sie zunächst einmal den Zustand des Ventils am schadhaften Reifen. Reiben Sie dazu einfach etwas Spucke übers Ventil. Wirft der Speichel Blasen, wissen Sie, wo das Problem liegt. Wenn Sie jetzt noch einen Ventilschlüssel und ein Ersatzventil dabei haben, können Sie den Schaden schnell selbst beheben. Als Ersatz für einen Ventilschlüssel können Sie unter Umständen auch eine Ventilkappe Ihrer Reifen benutzen. In einigen Fällen haben Ventilkappen aus Metall nämlich eine schmale Spitze mit einer Vertiefung und einem Schlitz.

Beschleunigte Grundqualifikation
Basiswissen Lkw/Bus

Weiterhin werden einige tausend Tonnen Rohöl eingespart.

Durch die Runderneuerung wird die Entsorgung abgefahrener Reifen zwar nicht endgültig vermieden, aber deutlich hinausgeschoben. Die stetig steigenden Entsorgungskosten werden damit gering gehalten und die Mülldeponien entlastet.

Hauptsächlich beim Einsatz von runderneuerten Nutzfahrzeug-Reifen dürfte der Kostenaspekt die Hauptrolle spielen, denn diese Reifen kosten nur circa die Hälfte des Neureifenpreises.

Abbildung 81: Runderneuern von Reifen

1.11 Verhalten bei Defekten

▷ **Die Teilnehmer sollen einen Überblick über mögliche Defekte, deren Ursachen und Handlungsmöglichkeiten erhalten.**

↻ Der Lehrgangsteilnehmer kann sich hier selbst einen Überblick zu möglichen Defekten an Nutzfahrzeugen verschaffen. Sie können dieses Kapitel an entsprechender Stelle auch in den Unterricht einfließen lassen.

Mangel	Ursache	Verhalten
Motor dreht, springt aber nicht an	Luft in der Kraftstoffanlage	Kraftstoffanlage entlüften
	Filter verstopft	Filter tauschen oder auswaschen
Motor hat zu wenig Leistung	Verschmutzung des Kraftstofffilters	Filter tauschen oder auswaschen
	Luftfilter verstopft	Filter tauschen oder ausblasen
Motortemperatur zu hoch	Kühler verschmutzt	Kühler reinigen
	Keilriemen rutscht durch	Keilriemen spannen
	Viscolüfter defekt	Lüfter sperren, Werkstatt aufsuchen
	Thermostat im Kühlkreislauft defekt	Werkstatt aufsuchen

Anlasser zeigt keine Funktion	Batterie leer oder defekt	Batterie laden oder austauschen
	Kabel gebrochen	Defektes Kabel austauschen Werkstatt aufsuchen
	Anlasser defekt	Werkstatt aufsuchen
Motor qualmt stark	Luftfilter verstopft	Filter wechseln oder ausblasen
	Turbolader defekt	Werkstatt aufsuchen
	Fehler in der Einspritzanlage	Werkstatt aufsuchen
Motor qualmt blau	Defekte Zylinderkopfdichtung (Öl wird verbrannt)	Werkstatt aufsuchen
Motor qualm weiß	Defekte Zylinderkopfdichtung (Wasser wird verbrannt)	Werkstatt aufsuchen
Probleme beim Anfahren und/oder beim Schalten	Kupplung rutsch oder verölte Beläge, Kupplungsmechanik defekt	Werkstatt aufsuchen
Fehlende Kraftübertragung	Bruch an den Übertragungsteilen wie z.B. Gelenkwelle	Werkstatt aufsuchen
	Schaltelektronik defekt, Schaltventile defekt	Notschaltung aktivieren, Werkstatt aufsuchen

Technische Ausstattung und Fahrphysik — 1.11

Kein Druckanstieg in der Bremsanlage	Luftpresser defekt	Werkstatt aufsuchen
	undichte Anschlüsse	Schrauben nachziehen, Werkstatt aufsuchen
Zu hoher Druckabfall beim Bremsen	Wasser in den Vorratsbehältern	Lufttrockner überprüfen, Behälterentwässern
	Gestänge ausgeschlagen	Werkstatt aufsuchen
Bremsen ziehen einseitig	Bremsbeläge abgenutzt	Bremsbeläge tauschen
	Bremsbeläge verölt	Werkstatt aufsuchen
Schlechte Bremswirkung	Bremsbeläge abgenutzt	Bremsbeläge tauschen
	Bremsbeläge verölt	Werkstatt aufsuchen

1.12 Fahrphysik

▶ **Die Teilnehmer sollen die Grundzüge und Zusammenhänge der Fahrphysik nachvollziehen und ihr Handeln entsprechend ausrichten können. Sie sollen ein Bewusstsein für das Fahrverhalten entwickeln und sensibilisiert werden.**

↪ Verwenden Sie zur Erläuterung der Fahrphysik praktische Beispiele, die die Teilnehmer kennen und nachvollziehen können. Nutzen Sie ggf. die Erfahrungen einzelner Teilnehmer aus einem Sicherheitstraining.

🕒 Ca. 255 Minuten

💻 Führerschein: Fahren lernen Klasse C, Lektion 2; Fahren lernen Klasse D, Lektion 10

Im Alltagsbetrieb hat es manchmal den Anschein, als spiele die trockene und theoretische Fahrphysik keine besondere Rolle: Das Fahrzeug tut ja, was Sie als Fahrer wollen, auch ohne dass Sie sich über Fahrphysik ernsthaft Gedanken machen.
Diesen bequemen Fahrzustand mit einem gewissen Sicherheitspolster haben Sie allerdings nur, solange Sie mit Ihrem Fahrzeug nicht aus irgendeinem Grund in einen Grenzbereich geraten.

⚠ In eine kritische Fahrsituation und einen fahrerischen Grenzbereich können Sie jederzeit kommen, auch in vermeintlich ruhiger und übersichtlicher Verkehrslage und wenn Sie mit angemessener Geschwindigkeit fahren!

Hinweis: Wenn Sie die Fahrphysik kennen, können Sie die Kräfte besser kontrollieren, die auf Ihr Fahrzeug wirken. Es dürfen möglichst keine Fahrzustände entstehen, die Sie als Fahrer nicht mehr unter Kontrolle bekommen! So vermeiden Sie Unfälle.

Masse und Kraft

Jeder Körper hat ein bestimmtes Gewicht (Masse). Befindet sich dieser Körper in einer Ruhelage, so wirkt die Erdanziehung (Gravitation) auf ihn.

> **Hintergrundwissen** → Gravitation hält uns auf der Erdoberfläche und sorgt auch dafür, dass die Himmelskörper auf ihren Bahnen bleiben.
> Die Gravitation ist immer anziehend und kann nach heutigem Wissen nicht abgeschirmt werden. Sie ist die einzige Kraft, die ungehindert über große Entfernungen wirken kann und die wichtigste Kraft zur Aufrechterhaltung von Vorgängen im Weltall.

Die Erdanziehungskraft bzw. Schwerkraft ist zum Erdmittelpunkt gerichtet. Sie sorgt dafür, dass wir fest stehen und Gegenstände fallen können.

FORMEL

Die Größe dieser Kraft hängt von zwei Faktoren ab:
- Dem Gewicht (= Masse m)
- Der Beschleunigung a (hier: Die Erdbeschleunigung $g = 9{,}81 \text{ m/s}^2$)

Damit ergibt sich für die Gewichtskraft: F_G
$$F_G = m \times g$$

Bei einem Fahrzeug wirken an den Reifenaufstandspunkten bzw. -flächen folgende Kräfte:
- Gewichtskraft entsprechend der Masse des Fahrzeuges mit einer Wirkung abhängig von der Lage des Schwerpunktes
  - **statisch,** verteilt auf Achsen bzw. Räder (oft mit ungleichen Achslasten, aber nahezu symmetrisch zwischen rechts und links)
  - **dynamisch,** verteilt je nach Fahrsituation zwischen vorn und hinten (Beschleunigen, Bremsen) bzw. zwischen rechts und links (Kurvenfahrt)

- Beschleunigungskraft und Bremskraft als Längskraft
- Querkraft (Kurvenfahrt, Seitenwind, Fahrbahnneigung)

Abbildung 82:
Kräfte am Fahrzeug

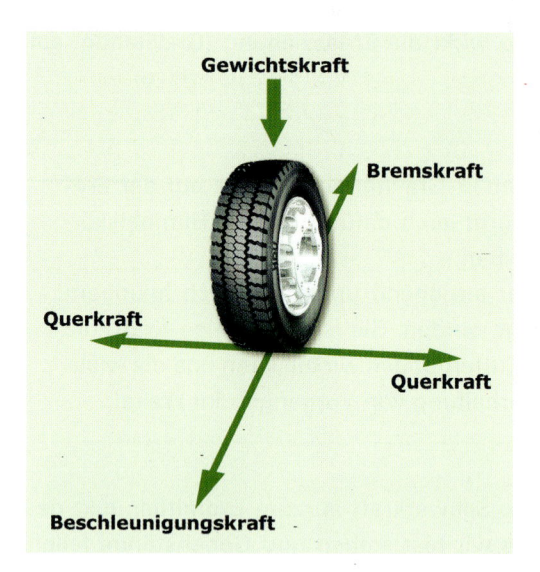

Gewichtskraft
Bremskraft
Querkraft
Querkraft
Beschleunigungskraft

Hintergrundwissen → Die Masse ist eine physikalische Grundgröße. Mit der Masse sind die Begriffe Gewicht und Trägheit verbunden.
Ein wichtiger Faktor ist die Masse, die beispielsweise auf einem Fahrzeug lastet: Werden zwei baugleiche Fahrzeuge mit deutlich unterschiedlicher Beladung auf einer schiefen Ebene in Bewegung gesetzt, rollt das schwerere der beiden Fahrzeuge weiter. Hier wirkt die sog. Hangabtriebskraft.
Der andere wichtige Faktor ist die Trägheit der Masse. Die Geschwindigkeit eines Gegenstands kann man nur ändern, wenn man dem Gegenstand Energie zuführt oder wegnimmt. Je schwerer ein Gegenstand ist, desto träger ist dieser und desto mehr Arbeit kostet es, ihn auf eine bestimmte Geschwindigkeit zu bringen.

Technische Ausstattung und Fahrphysik

> ⊕ **Hintergrundwissen** → Die Kräfte am Reifenaufstandspunkt wirken vektoriell zusammen. Je nach Größe der Längs- und Querkraft ergibt sich für die Gesamtkraft als Vektor auch die Richtung in der Fahrbahnebene, mit der diese Kraft wirkt (vgl. Kamm'scher Kreis). Diese Kraft steht im Verhältnis zur vertikalen Kraft, die durch das statische und dynamische Gewicht den Reifen in Bodenrichtung drückt.

Kraftschluss

Die Übertragung der Kräfte zwischen zwei Körpern aufgrund des Ineinandergreifens dieser geschieht mittels Formschluss (z. B. Zahnriemen und Zahnriemenscheibe oder Zahnräder untereinander).

> ⊕ **Hintergrundwissen** → Von formschlüssigen Verbindungen spricht man zum Beispiel bei Zahnrädern. Zwei oder mehrere Zahnräder übertragen dabei über die anliegenden Formschlussflächen die Kräfte und damit Drehmomente. Formschlüssige Verbindungen haben keinen Schlupf, sie übertragen Kraft, Drehmoment und Bewegung zwangsläufig.

Die Übertragung der Kräfte zwischen zwei Körpern (wie z. B. Reifen und Fahrbahnbelag, Keilriemen und Keilriemenscheibe) nur aufgrund der Berührung geschieht mittels **Kraftschluss**.
Je größer die Haftung des Reifens auf der Fahrbahn ist, desto höher sind die Kräfte, die zwischen Fahrzeug und Fahrbahn übertragen werden können. Diese Haftung zwischen den Körpern als Kraftschluss wird auch Haftreibung genannt.

Haftreibung

Die Haftung bzw. Haftreibung sollte immer größer sein als die Kräfte an den Reifenaufstandsflächen des Fahrzeugs. Sind jedoch die auftretenden Kräfte höher als die Haftreibung, dann gerät ein Fahrzeug ins Rutschen oder Schleudern.

Beschleunigte Grundqualifikation
Basiswissen Lkw/Bus

Moderne elektronische Fahrdynamiksysteme helfen, einen solchen Vorgang zu vermeiden.
Bei der Übertragung von Kräften zwischen Reifen und Fahrbahn spielt die Haftreibungszahl eine entscheidende Rolle.

> **FORMEL**
>
> Die Haftreibungszahl µ (sprich: Mü) beschreibt das Kräfteverhältnis einer Reibpaarung:
>
> $$\mu = \frac{F_R}{F_N}$$
>
> F_R: Reibungskraft = Kraft, die der Verschiebekraft entgegenwirkt
> F_N: Normalkraft = Kraft, mit der die Körper aufeinander wirken

Die Reibungskraft F_R ist in unserem Fall die an der Reifenaufstandsfläche übertragbare Kraft. Die Normalkraft F_N entspricht in der Ebene der Gewichtskraft des Fahrzeugs, die jeweils anteilig an den einzelnen Reifenaufstandsflächen als Radlast auf die Fahrbahn wirkt.

Die Haftreibung zwischen Reifen und Fahrbahn hat einen Maximalwert, der abhängig von vielen Faktoren und der Fahrsituation ist z. B. von

- Reifen,
- Laufflächenprofil,
- herrschenden Umgebungstemperaturen,
- Reifentemperaturen aufgrund des ständigen Walkens oder
- dem Fahrbahnbelag (z. B. Asphalt, Schotter).

> ⊕ **Hintergrundwissen** → Je nach Gummimischung und Fahrbahnbelag treten effektive Haftreibungszahlen auf, die beim Pkw >1 sein können (im Motorsport sogar annähernd µ = 2). Beim Nutzfahrzeug ist dieser Wert allerdings aufgrund der speziellen Anforderungen und anderer Gummimischungen geringer.

Technische Ausstattung und Fahrphysik

1.12

Die Haftreibungszahl μ hat z. B. bei besten Bedingungen und trockener Fahrbahn ungefähr den Wert 1. Dies bedeutet: Man kann ein Fahrzeug mit einer Verzögerung bis zu ungefähr einem g (= Erdbeschleunigung, ca. 10 m/s^2) abbremsen (die Werte liegen beim Nutzfahrzeug etwas niedriger: beim Omnibus beispielsweise ca. 0,6–0,75). Auf nasser Fahrbahn sinkt μ auf einen Wert von ca. 0,5, auf Eis sogar auf 0,1, was gegenüber trockenem Asphalt zu einer Verdoppelung bzw. bei Eis zur Verzehnfachung des Bremsweges führt.

Allgemein gilt aber: Der Reibungskoeffizient zeigt bei der Reibpaarung Reifen-Fahrbahn eine deutlichere Abhängigkeit von der Normalkraft, sodass die Anwendung der Haftreibungsmodelle auf Gummi eher problematisch ist, da sich das Material eher wie eine hochviskose, d. h. sehr zähe Flüssigkeit verhält.

Beispiele Haftreibungszahl μ:

Beton, trocken:	0,7–0,8	Pflaster, nass:	0,3–0,5
Asphalt, trocken:	0,6–0,7	Schnee, fest:	0,1–0,3
Pflaster, trocken:	ca. 0,6	Eis:	0,1–0,2
Beton, nass:	0,5–0,6	Aquaplaning:	< 0,05
Asphalt, nass:	0,4–0,6		

Aquaplaning ist ein Beispiel für eine extrem niedrige Haftreibungszahl. Dabei bildet sich bei nasser Fahrbahn ein Wasserkeil unter dem Reifen.
Antriebskräfte und Bremskräfte können nicht mehr übertragen werden und die Lenkfähigkeit des Fahrzeuges geht verloren.

Gleitreibung

Neben der Haftreibung gibt es auch Gleitreibung.
Gleitreibung tritt in einer Fahrsituation dann auf, wenn die gerade maximal mögliche Haftreibungskraft überschritten wird und Ihr Fahrzeug ins Rutschen gerät. Die Reifen haften nicht mehr auf der Fahrbahn, sondern gleiten darüber.
Für Sie als Fahrer ist das – außerhalb eines Übungsgeländes – eine schwierige Situation: Es entstehen Gefahren für Fahrzeug, Fahrer, Mit-

fahrer, Fahrgäste, Ladung und evtl. auch für andere Verkehrsteilnehmer.

Die Gleitreibungskraft ist allgemein niedriger als die Haftreibungskraft. Diese Differenz kann 15–30 % betragen. Mit Beginn des Rutschens wird daher die Reibung plötzlich verringert, sodass sich eine zu starke Kraft auf das Fahrzeug ergibt, die das Fahrzeug plötzlich stark auslenken kann und im schlimmsten Fall zum Schleudern bringt.

> **Hintergrundwissen →**
>
> **Beispiel: Haftreibung/Gleitreibung**
> Ein Gewicht befindet sich auf einem Holzbrett auf dem Boden. Das Holzbrett inkl. Gewicht soll gezogen werden:
> Die Gewichtskraft bzw. Normalkraft F_N hat eine entsprechende maximale waagerechte Reibungskraft F_{Reib} zur Folge, die das Brett inkl. Gewicht in seiner Position festhält (= Haftreibung). Diese Haltekraft wird in das Verhältnis gesetzt zur Gewichtskraft. Dieses Verhältnis nennt man Haftreibungszahl oder Reibungskoeffizient.
> Beispielsweise bedeutet $\mu = 0{,}3$, dass bei einer Normalkraft F_N von 100 N (Gewicht mit Masse 10 kg) eine (maximale) Reibungskraft F_{Reib} von 30 N wirkt.
>
> Die Haftreibungszahl bzw. der Reibungskoeffizient μ ist abhängig von
> - den beiden Reibpartnern (Materialien)
> - der Oberflächenbeschaffenheit der Reibpartner (z. B. rau)
> - Temperatur und Feuchtigkeit
> - eventuellen Stoffen zwischen den beiden Körpern (z. B. Öl, Sand, Split)
>
> Die Haftreibung sorgt dafür, dass sich das Holzbrett bei weniger als 30 N seitlicher Kraft nicht über den Boden bewegt. Gehen Brett inkl. Gewicht bei mehr als 30 N Zugkraft ins Gleiten über, so sind dann in aller Regel weniger als 30 N notwendig, um diese Bewegung aufrechtzuerhalten: Die Gleitreibung ist geringer als die Haftreibung, ihre Haftreibungszahl ist niedriger. In dem Fall, dass die Gleitreibung etwa 30 % oder ein Drittel nied-

Technische Ausstattung und Fahrphysik

1.12

riger ist als die Haftreibung, beträgt die Zugkraft oder Schubkraft nur noch 20 N, damit das Brett inkl. Gewicht in Bewegung bleibt: μ gleich 0,2.

Dass die Gleitreibungskraft niedriger ist als die Haftreibungskraft, wissen Sie alle, wenn Sie schon einmal versucht haben, einen schweren Gegenstand wie z. B. ein Möbelstück zu verrücken oder zu verschieben:
Das Anschieben des Möbelstücks ist wegen der Haftreibung besonders schwierig. Weniger Kraftaufwand benötigen Sie dann beim Schieben, wenn sich das schwere Teil erst einmal in Bewegung gesetzt hat. Dann haftet es nicht mehr, sondern gleitet (Gleitreibung).

**Beschleunigte Grundqualifikation
Basiswissen Lkw/Bus**

Schlupf

Bei jeder Art der Kraftübertragung zwischen Reifen und Fahrbahn tritt so genannter Schlupf auf. Das passiert beim Anfahren, Beschleunigen, Kurven fahren oder Bremsen.

Schlupf ist die Differenz zwischen dem Weg, den das Rad aufgrund seiner Umdrehungen beschreibt, und dem Weg, den das Fahrzeug tatsächlich zurücklegt. Angetriebene Reifen drehen sich dabei mehr als es der gemessenen Wegstrecke des Fahrzeuges entspricht. Der ständige und notwendige Schlupf beim Fahren verursacht stets ein Mindestmaß an Reifenverschleiß.

Im normalen Fahrtzustand bemerken Sie diesen Schlupf allerdings überhaupt nicht. Ein Reifenschlupf von ca. 10 % kann die maximale Kraft übertragen. Diesen Wert machen sich die elektronischen Assistenzsysteme ASR und ABS bei ihrer Regelung zunutze.

Bei schlagartigem Gasgeben oder sehr starkem Bremsen kann der Schlupf Werte von mehr als 30 % erreichen. Ein (theoretischer) Schlupf von 0 % bedeutet keine unterschiedliche Drehzahl, während ein Schlupf von 100 % (Eis, Aquaplaning oder Rollsplit) im Fall einer Antriebskraft das Durchdrehen der Räder oder im Fall einer Bremskraft das Blockieren der Räder beschreibt. Diese beiden speziellen Formen des Schlupfes sollten wir als Fahrer allerdings vermeiden.

Abbildung 83:
Schlupf

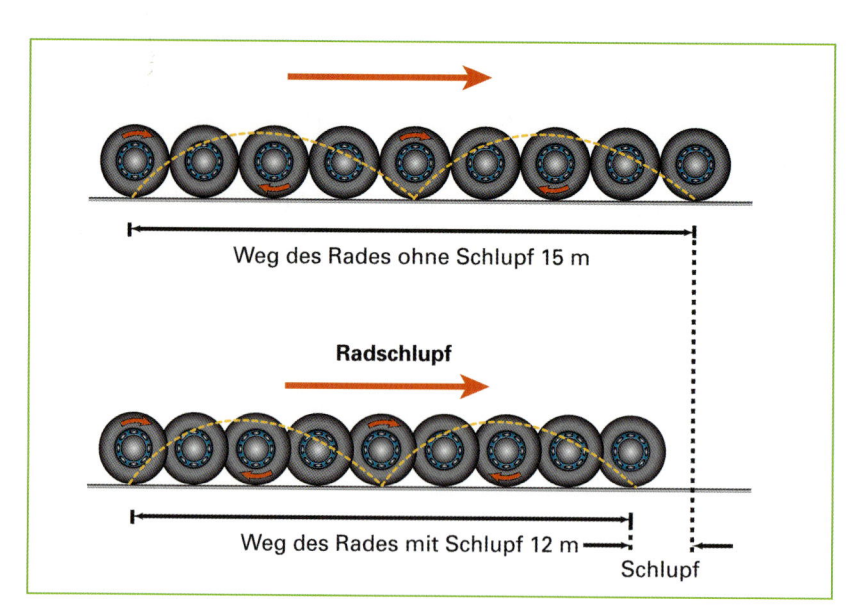

Weg des Rades ohne Schlupf 15 m

Radschlupf

Weg des Rades mit Schlupf 12 m
Schlupf

Technische Ausstattung und Fahrphysik

1.12

> **PRAXIS-TIPP**
>
> **Je höher der Schlupf, desto geringer wird die maximal übertragbare Seitenführungskraft der Reifen.** In einer Kurve führt dann Beschleunigen oder auch Bremsen schnell zu einem geradeaus rutschenden (untersteuernden) Fahrzeug oder einem schleudernden (übersteuernden) Fahrzeug.

Fahrdynamik

Die Fahrdynamik lässt sich in folgende Bereiche unterteilen:
- Längsdynamik
- Querdynamik
- Vertikaldynamik

Wie die Bezeichnungen schon vermuten lassen, richten sich die genannten Unterteilungen nach den drei **Fahrzeughauptachsen** eines Fahrzeuges. Diese Hauptachsen sind standardmäßig definiert.

In der Fahrpraxis stellen sich dann in den meisten Fällen Fahrzustände ein, die Kombinationen aller drei Kategorien darstellen.

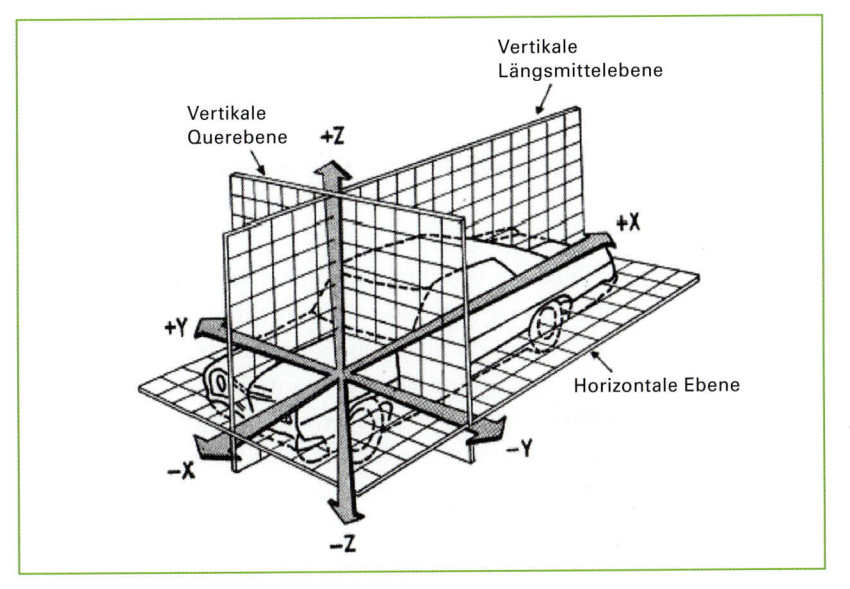

Abbildung 84:
X-Y-Z-Koordinatensystem eines Fahrzeuges

A) Längsdynamik

Die Längsdynamik ist ein Oberbegriff für die Vorgänge, die sich auf die Bewegung eines Fahrzeugs in seiner Längsrichtung beziehen. Diese Längsrichtung wird auch als X-Achse bezeichnet.

Fahrwiderstand

Der Fahrwiderstand bezeichnet allgemein die **Summe der Widerstände,** die ein Fahrzeug mit Hilfe einer Antriebskraft überwinden muss, um mit einer konstanten Geschwindigkeit fahren zu können. Eine zusätzliche Antriebskraft ist erforderlich, um mit einem Fahrzeug anzufahren oder ein Fahrzeug auf eine höhere Geschwindigkeit zu beschleunigen.

Für die Bewegung eines Fahrzeuges sind verschiedene Fahrwiderstände zu überwinden. Hierfür benötigt das Fahrzeug eine entsprechende Energie bzw. Leistung. Die Antriebsleistung ergibt sich aus der Antriebskraft multipliziert mit der Geschwindigkeit.

Der auf ein Fahrzeug wirkende Fahrwiderstand F_{FW} setzt sich aus Anteilen für die gleichmäßige Fahrt und die Beschleunigung eines Fahrzeuges zusammen:

Gleichmäßige Fahrt:
- Radwiderstand bzw. Rollwiderstand (F_{Roll})
- Luftwiderstand (F_{Luft})
- Steigungswiderstand (F_{Steig})

Beschleunigung:
- Beschleunigungswiderstand bzw. Massenträgheitskraft (F_{Beschl})

⚠️ Steigungs- und Beschleunigungswiderstand können häufig auch so wirken, dass diese nicht als Widerstand auftreten und der Vorwärtsbewegung des Fahrzeuges entgegenwirken, sondern sogar das Fahrzeug antreiben. Ein Gefälle oder das Ausnutzen des Fahrzeugschwungs und der Massenträgheit wirkt sich positiv auf den Kraftstoffverbrauch aus.

Technische Ausstattung und Fahrphysik 1.12

> **FORMEL**
>
> Somit erhält man die Formel für den gesamten Fahrwiderstand:
>
> $F_{FW} = F_{Roll} + F_{Luft} + F_{Steig} + F_{Beschl}$

Testen Sie diesen gesamten Fahrwiderstand selbst, z. B. beim Fahrradfahren:
- Auf einer asphaltierten Straße mit bestens aufgepumpten Reifen ist das Vorwärtskommen merkbar einfacher als auf einem sandigen Weg (Rollwiderstand).
- Bei höheren Geschwindigkeiten oder starkem Gegenwind fährt es sich deutlich besser, wenn Sie sich so weit wie möglich nach unten beugen (Luftwiderstand).
- In der Ebene oder bergab fährt es sich spürbar leichter als bei einer Steigung, den Berg oder eine Brückenauffahrt hinauf (Steigungswiderstand).
- Das Beschleunigen fällt leichter, wenn die Masse von Fahrrad inkl. Last schon etwas in Schwung ist, als aus dem Stillstand heraus (Beschleunigungswiderstand).

Rollwiderstand

Der Rollwiderstand hängt neben dem Fahrzeuggewicht hauptsächlich von drei Faktoren ab:
- Reifen
- Fahrbahn
- Radstellung

Die elastische Verformung des Reifens auf der Fahrbahn ist einer der Hauptgründe für das Auftreten von Rollreibung. Neben der Verformung des Reifens als
- Walkwiderstand

sind aber auch der
- Lüfterwiderstand und der
- Reibwiderstand

weitere Anteile am Rollwiderstand. Die Bezeichnung Lüfterwiderstand statt Luftwiderstand wird hier verwendet, weil es auch um die Durchströmung der Felge (Lüftung der Bremse) geht, nicht nur die Luftver-

Beschleunigte Grundqualifikation
Basiswissen Lkw/Bus

Ha, was so ein paar Rollen ausmachen...!!!

drängung des Reifens. Der **Lüfterwiderstand** eines Rades besteht aus den Strömungsverlusten durch ein sich drehendes Rad. Aber aufgrund dieses Zusammenhanges wird der Lüfterwiderstand meistens dem Gesamtluftwiderstand des Fahrzeuges zugerechnet.

Der **Reibwiderstand** eines Rades tritt auf, weil beim Abrollen des Reifens der Reifenradius unter Belastung auf der Fahrbahn verkleinert wird, er wird quasi gestaucht. Dadurch kommt es zum sog. Teilgleiten zwischen Reifen und Fahrbahn sowohl in Fahrzeuglängs- als auch in Querrichtung. Dieses Teilgleiten wird in Energie umgesetzt und verursacht ein gewisses Mindestmaß an Reifenabrieb.

Aber – auf den ersten Blick erstaunlich – auch die **elastische Verformung** der Fahrbahn unter der Gewichtskraft des Reifens hat Anteil am Rollwiderstand. Diese ist umso größer, je weicher oder nachgiebiger die Fahrbahn ist.
So bewirkt ein sandiger Weg eine elastische Verformung beim Reifen und sogar eine plastische, bleibende Verformung beim Sand. Gerade bei plastischer Verformung wird besonders viel Energie benötigt. Natürlich ist bei der Kombination Reifen–Fahrbahnbelag die Verformung beim Reifen sichtbar größer als bei einer befestigten Straße. Ein Faktor für die Verformung des Reifens ist neben dem Gewicht des Fahrzeugs

Technische Ausstattung und Fahrphysik

1.12

der Luftdruck des Reifens. Hier gilt: Je höher der Luftdruck, desto geringer der Rollwiderstand.

Diese Erfahrung können Sie selbst am besten machen: Ein Fahrrad mit prall gefüllten Reifen rollt deutlich leichter als eines mit wenig aufgepumpten Reifen.

Die Radstellung beeinflusst den Rollwiderstand. Damit ein Fahrzeug möglichst gute Fahr- und Lenkeigenschaften besitzt, legen die Fahrzeughersteller für ihre Produkte bestimmte Geometrien bzw. Radstellungen fest:

- Spur, Sturz, Nachlauf, Spreizung **und** Lenkrollradius.

Diese erforderlichen Radeinstellungen bewirken aber auch, dass die Räder etwas abweichend vom Idealzustand abrollen. Dadurch erhöht sich auch der Rollwiderstand. Bei Geradeausfahrt auf trockener Straße als Grundlage der meisten Berechnungen kann der Radwiderstand dem Rollwiderstand gleichgesetzt werden.

Hintergrundwissen → Folgende Formel stellt den Rollwiderstand dar:

$$F_{Roll} = k_{Roll} \times F_N$$
$$= k_{Roll} \times F_G \times \cos(\alpha)$$
$$= k_{Roll} \times (m_{Fz} + m_{Zu}) \times g \times \cos(\alpha)$$

F_{Roll}: Rollwiderstandskraft in [N]
F_N: Normalkraft Aufstandsflächen in [N]
F_G: Gewichtskraft Richtung Erdmittelpunkt in [N]
m_{Fz}: Masse des Fahrzeuges in [kg]
m_{Zu}: Masse der Zuladung des Fahrzeuges in [kg]
g: Erdbeschleunigung, g = 9,81 m/s²
k_{Roll}: Rollwiderstandskoeffizient [-]
α: Steigungswinkel in rad [-]

Wie Sie aus dieser Formel sehen können, ist die Rollwiderstandskraft und damit der Rollwiderstand unabhängig von der Geschwindigkeit des Fahrzeugs, aber abhängig vom Gesamtgewicht des Fahrzeugs.

Zusätzlich gibt es für den Rollwiderstand eine Kennzahl ohne Einheit (dimensionslos): den Rollwiderstandskoeffizienten k_{Roll}.

Dieser Koeffizient hängt nur von den Materialeigenschaften und der Geometrie des abrollenden Körpers und der Fahrbahn ab. Typische Rollwiderstandskoeffizienten sind dabei um ein Vielfaches (ein bis mehr als zwei Größenordnungen) kleiner als die Gleitreibungskoeffizienten.

Beispiele für Rollwiderstandskoeffizienten k_{Roll}:
- 0,007 Fahrradreifen auf Asphalt
- 0,006–0,010 Autoreifen auf Asphalt, Lkw
- 0,013–0,015 Autoreifen auf Asphalt, Pkw
- 0,020–0,040 Autoreifen auf Schotter
- 0,050–0,150 Autoreifen auf Erdweg
- 0,150–0,400 Autoreifen auf losem Sand

Weiter vereinfacht lautet die Formel in der Ebene:

$$F_{Roll} = k_{Roll} \times F_G$$

F_G: Gewichtskraft (($m_{Fz} + m_{Zu}$) × g)

Der Rollwiderstand ist proportional zur Normalkraft. Und bei horizontaler Bewegung ist die Normalkraft gleich der Gewichtskraft F_G des abrollenden Körpers.

In gleicher Weise hängen auch Haft- und Gleitreibung von der Normalkraft bzw. Gewichtskraft ab, nur die Proportionalitätskonstanten sind unterschiedlich.
Die Reibungskraft F_{Reib} ist direkt vom Radius R des rollenden Körpers abhängig. Große Räder rollen also leichter. Im Gegensatz dazu hat bei der Haft- oder der Gleitreibung die Größe des Körpers keinen Einfluss.

Luftwiderstand

Für uns ist Luft eigentlich nichts. Wir spüren keinen Widerstand. Diesen ersten Eindruck müssen wir jedoch schnell korrigieren.
Schließlich merken wir zum Beispiel bei starkem Gegenwind, wie groß und störend der Luftwiderstand sein kann.
Das ist bei einem Kfz nicht anders: Der Luftwiderstand ist abhängig von

- Der Geschwindigkeit
- Der Stirnfläche des Fahrzeugs
- Der Form des Fahrzeuges

Hintergrundwissen → Der Luftwiderstand ist damit vor allem von der Beschaffenheit des Fahrzeuges abhängig. Vereinfachend vernachlässigen wir die Eigenschaften der Luft wie die Luftdichte und nehmen diese als konstant an (z. B. mit 1,2 kg/m³).

Die Formel für die Luftwiderstandskraft lautet:

$$F_{Luft} = 0{,}5 \times A \times \rho_L \times v^2 \times c_W$$

F_{Luft}: Luftwiderstandskraft in [N]
ρ_L: Luftdichte in [kg/m³]
c_W: von der Form des Fahrzeuges abhängiger Luftwiderstandsbeiwert bzw. Luftwiderstandskoeffizient [-]
A: projizierte Stirnfläche des Fahrzeuges (Schattenriss) in [m²]
v: Geschwindigkeit des Fahrzeuges in [m/s]

Der Luftwiderstand steigt quadratisch mit der Fahrgeschwindigkeit. **Doppelte Geschwindigkeit bedeutet somit viermal so hohen Luftwiderstand!**

Die Geschwindigkeit des Fahrzeuges setzt sich aus der Relativgeschwindigkeit zwischen Fahrzeug und Fahrtwind zusammen. Bei Gegenwind wird die Windgeschwindigkeit zu der eigentlichen Fahrgeschwindigkeit des Fahrzeuges addiert. Die Luftwiderstandskraft erhöht sich entsprechend. Umgekehrt verhält es sich natürlich bei Rückenwind. Hier wirkt der Fahrzeugaufbau sozusagen als Segelfläche.

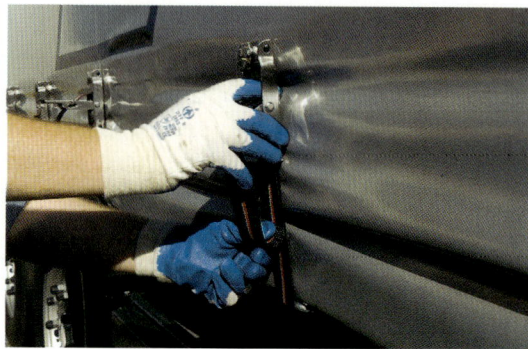

Beschleunigte Grundqualifikation
Basiswissen Lkw/Bus

Abbildung 85:
Omnibus im Windkanal
Quelle: Daimler AG

Wird das Fahrzeug schräg von der Luft angeströmt, erhöht sich der Luftwiderstandsbeiwert bzw. Luftwiderstandskoeffizient um bis zu 50%. Das heißt, schräg wirkender Wind wirkt bis zu 1,5 mal so stark auf das Fahrzeug, wie nur von vorn wirkender Wind.

Abbildung 86:
Durch festes Verspannen der Plane lässt sich bei Lkw der Luftwiderstand verringern

Steigungswiderstand

Den Steigungswiderstand kennt jeder, der einmal zu Fuß einen Berg hinaufgestiegen ist.

Dem zusätzlichen Energieverbrauch, den der Steigungswiderstand verursacht, ist naturgemäß am schlechtesten beizukommen. Schließlich kann man den Berg, den es zu überwinden gilt, nicht kleiner machen als er ist. Aber natürlich gilt auch hier: Je leichter ein Fahrzeug (oder eben eine Person) ist, umso besser.

Abbildung 87:
Steigungswiderstand

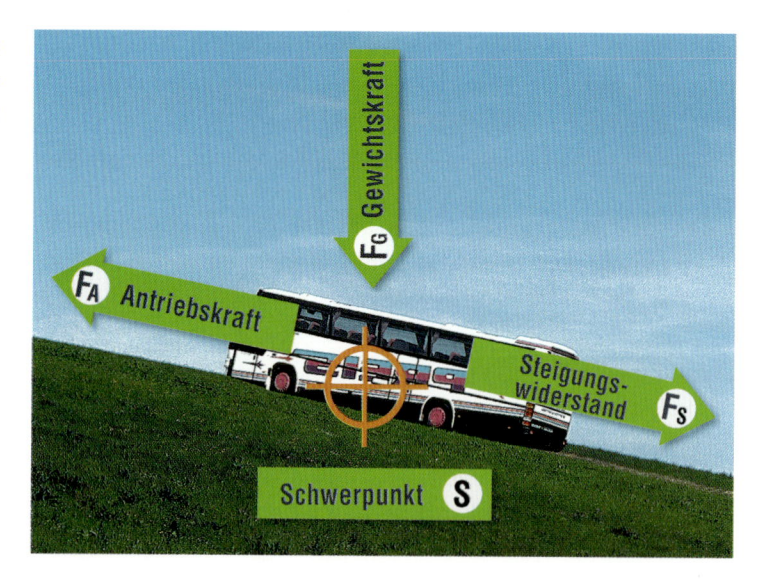

Technische Ausstattung und Fahrphysik 1.12

> ⊕ **Hintergrundwissen** → Folgende Formel stellt den Steigungswiderstand dar:
>
> $$F_{Steig} = (m_{Fz} + m_{Zu}) \times g \times \sin(\alpha) = \frac{F_G \times h}{s}$$
>
> F_{Steig}: Steigungswiderstandskraft in [N]
> m_{Fz}: Masse des Fahrzeuges in [kg]
> m_{Zu}: Masse der Zuladung des Fahrzeuges in [kg]
> g: Erdbeschleunigung, g = 9,81 m/s²
> α: Steigungswinkel in rad [-]
> F_G: Gewichtskraft der Fahrzeuge in [N]
> h: Höhenunterschied der Steigung in [m]
> s: Wegstrecke der Steigung in [m]

Bei einem Gefälle wirkt der Steigungswiderstand entgegen seinem Wortsinn nicht als Widerstand (in diesem Fall wird der Steigungswinkel [in der Einheit rad] als negativer Wert eingesetzt), sondern im Gegenteil: Auf das Fahrzeug wirkt eine Kraft, die das Fahrzeug bergab beschleunigt.

Hinweis: Im Straßenverkehr ist es üblich, Steigungen und Gefälle nicht mit einem Winkel in Grad [°], sondern in Prozent auszuweisen. Beispielsweise bedeuten dort 12 % Steigung gleich 12 m Höhenunterschied auf 100 m Strecke.

> ⊕ **Hintergrundwissen** → Die Straßensteigung q ist definiert als Quotient aus h = der Höhe und l = der waagerechten Länge der Steigerung.
>
> $$q \text{ in } [\%] = \frac{100 \times h}{l}$$

> ↪ Als Zusatzaufgabe können Sie hier berechnen, welchem Winkel 12 oder 16 % Steigung entsprechen.

Beschleunigungswiderstand

Die drei bisher genannten Fahrwiderstände (Rollwiderstand, Luftwiderstand, Steigungswiderstand) sind Anteile, die von der Antriebskraft des Motors auch bei Fahrt mit gleich bleibender Geschwindigkeit geleistet werden müssen.

Doch bis zu dieser Geschwindigkeit müssen Sie als Fahrer Ihr Fahrzeug erst einmal beschleunigen. Aus der Praxis wissen Sie: Im normalen Verkehr kann nicht von konstanter Geschwindigkeit ausgegangen werden. Die Fahrt wird – insbesondere im Stadtverkehr – immer wieder gestoppt oder behindert. So ist der Beschleunigungswiderstand der vierte Anteil am gesamten Fahrwiderstand.

> ✚ **Hintergrundwissen** → Der Beschleunigungswiderstand lässt sich mit folgender Formel beschreiben:
>
> $$F_{Beschl} = (e_i \times m_{Fz} + m_{Zu}) \times a$$
>
> F_{Beschl}: Beschleunigungswiderstandskraft in [N]
> e_i: Massenfaktor (>1), der die erhöhte Trägheit rotierender Massen im Antriebsstrang berücksichtigt (Abhängig von der Übersetzungsstufe des Getriebes) [-]
> m_{Fz}: Masse des Fahrzeuges in [kg]
> m_{Zu}: Masse der Zuladung des Fahrzeuges in [kg]
> a: Gemessene Beschleunigung des Fahrzeuges in [m/s²]

Der Beschleunigungswiderstand tritt auf, wenn das Fahrzeug seine Geschwindigkeit ändert. Eine Verzögerung (also Bremsen) ist eine negative Beschleunigung.

Während die Beschleunigungsleistung vom Antrieb des Fahrzeuges aufgebracht werden muss, ist die Bremsleistung von den Fahrzeugbremsen, den Reifen und der Fahrbahn aufzunehmen.

> ✚ **Hintergrundwissen** → Der Massenfaktor e_i berücksichtigt nicht nur die Trägheit des Fahrzeuges in Richtung der Beschleunigung, sondern auch das Drehen bzw. Rotieren von Antriebsteilen (wie z.B Gelenkwellen und Räder). Bei einer Be-

Technische Ausstattung und Fahrphysik

1.12

> schleunigung in Fahrtrichtung müssen diese Teile noch schneller rotieren. Gegen diese schnellere Bewegung wirkt, wie bei einer geradlinigen Beschleunigung, die Trägheit. Diese Trägheit macht sich als zusätzliche Widerstandskraft bei der Beschleunigung bemerkbar.

Die meiste Energie (und damit natürlich Kraftstoff) benötigen Sie im Vergleich zu anderen Fahrzuständen, wenn Sie die träge Masse Ihres Fahrzeuges beschleunigen. Insbesondere, wenn Sie Ihr Fahrzeug aus dem Stillstand beschleunigen.
Daher muss der Grundsatz beim Fahren sein, unnötiges Beschleunigen zu vermeiden. Wenn Sie **vorausschauend fahren** und dadurch seltener und weniger stark bremsen müssen, werden Sie Ihr Fahrzeug auch weniger häufig und weniger stark beschleunigen müssen. Versuchen Sie also, die Verkehrssituationen früh zu erkennen und sich entsprechend angepasst zu verhalten.

B) Querdynamik

Neben dem Gasgeben (Beschleunigen) und dem Bremsen (Verzögern) müssen die Reifen auch die Wirkung von Querbeschleunigungen bzw. Seitenführung auf den Asphalt übertragen.
Querbeschleunigung tritt dabei fast immer in Kurven auf; sie wirkt quer zur Fahrtrichtung auf das Fahrzeug ein.

Abbildung 88:
Spurrillen

Aber auch bei konstanter Geradeausfahrt können Kräfte in Querrichtung auf das Fahrzeug einwirken und zwar durch:
- Spurrillen
- eine geneigte Fahrbahn
- Seitenwind

117

Beschleunigte Grundqualifikation
Basiswissen Lkw/Bus

Spurrillen
Starke Spurrillen sind nicht immer durch Schilder angekündigt. Je nach Ausprägung kann ein Fahrzeug in Querrichtung pendeln und sich dabei aufschaukeln.

> **PRAXIS-TIPP**
>
> Diese Situation lässt sich meistens „in den Griff kriegen", indem Sie als Fahrer
> - die Geschwindigkeit reduzieren
> - möglichst das Lenkrad ruhig halten bzw. besonnen lenken
> - versetzt zu den Spurrillen fahren

Geneigte Fahrbahn
Konstant quer geneigte Fahrbahnen treten heutzutage selten auf, sie finden sich überwiegend bei Straßen der unteren Kategorien. Hier hilft besonnenes Gegenlenken.
Hinweis: Insbesondere bei winterlichen Witterungsverhältnissen kann es vorkommen, dass Ihr Fahrzeug beim Bremsen in Neigungsrichtung rutscht. Die Gefahr besteht vor allem bei geringer Geschwindigkeit, da moderne Blockierverhinderer von Nutzfahrzeugen meist erst in einem Geschwindigkeitsbereich oberhalb 5–10 km/h regeln.

Am Anfang und Ende von Autobahn-Baustellen gibt es häufig geneigte Fahrbahnen bei denen ein deutlicher Höhenversatz überwunden werden muss.

Abbildung 89: Geneigte Fahrbahn

Technische Ausstattung und Fahrphysik

1.12

⚠️ Als Fahrer eines Nutzfahrzeugs mit hohem Aufbau erfordert das Befahren eines geneigten Fahrbahnabschnittes mit Höhenversatz gefühlvolles Lenken im richtigen Moment.

Nur so lässt sich ein Aufschaukeln vermeiden und der Fahrspur möglichst genau folgen.

Seitenwind

Der ebenfalls in Fahrzeug-Querrichtung auftretende Seitenwind ist eine oft plötzlich und unerwartet auftretende Störkraft, die von Ihnen als Fahrer eine spontane und beherzte Reaktion abverlangt, um die Fahrspur nicht zu verlassen.
Im Extremfall kann Seitenwind auch als **seitlich wirkende Schubkraft** auftreten: Sollte Ihr Fahrzeug starkem Seitenwind ausgesetzt sein, kann es unter Umständen ins Rutschen kommen und sich seitlich verschieben.
Ganz kritisch sind in einer solchen Situation vereiste Fahrbahnen, wie sie beispielsweise auf Brücken auftreten können.

⚠️ Bemerken Sie, dass auf Ihre Lenkbewegungen keine Korrekturwirkung folgt, sollten Sie weder stark lenken, bremsen oder Gas geben.
Nur dann besteht die Chance, dass Sie das Potenzial der Seitenführungskraft zwischen Rad und Fahrbahn maximal nutzen.

Abbildung 90:
Seitenwind
Quelle:
Anselm Grommes

**Beschleunigte Grundqualifikation
Basiswissen Lkw/Bus**

Folglich ist Seitenwind für Nutzfahrzeuge mit ihrer großen, geschlossenen Seitenfläche nicht zu unterschätzen, insbesondere bei wenig oder unbeladenen Fahrzeugen.

Fliehkraft

Die Fliehkraft können Sie sehr anschaulich bei Mitfahrern und Fahrgästen beobachten. Allerdings sind hier auf keinen Fall die Mitfahrer in Ihrem Lkw oder Fahrgäste Ihres Omnibusses gemeint, die der Anschauung dienen sollen, sondern die Fahrgäste eines Kettenkarussells: Je schneller das Kettenkarussell dreht, desto weiter nach außen werden die Fahrgäste durch die Fliehkraft gedrängt.

Abbildung 91:
Kettenkarussell
Quelle: Wikipedia

Die Fliehkraft bzw. **Zentripetalkraft** ist die Kraft, die an einem Körper angreift, der sich auf keiner geraden Bahn, sondern auf einer kreisförmigen Bahn (Kurve) bewegt. Die Zentripetalkraft „zieht" den Körper nach innen zum Kreismittelpunkt bzw. zur Drehachse und hält den Körper so auf einer Kreisbahn.

Die Querbeschleunigung beim Fahren ist dann besonders groß, wenn das Fahrzeug durch ein zu schnelles Einfahren in die Kurve weit nach außen gedrängt wird.
Um das Fahrzeug in der beabsichtigten Spur zu halten, müssen Reifen und Fahrbahn sich bestmöglich verzahnen. Sind die Reifen abgefahren, der Straßenbelag rutschig oder das Fahrzeug einfach zu schnell, ist die Haftung besonders schlecht und die so genannten Seitenführungskräfte lassen sich nicht mehr optimal übertragen.
Ist die auf das Fahrzeug wirkende Fliehkraft größer als die Seitenführungskräfte, rutscht das Fahrzeug aus der Kurve oder gerät ins Schleudern. Für die Fliehkraft gelten folgende Grundsätze:

- Die doppelte Kurvengeschwindigkeit bewirkt die vierfache Fliehkraft!
- Die Fliehkraft ist abhängig von der Masse und steigt in gleichem Maße.
- Die Fliehkraft ist abhängig vom Kurvenradius: Je enger die Kurve, desto höher die Fliehkraft bei konstanter Geschwindigkeit.

Technische Ausstattung und Fahrphysik

> **Hintergrundwissen** → Zentripetal- und Zentrifugalkraft hängen eng miteinander zusammen. Dabei ist die Zentrifugalkraft eine Scheinkraft, die ein mitbewegter Beobachter wahrnimmt, der der Zentripetalkraft ausgesetzt ist.
> Scheinkraft deswegen, weil beispielsweise ein Beobachter bei einem sich bei Regen drehenden Rad eines Fahrrads sieht, dass Wassertropfen nicht radial, also von der Drehachse sternförmig, den Reifen verlassen, sondern tangential in Drehrichtung des Rads. Diese Beobachtung zeigt: Eine radial vom Mittelpunkt wegführende Kraft ist also nicht vorhanden, sondern tritt nur für mitbewegte Beobachter in Erscheinung.
> Die Fliehkraft als Scheinkraft aus Sicht der Fahrzeuginsassen zieht das Fahrzeug nach dem Einfahren in die Kurve zum äußeren Fahrbahnrand.

> **Hintergrundwissen** →
> Die Berechnungsformel der Fliehkraft, die in Kurven auf das Fahrzeug wirkt, lautet:
>
> $$F_{Fl} = \frac{(m_{Fz} + m_{Zu}) \times v^2}{r}$$
>
> F_{Fl}: Fliehkraft in [N]
> m_{Fz}: Masse des Fahrzeuges in [kg]
> m_{Zu}: Masse der Zuladung des Fahrzeuges in [kg]
> v: Geschwindigkeit des Fahrzeuges in [m/s]
> r: Kurvenradius [m]

Seitenführungskraft

Die Seitenführungskraft bezeichnet diejenige **Kraft, die der Fliehkraft** beim Durchfahren einer Kurve **entgegen wirkt** und somit das Fahrzeug auf der Fahrbahn hält. Die Übertragung der Seitenführungskräfte erfolgt über Achsen und Radnaben auf die Räder.
Bei Gleitreibung nimmt die Seitenführungskraft (Traktion) plötzlich und an den einzelnen Reifen zu unterschiedlichen Zeitpunkten stark ab. Die Folge ist ein schwer kontrollierbares oder – im schlimmsten Fall – unkontrollierbares Fahrzeug.

Verliert ein Fahrzeug die Traktion mehr vorn als hinten, so rutscht es in der ursprünglichen Fahrtrichtung aus der Kurve (Untersteuern). Verliert ein Fahrzeug die Traktion mehr hinten als vorn, so schleudert es (Übersteuern).

> ⚠️ Eine natürliche Reaktion des Fahrers ist in diesem Fall häufig das Bremsen. Tückisch daran ist, dass weitere Kräfte vom Reifen auf die Fahrbahn übertragen werden müssen. Im Falle des Übersteuerns kann es die Situation weiter verschlimmern und aus einem schwer kontrollierbaren ein unkontrollierbares Fahrzeug machen.

Diese Fahreigenschaften sind schon bei Solofahrzeugen mit zwei oder drei Achsen eine sehr komplexe Angelegenheit. Noch komplizierter ist die Betrachtung von Anhängerzügen, Sattelkraftfahrzeugen (Sattelzüge) und Gelenkomnibussen.
Insbesondere bei Zügen sind die Bremsanlagen der beiden aneinander gekoppelten Fahrzeuge oft nicht so abgestimmt, dass diese über ein völlig identisches Bremsverhalten verfügen. Über die Kopplung der Fahrzeugeinheiten erfolgt dann als Wechselwirkung eine gegenseitige Beeinflussung auf Zug oder Schub.
Dabei kann der Fall auftreten, **dass ein Zugfahrzeug vom Anhänger beim Bremsen geschoben wird,** weil der Anhänger schwächer bremst als das Zugfahrzeug. Durch die Schubkraft des Anhängers kann zusätzlich die Hinterachse bzw. Antriebsachse des Zugfahrzeuges entlastet werden. Die mögliche Seitenführungskraft der Achse sinkt und geht im Extremfall verloren. Die Räder dieser Achse blockieren leichter: **Die gesamte Fahrzeugkombination kann ins Schleudern geraten und einknicken!**
Eine solche Entlastung der Hinterachse tritt aufgrund der vorherrschenden Hebelgeometrie insbesondere bei Sattelzügen auf, weil diese eine relativ hohe Kupplungshöhe, kombiniert mit einem kurzen Radstand, aufweisen.
Andererseits **kann ein Anhänger stärker bremsen als das Zugfahrzeug,** wodurch die Anhängerkupplung mit einer Zugkraft belastet wird. Gleichzeitig ist das Risiko höher, dass bei extrem ungünstigen Fahrbahnverhältnissen **die Räder des Anhängers blockieren und dieser dadurch ins Schleudern gerät.**
In den beiden genannten Fällen muss ein Teil des Lastzuges mehr

Bremskraft aufbringen und übertragen. Dieses bewirkt nicht nur einen erhöhten Bremsbelagverschleiß, sondern lässt auch den kritischen Grenzbereich früher erreichen. In diesem Grenzbereich können Sie als Fahrer durch Fahrerassistenzsysteme wie beispielsweise das elektronische Stabilitätsprogramm (ESP) unterstützt werden.

Der Kamm'sche Kreis
Ein Reifen muss beim Beschleunigen und Bremsen Kräfte in Längsrichtung und beim Kurvenfahren zusätzlich Kräfte in Querrichtung auf die Fahrbahn übertragen. Die maximal möglichen Kräfte im Bereich der Reifenaufstandsfläche sind in jeder Richtung gleich groß.

> **Hintergrundwissen** → Voraussetzung sind Faktoren wie die gleiche Radlast und gleicher Fahrbahnzustand (Reibwert, z.B. je nach Witterung). Die Radlast ist dabei das je anteilige Fahrzeuggewicht, aufgeteilt auf alle Räder des Fahrzeuges.

Wenn Sie nun ausgehend von dem Mittelpunkt der Radaufstandsfläche die Kräfte nach allen Seiten aufzeichnen und die Spitzen der Kraftpfeile miteinander verbinden, so erhalten Sie den Kamm'schen Kreis (benannt nach dem Entdecker dieses Sachverhaltes, Professor Kamm). Der Radius entspricht der jeweils zur Verfügung stehenden maximal erreichbaren Gesamtkraft, die der Reifen auf die Fahrbahn übertragen kann (s. Abb. 92).
Der Kamm'sche Kreis stellt eine Vereinfachung unter idealen Bedingungen dar. Trotzdem eignet er sich gut, um die Grundlage der fahrdynamischen Zusammenhänge zu erläutern. Seitens des Fahrzeuges werden diese Vorgänge zusätzlich von verschiedenen Faktoren beeinflusst, z.B. Reifen, Feder-/Dämpfersystem, Beladung.
Der Kamm'sche Kreis ist somit eine **grafische Darstellung** zur Aufteilung der möglichen Gesamtkraft am Reifen in die
- **Antriebskraft bzw. Bremskraft** in Längsrichtung des Rades
- **Seitenführungskraft** in Querrichtung des Rades

bis zum Erreichen der Haftgrenze.

Abbildung 92:
Kamm'scher Kreis

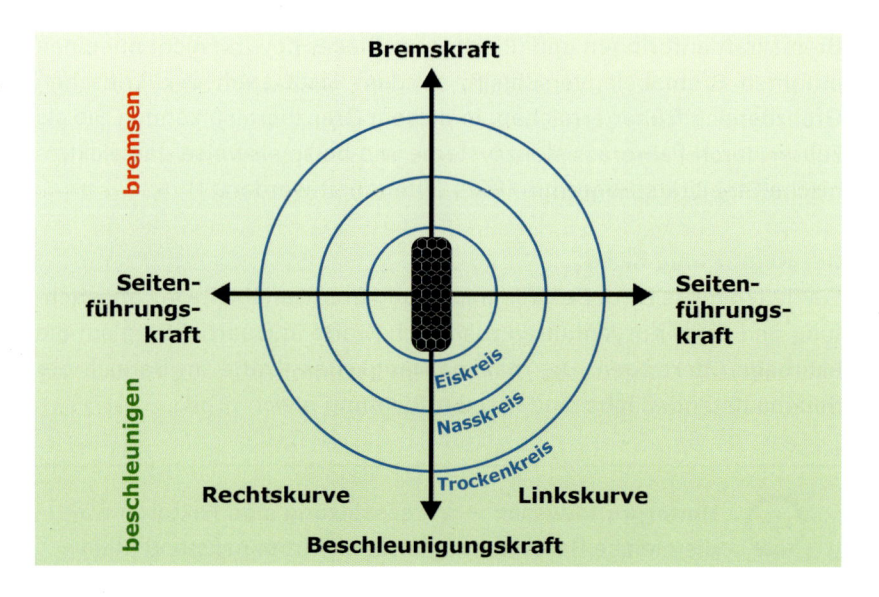

Ändert sich die Radlast oder der Fahrbahnzustand (z. B. nass anstatt trocken), so ändert sich auch die Größe der maximal übertragbaren Kräfte – und damit auch die Größe des Kamm'schen Kreises: Bei kleineren Radlasten oder bei schlechterem Straßenzustand wird der Kreis kleiner, d. h. der Reifen kann nur noch geringere Kräfte auf die Fahrbahn übertragen.

Im PC-Professional Multiscreen können Sie die Aufteilung der Kräfte im Kamm'schen Kreis grafisch mit einer Animation darstellen.
Die am Rad wirkenden Kräfte in Längsrichtung und Querrichtung lassen sich durch Drehen des Mausrades verändern. Für den Teilnehmer wird so die Abhängigkeit der Kräfte untereinander schnell ersichtlich.

Wichtig: Ein Reifen kann nicht die durch die Rahmenbedingungen begrenzte, größtmögliche Kraft gleichzeitig in Längsrichtung und in Querrichtung übertragen (s. Abb. 92).

Technische Ausstattung und Fahrphysik 1.12

Im Allgemeinen gilt, dass bei **Erhöhung der Längskraft** (Bremsen, Beschleunigen) dadurch **gleichzeitig weniger Seitenführungskraft** (z. B. in Kurven) zur Verfügung steht. Damit kann der notwendige Bedarf an Seitenführungskraft eventuell nicht mehr gedeckt werden.
Der Kraftverlust tritt in der Regel zuerst bei der Seitenführungskraft ein: Ist die zur Verfügung stehende, verbliebene Seitenführungskraft zu gering, gerät das Rad in Querrichtung ins Rutschen. Dies führt zum Unter- oder Übersteuern des Fahrzeuges und damit zum Ausbrechen.

Es bedeutet im Gegenzug: Ein Fahrzeug kann bei Kurvenfahrt nicht so stark abgebremst oder beschleunigt werden, wie ein geradeaus fahrendes Fahrzeug bei gleicher Geschwindigkeit. Anders formuliert gilt, dass **maximale Verzögerung somit nur bei Geradeausfahrt möglich** ist.

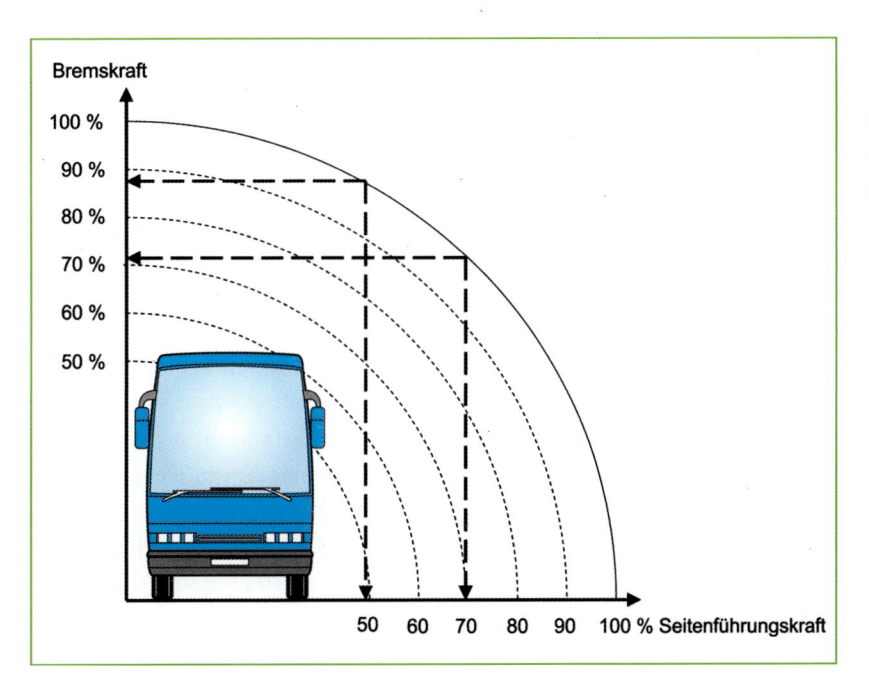

Abbildung 93: Abhängigkeit der Seitenführungskraft von der Höhe der Bremskraft

In Abbildung 93 sehen Sie, dass z. B. bei Kurvenfahrt und Ausnutzung von 70 % der Seitenführung nur noch 70 % der maximalen Bremskraft zur Verfügung stehen. Bei einer Ausnutzung von 50 % der Seitenführung können dagegen fast 90 % der maximalen Verzögerung erreicht werden.

> **PRAXIS-TIPP**
>
> Je langsamer also eine Kurve gefahren wird, desto mehr Bremsreserven bleiben übrig, falls in der Kurve ein unerwartetes Hindernis auftritt.

C) Vertikaldynamik

Neben der Längsdynamik und der Querdynamik stellt die Vertikaldynamik den dritten Bereich dar, der Auswirkungen auf ein fahrendes Fahrzeug hat. **Die Vertikaldynamik befasst sich mit der Wechselwirkung Reifen–Fahrbahn und der Federung des Fahrzeuges.**

Steht ein Fahrzeug, so wirkt an den Reifenaufstandsflächen eine bestimmte Radlast. Diese festen, statischen Radlasten sind abhängig von folgenden Bedingungen:
- Fahrzeuggesamtgewicht
- Anzahl und Anordnung der Achsen
- Anzahl der Räder

Das Anfahren und Beschleunigen des Fahrzeuges führt aufgrund der Trägheit der Fahrzeugmasse zu einer **Achslastverschiebung** nach hinten (das Fahrzeug „wehrt" sich gegen den Vorwärtsdrang), beim Bremsen umgekehrt nach vorne (Widerstand gegen das Langsamerwerden oder das Anhalten).
Auch bei Kurvenfahrt ändert sich die Radlastverteilung. Aufgrund der Fliehkraft werden die kurveninneren Räder entlastet, die kurvenäußeren Räder stärker belastet.
Als Betreiber und Fahrer des Fahrzeugs sind Sie unter anderem für den Reifenzustand und den Reifenluftdruck verantwortlich und können diesen positiv oder negativ beeinflussen.
Wichtig ist dabei, dass der unter Druck stehende Reifen selbst ein Federsystem zwischen Fahrbahn und Achse darstellt.

Fahrbahnen sind mehr oder weniger uneben. Diese Unebenheiten verursachen beim Fahren Vertikalbewegungen, die über die Reifen und die Radaufhängungen auf die Fahrzeugkarosserie und die Fahrzeuginsassen bzw. Ladung wirken.
Diese Vertikalbewegungen auszugleichen und so weit wie möglich zu

reduzieren, ist die Aufgabe der **Fahrzeugfederung**. Ziel ist nicht nur die Verbesserung des Federungskomforts und der Fahrzeugbelastung, sondern auch die Reduzierung der Radlastschwankungen als dynamische Radlasten. Dadurch wird der Kraftschluss verbessert und die aktive Fahrsicherheit gesteigert.

Diese Änderungen der Radlasten als vertikale bzw. senkrecht der Radaufstandsflächen wirkende Kräfte haben gleichzeitig Auswirkungen auf Längsdynamik und Querdynamik:

Durch die **dynamischen Radlaständerung** kann ein Rad
- schneller beim Anfahren und Beschleunigen durchdrehen
- früher beim Bremsen blockieren
- eher bei Kurvenfahrt die Seitenführung verlieren

Dynamische Achslastverschiebung
Auf einer ebenen Fläche hat beispielsweise ein leerer 2-achsiger Omnibus eine Gewichtsverteilung von ca. 1/3 seines Gewichtes auf der Vorderachse und ca. 2/3 auf der Hinterachse. Bei zulässigem Gesamtgewicht: ca. 2/5 auf der Vorderachse und ca. 3/5 auf der Hinterachse. Ein Lkw liegt dabei als 2-achsiges Fahrzeug in einem ähnlichen Bereich. Bei 3-achsigen und mehrachsigen Fahrzeugen verteilt sich das Gewicht entsprechend der Anordnung der Achsen.

Beim Bergauffahren verlagert sich das Gewicht des Fahrzeuges nach hinten. Dadurch werden die Reifen der Hinterachse stärker belastet und können größere Reibungskräfte als die Reifen der Vorderachse übertragen.
Beim Bergabfahren verlagert sich das Gewicht des Fahrzeugs deutlich nach vorne, d.h. die Reifen der Vorderachse werden stärker belastet und können größere Reibungskräfte übertragen – bei einem Fahrzeug mit Einzelbereifung an allen Achsen (z.B. Pkw) dann evtl. sogar mehr Reibungskräfte als die Reifen der Hinterachse.
Beim Bremsen laufen ähnliche Vorgänge ab. Mit Beginn der Bremsung setzt eine dynamische Achslastverlagerung nach vorne ein. Die Vorderradlast erhöht sich mit steigender Bremsverzögerung, wodurch dort größere Reibungskräfte übertragen werden können. Allerdings erhöht sich durch diesen Effekt auch der Bremsbelagverschleiß an der Vorderachse.

Beschleunigte Grundqualifikation
Basiswissen Lkw/Bus

Beim Beschleunigen verlagert sich das Gewicht nach hinten. Die Reifen der Vorderachse werden entlastet und können deswegen beim Lenken weniger Seitenführungskräfte übertragen.

Fahrdynamische Zustände führen somit zu einer Verlagerung des Fahrzeuggewichtes und damit zu Radlastschwankungen. Die Haftungsbedingungen der einzelnen Reifen verändern sich dadurch natürlich ständig.
Kritisch kann es werden, wenn verschiedene Beeinflussungen der dynamischen Radlasten gleichzeitig auftreten und sich addieren. Das geschieht z.B, wenn die Vorderachse fast 80% der Belastung aufnehmen muss, während die Hinterachse nur noch 20 % des Fahrzeuggewichtes trägt.

> ⚠️ In solchen Situationen sind Sie als Fahrer gefordert: Sie sollten richtig einschätzen, dass die Hinterräder in diesem Fall kaum noch Seitenführungskräfte übertragen und die Haftungsgrenze sehr schnell erreicht bzw. überschritten werden kann!

Sicherheitstraining

Dieses Training kann Ihnen als Fahrer eine gute Übersicht geben, Sie mit fahrphysikalischen Zusammenhängen vertraut machen und Ihnen damit ein Gespür für das *„System Fahren"* geben. Dabei ist es im Rahmen der Schulung möglich, den Theoriestoff mit Praxisübungen zu verbinden und dadurch die Themen anschaulicher zu gestalten.

Das Thema Fahrphysik und Fahrdynamik kann am besten in der Praxis vermittelt werden. Doch um die Möglichkeit zu erhalten, die Fahrphysik und Fahrdynamik wirklich *„erfahrbar"* zu machen, ist man bei vielen Fahrdemonstrationen auf die Nutzung speziell ausgestatteter, abgesperrter Trainingsflächen angewiesen.

Dort, wo die Grenzen einer Schulung vor Ort überschritten werden, setzen als wichtige Ergänzung die Fahrsicherheitstrainings an, die von verschiedenen Institutionen angeboten werden.

Technische Ausstattung und Fahrphysik 1.12

PRAKTISCHE ÜBUNG – OPTIONAL

▶ Die Teilnehmer sollen eine Übersicht über die fahrphysikalischen Eigenschaften des Fahrzeugs bekommen, mit den Zusammenhängen vertraut werden und ein Gespür für das System Fahren bekommen.

↻ Es gibt Möglichkeiten, mit relativ geringem Aufwand einzelne Übungen praktisch auf einem abgesperrten Gelände üben zu lassen. Zum Teil können diese Übungen Bestandteil der im Rahmen der Grundqualifikation vorgeschriebenen zehn fahrpraktischen Stunden sein (vergleiche dazu die Bände Spezialwissen Bus bzw. Spezialwissen Lkw).

Beispielübungen:
- Bremsübungen mit einer Geschwindigkeitsmessanlage
- Wenden mit einem 12-m-Solofahrzeug (Motorfahrzeug, Omnibus) in einem 15-m-Viereck
- Durchfahrtsbreite schätzen lassen (mit Wettbewerbsbedingungen)

Auf einem abgesperrten Gelände und mit Übung ist auch erlernbar, gezielt mit den Fahrzuständen eines Fahrzeuges umzugehen, die sich bei dem kritischen Überschreiten der Haftreibung und den Übergang in den Gleitreibungsbereich (z. B. Rutschen) einstellen.

Diese Auflistung soll nur ein Denkanstoß sein. Ein vollständiges Training mit allen Inhalten abzubilden, würde an dieser Stelle den Rahmen sprengen. Hierzu ist umfangreiches Detailwissen erforderlich, wie es beispielsweise der Deutsche Verkehrssicherheitrat (DVR) in seinen Moderatorenschulungen vermittelt.

🕒 Individuell planbar

👥 Jeder Teilnehmer sollte ggf. die Möglichkeit bekommen, die Übungen durchzuführen.

🔧 **Alle praktischen Übungen dürfen nur auf abgesperrtem Gelände und mit dafür vorbereiteten Fahrzeugen durchgeführt werden!**
Benötigt werden:
- Markierungskegel (Pylone)
- Geschwindigkeitsmessanlage
- Kommunikationsanlage (Mobiltelefon, Funkgeräte, Mikrofonanlage mit Verstärker und Lautsprecher oder ein Megafon)

**Beschleunigte Grundqualifikation
Basiswissen Lkw/Bus**

Frei nach dem Motto „Grau ist jede Theorie" wäre es für Sie ideal, wenn Sie als Fahrer das Grau farbig ergänzen und an solchen Sicherheitstrainings teilnehmen.

Auch wenn Sie bereits ein solches Sicherheitstraining absolviert haben, tun Sie gut daran, dieses Wissen und die Erfahrungen wach zu halten und in regelmäßigen Abständen wieder aufzufrischen.
Übung macht – einmal wieder – den Meister!

Technische Ausstattung und Fahrphysik

1.13 Lösungen zum Wissens-Check

1. Welche Behauptung über den Reifendruck bei Zwillingsreifen ist richtig?

- ☐ a) Runderneuerte Reifen bekommen einen höheren Druck
- ☒ b) Beide Reifen erhalten immer den gleichen Druck
- ☐ c) Bei Zwillingsreifen erhält der äußere Reifen weniger Druck
- ☐ d) Neue Reifen werden mit Unterdruck gefahren

2. Welches Bauteil einer Bremsanlage sorgt zeitweise für eine Entlastung des Kompressors?

- ☐ a) Der Bremskraftregler
- ☐ b) Das Überströmventil
- ☒ c) Der Druckregler
- ☐ d) Das Mehrkreisschutzventil

3. Welche Ursachen kann eine Minderförderleistung des Kompressors haben?

- Schadhafte Ventile
- Undichte Anschlüsse
- Rutschender Keilriemen
- Verstopfter Fahrzeugluftfilter

4. Welche Bremsanlagen gibt es bei Kraftfahrzeugen über 3,5 t zGM?

- Betriebsbremsanlage (BBA)
- Feststellbremsanlage (FBA)
- Hilfsbremsanlage (HBA)
- Dauerbremsanlage (DBA)

Beschleunigte Grundqualifikation
Basiswissen Lkw/Bus

5. Welche Bedeutung hat es, wenn während der Fahrt plötzlich die ABS-Leuchte aufleuchtet?

Das Aufleuchten der ABS-Leuchte während der Fahrt bedeutet, dass das ABS ausgefallen ist. Das Fahrzeug bleibt aber weiterhin bremsbar. Beim Bremsen muss man sich ggf. auf einen längeren Bremsweg und ein Ausbrechen des Fahrzeugs einstellen.

6. Erklären Sie den technischen Ablauf der Druckluftversorgung in einem Anhänger!

Bei dem Ankuppeln eines Anhängers wird auch eine Schlauchverbindung (bestehend aus zwei Leitungen, gelb und rot) hergestellt. Der Anhänger wird über den roten Vorratsschlauch mit Vorratsluft versorgt. Weiterhin wird eine Elektroverbindung hergestellt.

7. Wozu dient die Dauerbremse?

Die Dauerbremse soll in einem 7% Gefälle eine Geschwindigkeit von 30 km/h halten.

8. Welche Aufgabe hat ein Geschwindigkeitsbegrenzer?

Der Geschwindigkeitsbegrenzer ist eine Einrichtung, die dazu dient, einen fest eingestellten Geschwindigkeitswert nicht zu überschreiten. Eine elektronische Regelung lässt keine höheren Geschwindigkeiten zu.

9. Welche Fahrzeuge müssen in regelmäßigen Zeitabständen zur Sicherheitsprüfung?

- ☒ a) Kraftomnibusse mit mehr als 8 Fahrgastplätzen unabhängig von der zulässigen Gesamtmasse
- ❏ b) Anhänger mit einer zulässigen Gesamtmasse unter 6.000 kg
- ❏ c) Kraftfahrzeuge mit einer zulässigen Gesamtmasse unter 5.000 kg
- ❏ d) Kraftomnibusse im Gelegenheitsverkehr, unabhängig von der Fahrgastzahl

10. Welche Aussage über Bremsflüssigkeit ist richtig?

- ☐ a) Sie greift Gummi an.
- ☐ b) Sie ist wasserabweisend.
- ☐ c) Sie besteht aus Öl und Alkohol.
- ☒ d) Sie ist giftig.

11. Welche Aufgabe hat ein automatischer Blockierverhinderer (ABV)?

Er verhindert das Blockieren der Räder und erhält so die Lenkfähigkeit.

12. Welche der aufgeführten Bremsanlagen ist eine abstufbare Dauerbremse?

- ☐ a) Motorbremse
- ☐ b) Federspeicherbremsanlage
- ☒ c) Strömungsbremse
- ☐ d) Feststellbremsanlage

13. Was wird durch den Einbau eines Mehrkreisschutzventils in einer Druckluftbremsanlage erreicht?

Durch den Einbau eines Mehrkreisschutzventils wird eine schnelle Betriebsbereitschaft des Fahrzeugs gewährleistet, da die beiden Betriebsbremskreise vorrangig befüllt werden.
Weiterhin sichert das Ventil bei Ausfall eines Kreises die Anlage gegen Totalausfall. Es hält in den intakten Kreisen einen Sicherheitsdruck, sodass das Fahrzeug noch abgebremst werden kann.

14. Welche Ursache kann es haben, wenn sich die Bremsbeläge zu schnell abnutzen?

- Die Radbremszylinder sind fest, sodass die Bremsbeläge immer schleifen.
- Die Bremstrommel oder die Bremsscheiben sind zu stark eingelaufen (aufgeraut).
- Die Bremse löst nicht vollständig (ständiges Schleifen).

15. Welche Kräfte wirken am Reifenaufstandspunkt eines Fahrzeugs?

- Gewichtskraft
- Beschleunigungskraft
- Bremskraft
- Querkraft

16. Wie zeigt sich die Gewichtskraft eines Körpers?

Der Körper übt Druck auf die jeweilige Auflageebene aus.

17. Was ist Formschluss?

- ☐ a) Formschluss ist die Übertragung von Kräften zwischen zwei Körpern nur aufgrund der Berührung.
- ☐ b) Formschluss ist die Übertragung von Kräften zwischen zwei Körpern nur aufgrund magnetischer Wirkung.
- ☐ c) Formschluss ist die Übertragung von Kräften zwischen zwei Körpern nur aufgrund der Erdanziehung.
- ☒ d) Formschluss ist die Übertragung von Kräften zwischen zwei Körpern aufgrund des Ineinandergreifens.

18. Nennen Sie Beispiele für eine formschlüssige Verbindung zweier Körper!

Zahnräder, Ketten, Klauenkupplung, Zahnriemen

19. Was ist Kraftschluss/Haftreibung?

- ☐ a) Kraftschluss ist die Übertragung von Kräften zwischen zwei Körpern nur aufgrund des Ineinandergreifens.
- ☒ b) Kraftschluss ist die Übertragung von Kräften zwischen zwei Körpern nur aufgrund der Berührung.
- ☐ c) Kraftschluss ist die Übertragung von Kräften zwischen zwei Körpern nur aufgrund magnetischer Wirkung.
- ☐ d) Kraftschluss ist die Übertragung von Kräften zwischen zwei Körpern nur aufgrund der Erdanziehung.

20. Nennen Sie Beispiele für eine kraftschlüssige Verbindung zweier Körper!

Reifen auf einer Fahrbahn, Bremsbelag auf Bremsscheibe oder -trommel, Reibkupplung, Keilriemen

21. Was ist Gleitreibung?

- ❏ a) Gleitreibung beschreibt bei Fahrzeugen generell das Verhältnis zwischen Reifen und Fahrbahn.
- ☒ b) Gleitreibung tritt beispielsweise bei Fahrsituation auf, wenn ein Fahrzeug ins Rutschen gerät.
- ❏ c) Gleitreibung ist eine spezielle Federungstechnik des Fahrwerks.
- ❏ d) Gleitreibung ist Haftreibung bei Fahrzeugen.

22. Was ist der Schlupf eines Reifens?

Schlupf ist die Differenz zwischen dem Weg, den das Rad aufgrund seiner Umdrehungen beschreibt und dem Weg, den das Fahrzeug tatsächlich zurücklegt.

23. Wozu kann zu großer Reifenschlupf durch zu starkes Beschleunigen oder Bremsen in einer Kurve führen?

In einer Kurve kann zu starkes Beschleunigen oder Bremsen zu einem geradeaus rutschenden (untersteuernden) oder einem schleudernden (übersteuernden) Fahrzeug führen.

24. Wie hoch ist der Schlupf eines Reifens, wenn der Reifen ins Gleiten gerät?

100 %

Beschleunigte Grundqualifikation
Basiswissen Lkw/Bus

25. Welches Verhältnis beschreibt die Haftreibungszahl μ (vereinfacht in der Ebene)?

$$\mu = \frac{\text{Reibungskraft}}{\text{Gewichtskraft}}$$

26. Wie hoch ist die Haftreibungszahl μ ungefähr bei trockenem Asphalt bzw. nassem Asphalt?

- ❏ a) μ beträgt bei trockenem Asphalt ca. 1,5; bei nassem Asphalt ca. 1,0
- ☒ b) μ beträgt bei trockenem Asphalt ca. 0,7; bei nassem Asphalt ca. 0,5
- ❏ c) μ beträgt bei trockenem Asphalt ca. 2,6; bei nassem Asphalt ca. 1,4
- ❏ d) μ beträgt bei trockenem Asphalt ca. 0,7; bei nassem Asphalt ca. 1,3

27. Gerät ein Fahrzeug ins Rutschen, dann geht die Haftreibung an den Reifenaufstandsflächen in Gleitreibung über. Welche Reibung ist höher? Wie groß ist ungefähr der Unterschied zwischen diesen beiden?

Haftreibung ist größer als Gleitreibung; Unterschied ca. 15–30 %

28. Welche vier Widerstandkräfte bilden zusammen den gesamten Fahrwiderstand?

$F_{FW, gesamt} = (F_{Roll} + F_{Luft} + F_{Steig} + F_{Beschl})$, mit

Radwiderstand bzw. Rollwiderstand (F_{Roll})
Luftwiderstand (F_{Luft})
Steigungswiderstand (F_{Steig})
Beschleunigungswiderstand bzw. Massenträgheitskraft (F_{Beschl})

29. Von welchen Faktoren hängt der Luftwiderstand eines Fahrzeugs ab?

- Der Geschwindigkeit des Fahrzeugs
- Der Stirnfläche des Fahrzeugs
- Der Fahrzeugform

30. Wodurch können auch bei konstanter Geradeausfahrt Kräfte in Querrichtung auf das Fahrzeug wirken?

- Spurrillen
- Geneigte Fahrbahn
- Seitenwind

31. Wie verhalten Sie sich als Fahrer bei Spurrillen?

- Geschwindigkeit reduzieren
- Lenkrad ruhig halten bzw. besonnen lenken
- versetzt zu den Spurrillen fahren

32. Die Querbeschleunigung ist bei schneller Einfahrt in eine Kurve besonders groß. Durch welche Faktoren besteht in dieser Situation die Gefahr, dass die Reifen die Haftung verlieren?

- Durch eine zu hohe Geschwindigkeit
- Durch ein abgefahrenes Reifenprofil
- Durch eine rutschige Fahrbahn (Schnee, Eis, Laub, Verschmutzungen)

33. Wie wirkt sich die Gewichtskraft auf die Rollwiderstandskraft aus?

Das Verhältnis ist proportional, je höher das Gewicht, desto höher der Kraftstoffverbrauch.

**Beschleunigte Grundqualifikation
Basiswissen Lkw/Bus**

34. Wie wirkt sich die Masse eines Fahrzeuges auf die Fliehkraft aus?

Die Fliehkraft ist abhängig von der Masse und steigt in gleichem Maße.

35. Wie wirkt sich der Kurvenradius auf die Fliehkraft aus?

Je enger die Kurve, desto höher die Fliehkraft bei konstanter Geschwindigkeit.

36. Wie wirkt sich die Kurvengeschwindigkeit auf die Fliehkraft aus?

Die doppelte Kurvengeschwindigkeit bewirkt die vierfache Fliehkraft, die auf das Fahrzeug wirkt.

37. Bei welchem Schlupf an der Kontaktfläche Reifen-Fahrbahn kann die maximale Bremskraft optimal übertragen werden?

Bei einem Schlupf von ca. 10%

38. Was stellt der Kamm'sche Kreis vereinfacht dar?

Der Kamm'sche Kreis ist eine vereinfachte grafische Darstellung zur Aufteilung der möglichen Gesamtkraft am Reifen bzw. der Reifenaufstandsfläche in die
- Antriebskraft bzw. Bremskraft in Längsrichtung des Rades
- Seitenführungskraft in Querrichtung des Rades

bis zum Erreichen der Haftgrenze.

39. Wie verlagert sich das Fahrzeuggewicht beim Anfahren / Beschleunigen und Bremsen?

- Beim Beschleunigen verlagert sich das Gewicht nach hinten
  (Die Vorderachse wird entlastet und kann daher beim Lenken weniger Seitenführungskraft übertragen.).
- Beim Bremsen verlagert sich das Gewicht nach vorn
  (Die Vorderachslast erhöht sich, wodurch größere Reibungskräfte durch diese Achse übertragen werden können.).

40. Von welchen Faktoren sind die statischen Radlasten abhängig?

Die statischen Radlasten sind abhängig von folgenden Bedingungen:
- Fahrzeuggesamtgewicht
- Anzahl und Anordnung der Achsen
- Anzahl der Räder

41. Wie wirken sich dynamische Radlaständerungen während der Fahrt auf die Haftung eines Rades aus?

Durch die dynamischen Radlaständerungen kann ein Rad
- schneller beim Anfahren und beim Beschleunigen durchdrehen
- früher beim Bremsen blockieren
- eher bei Kurvenfahrt die Seitenführung verlieren

Beschleunigte Grundqualifikation
Basiswissen Lkw/Bus

> Dieses Kapitel behandelt Nr. 1.1 und 1.3 der Anlage 1 der BKrFQV

2 Optimale Nutzung der kinematischen Kette

2.1 Kinematische Kette

▶ Die Teilnehmer sollen die Bestandteile der kinematischen Kette kennen, diese benennen und die Funktionen erläutern können.

↻ Zur Erläuterung der kinematischen Kette sollten Sie Modelle oder besser noch praktische Ausbildungsabschnitte an realen Nutzfahrzeugen einplanen. Prüfen Sie die Möglichkeit von Werksbesichtigungen z. B. bei Fahrzeug- und Motorenherstellern.

⏱ Ca. 90 Minuten

🖥 Führerschein: Fahren lernen Klasse C, Lektion 10; Fahren lernen Klasse D, Lektion 15

Bei der „Kinematischen Kette" sprechen wir vom Antriebs- oder Kraftstrang eines Kraftfahrzeugs (Kfz) und der Kraftübertragung des Motors zu den angetriebenen Rädern. Die vom Antriebsstrang bereitgestellten Kräfte überwinden die Fahrwiderstände (siehe Kapitel 2.4), sie machen das Fahrzeug mobil. Das Motordrehmoment wird durch die Kraftübertragung in Antriebskraft verwandelt.

> Definition Kinematik:
> Die Kinematik befasst sich mit der geometrischen Beschreibung von Bewegungsverhältnissen. Sie ist Teil der Mechanik und der Bewegungslehre.

Im Zusammenhang mit der Aus- und Weiterbildung wird die Bezeichnung „Kinematische Kette" erstmals in der Anlage 1 zur Berufskraftfahrerqualifikationsverordnung verwendet.

Optimale Nutzung der kinematischen Kette 2.1

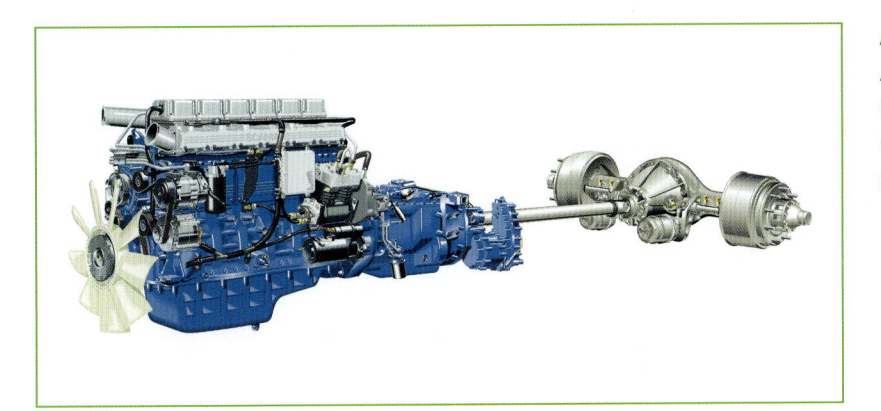

Abbildung 94:
Antriebstrang mit Retarder
Quelle: Scania Deutschland

Zu den Gliedern der kinematischen Kette gehören:
- Motor
- Kupplung
- Schaltgetriebe
- Gelenkwellen
- Differenzialgetriebe
- Achswellen
- Außenplanetengetriebe und
- Räder

Die Antriebstechnik stellt den Haupteinflussfaktor eines Herstellers auf den wirtschaftlichen Betrieb eines Kfz dar. Alle Bauteile entscheiden maßgeblich über den Einsatzbereich, die Transportleistung, die Fahrzeugkosten, die Wirtschaftlichkeit und die Umweltfreundlichkeit eines Fahrzeuges. Keines der Aggregate kann für sich alleine betrachtet werden. Erst die sorgfältige Abstimmung auf den Fahrzeugeinsatz sichert den Erfolg. Nun ist es die Verantwortung des geschulten Fahrpersonals, die vorhandene Technik sinnvoll einzusetzen und das Fahrzeug umweltbewusst und wirtschaftlich zu bewegen.

Aufgaben der Kraftübertragung

Aus dem Angebot des Motors und den Unterschieden des Fahrzeugbedarfs ergeben sich folgende Aufgaben der Kraftübertragung:

- Bereitstellung des Antriebsmoments auch bei Stillstand des Fahrzeugs.

- Drehmomentwandlung für hohe Zugkraft sowie Bereitstellung des Motorantriebs zur Rückwärtsfahrt.
- Anpassung unterschiedlicher Drehzahlniveaus zwischen Motor und angetriebenen Rädern und Umwandlung des Drehmoments in Zugkraft.
- Ausgleichende Verteilung des Antriebsdrehmoments auf die angetriebenen Achswellen und Räder, insbesondere bei Kurvenfahrten.
- Wahlweise Anpassung des Antriebes, z.B. Gelände- oder Straßeneinsatz, Wahl der Fahrtrichtung, Anpassung der Schaltstufen (automatisch oder manuell).

Zusammenspiel der Kettenglieder

Der Motor

Der Motor setzt die chemische Energie eines Kraftstoffes durch Verbrennung in Bewegungsenergie um. Heute hat sich der Dieselmotor als Antriebsquelle in Lkw und Bus durchgesetzt. Dieselmotoren sind Selbstzündungsmotoren und benötigen somit keine Zündkerzen. Oberhalb des Kolbens findet die Verbrennung im Verbrennungsraum statt. Die hierdurch entstehende Wärmeausdehnung des heißen Gases wird zur Bewegung eines Kolbens genutzt. Durch die Kurbelwelle wird die Auf- und Abwärtsbewegung der Kolben in eine Drehbewegung gewandelt.

Abbildung 95:
Busmotor
Quelle: Scania
Deutschland

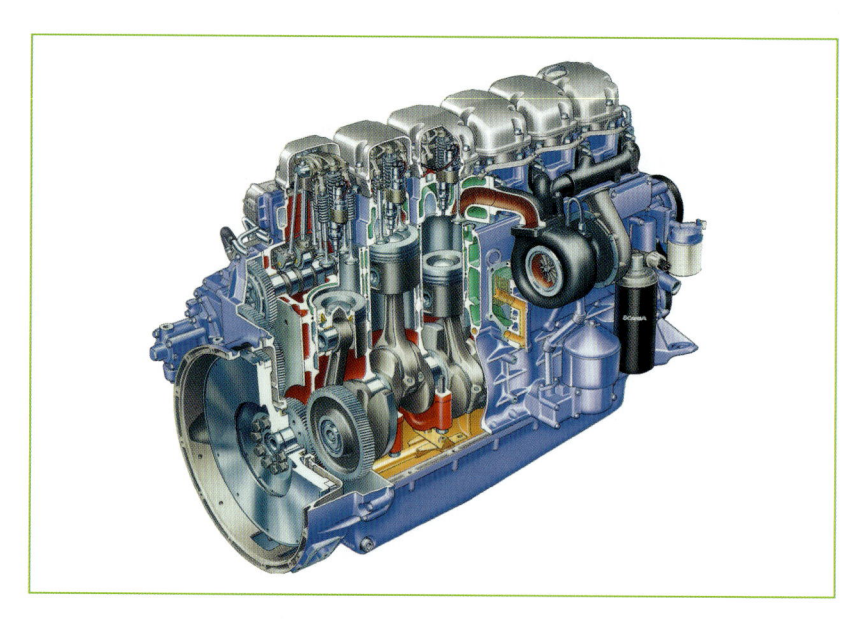

2.1 Optimale Nutzung der kinematischen Kette

Die Kupplung

Um den Kraftfluss zwischen Motor und Getriebe zu unterbrechen, benötigen alle Kraftfahrzeuge eine Kupplung.
Die Kupplung wird zum Anfahren, Schalten, Anhalten und als Überlastungsschutz gebraucht.

- Anfahren: Beim Anfahren muss die Kupplung kurze Zeit schleifen, um den Drehzahlunterschied zwischen Motor und Getriebe auszugleichen. Sie soll ein ruckfreies Anfahren ermöglichen.
- Schalten/Gangwechsel: Die Kupplung trennt den Kraftfluss, damit die Gänge geschaltet werden können.
- Anhalten: Beim Abbremsen des Fahrzeugs muss die Kupplung betätigt werden, um ein „Abwürgen" des Motors zu vermeiden.
- Überlastungsschutz: Um Motor, Getriebe, Antriebswellen und Achsen z. B. bei technischen Defekten nicht zu überlasten und somit größere Schäden zu vermeiden ist die Kupplung als sogenannter Überlastungsschutz vorgesehen.

Weitere Aufgaben der Kupplung sind:
Die möglichst schlupffreie Übertragung des Drehmoments und die Dämpfung von Drehschwingungen zwischen Motor und Getriebe.

Folgende Kupplungen werden unterschieden:
- Reibungskupplung – Einsatz bei handgeschalteten Getrieben
- Strömungskupplung, auch als hydraulische Kupplung bezeichnet
- Strömungswandler, auch als dynamischer Wandler bezeichnet
- Wandlerschaltkupplung – kombinierter Wandler mit Reibungskupplung für den Einsatz in schweren Nutzfahrzeugen.

Das Schaltgetriebe

Das Schaltgetriebe, das als nächstes Glied in den Antriebsstrang eines Kraftfahrzeugs eingebaut ist, ermöglicht:
- den Leerlauf des Motors bei stehendem Fahrzeug
- das Umkehren der Drehrichtung zur Rückwärtsfahrt
- das Erreichen hoher Drehmomente bei niedriger Geschwindigkeit
- das Erreichen hoher Geschwindigkeiten bei niedriger Motordrehzahl

Beschleunigte Grundqualifikation
Basiswissen Lkw/Bus

Im Getriebe wird die Motordrehzahl auf die Antriebsdrehzahl übersetzt. Das Schaltgetriebe muss so ausgelegt sein, dass – je nach Einsatzart des Fahrzeugs – jedem Geschwindigkeitsbereich ein wirtschaftlich sinnvoller Drehzahlbereich des Motors zur Verfügung steht.

Abbildung 96:
Schaltgetriebe
Quelle: Volvo Trucks
Deutschland

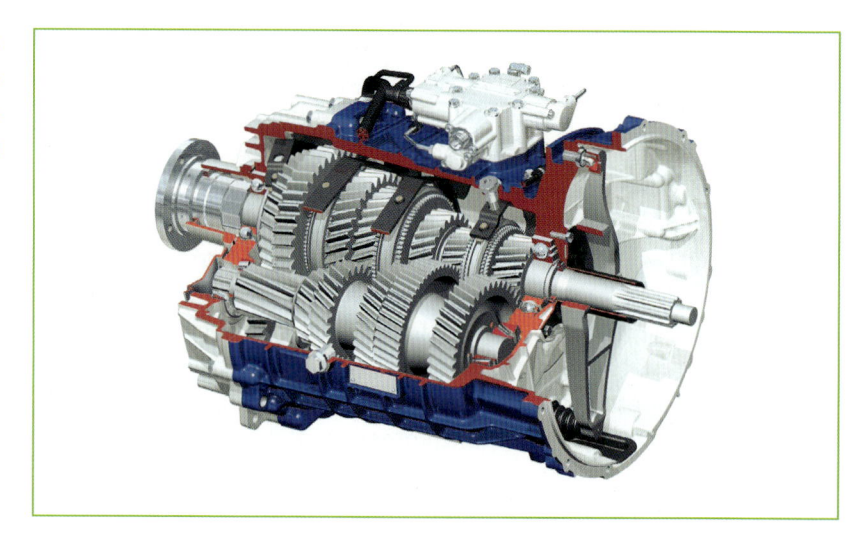

Im Nutzfahrzeugbau gibt es verschiedene Getriebearten. Sie sind auf die unterschiedlichen Einsatzmöglichkeiten von Fahrzeugen abgestimmt. Wir sprechen von:
- Unsynchronisierten Getrieben
- Synchrongetrieben
- Automatisierten Schaltgetrieben
- Automatischen Getrieben
- Vor- und Nachschaltgruppen
- Verteilergetrieben

Die Gelenkwelle
Die Gelenkwelle hat die Aufgabe, die am Getriebeausgang ankommende Drehbewegung auf das Differenzialgetriebe zu übertragen. Nutzfahrzeuge benötigen ein- oder zweiteilige Gelenkwellen mit folgenden Komponenten:
- Kreuzgelenke
- Gelenkwellenrohre
- Zwischenlager
- Schiebestück

Optimale Nutzung der kinematischen Kette

Um Vibrationen zu vermeiden, müssen Gelenkwellen ausgewuchtet werden.

Abbildung 97:
Gelenkwelle am Fahrzeug
Quelle:
MAN Truck & Bus

Das Differenzialgetriebe

Das Differenzialgetriebe nimmt die Drehbewegung der Gelenkwelle mit dem kleineren Kegelrad auf und überträgt sie mit dem größeren Tellerrad um 90° auf die Antriebsachsen. Durch den Größenunterschied zwischen Kegel- und Tellerrad wird die Drehzahl der Antriebswelle übersetzt. Das Übersetzungsverhältnis richtet sich u. a. nach:

- Einsatzzweck des Fahrzeugs
- Übersetzung im Schaltgetriebe
- Untersetzung im Außenplanetengetriebe
- Radgröße

Bei Kurvenfahrten gleicht das Differenzialgetriebe den Wegstreckenunterschied zwischen innerem und äußerem Rad aus. Ein Nachteil dieser Konstruktion ist es, dass auf einseitig glatten Straßen im ungünstigsten Fall der gesamte Vortrieb zum stehen kommen kann. Das Differenzialgetriebe leitet dann die gesamten Drehzahlen dem Rad mit der schlechteren Haftung zu, während das Rad auf dem Untergrund mit guter Haftung stehen bleibt. Die Kraft geht sozusagen – den Weg des geringsten Wiederstandes. Um dies zu umgehen, kann bei vielen Nutzfahrzeugen mittels Schalter eine Sperre zwischen rechter und linker Achswelle aktiviert werden. So lassen sich beide Achswellen mit gleicher Drehzahl antreiben.

> ⚠ Achtung: Vermeiden Sie Kurvenfahrten mit betätigter Differentialsperre, denn durch fehlenden Ausgleich zwischen den Achsen kann das Getriebe zerstört werden.

Abbildung 98:
Differenzialgetriebe
mit Sperre
Quelle: Scania
Deutschland

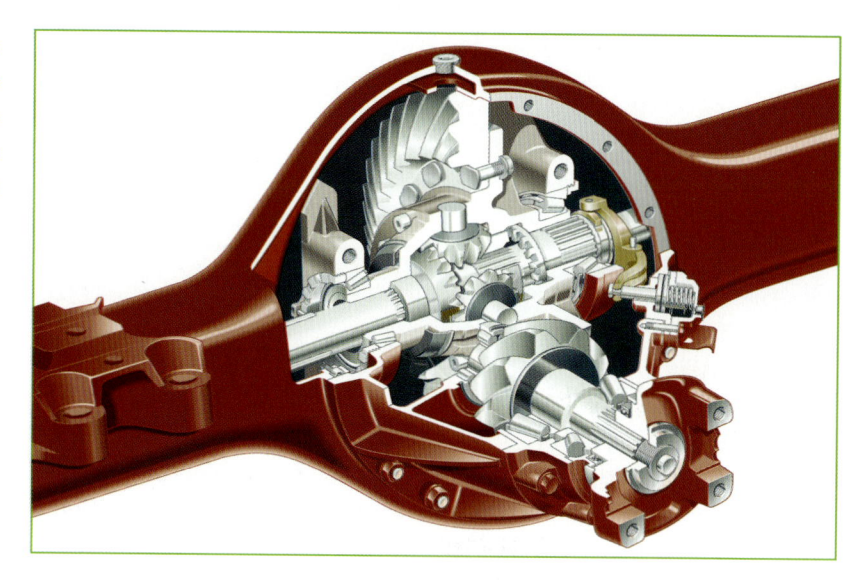

Die Antriebsachse

Auch die Wahl der Antriebsachse richtet sich nach der Einsatzart des Fahrzeugs. Man unterscheidet zwischen Steckachsen und Außenplanetenachsen (AP).

Die so genannte „Steckachse" – treffender als Welle zu bezeichnen – steckt als Radantrieb in der Achse. Sie stellt eine Verbindung vom Differential zur Radnabe her. Dieser Achstyp findet sich in Fahrzeugen mit weniger schweren Einsatzbedingungen.
Die AP-Achse wird häufig in Lkw verbaut, die unter erschwerten Bedingungen fahren (Schwerlast- und Baustellenverkehre, Geländeeinsatz). Sie integriert am Ende der Achswelle einen Planetensatz in die Räder, der aus Sonnenrad, Hohlrad und Planetenrädern besteht. Das Planetengetriebe untersetzt die Achswellendrehzahl – das heißt, dass sich die Achswellen schneller drehen als die Räder. Dadurch erreicht

Optimale Nutzung der kinematischen Kette 2.1

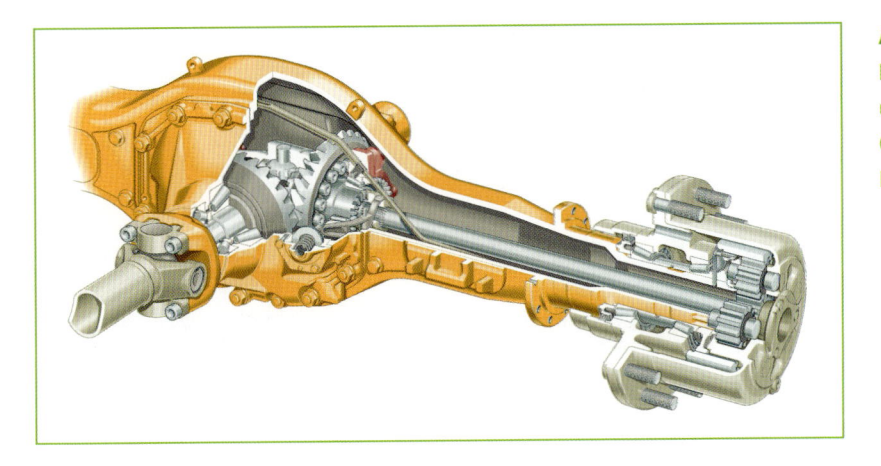

Abbildung 99:
Differenzialgetriebe und AP-Achse
Quelle: Scania Deutschland

man, dass die eigentliche Kraft erst am Rad erzeugt wird. Der gesamte Antriebsstrang kann also bis dahin mit weniger Bauaufwand und vor allem leichter erfolgen.

Die Räder

Die Räder übertragen das ankommende Drehmoment auf den Untergrund. Der Einfluss, den sie auf die einzelnen Glieder der kinematischen Kette ausüben, hängt entscheidend von ihrer Größe ab. Bei Volumenfahrzeugen kommen Räder mit kleinerem Umfang zum Einsatz. Kleine Räder ermöglichen einen größeren Laderaum. So können Sattelzüge mit Megatrailern bis zu 100 m³ laden. Lkw mit Anhänger erreichen einen Laderaum von bis zu 120 m³.

Abbildung 100:
Volumenfahrzeug
Quelle: Scania Deutschland

Beschleunigte Grundqualifikation
Basiswissen Lkw/Bus

AUFGABE/LÖSUNG

Abbildung 101:
Kinematische Kette

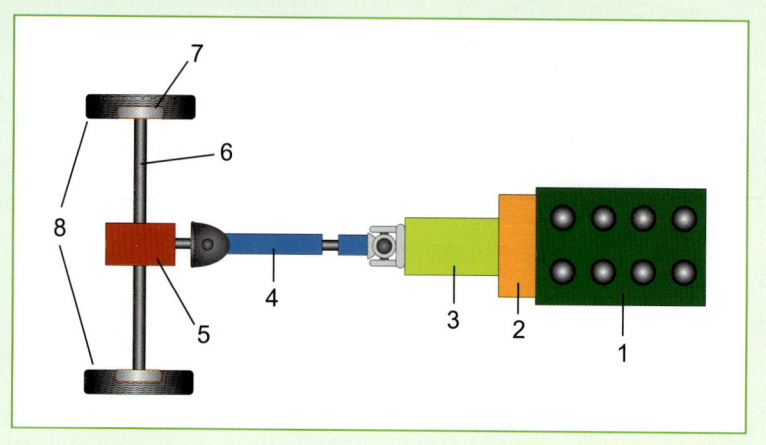

Benennen Sie die einzelnen Bestandteile der kinematischen Kette in der richtigen Reihenfolge!

1. Motor
2. Kupplung
3. Getriebe
4. Gelenkwelle

5. Differenzialgetriebe
6. Achswellen
7. Außenplanetengetriebe
8. Räder

2.2 Bedeutung der wirtschaftlichen Fahrweise

▶ **Die Teilnehmer sollen die Verantwortung und die entscheidende Rolle des Kraftfahrers im Bezug auf die Wirtschaftlichkeit erkennen.**

↻ Um das Interesse für eine wirtschaftliche Fahrweise im Berufsalltag zu wecken, bietet sich bei diesem Thema z. B. eine Einstiegsdiskussion zu aktuellen umweltpolitischen Themen an.

🕒 Ca. 60 Minuten

Führerschein: Fahren lernen Klasse C, Lektion 10; Fahren lernen Klasse D, Lektion 15

Die letzten Jahre sind zunehmend von zwei für das Überleben von uns allen fundamental wichtigen Themen geprägt worden: Zum einen von dem politischen und interkulturellen Umgang der Weltkulturen miteinander, zum anderen von der immer dringlicher, zu Anfang nur diskutierten und nun als bedrohlich wahrgenommenen Gefährdung unserer Existenz, dem Klimawandel. Unsere Erde ist heute von der Erwärmung des Klimas bedroht; auch die Existenz der Menschheit steht auf dem Spiel. Es ist fraglich, ob es uns gelingt, diese Entwicklung umzukehren. Wie kam es dazu, dass sich das Klima derart veränderte? Betrachten wir das ausgehende 18. Jahrhundert. Die damalige Gesellschaft bestand vor allem aus bäuerlichen Gütern, Handwerksbetrieben und Manufakturen. Die Weltbevölkerung lag knapp unter einer Milliarde Menschen. Trotz steter Eingriffe in die Natur herrschte weitgehend Einklang zwischen Mensch und Umwelt.

Das folgende Jahrhundert machte mit einigen bahnbrechenden Erfindungen auf sich aufmerksam. Thomas Alva Edison machte die elektrische Glühlampe anwendungstauglich. Mitte des 19. Jahrhunderts beschleunigten leistungsfähige Dampfmaschinen die Industrielle Revolution. Und 1885 baute Carl Benz das erste Auto mit Verbrennungsmotor. Die Saat für eine sich immer schneller drehende Entwicklungsspirale war aufgegangen. Durch das Wachstum stiegen die Bedürfnisse der Bevölkerung und der Energiebedarf wurde größer. Leicht verfügbare fossile Brennstoffe wurden ausgebeutet – anfangs Kohle, später Erdöl und Erdgas.

Nach dem Zweiten Weltkrieg führten neue und effektivere Technolo-

Beschleunigte Grundqualifikation
Basiswissen Lkw/Bus

Abbildung 102:
Verkehr auf der
Autobahn
Quelle: pixelio.de/
Uwe Steinbrich

gien zu einer gesteigerten Produktivität. Moderne Industrienationen entstanden, deren Einwohner sich an ein bequemes Leben, einen individuellen Lebensstil und große persönliche Freiheiten gewöhnten. Der Aufschwung war gekoppelt an einen sorglosen Umgang mit allen verfügbaren Ressourcen. Mit der ersten und zweiten Ölkrise (1973 bzw. 1979) bekamen die Wohlstandsgesellschaften Risse und die Weltbevölkerung erkannte, auf welch vergängliches Fundament die Wirtschaft gebaut war.

Heute leben fast sieben Milliarden Menschen auf der Erde. Bevölkerungsreiche Staaten wie China und Indien gewinnen an wirtschaftlichem Einfluss, und die Menschen in diesen Ländern entwickeln ähnliche Bedürfnisse wie wir; dadurch verbrauchen sie zunehmend Energie.

Unser exzessiver Umgang mit den fossilen Brennstoffen führt mit zunehmender Geschwindigkeit zu einer durch Menschenhand verursachten Erwärmung der Erde.

Wir stehen heute an einem Scheideweg, der für künftige Generationen von existenzieller Bedeutung sein kann. Jeder kann seinen Beitrag dazu leisten, dass die Erde auch für unsere Kinder und Enkel noch lebenswert ist.

Beim wirtschaftlichen Fahren geht es nicht nur um sparsames und kostengünstiges Fahren; es geht auch darum, persönlich Verantwortung für den Umgang mit Rohstoffen zu übernehmen, die nicht wieder nachwachsen können.

Allgemeine Wirtschaftlichkeitsaspekte

Ein Bus- oder Fuhrunternehmer bzw. Spediteur unterliegt auf dem freien Markt der Wettbewerbssituation, die durch den zunehmenden Kostendruck bestimmt wird. Diese Kosten lassen sich in zwei große Blöcke aufgliedern, die fixen und die variablen Kosten.

Fixe Kosten:
- Anschaffung (Zeitabschreibung)
- Kalkulatorische Zinsen (entgangene Zinsen, die man bekäme, wenn man anstelle der Fahrzeuganschaffung das Kapital anderweitig anlegen würde)
- Kfz-Steuer

Optimale Nutzung der kinematischen Kette 2.2

- Kfz-Versicherung
- Personal (Fahrer, Werkstatt, Dispo, Verwaltung ...)

Variable Kosten:
- Anschaffung (Leistungsabschreibung, abhängig von der jährlichen Fahrleistung)
- Kraftstoff
- Wartung
- Schmierstoffe
- Reifen
- Reparaturen

Um die Rentabilität für die Fahrzeuge zu steigern und somit die Wettbewerbssituation zu verbessern, müssen die variablen Kosten gesenkt werden. Dabei haben Sie als Fahrer einen besonderen Einfluss auf die Kosten von Reifen, Reparaturen, Wartung und Kraftstoff.

> Lassen Sie die Teilnehmer abschätzen, woraus sich die fixen und variablen Kosten zusammensetzen.

Kostenkuchen Lkw

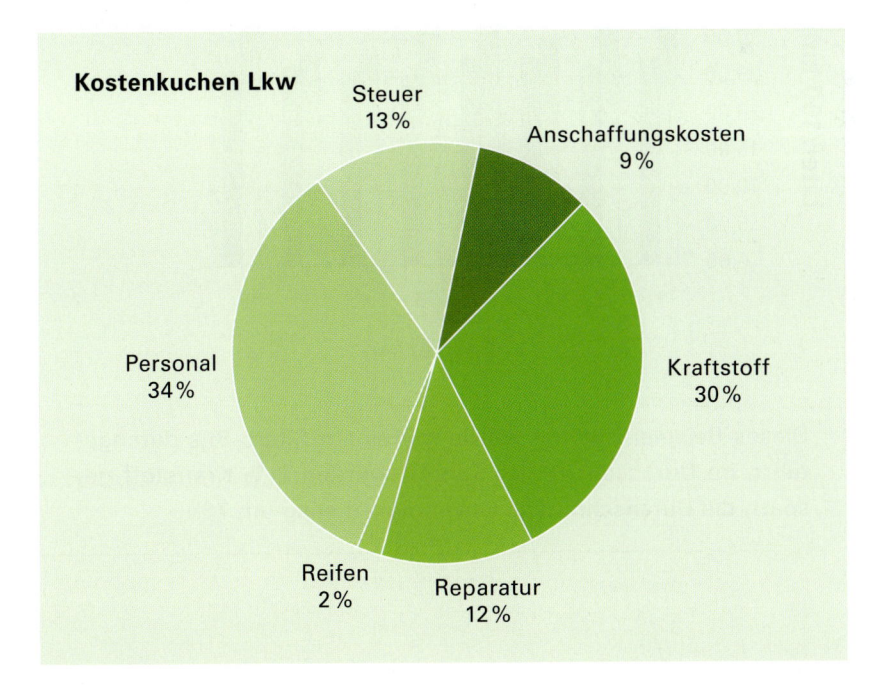

- Steuer 13 %
- Anschaffungskosten 9 %
- Kraftstoff 30 %
- Reparatur 12 %
- Reifen 2 %
- Personal 34 %

Abbildung 103:
Kostenkuchen Lkw (für den Bus abweichende Werte)

**Beschleunigte Grundqualifikation
Basiswissen Lkw/Bus**

Gerade beim Thema wirtschaftliches Fahren ist es unerlässlich, dass die Teilnehmer den Stoff nicht nur theoretisch lernen, sondern auch praktisch anwenden. Sie sollten hierfür Fahrten speziell zu dieser Thematik einplanen. Diese können Bestandteil der zehn vorgeschriebenen praktischen Stunden sein.

Eine gute Möglichkeit sind Vergleichsfahrten. Bei diesen werden Fahrzeit, Durchschnittsgeschwindigkeit, Stopps, Gangwechsel und Kraftstoffverbrauch zweier Fahrten erfasst. In einer Eingangsfahrt sammelt der Fahrtrainer diese Daten möglichst unbeeinflusst als Grundlage. Anschließend bietet sich eine theoretische Schulung zum wirtschaftlichen Fahrstil an. Nach der theoretischen Schulung sollten nun die erarbeiteten Kenntnisse in einer Ausgangsfahrt, auch mit Hilfe des Fahrtrainers, praktisch umgesetzt und vertieft werden.

Besonders eindrucksvoll ist am Ende der Vergleich beider Fahrten, dessen Ergebnis viele Teilnehmer verblüfft.

Abbildung 103a:
Beispiel Vergleichsfahrten vor und nach einem Eco-Training
Quelle: Daimler AG

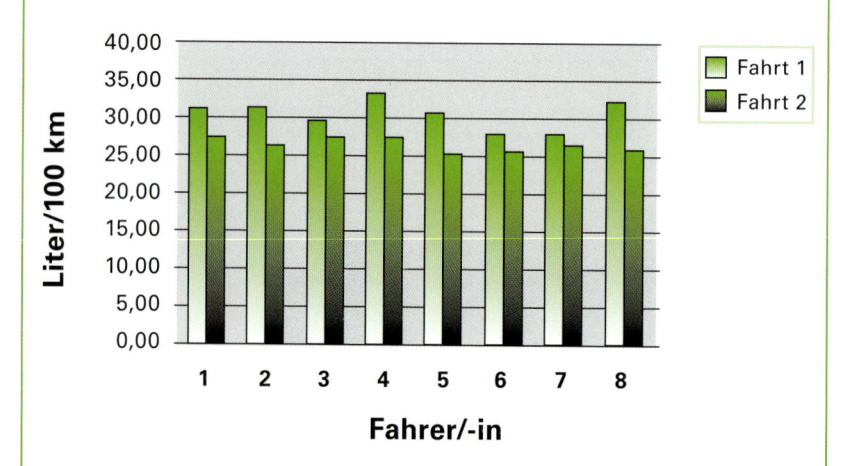

Dieses Beispiel-Training wurde mit einem Citaro-Bus durchgeführt, im Durchschnitt (110 Fahrer) wurden 11 % Kraftstoff gespart, die Durchschnittsgeschwindigkeit stieg um 7 %.

Optimale Nutzung der kinematischen Kette — 2.2

Abbildung 103b:
Fahrprotokoll

MESSERGEBNISSE AUS DEN ZWEI FAHRTEN									
Name									
	1.	2.	1.	2.	1.	2.	1.	2.
Fahrzeit (min)									
Stopps									
Schaltungen									
Ø Geschwindigkeit									
Kraftstoffverbrauch (l/100 km)									
Wirtschaftlichkeitsfaktor*									
Schaltungen — Differenz in abs. Zahlen									
Schaltungen — Differenz in %									
Ø Geschwindigkeit (km/h) — Differenz in abs. Zahlen									
Ø Geschwindigkeit (km/h) — Differenz in %									
Kraftstoffverbrauch (l/100 km) — Differenz in abs. Zahlen									
Kraftstoffverbrauch (l/100 km) — Differenz in %									
Bemerkungen									

* Ø Geschwindigkeit geteilt durch Kraftstoffverbrauch

**Beschleunigte Grundqualifikation
Basiswissen Lkw/Bus**

2.3 Einflussfaktoren auf die Wirtschaftlichkeit

> Die Teilnehmer sollen die Einflussfaktoren auf eine wirtschaftliche Fahrweise und die neuesten technischen Entwicklungen kennenlernen.

Zur Erläuterung des Fahrereinflusses und als Wiederholung/Überleitung zu dem vorangegangenen Thema eignet sich eine Fahrzeugkostenrechnung.
Versuchen Sie, dazu möglichst einfache Werte, ggf. unter Einbezug der Teilnehmer, zu verwenden. Schwerpunkt sollte nicht die vollständige, detaillierte Aufzählung sämtlicher Kosten, sondern die Nachvollziehbarkeit an einfachen Beispielen sein.
Die Kosten können z. B. in einem Brainstorming zusammengetragen und als Schlagwörter auf Cluster notiert werden. Danach können Sie die Kosten leicht auf die Kostenarten (feste/bewegliche Kosten) verteilen und die Einflussmöglichkeiten des Fahrers diskutieren bzw. erläutern.

Ca. 90 Minuten

Führerschein: Fahren lernen Klasse C, Lektion 10; Fahren lernen Klasse D, Lektion 15

Die Rolle des Gesetzgebers

Die Verkehrsentwicklung hat in den letzten Jahren eine drastische Entwicklung genommen, mittlerweile kann man schon ohne Übertreibung von einem *Verkehrsinfarkt* sprechen. Die individuelle Mobilität nimmt ständig zu (siehe Tabelle unten). Lager wurde abgebaut, heute wird „just in time" produziert und geliefert, Lagerhaltung findet auf der Autobahn in rollenden Lagern (Lkw) statt. Durch die EU-Osterweiterung haben sich Handelsgrenzen verschoben und Deutschland ist in die Mitte Europas gerückt. Als Verkehrsdrehscheibe sind Logistikdienstleistungen und Güterverkehr für Deutschland entscheidende Wirtschaftsfaktoren. Im Jahr 2006 erwirtschaftete der Logistikbereich in Deutschland einen Umsatz von mehr als 170 Milliarden Euro und ist mit mehr als 2,6 Millionen Beschäftigten in diesem Bereich ein großer und wachsender Arbeitsmarkt (Quelle: BMVBS).

Optimale Nutzung der kinematischen Kette 2.3

	01.01.1996	01.01.2010	Verhältnis
Bevölkerungszahl	81.817.499	81.802.300	98,2 %
Kraftfahrzeuge total	47.658.853	50.184.419	105,3 %
Pkw	40,5 Millionen	41,7 Millionen	103,0 %
Lkw	2.251.326	2.385.099	105,9 %
Sattelzugmaschine	1.901.760	1.959.861	103,1 %
Busse	85.434	76.433	89,5 %

Abbildung 104:
In Deutschland zugelassene Kraftfahrzeuge
Quelle: Statistisches Bundesamt

In der Tabelle erkennen Sie den Trend in Deutschland. Bei leicht rückgängiger Bevölkerungszahl hat gleichzeitig die Zahl der Fahrzeuge deutlich zugenommen.

Herausforderungen an den Gesetzgeber

Nach den aktuellen Prognosen wird das Transportaufkommen bis 2025 um fast die Hälfte zunehmen. Hier ist die Bundesregierung in der Pflicht, zwischen ökonomischen und ökologischen Ansprüchen aller Interessensverbände einen ausgeglichenen Weg zu wählen.
Durch den weiter zunehmenden weltweiten Handel wird die Straßeninfrastruktur bis an die Grenzen belastet werden, eine Ausweitung ist nur noch in geringem Umfang möglich. In Zusammenarbeit mit der Wirtschaft müssen Produktionsprozesse optimiert werden, um einen Beitrag zur Reduzierung von Straßenverkehr zu leisten. Denn Verkehrsvermeidung ist der beste Umwelt- und Klimaschutz. Ein Beitrag lag in

Abbildung 105:
Lkw-Mautbrücke
Quelle: Torsten Silz/ddp

der Einführung des Mautsystems für den Güterverkehr. Der entstandene Kostendruck lässt sich durch effizientere Logistik- und Transportketten sowie durch die Vermeidung von Leerfahrten kompensieren. Bei dieser Effizienzsteigerung im Gesamtverkehrssystem bekommen Verkehrsleitsysteme und Verkehrstelematik eine hohe Bedeutung. Nur rollender Verkehr ist ökonomisch und – viel wichtiger – ökologisch.

Durch die Verknüpfung und Integration aller Verkehrsträger können emissionsärmere und umweltfreundlichere Formen des Transports besser zum Einsatz gebracht werden. Integrierte Verkehrspolitik ermöglicht die Fortentwicklung der Verkehrsinfrastruktur ohne große zusätzliche Beeinträchtigungen für Mensch und Natur.

Die Förderung innovativer Konzepte und Technologien, der Einsatz energieeffizienterer Antriebe und emissionsloser Kraftstoffe wie Wasserstoff in Zusammenhang mit der Brennstoffzellentechnologie können ebenfalls Beiträge zum Klimaschutz leisten.

In der Verantwortung der Bundesregierung liegt die Sicherung der sozialen Rahmenbedingungen. Um den Standort Deutschland dauerhaft zu sichern, muss gewährleistet werden, dass dem Arbeitsmarkt hochqualifizierte Arbeitskräfte zur Verfügung stehen. Nur Fachkräfte mit entsprechender Aus- und Weiterbildung sind in der Lage, den heutigen und zukünftigen Anforderungen gerecht zu werden.

Was tut die Politik?

Ziel der Bundesregierung ist es, die Spitzenstellung Deutschlands bei Güterverkehr und Logistik angesichts der Herausforderungen eines globalisierten Wettbewerbs, des Klimaschutzes und der beschleunigten technischen Entwicklung dauerhaft zu sichern und auszubauen. Unter dieser Prämisse erarbeitete das Bundesministerium für Verkehr, Bau und Stadtentwicklung 2008 den „Masterplan Güterverkehr und Logistik". Er umfasst 35 Maßnahmen und enthält konkrete Handlungsempfehlungen für die Steigerung der Effizienz im Güterverkehr – z. B.

- Ausbau und Verstärkung der Verkehrsmanagementsysteme
- Beschleunigte Umsetzung des „Ausbauprogramms zur Verbesserung des Parkflächenangebots an Tank- und Rastanlagen der Bundesautobahnen
- Erstellung eines nationalen Hafen- und Flughafenkonzeptes
- Initiative für Logistik im städtischen Raum (Urban Logistics)
- Optimierung von Transitverkehren
- Aufstockung der Mittel für den Kombinierten-Verkehr

Optimale Nutzung der kinematischen Kette

- Entmischung von Güter- und Personenverkehr
- Forcierte Umsetzung von Public Private Partnership-Lösungen zur zügigen und effizienten Realisierung von Autobahnausbau- und Autobahnerhaltungsmaßnahmen
- Prozessoptimierung der Logistikkette unter stärkerer Berücksichtigung der Umweltbelange
- Verstärkte Durchsetzung von Sozialvorschriften im Straßengüterverkehr zur Erhöhung der Verkehrssicherheit
- Start einer Aus- und Weiterbildungsinitiative

Der Masterplan enthält folgende übergeordnete Ziele:
- Verkehrswege optimal nutzen
- Verkehr effizient gestalten
- Verkehr vermeiden
- Mobilität sichern
- Mehr Verkehr auf Schiene und Binnenwasserstraßen
- Verstärkter Ausbau von Verkehrsachsen und Knoten
- Umwelt- und Klimafreundlicher
- Leiser und sicherer Verkehr
- Gute Arbeit und Ausbildung im Transportgewerbe

Im Dezember 2010 erklärte die Bundesregierung, dass sie ohne Einschränkung an dem Ziel festhält, eine leistungsfähige Infrastruktur zu sichern und den zukünftigen Verkehr gleichzeitig energiesparend, effizienter, sauberer und leiser zu machen. Angesichts zunehmender Tonnagen und Entfernungen ist dies eine große Herausforderung. Sie ist nur zu bewältigen, wenn alle Verkehrsträger enger zusammenarbeiten und die notwendigen Güterbewegungen effizienter steuern.

Die Rolle der Kraftfahrzeugentwickler und -fertiger

Wenn heute ein Bus oder Lkw die Fertigung durchlaufen hat und für den Kunden zur Abholung bereit steht, ist dies das Ende eines sehr komplexen Prozesses. Erst nach ca. 800 bis 1000 Stunden in der Fertigung beim Bus bzw. 400 bis 500 Stunden beim Lkw kann das Nutzfahrzeug die Werkshallen als verkaufsfähiges Produkt verlassen. Ständige Optimierung in allen Bereichen (u.a. Rohbau, Motoren, Getriebe und Endfertigung) sorgt dafür, dass eine permanente Weiterentwicklung stattfindet. Bei der Entwicklung von Nutzfahrzeugen wird der Sicherheit grundsätzlich ein hoher Stellenwert eingeräumt. Damit das so bleibt, wird

**Beschleunigte Grundqualifikation
Basiswissen Lkw/Bus**

viel Entwicklungsarbeit in die Sicherheitssysteme gesteckt. Zum einen haben wir aktive Sicherheitssysteme, die zur Unfallvermeidung beitragen sollen, wie z. B. die Assistenzsysteme. Zum anderen gibt es die passiven Sicherheitssysteme, die Fahrer und Beifahrer bei einem Unfall schützen – z. B. die Strukturfestigkeit der Karosserie und die Ausrüstung mit Sicherheitskomponenten. Die Entwicklung wird von den Herstellern selbst vorangetrieben, aber auch vom Gesetzgeber durch Normvorgaben geregelt. Damit die durch die Sicherheitssysteme bedingte Gewichtszunahme nicht zu Lasten der Wirtschaftlichkeit geht, muss ständig an der Gewichtsoptimierung gearbeitet werden. Neue Technologien und moderne Werkstoffe helfen, Gewicht zu sparen. Einige Beispiele seien hier aufgezählt:

- Die Verwendung von LED-Lampen
- Im Bus: Dünnere Scheiben, die zusätzlich im Frontbereich mit besonderer Wärmedämmung versehen sind. (Hier liegt ein doppelter Effekt vor: Zum einen ein geringeres Gewicht, zum anderen ein seltenerer Einsatz der Klimaanlage.)
- Anbauteile und Verkleidungen aus Kunststoff (bisher vor allem bei Lkw)
- Neuartige Getriebe und Motoren
- Alufelgen sind deutlich leichter als Stahlfelgen
- Druckluftbehälter und Tanks werden auf Wunsch aus Aluminium verbaut

Von Seiten der Hersteller besteht das Bestreben, Gewicht zu sparen, wo es möglich ist.

Motorenentwicklung

Abbildung 106: Dieselmotor

Seit Erfindung der Motorkutsche von Carl Benz sind Dieselmotoren die Klassiker bei den Nutzfahrzeugen. Sie sind drehmomentstark und standfest, machen aber durch ihre Geräuschentwicklung und schwarze Abgasfahnen auf sich aufmerksam. Diese Abgase, auch Emissionen genannt, beinhalten Stoffe wie Stickoxide und Rußpartikel, die die Umwelt belasten. Durch die Abgasrückführung (AGR) können besonders die Stickoxide reduziert werden. Ein Teil des Abgasstroms wird abgekühlt und wieder in den Ansaugkanal bzw. Verbrennungsraum geleitet. Diese Abgasrückführung führt natürlich zu einer sehr hohen thermischen Belastung des Motorsystems.

Optimale Nutzung der kinematischen Kette 2.3

Mit der Entwicklung der Euro-Norm wurden vom Gesetzgeber Grenzwerte für diese Emissionen festgelegt. Bei älteren Motoren (bis Euro 3) wurde durch innermotorische Lösungen wie beispielsweise Abgasrückführungen versucht, die Grenzwerte einzuhalten – mit dem Effekt, dass die Motoren nicht ihren bestmöglichen Wirkungsgrad erzielen konnten.

Bereits seit dem 1. Oktober 2006 gilt die Euro-Norm 4, seit dem 1. Oktober 2009 die Euro-Norm 5. Neue Technologien kommen zum Einsatz und stellen heute den aktuellen Stand der Technik dar. Mit der Einspritzung von Harnstoff (AdBlue) in den Abgasstrom und einer Nachbehandlung der Abgase mittels SCR-Katalysatoren (Selective Catalytic Reduction) und Dieselpartikelfilter können abgasseitig alle Grenzwerte, auch die der neuen Euro 5-Norm, erfüllt werden. Durch diese abgasseitige Emissionsreduktion kann der innermotorische Wirkungsgrad gesteigert werden. Dies führt bei Euro 4- und Euro 5-Motoren mit AdBlue-Einspritzung und SCR-Dieseltechnologie zu Einsparungen von bis zu 6% Kraftstoff gegenüber Euro 3-Motoren. Gleichzeitig muss bei schweren Nutzfahrzeugen mit einem Verbrauch von etwa 1,4 Liter AdBlue auf 100km Wegstrecke gerechnet werden. Die 2014 in Kraft tretende Euro 6- Norm stellt bei der Motorentwicklung auch künftig hohe Anforderungen an die Ingenieure.

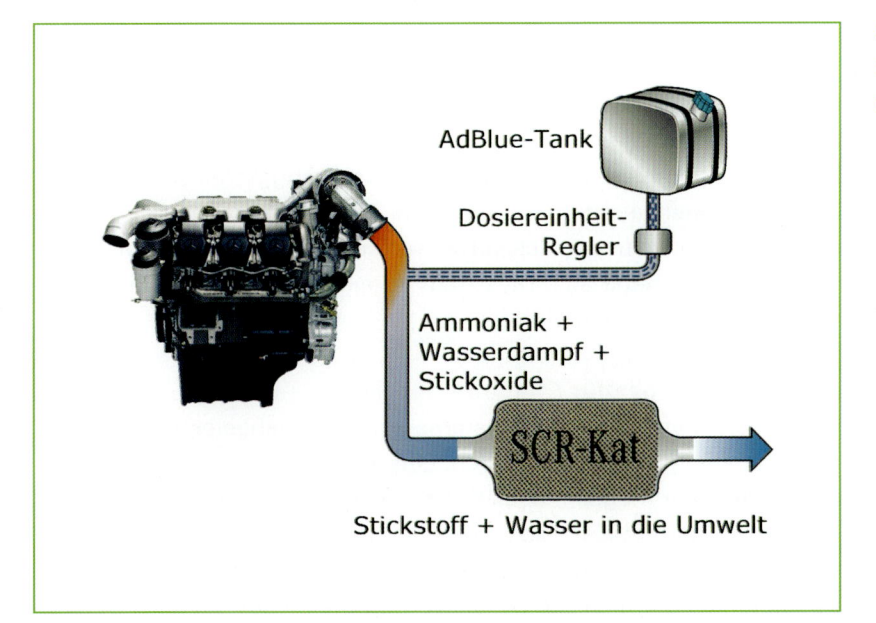

Abbildung 107:
SCR-Prinzip
Quelle: Daimler AG

**Beschleunigte Grundqualifikation
Basiswissen Lkw/Bus**

Getriebe

Getriebe stellen einen Teil der Verbindung zwischen Motor und Antriebsachse zur Übertragung und Wandlung von Drehzahlen oder Drehmomenten dar. Sie ermöglichen dem Fahrer, den Motor über den nutzbaren Drehzahlbereich jeweils optimal an die benötigte Geschwindigkeit anzupassen.

Bei Schaltgetrieben sind die Getriebeabstufungen festgelegt und der Fahrer bestimmt, wann und bei welcher Drehzahl der Gangwechsel vollzogen wird. Um die Fahrer bei ihrer Arbeit zu entlasten, kommen immer häufiger teilautomatisierte Getriebe zum Einsatz. Hier hat der Fahrer auch weiterhin durch Kickdown und manuellen Wählhebel die Möglichkeit, den Zeitpunkt des Gangwechsels zu bestimmen. Schaltprogramme sind dem Getriebe übergeordnet und bestimmen den Gangwechsel. Die Problematik bei diesen Getrieben besteht darin, dass eine flexible Anpassung an verschiedene Anforderungen des Getriebes nur bedingt möglich ist. Es kann passieren, dass das Getriebe vor einer Steigung zu spät zurückschaltet oder aber dort, wo niedertouriges Fahren möglich wäre, die Automatik noch nicht hoch schaltet. Abhilfe wurde geschaffen, indem mehrere Schaltprogramme in der Getriebeelektronik hinterlegt wurden.

Neuentwicklungen für Lkw-Getriebe

Die Getriebeelektronik wartet mit einer integrierten Neigungssensorik sowie einer verfeinerten Schaltstrategie auf. Dabei wird die aktuelle Neigung der Fahrbahn laufend gemessen und mit der Fahrzeuggeschwindigkeit und der Stellung des Gaspedals verglichen, worauf dann die jeweils optimal passenden Schaltbefehle umgesetzt werden.

Es handelt sich hierbei durchweg um Direktganggetriebe, die die bisherigen Schnellganggetriebe ersetzen. Ein Direktganggetriebe zeichnet sich durch einen deutlich verbesserten Wirkungsgrad als bisherige Schnellganggetriebe aus. Dies trägt zu einem reduzierten Kraftstoffverbrauch bei.

Neuentwicklungen für Omnibus-Getriebe

Die verschiedenen Schaltprogramme in der Getriebeelektronik können werkstattseitig angewählt werden. Eine Anpassung an die Einsatzstrecke ist dadurch möglich, aber bisher ohne Flexibilität. Ein einmal gewähltes Programm lässt sich während der Fahrt nicht wechseln.

Die neueste Generation der Automatikgetriebe greift von sich aus selbstständig auf mehrere Schaltprogramme zurück. Je nach Herstel-

2.3 Optimale Nutzung der kinematischen Kette

Abbildung 108:
ZF 8-Gang-Automatikgetriebe
Quelle:
ZF Friedrichshafen

ler und Getriebe können verschiedene Parameter als Grundlage zur Programmwahl herangezogen werden.

ZF bietet eine topographieabhängige Schaltprogrammumschaltung. Voith programmiert ein beschleunigungsabhängiges Schaltprogramm. Bei voller Beladung und/oder bei Bergfahrt erfährt der Bus eine geringe Beschleunigung. Das Getriebe verschiebt seine Schaltpunkte in höhere Motordrehzahlen, wodurch der Fahrer mehr Leistung erhält. Ohne Beladung und/oder bei Bergabfahrt erzielt der Bus eine höhere Beschleunigung; nun verschiebt das Getriebe die Schaltpunkte in niedrigere Motordrehzahlen. Der Fahrer erhält nur noch so viel Leistung, wie benötigt wird. Diese Flexibilität ermöglicht ein leistungsorientiertes Fahren. Die neuen Getriebegenerationen ermöglichen und unterstützen einen verbrauchsorientierten Fahrstil. Ein weiterer positiver Aspekt bei Automatikgetrieben ist die Gewichtsreduzierung durch nicht benötigte Synchronisation von ca. 50 kg.

Beschleunigte Grundqualifikation
Basiswissen Lkw/Bus

Alternative Antriebskonzepte

Fossile Brennstoffe tragen mit ihrem Kohlendioxideintrag in der Atmosphäre zum Treibhausklima bei. Möchte man dem entgegensteuern, muss man auf alternative Antriebskonzepte setzen.

Alternative Brennstoffe

Der einfachste Weg für die Motorenentwickler liegt darin, den klassischen Dieselmotor mit alternativen Kraftstoffen zu betreiben. Diese Kraftstoffe sollten bei der Verbrennung im Motor möglichst frei sein von schädlichen Emissionen. Zu diesen schadstoffarmen Kraftstoffen zählt **GTL (Gas-To-Liquid)**, ein synthetischer, flüssiger Kraftstoff, der aus Erdgas gewonnen wird. GTL-Dieselkraftstoff ist schwefelfrei und enthält keine aromatischen Kohlenwasserstoffe.
Noch besser sind kohlendioxidneutrale Kraftstoffe. Das heißt: Es wird nur soviel Kohlendioxid freigesetzt, wie bei der Produktion gebunden wurde. Hier sei als Beispiel **BTL (Biomass-To-Liquid)** genannt, ein synthetischer Kraftstoff, zu dessen Herstellung alle Arten von Biomasse als Ausgangsstoff genutzt werden können.

Erdgasantrieb

Erdgas-Fahrzeuge werden unter der Bezeichnung CNG-Fahrzeuge mit verdichtetem Erdgas (Compressed Natural Gas) und mit einem turbogeladenen Verbrennungsmotor betrieben. Mit Erdgas betriebene Busse waren schon mit der Einführung der Euro 3-Norm in der Lage, die EEV-Norm (Enhanced Environmentally Friendly Vehicles) zu erfüllen.
Durch ihre Umweltvorteile werden Erdgas-Fahrzeuge mit Länderzuschüssen besonders gefördert und stellen für einige Kommunen bzw. Betriebe eine Alternative zu Fahrzeugen mit klassischem Dieselantrieb dar.

Abbildung 109:
Erdgasbus
Quelle:
EWE Oldenburg

2.3 Optimale Nutzung der kinematischen Kette

Abbildung 110:
Hybridfahrzeug
Quelle:
MAN Truck & Bus

Hybridantrieb

Die Brücke zu einer emissionsfreien Mobilität stellt der Hybridantrieb dar. Ein Linienbus, der in der Stadt bewegt wird, muss häufig beschleunigt und ebenso oft abgebremst werden. Beim Hybridantrieb wird die Bewegungsenergie nicht einfach in Wärme umgewandelt – wie beim konventionellen Bremsen üblich – sondern durch Energierückgewinnung (Rekuperation) wieder für Beschleunigungsvorgänge verfügbar gemacht. Im Lkw-Bereich ist diese Antriebsart nur bedingt möglich und auf die kleinere Palette der Verteilerfahrzeuge bzw. den Sonderfahrzeugbau beschränkt.

Die Kombination von zwei oder mehr Antriebsarten wird als Hybrid bezeichnet. Bei Fahrzeugen handelt es sich dabei meist um eine Verbindung aus Verbrennungs- und Elektromotor, die je nach Bedarf getrennt voneinander oder gemeinsam betrieben werden können. Der Elektromotor wird beim Bremsen oder im Schaltbetrieb auch als Generator eingesetzt, um wertvolle Energie zurück zu gewinnen. Diese wird in Akkumulatoren zwischengespeichert und bei Bedarf zur Unterstützung des Verbrennungsmotors beim Beschleunigen bzw. als alleiniger Antrieb im Stadtverkehr genutzt. Ist der Verbrennungsmotor zugeschaltet, kann sie auch zum Betrieb von Nebenaggregaten wie der Klimaanlage dienen. Heutzutage geht die Entwicklung dahin, innovative Technologien zu verbinden. Man ersetzt den Verbrennungsmotor durch einen Brennstoffzellen-Antrieb und bekommt so einen Bus, der frei von CO_2-Emissionen ist.

Hybridantriebe bieten viele Vorteile:
- Der Generator kann mit leichteren, sparsameren Motoren angetrieben werden (Down-sizing-Hybrid)
- Der Verbrennungsmotor kann immer im optimalen Bereich betrieben werden
- Der Generator kann mit verschiedenen Verbrennungsmotoren betrieben werden (Diesel, Erdgas, Benzin, usw.)
- Die Lärmemission kann gesenkt werden (Fahren nur mit E-Motor, bessere Kapselung)
- Das Gewicht wird durch Verkleinerung von Auspuffanlage, Kühler und Tank reduziert, Getriebe und Retarder entfallen
- Die Energierückgewinnung (Rekuperation) im Stadtbereich ist sehr effektiv
- Bei modularer Bauweise kann der Verbrennungsmotor durch eine Brennstoffzelle ersetzt werden
- Emissionsfreies Fahren ist möglich

Brennstoffzelle
Damit künftig weniger Schadstoffe ausgestoßen werden, muss die Brennstoffzellentechnologie eine wichtigere Rolle spielen. Sie wird augenblicklich nur in Pkw und Kraftomnibussen eingesetzt. Brennstoffzellenfahrzeuge erreichen einen hohen Wirkungsgrad, sind leise und arbeiten völlig schadstofffrei. Aus dem Auspuff kommt nur reines Wasser.

In der Brennstoffzelle wird Wasserstoff aus dem Fahrzeugtank mit Sauerstoff aus der Luft zusammengeführt und in einer kontrollierten Reaktion der beiden Gase entstehen Wärme, Wasserdampf und elektrische Energie. Diese wird von einem Antriebsmotor genutzt.

Wasserstoff wird durch Elektrolyse aus Wasser gewonnen, d.h. mit Hilfe von Strom und Wasser in seine Bestandteile Wasserstoff und Sauerstoff zerlegt. Der Umweltvorteil besteht aber nur dann, wenn der benötigte Strom aus regenerativen Quellen wie Wind- oder Solarenergie gewonnen wird. Noch ist offen, wann diese Technologie serienmäßig eingesetzt werden kann. Derzeit werden Brennstoffzellen-Busse und -Transporter unter Praxisbedingungen getestet.

2.3 Optimale Nutzung der kinematischen Kette

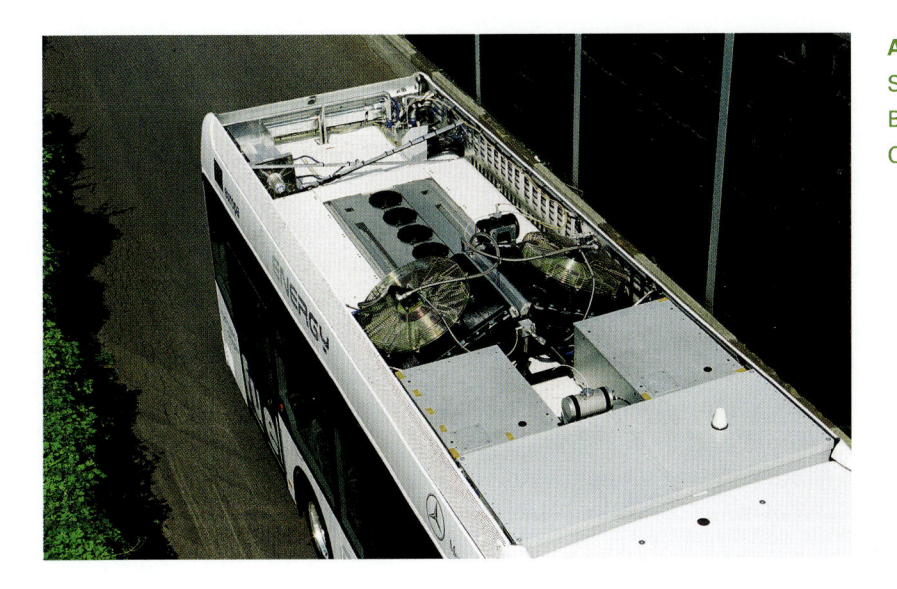

Abbildung 111:
Stadtbus mit Brennstoffzelle
Quelle: Daimler AG

Die Rolle des Unternehmers

Unternehmer unterliegen einer Wettbewerbssituation, wobei ein moderner Fuhrpark bei Kunden und Fahrpersonal zu einer deutlich besseren Akzeptanz führt.
Bevor die Technik zum Einsatz kommen kann, steht die Fahrzeugwahl an. Hier muss der Unternehmer wissen, welche Einsatzbedingungen den zukünftigen Bus oder Lkw erwarten: Reisedienst, Linienverkehr in der Stadt, Überland, Flachland, hügeliges oder gebirgiges Terrain, Fernverkehr, Nahverkehr, Verteilerverkehr, Baustellenverkehr, Spezialeinsätze...
Der Antriebsstrang, bestehend aus den Gliedern der kinematischen Kette, muss konfiguriert werden. Ein Baustellenfahrzeug mit einem kurz übersetzten Antriebsstrang, also für den Einsatz abseits der Straße und Geschwindigkeiten bis 60km/h ausgelegt, kann für Überlandtouren oder im Fernverkehr nicht wirtschaftlich eingesetzt werden. Der hubraumgroße Achtzylinder-Motor kann sein Potential auf Strecken im Flachland nicht ausschöpfen und arbeitet unwirtschaftlich. Benötige ich unbedingt eine Klimaanlage in meinem Linienbus oder reichen Klappfenster? Wie sieht es im Lkw mit einer Standklimaanlage oder Standheizung aus? Welche Reifengrößen passen mit welchem Differenzial- und Schaltgetriebe zusammen? Vor dem Kauf steht eine genaue Analyse zur optimalen wirtschaftlichen Betriebsweise an.

Beschleunigte Grundqualifikation
Basiswissen Lkw/Bus

> Ein beliebiges Auslieferungscenter eines beliebigen Fahrzeugherstellers. Vor der Tür steht der neue Bus bzw. Lkw, lackiert im Unternehmensdesign, ausgestattet mit modernster Technik und Assistenzsystemen.
> Bei einer Tasse Kaffee werden die Formalitäten abgewickelt. Der anschließenden Fahrzeugeinweisung durch den Verkäufer fällt in Anbetracht der wichtigeren Schlüsselübergabe wenig Gewicht zu. Auf dem Betriebshof wird der Schlüssel dann dem zukünftigen Fahrer überreicht. Der Umstieg von dem in die Jahre gekommenen alten Bus/Lkw auf den neuen wird schon nicht so kompliziert sein.
> Unter diesen Voraussetzungen wird die erste Tour mit größter Wahrscheinlichkeit in einem Fiasko enden.

Jede Änderung in der Technik, ob es nun das neue teilautomatisierte Getriebe, das geänderte Bedienungsfeld der Klimaanlage oder der bis dahin unbekannte Spurassistent ist, bedarf einer gründlichen Einweisung in Bedienung, Handhabung und Funktion. Möchte ein Unternehmer diese neue Technik optimal genutzt wissen, muss er dafür Sorge tragen, dass seine Fahrer umfassend informiert bzw. geschult werden. Erst wenn die Kombination aus Fahrer und Fahrzeug harmoniert, kann das Fahrzeug sicher, wirtschaftlich und umweltfreundlich über die Straßen bewegt werden. Hierzu gehört auch die Kostenerfassung und -überwachung, um Abweichungen festzustellen und entsprechende Maßnahmen zur Abstellung einzuleiten.

➕ Hintergrundwissen →

Motivation zum wirtschaftlichen Fahren
Wer als Unternehmer sicherstellen möchte, dass sein Fuhrpark nachhaltig wirtschaftlich betrieben wird, kommt nicht umhin, sein fahrendes Personal für dieses Ziel zu motivieren. Ein Fahrer, der hinter einer solchen Firmenphilosophie steht, wird sie auch umsetzen. Es kann an dieser Stelle kein Patentrezept genannt werden. Wichtig ist, dass jeder einzelne Fahrer und nicht nur die Belegschaft motiviert werden muss. Vermieden werden sollte,

2.3 Optimale Nutzung der kinematischen Kette

dass einzelne Fahrer sich in der Gruppe verstecken können, frei nach dem Motto: „Die Anderen werden es für mich richten".

Flottenmanagement
Vertrauen ist gut, Kontrolle jederzeit möglich!
Mit Telematiksystemen kann die Fahrzeugdisposition heute viele wichtige Informationen ablesen, z. B. wo, wie schnell und in welchem Gang gefahren, wie gebremst bzw. was verbraucht wurde. Systeme wie z. B. Fleet Board haben nicht nur für das Unternehmen, sondern auch für den Fahrer Vorteile.
Durch den Abruf relevanter Fahrzeugdaten kann der Fahrzeugeinsatz analysiert werden. Es lässt sich ermitteln, welches Fahrzeug am besten für bestimmte Transporte geeignet ist. Weiterhin können Strecken und Aufträge bei unvorhergesehenen Zwischenfällen jederzeit angepasst werden. Dem Fahrer kann somit Stress genommen und dem Kunden können wichtige Informationen gegeben werden. Auch Serviceintervalle lassen sich durch den aktuellen Abruf relevanter technischer Daten effektiver und mit geringeren Ausfallzeiten planen. Bei richtigem Einsatz sind Telematiksysteme also für alle Transportbeteiligten nützlich.

Streckenplanung und Tankmanagement
Bei den heutigen Straßen- und Verkehrsverhältnissen ist es besonders wichtig, eine gute Tourenplanung im Vorfeld durchzuführen. Eine reibungslose Fahrt kann z. B. durch den Einsatz eines leistungsfähigen Navigationssystems mit TMC (Traffic Message Channel = Verkehrs-Nachrichten-Kanal) gewährleistet werden. Dies lässt den Fahrer auch während der Fahrt flexibel auf besondere Situationen wie Staus oder Streckensperrungen reagieren. Seit Januar 2010 gehört insbesondere bei der Tourenplanung im Stückgutverkehr mit Gefahrgütern der Abgleich von Tunnelbeschränkungscode und Tunnelkategorie dazu.
Bei einer gewissenhaften Streckenplanung lässt sich der zu erwartende Kraftstoffverbrauch kalkulieren. Eine wirtschaftliche Tourenplanung bedeutet, nur so viel Kraftstoff an Bord zu haben, wie für die geplante Fahrt nötig ist. Wird im Reisebus das Wasser für Toilettenspülung und Küche auf das wirklich benötigte Maß reduziert und werden im Gegenzug die Abwassertanks regelmäßig entleert, kann mit

Abbildung 112:
Navigationsgerät für Lkw und Bus
Quelle: VDO Automotive AG

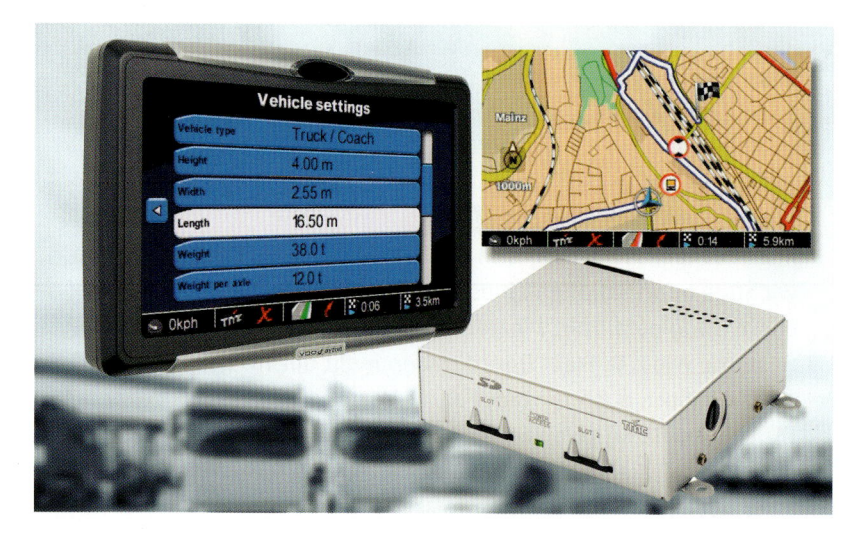

diesen Maßnahmen viel Gewicht gespart werden. Wird nicht benötigter Kraftstoff durch die Landschaft gefahren, hat dies einen höheren Kraftstoffverbrauch zur Folge.

Die Rolle des Fahrers im täglichen Einsatz

Der Kraftfahrer von heute ist ein gut ausgebildeter Spezialist, der sich in einem Netz von Vorschriften und Anforderungen sicher zu bewegen weiß. Er ist derjenige, der:

- Gesetze, Verordnungen und Richtlinien einhält,
- die vorhandene Technik sinnvoll einsetzt,
- im Umgang mit Kunden und Auftraggebern den richtigen Ton pflegt,
- den Umgang mit Computer und ‚Papieren' beherrscht
- und sein Fahrzeug sicher und wirtschaftlich führt.

Die moderne Fahrzeugtechnik will zur Erlangung eines wirtschaftlichen Fahrstils richtig genutzt werden. Will ein Bus- oder Lkw-Fahrer an einer leichten Steigung anfahren, erhöht der Fahrer die Drehzahl und lässt sein Fahrzeug mit schleifender Kupplung anrollen – ein immer wieder zu beobachtender Vorgang. Dabei stellt sich die Frage: Was ist daran verkehrt? Erklärt man dem Fahrer, dass er gerade den Kupplungsverschleiß stark erhöht hat, erntet man vielfach ungläubige Blicke. Was gestern noch die übliche Vorgehensweise war, muss bzw. ist heute nicht mehr richtig.

Optimale Nutzung der kinematischen Kette 2.3

Fast jeder Schritt in der Fahrzeugentwicklung geht auch mit geänderten Bedienungsmustern einher. Jeder Fahrer muss sich immer wieder über Neuerungen bezüglich der Mechanik, der Bedienung technischer Einrichtungen und der Handhabung von Assistenzsystemen informieren. Erst Technik, die verstanden wurde, kann zielgerichtet zum Einsatz kommen.

Verantwortung für umweltschonendes Fahren
Die Motivation für wirtschaftliches und umweltschonendes Fahren ist vielschichtig. Manch einer handelt aus Idealismus und möchte selbst einen aktiven Beitrag gegen die drohende Erderwärmung leisten. Andere wiederum haben wirtschaftliche Ambitionen, frei nach dem Motto: Geht es meinem Chef gut, geht es mir gut.
Der Wettbewerbsdruck der Unternehmer kann durch einen umsichtigen Umgang mit dem Fahrzeug – hier seien die Betriebsstoffe und der möglichst zu vermeidende Verschleiß genannt – deutlich gemindert werden. Ökonomische und ökologische Aspekte gehen dabei Hand in Hand.
Der moderne Kraftfahrer sollte eine Person sein, die über den Tellerrand hinausschaut – und nicht nur jemand, der sein Fahrzeug von A nach B bewegen kann. Er ist der Profi, der Spezialist.

Beschleunigte Grundqualifikation
Basiswissen Lkw/Bus

2.4 Bedeutung der Fahrwiderstände

▶ **Die Teilnehmer sollen den Zusammenhang von Fahrwiderständen und Kraftstoffverbrauch kennen.**

↪ Die genauen Definitionen der Fahrwiderstände sind in Kapitel 1.12 „Fahrphysik" beschrieben worden. Hier soll die praktische Bedeutung der Fahrwiderstände für eine Kraftstoff sparende Fahrweise herausgehoben werden. Sie können an dieser Stelle die zuvor erlernten Eigenschaften und Einflussfaktoren der Widerstände abfragen.

🕒 Ca. 90 Minuten

📺 Führerschein: Fahren lernen Klasse C, Lektion 10; Fahren lernen Klasse D, Lektion 15

Als Fahrwiderstand bezeichnet man die Summe der Widerstände, die ein Landfahrzeug mit Hilfe einer Antriebskraft überwinden muss, um mit einer konstanten Geschwindigkeit zu fahren.

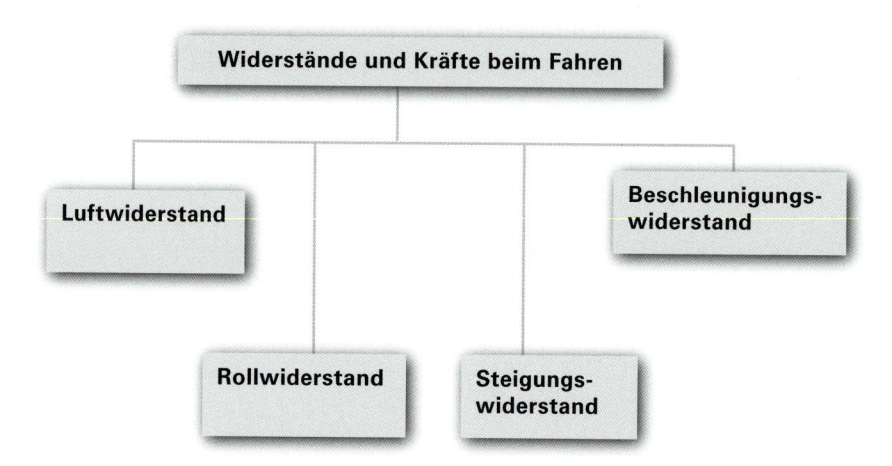

```
                Widerstände und Kräfte beim Fahren
                 /         |         |         \
         Luftwiderstand                Beschleunigungs-
                                       widerstand

         Rollwiderstand    Steigungs-
                           widerstand
```

Diese in Naturwissenschaft und Technik meist in schnöde, abstrakte Formeln gepresste Formulierungen sind die am Fahrzeug angreifenden Kräfte, die dem Motor bei der Bergauffahrt das Letzte abnötigen, ihm im Gegensatz bei Rückenwind oder bergab fast keine Leistung abverlangen. Ein Fahrer, der wirtschaftlich fahren möchte, kennt diese Kräfte und setzt sie zielgerichtet für sich ein. Der Fahrwiderstand setzt

Optimale Nutzung der kinematischen Kette 2.4

sich aus den Komponenten Luft-, Roll-, Steigungs- und Beschleunigungswiderstand zusammen.

Luftwiderstand

Luftwiderstand tritt auf, wenn ein Gegenstand vom Wind umströmt wird. Bei einem Fahrzeug wirkt die Kraft des Luftwiderstands dem Fahrzeugvortrieb entgegen.
Ein Fahrzeug, das in Bewegung ist, muss die Luft, durch die es sich bewegt, zerteilen und verdrängen. Der Luftwiderstand ist umso kleiner, je kleiner die vom Wind angeströmte Fläche und je strömungsgünstiger seine Form ist.
Busse und Lkw mit ihrer großen flachen Frontfläche stellen einen erheblichen Luftwiderstand dar. Dieser Widerstand wächst mit der Geschwindigkeit quadratisch, d.h. der Luftwiderstand erhöht sich bei Geschwindigkeitserhöhung von 40 km/h (Stadt) auf 80 km/h (Autobahn) auf den vierfachen Wert.

Einflussfaktoren
- Größe der Frontfläche
- Windrichtung- und Windstärke
- Cw-Wert (ein dimensionsloser Beiwert, der sich nach Fahrzeugform und Oberflächenbeschaffenheit errechnet)
- Fahrgeschwindigkeit

> **PRAXIS-TIPP**
>
> Um den Luftwiderstand gering zu halten, sollten Sie
> - Planen fest verzurren. Eine flatternde Plane kann den Kraftstoffverbrauch um bis zu 3l/100 km erhöhen.
> - Die Geschwindigkeit anpassen

Rollwiderstand

Der Rollwiderstand ist bedingt durch die elastische Verformung der Reifen und der Fahrbahn an deren Kontaktstellen. Die Verformung hat ihre Ursache im Gewicht des Fahrzeugs und in den elastischen Eigenschaften der Fahrbahn und der Reifen. Der Rollwiderstand ist gewichtsabhängig. Die Einflussfaktoren auf den Rollwiderstand sind:

**Beschleunigte Grundqualifikation
Basiswissen Lkw/Bus**

- Reifenbauart
- Reifenprofil
- Reifengröße
- Luftdruck
- Straßenzustand und Fahrbahnoberfläche.

Der Fahrer hat nicht die Möglichkeit, auf alle Einflussfaktoren zu reagieren, er kann aber den Reifendruck, die Radlast oder die Geschwindigkeit beeinflussen.

Einflussfaktoren

Reifendruck
Auch auf einem festen Untergrund ist ein Rollwiderstand vorhanden. Er entsteht durch die Walkarbeit der Reifen. Diese werden durch das Fahrzeuggewicht zusammengedrückt. Mit sinkendem Luftdruck wird die Reifenaufstandsfläche größer und die Walkarbeit steigt. Bei einem um ein Bar zu niedrigen Reifendruck sinkt die Reifenlebensdauer um ca. 20 % und verursacht eine Verbrauchserhöhung von 2 % bis 5 %. Überhöhter Reifendruck verringert zwar den Rollwiderstand, aber gleichzeitig werden der Fahrkomfort und die Lebensdauer der Reifen verringert.

Radlast
Wird ein Lkw beladen, steigt auch die Radlast. Dabei sollte auf eine gleichmäßige Verteilung der Zuladung geachtet werden. Durch die Erhöhung der Radlast wird die Reifenaufstandsfläche vergrößert, was zu einer stärkeren Walkarbeit führt und den Rollwiderstand erhöht.

Geschwindigkeit
Mit zunehmender Geschwindigkeit erwärmt sich der Reifen und die darin eingeschlossene Luft, der Druck steigt, die inneren Reibungsverluste sinken, der Rollwiderstand fällt.

Optimale Nutzung der kinematischen Kette 2.4

> **PRAXIS-TIPP**
>
> Um den Rollwiderstand gering zu halten, sollten Sie
> - Regelmäßig den Reifendruck im kalten Zustand kontrollieren
> - Auf einsatzgerechte Reifen achten
> - Die Geschwindigkeit anpassen
> - Das Ablaufverhalten beobachten
> - Unnötigen Ballast nicht mitführen

Steigungswiderstand

Steigungswiderstand entsteht beim Befahren einer Steigung und ist der Anteil der Gewichtskraft, der an Steigungen parallel zur Fahrbahn talwärts wirkt. In einem Gefälle ist der Steigungswiderstand negativ. Einflussfaktoren für den Steigungswiderstand sind Steigungswinkel und Fahrzeuggesamtgewicht.

Einflussfaktoren
- Fahrzeugmasse
- Grad der Steigung

> **PRAXIS-TIPP**
>
> Um den Steigungswiderstand gering zu halten, sollten Sie ihn bei der Routenplanung berücksichtigen. Kurze, steile Anstiege sind für eine wirtschaftliche Fahrweise besser geeignet als flache, lange Anstiege.

Beschleunigungswiderstand

Der Beschleunigungswiderstand tritt auf, wenn das Fahrzeug seine Geschwindigkeit ändert. Er entsteht, weil jede Masse ihren Bewegungszustand behalten will. Man spricht daher von der Massenträgheit. Eine Verzögerung ist eine negative Beschleunigung.
Fahrzeugmasse und Stärke der Beschleunigung beeinflussen den Beschleunigungswiderstand.

Einflussfaktoren
- Masse des Fahrzeugs
- Stärke der Beschleunigung

PRAXIS-TIPP

Um den Beschleunigungswiderstand gering zu halten, sollten Sie
- Gleichmäßig fahren
- Auf ebener Strecke den Tempomat einsetzen
- Unnötige Stopps vermeiden
- Abstände nach vorne vergrößern
- Vorausschauend fahren
- Rechtzeitig vom Gas gehen bzw. den Tempomat abschalten
- Schwung nutzen
- Streckenbesonderheiten berücksichtigen

Die Teilnehmer sollten sehr praxisnah mit den Fahrwiderständen vertraut gemacht werden. Nennen Sie ihnen Beispiele, die die Fahrwiderstände anschaulich machen: Die Hand bei verschiedenen Geschwindigkeiten aus dem fahrenden Auto halten oder zuerst die Handfläche und anschließend die Handkante. Man erkennt schnell, was Fläche (Frontfläche des Fahrzeugs) und Geschwindigkeit ausmachen.

2.5 Motorkenndaten

▶ **Die Teilnehmer sollen den Zusammenhang von Drehmoment, Leistung und Kraftstoffverbrauch verstehen.**

↪ Erläutern Sie die Funktionsweisen anschaulich und machen Sie deutlich, wie die Fahrer dieses Wissen für eine wirtschaftliche Fahrweise im Alltag einsetzen können.

🕒 Ca. 90 Minuten

📺 Führerschein: Fahren lernen Klasse C, Lektion 10; Fahren lernen Klasse D, Lektion 15

Volllastkennlinien des Dieselmotors

Die Leistung *P* (in kW), das Drehmoment *M* (in Nm) und der spezifische Kraftstoffverbrauch *b* (in g/kWh) eines Motors werden unter Volllast (=Vollgas!) ermittelt und in Diagrammen dargestellt. Die einzelnen Größen werden bei verschiedenen Drehzahlen auf dem Prüfstand gemessen und über der jeweiligen Drehzahl punktweise eingetragen.
Die Volllastkennlinien geben nicht nur Auskunft über die bei verschiedenen Drehzahlen erreichbaren Leistungs-, Drehmoment- oder Verbrauchswerte, sondern auch über den Verlauf dieser Größen in Abhängigkeit zur Drehzahl. Ein Volllastdiagramm eines Fahrzeugherstellers sehen Sie auf der nächsten Seite.

Das Drehmoment

Das Drehmoment wird mit folgender Formel berechnet:

> **FORMEL**
>
> Drehmoment = Kraft x Hebelarm

Jeder, der schon einmal ein Rad gewechselt hat, war bewusst oder unbewusst mit dem Drehmoment konfrontiert. Um die Radmutter zu lösen, musste man Kraft aufwenden. Dabei ist „Kraft" eine abstrakte physikalische Größe; sie kann nicht direkt gemessen, sondern nur an ihrer Wirkung erkannt werden. Benutzen wir zum Übertragen dieser

Beschleunigte Grundqualifikation
Basiswissen Lkw/Bus

Abbildung 113:
Leistungsdiagramm
EURO 5
Quelle: Daimler AG

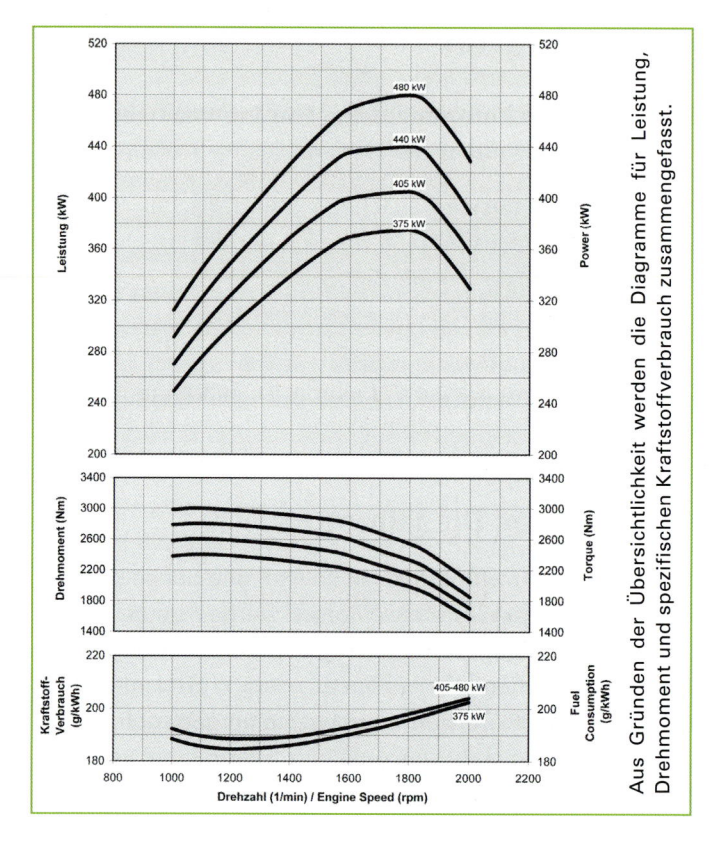

Aus Gründen der Übersichtlichkeit werden die Diagramme für Leistung, Drehmoment und spezifischen Kraftstoffverbrauch zusammengefasst.

Kräfte Schlüssel mit kurzem Hebelarm, müssen wir uns „kräftig" anstrengen, mit einem langen Hebelarm tun wir uns deutlich leichter.

Das Drehmoment ist wie die Kraft eine grundlegende physikalische Größe der Mechanik. Es spielt für Drehbewegungen die gleiche Rolle wie die Kraft für die geradlinige Bewegung. Bei Kraftfahrzeugen wird das Drehmoment über den Antriebsstrang als Antriebskraft an die Räder weitergegeben und dort in Vortrieb umgewandelt.

Die international verwendete Maßeinheit für das Drehmoment ist das Newtonmeter [Nm].

Drehmomente eines Verbrennungsmotors
Mit dem häufig bei Fahrzeugen verwendeten Begriff „maximaler Drehmoment eines Verbrennungsmotors bei einer bestimmten Drehzahl" ist das maximale vom Motor an die Kurbelwelle abgegebene Drehmo-

Optimale Nutzung der kinematischen Kette 2.5

ment gemeint. Dieses bei Vollgas (Volllast) abgegebene Drehmoment ist nicht über den gesamten Drehzahlbereich des Motors konstant. Im Diagramm wird der Verlauf des Drehmoments als auf- und absteigende Kurve dargestellt.
Das Drehmoment M für Viertaktmotoren berechnet sich wie folgt:

FORMEL

$$M = \frac{V_h \times p_e}{2 \times 2\pi}$$

Hierbei ist V_h das Hubvolumen und p_e der effektive Mitteldruck, der Faktor 2π im Nenner stammt aus der Formel für die Arbeit eines Drehmoments, die entlang des Umfangs 2π verrichtet wird. Der Wert 2π wird bei Viertaktmotoren mit 2 multipliziert, da Viertaktmotoren nur bei jeder zweiten Umdrehung Arbeit verrichten.
Rechenbeispiel für einen Busmotor mit 12.000 cm³ (0,012 m³) Hubvolumen, dessen Viertaktmotor bei 1150 U/min einen Mitteldruck von 22 Bar (2.200.000 Pa) erreicht:

$$M = \frac{0,012 \times 2.200.000}{4\pi} = 2100 \text{ Nm}$$

Man erkennt, dass das Drehmoment nur von Hubraum und Mitteldruck abhängt und bei dem hier gezeigten Motor immer proportional zu dem Mitteldruck verläuft.
Das Volllastdrehmomentdiagramm eines Motors mit den dazugehörigen Drehzahlen sieht folgendermaßen aus:

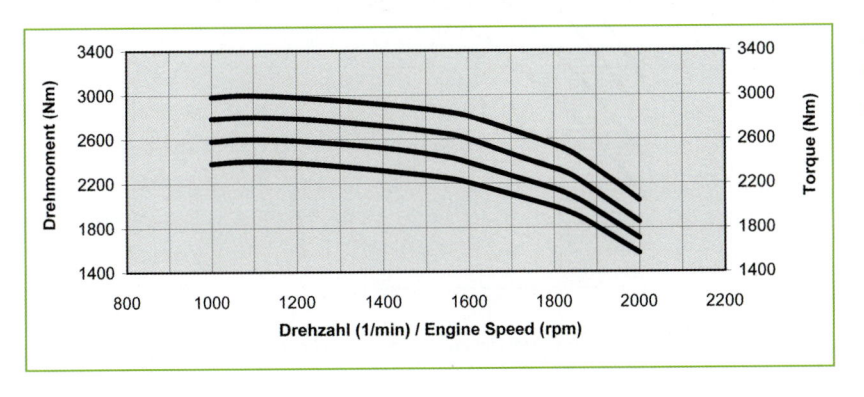

Abbildung 114:
Drehmomentkurve
Quelle: Daimler AG

Drehzahl

Als Drehzahl bei Motoren bezeichnet man die Umläufe der Kurbelwelle und die dafür benötigte Zeitspanne. Die Zeitspanne umfasst eine Minute; daraus ergibt sich die Einheit 1/min (normgerechte Einheit: rpm).

Leistung

Um einen Radwechsel durchführen zu können, benötigt der Fahrer Kraft und sein Werkzeug, den Radmutterschlüssel. Um Zeit zu sparen, sollte der Radwechsel möglichst schnell vonstatten gehen. Gelingt dies, so hat der Fahrer eine hohe Leistung erbracht. Gelingt es nicht, hat er weniger geleistet. Im folgenden Diagramm sehen Sie die Leistungskurven von 4 verschiedenen Motoren. Man kann erkennen, dass die Kurven bis 1600 U/min ansteigen. In dem Bereich von 1600 bis 1850 U/min wird die maximale Leistung erreicht, ab 1850 U/min fällt diese stark ab. Da die Motorleistung über 1600 U/min kaum noch steigt, bedeutet es für Sie als Fahrer, dass eine Erhöhung über diese Drehzahl kaum noch Wirkung zeigt und somit meist unwirtschaftlich ist.

Abbildung 115: Leistungskurve
Quelle: Daimler AG

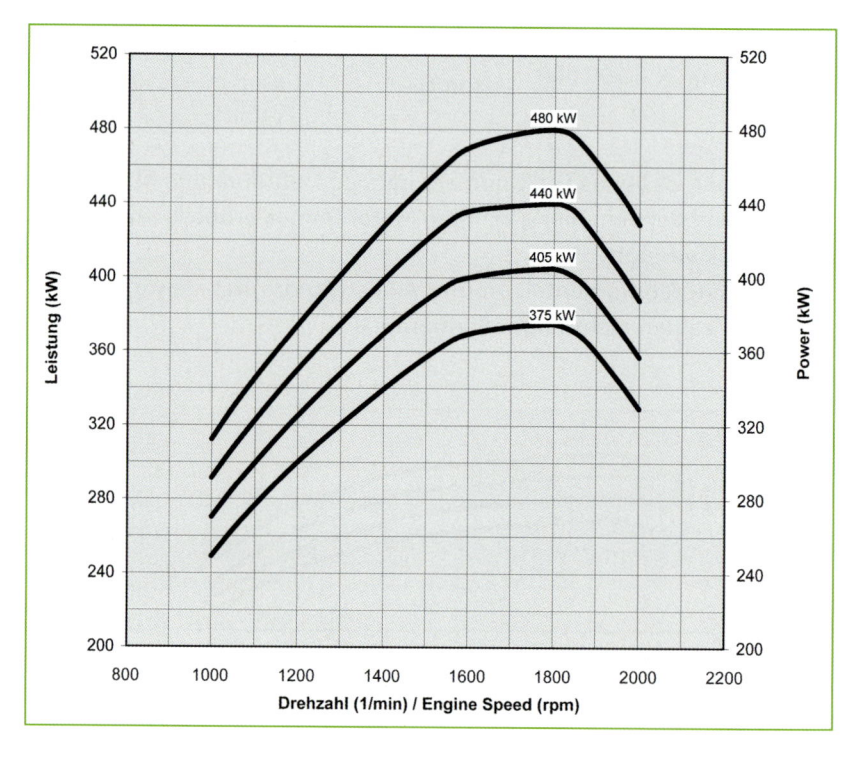

2.5 Optimale Nutzung der kinematischen Kette

> **FORMEL**
>
> Leistung = $\dfrac{\text{Kraft} \times \text{Hebelarm}}{\text{Zeit}}$ oder $\dfrac{\text{Kraft} \times \text{Weg}}{\text{Zeit}}$

Die Leistung bei einer Drehbewegung (Motor) ergibt sich somit aus:

> **FORMEL**
>
> Leistung = Drehmoment × Winkelgeschwindigkeit ($P = M \times \omega$)

Die Winkelgeschwindigkeit ω erhält man aus der Drehzahl n und dem Umfang 2π.

Rechenbeispiel für den zuvor genannten Motor (2100 Nm bei 1150 U/min):

$$P = M \times 2\pi n = 2100 \text{ Nm} \times 2\pi \; \dfrac{1150}{60 \text{ s}} \approx 253 \times 10^3 \; \dfrac{\text{Nm}}{\text{s}} \approx 253 \text{ KW}$$

Der spezifische Kraftstoffverbrauch

Die zuvor beschriebenen Leistungsdaten von Motoren werden auf einem Prüfstand stationär ermittelt. Hierbei wird der Motor unter Volllast betrieben. So erhält man ein Diagramm für den Drehmomentverlauf, das für das nutzbare Drehzahlband gültig ist. Das Gleiche lässt sich für den Leistungsverlauf durchführen. Der spezifische Kraftstoffverbrauch, der bei der Messung ebenfalls ermittelt wird, ist nur für Volllast aussagekräftig.

Obwohl in vielen Ländern sogenannte Mindestmotorleistungen vorgeschrieben sind, werden wesentlich stärkere Motoren angeboten und auch gekauft. Folgende Faktoren fließen in die Kaufentscheidung der Unternehmer ein:

- Große Transportleistung durch hohe Durchschnittsgeschwindigkeit, insbesondere durch große Bergfahrgeschwindigkeit

Beschleunigte Grundqualifikation
Basiswissen Lkw/Bus

- Möglicher Betrieb des Motors im verbrauchsgünstigen unteren Drehzahlbereich. Hier wird nicht nur Kraftstoff eingespart, sondern gleichzeitig der Motor geschont.

Die folgende Darstellung zeigt, wie ein leistungsstarker Motor im Gegensatz zu einem leistungsschwächeren Motor in einem wesentlich verbrauchsgünstigeren Drehzahlbereich die gleiche Fahrleistung erbringen kann.

Abbildung 116:
Kraftstoffverbrauch
Quelle: Daimler AG

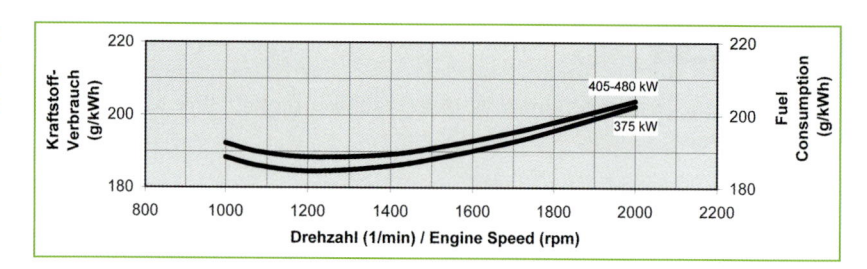

Die Leistungsabgabe unter Volllast setzt nach Erreichen der Mindestdrehzahl ein, die zur Einleitung des Verbrennungsvorganges notwendig ist. Der Kurvenverlauf zeigt den spezifischen Verbrauch bei Volllast des Motors und seine Veränderung in Abhängigkeit von der Drehzahl. Der günstigste Wert liegt für den Motor mit 375 kW zwischen 1.100 und 1.300 U/min. Bei den leistungsstärkeren Motoren (405 – 480 kW) befindet sich dieser Bereich zwischen 1.100 und 1.400 U/min.

Muscheldiagramm

Die bisher abgebildeten Diagramme sind Volllast-Kennlinien von Dieselmotoren. Leistung, Drehmoment und spezifischer Kraftstoffverbrauch beziehen sich nur auf den Betrieb des Motors bei Volllast (Vollgas). Dieser Fahrzustand tritt bei modernen, leistungsstarken Motoren nur unter extremen Bedingungen wie maximaler Beschleunigung, starken Steigungen und hoher Geschwindigkeit auf. Im normalen Einsatz wird der Motor dagegen nur im Teillastbereich bewegt. Der benötigte Leistungs- und Drehmomentbedarf wird über die Gaspedalstellung geregelt. Wie sich der Kraftstoffverbrauch über den gesamten Leistungs- und Drehzahlbereich verhält, kann man im Muscheldiagramm erkennen.

Optimale Nutzung der kinematischen Kette 2.5

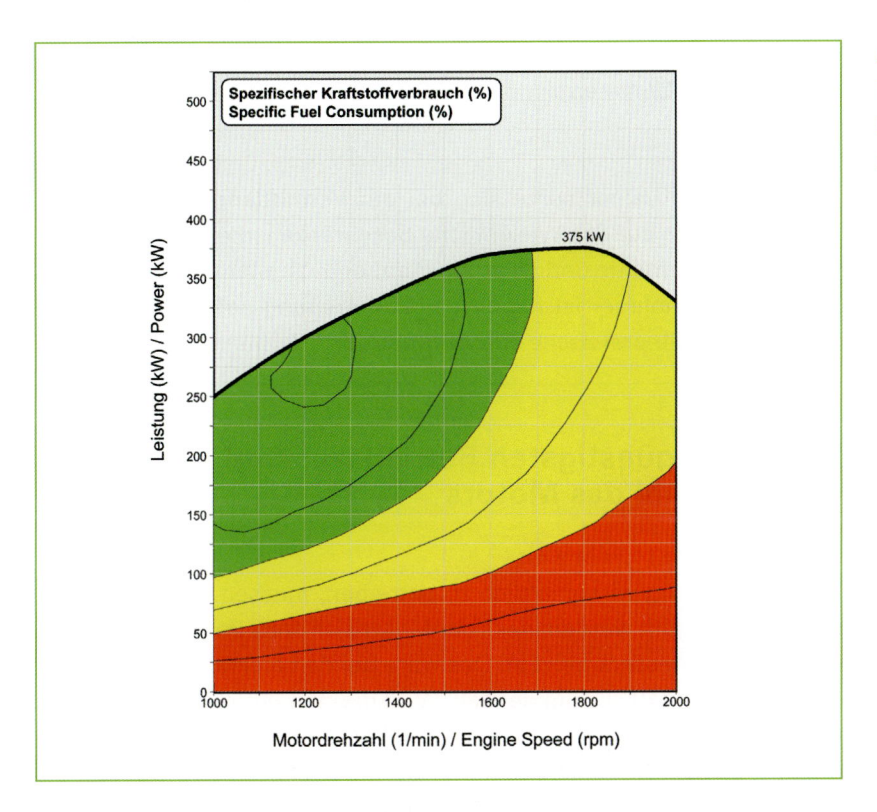

Abbildung 117:
Muscheldiagramm
Euro 5
Quelle: Daimler AG

Ein Diagramm sollte dazu folgende Informationen enthalten:
- Drehzahl
- Spezifischer Kraftstoffverbrauch
- Mittlerer Kolbendruck (Mitteldruck des Motors) oder Drehmoment
- Mitteldruckvolllastkurve
- Motorleistung

Da sich aus einem vollständigen Muscheldiagramm auch auf Motorspezifika schließen lässt, bilden Nutzfahrzeughersteller ihre Diagramme nicht mit allen zuvor genannten Informationen ab. Das folgende Diagramm enthält die Angaben zu einem Euro-5-Motor mit 375 KW. Auf der waagerechten Achse befindet sich die Drehzahl des Motors. Die linke senkrechte Achse zeigt die Leistung an. Die obere Grenze des Diagramms ist die Mitteldruckvolllastkurve, die an ihrem höchsten Punkt die maximale Leistung des Motors erreicht. Die muschelförmigen Kreise geben den Verbrauch wieder, dabei bedeutet der grüne Bereich den geringsten, der gelbe den mittleren und der rote Bereich einen höheren Kraftstoffverbrauch an.

**Beschleunigte Grundqualifikation
Basiswissen Lkw/Bus**

Der günstigste Bereich dieses Motors wird im Drehzahlbereich zwischen 1100 und 1300 U/min erreicht.

> Der Trainer sollte sich bei der Vermittlung der Lerninhalte auf das Wesentliche beschränken, die Berechnung der Drehmomente und Leistung dient dem Verständnis. Wichtig für die Teilnehmer ist neben der Vorbereitung auf die Prüfung vor allem die praktische Anwendung des Erlernten.

Fahren im günstigsten Betriebszustand und Drehzahl des Motors

Kraftstoffbetonte Fahrweise

Um ein Fahrzeug wirtschaftlich zu betreiben, müssen die Gangstufen immer so gewählt werden, dass der Motor sich stets im grünen Bereich des Drehzahlmessers bewegt. Das wäre bei den meisten Motoren zwischen 750 und 1400 U/min der Fall. Wird die gewählte Geschwindigkeit konstant gefahren, sollte man versuchen, die Drehzahl so weit wie möglich zu senken, ohne eine untertourige Drehzahl, also weniger als 750 U/min, zu erreichen. Es ist günstiger, die Last zu erhöhen und im Gegenzug die Drehzahl zu senken. Man spricht bei dieser Vorgehensweise von „kraftstoffbetonter Fahrweise".

Beispiel: Konstantfahrt mit 50 km/h

Abbildung 118: Verhältnis Kraftstoffverbrauch/ Drehzahl/Gang

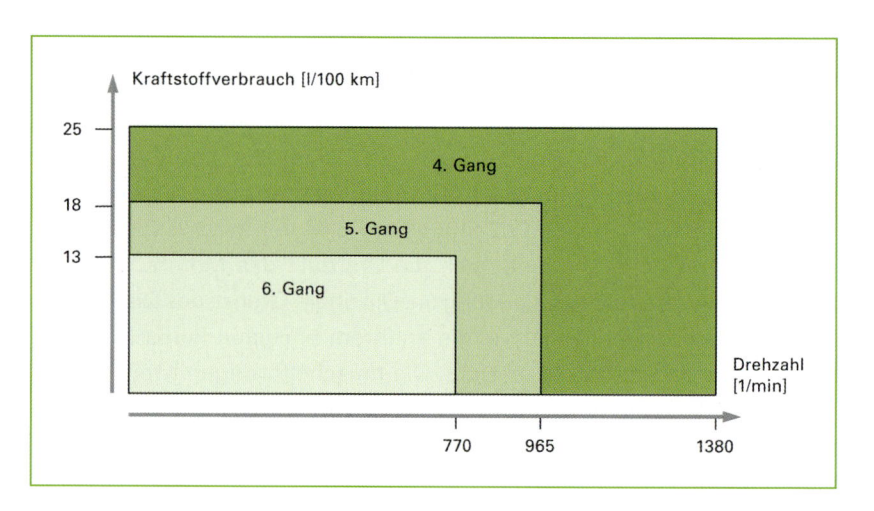

Optimale Nutzung der kinematischen Kette 2.5

Leistungsbetonte Fahrweise

In Steigungen, beim Einfädeln auf der Autobahn oder bei Überholvorgängen muss gegebenenfalls die Betriebsweise geändert werden. Hier stehen meistens Sicherheitsaspekte vor der Wirtschaftlichkeit. Eine „leistungsbetonte Fahrweise" ist hier zu bevorzugen. Der etwas überhöhte Verbrauch – z.B. wenn ein Bus oder Lkw eine Steigung mit 1400 bis 1600 U/min bewältigt, ohne an Schwung zu verlieren – ist unter dem Strich immer noch wirtschaftlicher, als wenn das Fahrzeug an Schwung verliert (am Berg verhungert) und zurückgeschaltet werden muss. Leistung muss da gefordert werden, wo sie benötigt wird.

Beschleunigung

Viele Fahrer glauben, dass sie ökonomisch handeln, wenn sie vorsichtig mit dem Gaspedal umgehen - speziell beim Beschleunigen. Wie wir jedoch im Muscheldiagramm erkennen, wird mit Vollgas und rechtzeitigem Hochschalten deutlich wirtschaftlicher beschleunigt.

Beispiel: Beschleunigungsfahrt aus dem Stand, Mess-Strecke 250 m, mit Schaltpunkten bei verschiedenen Drehzahlen und Fahrpedalstellungen.

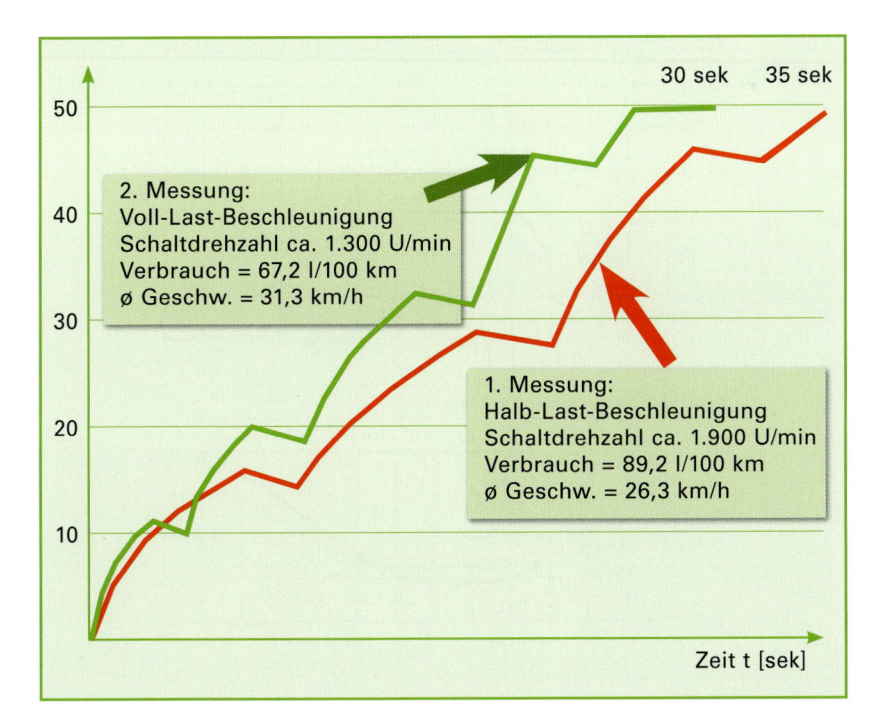

Abbildung 119: Beschleunigungsdiagramm
Quelle: Daimler AG

2. Messung:
Voll-Last-Beschleunigung
Schaltdrehzahl ca. 1.300 U/min
Verbrauch = 67,2 l/100 km
ø Geschw. = 31,3 km/h

1. Messung:
Halb-Last-Beschleunigung
Schaltdrehzahl ca. 1.900 U/min
Verbrauch = 89,2 l/100 km
ø Geschw. = 26,3 km/h

Beschleunigte Grundqualifikation
Basiswissen Lkw/Bus

AUFGABE/LÖSUNG

Betrachten Sie die **gelben** Kurven (250kW/340PS) des Volllastdiagramms.

Abbildung 120:
Leistungsdiagramme
MAN D0836
Quelle:
MAN Truck & Bus

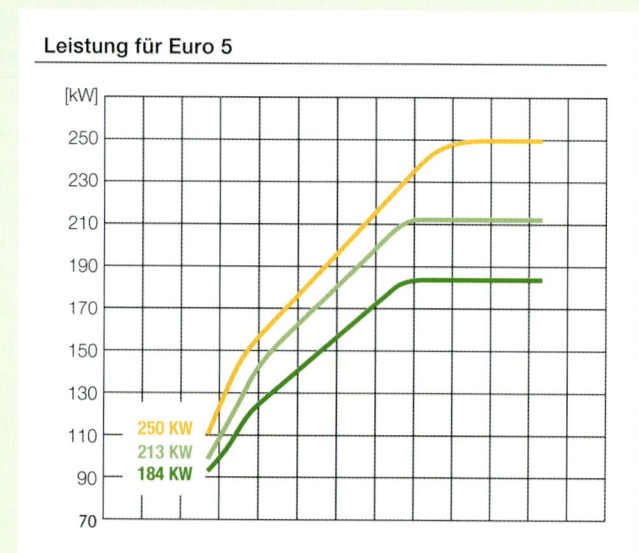

Leistung für Euro 5

- 250 KW
- 213 KW
- 184 KW

Drehmoment für Euro 5

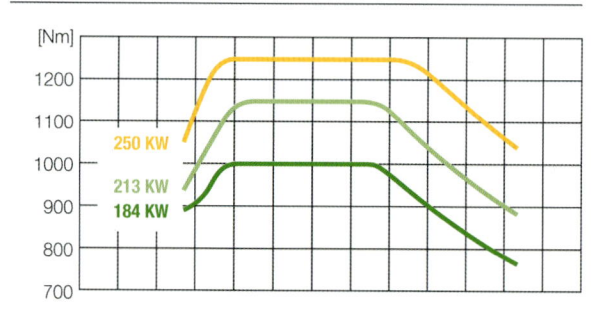

- 250 KW
- 213 KW
- 184 KW

Kraftstoffverbrauch für Euro 5

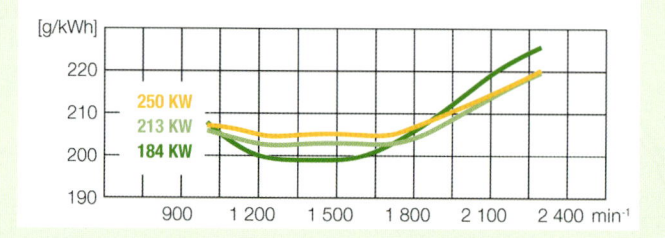

- 250 KW
- 213 KW
- 184 KW

184

Optimale Nutzung der kinematischen Kette — 2.5

a) Bei welcher Drehzahl erreicht der Motor seine höchste Leistung?

— bei ca. 1950 U/min (hellgrüne Kurve: bei ca. 1650 U/min; dunkelgrüne Kurve: bei ca. 1800 U/min)

b) Welches maximale Drehmoment kann abgerufen werden?

— ca. 1250 Nm (hellgrüne Kurve: ca. 1150 Nm; dunkelgrüne Kurve: ca. 1000 Nm)

c) Über welches Drehzahlband erstreckt sich dieses?

— von ca. 1100 bis ca. 1900 U/min (hellgrüne Kurve: von ca. 1250 bis ca. 1750 U/min; dunkelgrüne Kurve: von ca. 1150 bis ca. 1700 U/min)

d) Bei welchen Drehzahlen erreichen Sie unter Volllast den geringsten Kraftstoffverbrauch?

— zwischen ca. 1200 und ca. 1700 U/min (hellgrüne Kurve: zwischen ca. 1200 und ca. 1700 U/min; dunkelgrüne Kurve: zwischen ca. 1300 und ca. 1600 U/min)

e) Um unter Volllast (Vollgas) bergauf zu fahren, sollten Sie welchen Drehzahl-Bereich wählen?

— den Drehzahlbereich zwischen ca. 1200 und ca. 1700 U/min (hellgrüne Kurve: den Drehzahlbereich zwischen ca. 1200 und ca. 1700 U/min; dunkelgrüne Kurve: den Drehzahlbereich zwischen ca. 1300 und ca. 1600 U/min)

f) Welche Unterschiede lassen sich im Vergleich der Kurven für Drehmoment und spezifischem Kraftstoffverbrauch mit dem 184kW-Motor feststellen?

Das höchste Drehmoment liegt bei allen Motoren sehr nah beieinander (im ähnlichen Drehzahlbereich). Der Drehzahlbereich für den geringsten spezifischen Kraftstoffverbrauch ist bei der 184 KW-Motorisierung jedoch bedeutend kleiner. Das heißt, um mit dieser Motorisierung unter Volllast wirtschaftlich zu fahren, muss der Fahrer ggf. eher bzw. häufiger Schaltvorgänge durchführen.

Beschleunigte Grundqualifikation
Basiswissen Lkw/Bus

2.6 Der Fahrer als Schlüssel zum rationellen Fahren

> Die Teilnehmer sollen lernen, wie sie eine wirtschaftliche Fahrweise erreichen können.

> Vermitteln Sie den Teilnehmern alle Schritte zur wirtschaftlichen Fahrweise und fragen Sie dabei auch immer das Vorwissen und die Einschätzungen der Teilnehmer ab.

> Ca. 120 Minuten

> Führerschein: Fahren lernen Klasse C, Lektion 10; Fahren lernen Klasse D, Lektion 15

Ein Berufskraftfahrer, der wirtschaftlich fahren möchte, braucht neben seiner Motivation (Erhaltung des Arbeitsplatzes, moralische Aspekte) auch das nötige Rüstzeug, um sein Ansinnen in die Tat umzusetzen. Heute muss ein Berufskraftfahrer moderne Technik bedienen können, komplexe Regeln des Gesetzgebers beachten, Repräsentant seiner Firma sein und seine Kunden bzw. Fahrgäste zufrieden stellen.
Hier einige Tipps und Tricks für wirtschaftliches Fahren!

Allgemein richtige Fahrzeugbedienung

Eine wirtschaftliche und umweltschonende Bedienung und Fahrweise verlangt vom Fahrer, sich intensiv mit seinem Fahrzeug zu beschäftigen. Erst wenn er alle Möglichkeiten, die ihm sein Fahrzeug bietet, kennt und nutzen kann, ist er in der Lage, dies in die Tat umzusetzen. Grundvoraussetzung ist, dass der Fahrer die Bedienungsanleitung seines Fahrzeugs kennt und auch die fahrzeugspezifischen Besonderheiten beachtet.
Vor Antritt einer Fahrt mit dem Bus oder Lkw sollte der Fahrer eine Abfahrt- und Sicherheitskontrolle durchführen. Hiermit können unnötiger Verschleiß oder sich ankündigende Schäden vermieden bzw. kostengünstig behoben werden. Sicherheitsrelevante Bestandteile können überprüft und auf ihre Funktionstüchtigkeit getestet werden. Wenn der Fahrer die Abfahrtkontrolle regelmäßig durchführt, entwickelt er Routine und die Kontrolle stellt keine große zeitliche Belastung mehr dar. Wichtig dabei ist, sich ein Grundschema zu erarbeiten.

Optimale Nutzung der kinematischen Kette 2.6

Zu kontrollierende Punkte rund um das Fahrzeug:

Reifen
- Reifendruck, Reifenzustand (Lauffläche, sichtbare Flanken)
- Ein zu niedriger Luftdruck verkürzt die Lebensdauer des Reifens, erhöht den Rollwiderstand und somit den Kraftstoffverbrauch. Es besteht die Gefahr, dass es durch große Walkarbeit zu einem Reifenbrand kommen kann. Fremdkörper, wie z. B. Steine im Profil oder zwischen der Zwillingsbereifung, sollten entfernt werden; sie stellen eine Gefahr für den nachfolgenden Verkehr dar.

Motor
- Kühler, Luftfilter, Flüssigkeitsstände von Motoröl, Kühlmittel und Lenkung prüfen. Beim Kühler auf Verschmutzung der Lamellen achten, da sonst der Lüfter häufig läuft, was zu einem erhöhten Kraftstoffverbrauch führt.

Batterien
- Wöchentliche Prüfung des Säurestands, Korrosion der Pole und fester Sitz.

Was in den Fahrschulen gelehrt wird, speziell in Bezug auf die Abfahrtkontrolle, dient nicht nur der Vorbereitung auf die Führerscheinprüfung, sondern auch der Sicherheit im Straßenverkehr.

Medienverweis →

Frank Lenz
Fahreranweisung Abfahrtkontrolle Lkw
Artikelnummer: 13988

Goerdt Gatermann
Fahreranweisung Abfahrtkontrolle Omnibus
Artikelnummer: 13989

Kupplung und Getriebe

Zur richtigen Fahrzeugbedienung zählt auch der korrekte Umgang mit Kupplung und Getriebe. Aus Umweltschutzgründen wurde in modernen Kupplungen auf den Einsatz von Asbest verzichtet. Diese haben gegenüber den alten Modellen nichts von ihrer Haltbarkeit eingebüßt. Sie sind jedoch bei Überhitzung anfälliger. Bei Kupplungstemperaturen von über 120° Celsius wächst der Verschleiß überproportional. Hitze wird durch Reibung erzeugt, dabei wächst die Wärmeentwicklung im Quadrat zur Reibzeit. Messungen haben ergeben, dass beim Anfahren mit Drehzahl im falschen Gang der Kupplungsverschleiß um bis zu 80 % größer ist als beim Anfahren im richtigen Gang bei Leerlaufdrehzahl.

Moderne Motoren haben ein so hohes Anfahrdrehmoment, dass sie ohne Gaspedalbetätigung aus der Leerlaufdrehzahl angefahren werden können. Selbst bei Steigungen ist es nicht nötig, von diesem Handlungsmuster abzuweichen. Bei Anfahrdemonstrationen wird ein voll ausgeladenes Fahrzeug bei 19 % Steigung mit Leerlaufdrehzahl angefahren. Der Fahrer steht auf der Betriebsbremse oder nutzt die elektronische Anfahrhilfe und lässt die Kupplung dosiert langsam einkuppeln. Fällt die Leerlaufdrehzahl von 650 U/min auf ca. 630 bis 620 U/min, löst er die Betriebsbremse und geht komplett vom Kupplungspedal. Das Fahrzeug fährt an, ohne nach hinten zu rollen. Während der Fahrt darf der Fuß nicht auf dem Kupplungspedal abgestellt werden. Das Gleiche gilt für die Hand auf dem Schalthebel. Dies kann zu einem erhöhten Verschleiß von Kupplung und Getriebe führen.

Abbildung 121: Kupplungslebensdauer (x-Achse) in Prozent nach Gang (1) und Drehzahl (2) beim Anfahren eines 40-t-Lkw-Zuges
Quelle: MAN Truck & Bus

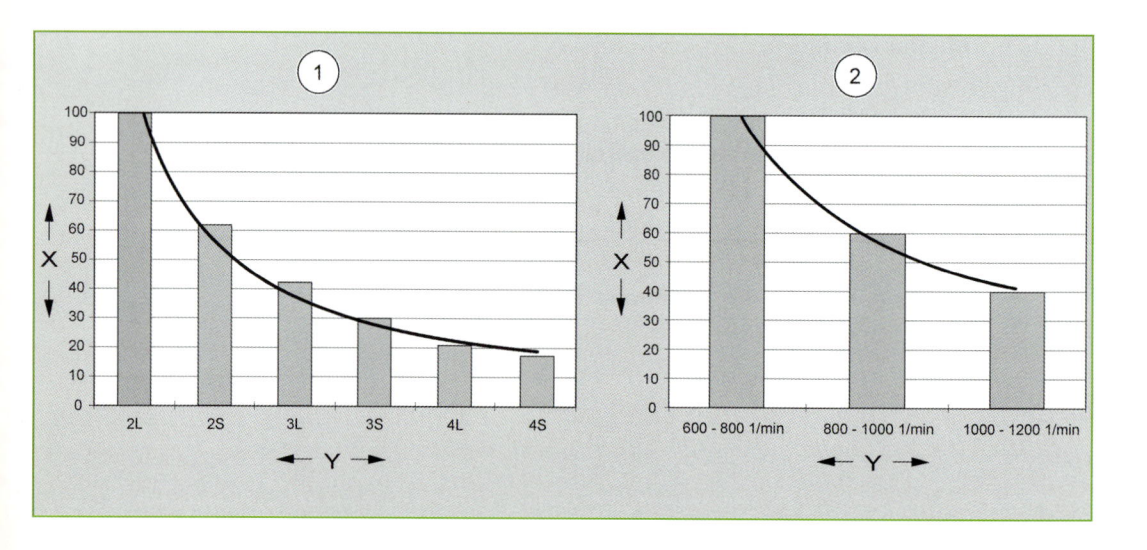

2.6 Optimale Nutzung der kinematischen Kette

> **Hintergrundwissen →**
> Anmerkung des Autors:
> Bei der Schulung einer kommunalen Institution zum wirtschaftlichen Fahren berichtete der Fuhrparkleiter, dass bei einigen Fahrzeugen die Kupplung bei Fahrleistungen unter 20.000 km getauscht werden musste. Die Schulung offenbarte dann auch, warum!
> Einige Fahrer fanden es unnötig, zwischen den beiden Range-Gruppen der Doppel-H-Schaltung zu wechseln und fuhren die Fahrzeuge aus dem Stand (!) im 5. Gang an. Dies war natürlich nur mit deutlich erhöhten Drehzahlen und lange schleifender Kupplung möglich.

Motor starten

Das Getriebe sollte während des Startvorganges im Leerlauf sein, das Kupplungspedal nicht getreten. Bei getretener Kupplung wäre ein erhöhter Verschleiß die Folge.
Automatik-Fahrzeuge können nur auf Neutral-Stellung gestartet werden. Fahrzeuge mit AS-Tronic von ZF gehen beim Abstellen des Motors auch bei eingelegtem Gang auf Neutral und können problemlos gestartet werden.
Fahrzeuge mit elektronischen Schaltsystemen sollten vor dem Abstellen des Motors auf Neutral gestellt werden. Gestartet werden auch diese ohne Betätigung des Fahrpedals (Gaspedal). Lassen Sie den Motor nach dem Starten nicht im Stand warmlaufen. Durch die Kaltstarteinrichtung schnellt der Kraftstoffverbrauch in ungeahnte Höhen. Der Kaltstart birgt einen hohen Verschleiß. Er sollte nicht durch das Warmlaufenlassen im Stand künstlich verlängert werden. Daher Motor und Antriebsstrang bei mäßiger Belastung und Drehzahl warmfahren. Noch vor dem Start sollten sie alle technischen Kontrollsysteme überprüfen. Dazu gehören mögliche Fehlermeldungen durch Kontrollleuchten oder auch Anzeigen im Fahrerinformationsdisplay. Zur Sicherheit sollten Sie jetzt im kalten Zustand auch den Ölstand (grob) prüfen. Zur genaue Ölkontrolle muss das Öl zwar betriebswarm sein, jedoch ohne bzw. mit zu wenig Öl wird der Motor noch vor Erreichen der Betriebstemperatur Schaden nehmen. Nach der Inbetriebnahme des EG-Kontrollgerätes/Digitalen Tachograph und dem Starten des Motors müssen nun noch

Beschleunigte Grundqualifikation
Basiswissen Lkw/Bus

Öldruck, Druckluftvorrat und die Funktion der Servolenkung kontrolliert werden. Ein Rundgang um das Fahrzeug bzw. die Fahrzeugkombination zu Beginn der technischen Kontrollen muss für jeden Fahrer eine Selbstverständlichkeit sein.

Fahren

Fahrzeuge mit 6-Gang-Getriebe werden grundsätzlich im ersten Gang angefahren (vgl. auch Kupplung und Getriebe). Es ist darauf zu achten, dass dies möglichst mit Leerlaufdrehzahl vonstatten geht.
Busse mit einem 8-Gang-Getriebe und Lkw mit einem Vielganggetriebe (12 oder 16 Gänge) sollen grundsätzlich nach Herstellerangaben angefahren werden.
Automatik-Fahrzeuge sollten beim Anfahren nicht mit Vollgas beschleunigt werden. Hier muss erst die Wandlerschaltkupplung geschlossen sein. Zur Erhöhung des Wirkungsgrads wird der Drehmomentwandler ab einer bestimmten Fahrgeschwindigkeit überbrückt; dies geschieht geschwindigkeits- und lastabhängig zwischen 5 und 35 km/h. Bis zu diesem Schaltvorgang sollten Leistungsverluste durch Vollgas vermieden werden.
Automatische Volllastschaltgetriebe (wie die AS-Tronic von ZF, PowerShift von MB) bedürfen beim Anfahren eines kontrollierten Umgangs durch den Fahrer. Er hat zwar kein Kupplungspedal mehr, nichtsdestotrotz besitzt das Getriebe eine Kupplung. Sie wird pneumatisch gesteuert, wobei der Fahrer durch die Fahrpedalstellung Einfluss auf das Einkuppeln nehmen kann. Beim Anfahren aus dem Stand sollte nicht mehr als 20 % Gas gegeben werden. Dadurch wird gewährleistet, dass die Kupplung sanft schließt. Nach Zwischenstopps nicht gleich in die Vollen gehen! Der Motor kühlt nach längeren Vollgasfahrten von außen nach innen ab. Thermisch belastete Teile wie die Kolben kühlen nur langsam ab, während die Zylinderlaufbuchsen schneller abkühlen. Dies führt zu unterschiedlichen Ausdehnungen und begünstigt Kolbenfresser.

Abbildung 122:
Actros mit Mercedes PowerShift-Getriebe
Quelle: Daimler AG

Optimale Nutzung der kinematischen Kette 2.6

Das Video „Wirtschaftliches Fahren mit Schaltgetrieben" im PC-Professional Multiscreen geht speziell auf das richtige Anfahren, Schalten und die Motordrehzahlen ein.
Die Punkte zum Fahrverhalten können Sie für einsteigende Erläuterungen oder als Zusammenfassung des Themas nutzen.

Schalten

Moderne Schaltgetriebe sind voll synchronisiert: Um Gangwechsel vorzunehmen, darf nicht doppelt gekuppelt oder Zwischengas gegeben werden. Dies belastet das Getriebe nur unnötig und führt zu einem Kraftstoffmehrverbrauch.
Heutzutage besitzen moderne Fahrzeuge einen kurzen Schalthebel, der ergonomisch gut zu erreichen ist. Dabei sind einige Fahrer versucht, die Gangwechsel zu schnell durchzuführen und die Gänge „reinzureißen". Der Schalthebel sollte nicht mit der geschlossenen Hand umfasst werden, sondern mit offener Hand sanft geführt werden, bis die Gangwechsel leicht, fast von selbst gehen. Die Schaltverzahnung muss erst auf Gleichlauf gebracht werden, dann gibt die Sperrsynchronisierung die Schaltung frei.

Abbildung 123:
Citaro LE Ü mit
ZF AS-Tronic
Getriebesystem
Quelle: Daimler AG

**Beschleunigte Grundqualifikation
Basiswissen Lkw/Bus**

Durch „Stochern" wird der Synchronisationsvorgang unterbrochen und muss neu eingeleitet werden, was zu längeren Schaltzeiten und zu einem erhöhten Verschleiß der Synchronringe führt.

Die Schaltvorgänge von Automatikgetrieben lassen sich mit dem Fahrpedal beeinflussen. Nimmt man das Fahrpedal rechtzeitig zurück, kann das Getriebe in den nächst höheren Gang schalten. Tritt Pendelschaltung (Getriebe wechselt laufend zwischen zwei Gängen) auf, sollte der Fahrer die Geschwindigkeit wenn möglich geringfügig ändern.

Bei elektronischen Schaltsystemen (zum Beispiel PowerShift oder AS-Tronic) können die Gangwechsel ebenfalls über das Fahrpedal beeinflusst werden. Einfacher lassen sich die Gangwechsel aber über den Schalthebel ausführen. Üblicherweise werden automatisierte Volllastschaltgetriebe im Automatik-Modus betrieben. Dabei kann es vorkommen, dass das Schaltprogramm einen gewünschten Gangwechsel noch nicht durchführt. Hier kann manuell in den Automatik-Modus eingegriffen werden. Bei Fahrten mit gebirgigem Profil sollte von diesen in den Manuell-Modus gewechselt werden. Andernfalls kann es bei starken Steigungen passieren, dass das Getriebe zu spät zurückschaltet und das Fahrzeug an Schwung verliert. Um die Steigung effektiv und ökonomisch zu bewältigen, ist es wichtig, manuell die richtige Schaltstufe zu wählen.

Schaltphilosophie

Runter mit der Drehzahl, rauf mit der Last

Der wirtschaftliche Bereich eines Dieselmotors liegt bei ca. 50–60 % der Nenndrehzahl (= ca. 1000 bis 1100 U/min) und 80 bis 90 % der Volllast. Daher sollten Sie im normalen Fahrbetrieb den Motor in diesem Drehzahlbereich fahren und mit hoher Belastung (nahezu Volllast) beschleunigen. Früh schalten, 1400 U/min sind genug!

Abbildung 124:
DAF XF 105 mit AS-Tronic von ZF
Quelle: ZF

Optimale Nutzung der kinematischen Kette 2.6

Niedrige Drehzahl wo möglich, hohe Leistung wo nötig
Beim Auffahren auf die Autobahn, beim Überholen und bei Bergfahrten wird die volle Leistung (Volllast bis zur Nenndrehzahl) gebraucht. Der Zeitgewinn ist hier wirtschaftlicher als der Kraftstoffmehrverbrauch.

Nach Drehzahlmesser schalten, nicht nach Gehör
Der wirtschaftliche Fahrstil nach den vorgenannten Leitsätzen kann nicht nach Gehör, sondern nur nach dem Drehzahlmesser umgesetzt werden.

Nicht unnötig schalten, Motor ziehen lassen
Jeder Schaltvorgang bedeutet Zeitverlust durch Zugkraftunterbrechung, unnötigen Kraftstoffverbrauch durch vermehrten Motorleerlauf und Verschleiß an Kupplung und Getriebesynchronisierung.

Motor abstellen

Nach langen Vollgasfahrten den Motor nicht sofort abschalten, sondern noch kurze Zeit bei Leerlaufdrehzahl laufen lassen. Thermisch stark belastete Teile – hier ist insbesondere der Turbolader zu nennen – bedürfen nach dem Stillstand des Fahrzeugs noch der Abkühlung. Lokale Temperaturerhöhungen werden über das Kühlmittel ausgeglichen, so dass sich dadurch entstehende Schäden vermeiden lassen. Bei längeren Stopps während der Fahrt immer den Motor abstellen. Der Leerlaufverbrauch beträgt bei einem Bus- oder Lkw-Motor ca. 2 bis 3 Liter pro Stunde. Der Gasstoß beim Abstellen des Motors ist eine Unsitte, die nur unnötigen Kraftstoff verbraucht. Bei Motoren mit Turbolader kann dies zu Lagerschäden am Turbolader führen. Der Druckölkreislauf bricht beim Abstellen zusammen, die Gleitlager des Laders, der auf hohen Drehzahlen läuft, nehmen Schaden.

Vorausschauendes Fahren

Der Verkehr auf den Straßen ist in den letzten Jahren deutlich komplexer geworden. Möchte man als Fahrer nicht nur reagieren, sondern agieren, muss man den Verkehr in seiner Gesamtheit erfassen. Hierzu zählen der fließende und ruhende Verkehr, Verkehrsregeln, Verkehrsleitsysteme (Ampeln), Hindernisse, Radfahrer und Fußgänger. Wenn man soviel wie möglich rechtzeitig erkennt und den Verkehr, der rund um das Fahrzeug fließt, beobachtet, erhöht dies nicht nur die Sicherheit, sondern auch die Durchschnittsgeschwindigkeit, spart Kraftstoff und reduziert den Verschleiß. Das Patentrezept dazu wird mit dem Begriff „vorausschauendes Fahren" beschrieben.

Regeln für die wirtschaftliche Fahrweise

Keine unnötigen Stopps

Besonders bei schweren Fahrzeugen bedeutet jeder Anfahrvorgang zusätzlichen Kraftstoffverbrauch. Jeder absehbare Halt – wenn man ihn rechtzeitig erkennt – sollte, wann immer es geht, vermieden werden. Vor roten Ampeln z. B. sollte frühzeitig Gas weggenommen werden. Der Motor geht in Schubabschaltung, die Einspritzpumpe wird in dieser Schubphase auf Nullförderung gestellt, die Geschwindigkeit muss nicht durch Bremsen verringert werden. Wenn man durch diese weitsichtige, abschätzende Fahrweise die Ampel bei der nächsten Grünphase erreicht, kann man ohne Stopp weiterfahren. Fazit: Kraftstoff und Bremsbeläge gespart, Antriebsstrang geschont und Zeit gewonnen.

Ausgeglichene, gleichmäßige Fahrweise

Häufige Geschwindigkeitsschwankungen erhöhen den Kraftstoffverbrauch. Ein gutes Mittel, um Geschwindigkeitsspitzen zu vermeiden, ist der sinnvolle Einsatz des Tempomaten. Hiermit erhöht man die Durchschnittsgeschwindigkeit und senkt den Kraftstoffverbrauch.

Unnötige Bremsungen vermeiden

Jedes Bremsmanöver „verbraucht" Energie und wandelt diese in Wärme um. Anschließend muss der Bus bzw. Lkw wieder beschleunigt werden, wobei erneut Kraftstoff verbraucht wird.

Ökonomisches Bremsen

Jede Bremsung mit der Betriebsbremse führt zum Verschleiß der Bremsbeläge. Muss Geschwindigkeit reduziert werden, sollten verschleißfreie Bremsen wie Retarder oder Motorbremse eingesetzt werden. Bei Gefahr oder in Notsituationen sowie bei Glätte sollte aus Sicherheitsgründen nur die Betriebsbremse genutzt werden.

Topographie nutzen

Vor Bergkuppen sollte rechtzeitig das Gas weggenommen werden. Durch die Trägheit der Masse schiebt der Bus oder Lkw ohne nennenswerten Geschwindigkeitsverlust über die Kuppe. Bei der folgenden

Optimale Nutzung der kinematischen Kette

Talfahrt muss dafür weniger gebremst werden. Vor Erreichen der Talsohle rechtzeitig die Bremse lösen, um Schwung zu nutzen – erlaubte Geschwindigkeiten nicht überschreiten.

Rollphase ausnutzen
Besonders bei schweren Fahrzeugen lassen sich durch Ausnutzung der kinetischen Energie lange Rollphasen realisieren. Vor Autobahnausfahrten kann frühzeitig Gas weggenommen bzw. der Tempomat ausgeschaltet werden. So lässt sich die Schubabschaltung optimal nutzen.

Pufferabstand
Neben dem gesetzlich vorgeschriebenen Sicherheitsabstand erhöht ein zusätzlicher Pufferabstand die Sicherheit und schont die Nerven, spart unnötige Bremsungen und Kraftstoff. Bei zu geringem Abstand zwingen uns die anderen Verkehrsteilnehmer ihre Fahrweise auf. Auf ein leichtes Bremsmanöver reagieren wir mit einem deutlich stärkeren. Der Abstand zwischen zwei Fahrzeugen sollte 3 Sekunden betragen; bei einer Geschwindigkeit von 80 km/h sind das ca. 67 Meter.

Routenplanung
Eine realistisch geplante Route mit sorgfältigen Zeitvorgaben erspart Stress und Ärger. Durch Beachtung des Verkehrsfunks können Staus umfahren werden. Moderne Navigationsgeräte mit TMC stellen eine nützliche Ergänzung dar. Wenn der Fahrer seine Strecke kennt und über den durchschnittlichen Verbrauch seines Fahrzeugs Bescheid weiß, kann er eine Tankplanung durchführen. Nur so viel Kraftstoff mitführen wie nötig (Sicherheitsreserve inklusive). Mit dieser Routenplanung spart man unnötigen Ballast und somit auch Kraftstoff.

Einsatz von Verbrauchsmessgeräten
Schulungen wirtschaftlicher Fahrweise zeigen, dass es viele Einsparmöglichkeiten gibt. Als problematisch stellt sich die Nachhaltigkeit des Schulungserfolges dar. Wie viel bzw. wie lange kann das Erlernte im alltäglichen Fahreinsatz umgesetzt werden?
Es hilft dem Fahrer, wenn er erkennt, wie sich Handlungsmuster positiv auf den Kraftstoffverbrauch auswirken. Einige Fahrzeuge besitzen einen Bordcomputer, der den Durchschnittsverbrauch und die Geschwindigkeiten angibt. **Verbrauchsmessgeräte** bieten meist mehr Informationen als ein Bordcomputer. Der momentane Verbrauch (gemessen in Liter auf 100 km Wegstrecke) ist dabei eine wichtige Informationsquelle. Zu sehen

Beschleunigte Grundqualifikation
Basiswissen Lkw/Bus

ist das beim Beschleunigen, wenn plötzlich Kraftstoffmengen im dreistelligen Bereich durch die Einspritzanlage fließen. Das erzeugt anfangs ungläubiges Erstaunen, danach aber meist intensives Nachdenken. Telematiksysteme wie z. B. **FleetBoard** sind Systeme, die dem Fahrer ein sehr gutes Feedback über seinen Fahrstil geben.

Nur wer weiß, was er tut und wie es wirkt, kann nachhaltig handeln und sieht, dass sich seine Bemühungen lohnen.

Abbildung 125:
Telematik- und Navigationssystem
Quelle: MAN Truck & Bus

> Die in diesem Kapitel beschriebenen praktischen Tipps zum wirtschaftlichen Fahren sollten auch von Ihnen als Trainer realisiert werden. Nichts ist unglaubwürdiger als jemand, der Wasser predigt und Wein trinkt. Dies wäre zum Beispiel der Fall, wenn die Teilnehmer mit laufendem Lkw- oder Busmotor empfangen werden. Um den Sinn des wirtschaftlichen Fahrens besser begreiflich zu machen, können Sie gelegentlich einfache Rechenbeispiele, die durch Dreisatzrechnungen zu lösen sind, in den Unterricht einfließen lassen.

AUFGABE/LÖSUNG

Ein Bus/Lkw fährt im Jahr 100.000 km, er verbraucht 35 Liter pro 100 km. Nach der Schulung im wirtschaftlichen Fahren verbraucht das Fahrzeug 5 % weniger Diesel. Wie viel Geld kann pro Jahr eingespart werden, wenn der Liter Diesel 1,45 € kostet?

2.537,50 Euro könnten pro Jahr gespart werden.

2.7 Lösungen zum Wissens-Check

1. Was war die Initialzündung für unsere heutige industrialisierte Welt?

Die industrielle Revolution Mitte des 19. Jahrhunderts, mit der Erfindung leistungsfähiger Dampfmaschinen.

2. Welche Ressourcen sind die Säulen, auf der unsere Industrie und somit unser Wohlstand fußt?

Fossile Brennstoffe wie Kohle, Gas und Erdöl.

3. Auf welche variablen Kosten hat der Fahrer besonderen Einfluss?

- ☒ a) Kraftstoffkosten
- ☐ b) Be- und Entladekosten
- ☒ c) Reifenkosten

4. Was versteht man unter Nachhaltigkeit beim wirtschaftlichen Fahren?

Nicht nur am Tag des „Eco-Trainings" geringe Kraftstoffverbräuche zu erzielen, sondern auch langfristig im Alltag.

5. Wie kann die Politik ökonomisches Fahren unterstützen?

Durch Straßenbau, Zuschüsse für innovative Konzepte, Richtlinien wie z. B. die Euro-Normen.

6. Wo und wie können Fahrzeughersteller und Entwickler dem ökonomischen Gedanken Rechnung tragen?

Durch reduziertes Fahrzeuggewicht, durch den Einsatz moderner Werkstoffe und durch verbrauchsarme Motoren.

Beschleunigte Grundqualifikation
Basiswissen Lkw/Bus

7. Wie lautet die aktuelle Euro-Norm?

Euro 5

8. Was sind alternative Antriebskonzepte?

- Hybrid-Antrieb
- Brennstoffzellen-Antrieb
- Gas-Antrieb
- Elektro-Fahrzeuge

9. Was ist ein Hybrid-Antrieb?

- ❏ a) Im selben Motor können mehrere Kraftstoffe (Diesel, Benzin, Gas) verwendet werden.
- ❏ b) In diesem werden die Vorteile der manuellen mit der automatischen Schaltung kombiniert.
- ☒ c) Eine Kombination von zwei oder mehr Antriebsarten in einem Fahrzeug.

10. Wie setzen sich die Abgase eines Brennstoffzellen-Fahrzeugs zusammen?

Aus Wasserdampf.

11. Was ist sind Aufgaben eines professionellen Fahrers?

Er sollte sich permanent weiterbilden, um seinen Wissenstand immer aktuell zu halten.

12. Nennen Sie alle Fahrwiderstände!

- Luftwiderstand
- Rollwiderstand
- Steigungswiderstand
- Beschleunigungswiderstand

2.7 Optimale Nutzung der kinematischen Kette

13. Was hat den größten Einfluss auf den Rollwiderstand?

Der Luftdruck der Reifen.

14. Wie kann man den Beschleunigungswiderstand möglichst gering halten?

- ☒ a) Durch gleichmäßiges Fahren
- ☐ b) Durch regelmäßige Luftdruckkontrolle
- ☒ c) Durch vorausschauende Fahrweise
- ☐ d) Durch die Nutzung von Retarder oder Motorbremse

15. Was sind die wichtigsten Motorkenndaten?

- Leistung
- Drehmoment
- spezifischer Kraftstoffverbrauch

16. Bei welcher „Gaspedalstellung" wird das Muscheldiagramm ermittelt?

Bei Teillast.

17. Wie wird ein Fahrzeug beschleunigt?

Volllastbeschleunigung und rechtzeitiges Schalten in höhere Gänge.

18. Welche Bremsen minimieren den Bremsverschleiß?

- Motorbremsen
- Retarder

19. Wie hoch ist der Verbrauch bei modernen Dieselmotoren im Schubbetrieb?

Mit einer Schubabschaltung verbraucht der Motor im Schubbetrieb keinen Kraftstoff.

Beschleunigte Grundqualifikation
Basiswissen Lkw/Bus

Dieses Kapitel behandelt Nr. 2.1 der Anlage 1 der BKrFQV

3 Sozialvorschriften

3.1 Warum Sozialvorschriften?

▶ **Die Teilnehmer sollen für die Thematik sensibilisiert werden.**

↪ Den Teilnehmern soll zunächst vermittelt werden, vor welchem Hintergrund die Sozialvorschriften zu sehen sind. Stellen Sie dazu die Wettbewerbssituation besonders im Omnibus-Gelegenheits- und Güterverkehr dar.

🕐 Ca. 30 Minuten

🖥 Führerschein: Fahren lernen Klasse C, Lektion 1; Fahren lernen Klasse D, Lektion 17

Einer der größten Kostenfaktoren für den Unternehmer ist der Fahrer. Das Unternehmen versucht daher, eine möglichst hohe Auslastung mit Ladung bzw. Fahrgästen zu erreichen. Nur so wird Umsatz erzielt. Dieses wirtschaftliche Interesse kann jedoch unter Umständen mit dem Sicherheitsgedanken kollidieren. Betroffen wären davon die Allgemeinheit und im Personenverkehr besonders auch die Fahrgäste.

AUFGABE/LÖSUNG

Nennen Sie Voraussetzungen zum sicheren Führen eines Nutzfahrzeuges!
- Aufmerksamkeit
- Konzentration
- Reaktionsfähigkeit
- Koordinationsfähigkeit

Mit zunehmender Dauer der Tätigkeit nehmen diese Fähigkeiten ab. Die Fehlerquote steigt und das Unfallrisiko nimmt zu. Für den Einzelnen ist dies unter Umständen zunächst nicht zu merken. Kommt es jedoch zu kritischen Situationen, erfolgen Reaktionen verzögert. Ein typisches Beispiel wäre eine Notbremsung wegen Kindern auf der Fahrbahn. Durch das spätere Reagieren steigt das Unfallrisiko.

Sozialvorschriften 3.1

Vor diesem Hintergrund sind die Sozialvorschriften zu sehen. Sie sollen Ihnen als Kraftfahrer die nötigen Ruhephasen/Unterbrechungen geben, um zu regenerieren.

> An dieser Stelle sollten Sie versuchen, die Teilnehmer zu motivieren, eigene Erfahrungen zu schildern, bei denen sie gemerkt haben, dass ihre Fahrleistungen durch langes Fahren gelitten haben. Steigen Sie zum Beispiel mit der Frage ein: „Kennen Sie aus Ihrer Erfahrung als Verkehrsteilnehmer Situationen mit reduzierter Leistung?"
> Bevor Sie die Zielsetzung der Sozialvorschriften endgültig herausstellen, sollten Sie auch auf die Problematik des Sekundenschlafs und des Einschlafens am Steuer eingehen. Zahlreiche Verkehrsunfälle sind auf diese Problematik zurückzuführen. Nehmen Sie sich die Zeit, mit den Teilnehmern gemeinsam Anzeichen von Müdigkeit zu erarbeiten. Gelingt Ihnen dies, können auf einem Flip-Chart richtige Verhaltensweisen für einen solchen Fall und Maßnahmen, wie man dies von vornherein vermeidet, gesammelt werden.
> Zum Abschluss des ersten Kapitels sollte die Zielsetzung aller Sozialvorschriften besprochen werden.

AUFGABE/LÖSUNG

Warum sind Sozialvorschriften sinnvoll?
- Erhöhung der Verkehrssicherheit
- Schutz des Arbeitnehmers
- Harmonisierung der Wettbewerbsbedingungen

Die Erhöhung der Verkehrssicherheit liegt im Interesse der Allgemeinheit. Sie als Fahrer eines Kraftomnibusses oder Lastkraftwagen haben eine besondere Verantwortung. Das hängt mit den Abmessungen und Kräften zusammen, die beim Führen von Nutzfahrzeugen wirken. Beim Führen eines Kraftomnibusses kommt die Verantwortung für die Fahrgäste noch hinzu. So zeigt sich, wie wichtig dieser Punkt ist.

Beschleunigte Grundqualifikation
Basiswissen Lkw/Bus

Abbildung 126:
Von der Fahrbahn abgekommener Bus
Quelle: Mitteldeutsche Zeitung/Frank Gerbank/ddp

> Dem Schutz des Arbeitnehmers kommt ebenfalls eine besondere Bedeutung zu. An dieser Stelle kann auch auf stressbedingte Erkrankungen hingewiesen werden. Dies ist jedoch im Rahmen der Grundqualifikation ein gesondertes Thema und soll an dieser Stelle nicht weiter vertieft werden (Vgl. Kapitel 7 „Sensibilisierung für die Bedeutung einer guten körperlichen und geistigen Verfassung" in diesem Band).

Die Harmonisierung der Wettbewerbsbedingungen ist ein Ziel, welches für die Unternehmen von besonderer Bedeutung ist. Die EU versucht, mit den Sozialvorschriften den Markt zu regeln. Es sollen Wettbewerbsvorteile verhindert werden, die zu Lasten der Allgemeinheit oder der Beschäftigten gehen.

3.2 Rechtliche Grundlagen der Sozialvorschriften

▶ Die Teilnehmer sollen erkennen, welches Recht für die jeweilige Fahrt anzuwenden ist, verstehen, welche Vorschriften Vorrang haben und die Regelungen zu den Lenk- und Ruhezeiten in den einzelnen Gesetzen/Verordnungen kennen.

↺ Stellen Sie die rechtlichen Grundlagen vor und lassen Sie die Teilnehmer Schritt für Schritt die Tabelle mit den verschiedenen Geltungsbereichen ausfüllen.

⏱ Ca. 90 Minuten

📺 Führerschein: Fahren lernen Klasse C, Lektion 1; Fahren lernen Klasse D, Lektion 17

Im Rahmen der Sozialvorschriften gilt nationales und internationales Recht. Das internationale Recht umfasst die Sozialvorschriften der EU und des AETR (Europäisches Übereinkommen über die Arbeit des im internationalen Straßenverkehr beschäftigten Fahrpersonals).

> ↺ Die Tabelle auf S. 204 gibt einen Gesamtüberblick über die Sozialvorschriften. Setzen Sie die Tabelle ein, um einen kurzen Einstieg und Überblick zu ermöglichen. Im Laufe der Lektion sollten Sie die Tabelle nutzen, um die Anwendung festzuhalten. Versuchen Sie zunächst, herauszuarbeiten, für wen welche Regelung anzuwenden ist. Es bietet sich an, mit den EG-Regelungen zu beginnen.

EU-Regelungen

Die EU kann durch das Europäische Parlament und den Rat der Europäischen Union **Verordnungen** erlassen, die in allen Mitgliedsstaaten der EU gelten und anzuwenden sind.
Verordnungen der EU haben grundsätzlich Vorrang vor nationalen Regelungen. Im Bereich der Sozialvorschriften sind die beiden wesentlichen Verordnungen die VO (EG) 561/2006 und die VO (EWG) 3821/85.

Beschleunigte Grundqualifikation
Basiswissen Lkw/Bus

Die Verordnung (EG) 561/2006 regelt in erster Linie die:
- Dauer der täglichen Lenkzeit
- Dauer von Fahrtunterbrechungen
- Ruhezeiten

Die Verordnung (EWG) 3821/85 enthält Regelungen zum digitalen und analogen Kontrollgerät. Für Sie sind insbesondere die Vorschriften zur Benutzung und Bedienung der Kontrollgeräte wichtig.

AUFGABE/LÖSUNG

Ergänzen Sie folgende Tabelle im Laufe der Bearbeitung des Kapitels „Rechtliche Grundlagen"!

Nationale Regelungen	EU-Regelungen	AETR
- Fahrpersonalgesetz - Fahrpersonalverordnung - Arbeitszeitgesetz	- VO (EG) 561/2006 - VO (EWG) 3821/85 - Richtlinie 2002/15 EG - Richtlinie 2006/22 EG	
Anzuwenden bei: - FPersG/FPersV: Lkw > 2,8 t und < 3,5 t zGG; Busse im Linienverkehr bei Linienlängen bis 50 km - Arbeitszeitgesetz: Fahrer in Beschäftigungsverhältnissen	Anzuwenden bei: - Lkw > 3,5 t zGG - Busse mit mehr als 8 Fahrgastplätzen im Gelegenheitsverkehr und im Linienverkehr bei Linienlängen von mehr als 50 km	Anzuwenden bei: - Lkw > 3,5 t zGG - Busse mit mehr als 8 Fahrgastplätzen im Gelegenheitsverkehr und im Linienverkehr bei Linienlängen von mehr als 50 km

Sozialvorschriften 3.2

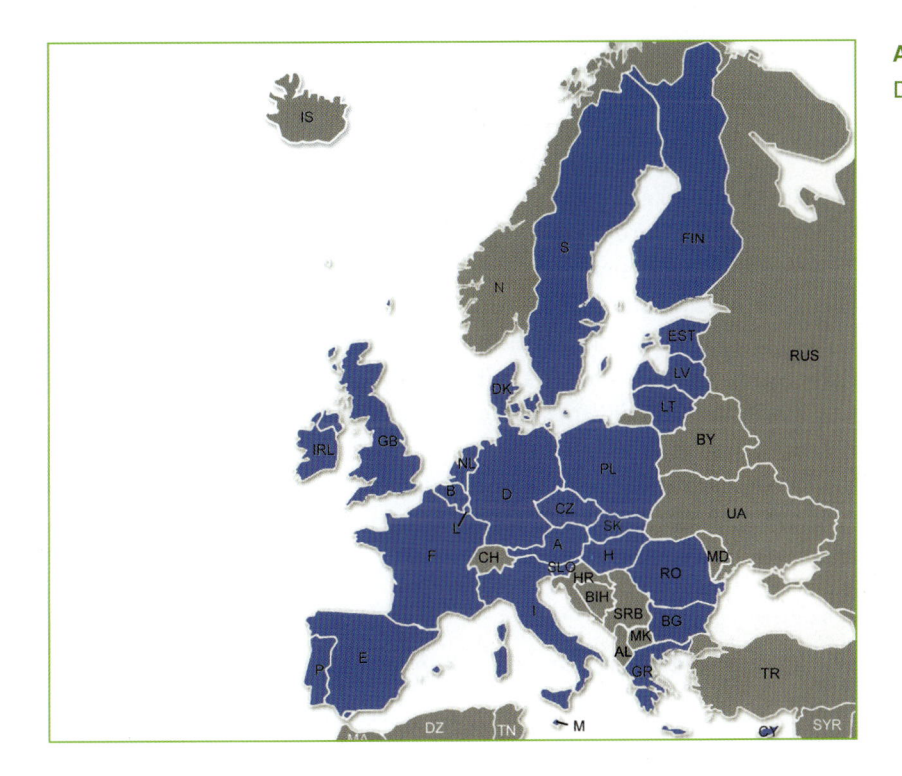

Abbildung 127:
Die EU-Staaten

Neben den Verordnungen der EG gibt es noch so genannte **EU-Richtlinien**. Diese gelten nicht unmittelbar in den Mitgliedsstaaten, sie müssen erst in nationales Recht umgesetzt werden. Nationale Regelungen können bei der Umsetzung auch strenger ausfallen. Die EU-Richtlinien legen nur Mindestanforderungen fest.

Die EU-Regelungen gelten nicht nur in den EU-Staaten, sondern zusätzlich auch in den Staaten des EWR (Europäischer Wirtschaftsraum), dies sind Norwegen, Island und Liechtenstein. In der Schweiz wird seit dem 1. Januar 2011 ebenfalls die VO (EG) 561/2006 angewandt.

Die EU-Regelungen sind generell anzuwenden bei allen Beförderungen, die unter die VO (EG) 561/2006 fallen und ausschließlich innerhalb des räumlichen Geltungsbereiches liegen (siehe Karte auf Seite 207).
Anzuwenden sind die Regelungen der EU nach Artikel 2 VO (EG) 561/2006 bei:
1. Güterbeförderung mit Fahrzeugen, deren zulässige Gesamtmasse (zGM) einschließlich Anhänger oder Sattelanhänger 3,5 t übersteigt.

Beschleunigte Grundqualifikation
Basiswissen Lkw/Bus

2. Personenbeförderung mit Fahrzeugen, die für die Beförderung von mehr als neun Personen einschließlich des Fahrers konstruiert oder dauerhaft angepasst und zu diesem Zweck bestimmt sind.

Die Grundqualifikation Lkw ist für Personen mit der Fahrerlaubnis C1, C1E, C und CE erforderlich. Dies umfasst grundsätzlich Fahrzeuge, die in den Geltungsbereich der VO (EG) 561/2006 fallen.
Die Grundqualifikation Bus ist für Personen mit der Fahrerlaubnis D1, D1E, D und DE erforderlich. Dies umfasst grundsätzlich Fahrzeuge, die in den Geltungsbereich der VO (EG) 561/2006 fallen. Allerdings wird in der VO (EG) 561/2006 im Artikel 3 Buchstabe a) eine wichtige Ausnahme genannt:
„…Fahrzeuge zur Personenbeförderung im Linienverkehr…, wenn die Linienstrecke nicht mehr als 50 km beträgt"
Das bedeutet:

> ⚠️ Die EG-Regelungen gelten nicht im Linienverkehr bis 50 km Linienlänge!

> ↻ Füllen Sie nun mit den Teilnehmern gemeinsam die Spalte zu den EG-Regelungen aus in der Tabelle auf S. 204 (S. 179 im Arbeits- und Lehrbuch).

Das AETR (Europäisches Übereinkommen über die Arbeit des im internationalen Straßenverkehr beschäftigten Fahrpersonals)

Mit der Einführung einheitlicher Sozialvorschriften innerhalb der EU bzw. des EWR wurden die Güterbeförderung und der Personenverkehr erheblich erleichtert. Ohne diese Regelungen würden bei der Beförderung über mehrere Staaten die jeweiligen nationalen Bestimmungen gelten.

Doch würden weiterhin Probleme bestehen, wenn die Beförderung durch Länder verläuft, die weder EU- noch EWR-Staat sind. An diesem Punkt kommt das AETR zum Tragen. Das AETR ist ein Abkommen aller

Sozialvorschriften 3.2

EU-/EWR-Staaten mit weiteren europäischen Staaten, die nicht zur EU/EWR gehören.

Die nachfolgende Karte zeigt neben den EU-/EWR-Staaten auch die AETR-Vertragsstaaten.

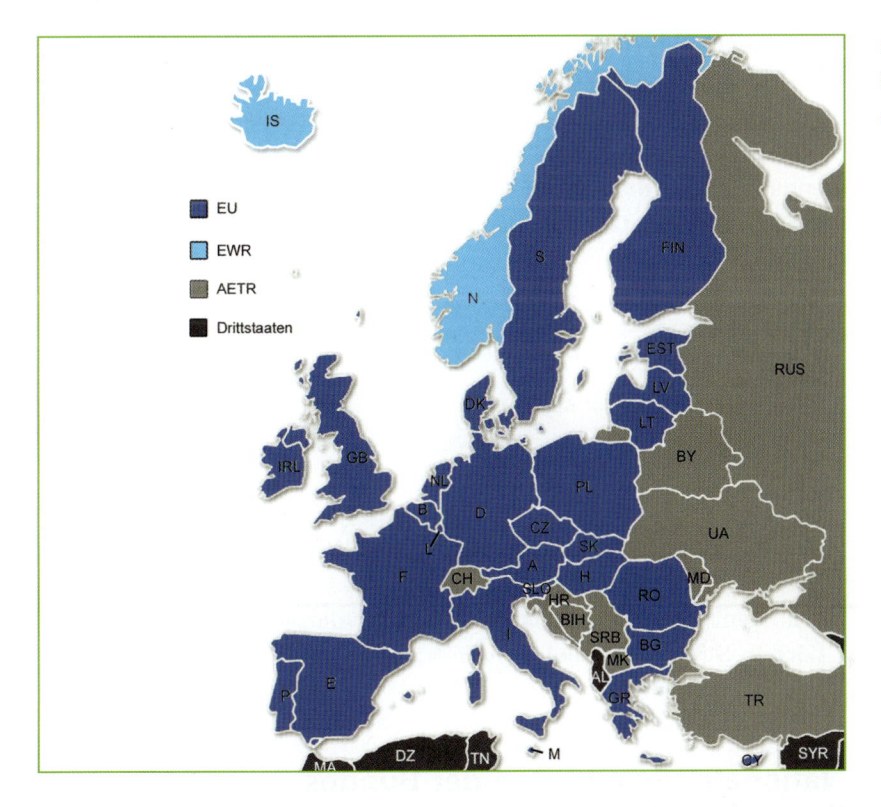

Abbildung 128: EU-, EWR- und AETR-Staaten

Berührt ein Transport oder eine Beförderung einen AETR-Staat, so gilt auf der gesamten Strecke (ggf. auch in EU-Staaten) das AETR. Die Anwendung der VO (EG) 561/2006 auf den Schweiz-Verkehr ergibt sich aus Artikel 2 Abs. 2 Buchstabe b der VO (EG) 561/2006. Das AETR wurde in jüngster Zeit überarbeitet. Um die tägliche Arbeit zu erleichtern, wurde es weitgehend der EU-Regelung VO (EG) 561/2006 angeglichen. Völkerrechtlich ist diese Angleichung im Herbst 2010 von den AETR-Staaten ratifiziert worden. Um die EU-Regelung bei AETR-Transporten auf dem deutschen Streckenteil anwenden zu dürfen, bedarf es jedoch noch einer Umsetzung in deutsches Recht. Der Zeitpunkt hierfür steht noch nicht fest. Auf die Regelungen des AETR wird in Kapitel 3.3 eingegangen.

Beschleunigte Grundqualifikation
Basiswissen Lkw/Bus

> ↻ Vervollständigen Sie nun mit Ihren Teilnehmern gemeinsam die Spalte AETR der Tabelle auf S. 204 (S. 179 im Arbeits- und Lehrbuch).

Folgender Sonderfall sollte noch kurz erwähnt werden: Welche Vorschriften sind bei einer Beförderung durch EU-, AETR- und Drittstaat anzuwenden? Drittstaat bedeutet, dass der Staat weder der EU noch dem AETR angehört. Ein Drittstaat wäre z.B. Syrien. Für diesen Fall wenden Sie im Bereich der EU und des AETR die Vorschriften des AETR an. Im Drittstaat sind die dortigen nationalen Vorschriften anzuwenden.

AUFGABE/LÖSUNG

Wann läuft ein Transport nach AETR-Recht und welche Folgen hat dies?

Sobald ein Transport oder eine Beförderung das Hoheitsgebiet eines Staates berührt, der kein EU-/EWR-Staat ist, aber das AETR-Abkommen unterzeichnet hat. Als Folge ergibt sich, dass für den gesamten Transport (auch für die innergemeinschaftlichen Streckenanteile) das AETR anzuwenden ist.

Nationale Vorschriften der Bundesrepublik Deutschland

Die nationalen Vorschriften dienen drei Zielen:
1. Umsetzung bestimmter EU-Richtlinien in nationales Recht
2. Bestimmungen zur Durchführung von EG-Verordnungen
3. Erweiterung der Sozialvorschriften auf Bereiche, die nicht von der EU-Regelung betroffen sind

Das Fahrpersonalgesetz
Das Fahrpersonalgesetz enthält in erster Linie Bestimmungen zur Durchführung der EG-Verordnungen und des AETR. Zudem enthält es die Ermächtigung für das Verkehrsministerium, weitere Rechtsverordnungen zu den Sozialvorschriften im Straßenverkehr zu erlassen.

Sozialvorschriften 3.2

Bestimmungen zur Durchführung der EG-Verordnungen sind z. B.:
- Festlegung der Aufsichtsbehörden für die Einhaltung der EG-Verordnungen
- Festlegung der Zuständigkeit für die Ausgabe der Kontrollgerätekarten
- Abrufen fahrerlaubnisrechtlicher Daten bei Beantragung von Fahrerkarten
- Schaffung eines zentralen Kontrollgerätekartenregisters
- Verweis bei Verstößen gegen die EG-Verordnungen auf Bußgeldtatbestände

Entscheidend im Fahrpersonalgesetz ist die Klärung des Verhältnisses zum Arbeitszeitgesetz. Regelungen zur Arbeitszeit im Fahrpersonalgesetz oder in Verordnungen zum Fahrpersonalgesetz haben grundsätzlich Vorrang gegenüber dem Arbeitszeitgesetz.

> Ihren Teilnehmern sollte zum Fahrpersonalgesetz bekannt sein, dass es die Umsetzung der EG-Verordnungen und des AETR im deutschen Recht erst ermöglicht.

Die Fahrpersonalverordnung

Die Fahrpersonalverordnung erweitert die Anwendung von Sozialvorschriften auf Bereiche, die nicht von EU-Regelungen oder dem AETR betroffen sind. Diese Erweiterung betrifft in der Bundesrepublik Busfahrer im Linienverkehrunter 50 km und Fahrer von Fahrzeugen zur Güterbeförderung, deren zulässige Gesamtmasse mehr als 2,8 und nicht mehr als 3,5 t beträgt.
Die Fahrpersonalverordnung in der Fassung vom 22. Januar 2008 dient zudem der Umsetzung der EU-Verordnungen.

AUFGABE/LÖSUNG

Die Fahrpersonalverordnung ist eine Rechtsverordnung. Auf Basis welchen Gesetzes wurde sie verkündet?

Die Fahrpersonalverordnung ist eine Verordnung, die auf Basis des Fahrpersonalgesetzes erlassen worden ist.

Beschleunigte Grundqualifikation
Basiswissen Lkw/Bus

In der Fahrpersonalverordnung werden die Vorschriften der VO (EG) 561/2006 bezüglich Lenkzeit, Fahrtunterbrechungen, Tagesruhezeit und Wochenruhezeit auch auf folgende Fahrzeuge ausgeweitet:

- Fahrzeuge, die zur Güterbeförderung dienen und deren zulässige Gesamtmasse einschließlich Anhänger oder Sattelanhänger mehr als 2,8 Tonnen und nicht mehr als 3,5 Tonnen beträgt,

sowie

- Fahrzeuge, die zur Personenbeförderung dienen und die nach ihrer Bauart und Ausstattung geeignet und dazu bestimmt sind, mehr als neun Personen einschließlich Fahrer zu befördern und die im Linienverkehr mit einer Linienlänge bis zu 50 Kilometern eingesetzt sind.

Die Regelungen der Fahrpersonalverordnung werden auf den Seiten 236 bis 241 genauer betrachtet. Die nationalen Regelungen sehen Besonderheiten bei den einzuhaltenden Vorschriften vor, die von der VO (EG) 561/2006 abweichen.

Eine Besonderheit gilt bei den beiden oben genannten Fahrzeuggruppen in der Fahrpersonalverordnung. Die Fahrpersonalverordnung schreibt für diese beiden Gruppen nicht das digitale Kontrollgerät vor. Es sind andere Kontrollmittel zur Überwachung der Lenk- und Ruhezeiten zulässig.

Die Kontrollmittel der Fahrpersonalverordnung werden ab Seite 245 (Kapitel 3.4) dargestellt.

Bestimmungen zur Durchführung von EG-Verordnungen und AETR sind:

- Ausnahmen zur EG-Verordnung (Die VO (EG) 561/2006 ermächtigt die Staaten, bestimmte Fahrzeuge von den Vorschriften auszunehmen.)
- Regelungen bezüglich des AETR-Kontrollgeräts
- Regelungen zum Nachweis berücksichtigungsfreier Tage
- Regelungen zu Ordnungswidrigkeitentatbeständen
- Regelungen zu digitalem Kontrollgerät und Kontrollgerätekarten
- Zentrales Kontrollgerätekartenregister

Arbeitszeitgesetz

Das Arbeitszeitgesetz stellt eine Umsetzung einer EU-Richtlinie dar, der Richtlinie 2002/15/EG. Dabei handelt es sich um die sogenannte Arbeitszeitrichtlinie. Sie richtet sich an im Straßenverkehr beschäftigte Personen. Einleitend wurde bereits erwähnt, dass EU-Richtlinien zunächst in nationales Recht umgewandelt werden müssen. Nur so erlangen sie Gültigkeit in den Mitgliedsstaaten. Die Richtlinien schreiben nur Mindeststandards fest. Die Bundesrepublik Deutschland hat die EU-Richtlinie 2002/15/EG am 14. August 2006 im Rahmen des § 21a Arbeitszeitgesetz in nationales Recht umgewandelt. Bis zu diesem Tag galten die Vorschriften des Arbeitszeitgesetzes nicht für Personen, die im Straßenverkehr beschäftigt waren. Seit dem Stichtag gelten die Regelungen für angestellte Fahrer.

Das Arbeitszeitgesetz enthält unter anderem Regelungen zu
- Wöchentlicher Arbeitszeit
- Arbeitszeit/Bereitschaftszeit
- Nacht-/Schichtarbeit
- Ruhepausen
- Ruhezeiten
- Täglicher Arbeitszeit

Generell gilt: Wenn das Arbeitszeitgesetz im Widerspruch zur Verordnung (EG) 561/2006 oder zur Fahrpersonalverordnung steht, genießen diese beiden Verordnungen Vorrang. Die Probleme, die sich aus dem Arbeitszeitgesetz ergeben können, werden später noch umrissen.

> Lassen Sie die Teilnehmer die linke Spalte der Tabelle ergänzen (nationale Vorschriften). Sie sollen sich dabei auf die Fahrzeuge beschränken, für die nationale Regelungen erlassen wurden und die sonst keine Lenk- und Ruhezeiten einhalten müssten.

Beschleunigte Grundqualifikation
Basiswissen Lkw/Bus

3.3 Die Lenk- und Ruhezeiten

▶ Die Teilnehmer sollen die Regelungen zu den Lenk- und Ruhezeiten kennen.

↻ Bei der Darstellung wird häufig auf graphische Darstellungen zurückgegriffen. Um den Lernprozess zu unterstützen, sind die Grafiken häufig mit Lücken versehen. Inhalte, die selbst geschrieben werden, prägen sich in aller Regel besser ein.
Besitzen Ihre Teilnehmer bereits die entsprechenden Fahrerlaubnisklassen, so stellen die folgenden Abschnitte eine Wiederholung und Vertiefung dar. Entsprechend sollten Sie die Teilnehmer zu selbständigem Ausfüllen motivieren und Sonderfälle erläutern.

🕐 Ca. 4 Stunden

💻 Führerschein: Fahren lernen Klasse C, Lektion 1; Fahren lernen Klasse D, Lektion 17
Christoph Rang: Lenk- und Ruhezeiten im Straßenverkehr (Artikelnummer 23013)

EG-Regelung 561/2006

↻ Überprüfen Sie zunächst, ob Ihren Teilnehmern bewusst ist, für wen die VO (EG) 561/2006 verpflichtend ist.

AUFGABE/LÖSUNG

Nennen Sie die Fahrzeuge, die unter die VO (EG) 561/2006 fallen!

1. Fahrzeuge zur Güterbeförderung inkl. Anhänger/Sattelanhänger > 3,5 t zGM

2. Fahrzeuge zur Personenbeförderung > 9 Sitzplätzen
   Ausnahme: Linienverkehr bis 50 km Linienlänge

Sozialvorschriften 3.3

Tageslenkzeit

> ↻ Nutzen Sie die schematische Darstellung zur Erläuterung der Tageslenkzeit, erarbeiten Sie die Lösungen gemeinsam mit Ihren Teilnehmern.

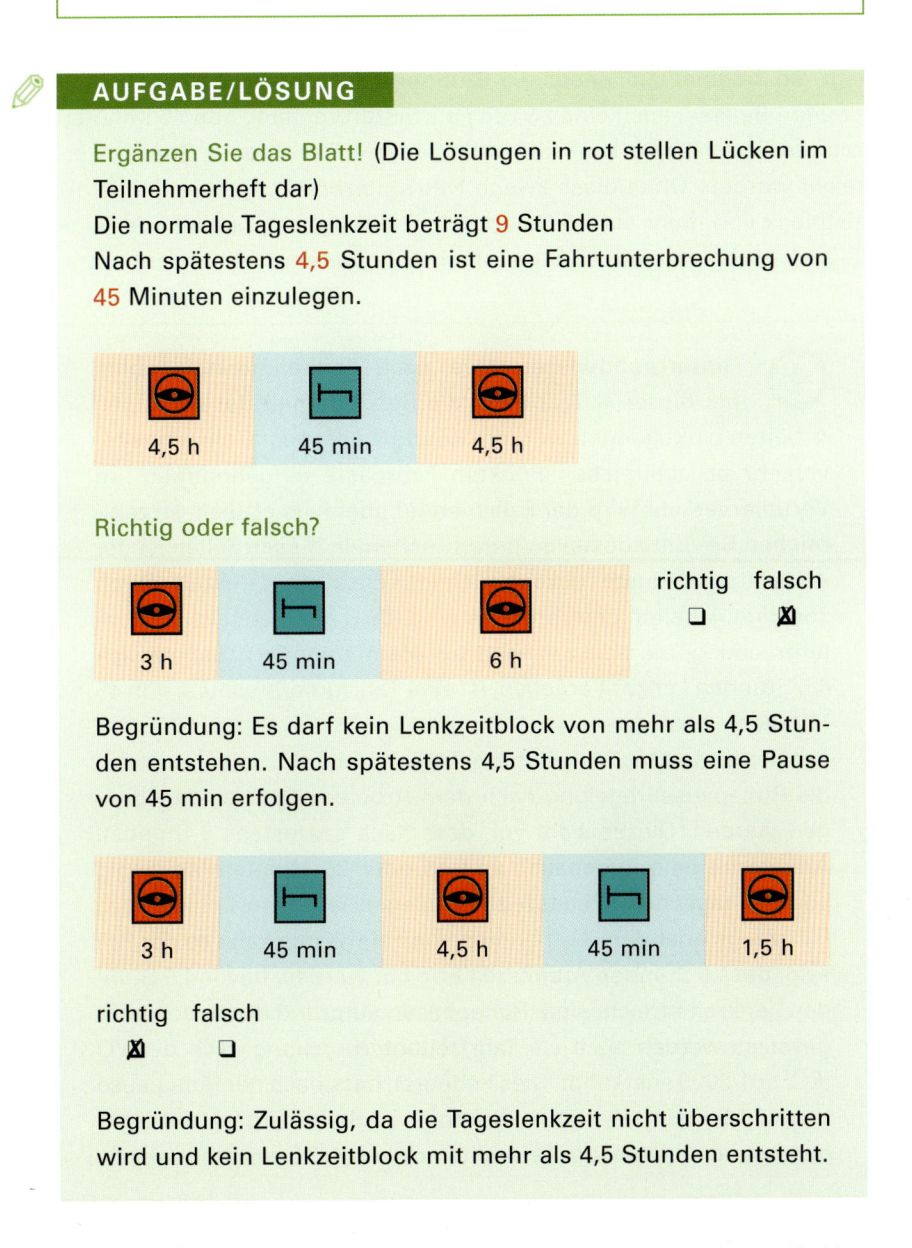

AUFGABE/LÖSUNG

Ergänzen Sie das Blatt! (Die Lösungen in rot stellen Lücken im Teilnehmerheft dar)
Die normale Tageslenkzeit beträgt 9 Stunden
Nach spätestens 4,5 Stunden ist eine Fahrtunterbrechung von 45 Minuten einzulegen.

| 4,5 h | 45 min | 4,5 h |

Richtig oder falsch?

| 3 h | 45 min | 6 h | richtig ☐ falsch ☒ |

Begründung: Es darf kein Lenkzeitblock von mehr als 4,5 Stunden entstehen. Nach spätestens 4,5 Stunden muss eine Pause von 45 min erfolgen.

| 3 h | 45 min | 4,5 h | 45 min | 1,5 h |

richtig ☒ falsch ☐

Begründung: Zulässig, da die Tageslenkzeit nicht überschritten wird und kein Lenkzeitblock mit mehr als 4,5 Stunden entsteht.

Beschleunigte Grundqualifikation
Basiswissen Lkw/Bus

Tageslenkzeit umfasst die Lenktätigkeit zwischen zwei Tagesruhezeiten oder einer Tages- und einer Wochenruhezeit. Bei der Tageslenkzeit darf kein Lenkzeitblock von mehr als 4,5 Stunden entstehen. Nach 4,5 Stunden Lenkzeit ist eine Fahrtunterbrechung von 45 Minuten erforderlich. Diese Regelung stellt die so genannte Grundregel dar.

Wird wie im zweiten der oben angeführten Beispiele vor Erreichen der 4,5-Stunden-Lenkzeit eine Fahrtunterbrechung von 45 Minuten eingelegt, so beginnt ein neuer 4,5-Stunden-Lenkzeitblock. Daher ist im zweiten Beispiel auch eine zweite Fahrtunterbrechung von 45 Minuten erforderlich. Nur so kann die volle Tageslenkzeit von 9 Stunden erreicht werden. Ohne diese zweite Fahrtunterbrechung wäre ein Lenkzeitblock von mehr als 4,5 Stunden (unzulässig) entstanden oder eine Tageslenkzeit von nur 7,5 Stunden erreicht worden.

Hintergrundwissen → Je nach Teilnehmerkreis sollte bei dieser Aufgabe auf die Besonderheit der sonstigen Arbeiten eingegangen werden. Häufig werden im Gelegenheitsverkehr an zahlreichen Punkten Fahrgäste aufgenommen, im Verteilerverkehr wird der Fahrtverlauf ebenfalls oftmals an zahlreichen Be-/Entladestellen unterbrochen. In diesen Fällen ist der Arbeitstag dadurch gekennzeichnet, dass die Lenkzeit durch sonstige Arbeiten unterbrochen wird. Dies gilt nicht als Fahrtunterbrechung, die Lenkzeit wird trotzdem summiert. Sobald sich 4,5 Stunden Lenkzeit ergeben, ist eine Fahrtunterbrechung von 45 Minuten einzulegen.
Betrifft diese Möglichkeit Ihren Teilnehmerkreis, sollte auch auf die Ruhepausenregelung nach dem Arbeitszeitgesetz eingegangen werden. Dieses sieht vor, dass nach spätestens 6 Stunden Arbeitszeit eine Ruhepause von 45 oder 30 Minuten (abhängig von der täglichen Arbeitszeit) einzulegen ist. Beim Beladen des Fahrzeugs oder dem Aufnehmen von Fahrgästen kann es der Fall sein, dass 6 Stunden Arbeitszeit erreicht werden, bevor 4,5 Stunden Lenkzeit erreicht sind. Ruhepausen aufgrund des Arbeitszeitgesetzes werden auch als Fahrtzeitunterbrechung nach der VO (EG) 561/2006 anerkannt. Dies bedeutet, dass nach der Ruhepause von 45 Minuten, die sich aufgrund des Arbeitszeitgesetzes ergeben hat, auch ein neuer Lenkzeitblock von 4,5 Stunden beginnt.

Der Begriff der Tageslenkzeit bedeutet nicht Lenkzeit pro Werktag oder Kalendertag. Folgendes Beispiel illustriert dies:

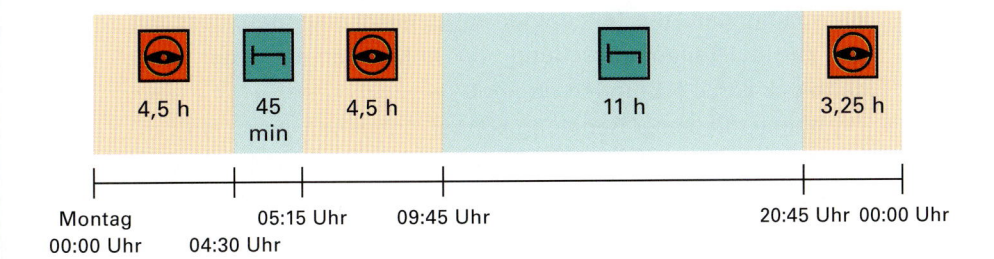

4,5 h	45 min	4,5 h	11 h	3,25 h

Montag 00:00 Uhr — 04:30 Uhr — 05:15 Uhr — 09:45 Uhr — 20:45 Uhr — 00:00 Uhr

Damit haben sich am Montag 12 Stunden 15 Minuten Lenkzeit ergeben.

Aufteilung der Fahrtunterbrechungen

Nutzen Sie das Aufgabenblatt zur Erläuterung der Aufteilung der Fahrtunterbrechungen, erarbeiten Sie die Lösungen gemeinsam mit Ihren Teilnehmern.

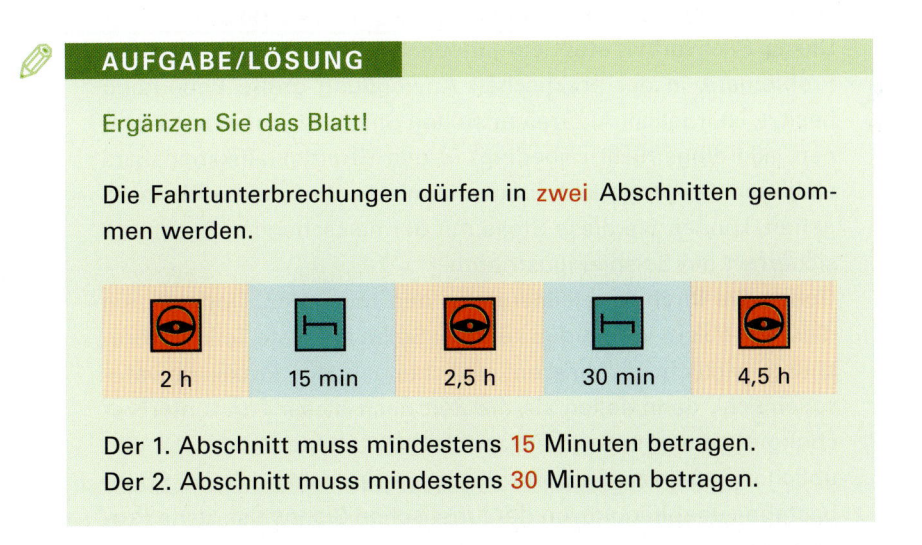

AUFGABE/LÖSUNG

Ergänzen Sie das Blatt!

Die Fahrtunterbrechungen dürfen in zwei Abschnitten genommen werden.

2 h	15 min	2,5 h	30 min	4,5 h

Der 1. Abschnitt muss mindestens 15 Minuten betragen.
Der 2. Abschnitt muss mindestens 30 Minuten betragen.

Bei den Fahrtunterbrechungen mit Teilunterbrechungen ist die Aufteilung und Reihenfolge festgeschrieben worden. Bei der Dauer der beiden Teilunterbrechungen handelt es sich um Mindestwerte.

Hintergrundwissen → An diesem Punkt können Probleme bei einer Kontrolle entstehen. Doch zunächst ist es wichtig, dass die Teilnehmer am Beispiel erkennen, dass mit der zweiten Teilunterbrechung von 30 Minuten ein neuer Lenkzeitblock von 4,5 Stunden beginnt.

Probleme mit dieser Regelung können entstehen, wenn ein Fahrer die erste Teilunterbrechung von 15 Minuten auf 45 Minuten verlängert. Die VO (EG) 561/2006 lässt offen, ob dann ein neuer Lenkzeitblock anfängt. Nach dem Prinzip der Teilunterbrechungen beginnt der neue Lenkzeitblock erst nach der zweiten Teilunterbrechung. Bei Änderung unseres Beispieles, so dass die erste Unterbrechung 45 Minuten beträgt, entsteht ein Fehler, wenn die kontrollierende Stelle die Auffassung vertritt, dass nach dieser ersten Fahrtunterbrechung von 45 Minuten ein neuer Lenkzeitblock beginnt. In unserem Beispiel folgt auf diese erste Unterbrechung 7 Stunden Lenkzeit, in der nicht nach 4,5 Stunden Lenkzeit eine Fahrtunterbrechung von 45 Minuten eingeplant worden ist. Wird die erste Unterbrechung als Teilunterbrechung betrachtet, wäre kein Fehler entstanden, denn dann beginnt der neue Lenkzeitblock erst nach der zweiten Unterbrechung und beträgt die maximal zulässigen 4,5 Stunden.

Dieser Sachverhalt stellt ein juristisches Problem dar; ob diese Problematik in der praktischen Anwendung große Bedeutung besitzt, ist fraglich. Als Trainer sollten Sie diese Problematik kennen, allerdings nicht unbedingt in den Grundqualifikationskurs einbauen. Sollten jedoch Fragen kommen, die in diese Richtung gehen, können Sie diese Stelle mit der herrschenden Rechtsunsicherheit am Beispiel illustrieren.

Geben Sie Ihren Kursteilnehmern den folgenden Tipp, wie sie dieses Problem vermeiden können: Sollte die erste Teilunterbrechung wirklich 45 Minuten erreichen (in der Praxis unwahrscheinlich), dann sollen sie die Zeit nach dieser Fahrtunterbrechung als einen neuen Lenkzeitblock betrachten, der nach den üblichen Regeln zur Fahrtunterbrechung zu behandeln ist. Somit bestehen unabhängig von der juristischen Sichtweise keine Probleme.

Verlängerung der Tageslenkzeit

> Nutzen Sie das Aufgabenblatt zur Erläuterung der Verlängerung der Tageslenkzeit, erarbeiten Sie die Lösungen gemeinsam mit Ihren Teilnehmern.

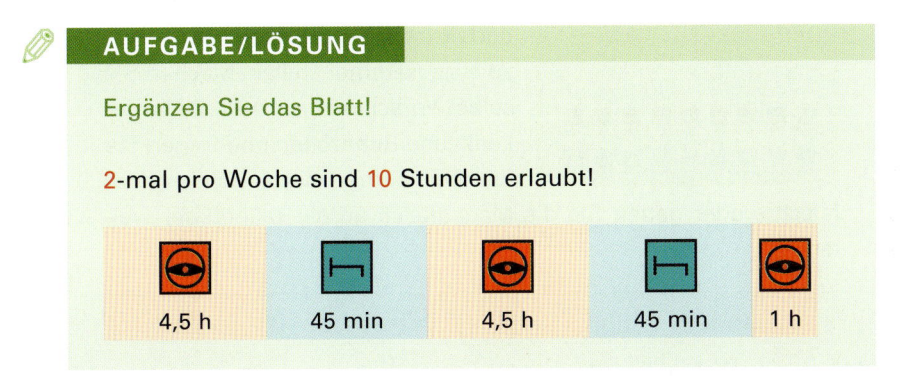

AUFGABE/LÖSUNG

Ergänzen Sie das Blatt!

2-mal pro Woche sind 10 Stunden erlaubt!

| 4,5 h | 45 min | 4,5 h | 45 min | 1 h |

Wird die Tageslenkzeit auf 10 Stunden verlängert, wird eine weitere Fahrtunterbrechung von 45 Minuten erforderlich. Im vorliegenden Beispiel wird die einfachste Form der Gestaltung dargestellt. Nach Erreichen von 9 Stunden Tageslenkzeit soll um eine Stunde verlängert werden. Mit dem Erreichen von 9 Stunden Tageslenkzeit ist ein Lenkzeitblock von 4,5 Stunden entstanden. Daher wird nun eine Fahrtunterbrechung von 45 min erforderlich. Nach dieser Fahrtunterbrechung dürfen Sie die Fahrt für eine Stunde fortsetzen.

Abbildung 129:
Fahrtunterbrechung
Quelle: DVR

Beschleunigte Grundqualifikation
Basiswissen Lkw/Bus

> ↻ Mögliche Disskussionsfrage an dieser Stelle: „Wann würden Sie von dieser Möglichkeit Gebrauch machen?"

> Im PC-Professional-Multiscreen können Sie anhand verschiebbarer Lenk- und Ruhezeiten-Blöcke eigene Beispiele zusammenstellen. Machen Sie selbst Vorschläge zur Aufteilung der Lenk- und Ruhezeiten und fragen Sie die Teilnehmer nach richtig oder falsch – oder geben Sie die Maus gleich an die Teilnehmer weiter!

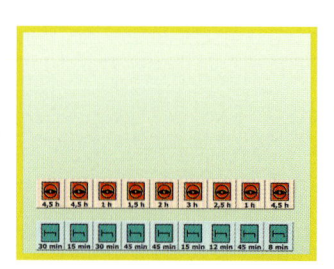

Wöchentliche Lenkzeit

Nach der Neuregelung der VO (EG) 561/2006 ist die Obergrenze der wöchentlichen Lenkzeit nunmehr auf 56 Stunden begrenzt.

Die maximale Wochenlenkzeit wird später unter Berücksichtigung des Arbeitszeitgesetzes erneut betrachtet. In Kapitel 3.7 wird die VO (EG) 561/2006 im Zusammenspiel mit dem Arbeitszeitgesetz betrachtet.

Lernzielkontrolle zu Fahrtunterbrechungen/ Tageslenkzeit

> ↻ Die bisherigen Arbeitsblätter haben Sie mit Ihren Teilnehmern gemeinsam im Lehrgespräch erarbeitet. Geben Sie Ihren Teilnehmern für das folgende Blatt 10 Minuten Zeit, ohne Hilfe zu leisten. Ermöglichen Sie die Bearbeitung in Partner-, Gruppen- oder Einzelarbeit.

3.3 Sozialvorschriften

AUFGABE/LÖSUNG

Ergänzen Sie das Blatt! Richtig oder falsch?

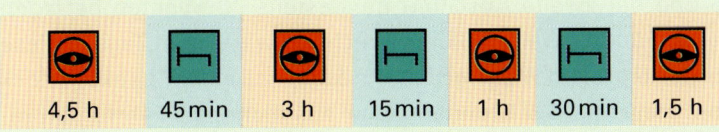

4,5 h	45 min	3 h	15 min	1 h	30 min	1,5 h

richtig ☒   falsch ☐
Begründung: 1. Lenkzeitblock endet nach 4,5 h mit einer LZU von 45 min. Der zweite Lenkzeitblock endet nach 4 h mit der zweiten Teilunterbrechung. Der letzte Abschnitt beträgt 1,5 h.

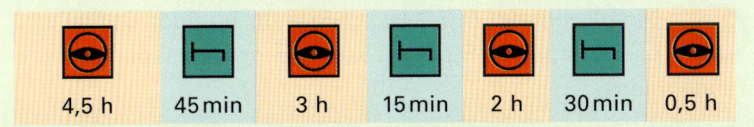

4,5 h	45 min	3 h	15 min	2 h	30 min	0,5 h

richtig ☐   falsch ☒
Begründung: Der zweite Lenkzeitblock ist zu lang. Er endet nach der zweiten Teilunterbrechung von 30 Minuten und beträgt 5 Stunden, und ist damit 0,5 h zu lang.

Das vorstehende Arbeitsblatt besitzt einen sehr hohen Schwierigkeitsgrad. Bei dieser Aufgabe entscheiden die Teilnehmer, ob die Fahrtunterbrechungen korrekt eingelegt worden sind. Besonders die Aufteilung der Fahrtunterbrechungen in Teilunterbrechungen erhöht den Schwierigkeitsgrad der Aufgabe. Liefern die Teilnehmer richtige Lösungen und können diese begründen, wurden die Lernziele hinsichtlich des Wissens über die Tageslenkzeit und die Fahrtunterbrechungen erreicht. Bei der Besprechung der Lösungen sollten Sie das erste Beispiel nutzen, um einen ganz wichtigen Punkt noch einmal herauszustellen.

Stellen Sie die Frage: „Wäre das Beispiel auch noch richtig, wenn die 30-minütige und die 15-minütige Pause getauscht werden?"

Beschleunigte Grundqualifikation
Basiswissen Lkw/Bus

> Richtige Antwort: Nein, da bei der Aufteilung der Fahrtunterbrechung in Teilunterbrechungen der erste Abschnitt mindestens 15 und der zweite Abschnitt mindestens 30 Minuten betragen muss. Für die zweite Teilunterbrechung wäre beim Tausch diese Forderung nicht mehr erfüllt. Es käme zu einem Lenkzeitblock von mehr als 4,5 Stunden ohne ausreichende Fahrtunterbrechung.

Die Doppelwoche

> Nutzen Sie die Aufgabe zur Erläuterung der Doppelwoche, erarbeiten Sie die Lösungen gemeinsam mit Ihren Teilnehmern.

AUFGABE/LÖSUNG

Die in der aktuellen Woche zulässige Wochenlenkzeit ergibt sich aus der Vorwoche und der maximal zulässigen Wochenlenkzeit von **56** Stunden.

Diese Regelung heißt **Doppel**wochenregelung

In einer Doppelwoche darf die Lenkzeit **90** Stunden nicht überschreiten.

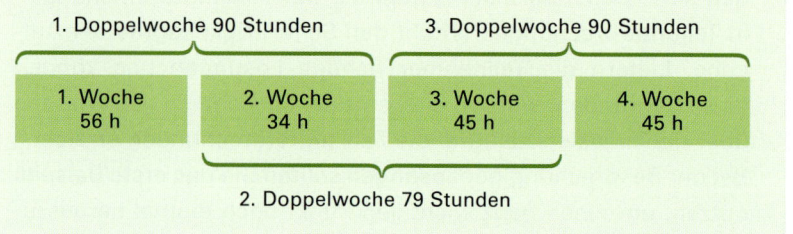

1. Doppelwoche 90 Stunden		3. Doppelwoche 90 Stunden	
1. Woche 56 h	2. Woche 34 h	3. Woche 45 h	4. Woche 45 h

2. Doppelwoche 79 Stunden

Sozialvorschriften 3.3

Wie oben bereits erwähnt, wurde die maximal zulässige Wochenlenkzeit in der VO (EG) 561/2006 erstmalig auf 56 Stunden festgeschrieben. Die Doppelwochenregelung gilt zusätzlich. Die Lenkzeit in einem Zwei-Wochen-Zeitraum ist auf maximal 90 Stunden begrenzt. Die zulässige Lenkzeit der aktuellen Woche ergibt sich aus der Lenkzeit der Vorwoche.
Beispiel: Vorwoche 34 Stunden → aktuelle Woche 56 Stunden

Die maximal zulässige Wochenlenkzeit kann also nur erreicht werden, wenn die Lenkzeit der Vorwoche lediglich 34 Stunden betrug. Für die dann folgende Woche wäre dann erneut wieder nur eine Lenkzeit von 34 Stunden möglich.

Eine derartige Aufteilung wäre für die Personalplanung und Disposition eher unpraktisch. Sinnvoll ist eine Aufteilung, die für alle Wochen ungefähr gleiche Wochenlenkzeiten bedeutet.

Im Durchschnitt ergibt sich durch die Doppelwochenregelung, bei vollem Ausnutzen der Zeiten, eine durchschnittliche Wochenlenkzeit von 45 Stunden. Diese grundsätzliche Feststellung wird bei der späteren Betrachtung des Arbeitszeitgesetzes wichtig.

> Geben Sie Ihren Teilnehmern für das folgende Blatt einige Minuten Zeit, ohne Hilfe zu leisten. Ermöglichen Sie die Bearbeitung in Partner-, Gruppen- oder Einzelarbeit.

**Beschleunigte Grundqualifikation
Basiswissen Lkw/Bus**

AUFGABE/LÖSUNG

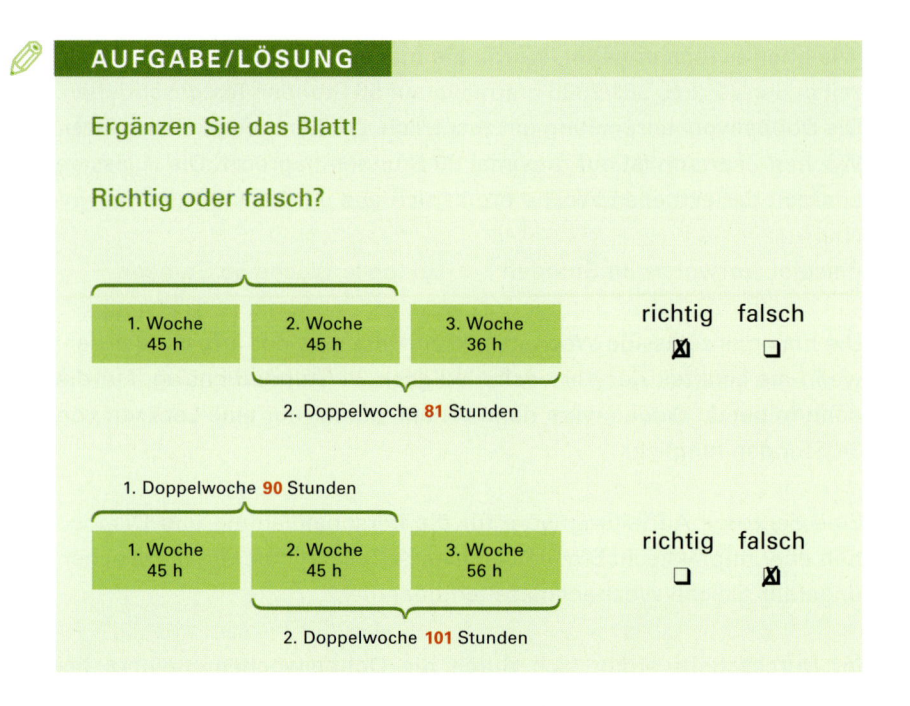

Ergänzen Sie das Blatt!

Richtig oder falsch?

1. Woche 45 h	2. Woche 45 h	3. Woche 36 h

2. Doppelwoche **81** Stunden

richtig ☒ falsch ☐

1. Doppelwoche **90** Stunden

1. Woche 45 h	2. Woche 45 h	3. Woche 56 h

2. Doppelwoche **101** Stunden

richtig ☐ falsch ☒

Durch diese kleine Übung erkennen Sie, wie die Vorwoche die Lenkzeit der laufenden Woche beeinflusst. Im ersten Beispiel bleibt die Lenkzeit der Doppelwoche unter der 90-Stunden-Grenze.

Im zweiten Beispiel wird die Doppelwochenregelung in der zweiten Doppelwoche verletzt, obwohl die maximale wöchentliche Lenkzeit von 56 Stunden nicht überschritten wird.

> Ein höheres Maß an Praxisbezug lässt sich an dieser Stelle erreichen, indem Sie einmal versuchen, Ihren Teilnehmern wöchentliche Lenkzeiten aus dem Alltag eines Berufskraftfahrers zu nennen.

Sozialvorschriften 3.3

Tagesruhezeit

> Nutzen Sie das Aufgabenblatt zur Erläuterung der Tagesruhezeit, erarbeiten Sie die Lösungen gemeinsam mit Ihren Teilnehmern.

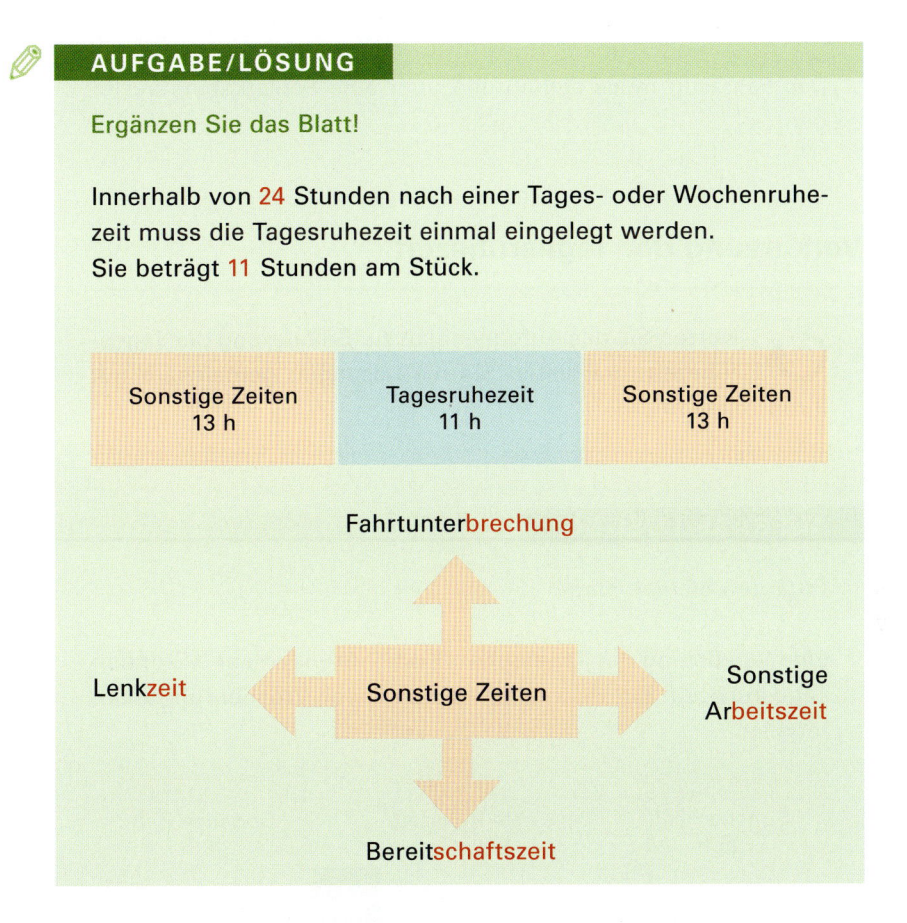

AUFGABE/LÖSUNG

Ergänzen Sie das Blatt!

Innerhalb von **24** Stunden nach einer Tages- oder Wochenruhezeit muss die Tagesruhezeit einmal eingelegt werden.
Sie beträgt **11** Stunden am Stück.

| Sonstige Zeiten 13 h | Tagesruhezeit 11 h | Sonstige Zeiten 13 h |

Fahrtunter**brechung**

Lenk**zeit** ← **Sonstige Zeiten** → Sonstige Ar**beitszeit**

Bereit**schaftszeit**

Die tägliche Höchstarbeitsdauer beträgt 8 Stunden bzw. im Ausnahmefall 10 Stunden. Diese Regelung ergibt sich aus dem Arbeitszeitgesetz. Durch Bereitschaftszeiten und Fahrtunterbrechungen kann die „Sonstige Zeit" bis zu 13 Stunden bei einer elfstündigen Tagesruhezeit betragen. Bereitschaftszeiten und Fahrtunterbrechungen gehören nicht zur Arbeitszeit (Die VO (EG) 561/2006 lässt auch längere Lenkzeiten zu.)

Beschleunigte Grundqualifikation
Basiswissen Lkw/Bus

Nach der elfstündigen Tagesruhezeit beginnt wieder ein neuer 24-Stunden-Zeitraum. In diesem Zeitraum muss erneut eine 11-stündige Tagesruhezeit enthalten sein.

AUFGABE/LÖSUNG

Unter welchen Bedingungen können Tagesruhezeiten auch im Fahrzeug verbracht werden?

Das Fahrzeug muss stehen und über eine Schlafkabine verfügen.

Verkürzung der Tagesruhezeit

Nutzen Sie das Aufgabenblatt zur Erläuterung der Tagesruhezeit, erarbeiten Sie die Lösungen gemeinsam mit Ihren Teilnehmern.

AUFGABE/LÖSUNG

Ergänzen Sie das Blatt!

Eine Verkürzung der Tagesruhezeit um 2 Stunden auf 9 Stunden Tagesruhezeit ist dreimal zwischen zwei Wochenruhezeiten möglich.

| Sonstige Zeit 15 h | Verkürzte Ruhezeit 9 h | Sonstige Zeit 13 h |

2 h

Diese 2 Stunden fallen weg
!!! Kein Ausgleich erforderlich !!!

Sozialvorschriften 3.3

> ➕ **Hintergrundwissen** → Die VO (EG) 561/2006 ist bei der Verkürzung der täglichen Ruhezeiten liberaler geworden. Bei der alten Verordnung fielen die verkürzten Stunden nicht weg, sondern mussten nachgeholt werden. Da nun kein Ausgleich mehr erforderlich ist, hat sich die tägliche Ruhezeit zwischen zwei Wochenruhezeiten im Prinzip dreimal auf 9 Stunden reduziert.
>
> Diese Liberalisierung wird dadurch gerechtfertigt, dass durch das Festschreiben der wöchentlichen Lenkdauer und die Beschränkungen beim Verkürzen der Wochenruhezeiten entsprechende Verschärfungen geschaffen wurden, die durch das Lockern der täglichen Ruhezeit keine Gefährdung der Verkehrssicherheit vermuten lassen.

Im Beispiel beginnt mit dem Ende der neunstündigen Tagesruhezeit ein neuer 24-Stunden-Zeitraum. Nun stehen für die sonstigen Zeiten, wenn die folgende Tagesruhezeit nicht verkürzt wird, erneut 13 Stunden zur Verfügung. Wird auch die folgende Tagesruhezeit verkürzt, stehen für sonstige Tätigkeiten 15 Stunden zur Verfügung. Grundsätzlich sind bei den sonstigen Tätigkeiten die Vorschriften des Arbeitszeitgesetzes zu beachten.

> ↻ Fordern Sie die Teilnehmer an dieser Stelle auf, mögliche Situationen in ihrer späteren beruflichen Tätigkeit als Berufskraftfahrer zu nennen, in denen die Verkürzung Sinn macht.
> Geben Sie den Teilnehmern die Gelegenheit, eigene Beispiele zu nennen. Gerade durch das Herstellen eines praktischen Bezuges fällt es oft leichter, die manchmal schwierigen Zusammenhänge der Sozialvorschriften zu vermitteln. Die Teilnehmer fühlen sich dadurch in den Kurs integriert und es wird ihnen auch verdeutlicht, dass die Sozialvorschriften Möglichkeiten zur eigenverantwortlichen Gestaltung des Arbeitsablaufes enthalten.

Aufteilung der Tagesruhezeit (Splitting)

> ↻ Nutzen Sie das Aufgabenblatt zur Erläuterung der aufgeteilten Tagesruhezeit, erarbeiten Sie die Lösungen gemeinsam mit Ihren Teilnehmern.

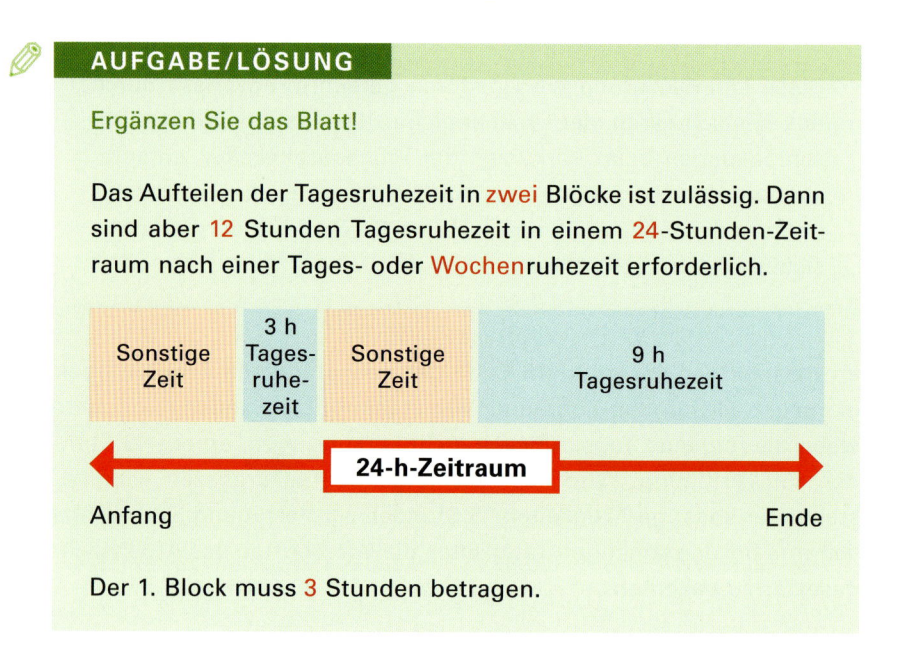

AUFGABE/LÖSUNG

Ergänzen Sie das Blatt!

Das Aufteilen der Tagesruhezeit in **zwei** Blöcke ist zulässig. Dann sind aber **12** Stunden Tagesruhezeit in einem **24**-Stunden-Zeitraum nach einer Tages- oder **Wochen**ruhezeit erforderlich.

| Sonstige Zeit | 3 h Tagesruhezeit | Sonstige Zeit | 9 h Tagesruhezeit |

◄──────── 24-h-Zeitraum ────────►

Anfang　　　　　　　　　　　　　　　Ende

Der 1. Block muss **3** Stunden betragen.

Die Möglichkeiten des „Splitting" wurden mit der VO (EG) 561/2006 eingeschränkt. Die Reihenfolge der Blöcke und deren Dauer sind festgeschrieben. Nach dem Block von 9 Stunden endet der 24-Stunden-Zeitraum. Durch die Aufteilung verlängert sich die Ruhezeit um eine Stunde auf 12 Stunden Tagesruhezeit.

Vom Grundsatz her darf eine Fahrtunterbrechung in eine Ruhezeit umgewandelt werden. Jedoch muss dieser Zeitraum dann mindestens drei Stunden betragen. Von Ruhezeit wird erst gesprochen, wenn ein Block drei Stunden beträgt.

Sozialvorschriften 3.3

> ↻ Geben Sie folgendes Beispiel: Die Umwandlung einer Lenkzeitunterbrechung in eine Ruhezeit kann Sinn machen, wenn wegen Stau eine Weiterfahrt für absehbar längere Zeit nicht möglich ist und die Zeit auf dem Rastplatz in eine dreistündige Ruhezeit umgewandelt wird.

Ruhezeit bedeutet auch, dass diese Zeit nicht durch sonstige Arbeitstätigkeiten unterbrochen werden darf. Zudem muss der Fahrer frei über seine Zeit verfügen können.

Unterbrechung der Tagesruhezeit im Fähr- und Eisenbahnverkehr

> ↻ Nutzen Sie das Aufgabenblatt zur Erläuterung, erarbeiten Sie die Lösungen gemeinsam mit Ihren Teilnehmern.

AUFGABE/LÖSUNG

Ergänzen Sie das Blatt!
Die Tagesruhezeit darf zum Be-/Entladen im Fähr-/Eisenbahnverkehr unterbrochen werden

| Tagesruhezeit 5 h | 1 h | Tagesruhezeit 6 h |

richtig ☒   falsch ☐

| Tages-ruhezeit 3 h | 0,5 h | Tages-ruhezeit 4 h | 0,5 h | Tages-ruhezeit 4 h |

richtig ☒   falsch ☐

Die Unterbrechung darf nicht mehr als 1 Stunde betragen und darf auch in zwei Abschnitte geteilt werden.

**Beschleunigte Grundqualifikation
Basiswissen Lkw/Bus**

Unterbrechung der Tagesruhezeit ist nur im Eisenbahn- oder Fährverkehr zulässig. Eine generelle Unterbrechung der Tagesruhezeit sieht die Verordnung (EG) 561/2006 nicht vor. Die Unterbrechung der Tagesruhezeit im Eisenbahn- bzw. Fährverkehr darf nicht mit der Aufteilung der Tagesruhezeit verwechselt werden. Beim Unterbrechen kommt es zu keiner Verlängerung der Tagesruhezeit, es bleibt bei den 11 Stunden Tagesruhezeit.

Das obere Beispiel verdeutlicht, dass die Unterbrechung der Tagesruhezeit bis zu einer Stunde betragen darf. Bei längeren Unterbrechungen ist die „Splitting"-Regel anzuwenden. Da durch käme es dann auch zu einer Verlängerung der Tagesruhezeit (siehe oben „Aufteilung der Tagesruhezeit").

Das untere Beispiel zeigt eine weitere Möglichkeit bei der Unterbrechung der Tagesruhezeit. Es ist zulässig, diese in maximal zwei Abschnitten zu nehmen. Dies kann durchaus Sinn machen, wenn die Ver- und Entladung innerhalb des 11-Stunden-Zeitraumes liegen. Die Aufteilung kann beliebig sein. Allerdings dürfen die beiden Abschnitte zusammen nicht mehr als 1 Stunde betragen.

Im Fähr- und Eisenbahnverkehr kann eine Ruhezeit nur eingelegt werden, wenn dem Fahrer eine Schlafkabine oder ein Liegeplatz zur Verfügung steht.

Wochenruhezeit

> Nutzen Sie die Aufgaben zur Erläuterung, erarbeiten Sie die Lösungen gemeinsam mit Ihren Teilnehmern.

AUFGABE/LÖSUNG

Ergänzen Sie das Blatt!

Nach **sechs** 24-Stunden-Zeiträumen ist eine Wochenruhezeit von **45** Stunden einzulegen.

Sozialvorschriften 3.3

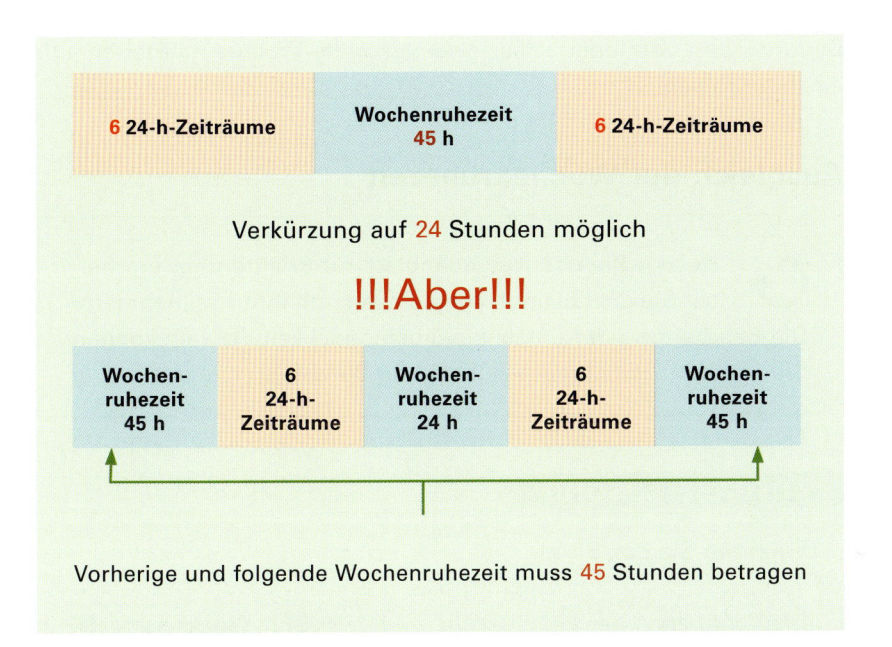

| 6 24-h-Zeiträume | Wochenruhezeit 45 h | 6 24-h-Zeiträume |

Verkürzung auf 24 Stunden möglich

!!!Aber!!!

| Wochenruhezeit 45 h | 6 24-h-Zeiträume | Wochenruhezeit 24 h | 6 24-h-Zeiträume | Wochenruhezeit 45 h |

Vorherige und folgende Wochenruhezeit muss 45 Stunden betragen

---

↪ Eine wöchentliche Ruhezeit wird nach sechs 24-Stunden-Zeiträumen erforderlich. Diese Formulierung kann in der Ausbildung zu Verständnisproblemen führen. Für die Ausbildung bietet es sich an zu erläutern, dass eine Wochenruhezeit nach sechs 24-Stunden-Zeiträumen erforderlich wird.
Die Wochenruhezeit beträgt 45 zusammenhängende Stunden. Geben Sie den Teilnehmern hier Gelegenheit, über einige Beispiele nachzudenken. Notieren Sie einige Uhrzeiten auf einem Flip-Chart. Die Teilnehmer können diese Beispiele nun überprüfen und feststellen, ob die Vorgaben für eine Wochenruhezeit erfüllt sind.

Eine Verkürzung der Wochenruhezeit auf 24 Stunden wird von der VO (EG) 561/2006 ausdrücklich zugelassen. Eine Verkürzung der Wochenruhezeit ist nur zugelassen, wenn:

1. die vorhergehende Wochenruhezeit 45 Stunden betragen hat und
2. die folgende Wochenruhezeit wieder 45 Stunden beträgt.

Beschleunigte Grundqualifikation
Basiswissen Lkw/Bus

Dadurch wird verhindert, dass zwei verkürzte Wochenruhezeiten aufeinander folgen.

Ausgleich der Wochenruhezeit

> Nutzen Sie das Aufgabenblatt zur Erläuterung, erarbeiten Sie die Lösungen gemeinsam mit Ihren Teilnehmern. Die Bearbeitung der Entscheidungsmöglichkeit Ja/Nein können Sie von den Teilnehmern selbständig durchführen lassen.

AUFGABE/LÖSUNG

Ergänzen Sie das Blatt!

Die Verkürzung der Wochenruhezeit um 21 Stunden muss nachgeholt werden.
Dies erfolgt durch Anhängen an
1. eine mindestens neunstündige Tagesruhezeit
2. eine Wochenruhezeit

Der Ausgleich muss vor Ablauf der dritten auf die Verkürzung folgende Woche erfolgen.

			Anhängen möglich?	
			Ja	Nein
1. Wo	6 Tagesruhezeiten	24 h WRZ	→ 21 h	
2. Wo	6 Tagesruhezeiten	45 h WRZ	☒	☐
3. Wo	6 Tagesruhezeiten	45 h WRZ	☒	☐
4. Wo	6 Tagesruhezeiten	45 h WRZ	☒	☐
5. Wo	6 Tagesruhezeiten	45 h WRZ	☐	☒

> Begründung:
> Der Ausgleich muss bis zum Ende der dritten Folgewoche erfolgt sein. Beim letzten Kreuz ist die Frist überschritten.

Bei der Verkürzung der Wochenruhezeit muss verkürzte Zeit nachgeholt werden. Bei der Verkürzung der Tagesruhezeit verzichtet die VO (EG) 561/2006 auf diesen Ausgleich.

Das Beispiel schafft den Ausgleich durch Anhängen an eine Wochenruhezeit. Allerdings darf die verkürzte Zeit auch an eine mindestens neunstündige Ruhezeit angehängt werden. Die verkürzte Zeit muss dabei – nach der gängigen Kontrollpraxis – im Block nachgeholt werden. In jedem Fall muss bis zum Ablauf der dritten Folgewoche die gesamte verkürzte Zeit ausgeglichen sein.

> **Hintergrundwissen →** Das Ausgleichen von verkürzter Zeit wurde durch die VO (EG) 561/2006 vereinfacht, das Ausgleichen ist nur noch bei der Wochenruhezeit erforderlich. In der alten Regelung musste parallel auch die Verkürzung der Tagesruhezeit mitberücksichtigt werden. Dadurch verlor der Einzelne doch sehr leicht den Überblick.

> Bei der praktischen Anwendung sollten Sie dem Teilnehmer empfehlen, die Zeit möglichst zeitnah, am besten in der laufenden Woche, auszugleichen. Durch ein unnötig langes Aufschieben geht leicht der Überblick verloren. Geben Sie den Teilnehmern ruhig die Empfehlung, sich eine Tabelle oder ähnliche Notizen zu machen, um die Wochenruhezeit zu überprüfen.
> Bei der Anwendung der Regeln zur Verkürzung der Wochenruhezeit wird eine Fehlerquelle vermutlich die Vorgabe sein, dass die Verkürzung nur möglich ist, wenn die vorhergehende und folgende Wochenruhezeit 45 Stunden betragen. Weisen Sie die Teilnehmer abschließend noch einmal darauf hin.

**Beschleunigte Grundqualifikation
Basiswissen Lkw/Bus**

Wochenruhezeit im grenzüberschreitenden Gelegenheitsverkehr

Am 4. Juni 2010 trat im grenzüberschreitenden Personenverkehr eine Neuerung in Kraft. Es wurde die so genannte **„12-Tage-Regelung"** geschaffen. Demnach muss die wöchentliche Ruhezeit in bestimmten Fällen erst nach spätestens 12 aufeinanderfolgenden 24-Stunden-Zeiträumen eingelegt werden.

Von dieser Ausnahmeregelung, die nur den grenzüberschreitenden Gelegenheitsverkehr betrifft, kann nur unter folgenden Voraussetzungen Gebrauch gemacht werden:

- Der Aufenthalt im Ausland muss mindestens 24 aufeinanderfolgende Stunden betragen. Unter Ausland ist in diesem Zusammenhang ein anderer EU-Mitgliedsstaat oder ein Staat, in dem die VO (EU) 561/2006 gilt, zu verstehen.
- Spätestens nach Erreichen der zwölf 24-Stunden-Zeiträume erfolgt eine Wochenruhezeit. Diese kann aus zwei regelmäßigen Wochenruhezeiten (90 Stunden) bestehen. Sie können jedoch auch eine regelmäßige und eine verkürzte Wochenruhezeit einlegen (69 Stunden). Falls Sie von der zweiten Möglichkeit Gebrauch machen, gelten die bekannten Regelungen zum Ausgleich bei verkürzter Wochenruhezeit.

Ab dem 1. Januar 2014 wird die 12-Tage-Regelung im grenzüberschreitenden Gelegenheitsverkehr um zwei Punkte ergänzt:

- Das Fahrzeug benötigt ein digitales Kontrollgerät.
- Die Lenkdauer im Nachtbetrieb zwischen 22:00 und 6:00 Uhr wird reduziert. Eine Fahrtunterbrechung von 45 Minuten wird dann bereits nach 3 Stunden erforderlich. Bei einer Mehr-Fahrer-Besatzung entfällt dieser Punkt.

> **Hintergrundwissen** → Die 12-Tage-Regelung im grenzüberschreitenden Gelegenheitsverkehr ist eine Neuerung in der VO (EG) 561/2006. Sie findet sich in Artikel 8 Abs. 6a und ist seit dem 4. Juni 2010 gültig. In der alten Verordnung (EWG) 3820/85 gab es eine ähnliche Regelung. Die Neufassung bzw. Neuaufnahme in die VO (EG) 561/2006 lässt sich damit nur begrenzt vergleichen. Im obigen Text wird deutlich, dass es zu vielen Einschränkungen gekommen ist.

Die Mehr-Fahrer-Besatzung

> Nutzen Sie das Schaubild zur Erläuterung, erarbeiten Sie die Regelung gemeinsam mit Ihren Teilnehmern.

Fahrer 1

| 4,5 h | 4,5 h | 4,5 h | 4,5 h | 1 h | 1 h | Tages-Ruhezeit 9 h |

Beginn des 30-Stunden-Zeitraumes

Fahrer 2

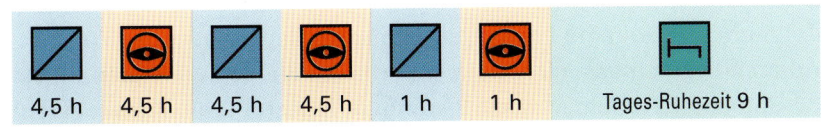

| 4,5 h | 4,5 h | 4,5 h | 4,5 h | 1 h | 1 h | Tages-Ruhezeit 9 h |

AUFGABE/LÖSUNG

Bis zu wieviel Stunden Lenkzeit sind bei der Mehr-Fahrer-Besatzung möglich?

Bis zu zwanzig Stunden

In der VO (EG) 561/2006 wird erstmals der Begriff der Mehr-Fahrer-Besatzung definiert. Von der Mehr-Fahrer-Besatzung wird nur gesprochen, wenn während der gesamten Tour zwei Fahrer anwesend sind. Lediglich in der ersten Stunde reicht ein Fahrer aus. Mit diesem Passus wird berücksichtigt, dass Fahrer 1 Fahrer 2 an einem anderen Wohnort abholt. Sollte im weiteren Verlauf der Tour wieder nur ein Fahrer anwesend sein, sind die Vorschriften für die Ein-Fahrer-Besatzung anzuwenden.

Beschleunigte Grundqualifikation
Basiswissen Lkw/Bus

Der entscheidende Vorteil bei der Mehr-Fahrer-Besatzung ist, dass sich die täglichen Lenkzeiten auf bis zu 20 Stunden erhöhen können. Dies wird möglich, wenn beide Fahrer ihre Tageslenkzeit auf 10 Stunden verlängern.

Das Schaubild auf Seite 233 zeigt auch, dass beim Mehrfahrerbetrieb die Lenkzeitunterbrechungen von 45 Minuten nach einem Lenkzeitblock von 4,5 Stunden entfallen. Der zweite Fahrer hat als Beifahrer Bereitschaftszeit, diese zählt nicht als Arbeitszeit.

Zudem gilt als Vorteil, dass die Tagesruhezeit nicht 11, sondern generell nur 9 Stunden beträgt. Im Ein-Fahrer-Betrieb ist eine Verkürzung von 11 Stunden auf 9 Stunden nur dreimal pro Woche zulässig.

Durch die längeren täglichen Lenkzeiten kann auch der 24-Stunden-Zeitraum, in dem eine Tagesruhezeit nach einer Tages- oder Wochenruhezeit liegen muss, nicht aufrecht erhalten werden. Vielmehr gilt ein 30-Stunden-Zeitraum, d.h. die 9-stündige Tagesruhezeit muss in einem Zeitraum von 30 Stunden nach einer Tages- oder Wochenruhezeit liegen.

> Sprechen Sie mit Ihren Teilnehmern, fragen Sie nach Beispielen, wann die Mehr-Fahrer-Besatzung Sinn macht. Arbeiten sie später eventuell in Betrieben, bei denen es Mehr-Fahrer-Besatzungen gibt? Wenn ja, warum wird dies gemacht? Hinweis für den Trainer: Im Bild haben beide Fahrer nach Erreichen der Lenkzeit von 10 Stunden die höchstzulässige Arbeitszeit von 10 Stunden erreicht. Es sind keine sonstigen Tätigkeiten mehr zulässig, sondern lediglich Bereitschaftszeit, die keine Arbeitszeit darstellt.

> **Hintergrundwissen → Mehr-Fahrer-Besatzung**
> Die Ausnahme bezüglich der ersten Stunde, dass innerhalb dieser Stunde nur ein Fahrer anwesend sein muss, kann einfach erläutert werden. Oftmals wohnen bei der Mehr-Fahrer-Besatzung die beiden Fahrer nicht am selben Ort. Mit der Nicht-Anwesenheit des zweiten Fahrers in der ersten Stunde wird der Praxis Rechnung getragen, dass Fahrer 1 Fahrer 2 in der ersten Stunde abholt.
> Klargestellt werden sollte hier noch einmal, dass, wenn Fahrer 2 unterwegs aussteigt (z. B. für eine Ruhezeit), wieder die Vorschriften für die Ein-Fahrer-Besatzung anzuwenden sind. Mehr-Fahrer-Besatzung liegt nur bei ständiger Anwesenheit von mindestens zwei Fahrern vor (Ausnahme die erste Stunde).

Notstandsklausel

Für Sie als Fahrer kann sich bei der Anwendung der beschriebenen Regelungen oftmals ein Problem ergeben. Eine denkbare Situation, die in Ihrer täglichen Praxis auftreten wird, ist ein Stau. Für derartige „Notfälle", in denen Sie die vorgeschriebenen Ruhezeiten nicht einhalten können, wurde die Notfallklausel geschaffen. Wenn die Sicherheit des Straßenverkehrs nicht gefährdet wird, dürfen Sie die Fahrt zum nächsten geeigneten Halteplatz fortsetzen. Mit dieser Formulierung sind Sie gefordert, zu beurteilen, ob Sie in der Lage sind, kurzfristig weiterzufahren. Unmittelbar nach dem Erreichen des Halteplatzes haben Sie dies zu dokumentieren. Das bedeutet, dass Sie verpflichtet sind, die Art und den Grund der Verzögerung handschriftlich festzuhalten. Beim analogen Kontrollgerät kann dies auf der Rückseite des Schaublattes erfolgen. Beim digitalen Kontrollgerät ist ein Tagesausdruck zu erstellen, auf dem der Vermerk gemacht werden muss.

Mit der Anwendung dieser bestehenden Notklausel sollten Sie vorsichtig sein. Der Grund muss höhere Gewalt sein, d. h. ein Stau muss unvorhersehbar sein. Ein Stau im Bereich einer großen Baustelle ist zu erwarten und sollte mit einkalkuliert sein. Dadurch wird ein Missbrauch dieser Regelung vermieden.

**Beschleunigte Grundqualifikation
Basiswissen Lkw/Bus**

> ➕ **Hintergrundwissen** → Die Notstandsklausel ist, wie bereits im Text beschrieben, keine Blankovollmacht. Sie ergibt sich aus Artikel 12 VO (EG) 561/2006. Wird diese Klausel angewendet, hat ein Fahrer einen Tagesausdruck von diesem Tag anzufertigen. Auf diesem Ausdruck sind Art und Grund für die Abweichung zu vermerken. Weisen Sie als Dozent darauf hin, dass dies wirklich nur für den absoluten Notfall ist (z. B. Stau durch Unfall). Wenn möglich, sollte auf die Anwendung verzichtet werden. Die Notstandsklausel bedeutet übrigens nicht, dass ich im Stau verlorene Zeit nachholen darf. Sie greift, wenn ein Fahrer aufgrund eines Notfalls keinen geeigneten Halteplatz erreichen konnte, obwohl er seine Lenkzeit bereits ausgeschöpft hatte.

Nationale Regelungen zu Lenk- und Ruhezeiten (Fahrpersonalverordnung)

Durch die Fahrpersonalverordnung sind die Vorschriften der VO (EG) 561/2006 für weitere Fahrzeugkategorien übernommen worden. Dies betrifft:

1. Fahrzeuge zur Güterbeförderung von 2,8 t bis 3,5 t zGM einschließlich Anhänger.
2. Fahrzeuge zur Personenbeförderung mit mehr als 9 Sitzplätzen im Linienverkehr bis 50 km Linienlänge.

```
          Linienverkehr
           bis 50 km
          ↙         ↘
Haltestellen-      Haltestellen-
  abstand            abstand
  Ø < 3 km           Ø > 3 km
```

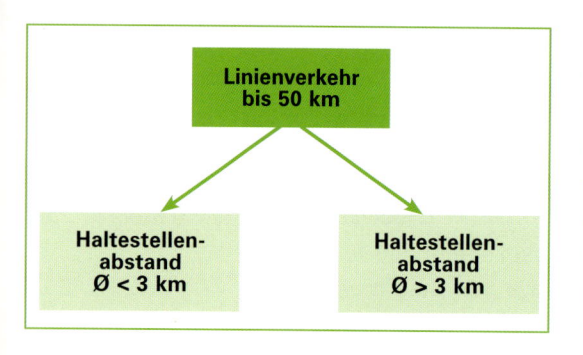

In beiden Bereichen gelten die EG-Sozialvorschriften nach der Verordnung (EG) 561/2006 (Lenkzeiten, Fahrtunterbrechungen und Ruhezeiten). Für die Kontrollgeräte gelten jedoch abweichende Bestimmungen, die später erläutert werden. Für Linienbusse im **Linienverkehr bis 50 km Linienlänge** gelten jedoch die folgenden dargestellten Sonderregelungen.

Die folgenden Erläuterungen sind daher ausschließlich für Teilnehmer, die die Grundqualifikation Bus erwerben, von Bedeutung. Von dieser Ausweitung sind Sie vor allem dann betroffen, wenn Sie Ihre beruf-

Abbildung 130:
Linienbusse
Quelle: Hagener
Straßenbahn AG

liche Tätigkeit in öffentlichen Verkehrsbetrieben ausüben. Dabei wird dann noch unterschieden, ob der Haltestellenabstand mehr oder weniger als drei Kilometer beträgt.

Fahrtunterbrechung bei im Durchschnitt mehr als drei Kilometern Haltestellenabstand

> Nutzen Sie das Aufgabenblatt zur Erläuterung der Fahrtunterbrechungen bei mehr als drei Kilometern Haltestellenabstand. Erarbeiten Sie die Lösungen gemeinsam mit Ihren Teilnehmern. Fragen Sie Ihre Teilnehmer nach den Abweichungen zur VO (EG) 561/2006.

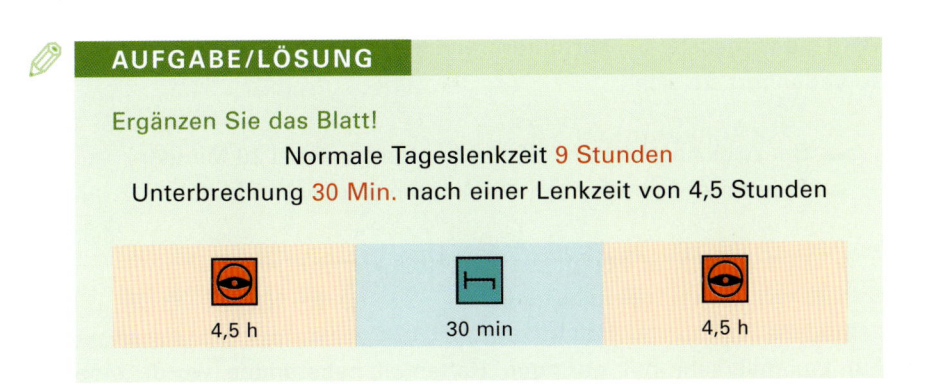

AUFGABE/LÖSUNG

Ergänzen Sie das Blatt!

Normale Tageslenkzeit 9 Stunden
Unterbrechung 30 Min. nach einer Lenkzeit von 4,5 Stunden

4,5 h	30 min	4,5 h

Beschleunigte Grundqualifikation
Basiswissen Lkw/Bus

Lenkzeitunterbrechung von _____ kann in _____

| 2 h | 20 min | 2,5 h | 20 min | 4,5 h |

oder

____ Abschnitte von ____ aufgeteilt werden

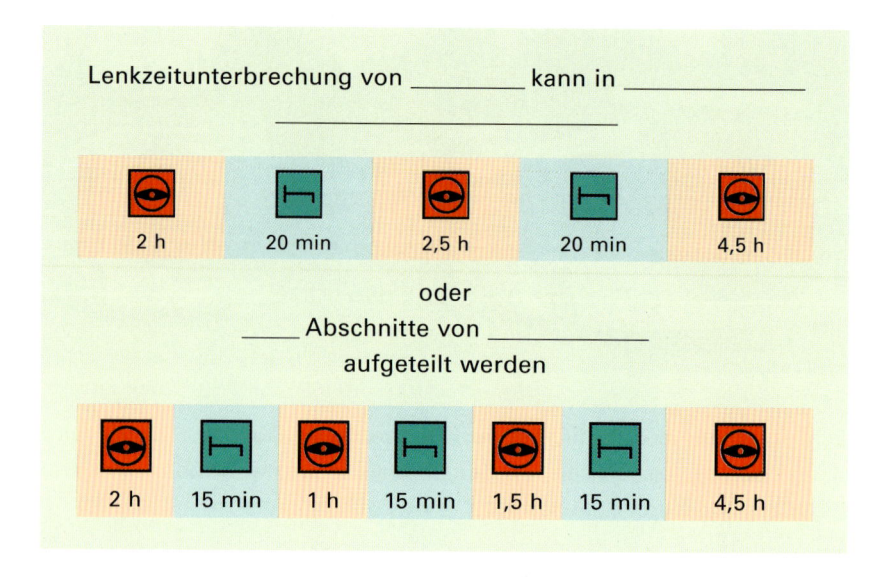

| 2 h | 15 min | 1 h | 15 min | 1,5 h | 15 min | 4,5 h |

Die Besonderheit bei den Abweichungen besteht darin, dass die vorgesehene Fahrtunterbrechung nur 30 Minuten beträgt. Die bekannte Vorschrift, dass keine Lenkzeitblöcke von mehr als 4,5 Stunden entstehen dürfen, bleibt bestehen.

Auch bei den Regelungen der Fahrpersonalverordnung darf zweimal pro Woche auf 10 Stunden Tageslenkzeit verlängert werden. Als Folge ergibt sich, dass eine weitere Fahrtunterbrechung von 30 Minuten vor der letzten Stunde erforderlich ist.

Wird die vorgesehene Fahrtunterbrechung nicht am Stück genommen, so verlängert sie sich:

- Bei zwei Abschnitten auf 40 Minuten (zweimal 20 Minuten)
- Bei drei Abschnitten auf 45 Minuten (dreimal 15 Minuten)

Fahrtunterbrechung bei im Durchschnitt weniger als drei Kilometern Haltestellenabstand

Für Linienverkehr mit geringen Haltestellenabständen wurde eine Sonderregelung geschaffen. Dadurch lassen sich Fahrtunterbrechungen (FU) besser an die Fahrpläne anpassen. Bei dieser Regel handelt es sich um die **1/6-Regel**. Von ihr darf Gebrauch gemacht werden, wenn folgende Bedingungen erfüllt sind:

Sozialvorschriften 3.3

1. Fahrtunterbrechungen betragen mindestens 1/6 der Tageslenkzeit
2. Fahrtunterbrechungen unter 10 Minuten werden nicht berücksichtigt
3. Fahrtunterbrechungen müssen in Dienst- oder Fahrplänen berücksichtigt sein

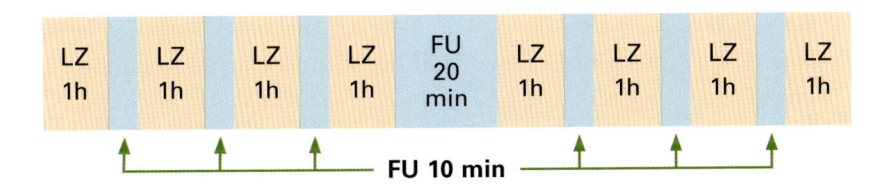

| LZ 1h | LZ 1h | LZ 1h | LZ 1h | FU 20 min | LZ 1h | LZ 1h | LZ 1h | LZ 1h |

FU 10 min

Das Bild zeigte einen Arbeitstag mit einer *Tageslenkzeit* von *acht Stunden*. Die 1/6-Regelung besagt, dass bei acht Stunden Tageslenkzeit der Anteil der Fahrtunterbrechungen ein Sechstel, also 80 Minuten, betragen muss.

Rechnung:
8 Stunden x 60 Minuten = 480 Minuten Tageslenkzeit
480 Minuten : 6 = 80 Minuten Fahrtunterbrechung

> Vollziehen Sie diese Rechnung auf einem White-Board oder Flip-Chart nach.

Fahrtunterbrechungen von mindestens acht Minuten können in Einzelfällen auch Berücksichtigung finden, allerdings sind dann betriebliche Ausgleichsmaßnahmen erforderlich. Dies könnte z.B. die Festschreibung einer 1/5-Regelung im Tarifvertrag sein.

Beschleunigte Grundqualifikation
Basiswissen Lkw/Bus

> ⊕ **Hintergrundwissen → Linienverkehr bis 50 km**
> Zunächst hat die nationale Gesetzgebung auch den Linienverkehr bis 50 km hinsichtlich der Anwendung der VO (EG) 561/2006 hinzu genommen. Dies betrifft im Einzelnen die Anwendung der Vorschriften VO (EG) 561/2006 Artikel 4, 6-9, 12 und umfasst die Regelungen zu Lenkzeit, Fahrtunterbrechungen und Ruhezeiten.
> Allerdings gibt es im Linienverkehr bis 50 km eine abweichende Regel, die im § 1 Absatz 3 und 4 zu finden ist. Diese Abweichung hat jedoch nicht zur Folge, dass die Vorschriften der VO (EG) 561/2006 zu den Fahrtunterbrechungen überhaupt keine Gültigkeit mehr haben. Lediglich die zeitliche Disposition weicht mit der Regelung des § 1 Abs. 3 ab.

Die Regelung zur Fahrtunterbrechung bei mehr als drei Kilometern Haltestellenabstand stellt die strengere Regelung dar. Grundsätzlich darf diese Regelung auch im Linienverkehr mit weniger als drei Kilometern Haltestellenabstand angewendet werden.

Diskutiert wurde oftmals, ob diese Regelung die Forderungen des Arbeitszeitgesetzes nach Ruhepausen erfüllt. Im § 7 Abs. 1 Nr. 2 des Arbeitszeitgesetzes wird die Aufteilung in Kurzpausen für Verkehrsbetriebe erlaubt. Somit erfüllt die beschriebene Regelung der Fahrpersonalverordnung gleichzeitig die Ruhepausenregelung des Arbeitszeitgesetzes.

Wochenruhezeit im Linienverkehr bis 50 km Linienlänge
Eine weitere Sonderregelung für den Linienverkehr bis 50 km Linienlänge besteht unabhängig vom Haltestellenabstand. Sie betrifft die Wochenruhezeit.

Nach sechs 24-Stunden-Zeiträumen – so heißt es in der VO (EG) 561/2006 – sind die Fahrer verpflichtet, eine Wochenruhezeit einzulegen. Diese Verpflichtung gilt nicht im Linienverkehr bis 50 km Linienlänge. Dort darf die Wochenruhezeit auf einen Zwei-Wochen-Zeitraum ausgedehnt werden.

Die entsprechende Rechtsgrundlage befindet sich im § 1 Absatz 4 der Fahrpersonalverordnung.

Zwei-Wochen-Zeitraum				
Montag bis Montag	WRZ 45 h	Mittwoch bis Samstag	WRZ 45 h	Montag

Die Vorschriften bezüglich Doppelwoche, Verkürzung der Wochenruhezeit und Ausgleich bei Verkürzung gelten für den Linienverkehr entsprechend der VO (EG) 561/2006.

Durch diese Regelung wird eine bessere Personalplanung ermöglicht.

Die AETR-Regelungen

Bei Fahrten in Staaten, die nicht zur EU gehören, jedoch das AETR-Abkommen unterschrieben haben, gilt bezüglich der Lenk- und Ruhezeiten die sog. AETR-Regelung (vgl. die Übersichtskarte auf S. 182). Die Regelungen des AETR gelten dann auf der gesamten Strecke.

AUFGABE/LÖSUNG

Es sollen Maschinenteile von Hagen nach Lviv (Ukraine) befördert werden. Welche Vorschriften sind bezüglich der Sozialvorschriften zu beachten? Müssen unterschiedliche Vorschriften im innergemeinschaftlichen Streckenabschnitt und in der Ukraine angewendet werden?

Es gilt auf der gesamten Strecke das AETR.

Das AETR ist eine völkerrechtliche Vereinbarung, die eine Umsetzung in nationales Recht erforderlich macht. In der Bundesrepublik Deutschland werden bei AETR-Änderungen sogenannte Änderungsverordnungen zum AETR erlassen. Erst dadurch tritt die AETR-Änderung in Deutschland in Kraft.

Das AETR entsprach bis zum Inkrafttreten der VO (EG) 561/2006 den damaligen EU-Vorschriften. Durch Inkrafttreten der VO (EG) 561/2006 im Jahr 2006 kam es zu der Situation, dass die EU-Regelungen von den AETR-Regelungen abwichen. Bereits damals war die Angleichung des

> **Beschleunigte Grundqualifikation**
> **Basiswissen Lkw/Bus**

AETR an die VO (EG) 561/2006 geplant. **Im Herbst 2010 wurde das AETR in weiten Teilen an die europäischen Vorschriften angeglichen.** Allerdings muss in Deutschland und in anderen Staaten noch nun die Umsetzung in nationales Recht erfolgen. Bis zur Drucklegung dieses Buches im Frühjahr 2010 konnte das zuständige Bundesministerium noch keinen Termin dafür nennen. Die Kontrollpraxis in Deutschland bis zur Umsetzung in deutsches Recht soll nachfolgend erläutert werden. Zum jetzigen Zeitpunkt ist das „alte AETR" gültig. Diese Regelung entspricht der durch VO (EG) 561/2006 abgelösten VO (EWG) 3820/85. Fährt ein Fahrzeug, das in den Gültigkeitsbereich des AETR fällt, nach den neuen Regelungen, wird dies toleriert. Nachfolgend werden die alten AETR-Regelungen beschrieben. Sobald die Umsetzung des neuen AETR in nationales Recht erfolgt ist, gelten im AETR-Verkehr die oben geschilderten Regelungen der VO (EG) 561/2006 analog (Im Folgenden werden die neuen AETR-Regelungen kursiv dargestellt).

Lenkzeitunterbrechungen

Die normale Tageslenkzeit im AETR beträgt 9 Stunden. Nach spätestens 4,5 Stunden Lenkzeit muss eine Lenkzeitunterbrechung von 45 Minuten eingelegt werden. Die Lenkzeitunterbrechung im AETR kann in zwei oder drei Abschnitte aufgeteilt werden. Jeder Abschnitt der Lenkzeitunterbrechung muss jedoch mind. 15 Minuten betragen.

Die Regelung gemäß AETR-Änderung wird abweichend wie folgt aussehen: Die Fahrtunterbrechungen dürfen in zwei Abschnitten eingelegt werden. Bei der Teilung hat der erste Block 15 Minuten Mindestdauer und der zweite 30 Minuten Mindestdauer. Im neuen AETR sind somit die entsprechenden Regeln der VO (EG) 561/2006 übernommen worden.

Verlängerung der Tageslenkzeit

Nur zweimal pro Woche ist die Verlängerung der Tageslenkzeit auf 10 Stunden erlaubt. Lenkzeitunterbrechungen dürfen nach den üblichen Regeln geteilt werden. Für den zweiten Lenkzeitblock ist wieder eine Pause von 45 Minuten erforderlich!

Auch die Möglichkeit, die Tageslenkzeit zweimal pro Woche auf 10 Stunden zu verlängern, besteht im neuen AETR.
Im neuen AETR ist die Teilung nur nach den in der VO (EG) 561/2006 beschriebenen Kriterien zulässig.

Die Doppelwoche

Auch im AETR darf die Gesamtlenkzeit in einem Zwei-Wochen-Zeitraum, der als Doppelwoche bezeichnet wird, 90 Stunden nicht überschreiten.

An dieser Stelle muss auch erwähnt werden, dass mit der Einführung des neuen AETR auch die Wochenlenkzeit erfasst wird. Bisher war diese im AETR nicht festgeschrieben. Nun ist sie wie in der VO (EG) 561/2006 auf 56 Stunden begrenzt.

Tagesruhezeit

Die normale Tagesruhezeit beträgt 11 Stunden am Stück. Innerhalb von 24 Stunden muss die Tagesruhezeit einmal eingelegt worden sein. Mit dem Ende der elfstündigen Tagesruhezeit beginnt ein neuer 24-Stunden-Zeitraum.

Verkürzung der Tagesruhezeit

Die elfstündige Tagesruhezeit darf dreimal pro Woche auf 9 Stunden verkürzt werden. Die abgekürzten zwei Stunden fallen jedoch nicht weg, sondern müssen nachgeholt werden. Dieses Nachholen muss bis zum Ende der Folgewoche erfolgt sein. Die **verkürzten Stunden müssen** bis zum Ende der Folgewoche an eine mindestens **8-stündige Tages- oder Wochenruhezeit angehängt werden**.

Im neuen AETR entfällt dieses Nachholen der verkürzten Stunden.

Aufteilung der Tagesruhezeit

Neben der Verkürzung der Tagesruhezeit darf die Tagesruhezeit auch aufgeteilt, also in Blöcken genommen werden. Eine Aufteilung in zwei oder maximal drei Blöcke ist möglich, jedoch verlängert sich die Tagesruhezeit automatisch auf 12 Stunden innerhalb von 24 Stunden, wenn von der Aufteilung Gebrauch gemacht wird. An die Blöcke werden bestimmte Anforderungen gestellt: Einer der Blöcke muss mind. 8 Stunden lang sein und kein Block darf unter 1 Stunde betragen.

Im neuen AETR wird die Aufteilung, wie bereits aus der EU-Regelung bekannt, strenger geregelt. Es darf nur eine Aufteilung in zwei Blöcke erfolgen. Dabei hat der erste Block mindestens drei Stunden und der zweite Block mindestens neun Stunden zu betragen. Mit dem Ende des neunstündigen Blockes endet der 24-h-Zeitraum.

> **Beschleunigte Grundqualifikation**
> **Basiswissen Lkw/Bus**

Mehr-Fahrer-Besatzung

Das AETR kennt auch die Mehr-Fahrer-Besatzung als Sonderfall. Bei der Mehr-Fahrer-Besatzung besteht der Vorteil, **dass die normale Tagesruhezeit im AETR auf 8 Stunden verkürzt werden kann** und jeder der beiden Fahrer eine Lenkzeit von 10 Stunden erreichen kann.

Die Neuregelung im AETR spricht nun auch von der Mehr-Fahrer-Besatzung. Es findet auch hier ein Angleichen an die VO (EG) 561/2006 statt. Die entscheidende Änderung ist an dieser Stelle die Verlängerung der Tagesruhezeit. Die Tagesruhezeit bei der Mehr-Fahrer-Besatzung im AETR erhöht sich auf neun Stunden. Eine Abweichung im AETR zur EU-Regelung bleibt an dieser Stelle bestehen. Im AETR darf die Mehr-Fahrer-Besatzung zwei aufeinander folgende verkürzte Wochenruhezeiten einlegen.

Wochenruhezeit

Das AETR kennt – genau wie die EG 561/2006 – die sog. Wochenruhezeit. Eine Wochenruhezeit ist spätestens nach sechs 24-Stunden-Zeiträumen einzulegen. Die Wochenruhezeit muss mind. 45 Stunden am Stück betragen. Die Wochenruhezeit darf auf 24 Stunden (außerhalb des Heimatortes von Fahrer oder Fahrzeug) bzw. 36 Stunden (am Heimatort des Fahrers oder Fahrzeugs) verkürzt werden. Im Personenverkehr lässt das AETR auch eine Wochenruhezeit nach zwölf 24-Stunden-Zeiträumen zu, dann beträgt die Wochenruhezeit jedoch 90 Stunden.
Die verkürzte Zeit muss nachgeholt werden! Dies kann durch Anhängen an eine mindestens 8-stündige Tagesruhezeit oder Wochenruhezeit erfolgen. Der Ausgleich hat vor Ablauf der dritten auf die Verkürzung folgende Woche zu erfolgen.

Fazit

Das neue AETR übernimmt die EU-Regelung. Nur die Regelung zur Wochenruhezeit bei der Mehr-Fahrer-Besatzung weicht an dieser Stelle ab (wie oben unter „Mehr-Fahrer-Besatzung" beschrieben).

Zudem wird auch im neuen AETR die 12-Tage-Regelung im grenzüberschreitenden Personenverkehr enthalten sein.

3.4 Kontrollgeräte

▶ **Die Teilnehmer sollen die Funktionsweise und die richtige Bedienung des analogen und des digitalen Kontrollgeräts kennen.**

↻ Stellen Sie den Teilnehmern die verschiedenen Kontrollgeräte vor und erklären Sie die Benutzung jeweils Schritt für Schritt. Wenn möglich, verwenden Sie dabei Kontrollgeräte zur Anschauung. Fragen Sie das Erlernte zwischendurch immer wieder anhand der Aufgaben ab.

🕒 Ca. 6 Stunden

💻 Führerschein: Fahren lernen Klasse C, Lektion 1; Fahren lernen Klasse D, Lektion 17
Christoph Rang: Das digitale Kontrollgerät (Artikelnummer 23003)

Grundlagen

Zur Überprüfung der Einhaltung der Lenk- und Ruhezeiten gibt es verschiedene Kontrollmittel.

AUFGABE/LÖSUNG

1) Nennen Sie Ihnen bekannte Kontrollmittel!
- Tageskontrollblätter
- Fahrtenschreiber nach §57a StVZO
- Analoges EG-Kontrollgerät
- Digitales EG-Kontrollgerät

2) Welche der folgenden Beispiele fallen in den Geltungsbereich der VO (EG) 561/2006?
- ☒ a) Gelegenheitsverkehr
- ☒ b) Linienverkehr über 50 km Linienlänge
- ☐ c) Linienverkehr bis 50 km Linienlänge
- ☒ d) Güterbeförderung mit einem 40-Tonner von Hamburg nach Hagen

**Beschleunigte Grundqualifikation
Basiswissen Lkw/Bus**

Für diese drei Beispiele gilt die „Kontrollgeräteverordnung" VO (EWG) 3821/85. Diese Fahrzeuge besitzen entweder ein analoges oder ein digitales Kontrollgerät, das von den Fahrzeugführern zu benutzen ist.

Seit dem 1. Mai 2006 ist das digitale EG-Kontrollgerät für **Neufahrzeuge** vorgeschrieben. „Neufahrzeuge" bezieht sich
- in der Personenbeförderung auf Fahrzeuge mit mehr als neun Sitzen, einschließlich Fahrersitz (außer Linienbusse im Linienverkehr bis 50 km Linienlänge).
- In der Güterbeförderung auf Kfz mit mehr als 3,5 t zulässiger Gesamtmasse.

Bei älteren Fahrzeugen, die nach dem 1. Januar 1996 zugelassen wurden, besteht die Pflicht zur Ausrüstung mit einem digitalen Kontrollgerät, wenn das herkömmliche Gerät ersetzt werden muss. Diese **Nachrüstpflicht** betrifft:
- Fahrzeuge zur Personenbeförderung mit einer zulässigen Gesamtmasse von mehr als 10 t
- Fahrzeuge zur Güterbeförderung mit einer zulässigen Gesamtmasse von mehr als 12 t

Im Bereich des Personenverkehrs nimmt der **Linienverkehr bis 50 km Linienlänge** eine Sonderrolle ein. Er fällt unter die Fahrpersonalverordnung. Jedoch ist er von den Aufzeichnungspflichten der Fahrpersonalverordnung befreit. Daraus ergibt sich, dass lediglich eine Ausrüstpflicht der Fahrzeuge mit einem Fahrtschreiber nach § 57a StVZO besteht. Die meisten Linienbusse sind allerdings freiwillig mit EG-Kontrollgräten ausgestattet (flexiblerer Einsatz möglich).

Verfügt der Linienbus im Linienverkehr bis 50 km Länge über ein analoges Kontrollgerät, darf der Fahrer nachfolgende Regelung anwenden: Auf dem Schaublatt darf an Stelle des Namens des Fahrzeugführers das amtliche Kennzeichen oder die Betriebsnummer des jeweiligen Fahrzeugs eingetragen werden. Die Aufzeichnung der Daten erfolgt somit fahrzeugbezogen und nicht fahrerbezogen.

Bei Linienbussen im Linienverkehr bis 50 km Linienlänge und Ausrüstung mit digitalem Kontrollgerät kann auf das „Stecken" der Fahrerkarte verzichtet werden. Das digitale Kontrollgerät zeichnet die fahrzeugbezogenen Daten in den Massenspeicher.

Im **AETR-Verkehr** kann das Fahrzeug sowohl mit einem analogen als auch mit einem digitalen Kontrollgerät ausgestattet sein.

Das analoge EG-Kontrollgerät

Das Gerät

Das EG-Kontrollgerät nach EG (VO) 3821/85 Anhang I/IB ist für folgende Kfz vorgeschrieben:
- KOM ab 8 Fahrgastplätzen
- Kfz zur Güterbeförderung ab 3,5 t zGM

Dies ergibt sich aus der EG (VO) 561/2006. Seit dem 1. Mai 2006 dürfen in Neufahrzeuge nur noch EG-Kontrollgeräte nach Anhang IB (digitales Kontrollgerät) eingebaut werden.

> In älteren Fahrzeugen werden Ihre Teilnehmer weiterhin mit dem analogen Kontrollgerät arbeiten. Daher sollten ihnen in dieser Unterrichtseinheit die erforderlichen Kenntnisse über das analoge Kontrollgerät vermittelt werden, um es richtig bedienen zu können.

Beim analogen Kontrollgerät werden die Wegimpulse mechanisch erfasst und an das Kontrollgerät weitergeleitet. Die Weiterleitung der Wegimpulse, die am Schaltgetriebe gemessen werden, kann mechanisch über Antriebswellen oder elektronisch erfolgen. Bei der mechanischen Weiterleitung ist ein Zwischengetriebe erforderlich. Dabei werden die Hinterachsübersetzung und der wirksame Hinterraddurchmesser mitberücksichtigt. Bei der elektronischen Weiterleitung ist dies nicht erforderlich. Dort wird die erfasste Drehzahl direkt im System in die tatsächlich gefahrene Geschwindigkeit umgerechnet und angezeigt.

Um Manipulationen zu verhindern, sind für das analoge Kontrollgerät **Plomben** vorgeschrieben. Das Gerät selbst und alle lösbaren Verbindungen der Übertragungseinrichtung müssen verplombt sein. Um Manipulationen und Defekte an Kontrollgeräten zu verhindern, sind regelmäßig wiederkehrende Prüfungen vorgeschrieben. Alle zwei Jahre ist eine Tachoprüfung durchzuführen. Dabei wird geprüft, ob die festgesetzten Messwerte weiterhin stimmen (Soll-/Istwertvergleich). Außer-

**Beschleunigte Grundqualifikation
Basiswissen Lkw/Bus**

Abbildung 131:
Einbauschild mit
Plombierfolie

dem wird der Zustand des Gerätes und der Plombierungen geprüft. Sollten sich Abweichungen ergeben, wird nachjustiert. Die Ergebnisse der Prüfung werden auf einem Einbauschild im Gerät festgehalten. Dieses Schild enthält folgende Angaben:

- Datum der letzten Prüfung
- Wirksamer Reifenumfang
- Wegimpulse pro Kilometer
- Die letzten acht Ziffern der Fahrzeugidentifizierungsnummer
- Gerätenummer des Kontrollgerätes

Um Manipulation an diesem Schild zu verhindern, wird über dieses Schild eine Plombierfolie geklebt.

Prüfungen des EG-Kontrollgerätes sind auch durchzuführen,

- wenn ein Gerät eingebaut wird
- nach einer Reparatur
- wenn die Wegdrehzahl oder der wirksame Reifenumfang geändert wurden.

Durchgeführt werden darf die Kontrollgeräteprüfung von den Herstellern der Geräte und ihren autorisierten Partnern.

Abbildung 132:
Analoges
Kontrollgerät

Bei den analogen Kontrollgeräten gibt es jedoch nicht nur Unterschiede im Hinblick auf die Übertragung des Geschwindigkeitssignals. Die Bauform der Geräte hat sich im Laufe der Zeit verändert. Abbildung 132 zeigt das herkömmliche EG Kontrollgerät, genauer: Es zeigt ein Zwei-Fahrer-Automatik-Gerät. Bei diesen Geräten befinden sich die Geschwindigkeitsanzeige und die Einrichtungen zur Aufzeichnung der Zeitgruppen in einer Baugruppe. Die im Bild gezeigten Elemente müssen vorhanden sein.

Schlüssel:
Zum ordnungsgemäßen Betrieb muss das Gerät abgeschlossen sein. Der Schlüssel kann und sollte allerdings im Schloss verbleiben.

Zeitgruppenschalter Fahrer 1/Fahrer 2:
Diese Schalter befinden sich in aller Regel oberhalb oder unterhalb des Gerätes. Beide Zeitgruppenschalter ermöglichen die Positionen Ruhezeit, Bereitschaftszeit und Arbeitszeit.

> Konfrontieren Sie Ihre Teilnehmer einmal mit der Frage, wo sich die Zeitgruppe Lenkzeit befindet. Da es sich um ein Automatikgerät handelt, gibt es keinen Schalter für Lenkzeit, das Gerät zeichnet automatisch Lenkzeit auf, wenn das Fahrzeug fährt. Die Lenkzeit wird dabei nur auf dem Zeitgruppenschalter Fahrer 1 aufgezeichnet. Weisen Sie an dieser Stelle darauf hin, dass grundsätzlich Fahrer 1 der Fahrer ist, der das Fahrzeug lenkt. Entsprechend sind bei einem Fahrerwechsel die Diagrammscheiben im Gerät auszutauschen.

Scheibenwechsel:
Die Diagrammscheibe von Fahrer 1 ist grundsätzlich die Scheibe, welche direkt an den Nadeln für den Aufschrieb liegt. Besitzt das Fahrzeug nur einen Zeitgruppenschalter, so handelt es sich um ein Ein-Fahrer-Gerät. Wenn Sie das Gerät öffnen, sind drei Nadeln zu erkennen. Diese Nadeln zeichnen die zurückgelegte Wegstrecke, die Tätigkeit und die gefahrene Geschwindigkeit auf. Auf der Diagrammscheibe von Fahrer 2 wird nur die Tätigkeit (Zeitgruppe) aufgezeichnet.

Geschwindigkeitswarnlampe:
Diese Lampe signalisiert dem Fahrer, dass er eine zuvor eingestellte Geschwindigkeit, z. B. 80 km/h, überschritten hat.

Beschleunigte Grundqualifikation
Basiswissen Lkw/Bus

Uhr/Funktionskontrolle der Uhr:
Die Uhr ist auf die Uhrzeit des Zulassungslandes einzustellen. Eine Einrichtung zur Funktionsprüfung der Uhr ist zwingend vorgeschrieben. Dies kann durch verschiedene Möglichkeiten erfolgen:
1. Eine sich bewegende rot-weiße Scheibe
2. Ein Sekundenzeiger
3. Eine sich mittig im Uhrwerk drehende Scheibe

Funktionskontrollleuchte für den Aufschrieb:
Diese Leuchte signalisiert, wenn das Gerät nicht korrekt aufzeichnet. Ursächlich kann sein:
1. Keine Scheibe eingelegt
2. Gerät nicht verschlossen
3. Schaden am Gerät

> **Hintergrundwissen** → Weisen Sie Ihre Teilnehmer darauf hin, sofort zu reagieren und zu untersuchen wo die Ursache für das Aufleuchten dieser Funktionsleuchte liegen könnte. Die unter Punkt eins und zwei genannten Fehler sind sofort einfach zu beheben. Bei Fehlern nach Punkt drei ist der Fahrzeughalter über diesen Schaden zu informieren. Tritt der Schaden während einer Fahrt auf, darf die Fahrt fortgesetzt werden. Zeichnet das Gerät nicht vollständig auf, sind handschriftliche Aufzeichnungen erforderlich. Dazu kann z. B. die Rückseite der Diagrammscheibe verwendet werden (wird im weiteren Verlauf erläutert).
> Die Reparatur des Kontrollgerätes hat binnen einer Woche zu erfolgen. Ist innerhalb dieser Frist keine Rückkehr zum Unternehmen vorgesehen, so muss unterwegs repariert werden.

Vor der Einführung des digitalen Tachos wurde der analoge Tacho bereits weiterentwickelt. In zahlreichen Fahrzeugen wurden sogenannte modulare oder EG-Flach-Tachographen verwendet. Bei diesen Geräten ist die Geschwindigkeitsanzeige von der Einheit für die Aufzeichnungen auf den Diagrammscheiben getrennt. Die Vorteile liegen im geringeren Platzbedarf und in der höheren Manipulationssicherheit.

Sozialvorschriften 3.4

Abbildung 133:
Analoger EG-Flach-Tachograph

Bei diesem System handelt es sich bereits um einen Tachographen, der vollständig elektronisch arbeitet. Der modulare Tacho ist in die Bordelektronik eingebunden. Der Aufschrieb erfolgt allerdings weiterhin auf den herkömmlichen Diagrammscheiben. Der Aufschrieb auf der Diagrammscheibe wird elektronisch überwacht und erhöht somit die Sicherheit und Zuverlässigkeit. Es gibt den modularen Tachographen in der Ein- und Zwei-Fahrer-Ausführung. Die Diagrammscheiben müssen beim Fahrerwechsel weiterhin getauscht werden.

Bei beiden analogen Kontrollgeräten muss zum ordnungsgemäßen Betrieb eine Diagrammscheibe eingelegt werden. Als Fahrer müssen Sie erkennen, welche Diagrammscheibe für einen bestimmten Tachographen verwendet werden darf. Um dies richtig zu beurteilen, müssen Sie das Einbauschild des Kontrollgerätes mit der Rückseite der Diagrammscheibe vergleichen. Auf dem Einbauschild befindet sich ein kleines `e...` mit einer Ziffer, hinter diesem Prüfzeichen befindet sich eine weitere Zahl. Auf den Rückseiten der Diagrammscheiben befinden sich zahlreiche Zahlen in Verbindung mit den Prüfzeichen. Die Diagrammscheibe ist geeignet, wenn Sie die Kombination vom Einbauschild auf der Rückseite finden.

Beschleunigte Grundqualifikation
Basiswissen Lkw/Bus

AUFGABE/LÖSUNG

Ist die abgebildete Diagrammscheibe in dem Kontrollgerät verwendbar?

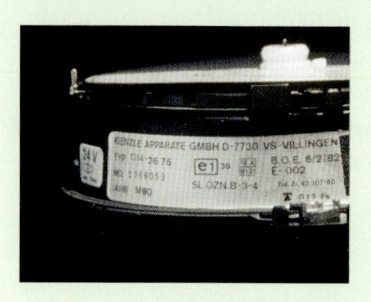

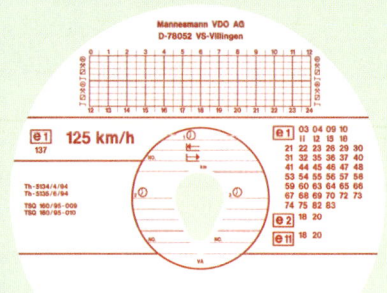

Antwort:
Die Diagrammscheibe darf nicht verwendet werden. Die Zulassungsnummer lautet e1 39. Diese Kodierungskennzeichnung fehlt auf der Rückseite des Schaublatts.

Das Einbauschild enthält jedoch nicht nur Angaben zur richtigen Diagrammscheibe. Folgende weitere Angaben sind unter anderem darauf zu finden:

- Hersteller
- Typbezeichnung
- Produktionsnummer
- Herstellungsjahr

Neben dem Abgleich des Prüfzeichens ist auch auf den Geschwindigkeitsbereich zu achten. Wird eine Diagrammscheibe mit einem falschen Geschwindigkeitsbereich verwendet, so werden dort falsche Geschwindigkeiten aufgeschrieben. Das kann für Sie als Fahrer schwerwiegende Folgen haben. In der Rechtsprechung wird dies als Straftat (Fälschen einer technischen Aufzeichnung) bewertet.

Sozialvorschriften 3.4

Die Diagrammscheibe

> ↻ Zu den erforderlichen Kenntnissen über das analoge EG-Kontrollgerät gehört auch das Wissen über die Diagrammscheibe. Bisher haben Sie den Teilnehmern die Geräte erläutert. Nun soll es darum gehen, die Anwendung der Diagrammscheibe zu vermitteln. Arbeiten Sie im Unterricht an dieser Stelle mit den Diagrammscheiben. Stellen Sie den Teilnehmern einige Diagrammscheiben zur Verfügung. Das zu vermittelnde Wissen setzt sich stärker fest, wenn die Teilnehmer die Möglichkeit bekommen, die Scheiben anzufassen und auch ausfüllen können.

Beschreibung der Vorderseite

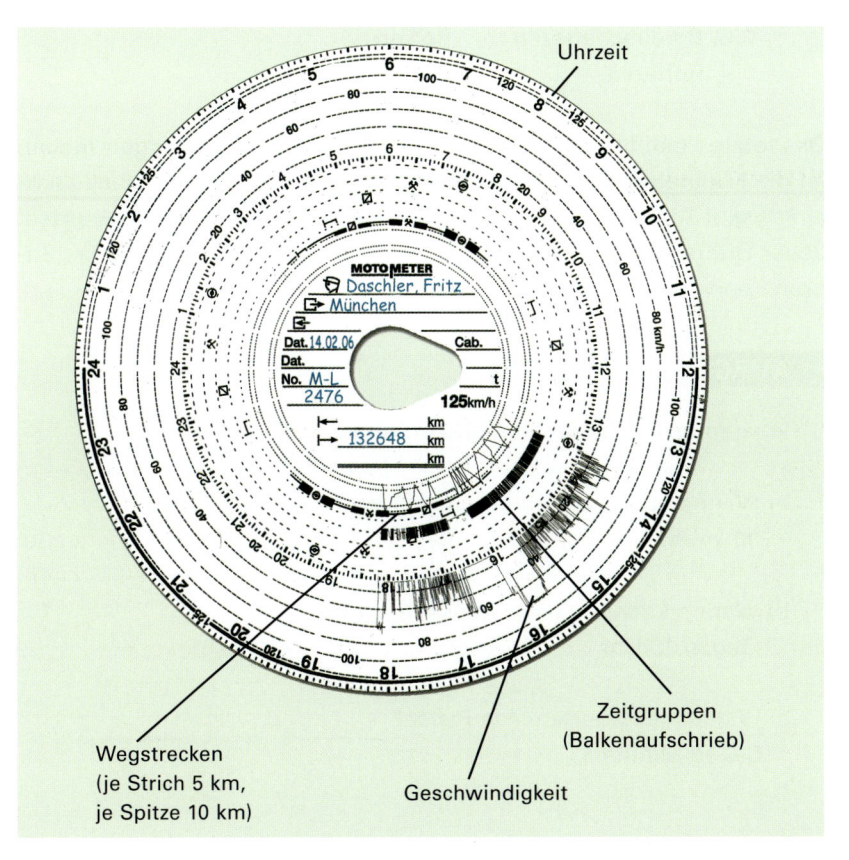

Abbildung 134: Vorderseite einer Diagrammscheibe

Beschriftungen:
- Uhrzeit
- Zeitgruppen (Balkenaufschrieb)
- Geschwindigkeit
- Wegstrecken (je Strich 5 km, je Spitze 10 km)

**Beschleunigte Grundqualifikation
Basiswissen Lkw/Bus**

Die Diagrammscheibe stellt einen 24-Stunden-Zeitraum dar. Dieser ist am Rand der Scheibe aufgedruckt. Die Diagrammscheibe wird bei den herkömmlichen analogen Kontrollgeräten über die Form des Loches in der Mitte zentriert. Dadurch stimmt die Uhrzeit des Gerätes mit der aufgezeichneten Uhrzeit überein.

An die Zeitskala schließt sich das Feld für den Geschwindigkeitsaufschrieb an. Die Geschwindigkeit wird als vertikaler Ausschlag mit aufgezeichnet. Über diesen Aufschrieb lässt sich z. B. auch eine Aussage treffen, ob der Fahrer den Kraftomnibus gleichmäßig und somit wirtschaftlich bewegt hat.

An die Geschwindigkeitsskala schließt sich der Bereich für die Zeitgruppen an. In diesem Bereich wird die Tätigkeit der Fahrzeugbesatzung mit unterschiedlichen Liniendicken dargestellt:

    1. Lenkzeit   sehr dicker Balken
    2. Arbeitszeit   dicker Balken
    3. Bereitschaftszeit Balken
    4. Ruhezeit   Strich

Das letzte Feld, in dem das EG-Kontrollgerät Aufzeichnungen macht, ist die Kilometerskala. Die in diesem Bereich entstehende „Zick-Zack-Linie" gibt Aufschluss darüber, wie viele Kilometer gefahren wurden. Jeder Querstrich über das Feld entspricht fünf Kilometern. Jeder „Zacken" bedeutet somit zehn gefahrene Kilometer.

AUFGABE/LÖSUNG

Werten Sie die abgebildete Diagrammscheibe aus!

a) Wie hoch war die gefahrene Höchstgeschwindigkeit?
   80 km/h

b) Wann wurde die erste Pause eingelegt?
   Gegen 16 Uhr

c) Wie lange dauerte diese Pause?
   Ca. 30 Minuten

Sozialvorschriften 3.4

d) Wie lang war die tägliche Lenkzeit?
   Ca. 4 Stunden

e) Wie viele Kilometer wurden gefahren?
   108 km (erkennbar auch am Aufschrieb im Mittelteil)

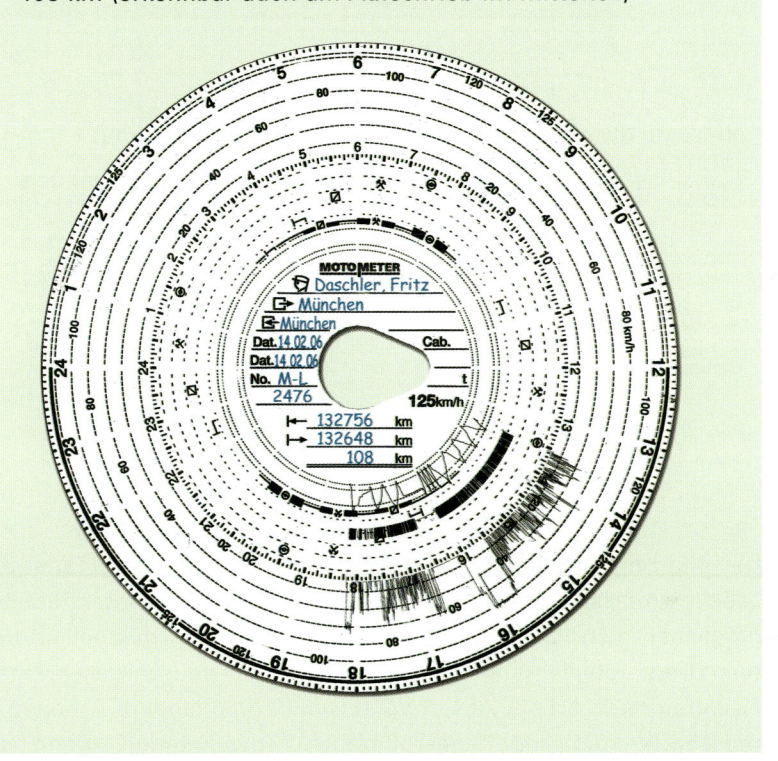

↻ Als zusätzliche Aufgabe können Sie Ihren Teilnehmern Kopie weiterer beschriebener Diagrammscheiben austeilen und Ihnen die Aufgabe stellen, die Scheiben auszuwerten.

Im inneren Bereich der Diagrammscheibe sind Eintragungen durch den Fahrer erforderlich. Entsprechende Felder sind vorgegeben und auf Diagrammscheiben verschiedener Hersteller grundsätzlich gleich angeordnet.

**Beschleunigte Grundqualifikation
Basiswissen Lkw/Bus**

Beschreibung der Rückseite

Abbildung 135:
Rückseite einer Diagrammscheibe

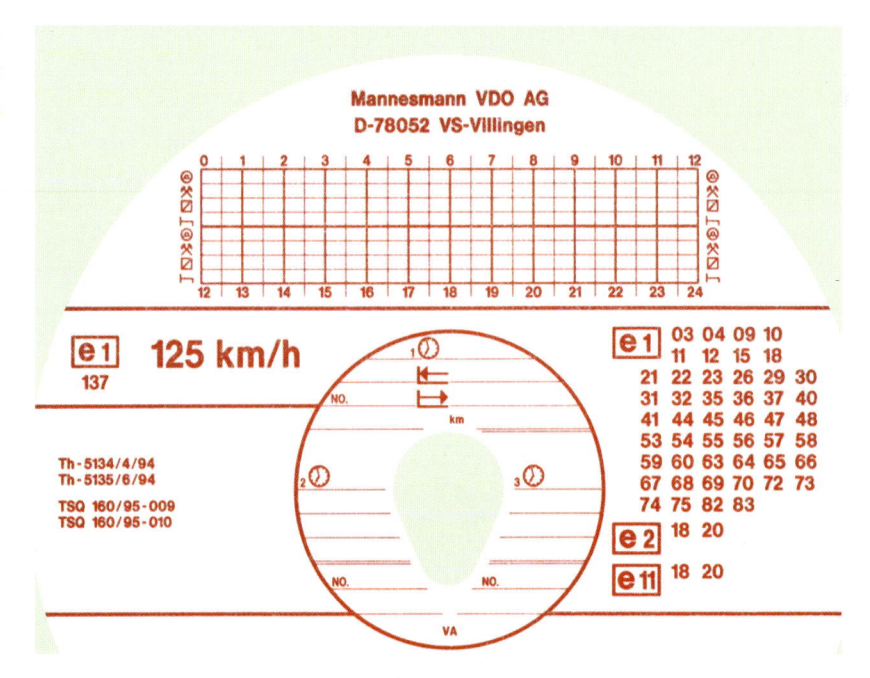

Das Bild zeigt im oberen Teil der Rückseite zunächst eine Tabelle. Die Tabelle umfasst einen 24-Stunden-Zeitraum. Die Felder der Tabelle ermöglichen dem Fahrzeugführer, seine Zeitgruppen manuell zu notieren. Diese Tabelle kann genutzt werden, um den vorgeschriebenen Nachtrag nach Art. 15 Abs. 2 VO (EG) 561/2006 (andere Arbeiten, Bereitschaftszeiten und Tagesruhezeiten) vorzunehmen, wenn diese Zeiten nicht technisch aufgezeichnet werden. Für die Wochenruhezeit können ebenfalls Schaublätter, die mit Namen und Datum versehen sind, verwendet werden. In der Tabelle wird dann die Dauer der Wochenruhezeit eingetragen. Auch bei einem defekten Kontrollgerät kann die Tabelle genutzt werden. Sie als Fahrer sind dann verpflichtet, neben den vorgenannten Zeitgruppen, auch die Lenkzeit manuell zu erfassen.

Sozialvorschriften 3.4

AUFGABE/LÖSUNG

Tragen Sie folgende Zeiten auf der Rückseite einer Diagrammscheibe ein:

06:00 – 07:00 Uhr Bereitschaftszeit
07:00 – 11:30 Uhr Lenkzeit
11:30 – 12:15 Uhr Fahrtunterbrechung
12:15 – 14:00 Uhr Lenkzeit
14:00 – 15:00 Uhr Bereitschaftszeit
15:00 – 17:00 Uhr Lenkzeit

Sind die Vorgaben der VO (EG) 561/2006 erfüllt?

Das Bild zeigt die Lösung.

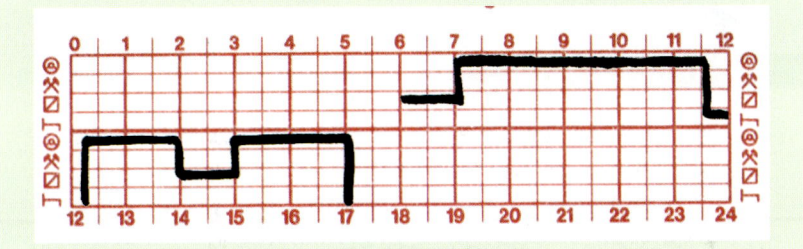

Die Vorgaben der VO (EG) 561/2006 bezüglich Lenkzeit und Fahrunterbrechungen sind erfüllt.

> Lassen Sie Ihre Teilnehmer diese Aufgabe in Partnerarbeit in die Tabelle eintragen. Bei einer Partnerarbeit bietet es sich an, die Aufgabe als Zwei-Fahrer-Besatzung durchzuspielen.

Der nächste wichtige Bereich auf der Rückseite sind die Prüfzeichen mit den dahinter stehenden Ziffern. Auf dem Einbauschild steht das entsprechende Prüfzeichen, z. B. e1, dahinter steht eine Ziffer. Diese Einheit muss ebenfalls auf der Rückseite der Diagrammscheibe stehen. Zusätzlich ist der Geschwindigkeitsbereich auf der Rückseite der Diagrammscheibe angegeben.

Beschleunigte Grundqualifikation
Basiswissen Lkw/Bus

Im mittleren Bereich der Diagrammscheibe befindet sich ein Feld für weitere Eintragungen durch den Fahrzeugführer.

> Geben Sie Ihren Teilnehmern bei der Erläuterung dieses Feldes den Hinweis, dass die Diagrammscheibe personenbezogen ist. Lassen Sie in dieses Lehrgespräch die Fragestellung einfließen, was zu beachten ist, wenn der Fahrzeugführer das Fahrzeug wechselt.

In diesem Bereich wird der Fahrzeugwechsel vermerkt. Bis zu drei Fahrzeugwechsel sind bei dieser Diagrammscheibe möglich. Sind weitere Wechsel erforderlich, so müssen diese gesondert vermerkt werden.

Ausfüllen der Diagrammscheibe vor der Fahrt

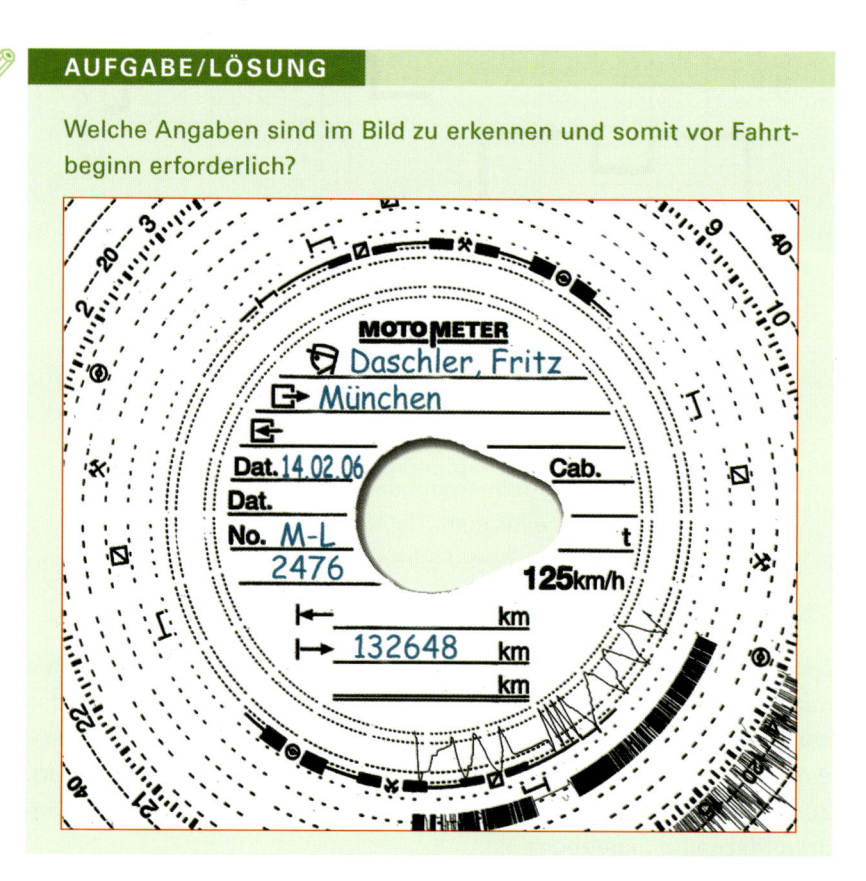

AUFGABE/LÖSUNG

Welche Angaben sind im Bild zu erkennen und somit vor Fahrtbeginn erforderlich?

Sozialvorschriften 3.4

Zu Fahrtbeginn sind auf der Vorderseite folgende Eintragungen zu machen:

1. Vor- und Zuname des Fahrzeugführers
2. Abfahrtsort
3. Datum der Abfahrt
4. Kennzeichen des Kraftfahrzeuges
5. Abfahrtkilometer

Weisen Sie Ihre Teilnehmer darauf hin, dass im Feld für den Namen auch der Vorname ausgeschrieben werden muss. Sonst ist keine eindeutige Zuordnung möglich.

Beim Abfahrtort reicht die Stadt, es muss kein Stadtteil oder gar eine Adresse angegeben werden.

Beim Kennzeichen wird grundsätzlich das Kennzeichen des Kraftfahrzeuges eingetragen. Ob ein Anhänger mitgeführt wird, ist für den Betrieb des EG-Kontrollgerätes nicht von Bedeutung.

Bei den Abfahrtkilometern werden oftmals Fehler gemacht. Um am Ende der Fahrt die gefahrenen Kilometer besser berechnen zu können, werden die Abfahrtkilometer auf dem mittleren Strich notiert.

PRAXIS-TIPP

Dort, wo der Pfeil weg zeigt, handelt es sich um die Abfahrtkilometer. Beim Abfahrtort ist es übrigens genauso, dort zeigt der Pfeil ebenfalls weg.

Ausfüllen der Diagrammscheibe nach der Fahrt
Beendet der Fahrzeugführer seine Fahrt oder endet ein 24-Stunden-Zeitraum, entnimmt er die Diagrammscheibe und füllt diese abschließend aus.

Beschleunigte Grundqualifikation
Basiswissen Lkw/Bus

AUFGABE/LÖSUNG

Welche Angaben wurden am Ende der Fahrt ergänzt?

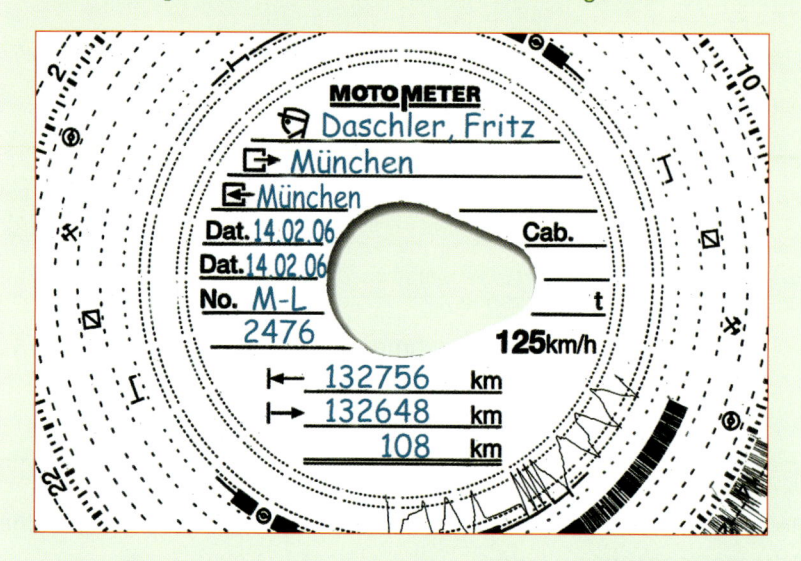

```
MOTOMETER
  Daschler, Fritz
  München
  München
Dat. 14.02.06         Cab.
Dat. 14.02.06
No. M-L               t
    2476        125 km/h
         132756   km
         132648   km
              108 km
```

Zu ergänzen sind am Ende der Fahrt folgende Angaben:
1. Ankunftsort
2. Ankunftsdatum
3. Ankunftskilometer
4. Gefahrene Kilometer

An dieser Stelle noch einmal der Hinweis, dass die Ankunftskilometer oben einzutragen sind.

> An dieser Stelle machen Teilnehmer häufig Fehler. Es bietet sich an, das Ausfüllen der Diagrammscheibe vor und nach der Fahrt einmal zu üben. Sinnvoll wäre es, wenn jeder Teilnehmer eine Scheibe für den Fahrtbeginn und eine Scheibe für das Ende der Fahrt ausfüllt. So haben alle Teilnehmer Musterscheiben in ihren Unterlagen.

Sozialvorschriften 3.4

AUFGABE/LÖSUNG

Füllen Sie einige Diagrammscheiben aus!
a) für den Fahrtbeginn

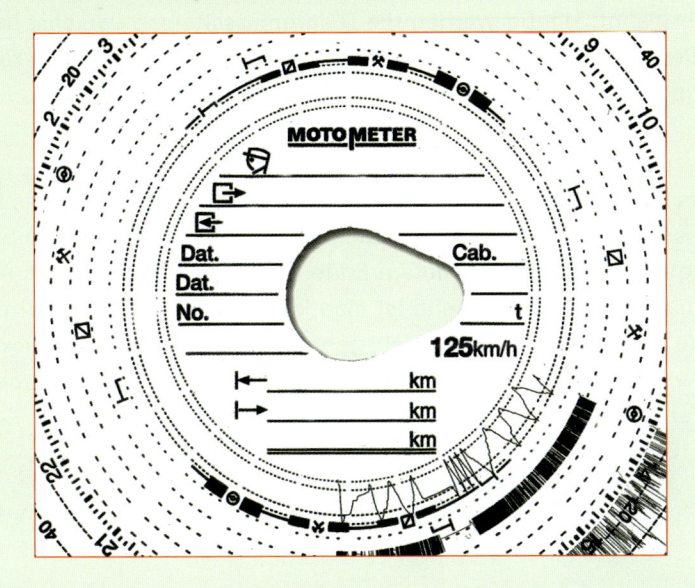

b) für das Ende der Fahrt

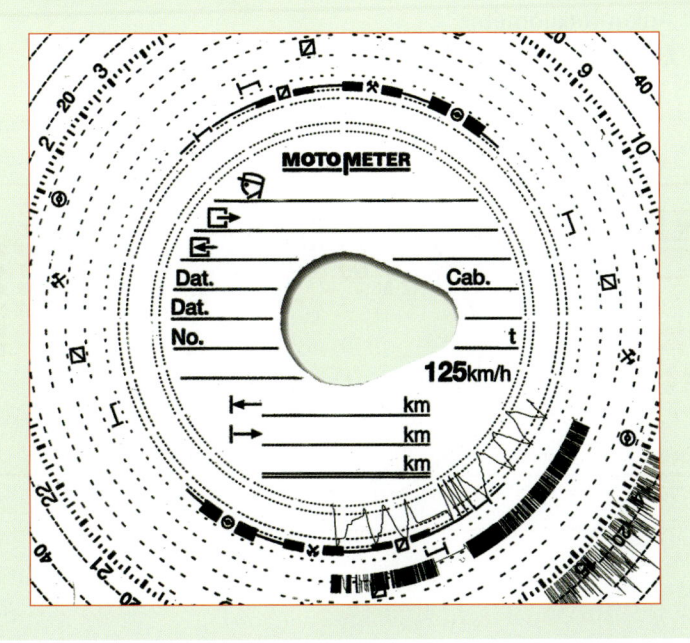

**Beschleunigte Grundqualifikation
Basiswissen Lkw/Bus**

Beim Ausfüllen der Diagrammscheiben sollte auch auf das richtige Einlegen hingewiesen werden. Zunächst darf die Diagrammscheibe nicht geknickt werden, da so kein richtiger Aufschrieb möglich ist. Das Justieren der Diagrammscheibe über die Öffnung in der Mitte wurde bereits erwähnt. Häufig werden die Diagrammscheiben verkehrt herum eingelegt. Die Scheibe muss immer mit der Geschwindigkeitsskala zu den Nadeln eingelegt werden!

Eintragungen bei Fahrzeugwechsel

Wechselt ein Fahrer im Laufe eines 24-Stunden-Zeitraumes das Fahrzeug, so hat er die Scheibe mitzunehmen. Zunächst muss er im bisher bewegten Kraftfahrzeug alle am Ende der Fahrt erforderlichen Angaben machen. Die Vorderseite ist also komplett auszufüllen. Wird das andere Kraftfahrzeug in Betrieb genommen, sind auf der Rückseite beim ersten Fahrzeugwechsel unter Punkt eins folgende Angaben zu machen:

- Uhrzeit des Fahrzeugwechsels
- Abfahrtkilometer (Pfeil zeigt weg)
- Kennzeichen des Kfz

Am Ende der Fahrt mit diesem Kraftfahrzeug sind folgende Angaben zu ergänzen:

- Ankunftskilometer
- Gefahrene Kilometer

Abbildung 136:
Eintragung bei Fahrzeugwechsel

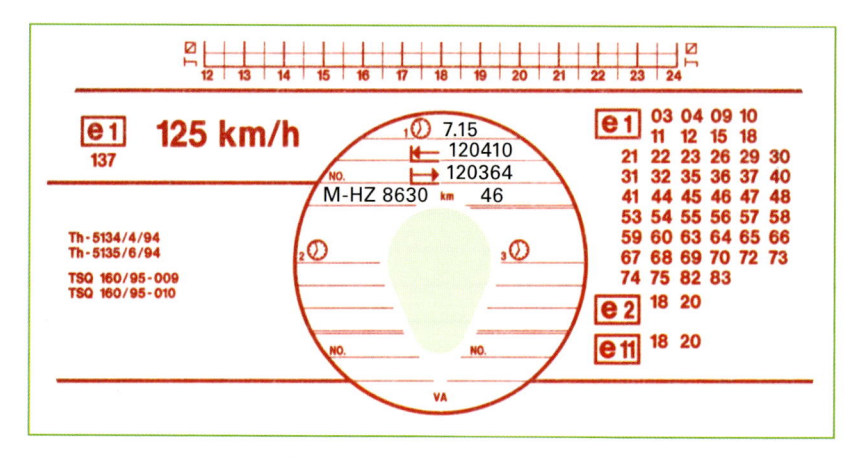

3.4 Sozialvorschriften

AUFGABE/LÖSUNG

Führen Sie zwei weitere Fahrzeugwechsel durch, tragen Sie diese auf der abgebildeten Rückseite der Diagrammscheibe ein!

1)
Uhrzeit des Fahrzeugwechsels: 11.46 Uhr
Kennzeichen des neuen Fahrzeuges: FFB – L 275
Abfahrtkilometer: 31923
Ankunftskilometer am Ende der Fahrt: 32004

2)
Uhrzeit des Fahrzeugwechsels: 14.50 Uhr
Kennzeichen des neuen Fahrzeuges: FS – KL 740
Abfahrtkilometer: 9402
Ankunftskilometer am Ende der Fahrt: 9424

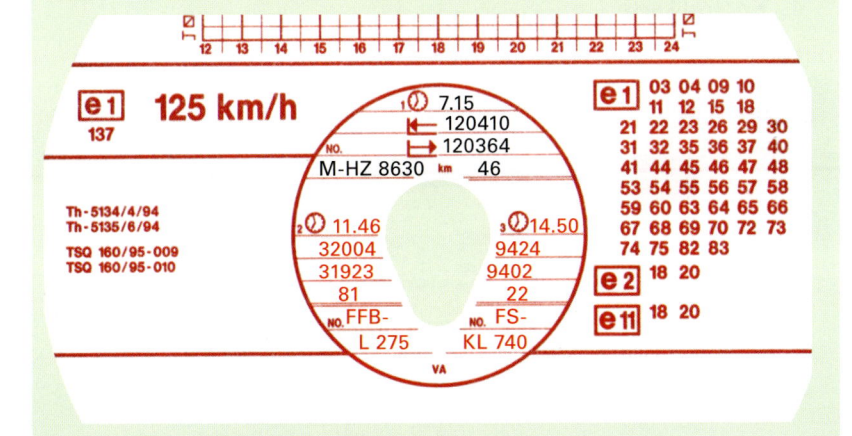

Das digitale Kontrollgerät

Die zunehmenden Manipulationen bei den analogen Kontrollgeräten haben bereits in der Mitte der neunziger Jahre zu Überlegungen innerhalb der EU-Kommission geführt, einen digitalen Tachographen einzuführen. Der Einführung standen jedoch viele kritische Stimmen gegenüber. Hauptkritikpunkte waren die entstehenden Kosten, Fragen des Datenschutzes und Zweifel, ob dadurch ein Gewinn an Verkehrssicherheit erreicht werden könne.

**Beschleunigte Grundqualifikation
Basiswissen Lkw/Bus**

Mit der VO (EG) Nr. 2135/98 aus dem Jahr 1998 wurde die Einführung des digitalen Kontrollgerätes beschlossen. Diese Verordnung ändert die Verordnung EWG 3821/85 über das Kontrollgerät im Straßenverkehr. Im Anhang IB dieser Verordnung ist nun das digitale Kontrollgerät geregelt. Der Einführungstermin für das digitale Kontrollgerät war der 1. Mai 2006. Seitdem ist das digitale Kontrollgerät für alle Neufahrzeuge, die in den Geltungsbereich der EG (VO) 561/2006 fallen, verpflichtend vorgeschrieben.

Das Gesamtsystem digitales Kontrollgerät besteht aus den erforderlichen Chipkarten und den im Fahrzeug verwendeten Komponenten.

Kontrollgerätekarten
Für das digitale Kontrollgerät gibt es folgende Kontrollgerätekarten:
1. Fahrerkarte
2. Unternehmerkarte
3. Werkstattkarte
4. Kontrollkarte

Abbildung 137:
Kontrollgerätekarten
Quelle: KBA

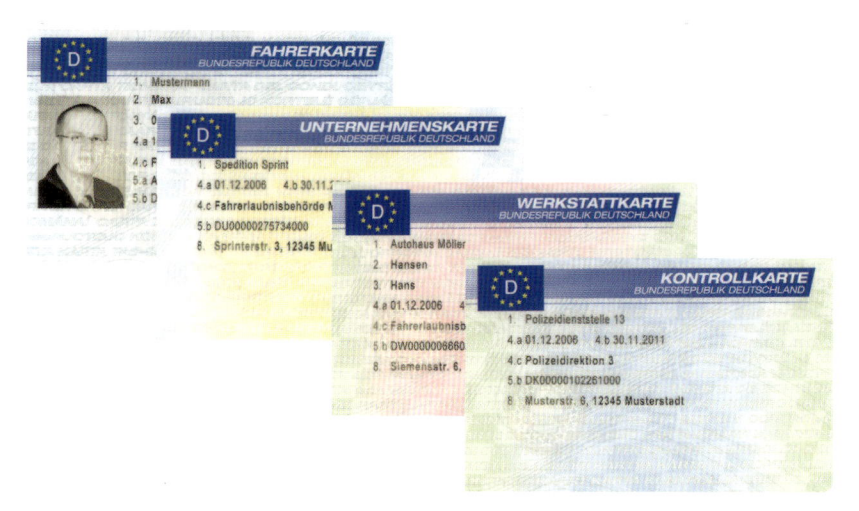

Die Kontrollgerätekarten dienen zur Speicherung von Daten. Sie ermöglichen den Zugriff auf Daten vom Massenspeicher des Gerätes sowie den Ausdruck von Daten. Außerdem gibt es Karten mit Einstellungs- und Kalibrierungsfunktionen. Welche Funktionen mit welchen Karten möglich sind, hängt vom jeweiligen Kartentyp ab.

Die Fahrerkarte
Die Fahrerkarte stellt sicherlich die wichtigste Kontrollgerätekarte dar.

Welche Unterlagen benötige ich für die Beantragung der Fahrerkarte?
Für den Antrag der Fahrerkarte ist eine gültige Fahrerlaubnis nach Muster 1 der Anlage 8 der Fahrpersonalverordnung erforderlich. Dies bedeutet, dass jeder, der im Besitz eines gültigen Kartenführerscheins ist, antragsberechtigt ist. Ein Nachweis über ein bestehendes Beschäftigungsverhältnis ist im Normalfall nicht erforderlich.

Insgesamt sind für den Antrag folgende Unterlagen vorzuweisen:
- Kartenführerschein
- Bescheinigung über einen Wohnsitz im Inland
- Personalausweis
- Passfoto

WWW Die für die Aushändigung der Fahrerkarte zuständigen Stellen variieren in den einzelnen Bundesländern. Hilfe bietet hier das KBA, dort kann unter **www.kba.de** eine aktuelle Liste der zuständigen Stellen abgefragt werden.

Die Fahrerkarte ist fünf Jahre gültig und muss danach neu beantragt werden. Auf der Fahrerkarte sind folgende Informationen ablesbar:

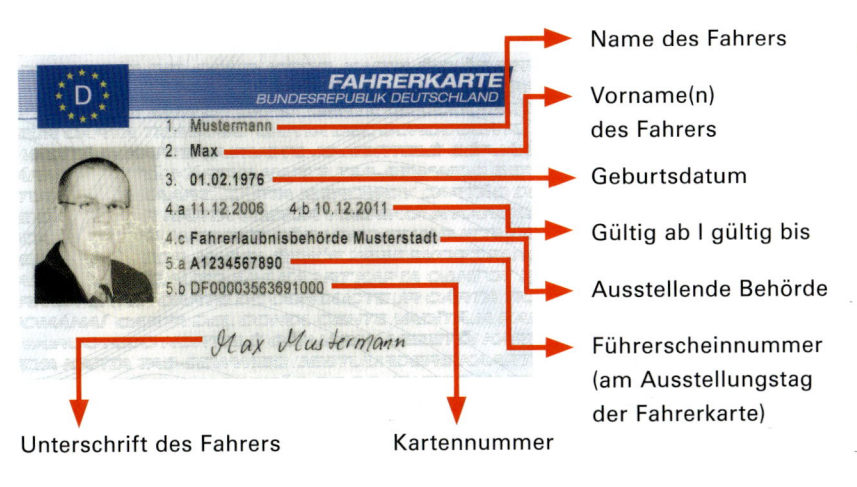

Abbildung 138:
Fahrerkarte
Quelle: KBA

Name des Fahrers
Vorname(n) des Fahrers
Geburtsdatum
Gültig ab | gültig bis
Ausstellende Behörde
Führerscheinnummer (am Ausstellungstag der Fahrerkarte)
Unterschrift des Fahrers
Kartennummer

**Beschleunigte Grundqualifikation
Basiswissen Lkw/Bus**

Die wesentliche Funktion der Fahrerkarte ist die Speicherung von Daten bei Verwendung der Fahrerkarte im digitalen Kontrollgerät. Wird die Karte im Kontrollgerät eingesetzt, speichert sie:
- Angaben zu den benutzten Fahrzeugen
- Angaben zu den Tätigkeiten des Fahrers
- Daten über Ereignisse oder Störungen
- Daten über Kontrollaktivitäten

Bereits auf der Karte gespeichert sind Daten zur
- Karte selbst (z. B. Kartennummer/Gültigkeit)
- Identität des Karteninhabers
- Fahrerlaubnis

Die Speicherkapazität der Fahrerkarte reicht mindestens für die Fahrtätigkeiten von 28 Tagen aus.

> Fragen Sie Ihre Teilnehmer, wer bereits eine Fahrerkarte besitzt und wo er oder sie diese beantragt hat. Dadurch lernen die übrigen Teilnehmer, wie sie eine solche Fahrerkarte erlangen können und es gelingt Ihnen, die Teilnehmer verstärkt einzubinden.

Verlust/Diebstahl/Fehlfunktion der Fahrerkarte

In der täglichen Praxis kann es beim Umgang mit den Fahrerkarten zu
- Beschädigungen
- Fehlfunktionen
- Verlust
- Diebstahl

von Fahrerkarten kommen. In diesen Fällen hat der Fahrer die Pflicht, innerhalb von sieben Kalendertagen einen Antrag auf Ersetzen der Karte zu stellen. Er darf 15 Kalendertage ohne Fahrerkarte fahren. Dem Antrag sind die bereits oben genannten Anlagen beizufügen. Bei beschädigter Karte ist die defekte Fahrerkarte zurückzugeben. Bei Verlust oder Diebstahl ist eine schriftliche Erklärung des Verlustes bzw. bei Diebstahl ein Nachweis über eine Anzeige zu erbringen. Die alte Fahrerkarte wird für ungültig erklärt und eine neue Karte wird ausgestellt. Betrug die Restlaufzeit der alten Karte weniger als 6 Monate, wird eine vollkommen neue Fahrerkarte ausgestellt. Nach Antragsstellung auf eine Ersatzkarte hat die Behörde fünf Tage Zeit, um die Ersatzkarte auszustellen.

Unternehmenskarte

Antragsberechtigt sind Unternehmen, die Kraftfahrzeuge einsetzen, die in den Geltungsbereich der VO (EG) 561/2006 fallen. Die Unternehmenskarte besitzt eine Gültigkeit von fünf Jahren. Mit Hilfe der Unternehmenskarte können die Daten aus dem Kontrollgerät angezeigt, ausgedruckt und heruntergeladen werden. Sollen die Fahrerdaten heruntergeladen werden, so muss neben der Unternehmenskarte die Fahrerkarte im Kontrollgerät gesteckt sein.

Wird ein Fahrzeug neu in Betrieb genommen, besteht die Möglichkeit, eine Unternehmenssperre zu setzen. Wird vor der Erstinbetriebnahme die Unternehmenskarte gesteckt, findet ein Lock-In statt. Damit sind bis zum Lock-Out (Einstecken der Karte bei Abgabe des Fahrzeuges) alle Daten für unbefugte Dritte gesperrt. Zum Lock-Out kommt es automatisch, wenn mit einer anderen Unternehmenskarte eine Sperre eingeschaltet wird.

Die Unternehmenskarte kann und darf nicht zum Fahren verwendet werden. Neben den Daten zur Karte und zur Identität des Karteninhabers werden auf der Unternehmenskarte Aktivitäten wie das Setzen von Sperren oder das Herunterladen von Daten aus Massenspeicher und Fahrerkarte protokolliert. Die Anzahl der Unternehmenskarten pro Unternehmen ist nicht begrenzt, allerdings können auf eine Kartennummer nur 62 Karten ausgestellt werden.

Abbildung 139:
Unternehmenskarte, Vorderseite
Quelle: KBA

> **AUFGABE/LÖSUNG**
>
> Ist eine Situation denkbar, in der Sie als Fahrer eines Omnibusses eine Unternehmenskarte mitführen müssen?
>
> Antwort:
> Die Fahrerkarte speichert Daten von 28 Tagen, innerhalb von 28 Tagen sind die Daten herunterzuladen und zu sichern. Dauert eine Fahrt länger als 28 Tage, muss der Fahrer diese Sicherung unterwegs durchführen. Dazu benötigt er neben einer Unternehmenskarte einen entsprechenden Downloadkey.

Werkstattkarte

Die Werkstattkarte wird an Hersteller von zugelassenen Kontrollgeräten, Installateure, Fahrzeughersteller und anerkannte Werkstätten ausgegeben. Die Werkstattkarte dient der Kalibrierung, Prüfung und Einstellung des digitalen Kontrollgerätes. Zudem können mit der Werkstattkarte Daten aus dem Massenspeicher und von den Fahrerkarten heruntergeladen werden.

Zusätzlich werden auf der Werkstattkarte folgende Daten gespeichert:

- Mindestens vier Datensätze von gefahrenen Fahrzeugen
- Fahrtätigkeiten für mindestens einen Tag
- Ereignis-/Störungsdaten
- Datensätze für Beginn/Ende Arbeitstag
- Kalibrierungsdaten
- Anzahl der durchgeführten Kalibrierungen

Nach Erteilung der Werkstattkarte wird diese personalisiert. Dem Mitarbeiter, der sie nutzen soll, wird ein PIN-Code zugesendet. Es können nur Mitarbeiter personalisiert werden, die entsprechende Schulungsnachweise besitzen und somit fachlich geeignet sind. Werkstattkarten sind nur ein Jahr gültig.

Sozialvorschriften 3.4

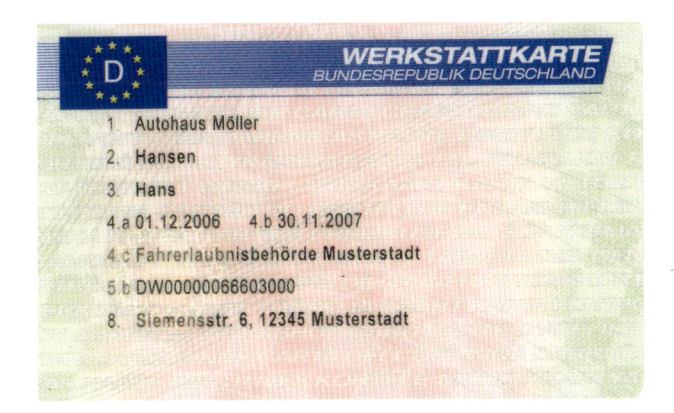

Abbildung 140:
Werkstattkarte,
Vorderseite
Quelle: KBA

Kontrollkarten

Diese Karten werden nur an die für die Kontrolle zuständigen Behörden ausgegeben. Mit diesen Karten ist es möglich, sämtliche Daten aus dem Massenspeicher und von den Fahrerkarten herunterzuladen. Diese Karte weist beim Einstecken in den Kontrollgeräteschacht den Beamten als berechtigt aus. Neben den Daten zur Karte und zur zuständigen Behörde speichert diese Karte die Kontrollaktivitäten und protokolliert diese.

Abbildung 141:
Kontrollkarte,
Vorderseite
Quelle: KBA

**Beschleunigte Grundqualifikation
Basiswissen Lkw/Bus**

Das Gesamtsystem digitales Kontrollgerät

Abbildung 142:
Bestandteile des
DTCO-Systems
Quelle: Siemens
VDO

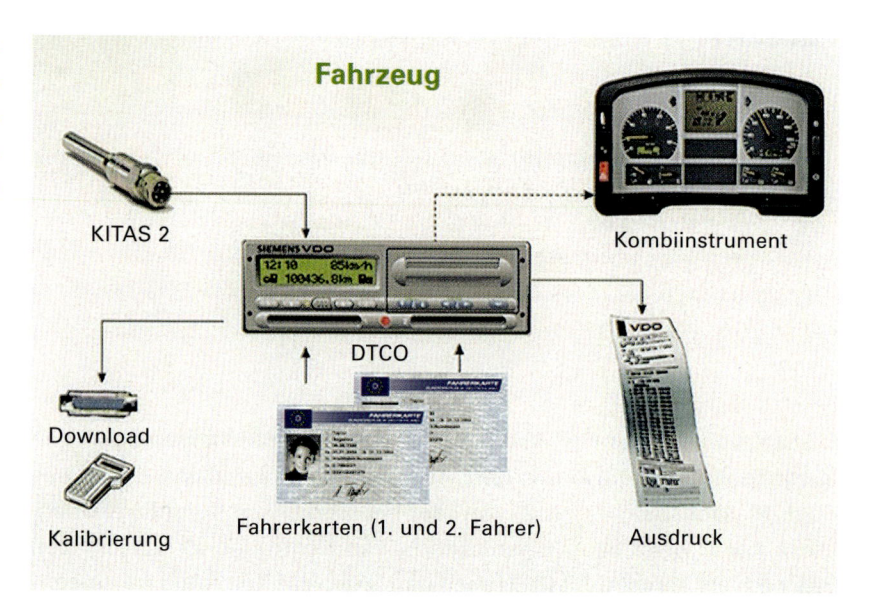

Fahrzeug

KITAS 2

Kombiinstrument

DTCO

Download

Kalibrierung   Fahrerkarten (1. und 2. Fahrer)   Ausdruck

> ↻ Erarbeiten Sie gemeinsam mit Ihren Teilnehmern das Gesamtsystem digitaler Tachograph!

Das digitale Kontrollgerät besteht im Wesentlichen aus:
- Weg-/Geschwindigkeitsgeber
- Verbindungskabeln zur Signalübertragung
- Fahrzeugeinheit

Der Weg-/Geschwindigkeitsgeber wird in dem Bild als KITAS bezeichnet. KITAS steht für Kienzle Tachographen Sensor. Dabei handelt es sich um ein Impuls- oder Zahnrad, welches die Drehzahl erfasst und in ein elektrisches Signal umwandelt. Dieses Signal liefert an den Massenspeicher somit Weg- und Geschwindigkeitsangaben in Echtzeit. Diese Daten halten fest, ob das Fahrzeug steht oder fährt. So entscheidet das Gerät, ob Lenkzeit oder keine Lenkzeit vorliegt.

Sozialvorschriften 3.4

Die Fahrzeugeinheit

Zurzeit sind in der EU Geräte der Hersteller Siemens VDO, Stoneridge, Actia und Efkon zugelassen (Abbildungen 143–146).
An der Fahrzeugeinheit sehen Sie zunächst das Display. Es gibt Ihnen zahlreiche Informationen zur Bedienung des Kontrollgerätes.
Da sich die Gestaltung des Geräts und die Menüführung von Hersteller zu Hersteller unterscheidet, kann an dieser Stelle nur ein Gerät detaillierter beschrieben werden. **Die Darstellungen auf den folgenden Seiten beziehen sich daher auf das digitale Kontrollgerät von Siemens VDO (DTCO).**

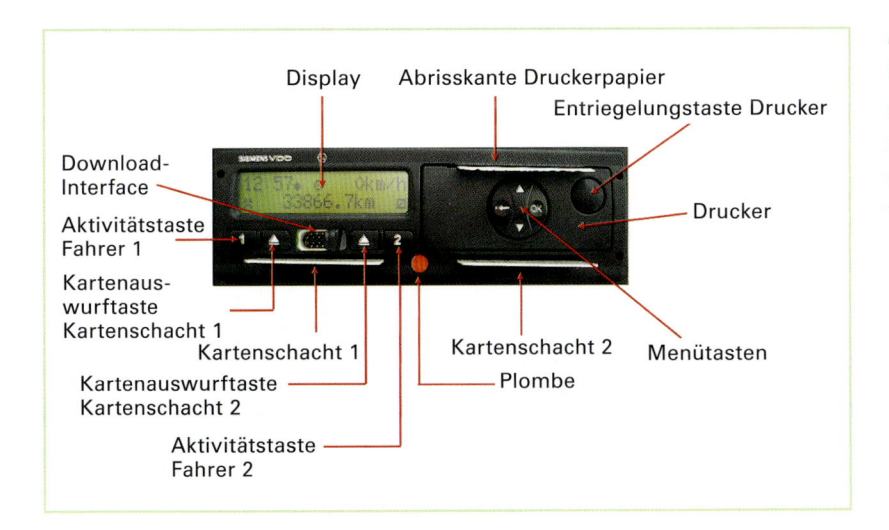

Abbildung 143:
Digitales Kontrollgerät DTCO von Siemens VDO
Quelle: Siemens VDO

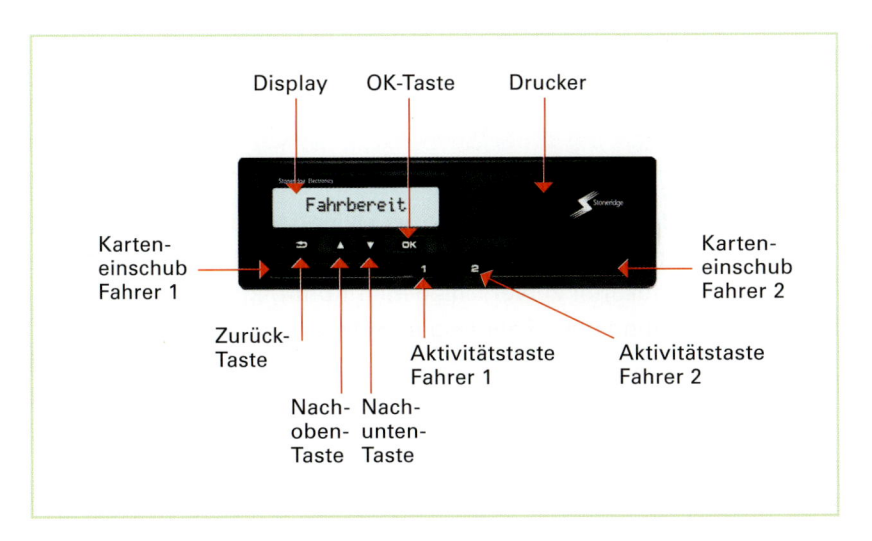

Abbildung 144:
Digitales Kontrollgerät SE5000 von Stoneridge
Quelle: STONERIDGE

Beschleunigte Grundqualifikation
Basiswissen Lkw/Bus

Abbildung 145:
Digitales Kontrollgerät Smartach von Actia
Quelle: Actia

- Display
- Druckermodul
- Menütasten
- Kartenschacht Fahrer 1
- Aktivitätstaste Fahrer 1
- Aktivitätstaste Fahrer 2
- Kartenschacht Fahrer 2

Abbildung 146:
Digitales Kontrollgerät Efas von Efkon
Quelle: Efkon

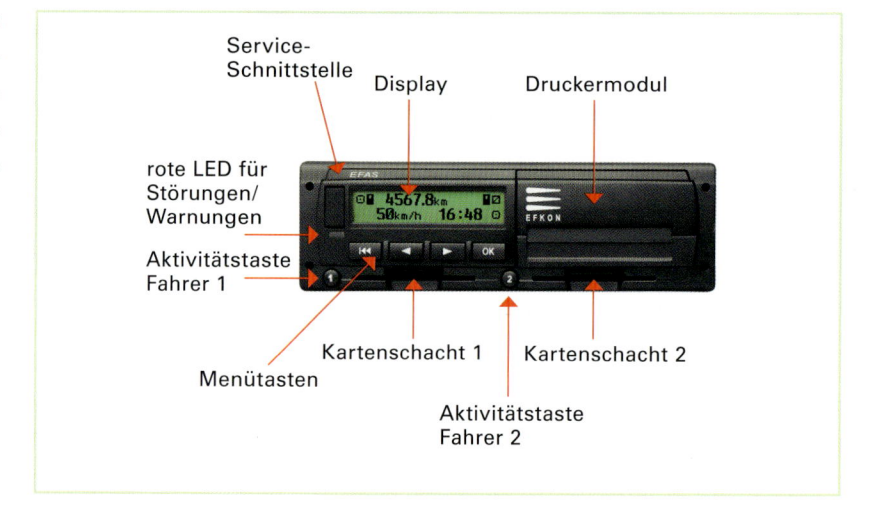

- Service-Schnittstelle
- Display
- Druckermodul
- rote LED für Störungen/Warnungen
- Aktivitätstaste Fahrer 1
- Menütasten
- Kartenschacht 1
- Kartenschacht 2
- Aktivitätstaste Fahrer 2

> Für Ihre Teilnehmer kann es sich als sinnvoll erweisen, wenn Sie zur Erklärung des digitalen Kontrollgerätes ein Modell (Demokoffer zu verschiedenen Kontrollgeräten im Handel erhältlich) oder ein Fahrzeug einsetzen.

Sozialvorschriften 3.4

> ↻ Auffallend sind zudem die Kartenschächte, weisen Sie Ihre Teilnehmer an dieser Stelle darauf hin, dass es sich bei den digitalen Kontrollgeräten um Geräte handelt, die grundsätzlich im Ein-Fahrer-Betrieb oder als Team (Zwei-Fahrer-Besatzung) betrieben werden können. Ein Wechsel der Karten ist beim Fahrerwechsel erforderlich. Beim analogen Kontrollgerät war ein Umtausch der Scheiben erforderlich. Dieser Quervergleich hilft, um bei Ihren Teilnehmern das Wissen zu festigen.

Zur Bedienung fällt auf, dass für jeden Kartenschacht eine Auswurftaste und eine Aktivitätstaste vorhanden sind. Die Auswurftaste ist eindeutig als solche zu erkennen. Sie wurde an das Symbol, welches von Geräten der Unterhaltungsindustrie bekannt ist, angeglichen. Ein Auswurf der Karte ist nur bei stehendem Fahrzeug und eingeschalteter Zündung möglich.

> ↻ Die Aktivitätstaste entspricht dem Zeitgruppenschalter beim analogen Kontrollgerät. Stellen Sie ruhig solche Parallelen her, wenn Sie das analoge Kontrollgerät bereits erläutert haben. Oftmals hilft es beim Verständnis, wenn Sie auf bekanntem Wissen aufbauen.

Äußerlich nicht zu erkennen ist der **Massenspeicher**. Im Massenspeicher werden alle Fahrer und Zweitfahrer, die das Fahrzeug bewegt haben, gespeichert. Die Datensätze enthalten neben den persönlichen Daten alle Informationen über:

- Lenkzeit
- Lenkzeitunterbrechung
- Sonstige Arbeiten
- Bereitschaftszeiten
- Ruhezeiten
- Zurückgelegte Kilometer
- Gefahrene Geschwindigkeiten

Die Daten umfassen mindestens einen Zeitraum von 365 Kalendertagen. Lediglich Daten, die vom Fahrer manuell eingegeben worden sind, befinden sich nicht im Massenspeicher. Diese Daten sind ausschließlich auf der Fahrerkarte gespeichert.

Der nächste wesentliche Bestandteil der Fahrzeugeinheit ist der **Drucker**. Mit Hilfe des Druckers können unterschiedliche Ausdrucke aus dem Massenspeicher und von der Fahrerkarte angefertigt werden. Sie werden in erster Linie Tagesausdrucke anfertigen. Zusätzlich können mit der Fahrerkarte aber auch Ausdrucke über Ereignisse und Störungen angefertigt werden. Auf die genaue Vorgehensweise wird im Abschnitt über die Handhabung des Gerätes eingegangen.
Sind Tagesausdrucke erforderlich, unterliegen sie der gesetzlichen Aufbewahrungspflichten von zwei Jahren. Damit die Ausdrucke lesbar bleiben, darf nur bauartgenehmigtes Thermopapier verwendet werden.

AUFGABE/LÖSUNG

Wie erkennen Sie im nachfolgenden Bild, ob das Papier geeignet ist?

- Tachographen-Typ (DTCO 1381) mit Prüfzeichen "e1 84"
- und Zulassungszeichen "e1 174".

Entscheidend für die Auswahl des Papiers ist, dass das Zulassungszeichen auf der Papierrolle mit dem Zulassungszeichen des Gerätes übereinstimmt.

Das Downloadinterface wird verwendet, um die Fahrzeugeinheit mit anderen Geräten beim Herunterladen der Daten zu verbinden.
Die Menütaste dient dazu, verschiedene Funktionen und Eintragungen beim Betrieb des Fahrzeuges durchzuführen. Sie besteht aus einem Schalter, der mehrere Funktionen gleichzeitig erfüllt.
Am 1. Oktober 2011 wird von der EU eine neue Generation von Kontrollgeräten verbindlich vorgeschrieben. Die neue Generation wird sich besonders durch eine noch höhere Manipulationssicherheit auszeichnen. So wird der Massenspeicher besonders gegen magnetische Störungen geschützt sein. Zudem werden die Downloadzeiten deutlich kürzer sein. Ab dem 1. Oktober 2011 dürfen nur noch Geräte dieser Generation verbaut werden.

Sozialvorschriften 3.4

Bedienung des digitalen Kontrollgerätes

> Bevor Sie Ihren Teilnehmern die Bedienung des Kontrollgerätes erläutern, sollten einige grundsätzliche Dinge erklärt werden. Dazu gehört auch das Verständnis der UTC-Zeit und das Deuten der Piktogramme im Display des digitalen Kontrollgerätes.

Die UTC-Zeit

Die Daten aller Fahrten sollen vergleichbar und eindeutig sein. Die VO (EG) 561/2006 gilt in der gesamten Europäischen Union. Jedoch bestehen innerhalb Europas unterschiedliche Zeitzonen. Um die Daten sofort auswerten zu können, musste es eine Einigung hinsichtlich der Systemuhrzeit geben. Beim analogen Kontrollgerät lag die Zeit des Zulassungslandes zugrunde. Beim digitalen Kontrollgerät hat man sich auf die weltweit standardmäßig geltende „Greenwich Mean Time" (GMT) geeinigt.

Abbildung 147: Zeitzonen in Europa

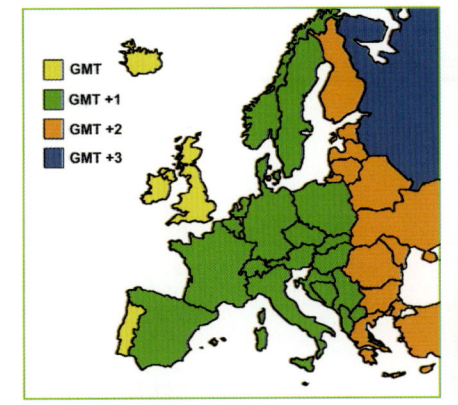

Diese Zeit gilt generell in
- England
- Irland
- Island
- Portugal

Die GMT entspricht der UTC-Zeit (Universal-Time-Coordinated) und kennt keine Sommerzeit. Abhängig von der Zeitzone kann innerhalb Europas eine Abweichung von bis zu drei Stunden zwischen der Orts- und der UTC-Zeit bestehen. Die nebenstehende Karte zeigt die Zeitzonen und ihre Differenzen zur UTC-Zeit.

Zeitzonen	Staaten
00:00 (UTC)	GB/P/IRL/IS
+ 01:00 h	A/B/CZ/CY/D/DK/E/F/H/I/L/M/NL/PL/S/SK/SLO
+ 02:00 h	BG/EST/FIN/GR/LT/LV/RO/TR
+ 03:00 h	RUS

Beschleunigte Grundqualifikation
Basiswissen Lkw/Bus

> Nehmen Sie sich an dieser Stelle Zeit, mit Ihren Teilnehmern die Umrechnung von Orts- in UTC-Zeit zu üben.

AUFGABE/LÖSUNG

Wie weicht die Ortszeit in Deutschland von der UTC-Zeit ab?

Antwort: 1 Stunde

Die Umrechnung der Ortszeit in die UTC-Zeit erfolgt durch Subtraktion der Zeitzone von der Ortszeit:

FORMEL

UTC = Ortszeit minus Zeitzone

Eine weitere Schwierigkeit beim Umgang mit der UTC-Zeit ist die Sommerzeit. Gilt in einem Land die Sommerzeit, muss die Stunde Sommerzeit zusätzlich mit abgezogen werden. Dies bedeutet, dass sich die UTC-Zeit bei geltender Sommerzeit wie folgt berechnet:

FORMEL

UTC = Ortszeit minus Zeitzone minus Sommerzeit

BEISPIELE

1. Fahrt zwischen Frankreich und Deutschland im August um 11:00 Uhr Ortszeit entspricht UTC 09:00 Uhr

UTC = Ortszeit minus Zeitzone minus Sommerzeit
    = 11:00 Uhr – 1h – 1h
    = 09:00 Uhr

Sozialvorschriften 3.4

2. Fahrt zwischen Frankreich und Deutschland im November um 11:00 Uhr Ortszeit entspricht UTC 10:00 Uhr

UTC = Ortszeit minus Zeitzone
    = 11:00 Uhr – 1h
    = 10:00 Uhr

3. Fahrt in Portugal um 11:00 im November entspricht UTC 11:00 Uhr

UTC = Ortszeit
    = 11:00 Uhr Portugal gehört zur Zeitzone „null"

Sollte an dieser Stelle die Frage gestellt werden: „Muss ich als Fahrer das wissen?", so geben Sie einen kleinen Ausblick. Das Gerät speichert alle Aktivitäten, die automatisch aufgezeichnet werden, in UTC-Zeit. Allerdings muss der Fahrer alle manuellen Nachträge in UTC-Zeit durchführen.

Die Piktogramme im Display

Für die Erläuterungen zum Betrieb des digitalen Kontrollgerätes müssen Ihren Teilnehmern die verschiedenen Piktogramme im Display bekannt sein. Nachfolgend sollen die verschiedenen Piktogramme und Anzeigemöglichkeiten im Display erläutert werden. Wenn Sie im weiteren Verlauf dieser Unterrichtseinheit mit einem funktionsfähigen Modell des digitalen Tachos oder an einem Fahrzeug mit digitalem Kontrollgerät arbeiten, so fragen Sie wiederholt die einzelnen Symbole im Kontrollgerät ab.

Das nachfolgende Bild soll zum grundsätzlichen Erläutern einiger Anzeigen verwendet werden.

Beschleunigte Grundqualifikation
Basiswissen Lkw/Bus

Die Zeitangabe in Verbindung mit dem kleinen, kugelförmigen Symbol gibt dem Fahrer Auskunft darüber, dass es sich um die Ortszeit handelt. Fehlt dieses kleine Symbol, handelt es sich um die UTC-Zeit.

Abbildung 148: Display eines digitalen Kontrollgeräts

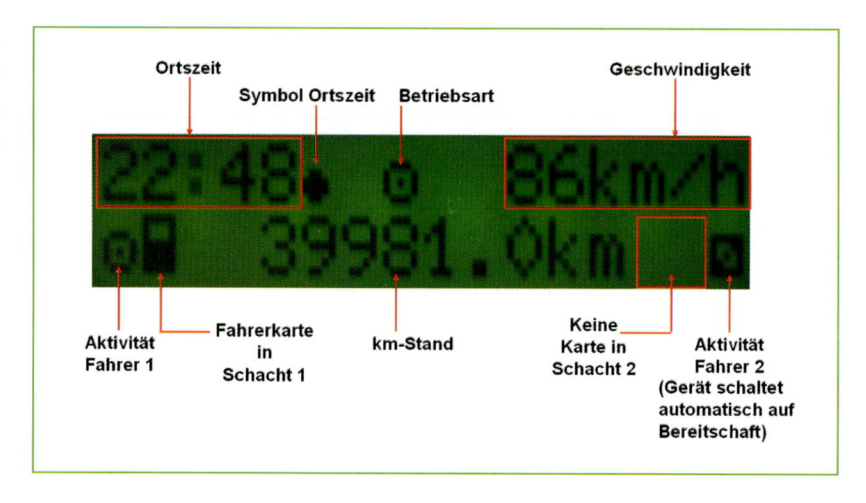

Beschriftungen: Ortszeit, Symbol Ortszeit, Betriebsart, Geschwindigkeit, Aktivität Fahrer 1, Fahrerkarte in Schacht 1, km-Stand, Keine Karte in Schacht 2, Aktivität Fahrer 2 (Gerät schaltet automatisch auf Bereitschaft)

Das Symbol für die Betriebsart stellt ein Lenkrad dar. Das Gerät befindet sich in der Betriebsart „Fahren". Weitere Betriebsarten sind:
- Unternehmen
- Werkstatt
- Kontrolle

Abbildung 149 (links): Betriebsart Werkstatt

Abbildung 150 (rechts): Betriebsart Unternehmen

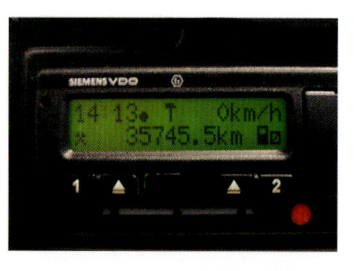

Abbildung 151: Betriebsart Kontrolle

Sozialvorschriften 3.4

In welche Betriebsart das Gerät schaltet, hängt von den gesteckten Kontrollgerätekarten ab. Betriebsarten müssen nicht manuell eingestellt werden. Wird bei einer Straßenkontrolle die Kontrollkarte eingeschoben, schaltet das Gerät automatisch in die Betriebsart „Kontrolle". Selbiges geschieht beim Einschieben der Unternehmens- bzw. Werkstattkarte.

Die im Display angezeigte Geschwindigkeit ist der vom KITAS erfasste Wert.

Unten links im Display wird die Aktivität für Fahrer 1 angezeigt. Im Bild ist das Lenkrad für die Tätigkeit „Fahren" sichtbar. Das Kartensymbol daneben zeigt, dass in Kartenschacht 1 die Fahrerkarte gesteckt wurde. Es muss sich um eine Fahrerkarte handeln, da sich das Gerät sonst nicht in der Betriebsart „Fahren" befinden würde.

In der Mitte wird im oben verwendeten Beispiel der Kilometerstand angezeigt.

Unten rechts wird die Aktivität des zweiten Fahrers angezeigt. Im Bild ist das Piktogramm für Bereitschaft zu erkennen. Sobald das Fahrzeug fährt, stellt das digitale Kontrollgerät automatisch für Fahrer 2 „Bereitschaft" ein. Links neben dem Piktogramm „Bereitschaft" ist kein Kartensymbol erkennbar. In Kartenschacht zwei ist somit keine Karte eingelegt.

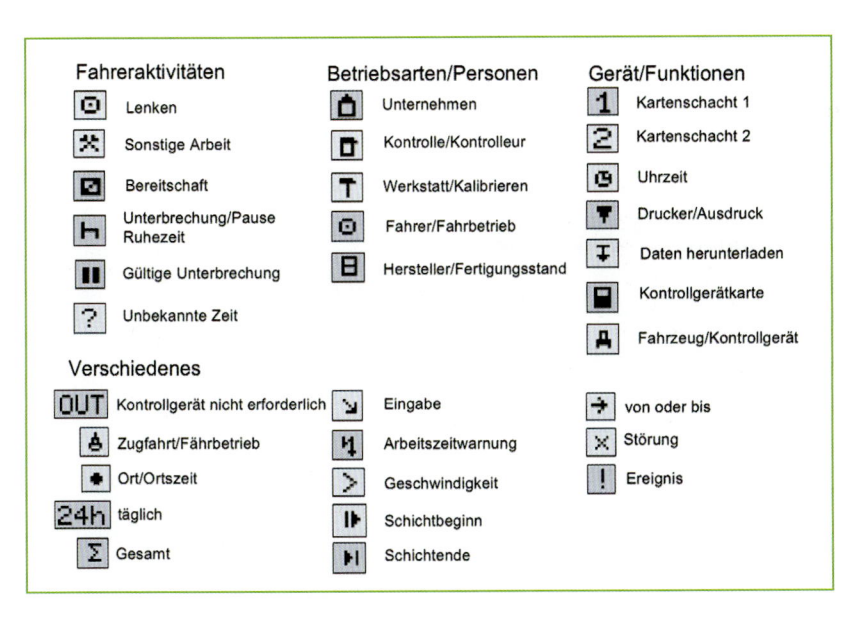

Abbildung 152: Piktogramme

Fahreraktivitäten	Betriebsarten/Personen	Gerät/Funktionen
Lenken	Unternehmen	Kartenschacht 1
Sonstige Arbeit	Kontrolle/Kontrolleur	Kartenschacht 2
Bereitschaft	Werkstatt/Kalibrieren	Uhrzeit
Unterbrechung/Pause Ruhezeit	Fahrer/Fahrbetrieb	Drucker/Ausdruck
Gültige Unterbrechung	Hersteller/Fertigungsstand	Daten herunterladen
Unbekannte Zeit		Kontrollgerätkarte
		Fahrzeug/Kontrollgerät

Verschiedenes

OUT Kontrollgerät nicht erforderlich	Eingabe	von oder bis
Zugfahrt/Fährbetrieb	Arbeitszeitwarnung	Störung
Ort/Ortszeit	Geschwindigkeit	Ereignis
24h täglich	Schichtbeginn	
Σ Gesamt	Schichtende	

**Beschleunigte Grundqualifikation
Basiswissen Lkw/Bus**

Abbildung 153:
Piktogramm-
kombinationen

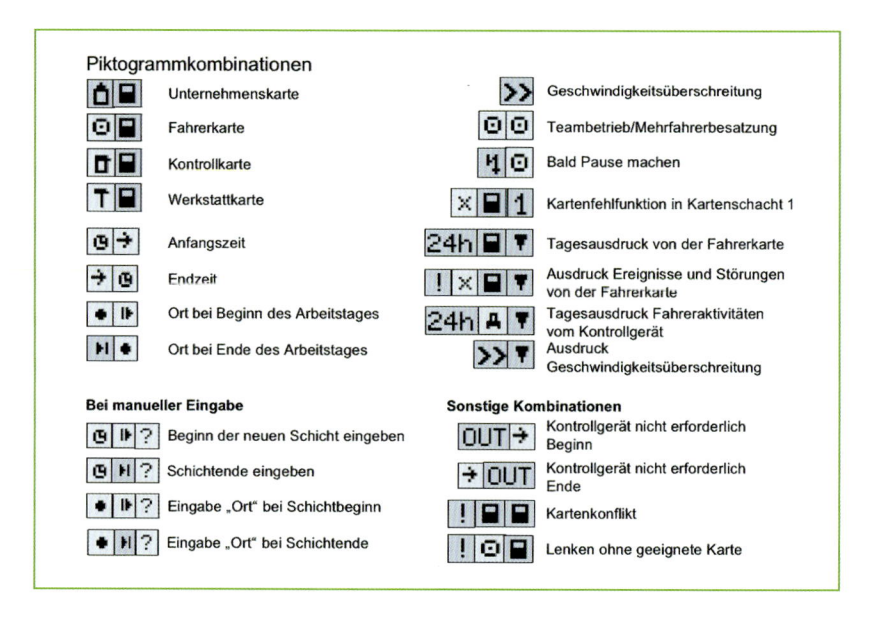

Piktogrammkombinationen

Symbol	Bedeutung	Symbol	Bedeutung
	Unternehmenskarte	>>	Geschwindigkeitsüberschreitung
	Fahrerkarte		Teambetrieb/Mehrfahrerbesatzung
	Kontrollkarte		Bald Pause machen
	Werkstattkarte	x ■ 1	Kartenfehlfunktion in Kartenschacht 1
	Anfangszeit	24h	Tagesausdruck von der Fahrerkarte
	Endzeit	! x	Ausdruck Ereignisse und Störungen von der Fahrerkarte
	Ort bei Beginn des Arbeitstages	24h	Tagesausdruck Fahreraktivitäten vom Kontrollgerät
	Ort bei Ende des Arbeitstages	>>	Ausdruck Geschwindigkeitsüberschreitung

Bei manueller Eingabe

?	Beginn der neuen Schicht eingeben	OUT →	Kontrollgerät nicht erforderlich Beginn
?	Schichtende eingeben	→ OUT	Kontrollgerät nicht erforderlich Ende
?	Eingabe „Ort" bei Schichtbeginn	!	Kartenkonflikt
?	Eingabe „Ort" bei Schichtende	!	Lenken ohne geeignete Karte

Sonstige Kombinationen

Die Anzeigemodi des Gerätes sind so vielfältig, dass eine Erläuterung aller Displaykombinationen nicht möglich ist. Die obenstehende Übersicht gibt aber alle Piktogramme wieder. Diese Aufstellung ist in der VO (EWG) 3821 Anhang IB; Anlage 3 enthalten.

> Üben Sie anhand der Abbildungen mit den Teilnehmern das richtige Interpretieren des Displays.

AUFGABE/LÖSUNG

Was bedeuten diese Piktogrammkombinationen?

a) [?]   b) [x]   c) [ ]

a) Manuelle Eingabe Schichtbeginn   b) Störungssymbol
c) Fahrerkarte

> ⚠ Beachten Sie unbedingt auch immer die Bedienungsanleitung des Geräts!

Sozialvorschriften 3.4

Ausdrucke mit dem digitalen Kontrollgerät
Für Sie sind drei Arten von Ausdrucken von Bedeutung:
- Tagesausdruck (immer ein 24-Stunden-Zeitraum: 0:00 Uhr – 24:00 Uhr)
- Ereignisse Störungen Fahrerkarte
- Technische Daten Fahrzeugeinheit

> Diese Ausdrucke zu erstellen und zu verstehen sollte das Lernziel dieser Unterrichtseinheit sein.
>
> Auf die Anforderungen an das Papier haben Sie bereits hingewiesen. Als Fahrzeugführer sind Ihre Teilnehmer auch für den betriebsbereiten Zustand des Druckers verantwortlich. Üben Sie das Einlegen einer Papierrolle in den Drucker.

Das Einlegen der Papierrolle in den Drucker

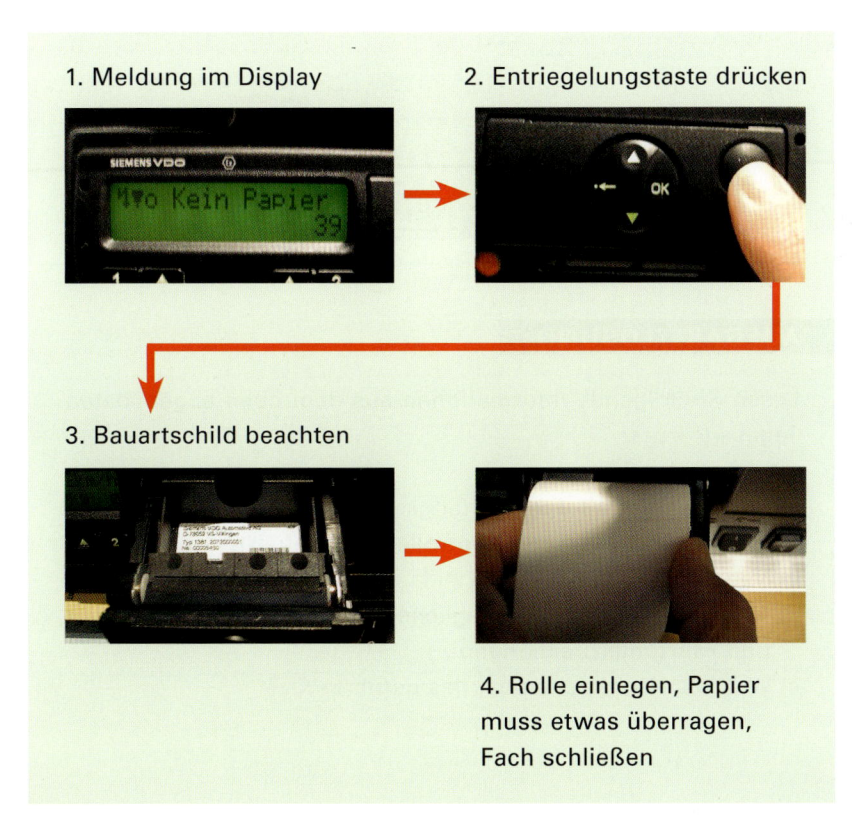

Abbildung 154:
Papierrolle einlegen

1. Meldung im Display
2. Entriegelungstaste drücken
3. Bauartschild beachten
4. Rolle einlegen, Papier muss etwas überragen, Fach schließen

Beschleunigte Grundqualifikation
Basiswissen Lkw/Bus

Wichtig ist das Bauartschild des Druckers. Es hilft Ihnen, zu erkennen, ob das einzulegende Thermopapier für den Drucker geeignet ist.

Das folgende Bild zeigt einen 24-Stunden-Tagesausdruck. Diesen Ausdruck sollten Sie lesen und die wichtigen Daten bezüglich ihrer Zeitgruppen schnell heraussuchen können.

Abbildung 155:
Ausdruck

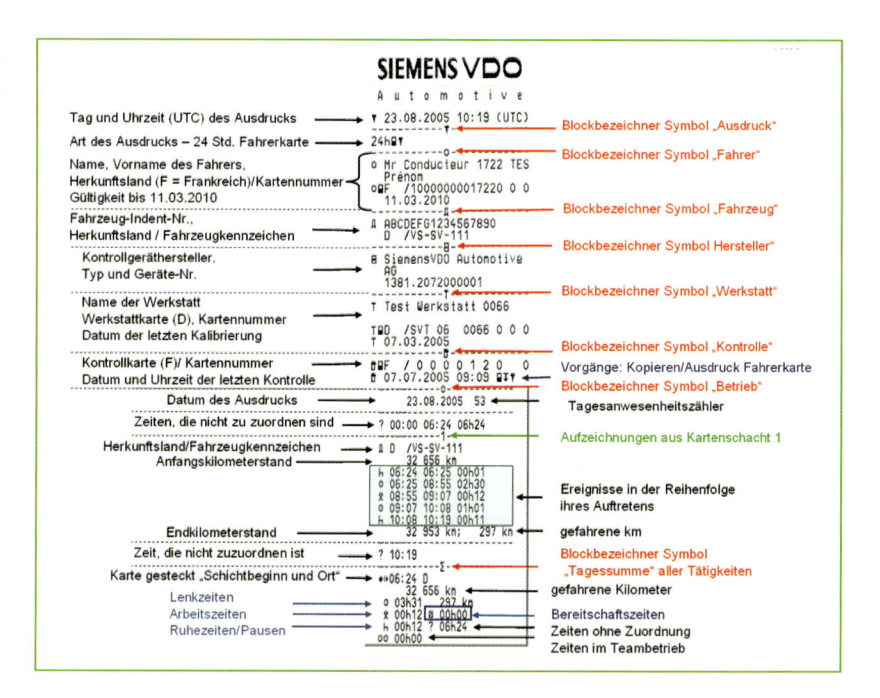

AUFGABE/LÖSUNG

Lesen Sie folgende Informationen aus dem oben abgebildeten Tagesausdruck!

a) Wann wurde mit der Lenktätigkeit begonnen?
b) Wann wurde die letzte Kontrolle durchgeführt?
c) Nennen Sie Abfahrts- und Ankunftskilometer!
d) Nennen Sie Dauer der täglichen Lenkzeit, Bereitschaftszeit und Fahrtunterbrechungen!
e) Welches Kennzeichen hat das geführte Kfz?

Sozialvorschriften 3.4

Antworten:
a) Um 6.25 Uhr
b) Am 7. 7. 2005 um 9.09 Uhr
c) 32656 bis 32953
d) Lenkzeit: 3 h 31 min; Bereitschaftszeit: 0 h; Fahrtunterbrechungen: 12 min
e) VS – SV111

Jeder Ausdruck mit dem Kontrollgerät ist in Datenblöcke aufgeteilt. Die Trennung erfolgt mit Hilfe von gestrichelten Linien „-------------". Symbole in jeder Linie geben Auskunft, welcher Datenblock folgt. Diese Symbole werden Blockbezeichner genannt. Im Datenblock „Aufzeichnungen aus Kartenschacht 1" sind neben dem Kennzeichen, Herkunftsland, Anfangs- und Endkilometer und gefahrene Kilometer die Zeitgruppen chronologisch aufgeführt. Auf diesen Datenblock folgt unten im Bild der Block „Tagessumme". In diesem Block wird die Summe aller Zeitgruppen gebildet. Diese Form der Aufzeichnung zeigt, dass die Zeitgruppen hier wesentlich besser erkennbar und ablesbar sind als bei den Schaublättern.

PRAXIS-TIPP

Mit Hilfe von Tagesausdrucken können Sie auch Ihre eigenen Lenkzeiten wesentlich besser nachhalten.

PRAKTISCHE ÜBUNG

▶ Die Teilnehmer sollen die Ausdrucke eines digitalen Kontrollgerätes auswerten können.

↻ Üben Sie die Auswertung eines 24-Stunden-Ausdruckes mit Ihren Teilnehmern an einigen Ausdrucken.
Benutzen Sie beim Auswerten von Ausdrucken Tagesausdrucke, auf denen bei der chronologischen Auflistung der Tätigkeiten folgende Symbole auftauchen:

Beschleunigte Grundqualifikation
Basiswissen Lkw/Bus

[?] Steht für unbekannte Zeit, die keiner Zeitgruppe zugeordnet werden kann

[⛴] Zugfahrt/Fährbetrieb

[H] Unterbrechung/Ruhezeit länger als eine Stunde

🔧 Tagesausdrucke (Originale oder Kopien)

Besonderheiten ergeben sich beim 24-Stunden-Ausdruck für die Zwei-Fahrer-Besatzung. Im Bereich Omnibus spielt die Zwei-Fahrer-Besatzung eine wesentlich größere Rolle als im Bereich der Fahrzeuge zur Güterbeförderung. Die folgende Aufgabe verdeutlicht diese Besonderheiten.

AUFGABE/LÖSUNG

Fahrer Müller soll mit einem Kollegen einen zweiten Bus im 245 km weit entfernten Stuttgart abholen und eine Gruppe Fahrgäste nach Stuttgart mitnehmen. Versuchen Sie aus dem Ausdruck für die gesamte Zeit von 5:12 Uhr bis 11:03 Uhr die Tätigkeiten von Herrn Müller und die seines Kollegen herauszuarbeiten, soweit dies möglich ist.

```
---------- 1 ----------
 D   /BOT-JE 62
         1 272 km
 05:12  06:01  00h49
 05:34  06:01  00h27   ☐☐
 06:01  07:35  01h34   ☐☐
         1 364 km;      92 km
------------------------
?  07:35  08:03  00h28
---------- 2 ----------
 D   /BOT-JE 62
         1 364 km
 08:03  10:24  02h21   ☐☐
 10:24  11:03  00h39
         1 517 km;     153 km
```

Antwort:

5.12–5.34 Uhr   Fahrer Müller alleine am Fahrzeug; sonstige Arbeit (z. B. Fahrzeugvorbereitung.

5.34–6.01 Uhr   2. Karte in Kartenschacht gesteckt, Kontrollgerät schaltet in Teambetrieb um.

6.01–7.35 Uhr   Fahrer Müller fährt das Fahrzeug, Fahrer 2 hat Bereitschaftszeit. Das Fahrzeug läuft im Teambetrieb; 92 km wurden gefahren.
7.35– 8.03 Uhr nicht zuzuordnen, weil keine Karte gesteckt war.
8.03–10.24 Uhr Fahrer Müller Bereitschaftszeit. Kollege fährt das Fahrzeug (Teambetrieb). Fahrstrecke 153 km.
10.24–11.03 Uhr Fahrzeug steht, keine Karte in Schacht 1 (Teambetriebssymbol fehlt); Karte von Fahrer Müller weiter in Schacht 2, Gerät ist auf sonstige Tätigkeit geschaltet (z. B. Fahrzeugreinigung)

Hintergrundwissen →

Der 24-Stunden-Ausdruck ist personenbezogen. Weisen Sie die Teilnehmer darauf hin, dass in dem Block „1" die Zeiten erfasst sind, in denen Ihre Fahrerkarte im Kartenschacht eins eingelegt gewesen ist. Grundsätzlich muss immer die Karte des gerade aktiven Fahrers in Kartenschacht eins eingelegt sein. Unter dem Block 2 sind nicht die Tätigkeiten des zweiten Fahrers hinterlegt, sondern die Zeiten und Tätigkeiten des ersten Fahrers, bei denen seine Fahrerkarte im zweiten Kartenschacht gesteckt war. Das doppelte Lenkradsymbol auf dem Ausdruck gibt den Hinweis, dass der Bus im Teambetrieb eingesetzt wurde.

Das digitale Kontrollgerät in der täglichen Praxis

Die tägliche Benutzung des Kontrollgerätes soll an verschiedenen Fällen durchgespielt werden:
1. Anmeldung des Fahrers bei Fahrtbeginn
2. Manuelle Nachträge
3. Auschecken am Ende des Tages
4. Mögliche Bedienungsfehler/Wissenswertes im täglichen Gebrauch

Beschleunigte Grundqualifikation
Basiswissen Lkw/Bus

Anmeldung zu Fahrtbeginn

> **PRAXIS-TIPP**
>
> Die Formulierung „Anmeldung zu Fahrtbeginn" ist etwas irreführend. In Artikel 15 Abs. 2 VO (EG) 561/2006 heißt es, dass Fahrerkarte bzw. Schaublätter ab dem Moment der Fahrzeugübernahme zu benutzen sind. Fahrzeugübernahme bedeutet nicht Fahrtbeginn. Gemeint ist der Moment, ab dem Sie als Fahrer über das Fahrzeug verfügen können. Bis zum Fahrtbeginn werden Sie das Fahrzeug noch vorbereiten, Papiere übernehmen, Ladung sichern oder eventuell Fahrgästen beim Einchecken behilflich sein. Wird die Fahrerkarte erst zum Fahrtbeginn gesteckt, so müssen die sonstigen Tätigkeiten manuell nachgetragen werden. Diese Prozedur können Sie sich ersparen, wenn Sie sich angewöhnen, **grundsätzlich als Erstes die Fahrerkarte in das Kontrollgerät einzustecken**. In jedem Fall müssen jedoch vorangegangene Tagesruhezeiten manuell nachgetragen werden, wenn Sie das Fahrzeug neu übernehmen.

> Um den Umgang mit dem digitalen Kontrollgerät zu lernen, ist es am besten, die Vorgänge direkt am Gerät durchzuspielen. Demonstrieren Sie die nachfolgende Prozedur daher wenn möglich an einem Kontrollgerät!

Wird die Karte eingesteckt, erscheint Folgendes im Display:

```
welcome
23:39. 21:39 UTC
```

Die Gegenüberstellung von Orts- und UTC-Zeit bleibt für ca. 3 Sekunden sichtbar.

Sozialvorschriften 3.4

Es folgt die namentliche Begrüßung des Fahrers:

```
Mr Conducteur 17
```

Der Ladebalken zeigt den Fortschritt des Einlesens der Fahrerkarte an.

Im Anschluss erscheint:

```
Letzte Entnahme
16.11.05 18:56
```

Das Display zeigt dem Fahrer für wenige Sekunden, wann er zuletzt die Fahrerkarte aus einem digitalen Kontrollgerät entnommen hat. Nun tritt das digitale Kontrollgerät mit dem Fahrer in Dialog. Zunächst werden Sie gefragt, ob Sie einen manuellen Nachtrag machen möchten („Eingabe Nachtrag?"). Mit Hilfe der Menütasten „▲▼" und „OK" kann eine Auswahl erfolgen. In in unserem Beispiel haben wir die Fahrerkarte bereits eingelegt, als wir über das Fahrzeug verfügt haben. Somit ist kein manueller Nachtrag der Arbeitszeit erforderlich. Wählen Sie „Nein" aus. Die Problematik der manuellen Nachträge wird im Folgenden noch näher betrachtet.

> Auf die Problematik eines Nachtrages für die Zeit zwischen letzter Entnahme und der gerade durchzuführenden Anmeldung wird später eingegangen.

Die nächste Frage des Kontrollgerätes bezieht sich auf den Abfahrtort und kommt nur zu Beginn eines neuen Arbeitstages:

```
◦|▶? Beginn Land
16.11  22:06  E
```

Mit Hilfe der Menütasten „▲▼" und „OK" wählen Sie beispielsweise als Land Spanien (Nationalitätenzeichen „E") aus. Der Abfahrtort bezieht sich lediglich auf das Nationalitätenzeichen des Staates, es sind keine Orte einzugeben. Diese Eingabe ist insbesondere für das System zur Verwaltung der Orts- und UTC-Zeiten wichtig.

**Beschleunigte Grundqualifikation
Basiswissen Lkw/Bus**

Da Sie Spanien ausgewählt haben, kommt es zu einer Besonderheit:

```
•I▶? Beginn Reg.
22:06   E   AN
```

Das System fragt Sie nach der Region, dort sind wieder verschiedene Kürzel hinterlegt, in diesem Fall „AN" für Andalusien. Bei den meisten Staaten erscheint die Frage nach der Region nicht. Die Auswahl erfolgt erneut mit Hilfe der Menütasten „▲▼" und „OK".

Nach erfolgreicher Anmeldung sollte Folgendes im Display sichtbar sein:

```
23:10•  ◉   0km/h
 ⓗ  43112.7 km
```

Das Kontrollgerät befindet sich in der Betriebsart „Fahren", unten links ist zu erkennen, dass die Fahrerkarte im Kartenschacht 1 eingelegt ist. Bei der Abfahrt muss kein Umstellen auf „Fahren" erfolgen. Das Gerät schaltet beim Losfahren automatisch auf die Zeitgruppe „Lenken". Zur Zeit ist in Kartenschacht 2 keine Karte eingelegt (kein Kartensymbol unten rechts). Die vorgewählte Zeitgruppe für den Fahrer 2 ist immer Bereitschaftszeit. Soll das Fahrzeug mit einer Zwei-Fahrer-Besatzung betrieben werden, muss die Anmeldung für den zweiten Fahrer nach Anmeldung Fahrer 1 durchlaufen werden. Die Karte von Fahrer 2 wird erst nach erfolgreicher Anmeldung von Fahrer 1 gesteckt.

In der Unterrichtssoftware PC-Professional Multiscreen können Sie die Anmeldung am digitalen Kontrollgerät auch anhand eines Videos zeigen. Spielen Sie das Video als Einstieg in das Thema ab und gehen Sie die einzelnen Schritte anschließend mit den Teilnehmern anhand des Arbeits- und Lehrbuchs oder der Elemente im PC-Professional Multiscreen durch. Alternativ können Sie auch zuerst die einzelnen Schritte durchgehen und das Video abschließend als Zusammenfassung zeigen.

Manuelle Nachträge

Manuelle Nachträge beziehen sich auf:
- Sonstige Arbeitszeiten
- Bereitschaftszeiten
- Fahrtunterbrechungen
- Tagesruhezeiten
- Ggf. Wochenruhezeiten

Lenkzeiten werden automatisch gespeichert und können nicht nachgetragen werden.

Manuelle Nachträge sind nur für die Zeiten zwischen der letzten Entnahme und dem erneuten Stecken der Fahrerkarte möglich. Führen Sie einen manuellen Nachtrag durch, so wird dieser lediglich auf der Fahrerkarte, nicht im Massenspeicher abgelegt.

Rechtlich besteht die Nachtragspflicht für alle Tätigkeiten. Auch für die Tagesruhezeit zwischen der Kartenentnahme am vorherigen Arbeitstag und dem Kartenstecken am neuen Arbeitstag besteht Nachtragspflicht. Ebenso ist ein Nachtrag erforderlich, wenn die Karte während der Arbeitsschicht entnommen wurde, z. B. bei einem Fahrzeugwechsel oder wenn das Fahrzeug von Lade- oder Werkstattpersonal gefahren wurde. Auch die Zeiten der Wochenruhezeit müssen nachgewiesen werden. Durch manuelle Nachträge wird ein lückenloser Nachweis der Zeitgruppen des einzelnen Fahrers möglich.

Auch für die Wochenruhezeit sind ggf. manuelle Nachträge erforderlich. Ebenso ist ein manueller Nachtrag erforderlich, wenn die Fahrerkarte während der Arbeitsschicht entnommen wurde. Dies kann eintreten, wenn das Fahrzeug von Lade- oder Werkstattpersonal gefahren wurde. Für Fahrten innerhalb Deutschlands ist bei Fahrzeugen mit digitalem Kontrollgerät der manuelle Nachtrag der Wochenruhezeit ausreichend, um die eingelegte wöchentliche Ruhezeit nachzuweisen. Unter diesen Voraussetzungen kann auf den Nachweis für berücksichtigungsfreie Tage verzichtet werden. Doch prüfen Sie an dieser Stelle Ihr Kontrollgerät. Nicht alle Geräte zeichnen einen manuellen Nachtrag für die Wochenruhezeit vollständig auf. Dann benötigen Sie trotzdem einen Nachweis über berücksichtigungsfreie Tage zur Dokumentation der Wochenruhezeit.

Im internationalen Verkehr im Gültigkeitsbereich der VO (EG) 561/2006 gibt es bezüglich des Nachweises der wöchentlichen Ruhezeit einige Probleme. Im Artikel 15 der VO (EWG) 3821/85 wird die Wochenruhezeit nicht ausdrücklich als nachtragspflichtige Zeit genannt. Doch aus die-

Beschleunigte Grundqualifikation
Basiswissen Lkw/Bus

sem Umstand kann nicht gefolgert werden, dass keine Nachweispflicht besteht. Bei Fahrzeugen mit digitalem Kontrollgerät sollte ein manueller Nachtrag auf der Fahrerkarte vorgenommen werden. Zusätzlich sollte das vorgegebene EU-Formblatt für berücksichtigungsfreie Tage vor der Fahrt maschinell ausgefüllt und als Nachweis mitgeführt werden.

AUFGABE/LÖSUNG

Der Fahrzeugführer lässt seine Fahrerkarte am Abend im Kontrollgerät stecken. Er vergisst allerdings, auf Ruhezeit umzuschalten. Das Gerät registriert und speichert sonstige Arbeitszeit. Besteht die Möglichkeit, dies mit Hilfe eines manuellen Eintrages zu korrigieren?

Nein, manuelle Nachträge sind nur für Zeiten möglich, in denen keine Fahrerkarte eingelegt gewesen ist. Aus Sicherheitsgründen und um sich die Möglichkeit manueller Eintragungen zu erhalten, sollten die Karten immer entnommen werden. Auch um die Ruhezeiten korrekt als solche zu erfassen, sollte auf die manuellen Nachträge nicht verzichtet werden.

Hintergrundwissen → Bei den neueren Kontrollgeräten besteht die Möglichkeit, das Kontrollgerät so einzustellen, dass es bei „Zündung aus" automatisch auf die voreingestellte Zeitgruppe (meist Ruhezeit) schaltet. **Achtung:** Für den Fahrer besteht aber die Verpflichtung, entsprechend seiner Tätigkeiten die jeweilige Zeitgruppe am Kontrollgerät einzustellen. Bei falschen Einstellungen drohen erhebliche Geldbußen.

Das Durchführen von manuellen Nachträgen stellt teilweise einen komplizierten Dialog mit dem Kontrollgerät dar. Sie können Fragen des Gerätes ignorieren, dies ist aber nicht zu empfehlen. Die Beantwortung, Auswahl und Bestätigung dieser Fragen erfolgt mit Hilfe der Menütasten „▲▼" und „OK". Bei den manuellen Nachträgen müssen alle Zeitangaben in UTC-Zeit erfolgen.

Sozialvorschriften 3.4

➕ Hintergrundwissen → Manueller Nachtrag der Wochenruhezeit

Es kann gerätebedingte Probleme geben, wenn ein Fahrer freitags seine Woche beendet, seine Fahrerkarte entnimmt, sich dann am Montagmorgen anmeldet und seine Wochenruhezeit manuell nachträgt. Er wird in der Menüführung die Zeit von Freitagabend bis zum Montagmorgen als Ruhezeit eintragen. Durch den doppelten Datumswechsel speichern einige Geräte auf der Fahrerkarte allerdings nur die Zeiten von Freitag und Montag. Der Samstag und der Sonntag sind „verschwunden". Dieses „Phänomen" ist geräte- und versionsabhängig. Machen Sie Ihre Teilnehmer darauf aufmerksam. Tipp für die Praxis: Bei einem anerkannten Einbaubetrieb vorfahren und sich über das verbaute Gerät informieren.

AUFGABE/LÖSUNG

Ein Omnibusfahrer beginnt seine Arbeit Montagmorgen mit einer einstündigen Vorbereitung (Abfahrtskontrolle, Beladen des Fahrzeuges mit Getränken usw.). Bevor er losfährt, steckt er seine Fahrerkarte in das digitale Kontrollgerät. Was muss er beachten?

Aus der VO (EWG) 3821/85 Artikel 15, Abs. 2, Unterabsatz 2 ergibt sich die Verpflichtung, sonstige, der Lenkzeit vorangegangene Arbeiten nachzutragen.
Für den Fahrer bedeutet dies, dass er beim Einchecken mit der Fahrerkarte einen manuellen Nachtrag durchführen muss.

Die nachfolgenden Bilder verdeutlichen die Durchführung eines manuellen Nachtrages für eine Tätigkeit vor Fahrtbeginn:

1. Die Frage „Eingabe Nachtrag?" mit „Ja" beantworten

2. Der Ort des Schichtendes wird erfragt (Land und ggf. Region, z. B. in Spanien)

Beschleunigte Grundqualifikation
Basiswissen Lkw/Bus

```
▶●? Ende Region
22:44 E    AN
```

3. Es erscheint die Frage nach Beginn des Landes und Uhrzeit

```
●▶? Beginn Land
16.11 22:45 :E
```

4. Eingabemöglichkeit für Aktivitäten vor Fahrtbeginn

```
16.11 22:45 -
16.11 22:54
```

5. Auswahl der Zeitgruppe

```
16.11 22:45 -
16.11 22:54    *
```

6. Bestätigung

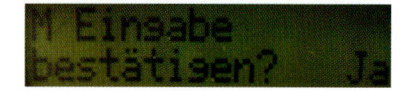

```
M Eingabe
bestätigen?   Ja
```

Auschecken am Ende des Arbeitstages

Grundsätzlich sollte die Fahrerkarte am Ende des Arbeitstages entnommen werden. Nur so kann ein Diebstahl der Fahrerkarte wirksam verhindert werden. Es besteht aber keine Verpflichtung zur Entnahme der Fahrerkarte.

Sie fahren beispielsweise mit Ihrem Kraftfahrzeug auf den Betriebshof und wollen nach einer Reinigung des Fahrzeuges Ihren Arbeitstag beenden. Beim Anhalten des Kraftfahrzeuges schaltet das Kontrollgerät automatisch auf sonstige Arbeiten. Diese Einstellung ist für die durchzuführende Reinigung in Ordnung. Nach Beendigung Ihrer Reinigungsarbeiten endet Ihr Arbeitstag. Betätigen Sie den Zeitgruppenschalter 1 solange bis das Symbol Ruhezeit erscheint.

Nun entnehmen Sie die Karte. Das Gerät tritt mit Ihnen in Dialog und möchte den Ort (evtl. Region) des Endes wissen.

```
▶●? Ende Land
16.11  22:59  E
```

3.4 Sozialvorschriften

Im Rahmen des Dialoges bietet das Gerät auch einen Tagesausdruck an, die Auswahl kann mit den Menütasten „▲▼" und „OK" erfolgen. Die Entnahme der Fahrerkarte am Ende des Arbeitstages bietet den Vorteil, dass manuelle Nachträge vorgenommen werden können, z. B., wenn vergessen wurde, das Gerät auf Ruhezeit zu stellen. Wurde die Karte stecken gelassen, ist kein manueller Nachtrag möglich.

Mögliche Bedienungsfehler/Wissenswertes im täglichen Gebrauch

> Sie müssen Ihre Teilnehmer auf einige Besonderheiten im Umgang mit dem digitalen Kontrollgerät hinweisen. Sind diese nicht bekannt, können durch Unwissenheit Ordnungswidrigkeiten begangen werden, die ein Bußgeld nach sich ziehen.

AUFGABE/LÖSUNG

Sie fahren mit Ihrem Sattelzug eine Raststätte an, um Ihre vorgeschriebene Lenkzeitunterbrechung von 45 Minuten einzulegen. Was ist zu beachten?

Sobald der Sattelzug zum Stehen kommt, schaltet die Zeitgruppe beim digitalen Kontrollgerät auf sonstige Arbeiten um. Sie müssen nun unbedingt auf Unterbrechung schalten. Wird dies unterlassen, gilt die vorgeschriebene Unterbrechung als nicht eingelegt. Ein Umschalten auf Unterbrechung am Ende der Lenkzeitunterbrechung ist nicht möglich.

Ein Video in der Unterrichtssoftware PC-Professional Multiscreen zeigt einen typischen Bedienfehler, der bei der Verwendung von älteren digitalen Kontrollgeräten auftreten kann: Der Fahrer vergisst, das Gerät bei Beginn der Pause auf „Unterbrechung" zu stellen.

Beschleunigte Grundqualifikation
Basiswissen Lkw/Bus

➕ **Hintergrundwissen** → Darf die Fahrerkarte an einem Rasthof entnommen werden und ändert sich in dem Fall etwas, wenn beim Entnehmen vergessen wurde, auf Unterbrechung zu schalten?

Die Entnahme von Fahrerkarten während des Arbeitstages wird toleriert und ist generell beim Fahrzeugwechsel erforderlich. Dass die Entnahme von Fahrerkarten kritisch betrachtet wird, geht auf die Schaublätter des analogen Kontrollgerätes zurück. Für einen Zeitraum von 24 Stunden darf nur ein Schaublatt verwendet werden, durch Entnahme entstehen Lücken, bei denen nicht nachzuvollziehen ist, ob ein Betrug mit einem zweiten Schaublatt vorliegt. Nur die Entnahme zum Fahrzeugwechsel war zugelassen. Entsprechendes findet sich im Artikel 15 Abs. 2 VO (EWG) Nr. 3821/85.

Bei den Fahrerkarten ist diese Entnahme unbedenklicher, da der Fahrer ja nur über eine Fahrerkarte verfügen kann. Entnimmt der Fahrer seine Karte, muss er die oben beschriebene Abmeldeprozedur durchlaufen und sich nachher wieder beim Gerät einchecken. Hierdurch entsteht der Vorteil, dass er, falls er vergessen hat, Unterbrechung einzuschalten, diese durch einen manuellen Nachtrag beim Einchecken nachträglich speichern kann. Die Fahrerkarte ist ebenso wie der Führerschein ein persönliches Dokument, welches Sie vor Diebstahl und Verlust schützen müssen. Die Entnahme beim Verlassen des Fahrzeuges stellt eine entsprechende Maßnahme dar.

Dieser Argumentation muss allerdings eine Mitteilung des Bundesamtes für Güterverkehr (BAG) hinzugefügt werden. Das BAG toleriert die vorzeitige Kartenentnahme nicht, es verfolgt diesen Verstoß mit Bußgeldern. Ihre Teilnehmer sind somit in einem Zwiespalt: Auf der einen Seite lernen sie, persönliche Dokumente vor Diebstahl zu schützen, und auf der anderen Seite droht ein Bußgeld, wenn sie die Fahrerkarte an einem Rastplatz entnehmen.

Durch folgende Piktogrammkombination wird Ihnen signalisiert, dass Ihre Fahrerkarte nicht korrekt funktioniert.

☒▯1 (Kartenfehlfunktion in Kartenschacht 1)

Welches Verhalten ist nun erforderlich?

> ↻ Sammeln Sie zunächst die Beiträge Ihrer Teilnehmer. Vermutlich wird die Verpflichtung zur Beantragung einer neuen Karte genannt werden, da dies bereits bei der Vorstellung der Fahrerkarte behandelt wurde.

Da kein Defekt am digitalen Kontrollgerät vorliegt, werden Daten weiterhin im Massenspeicher gespeichert. Grundsätzlich darf die Fahrt bei einer defekten Fahrerkarte fortgesetzt werden. Allerdings hat der Fahrer für diesen Fall einige besondere Pflichten. *Zu Beginn der Fahrt* ist ein Ausdruck mit den Angaben zum verwendeten Fahrzeug anzufertigen. Auf diesem Ausdruck sind handschriftliche Angaben durch den Fahrer hinzuzufügen:

- Geburts-, Familien- und Vorname
- Nummer der Fahrerkarte oder des Führerscheins
- Unterschrift des Fahrers
- Ggf. sonstige Arbeitszeiten, Bereitschaftszeiten oder Unterbrechungen vor Fahrtbeginn

Nach der Fahrt ist ein Ausdruck der Zeiten, die das Kontrollgerät aufgezeichnet hat, erforderlich. Auf diesem Ausdruck ist hinzuzufügen:

- Geburts-, Familien- und Vorname
- Nummer der Fahrerkarte oder des Führerscheins
- Unterschrift des Fahrers
- Ggf. sonstige Arbeitszeiten, Bereitschaftszeiten oder Unterbrechungen vor Fahrtbeginn

Die persönlichen Daten auf diesen Ausdrucken nachzutragen ist erforderlich, da diese bei Ausdrucken aus dem Massenspeicher fehlen.

Sie dürfen noch bis zu 15 Tage ohne Fahrerkarte fahren, müssen sich aber sofort um eine neue Karte bemühen. Sollte Ihnen dies nicht möglich sein, da Sie eine längere Tour durchführen, ist dies nachzuweisen. Unterlagen der Disposition oder Ähnliches sind hilfreich.

Beschleunigte Grundqualifikation
Basiswissen Lkw/Bus

> ↻ Bringen Sie an dieser Stelle folgendes Fallbeispiel: Das digitale Kontrollgerät Ihres Kraftfahrzeugs ist defekt. Sie befinden sich mit Ihrem Kraftfahrzeug noch zehn Tage im Ausland bis zur Rückkehr zum Betriebssitz. Welches Verhalten ist richtig? Antwort: Die Fahrt darf selbstverständlich fortgesetzt werden, es sind jedoch einige wichtige, im Folgenden beschriebene Punkte zu beachten.

Bei einer Betriebsstörung hat das Unternehmen die Reparatur des Gerätes zu veranlassen. Allerdings ist diese eindeutige Aussage mit dem Zusatz „sobald es die Umstände gestatten" verbunden. Spätestens muss die Reparatur jedoch nach sieben Tagen erfolgen. Wird dies versäumt, können die zuständigen Behörden den Betrieb des Fahrzeuges untersagen. Kehrt ein Fahrzeug innerhalb der Wochenfrist nicht zum Sitz des Unternehmens zurück, hat der Fahrer die Aufgabe, die Reparatur unterwegs durchführen zu lassen. Dazu ist ein zugelassener Installateur oder ein zugelassener Betrieb aufzusuchen.

Für die Dauer des Defektes sind einige Dinge zu beachten, damit die Zeiten (Lenkzeiten, Unterbrechungen, Ruhezeiten und Bereitschaftszeiten) weiterhin nachzuvollziehen sind. Der Fahrer hat auf einem gesonderten Blatt seine Zeitgruppen nachzuhalten und der Fahrerkarte beizufügen. Auf diesem Blatt müssen zudem folgende Angaben enthalten sein:

- Geburts-, Familien- und Vorname
- Nummer der Fahrerkarte oder des Führerscheins
- Unterschrift des Fahrers

„Der Fahrerkarte beizufügen" bedeutet, diese Unterlagen im Fahrzeug mitzuführen und bei Kontrollen vorzuweisen. Angaben zur Tätigkeit sollten grundsätzlich mit Datum und Uhrzeit erfolgen.

Bei allen Störungen und Ereignissen wird der Fahrer über eine rote Warnlampe am Tacho über diese Zustände informiert. Im Display erscheint dann eine Meldung in Klartext, die dabei hilft, die Ursachen zu finden. Mögliche Fehler sind:

Sozialvorschriften 3.4

- Spannungsunterbrechung
- Fahrt ohne gültige Karte
- Gerätestörung
- Kartenkonflikt

Einige Ereignisse oder Störungen kann der Fahrer selbst schnell beheben. „Kartenkonflikt" bedeutet, dass eine Karte eingelegt ist, die nicht mit einer anderen zusammen betrieben werden kann. „Fahrt ohne gültige Karte" bedeutet, dass die Gültigkeitsdauer der Fahrerkarte von fünf Jahren überschritten ist. Bei „Gerätestörungen" oder „Spannungsunterbrechungen" ist in jedem Fall eine Werkstatt aufzusuchen.

AUFGABE/LÖSUNG

Die Warnlampe im Tacho leuchtet und folgende Anzeige erscheint:

🕭 Pause!

1️⃣ 04 h 16   ❚❚ 00 h 00

Welche Bedeutung hat diese Meldung?

Die 4 Stunden und 16 Minuten zeigen an, dass der Fahrer eine Lenkzeit von 4 Stunden und 16 Minuten erreicht hat. Das digitale Kontrollgerät warnt den Fahrer vor Erreichen der 4,5 Stunden, dass er spätestens in 14 Minuten eine Pause einzulegen hat.

↻ Die Teilnehmer können diese Aufgabe sicher lösen. Nach dem vorgesehenen Ablauf haben Sie bereits die rechtlichen Regelungen der VO (EG) 561/2006 behandelt. Die Bedeutung der Lenkzeitblöcke von max. 4,5 Stunden ist somit bekannt.

Beschleunigte Grundqualifikation
Basiswissen Lkw/Bus

Beim Erreichen der 4,5 Stunden Lenkzeit erscheint folgende Meldung:

4 0 1 Pause!

1 0 04 h 30   **❚❚** 00 h 15

Alle Meldungen im Display müssen durch den Fahrer mit „ok" quittiert werden. Erfolgt nach dem Quittieren der Meldung keine Pause, so erscheint diese Meldung alle 15 Minuten erneut.

AUFGABE/LÖSUNG

1. Nach einer Fahrtunterbrechung von 45 Minuten, der 3,5 Stunden Lenkzeit vorausgegangen sind, zeigt das digitale Kontrollgerät folgende Meldung:

4 0 1 Pause!

1 0 04 h 16   **❚❚** 00 h 00

Was hat diese Meldung zu bedeuten?
Wie muss der Fahrer sich nun verhalten?

Diese Meldung dürfte Ihren Teilnehmern von der vorhergehenden Aufgabe bekannt sein. Das digitale Kontrollgerät mahnt eine Unterbrechung an, da ein Lenkzeitblock von 4,5 Stunden fast erreicht ist. Bei diesem Beispiel liegt ein Bedienfehler durch den Fahrzeugführer vor. Er hatte es beim Einlegen der Fahrtunterbrechung unterlassen, das Gerät auf Unterbrechung umzustellen. Die vermeintliche Fahrtunterbrechung wurde somit als sonstige Arbeit (Grundeinstellung, wenn das Fahrzeug hält) gespeichert.
Der Fahrzeugführer muss nun die Unterbrechung von 45 Minuten wiederholen, da sonst ein Verstoß gegen die VO (EG) 561/2006 vorliegt.

Sozialvorschriften 3.4

Die folgende Aufgabe, die den Abschnitt über das digitale Kontrollgerät beenden soll, behandelt die Möglichkeit, Daten zur Lenkzeit und zu den Unterbrechungen abzufragen. Diese Funktion wurde bisher noch nicht erläutert. Falls die Möglichkeit besteht, geben Sie den Teilnehmern die Gelegenheit, an einem digitalen Kontrollgerät zu probieren, wie sie diese Informationen erhalten können.

AUFGABE/LÖSUNG

2. Versuchen Sie herauszufinden, wie Sie am digitalen Kontrollgerät Informationen zu Ihrer Lenkzeit, zu Ihren durchgeführten Unterbrechungen und der Dauer Ihrer derzeitigen Aktivität bekommen.

Um an diese Information zu gelangen, müssen die Menütasten „▲▼" verwendet werden. Es erscheint eine Anzeige. Der Fahrer kann auf dieser Anzeige folgende Informationen ablesen:

- Lenkzeit seit der letzten gültigen Unterbrechung von 45 Minuten
- Gültige Unterbrechungen seit der letzten Unterbrechung von 45 Minuten Dauer
- Dauer der aktuellen Aktivität
- Lenkzeit Doppelwoche

Aus der Praxis – für die Praxis

TIPPS FÜR UNTERWEGS

Lenk- und Ruhezeiten in der Praxis

Die Lenk- und Ruhezeiten perfekt einzuhalten, ist im Arbeitsalltag eines Lastwagen- oder Busfahrers eine große Herausforderung. Wer mit den Tücken eines digitalen Kontrollgerätes kämpfen muss, läuft Gefahr, Fehler zu verursachen, die in Polizeikontrollen zu Problemen führen können. Deswegen hier nun ein paar Tipps zum praxisgerechten Umgang mit Ihrem digitalen Tachographen.

Parkplatznotstand

Parkplatznotstand bedeutet, dass es auf deutschen Autobahnen oft schon am frühen Abend, je nach Teilstück kann das bereits ab 18 Uhr sein, häufig keine freien Parkplätze für Schwerfahrzeuge mehr gibt. Wer dann auf der Suche nach einer freien Parkbucht einen Parkplatz nach dem anderen durchsucht, überzieht unter Umständen die maximal zulässige Lenkzeit. In diesem Fall sollten Sie auf jedem Parkplatz, den Sie durchforsten, einmal kurz anhalten. Sinn macht das, weil diese kurzen Stopps auf Ihrer Fahrerkarte protokolliert werden. Dies ist wichtig als Nachweis Ihrer Parkplatzsuche, falls Sie in einer Polizeikontrolle wegen der überzogenen Lenkzeit zur Rede gestellt werden. Denn Beamte haben beim digitalen Kontrollgerät keine Möglichkeit mehr, Ihre Schleichfahrten durch vollbesetzte Parkplätze nachzuvollziehen, weil auf Fahrerkarten Geschwindigkeiten – anders als auf Tachoscheiben – nicht notiert werden. Und im Massenspeicher werden Geschwindigkeiten zwar 24 Lenkzeitstunden lang sekundengenau protokolliert, danach aber überschrieben. Nach ein paar Tagen hinterm Steuer entfällt also auch diese Möglichkeit, die Begründung für Ihre überzogene Lenkzeit zu beweisen. Kurze Stopps aber werden auf Fahrerkarten dauerhaft vermerkt und können somit von Ihnen als „Beweismittel" herangezogen werden.

Fahrerkarte steckenlassen?

Dürfen Sie Ihre Fahrerkarte im Kontrollgerät steckenlassen, wenn Sie in den Feierabend gehen? Viele Fahrer machen es genau so, weil sie sich damit den manuellen Nachtrag bei Arbeitsbeginn ersparen wollen. Die Antwort darauf lautet: Im Prinzip ja! Sie dürfen sie stecken lassen! Allerdings nur, wenn Sie 100%ig sicher sein können, dass niemand Ihre Karte stehlen oder Ihr Fahrzeug damit in Bewegung setzen kann. Damit entfällt aber eigentlich das Abstellen des Fahrzeuges auf dem Firmenhof mit gesteckter Karte. Zumindest, wenn Sie danach den Fahrzeugschlüssel ans firmeneigene Schlüsselbrett hängen oder ein Zweitschlüssel existiert. Schließlich könnten nun Kollegen Ihr Fahrzeug auf dem Firmenhof zum Rangieren, zur Starthilfe o.ä. benutzen. Steckt dabei Ihre Fahrkarte im Schacht, hat das für Sie den gravierenden Nachteil, dass Ihre Tagesruhezeit unterbrochen wird, obwohl Sie selbst das Fahrzeug gar nicht bewegt haben.

Lieber entnehmen!

Besser ist es daher, Sie entnehmen Ihre Fahrerkarte, wenn Sie Ihr Fahrzeug auf dem Betriebshof abstellen und aktiveren im Kontrollgerät die Einstellung „Out". Damit geben Sie an, dass sich Ihr Fahrzeug in einem Bereich befindet, in dem die Lenk- und Ruhezeitenregelung nicht gilt. Das trifft beispielsweise zu, wenn das Betriebsgelände Ihrer Firma durch einen Zaun mit Schranke o.ä. klar erkennbar vom öffentlichen Straßenverkehr getrennt ist und die StVO keine Geltung hat. In diesem Bereich darf der Hofdienst oder Ladepersonal Ihr Fahrzeug bewegen, ohne dass eine Karte gesteckt ist. Zwar sehen Sie danach auf dem Display die Meldung „Fahrt ohne gültige Karte", die Sie mit „ok" bestätigen müssen, aber ein Verstoß liegt in diesem Fall nicht vor, weil vorher die Bedingungen für die Fahrt ohne Karte klar umrissen wurden.

Problemlos durch die Polizeikontrolle

Besorgen Sie sich eine sogenannte Fahrermappe und archivieren Sie darin alle kontrollrelevanten Dokumente; also beispielsweise die Fahrzeugscheine für Zugfahrzeug und Anhänger, EU-Lizenz, Versicherungsbestätigungen sowie Nachweise über arbeitsfreie Tage, Tachoscheiben oder Ausdrucke aus dem digitalen Tachographen. Geraten Sie nun in eine Kontrolle, präsentieren Sie dem Beamten den sauber sortierten (!) Inhalt. Das zeigt, dass Sie bemüht sind, perfekt zu arbeiten und nichts zu verbergen haben. Ein vernünftiger Beamter hat nun auch keinen Grund, sich an Kleinigkeiten festbeißen zu wollen. So kann eine Kontrolle in gegenseitigem Respekt verlaufen.

Nach einer Kontrolle, bei der etwas beanstandet wurde, sollten Sie den Beamten unbedingt bitten, das sogenannte europäische Kontrollprotokoll auszufertigen. Das verhindert sogar im Ausland, dass Sie für ein Vergehen ein zweites Mal zur Kasse gebeten werden können. Aber auch wenn eine Überprüfung ohne Beanstandung absolviert wurde, sind die Beamten verpflichtet, die Kontrolle nachzuweisen. Bei Tachoscheiben durch einen Stempel auf der letzten überprüften Scheibe **(Foto)** oder auf einem Ausdruck aus dem digitalen Kontrollgerät.

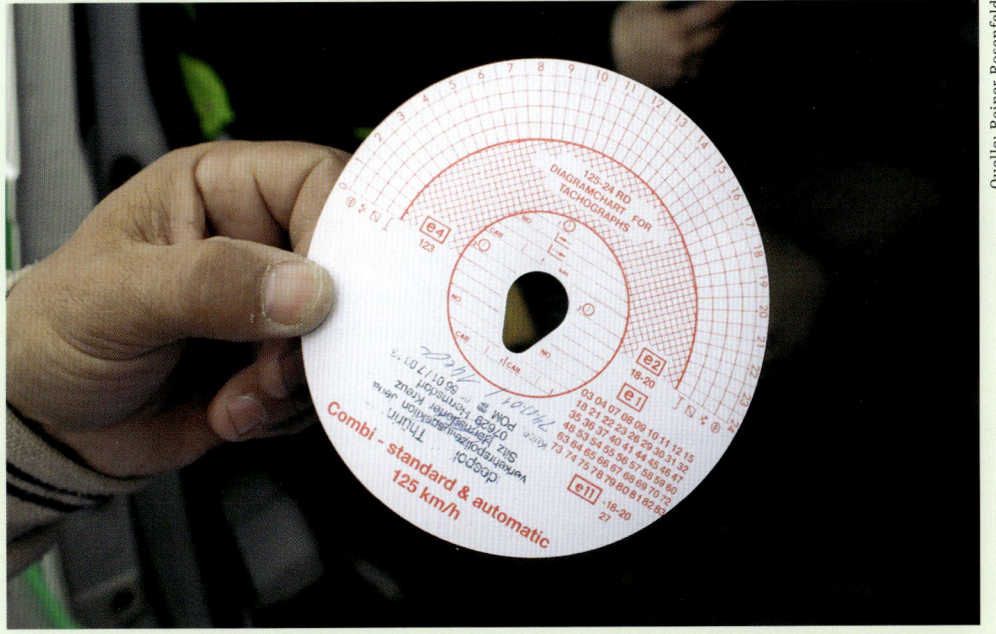

Quelle: Reiner Rosenfeld

**Beschleunigte Grundqualifikation
Basiswissen Lkw/Bus**

3.5 Mitführpflichten

▶ **Die Teilnehmer sollen die Mitführpflichten kennen.**

↻ Erläutern Sie den Zweck der Mitführpflichten und erarbeiten Sie gemeinsam die Regelungen in den verschiedenen Fällen.

🕒 Ca. 30 Minuten

💻 Führerschein: Fahren lernen Klasse C, Lektion 1; Fahren lernen Klasse D, Lektion 17

Die Mitführpflichten ermöglichen es den zuständigen Kontrollbehörden, die Einhaltung der Sozialvorschriften zu überprüfen. Bei Straßenkontrollen werden der aktuelle Tag und die vorausgegangenen 28 Kalendertage überprüft.

↻ Bevor Sie die einzelnen Fälle erläutern, sollten Sie den Zweck der sogenannten Mitführpflichten darstellen.

Fahrerkarte

Die Fahrerkarte ist bei einem Fahrzeug mit analogem Kontrollgerät mitzuführen, wenn der Fahrer eine solche besitzt. Für ein Fahrzeug mit digitalem Kontrollgerät gilt, dass der Fahrer eine Fahrerkarte besitzen und diese mitführen muss. Die Fahrerkarte ist fünf Jahre gültig und personenbezogen.
Sollte es zum **Verlust, Diebstahl oder zur Beschädigung der Fahrerkarte** kommen, muss der Besitzer sich an die für die Ausstellung zuständige Behörde wenden. Einzelheiten regelt die VO (EWG) 3821/85. In diesen Fällen müssen Sie am Ende der Fahrt die Zeitgruppen, die das Gerät aufgezeichnet hat, ausdrucken. Auf diesem Ausdruck ist der Name sowie die Nummer des Führerscheins oder der Fahrerkarte zu notieren, diese Angaben müssen unterschrieben werden.

Handschriftliche Aufzeichnungen/Ausdrucke

Handschriftliche Aufzeichnungen werden erforderlich, wenn ein Defekt am Kontrollgerät keine Aufzeichnungen mehr ermöglicht. Die entsprechenden Zeitgruppen können auf der Rückseite der Diagrammscheibe entsprechend eingetragen werden. Bei Defekt eines digitalen Kontrollgerätes sind die Zeitgruppen manuell nachzuhalten, dazu kann auch ein Blatt verwendet werden. Enthalten sein müssen, neben den Angaben zu den Zeitgruppen,

- Angaben zur Person
- Nummer des Führerscheins
- Unterschrift

Ausdrucke aus dem Massenspeicher werden erforderlich, wenn ein Defekt an der Fahrerkarte vorliegt. Zu Beginn der Fahrt ist ein Ausdruck über das verwendete Fahrzeug zu erstellen. Auf diesem Ausdruck sind dann Aufzeichnungen zu den oben genannten Angaben zu machen. Dies ist erforderlich, da der Ausdruck fahrzeug- und nicht fahrerbezogen ist. Am Fahrtende ist ein Ausdruck über die vom Gerät aufgezeichneten Zeiten durchzuführen. Sollten hier Zeiten nicht vollständig erfasst sein, sind diese handschriftlich zu vermerken. Dieser Ausdruck ist erneut mit den oben genannten Daten zu versehen.

Nachweis über berücksichtigungsfreie Tage

Bei Kontrollen hat sich der Überprüfungszeitraum verlängert. Seit 1. Januar 2008 werden der laufende Tag und die vorausgegangenen 28 Kalendertage kontrolliert. Ist in diesem Zeitraum einmal kein Fahrzeug geführt worden oder hatten Sie Urlaub, ist darüber eine Bescheinigung mitzuführen. Dies gilt bei Verwendung des analogen und des digitalen Kontrollgerätes. Im Einzelnen greift diese Vorschrift, wenn Sie:

- Urlaub hatten
- Krank gewesen sind
- Ein Fahrzeug gelenkt haben, für das keine Nachweispflicht besteht
- Aus anderen Gründen kein Fahrzeug gelenkt haben

Der Unternehmer hat dem Fahrer die Bescheinigung vor Fahrtantritt auszuhändigen. Die Bescheinigung darf nicht handschriftlich ausgestellt sein. Wenn es die Umstände erfordern, kann auch ein Telefax anerkannt werden. Die Bescheinigung ist vom Unternehmer oder einer von ihm beauftragten Person zu unterzeichnen. Bei der beauftragten Person darf es sich nicht um den Fahrer handeln. Allerdings unterzeichnet der Fahrer zusätzlich auf der Bescheinigung. Sollte ein berücksichtigungsfreier Tag unterwegs anfallen (z. B. der Fahrer erkrankt unterwegs), so ist die Bescheinigung nachträglich zu erstellen und auf Verlangen berechtigten Behörden vorzulegen. Die EU-Kommission hat am 16.12.2009 mit der Änderung der Leitlinie Nr. 5 ein einheitliches Muster im Amtsblatt veröffentlicht, mit dem Unternehmer Fahrern eine Bescheinigung für Tage erteilen können, an denen keine Aufzeichnungen gefertigt wurden. Diese Bescheinigung kann auch für Fahrer eingesetzt werden, die Fahrzeuge (2,8 bis 3,5 t zGM) lenken, die der Fahrpersonalverordnung unterliegen.

Muss für die Wochenruhezeit eine Bescheinigung über berücksichtigungsfreie Tage erstellt werden?

Generell empfiehlt es sich, im grenzüberschreitenden Verkehr auch bei vollzogenem Nachtrag die Bescheinigung über Wochenruhezeiten mitzuführen. Im innerdeutschen Verkehr haben sich die obersten Behörden des Bundes und der Länder darauf geeinigt, keine Bescheinigung zu verlangen, wenn bestimmte Bedingungen eingehalten werden:

- Fahrzeug mit digitalem Kontrollgerät: die Wochenruhezeit wurde manuell auf der Fahrerkarte nachgetragen.
- Fahrzeug mit analogem Kontrollgerät: die Wochenruhezeit wurde auf der Rückseite des auf die Wochenruhezeit folgenden Schaublattes manuell eingetragen.
- Handelt es sich um ein Fahrzeug zwischen 2,8 t und 3,5 t zGM ohne ein analoges oder digitales Kontrollgerät, so ist die Wochenruhezeit auf den Tageskontrollblättern einzutragen.

Achtung! Bei einigen digitalen Geräten warnt das BAG, dass der manuelle Nachtrag der Wochenruhezeit nur teilweise bzw. unvollständig auf der Fahrerkarte erfolgt. Prüfen Sie dies bei Ihrem Gerät, denn ohne diesen Nachtrag darf auf die Bescheinigung im innerdeutschen bzw. internationalen Verkehr nicht verzichtet werden.

Bescheinigungsformular

Das neue einheitliche EU-Formblatt vom 16.12.2009 soll zum Nachweis verwendet werden. Dieses ersetzt das bisherige EU-Formblatt. Im innerdeutschen Verkehr wird neben dem neuen EU-Formblatt auch noch das alte deutsche Muster akzeptiert. Im grenzüberschreitenden Verkehr sollte das EU-Formblatt verwendet werden, um Probleme zu vermeiden.

Sozialvorschriften 3.5

ANHANG

BESCHEINIGUNG VON TÄTIGKEITEN[1]
(VERORDNUNG (EG) NR. 561/2006 ODER AETR[2])

Vor jeder Fahrt maschinenschriftlich auszufüllen und zu unterschreiben. Zusammen mit den Original-Kontrollgerätaufzeichnungen aufzubewahren

FALSCHE BESCHEINIGUNGEN STELLEN EINEN VERSTOSS GEGEN GELTENDES RECHT DAR.

Vom Unternehmen auszufüllender Teil
(1) Name des Unternehmens: _____
(2) Straße, Hausnr., Postleitzahl, Ort, Land: _____, _____, _____
(3) Telefon-Nr. (mit internationaler Vorwahl): _____
(4) Fax-Nr. (mit internationaler Vorwahl): _____
(5) E-Mail-Adresse: _____

Ich, der/die Unterzeichnete
(6) Name und Vorname: _____
(7) Position im Unternehmen: _____

erkläre, dass sich der Fahrer/die Fahrerin
(8) Name und Vorname: _____
(9) Geburtsdatum (Tag, Monat, Jahr): _____, _____, _____
(10) Nummer des Führerscheins, des Personalausweises oder des Reisepasses: _____
(11) der/die im Unternehmen tätig ist seit (Tag, Monat, Jahr): _____, _____, _____

im Zeitraum
(12) von (Uhrzeit/Tag/Monat/Jahr): _____/_____/_____/_____
(13) bis (Uhrzeit/Tag/Monat/Jahr): _____/_____/_____/_____
(14) ☐ sich im Krankheitsurlaub befand ***
(15) ☐ sich im Erholungsurlaub befand ***
(16) ☐ sich im Urlaub oder in Ruhezeit befand ***
(17) ☐ ein vom Anwendungsbereich der Verordnung (EG) Nr. 561/2006 oder des AETR ausgenommenes Fahrzeug gelenkt hat ***
(18) ☐ andere Tätigkeiten als Lenktätigkeiten ausgeführt hat ***
(19) ☐ zur Verfügung stand ***
(20) Ort: _____ Datum: _____
Unterschrift: ....

(21) Ich, der Fahrer/die Fahrerin, bestätige, dass ich im vorstehend genannten Zeitraum kein unter den Anwendungsbereich der Verordnung (EG) Nr. 561/2006 oder das AETR fallendes Fahrzeug gelenkt habe.

(22) Ort: _____ Datum: _____
Unterschrift des Fahrers/der Fahrerin: ....

---

[1] Eine elektronische und druckfähige Fassung dieses Formblattes ist verfügbar unter der Internetadresse http://ec.europa.eu
[2] Europäisches Übereinkommen über die Arbeit des im internationales Straßenverkehr beschäftigten Fahrpersonals.
*** Nur ein Kästchen ankreuzen

DE 1 DE

Abbildung 156: EU-Formblatt zum Nachweis berücksichtigungsfreier Tage

> **WWW** Das EU-einheitliche Formular zum Nachweis von Urlaubs-, Krankheits- und anderen berücksichtigungsfreien Tagen kann auf der Internetseite des BAG heruntergeladen werden: **www.bag.bund.de**

Schaublätter/Ersatzschaublätter/-druckerpapier

Beschriebene Schaublätter sind nur beim analogen Kontrollgerät mitzuführen. Mitzuführen sind neben dem aktuellen Schaublatt die Schaublätter der vorausgegangenen 28 Kalendertage. Beim digitalen Kontrollgerät werden keine Schaublätter mehr eingesetzt, die Daten werden auf der Fahrerkarte gespeichert. Außerdem müssen Sie Ersatzschaublätter bzw. Ersatzdruckerpapier mitführen.

Ausweispapier

Der Sozialversicherungsausweis muss seit Anfang 2009 nicht mehr mitgeführt werden. Sie müssen jedoch ein Ausweispapier mitführen, das sich zur schnellen und zweifelsfreien Identifikation eignet (Personalausweis, Pass oder ein Ausweis- oder Passersatz).

Kontrollbescheinigung

Wird im Geltungsbereich der VO (EG) 561/2006 ein Verstoß gegen die VO (EG) 561/2006 oder die VO (EWG) 3821/85 festgestellt, kann ein Verfahren oder eine Sanktion die Folge sein. Sollten solche Maßnahmen ergriffen worden sein, muss die entsprechende Stelle (z. B. Polizei, BAG) dem Fahrer eine Kontrollbescheinigung ausstellen. Die Kontrollbescheinigung ist solange vom Fahrer mitzuführen, bis derselbe Verstoß nicht mehr zu einem zweiten Verfahren führen kann.

> Die drei möglichen Fälle bei der Verwendung von Kontrollgeräten können von Ihren Teilnehmern in Form von Gruppenarbeiten behandelt werden. Geben Sie Ihren Teilnehmern die Hilfe, dass bei einer Kontrolle alle Unterlagen zur lückenlosen Nachvollziehbarkeit vorhanden sein müssen.

Sozialvorschriften 3.5

AUFGABEN/LÖSUNGEN

1. Sie führen ein Kraftfahrzeug mit digitalem Kontrollgerät. Welche Unterlagen müssen Sie hinsichtlich der Überprüfung der Einhaltung der Sozialvorschriften mitführen?

- Fahrerkarte
- Tagesausdrucke mit handschriftlichen Angaben zum Fahrer bei Defekt, Verlust oder Diebstahl der Fahrerkarte (für den Vorlagezeitraum)
- Handschriftliche Aufzeichnungen bei Defekt am Kontrollgerät (für den Vorlagezeitraum)
- Bescheinigung über berücksichtigungsfreie Tage nach VO (EG) 561/2006, Art. 6, Abs. 5 bzw. §20 Abs. 1 FPersV (für den Vorlagezeitraum). Achtung: Das EU-Formblatt darf nicht handschriftlich ausgefüllt werden!
- Ungültige Fahrerkarte ist sieben Tage mitzuführen (§6 FPersV)

Auf die Bescheinigung über berücksichtigungsfreie Tage kann auch nicht verzichtet werden, wenn der Fahrer einen manuellen Nachtrag über einen berücksichtigungsfreien Tag auf der Fahrerkarte macht.

2. Sie führen in einem Zeitraum von 28 Tagen abwechselnd Fahrzeuge mit digitalem und analogem Kontrollgerät.
Welche Unterlagen sind mitzuführen, wenn Sie
a) heute ein Fahrzeug mit analogem Kontrollgerät
b) heute ein Fahrzeug mit digitalem Kontrollgerät
benutzen?

Aufgabe a)
- Fahrerkarte
- Schaublatt des heutigen Tages
- Schaublätter von den Tagen der vorausgehenden 28 Kalendertage, an denen Sie ein Fahrzeug mit analogem Kontrollgerät geführt haben
- Ausdrucke von den Tagen der letzten 28 Kalendertage, an denen Sie ein Fahrzeug mit digitalem Kontrollgerät geführt haben

- Handschriftliche Aufzeichnungen bei Defekt am Kontrollgerät (für den Vorlagezeitraum)
- Tagesausdrucke mit handschriftlichen Angaben zum Fahrer bei Defekt, Verlust oder Diebstahl der Fahrerkarte (für den Vorlagezeitraum)
- Bescheinigung über berücksichtigungsfreie Tage nach VO (EG) 561/2006, Art. 6, Abs. 5 bzw. §20 Abs. 1 FPersV (für den Vorlagezeitraum). Achtung: Das EU-Formblatt darf nicht handschriftlich ausgefüllt werden!
- Ungültige Fahrerkarte ist sieben Tage mitzuführen (§6 FPersV)

Aufgabe b)
- Fahrerkarte
- Schaublätter von den Tagen der vorausgehenden 28 Kalendertage, an denen Sie ein Fahrzeug mit analogem Kontrollgerät geführt haben
- Handschriftliche Aufzeichnungen bei Defekt am Kontrollgerät (für den Vorlagezeitraum)
- Tagesausdrucke mit handschriftlichen Angaben zum Fahrer bei Defekt, Verlust oder Diebstahl der Fahrerkarte (für den Vorlagezeitraum)
- Bescheinigung über berücksichtigungsfreie Tage nach VO (EG) 561/2006, Art. 6, Abs. 5 bzw. §20 Abs. 1 FPersV (für den Vorlagezeitraum). Achtung: Das EU-Formblatt darf nicht handschriftlich ausgefüllt werden!
- Ungültige Fahrerkarte ist sieben Tage mitzuführen (§6 FPersV)

Fahren Sie zur Zeit der Kontrolle ein Fahrzeug mit digitalem Kontrollgerät, werden die Mitführpflichten etwas leichter. Das Schaublatt des aktuellen Tages entfällt, wenn Sie kein Fahrzeug mit analogem Kontrollgerät geführt haben. Tagesausdrucke für den Vorlagezeitraum sind lediglich erforderlich, wenn die Fahrerkarte defekt ist, gestohlen oder verloren wurde.

Sozialvorschriften 3.5

3. Sie führen ausschließlich Kraftfahrzeuge mit analogem Kontrollgerät. Welche Unterlagen haben Sie mitzuführen?

- Fahrerkarte, falls Sie eine besitzen
- Schaublatt des aktuellen Tages
- Schaublätter der letzten 28 Tage
- Handschriftliche Aufzeichnungen, z.B. wegen Defekt am Kontrollgerät
- Bescheinigung über berücksichtigungsfreie Tage nach §20 Abs. 1 Fahrpersonalverordnung (für den Vorlagezeitraum)

Bei Betrieb eines analogen Kontrollgerätes sind auch immer ausreichend Ersatzschaublätter mitzuführen.

Hintergrundwissen → Umzug in anderen EU-Staat
Hat der Inhaber einer gültigen Fahrerkarte seinen Wohnsitz in einen anderen EU-Staat verlegt, so kann er seine Fahrerkarte gegen eine andere, gleichwertige Fahrerkarte umtauschen (Art. 14 Abs. 4 Buchstabe d der VO (EWG) 3821/85). In diesem Fall muss er Ausdrucke der letzten 28 Tage vor Umtausch der Fahrerkarte mitführen.

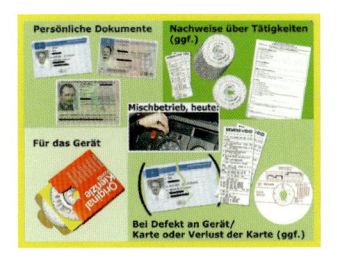

Im PC-Professional Multiscreen können Sie die Mitführpflichten anhand bildlicher Darstellungen abfragen und erläutern. Durch die Visualisierung wird das Thema greifbarer und die einzelnen Dokumente prägen sich besser ein.

3.6 Sanktionen bei Fehlverhalten

▶ **Die Teilnehmer sollen die Sanktionen bei Verstößen gegen die Sozialvorschriften kennen.**

↻ Stellen Sie die möglichen Folgen der Verstöße dar und machen Sie den Teilnehmern klar, was alles als Verstoß zählt, indem Sie mögliche Verstöße von den Teilnehmern abfragen.

🕒 Ca. 30 Minuten

📺 Führerschein: Fahren lernen Klasse C, Lektion 1; Fahren lernen Klasse D, Lektion 17

Verstöße gegen die Sozialvorschriften werden als Ordnungswidrigkeiten geahndet. Im Fahrpersonalgesetz ist eine Obergrenze bei Bußgeldern von 5.000 € für den Fahrer festgeschrieben. Die Obergrenze für Verstöße durch den Unternehmer liegt bei 15.000 €.

Bei der Haftung spielt es keine Rolle, ob der Fahrer vorsätzlich oder fahrlässig gehandelt hat.

↻ Geben Sie Ihren Teilnehmern die Gelegenheit, einige Verstöße zu nennen.

AUFGABE/LÖSUNG

Nennen Sie mögliche Verstöße gegen die Sozialvorschriften! Dies können Verstöße gegen die VO (EG) 561/2006, die VO (EWG) 3821/85, das AETR oder auch gegen das Fahrpersonalgesetz bzw. die Fahrpersonalverordnung sein.

Mögliche Antworten:
- Nichtbenutzung des Kontrollgerätes
- Nicht dafür zu sorgen, dass der Ausdruck möglich ist
- Die Fahrerkarte einem Dritten zu überlassen
- Lenkzeiten, Lenkzeitunterbrechungen oder Ruhezeiten nicht einzuhalten

Sozialvorschriften 3.6

- Verstoß gegen Mitführpflichten
- Keinen Nachweis über berücksichtigungsfreie Tage vorzulegen
- Sonstige Arbeiten oder Bereitschaftszeiten vor Fahrtbeginn nicht manuell nachgetragen zu haben
- Benutzung einer defekten oder ungültigen Fahrerkarte
- Verwendung eines ungeeigneten Schaublattes

Diese kurze Auswahl sollte Ihren Teilnehmern demonstrieren, dass die Kenntnis der Sozialvorschriften überaus wichtig ist. Nur wer die Feinheiten kennt und diese auch anwendet, kann vermeiden, dass er empfindliche Bußgelder zahlen muss.

Hintergrundwissen → Die Haftung bleibt bei Verstößen gegen die Sozialvorschriften allerdings oftmals nicht nur auf den Fahrer beschränkt. Hinsichtlich der einzuhaltenden Zeiten bedeutet dies, dass die Fahrplanung so zu erfolgen hat, dass der Fahrer die gesetzlichen Lenk- und Ruhezeiten einhalten kann (Organisationspflicht des Unternehmens). Das bedeutet, dass auch bei Verstößen in anderen EU-Staaten geprüft wird, ob die Beförderungszeitpläne mit den Sozialvorschriften konform sind. Sollte es dort Unregelmäßigkeiten geben, haftet der Unternehmer und im Bereich der Personenbeförderung kann auch der Reiseveranstalter haftbar gemacht werden.

**Beschleunigte Grundqualifikation
Basiswissen Lkw/Bus**

3.7 Das Arbeitszeitgesetz

▶ **Die Teilnehmer sollen die Regelungen des Arbeitszeitgesetzes kennen.**

↻ Erläutern Sie die Regelungen des Arbeitszeitgesetzes in Abgrenzung/Ergänzung zur VO (EG) 561/2006.

🕒 Ca. 1 Stunde

💻 Führerschein: Fahren lernen Klasse C, Lektion 1; Fahren lernen Klasse D, Lektion 17

Das Arbeitszeitgesetz hat im Transport- und Busgewerbe zahlreiche Fragen aufgeworfen und in vielen Bereichen für Verwirrung gesorgt. Die Bundesrepublik Deutschland war verpflichtet, die EG-Richtlinie Nr. 2002/15/EG in nationales Recht umzusetzen. Inhalt dieser Richtlinie war im Wesentlichen die Festschreibung von wöchentlichen Höchstarbeitszeiten. Dies war für das Transportgewerbe eine Neuerung. Die Umsetzung erfolgte im § 21a des Arbeitszeitgesetzes. Anzuwenden ist diese Regelung für Fahrer in Beschäftigungsverhältnissen. Die Einbeziehung selbständiger Fahrer in das Arbeitszeitgesetz ist geplant, derzeit aber noch nicht eindeutig geregelt. Da es sich bei dem Arbeitszeitgesetz um eine nationale Rechtsvorschrift und bei der VO (EG) 561/2006 um eine EU-Verordnung handelt, hat die EU-Verordnung bei Widersprüchen Vorrang.

> ➕ **Hintergrundwissen → Einbeziehung selbständiger Fahrer in die EG-Arbeitszeit-Richtlinie bzw. das ArbZG**
> Die EG-Richtlinie Nr. 2002/15/EG findet seit dem 23. März 2009 auch Anwendung auf selbständige Fahrer. In Deutschland ist die Umsetzung in nationales Recht noch nicht erfolgt. Das Arbeitszeitgesetz bezieht zwar in § 21a die Beschäftigen im Straßentransport mit ein, es gilt jedoch nicht für Selbständige.
> Somit können die Bestimmungen der Richtlinie bis zu einer entsprechenden nationalen Änderung in Deutschland für Selbständige nicht gelten. Wann diese Änderung erfolgt, ist derzeit unklar. Zur Zeit werden auf europäischer Ebene zwischen Rat, Kommission und Parlament verschiedene Möglichkeiten diskutiert.

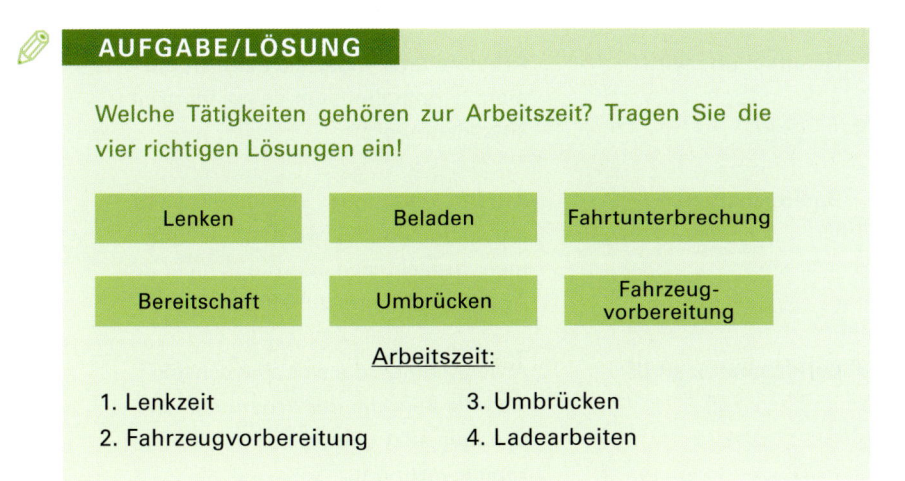

3.7 Sozialvorschriften

AUFGABE/LÖSUNG

Welche Tätigkeiten gehören zur Arbeitszeit? Tragen Sie die vier richtigen Lösungen ein!

- Lenken
- Beladen
- Fahrtunterbrechung
- Bereitschaft
- Umbrücken
- Fahrzeugvorbereitung

Arbeitszeit:

1. Lenkzeit
2. Fahrzeugvorbereitung
3. Umbrücken
4. Ladearbeiten

> Besonders der Begriff Arbeitszeit war in den letzten Jahren umstritten. Der §21a des Arbeitszeitgesetzes sorgt an diesem Punkt für Klarheit. Bei der Zuordnung von Tätigkeiten zur Arbeitszeit wird es verschiedene Lösungen geben. Nutzen Sie diese, um den Teilnehmern zu verdeutlichen, wie wichtig es nun ist, an dieser Stelle für Klarheit zu sorgen.

Unstrittig dürfte die Zuordnung der Lenkzeit sein, dies ist die originäre Aufgabe/Arbeit eines jeden Fahrers. Aber auch die Fahrzeugvorbereitung, die Reinigung und das Ein- und Auschecken sind Tätigkeiten, die als Arbeitszeit gelten. Diese Arbeiten sind erforderlich, um eine Beförderung zu ermöglichen. Entsprechend werden all diese Zeiten bei der Ermittlung der täglichen Arbeitszeit mit berücksichtigt. Im Bereich der Güterbeförderung zählt auch die Ladungssicherung oder das Übernehmen von Frachtpapieren mit zur Arbeitszeit.

Über die Bereitschaftszeit herrschte lange Zeit Unklarheit, der § 21a Arbeitszeitgesetz sorgt für eine eindeutige Zuordnung der Bereitschaftszeit. Für Beschäftigte im Straßenverkehr zählt Bereitschaftszeit nicht zur Arbeitszeit. Das Arbeitszeitgesetz kennt drei Formen der Bereitschaftszeit:

Beschleunigte Grundqualifikation
Basiswissen Lkw/Bus

Bereitschaftszeit I	Arbeitnehmer muss sich am Arbeitsplatz bereithalten, um seine Tätigkeit aufzunehmen.
Bereitschaftszeit II	Arbeitnehmer muss sich bereithalten, um seine Tätigkeit wieder aufzunehmen, braucht sich allerdings nicht am Arbeitsplatz bereitzuhalten.
Bereitschaftszeit III	Arbeitnehmer, die sich abwechseln, also die Zeit, die der Arbeitnehmer daneben sitzt oder in der Schlafkabine verbringt.

Einschränkend sollte für die Bereitschaftszeit I und II bekannt sein, dass deren Dauer dem Arbeitnehmer jeweils bei Beginn bekannt sein muss, sonst zählen die Zeiten nicht als Bereitschaftszeit.

> Das Lernziel dieses ersten Einstiegs in das Arbeitszeitgesetzes sollte sein, dass die Teilnehmer wissen, wie sich die Arbeitszeit definiert. Auch sollten sie wissen, wie die Bereitschaftszeit und die Lenkzeitunterbrechung einzuordnen sind.

Neben der ausdrücklichen Festlegung, welche Zeiten zur Arbeitszeit gehören, wurde auch die wöchentliche Höchstarbeitsdauer festgeschrieben.

Sozialvorschriften 3.7

AUFGABE/LÖSUNG

Welche wöchentlichen Höchstarbeitszeiten sind nach dem Arbeitszeitgesetz zulässig?

Nach Arbeitszeitgesetz ist eine wöchentliche Arbeitszeit von

48 Stunden zulässig.

Sie kann auf bis zu

60 Stunden verlängert werden,

wenn in vier Monaten durchschnittlich nur

48 Stunden erreicht werden.

↻ Rechnen Sie an diesem Punkt mit Fragen der Teilnehmer, denn aus der VO (EG) 561/2006 ergibt sich eine maximale Lenkzeit in einer Woche von 56 Stunden. Nutzen Sie diesen Widerspruch, um bei den Teilnehmern ein erhöhtes Interesse und erhöhte Aufmerksamkeit zu erreichen. Warten Sie mit der Auflösung des Widerspruchs bis zur nächsten Aufgabe.

⊕ **Hintergrundwissen** → Aufgrund der Regelung der 48 Stunden bzw. 60 Stunden pro Woche ergibt sich ein weiterer Widerspruch, der den Teilnehmern auffallen wird. Das Arbeitszeitgesetz lässt eine werktägliche Arbeitszeit von 8 Stunden bzw. 10 Stunden zu. Die VO (EG) 561/2006 lässt jedoch längere werktägliche Lenkzeiten, und damit Arbeitszeiten, zu.

Illustrieren Sie dieses Beispiel auf einem Flip-Chart:
Fahrtbeginn Montag   00:00 Uhr
Lenkzeit   00:00 Uhr bis 04:30 Uhr

Beschleunigte Grundqualifikation
Basiswissen Lkw/Bus

Lenkzeitunterbrechung	04:30 Uhr	bis	05:15 Uhr
Lenkzeit	05:15 Uhr	bis	09:45 Uhr
Lenkzeitunterbrechung	09:45 Uhr	bis	10:30 Uhr
Lenkzeit (10-h-Regelung)	10:30 Uhr	bis	11:30 Uhr
Tagesruhezeit	11:30 Uhr	bis	22:30 Uhr
Lenkzeit	22:30 Uhr	bis	24:00 Uhr

Werktägliche Lenkzeit 11 Stunden 30 Minuten

Dieser Fall ist jedoch rechtlich eindeutig geklärt, da es sich bei der VO (EG) 561/2006 um eine EU-Verordnung handelt. EU-Verordnungen stehen über nationalem Recht und setzen dieses bei Widersprüchen außer Kraft. Es wird vom Vorrang des EU-Rechts gesprochen. Auch im §21a des Arbeitszeitgesetzes wird dieser Vorrang explizit genannt.
Das Problem hat sich mittlerweile so gut wie erübrigt, da heute unter werktäglicher Arbeitszeit zumeist die Zeit zwischen zwei Tagesruhezeiten (und nicht die Zeit zwischen 00:00 und 24:00 Uhr) verstanden wird.

Auch bei der Fahrpersonalverordnung kann dieser Fall beim Linienverkehr bis 50 km eintreten. Weisen Sie die Teilnehmer auch hier darauf hin, dass dies rechtlich unbedenklich ist, da die Fahrpersonalverordnung Vorrang gegenüber dem Arbeitszeitgesetz besitzt.

Die folgende Aufgabe soll Ihnen dabei helfen, Ihren Teilnehmern zu erläutern, dass die zulässigen Lenkzeiten von 56 Stunden pro Woche nicht im Widerspruch zum Arbeitszeitgesetz stehen. Die Teilnehmer werden dies erkennen, wenn sie die Regelungen zur wöchentlichen Arbeitszeit unter Berücksichtigung der Doppelwochenregelung betrachten.
Die nachfolgende Aufgabe stellt eine Wiederholung dar. Ermöglichen Sie Ihren Teilnehmern das selbständige Erarbeiten in Stillarbeit oder Partnerarbeit.

Sozialvorschriften

3.7

AUFGABE/LÖSUNG

Ergänzen Sie das Blatt!

Zulässige wöchentliche Lenkzeit VO (EG 561/2006)	**56** Stunden
Folgewoche:	**34** Stunden

!!! **Doppelwochenregelung 90 Stunden** !!!

Durchschnitt beträgt somit 45 Stunden

➡ EG (VO) 561/2006 regelt die Lenk- und Ruhezeiten
Arbeitszeitgesetz regelt die Arbeitszeiten

Hintergrundwissen → Der vermeintliche Widerspruch, der häufig zuerst gesehen wird, ist Folgender: Wie kann die wöchentliche Höchstarbeitszeit eingehalten werden, wenn die VO (EG) 561/2006 generell eine Wochenlenkzeit zulässt, die oberhalb der 48-Stunden-Regelung des Arbeitszeitgesetzes liegt?

Dabei liegt dort jedoch kein Widerspruch vor. Viele Betrachter sehen diesen Widerspruch, weil sie die Doppelwochenregelung nicht in ihre Betrachtung mit einbeziehen. Zunächst einmal sind 56 Stunden wöchentliche Lenkzeit mit dem Arbeitszeitgesetz vereinbar, weil die dort genannte 60-Stunden-Grenze nicht überschritten wird. Nutzt ein Fahrer die Lenkzeit von 56 Stunden voll aus, darf er in der Folgewoche nur noch 34 Stunden lenken. Denn in einem Zwei-Wochen-Zeitraum darf die Lenkzeit 90 Stunden nicht überschreiten. Es ergibt sich somit ein Durchschnitt von maximal 45 Stunden Lenkzeit bei vollem Ausnutzen der VO (EG) 561/2006. Die Forderung von im Durchschnitt 48 Stunden bleibt somit erfüllt, es bedarf daher keiner Vorrangregelung.

Die VO (EG) 561/2006 regelt die Lenkzeiten im Straßenverkehr, während das Arbeitszeitgesetz im §21a die Arbeitszeiten insgesamt betrachtet. Bei den über die Lenkzeiten hinausgehenden

Beschleunigte Grundqualifikation
Basiswissen Lkw/Bus

Arbeitszeiten muss berücksichtigt werden, ob die Bestimmungen hinsichtlich der wöchentlichen Höchstarbeitszeit eingehalten werden. Werden nur Lenkzeiten nach der VO (EG) 561/2006 zugrunde gelegt, so werden die Bestimmungen des Arbeitszeitgesetzes eingehalten. An dieser Stelle wird vielen Teilnehmern bewusst, dass das Arbeitszeitgesetz den Umfang ihrer sonstigen Tätigkeiten stark einschränkt. Eventuell sind Diskussionen zu erwarten, da die Teilnehmer die Problematik sehen und sich fragen, wie sie mit dieser Schwierigkeit umgehen können. Versuchen Sie, die unterschiedlichen Meinungen zu sammeln. Für die Teilnehmer ist diese Regelung deswegen problematisch, weil sie oftmals nur wenig Einfluss auf die Arbeitsorganisation haben.

Der einzige Punkt, der einen Widerspruch zwischen Arbeitszeitgesetz und VO (EG) 561/2006 darstellt, ist die werktägliche Arbeitszeit. Hier greift die Vorrangregelung der EG (VO) 561/2006, die längere Lenkzeiten pro Tag ermöglicht. Mit Erreichen von 10 Stunden werktäglicher Arbeitszeit ist pro Werktag jedoch nur noch Lenkzeit zugelassen. Sonstige Arbeitszeit fällt nicht in den Geltungsbereich der VO (EG) 561/2006, für diese gilt ausschließlich das Arbeitszeitgesetz, welches ein Überschreiten der 10-Stunden-Grenze (inklusive Lenkzeit) nicht zulässt.

Die nachfolgende Aufgabe soll von Ihren Kursteilnehmern genutzt werden, um zu erkennen wieviel Arbeitszeit ihnen bei Ausnutzung der täglichen Lenkzeit noch für sonstige Arbeiten zur Verfügung steht.

3.7 Sozialvorschriften

Probleme durch Arbeitszeitgesetz

AUFGABE/LÖSUNG

Wie viel Zeit bleibt mir für sonstige Arbeiten (Ladearbeiten, Übernahme von Papieren oder Fahrzeugvorbereitung)?

Bei

10 h Gesamtlenkzeit an einem Werk- bzw. Kalendertag	**0 h**

Begründung: Werktägliche zulässige Arbeitszeit von 10 h erreicht.

9 h Gesamtlenkzeit an einem Werk- bzw. Kalendertag	**1 h**

Begründung: Zeit bis zum Erreichen der werktäglichen zulässigen Arbeitszeit.

8 h Gesamtlenkzeit an einem Werk- bzw. Kalendertag	**2 h**

Begründung: Zeit bis zum Erreichen der werktäglichen zulässigen Arbeitszeit.

In dieser Aufgabe wird zunächst nur die werktäglich maximal zulässige Arbeitsdauer berücksichtigt. Die Teilnehmer sollen erkennen, dass bei vollem Ausnutzen der Lenkzeit für sonstige Arbeiten unter Umständen keine Zeit mehr bleibt. Diese Tatsache stellt in der betrieblichen Praxis ein Problem dar.
Die Aufgabe hat bei der 10-Stunden-Regelung noch nicht die Forderung nach im Durchschnitt 48 Stunden in vier Monaten berücksichtigt. Spielen Sie das nachfolgende Beispiel durch!

Beschleunigte Grundqualifikation
Basiswissen Lkw/Bus

1. Woche:

| 56 h Lenkzeit | 4 h sonstige Arbeitszeit | 60 h |

2. Woche:

| 34 h Lenkzeit | 2 h sonstige Arbeitszeit | 36 h |

Durchschnitt: 48 h

An diesem Beispiel wird deutlich, wie wenig Zeit für sonstige Tätigkeiten verbleibt. Da gerade im Transport- und Busgewerbe sehr viel sonstige Arbeitszeit anfällt, etwa durch Reinigungsarbeiten, Fahrzeugvorbereitung, Ladungssicherung oder das Ein- und Auschecken, wird deutlich, dass die Anwendung des Arbeitszeitgesetzes eine Neuorganisation der Arbeitsabläufe erforderlich macht.

3.8 Lösungen zum Wissens-Check

1. Welche Vorschriften gelten auf einer Fahrt von Deutschland über Polen in die Ukraine in Bezug auf die Lenk- und Ruhezeiten?

- ☐ a) Die EG-Sozialvorschriften auf der gesamten Strecke
- ☒ b) Das AETR auf der gesamten Strecke
- ☐ c) In Deutschland und Polen die EG-Vorschriften, in der Ukraine das AETR
- ☐ d) Der Fahrer kann vor Fahrtantritt eine Vorschrift wählen, muss sich dann aber die gesamte Fahrt über daran halten

2. Sie führen eine Beförderung zwischen einem EU- und einem AETR-Staat durch. Welche Vorschriften sind zu beachten?

- ☐ a) Im Gebiet der EU sind die Vorschriften der EU zu berücksichtigen und im AETR-Staat ist das AETR anzuwenden.
- ☒ b) Auf der gesamten Strecke gilt das AETR.
- ☐ c) Das EU-Recht gilt auch im AETR-Staat.
- ☐ d) Im Gebiet der EU sind die Vorschriften der EU zu berücksichtigen und im AETR-Staat ist das dortige nationale Recht anzuwenden.

3. Wie lang ist die normale Tageslenkzeit?

Neun Stunden

4. Wie viele Stunden dürfen Sie das Fahrzeug ununterbrochen fahren?

Vier Stunden und dreißig Minuten

5. Wie lange muss nach Ausnutzen der ununterbrochenen Lenkzeit die Fahrtunterbrechung mindestens sein?

45 Minuten

6. Darf die Fahrtunterbrechung in Abschnitten genommen werden?

Ja, wenn die erste Unterbrechung mindestens 15 Minuten und die zweite mindestens 30 Minuten umfasst.

7. Welche maximale Wochenlenkzeit ist nach den EG-Sozialvorschriften zulässig?

56 Stunden

8. Nach einer elfstündigen Tagesruhezeit beginnt ein Lkw-Fahrer seine Fahrt morgens um 00:15 Uhr. Er fährt 4,5 Stunden, legt eine Lenkzeitunterbrechung von 45 Minuten ein, um dann wieder 4,5 Stunden zu fahren. Wann darf dieser Fahrer eine weitere Fahrt beginnen?

Der Fahrer beendet seinen ersten Dienst nach neun Stunden und 45 Minuten, also um 10:00 Uhr. Nach einer verkürzten Tagesruhezeit von neun Stunden kann er seinen zweiten Dienst um 19:00 Uhr beginnen.

9. Erläutern Sie den Begriff „Aufteilen" bzw. „Splitten" der Tagesruhezeit!

„Splitten" bedeutet, dass die Tagesruhezeit in zwei Blöcke geteilt wird. Dabei verlängert sich die Tagesruhezeit allerdings auf bis zu zwölf Stunden. Der 1. Block muss mindestens 3 Stunden, der 2. mindestens 9 Stunden betragen.

10. In welchen Fällen darf die Tagesruhezeit unterbrochen werden und wie lang darf die Unterbrechung maximal sein?

Die Unterbrechung der Tagesruhezeit ist nur im Eisenbahn- und Fährverkehr zulässig, und zwar zweimal. Die Gesamtzeit der Unterbrechung darf nicht mehr als eine Stunde betragen.

11. Nach wie vielen Tageslenkzeiten ist eine Wochenruhezeit einzulegen und wie viele Stunden beträgt sie?

Die Wochenruhezeit erfolgt nach 6 Tageslenkzeiten und beträgt im Normalfall 45 Stunden.

12. Bei der Zwei-Fahrer-Besatzung erhöht sich die tägliche Lenkzeit für das Fahrzeug auf insgesamt wie viele Stunden?

Auf 20 Stunden

13. Sie führen ein Fahrzeug mit analogem Kontrollgerät, welche Unterlagen sind mitzuführen?

- Fahrerkarte, falls Sie eine besitzen
- Schaublatt des aktuellen Tages
- Schaublätter der letzten 28 Tage
- Handschriftliche Aufzeichnungen, z.B. wegen Defekt am Kontrollgerät
- Bescheinigung über berücksichtigungsfreie Tage gemäß § 20 Abs. 1 FPersV und VO (EG) 561/2006
- Ausreichend Ersatzschaublätter

14. Sie führen ein Fahrzeug mit digitalem Kontrollgerät. Welche Unterlagen sind mitzuführen?

- Fahrerkarte
- Tagesausdrucke mit handschriftlichen Angaben zum Fahrer bei Defekt, Verlust oder Diebstahl der Fahrerkarte (für den Vorlagezeitraum)
- Handschriftliche Aufzeichnungen bei Defekt am Kontrollgerät (für den Vorlagezeitraum)
- Bescheinigung über berücksichtigungsfreie Tage gemäß § 20 Abs. 1 FPersV und VO (EG) 561/2006
- Ungültige Fahrerkarte ist sieben Tage mitzuführen (§ 6 FPersV)

**Beschleunigte Grundqualifikation
Basiswissen Lkw/Bus**

15. Sie wechseln oft zwischen Fahrzeugen mit analogem und digitalem Kontrollgerät. Heute führen Sie ein Fahrzeug mit digitalem Kontrollgerät. Welche Unterlagen sind mitzuführen?

- Fahrerkarte
- Schaublätter von den Tagen der vorausgehenden 28 Kalendertage, an denen Sie ein Fahrzeug mit analogem Kontrollgerät geführt haben
- Handschriftliche Aufzeichnungen bei Defekt am Kontrollgerät (für den Vorlagezeitraum)
- Tagesausdrucke mit handschriftlichen Angaben zum Fahrer bei Defekt, Verlust oder Diebstahl der Fahrerkarte (für den Vorlagezeitraum)
- Bescheinigung über berücksichtigungsfreie Tage gemäß § 20 Abs. 1 FPersV und VO (EG) 561/2006
- Ungültige Fahrerkarte ist sieben Tage mitzuführen (§ 6 FPersV)

16. Die Fahrerkarte wird verloren, gestohlen oder ist defekt. Wie verhalten Sie sich? Darf die Fahrt fortgesetzt werden?

- Innerhalb von sieben Kalendertagen muss ein Antrag auf Ersatz der Karte gestellt werden
- Beschädigte Karten sind zurückzugeben
- Bei Verlust oder Diebstahl muss eine Erklärung darüber abgegeben werden
- Die Fahrt darf noch bis zu 15 Tage ohne Fahrerkarte fortgesetzt werden.

17. Erklären Sie, welche Zeiten zur Arbeitszeit zählen!

- Zur Arbeitszeit zählen z.B. Lenkzeit, Ladearbeiten, Fahrzeugpflege, Umbrücken.
- Nicht zur Arbeitszeit zählen Bereitschaftszeiten und Fahrtunterbrechungen.

18. Sie führen an Ihrem Fahrzeug eine Abfahrtkontrolle durch. Welche Zeit müssen Sie dafür an Ihrem Kontrollgerät einstellen?

- ❏ a) Lenkzeit
- ❏ b) Bereitschaftszeit
- ☒ c) Sonstige Arbeit
- ❏ d) Fahrtunterbrechung

19. Welche Unterlagen sind bei der Beantragung der Fahrerkarte vorzulegen?

- ❏ a) Geburtsurkunde, Sozialversicherungsausweis, Passfoto und Nachweis über Wohnsitz im Inland
- ❏ b) Personalausweis, Passfoto und Kartenführerschein
- ☒ c) Personalausweis, Passfoto, Kartenführerschein und Nachweis über Wohnsitz im Inland
- ❏ d) Personalausweis, Passfoto, Nachweis über Wohnsitz im Inland und Sozialversicherungsausweis

20. Welche Angaben sind bei der Entnahme einer Diagrammscheibe für das analoge Kontrollgerät zu ergänzen?

- ☒ a) Ankunftsort, Ankunftsdatum, Ankunftskilometer und gefahrene Wegstrecke
- ❏ b) Ankunftsort, Ankunftsdatum und gefahrene Wegstrecke
- ❏ c) Ankunftsort, Ankunftsdatum, Ankunftskilometer, gefahrene Wegstrecke und Unterschrift des Fahrers
- ❏ d) Ankunftsdatum, Ankunftskilometer, gefahrene Wegstrecke

21. Ihr digitales Kontrollgerät ist defekt. Dürfen Sie die Fahrt fortsetzen?

- ❏ a) Sie haben unverzüglich eine Werkstatt aufzusuchen
- ☒ b) Die Fahrt darf 7 Tage fortgeführt werden, wenn Sie alle Zeiten manuell auf einem Blatt nachhalten. Dieses Blatt muss zudem folgende Angaben enthalten: Geburts-, Familien und Vorname, Nummer der Fahrerkarte oder des Führerscheins und Ihre Unterschrift

Beschleunigte Grundqualifikation
Basiswissen Lkw/Bus

❏ c) Die Fahrt darf 15 Tage fortgeführt werden, wenn Sie alle Zeiten manuell auf einem Blatt nachhalten. Dieses Blatt muss zudem folgende Angaben enthalten: Geburts-, Familien und Vorname, Nummer der Fahrerkarte oder des Führerscheins und Ihre Unterschrift

❏ d) Die Fahrt darf nur an dem Tag des Defektes fortgesetzt werden und alle Zeiten müssen manuell auf einem Blatt nachgehalten werden. Dieses Blatt muss zudem folgende Angaben enthalten: Geburts-, Familien und Vorname, Nummer der Fahrerkarte oder des Führerscheins und Ihre Unterschrift

22. Welcher Zeitraum wird bei einer Straßenkontrolle kontrolliert und muss lückenlos nachgewiesen werden?

❏ a) Aktueller Tag und die 15 vorausgegangenen Kalendertage
❏ b) Nur der aktuelle Tag
☒ c) Aktueller Tag und die 28 vorausgegangenen Kalendertage
❏ d) Aktuelle Woche und letzter Tag der Vorwoche

23. In welchen Zeitabständen haben Sie Ihrem Unternehmen Ihre Fahrerkarte zum Download zur Verfügung zu stellen?

☒ a) Spätestens alle 28 Kalendertage
❏ b) Nach einer entsprechenden Meldung im Kontrollgerät
❏ c) Vor Beginn einer neuen Woche
❏ d) Beim Erreichen des Ablaufdatums der Fahrerkarte

24. Eine Busfahrerin kommt in einer Woche auf eine Lenkzeit von 45 Stunden. Zusätzlich war sie in dieser Woche noch fünf Stunden bei anderen Arbeiten (Omnibus tanken, säubern, be- und entladen) aktiv. Wie viel Stunden darf sie in der darauf folgenden Woche insgesamt arbeiten (Lenkzeit und andere Arbeiten), wenn sie die durchschnittliche wöchentliche Höchstarbeitszeit nicht überschreiten soll?

Da sie bereits insgesamt 50 Stunden gearbeitet hat, darf ihre Arbeitszeit in der darauf folgenden Woche 46 Stunden nicht übersteigen. Ihre Lenkzeit in der zweiten Woche darf 45 Stunden nicht überschreiten (Doppelwochen-Lenkzeit).

4 Risiken des Straßenverkehrs und Arbeitsunfälle

> Dieses Kapitel behandelt Nr. 3.1 der Anlage 1 der BKrFQV

4.1 Die Komplexität des Straßenverkehrs

▶ **Die Teilnehmer sollen die Komplexität des Straßenverkehrssystems verstehen.**

↻
- Bitten Sie die Teilnehmer, Ihnen mögliche Situationen aus dem Fahreralltag zu schildern, in denen sie sich kurzfristig für eine Reaktion entscheiden müssen. Sammeln Sie die Ergebnisse auf einem Flipchart.

- Betrachten Sie anschließend das „System Straßenverkehr" in einem Vortrag mit seinen Teilnehmern und Gefahren und erläutern Sie seine Bestandteile. Greifen Sie dabei die genannten Beispiele wieder auf und ordnen Sie sie den entsprechenden Bestandteilen zu, indem Sie auf dem Flipchart eine Tabelle zeichnen.

- Bitten Sie die Teilnehmer, Ihnen unvorhergesehene Ablenkungen, die im Fahreralltag auftreten können, zu schildern. Sammeln Sie die Ergebnisse auf einem Flipchart.

- Erläutern Sie in einem Vortrag die besonderen Einflüsse, denen die Fahrer täglich ausgesetzt sind.

- Bitten Sie die Teilnehmer, in Gruppenarbeit die Fragen zu beantworten: „Mit welchen (persönlichen, physischen und psychischen) Faktoren beeinflusse ich als Fahrer den Verkehr?", „Mit welchen Mitteln kann ich verhindern, dass sich diese negativ auf meine Konzentration und Aufmerksamkeit auswirken?"

- Erläutern Sie anschließend in einem Vortrag, wie sich die persönliche, psychische und physische Konstitution der Fahrer auf den Verkehr auswirken kann und wie sich diese auf Konzentration und Aufmerksamkeit während der Fahrt auswirken.

Beschleunigte Grundqualifikation
Basiswissen Lkw/Bus

🕐 Ca. 120 min

🖥 Führerschein: Fahren lernen Klasse C, Lektion 1, 2, 8, 9 und 14; Fahren lernen Klasse D, Lektion 10, 16 und 14

Das „System Straßenverkehr" ist ein komplexes Gebilde, an dem viele verschiedene Verkehrsteilnehmer beteiligt sind. Auch Umgebungsfaktoren unterschiedlicher Art, wie z. B. Verkehrsverhältnisse und Witterung, haben Einfluss darauf. Die einzelnen Faktoren wirken in ihrer Gesamtheit, treten aber auch in Wechselbeziehungen zueinander.

Jeder einzelne Verkehrsteilnehmer muss im Straßenverkehr ständig Entscheidungen treffen, die von anderen abhängig sind oder sich auf sie auswirken. Hier einige Beispiele:

- Kann ich den Motorradfahrer hier noch überholen oder lasse ich erst den Gegenverkehr vorbei?
- Versuche ich, den Bus noch zu erreichen und über die Straße zu laufen?
- Halte ich an, wenn die Ampel jetzt umspringt, oder fahre ich noch durch?
- Ist mein Abstand zum Vordermann ausreichend oder muss ich ihn vergrößern?

Diese Entscheidungen müssen häufig schnell getroffen werden, Zeit zum Überlegen und Abwägen steht meist nicht zur Verfügung. Doch nach welchen Kriterien werden die Entscheidungen getroffen? Wie sich die Verkehrsteilnehmer auch entscheiden – ihre Entscheidung kann sowohl für die eigene als auch für die Sicherheit anderer Verkehrsteilnehmer Folgen haben.

Die folgende Grafik zeigt, welche Komponenten des „Systems Straßenverkehr" miteinander in Beziehung stehen und sich gegenseitig beeinflussen.

Risiken des Straßenverkehrs und Arbeitsunfälle 4.1

Besondere Einflüsse
- Verhalten anderer
- Ablenkung
- Behinderung
- Organisation
- Ladung
- ...

Weg und Zeit
- Straßenbeschaffenheit
- Witterung
- Tageszeit
- Jahreszeit
- ...

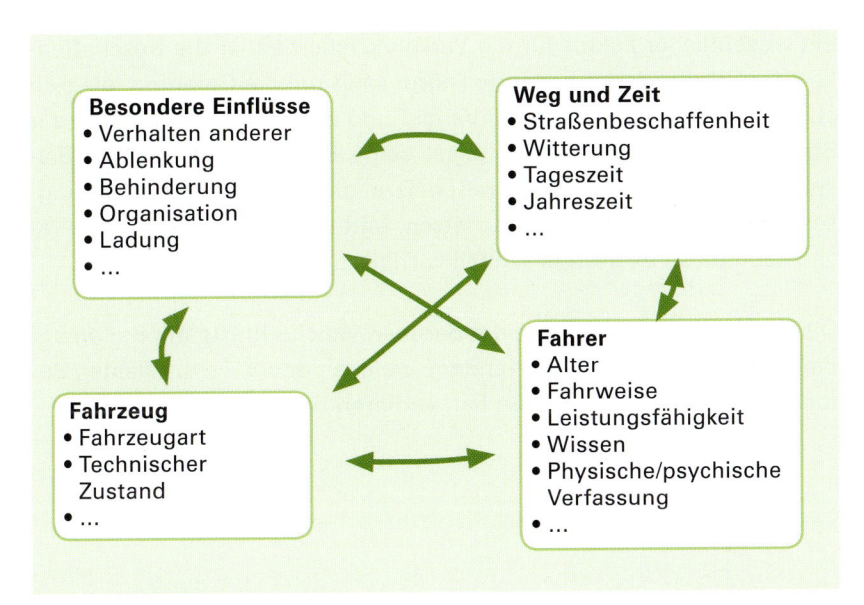

Fahrzeug
- Fahrzeugart
- Technischer Zustand
- ...

Fahrer
- Alter
- Fahrweise
- Leistungsfähigkeit
- Wissen
- Physische/psychische Verfassung
- ...

Abbildung 157: „System Straßenverkehr"

Manche der oben aufgeführten Faktoren sind eher konstant, andere dagegen können sich verändern und sind von der jeweiligen Situation abhängig. Beispielsweise kann sich die physische und psychische Verfassung eines Verkehrsteilnehmers sehr schnell verändern, wohingegen dessen Wissen, Können und Erfahrungen relativ konstant sind. Diese Gegebenheiten beeinflussen das menschliche Handeln und können in gleichen Situationen zu unterschiedlichen Verhaltensweisen führen.

Die einzelnen Faktoren, die mit den Komponenten „Fahrer", „Fahrzeug", „Weg und Zeit" und „Besondere Einflüsse" zusammenhängen, zeigen, wie verschieden sich Verkehrssituationen gestalten können. Dies hängt davon ab, welche einzelnen Faktoren wirken und miteinander in Beziehung treten. Die Verkehrssituation kann sich jederzeit aufgrund anderer Faktoren ändern, so dass man sich sehr schnell auf die neue Situation einstellen muss. Im Weiteren werden die einzelnen Komponenten näher betrachtet.

Umwelteinflüsse

Beschaffenheit der Straße

Die maßgeblichen Faktoren, die Weg und Zeit bestimmen, sind Beschaffenheit der Straße, Witterungsbedingungen und tages- und jahreszeitliche Bedingungen.

Beschleunigte Grundqualifikation
Basiswissen Lkw/Bus

Ein wesentlicher Faktor für die Verkehrssicherheit ist die Beschaffenheit der Straße. Jeder versierte Fahrer weiß um die Gefahren, die sich aus mangelnder Qualität, dem Verlauf und aus der Randbebauung der Straße ergeben können und passt seine Fahrweise darauf an. Beispielsweise verleiten breite Straßen dazu, die eigene Fahrgeschwindigkeit eher als zu niedrig einzuschätzen. Mittels eines Blicks auf den Tacho kann diese allerdings schnell korrigiert werden.

Die Straßenqualität entscheidet darüber, welche Kräfte die Reifen auf die Straße übertragen. Je nachdem, welchen Belag – z.B. Pflaster, Beton oder Asphalt – die Straße hat, variieren diese sehr.

Abbildung 158:
Haftreibung bei unterschiedlichen Fahrbahnbelägen
Quelle: Nach Continental

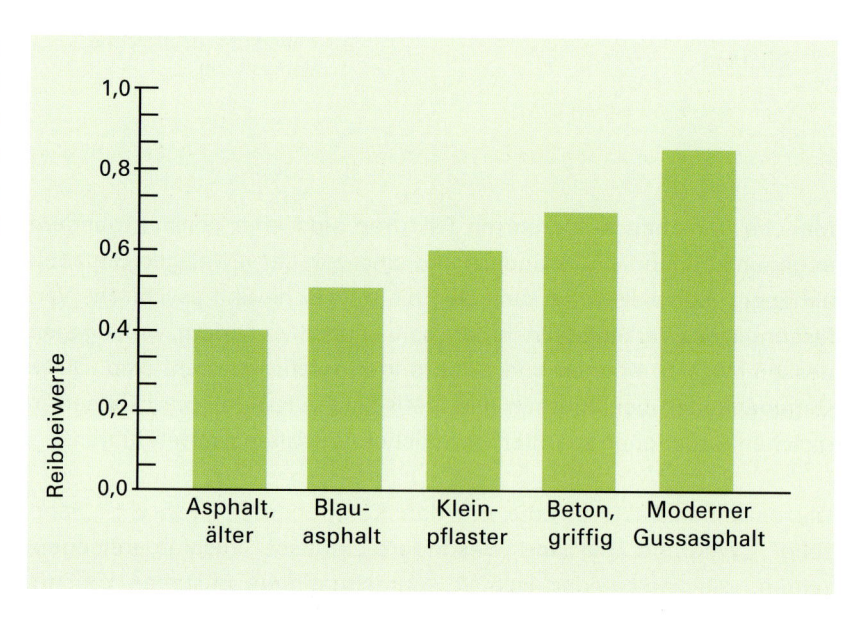

Aber auch Verschmutzungen und witterungsbedingte Einflüsse wie Regen, Hagel, Eis und Schnee beeinträchtigen die Kräfteübertragung. Z.B. begünstigen Spurrillen die Nässeansammlung auf der Straße bei Regen und können zu „Aquaplaning", auch „Aufschwimmen der Räder" oder „Wasserglätte" genannt, führen. Aquaplaning bezeichnet die Unterbrechung des Kontaktes zwischen Reifen und Fahrbahn durch einen Wasserfilm.

Risiken des Straßenverkehrs und Arbeitsunfälle 4.1

Geschwindigkeit		m/s	2,7	5,5	8,3	11,1	13,8	16,6	19,9	22,2	25,0	27,7
Reibbeiwert		km/h	10	20	30	40	50	60	70	80	90	100
Asphalt trocken	0,8		0,6	2	4,5	8	12	18	25	31	39	48
Asphalt nass	0,4		1	4	9	16	24	36	50	62	78	96
Schnee	0,2		2	8	18	36	48	72	100	124	156	192
Eis	0,1		4	16	36	72	96	144	200	248	312	384

Angaben in m/Werte gerundet

Abbildung 159:
Bremswege bei unterschiedlichen Fahrbahnzuständen und Fahrgeschwindigkeiten
Quelle: Nach DVR

Auch vom Straßenverlauf können Gefahren ausgehen, die beim Fahrer zu Fehlverhalten führen können, wie z. B. das Befahren von Kurven. Insbesondere nach langen geraden Strecken besteht die Gefahr, mit einer zu hohen Geschwindigkeit in die Kurve zu fahren. Die Geschwindigkeit, mit der eine Kurve gefahren werden kann, hängt vom Kurvenradius und der Reibung zwischen Reifen und Untergrund ab. Die Wahl der passenden Geschwindigkeit zur Gefahrenvermeidung erfordert vom Fahrer Fahrgefühl und Erfahrung, da ihm kein technisches Instrument als Hilfsmittel für die Geschwindigkeitswahl zur Verfügung steht.

Aber auch sehr kurvige Strecken, die zumeist auch noch unübersichtlich sind, bergen ihr Risiko, da die Sicht permanent eingegrenzt wird. Auch in diesen Situationen ist der Fahrer mit seinen Erfahrungen und seinem Fahrkönnen gefordert.

Untersuchungen zeigen, dass der erfahrene Fahrer seinen Blickpunkt ständig variiert. Damit beobachtet er permanent den Verkehrsbereich in der Nähe und in der Ferne. Das Variieren der Blickrichtung ist eine wichtige Voraussetzung für das Befahren von Engstellen.

Aber auch die Randbebauung einer Straße birgt ihre Gefahren. Beispielsweise kann sie dem Fahrer einen anderen Straßenverlauf als den tatsächlich vorhandenen vortäuschen. Das Bild auf S. 332 soll dies verdeutlichen. Man vermutet aufgrund der Kulisse, dass die Straße nach links verläuft und nicht in eine Rechtskurve mündet.

Beschleunigte Grundqualifikation
Basiswissen Lkw/Bus

Abbildung 160:
Straßenverlauf

Aber nicht nur auf offensichtlich schadhaften Straßen ereignen sich Unfälle, sondern auch auf Straßen, die scheinbar harmlos sind. Die Gefahr geht hier von Straßenstellen aus, die in ihren Gefahren nicht erkannt und unterschätzt werden. Ein Beispiel hierfür ist eine „Rechts-vor-links-Einmündung", die durch die Straßenbreite und die zugewachsene Randbegrünung beim Fahrer den Eindruck erweckt, als befinde man sich auf einer Vorfahrtstraße.

Abbildung 161:
Rechts-vor-links-Mündung

Weitere Beispiele sind Kuppen, Kreuzungen mit abknickender Vorfahrt sowie Kreuzungen und Einmündungen mit sogenannter Halbsicht. Die-

Risiken des Straßenverkehrs und Arbeitsunfälle 4.1

ser Begriff bezeichnet Stellen, an denen Hindernisse mit niedriger Höhe den Blick nur teilweise verstellen, so dass sich genau im nicht einsehbaren Bereich weniger hohe Fahrzeuge ungesehen nähern können.

Witterung

Dass Witterungsbedingungen wie Regen, Nebel und Schnee mit Gefahren verbunden sind, wissen wir aus unserer eigenen Erfahrung. Aber auch wissenschaftliche Studien der Bundesanstalt für Straßenwesen (BASt) haben sich mit der Fragestellung des Einflusses der Witterung auf das Unfallgeschehen befasst. Als Ergebnis stellte man unter

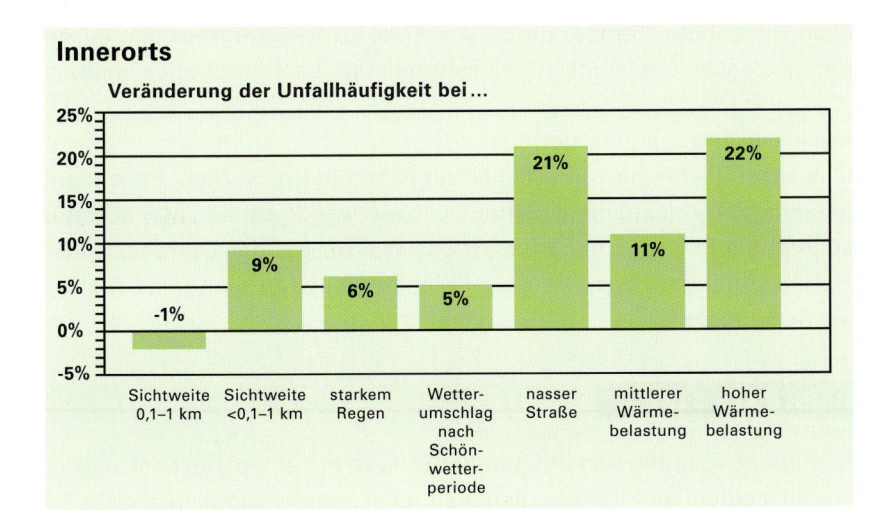

Innerorts — Veränderung der Unfallhäufigkeit bei…

Bedingung	Veränderung
Sichtweite 0,1–1 km	−1%
Sichtweite <0,1–1 km	9%
starkem Regen	6%
Wetterumschlag nach Schönwetterperiode	5%
nasser Straße	21%
mittlerer Wärmebelastung	11%
hoher Wärmebelastung	22%

Abbildung 162: Witterung und Unfallgeschehen innerorts
Quelle: BG Verkehr nach Aminger

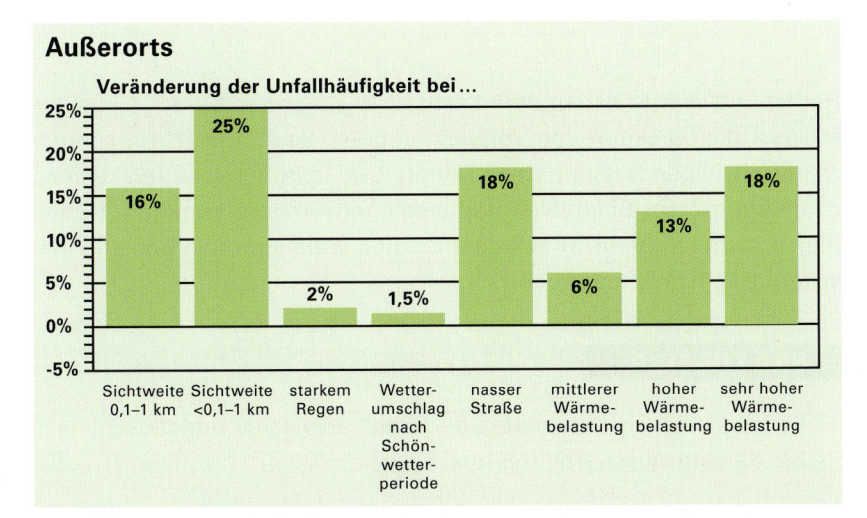

Außerorts — Veränderung der Unfallhäufigkeit bei…

Bedingung	Veränderung
Sichtweite 0,1–1 km	16%
Sichtweite <0,1–1 km	25%
starkem Regen	2%
Wetterumschlag nach Schönwetterperiode	1,5%
nasser Straße	18%
mittlerer Wärmebelastung	6%
hoher Wärmebelastung	13%
sehr hoher Wärmebelastung	18%

Abbildung 163: Witterung und Unfallgeschehen außerorts
Quelle: BG Verkehr nach Aminger

anderem fest, dass die indirekten Einflüsse von Witterungsbedingungen das Unfallgeschehen mehr beeinflussen als die direkten. Regen oder Nebel haben danach weniger Einfluss auf das Unfallgeschehen als die Wärmebelastung der Fahrer und der Abtrockungszustand der Fahrbahn. Ein weiteres Ergebnis war aber auch, dass das Unfallgeschehen durch eine hohe bzw. sehr hohe Wärmebelastung ebenso beeinflusst wird wie durch eine nasse Straße.

Die witterungsbedingten Gefahren, die von Regen, Schnee und Eis ausgehen, sind für den Fahrer unmittelbar mit eingeschränkter Sicht und reduzierter Fahrbahngriffigkeit verbunden. Eine mittelbare Gefahr stellt Hitze (hohe Temperaturen und hohe Luftfeuchtigkeit) dar, da sie die Konzentrationsfähigkeit des Fahrers stark beeinträchtigen kann.

Abbildung 164: Aquaplaning

Regen, Nebel, Schnee und Eis

Eine Fahrt bei Regen kann schnell zur Rutschpartie werden. Besonders gefährlich ist Aquaplaning. Schon bei Geschwindigkeiten unter 80 km/h können die Reifen je nach Bauart das Wasser auf der Fahrbahn nicht mehr verdrängen, das Fahrzeug gerät im wahrsten Sinne des Wortes ins Schwimmen.

> **PRAXIS-TIPP**
>
> Bei Aquaplaning hilft auf gerader Strecke nur eines: Die Lenkung mit beiden Händen geradehalten, auskuppeln, möglichst nicht bremsen und warten, bis die Räder wieder greifen.

Herbst und Winter haben dem Kraftfahrer einiges zu bieten: Nebel erschwert den Blick auf den Vorausfahrenden, Laub und Glätte können zu unfreiwilligen Rutschpartien führen. Und in höheren Lagen kann es zu unerwartetem Schneefall und eisglatten Straßen kommen. Nebel, Regen, aufgewirbelter Dreck oder Schnee verlangen den Scheibenwischern Höchstleistungen ab.

> **PRAXIS-TIPP**
>
> Kontrollieren Sie regelmäßig die Scheibenwischer und tauschen Sie defekte Wischerblätter aus.

Risiken des Straßenverkehrs und Arbeitsunfälle 4.1

Wenn die Gummis den ganzen Sommer über an der Scheibe festgeklebt waren, sind sie spröde und rissig und sorgen kaum noch für den nötigen Durchblick.

Spätestens im Herbst fällt auf: Viele Autos sind mit nicht intakten Scheinwerfern unterwegs. Das vermutete Motorrad entpuppt sich dann als großer Familienwagen. Schlechte Sicht und dazu noch die Dunkelheit – da kann die Fahrt zur riskanten Unternehmung werden. Nebel, Schneefall oder Regen behindern die Sicht erheblich. Wenn die Straßen allerdings zugefroren oder voll Schnee oder Laub sind, muss die Fahrweise entsprechend angepasst werden.

Abbildung 165: Schnee

PRAXIS-TIPP

Prüfen Sie regelmäßig Ihre Lichtanlage (Abfahrtkontrolle!).

Tages- und Jahreszeiten

Tages- und jahreszeitenabhängige Faktoren beeinflussen ebenfalls das Verkehrs- und Unfallgeschehen. Beispielsweise schränken Dunkelheit und Dämmerung die Sehleistung ein. Die Fähigkeit des Auges, Informationen aufzunehmen, sinkt in der Nacht auf einen Bruchteil der Tagesleistung. Das Sehvermögen beträgt nachts nur etwa 1/20 des Tages.

Das Auge passt sich nur langsam an eine wechselnde Umgebung von Hell zu Dunkel an, dies benötigt je nach Alter mehrere Minuten. Die vollständige Anpassung – sogenannte Adaption – des Auges an die nächtliche Dunkelheit benötigt eine halbe bis ganze Stunde.

**Beschleunigte Grundqualifikation
Basiswissen Lkw/Bus**

👍 **PRAXIS-TIPP**

Es ist sinnvoll, nach einer in einem hellen Raum verbrachten Pause nicht sofort weiterzufahren, sondern dem Auge Zeit zu geben, sich an die dunkle Umgebung zu gewöhnen. Je älter ein Fahrer ist, umso mehr ist seine Adaptionsfähigkeit eingeschränkt. Jüngere Fahrer sind normalerweise schneller in der Lage, sich an eine veränderte Lichtumgebung anzupassen.

Zu der eingeschränkten Sehleistung des Auges in der Dunkelheit und der langsamen Hell-Dunkel-Anpassung kommt hinzu, dass sich der Fahrer während der Nacht in einer physiologischen Zeitphase befindet, in der die Leistungsfähigkeit des Organismus herabgesetzt ist. Untersuchungen zeigen, dass die Unfallgefahr bei Nachtfahrten deutlich erhöht ist. Nachtfahrten fordern vom Fahrer ein Höchstmaß an Konzentration. Zumal der Mensch gegen seinen natürlichen Biorhythmus handelt.

Abbildung 166: Leistungsbereitschaft des Menschen in Abhängigkeit von der Uhrzeit

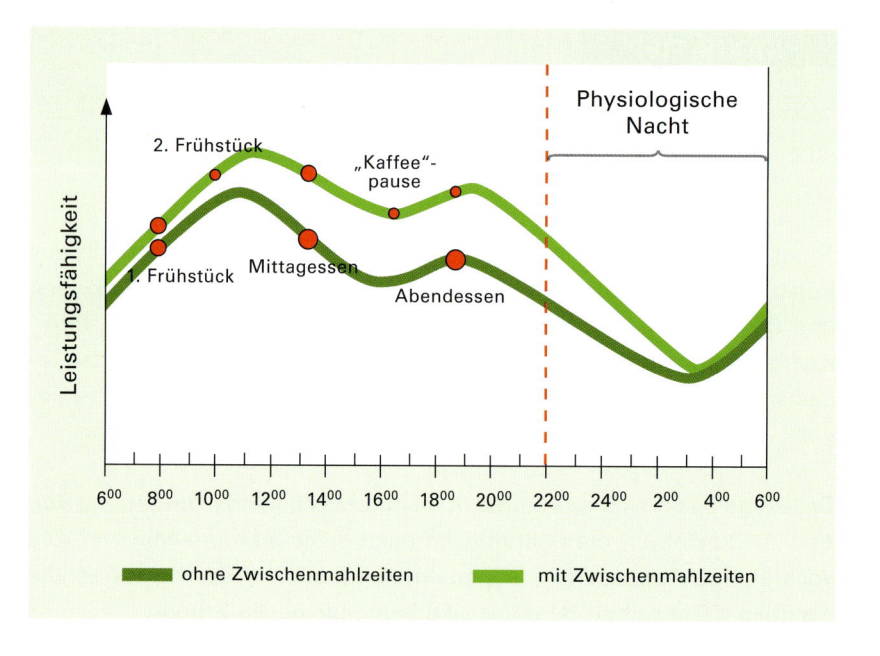

Hohes Verkehrsaufkommen und damit verbundene hektische Verkehrssituationen treten insbesondere in den Morgen- und Nachmittagsstunden auf und stellen Gefahrenmomente dar.

Risiken des Straßenverkehrs und Arbeitsunfälle 4.1

Bezüglich der Jahreszeiten stellen – wie bereits dargestellt – besonders die Wintermonate hohe Anforderungen an Bus- und Lkw-Fahrer. Ferienzeiten beanspruchen den Fahrer durch den Reiseverkehr auf den Autobahnen zusätzlich.

Sowohl Straßenbeschaffenheit als auch jahres- und tageszeitenabhängige Bedingungen erfordern von Fahrern eine verstärkte Aufmerksamkeitsleistung und eine vorausschauende Fahrweise. Sie erfordern auch einen möglichst optimalen technischen Zustand und Ausstattung der Fahrzeuge, um Gefahrensituationen zu vermeiden.

- Winterreifen
- Ausreichendes Reifenprofil
- Schneeketten
- Spaten und Hacke
- Streusand
- Abschleppseil oder -stange

Abbildung 167:
Schneeketten
Quelle: Daimler AG

Abbildung 168:
Schneeketten

Unfallfaktoren

Verhalten anderer Verkehrsteilnehmer

Das Verhalten anderer Verkehrsteilnehmer ist nicht einfach ein weiterer Umwelteinfluss wie Regen oder Dunkelheit. Vielmehr spielen sich zwischen den einzelnen Verkehrsteilnehmern vielfältige Wechselbeziehungen und Gruppenprozesse ab, die wiederum das Verhalten des Einzelnen beeinflussen. Die Tatsache, dass man sich im Schutz der Blechkarosserie gewissermaßen anonym gegenübertritt, unterstützt diese Prozesse. Da zwischen den einzelnen Fahrern kaum eine Möglichkeit zur Kommunikation besteht, wird die Entstehung von Frustration und Aggression begünstigt. So kann das Verhalten eines anderen als Angriff auf die eigene Person oder als Kränkung empfunden werden. Unter Umständen fühlt man sich dadurch subjektiv legitimiert, sich am anderen (oder vielleicht gar an einem unbeteiligten Dritten) zu „rächen".

Fahren heißt heute deshalb fast immer Fahren mit und zwischen anderen Verkehrsteilnehmern und ist nur möglich in der „Fahrgemeinschaft" der professionellen und der nicht-professionellen Verkehrsteilnehmer. Je besser das Miteinander funktioniert, umso besser funktioniert auch das Fahren. Wer die anderen dagegen in erster Linie als Störfaktor sieht, missachtet die sozialen Grundregeln des Straßenverkehrs.

Das Zusammenwirken mit anderen setzt jedoch voraus, dass man den anderen, seine Motive und Bedürfnisse richtig einschätzen kann. Dazu gehört auch, zu akzeptieren, dass es Verkehrsteilnehmer gibt, die (noch) nicht über ausreichendes Verkehrswissen und über eine ausreichende Verkehrspraxis verfügen oder unter Stresseinwirkungen Fehler machen. Die Verkehrssicherheitslehre beschreibt, welche Verhaltensweisen von Kindern, Senioren, Unaufmerksamen und „Schwierigen" zu erwarten sind, auf die sich ein Fahrer einstellen muss.

Defensives Fahren heißt unter diesen Voraussetzungen, sich so zu verhalten, als wären schlimme Verhaltensfehler der anderen jederzeit möglich. Der professionelle und defensiv eingestellte Fahrer hat weniger das eigene, schnelle Vorankommen im Blick als das Funktionieren des Gesamtsystems, weil er weiß, dass dies auch für ihn vorteilhaft ist.

Einen professionellen Fahrer zeichnet aus, dass er auch mit eigenen Emotionen professionell umgehen kann sowie Ärger, Wut und aufkommende Aggression zumindest so weit im Griff hat, dass sie nicht in entsprechende Verhaltensweisen umgesetzt werden.

Zusammengefasst lässt sich die professionelle Fahrweise durch den Fahrstil des „Pilotierens" beschreiben: Ein Fahrer, der sich diesen Fahrstil zu Eigen gemacht hat, verhält sich stets aufmerksam, rational und vermeidet Risiken. Er weiß um die Verantwortung, die er für sich und andere Verkehrsteilnehmer sowie die Mitfahrer und sein Fahrzeug trägt. Es käme ihm nicht in den Sinn, diese durch unüberlegte, spontane oder (stark) emotionale Verhaltensweisen aufs Spiel zu setzen.

Ablenkungen

Bei der Beschreibung der Komponente „Fahrer" (ab S. 342) wird auf die Grenzen der menschlichen Informationsaufnahme und -verarbeitung hingewiesen. Jede Ablenkung während der Fahrt führt dazu, dass die vorhandenen Kapazitäten weiter beschnitten werden. Ablenkung kann z. B. ausgehen von den Fahrgästen, vom Streckenfunk oder Mobiltelefon, von der Musikanlage oder von der Orientierung bzw. Navigation auf fremden Strecken.

Behinderungen
Die Arbeit des Kraftfahrers erschöpft sich nicht in der reinen Fahrtätigkeit. Der Lkw-Fahrer ist zusätzlich mit der Verladung des Transportguts betraut und kommuniziert mit der Disposition. Der Busfahrer im Linienverkehr ist häufig auch Verkäufer von Fahrausweisen und Ansprechpartner für Fragen der Fahrgäste. Im Reisebusverkehr betätigt er sich auch als Verlader für das Gepäck und übernimmt teilweise Reiseleiterfunktionen. All diese Tätigkeiten können zu Lasten der Fahrtätigkeit gehen. Diese „Nebentätigkeiten" können als belastende Stressoren auf den Fahrer wirken, vor allem dann, wenn dabei Konflikte mit Fahrgästen bzw. Kunden/Kollegen entstehen.

Organisatorische Aspekte
Bei der Untersuchung von Unfallfaktoren kommt man häufig zu dem Ergebnis, dass Faktoren aus dem Bereich „Fahrer" den Hauptteil des Unfallgeschehens ausmachen. Dabei wird jedoch übersehen, dass die viel zitierten 80 Prozent der personenbedingten Unfälle nur auf sehr wenige Fahrer zurückzuführen sind. Bei vielen Unfällen lassen sich stattdessen organisatorische Komponenten feststellen, die den Unfall zumindest begünstigt haben.

Organisatorische Aspekte sind in dem Beschriebenen bisher nicht explizit erwähnt, sie können jedoch bei jeder Komponente wirken: Zum Beispiel haben Mitarbeiterauswahl und innerbetriebliche Aus- und Weiterbildung einen großen Einfluss auf Wissen und Können der Fahrer. Nicht zuletzt von der Dienstplangestaltung bzw. Disposition hängt es ab, ob die Fahrer durch ausreichende Pausen und Erholungszeiten dafür sorgen können, hinterm Steuer wirklich jederzeit fit zu sein. Organisatorische Fragen sind auch häufig Auslöser für die Entstehung von Stress und weiteren Belastungen.

Bei der Komponente „Fahrzeug" fällt beispielsweise die Wartung unter die Rubrik „Organisation". Ob bei Entscheidungen über die Fahrzeugausstattung bzw. -anschaffung Fahrerinteressen einbezogen werden,

Risiken des Straßenverkehrs und Arbeitsunfälle 4.1

ist ebenfalls eine organisatorische Frage. Schließlich ist auch entscheidend, ob die Touren- bzw. Fahrpläne und Fahrerdispositionen tages- und jahreszeitliche Bedingungen und sonstige mögliche Probleme berücksichtigen.

Auch wenn die Fahrer auf diese organisatorischen Fragen kaum Einfluss haben, darf der Punkt „Organisation" nicht übersehen werden, wenn über Unfallentstehung gesprochen wird. Letzten Endes ist der Fahrer jedoch für das Führen seines Fahrzeugs verantwortlich und sollte in der Lage sein, auf Störungen flexibel und sinnvoll zu reagieren. Eine verantwortliche Tourenplanung erfordert eine gute Vorbereitung und berücksichtigt Kundenwünsche (z. B. Abfahrt- und Ankunftszeit, Kosten), Ziele des Unternehmers (z. B. Gewinn, Einsparung und Verschleiß) und Wünsche des Fahrers (z. B. Tageseinteilung, Pausen, Übernachtung).

Ladung
Fahrer müssen vor Antritt der Fahrt die ordnungsgemäße Beladung des Fahrzeuges überprüfen, z. B. ob die Ladung verkehrssicher und gegen Herabfallen und vermeidbares Lärmen gesichert ist. Dies gilt auch während des Transportes, vor allem nach einer starken Bremsung, nach dem Befahren schlechter Straßen oder wenn Anzeichen darauf hindeuten, dass mit der Ladungssicherung etwas nicht mehr in Ordnung sein könnte.

Der Omnibus dient zwar in erster Linie der Beförderung von Personen, aber auch im Omnibus muss die Ladung verkehrssicher untergebracht sein. Bei den üblichen Fahrzuständen (Ausweichmanöver, Vollbremsung und schlechte Wegstrecke) muss eine Gefährdung von Fahrer und anderen Verkehrsteilnehmern – dazu gehören natürlich auch die Fahrgäste – ausgeschlossen sein. Dies gilt sowohl für das Gepäck im Kofferraum, Anhänger oder Gepäckträger als auch für Gepäck oder andere Gegenstände, die im Innenraum des Busses mitgeführt werden.

Abbildung 169: Ladungssicherung am Lkw

**Beschleunigte Grundqualifikation
Basiswissen Lkw/Bus**

Abbildung 170: Gepäck muss verkehrssicher untergebracht werden

> ✚ **Hintergrundwissen** → Detaillierte Informationen rund um das Thema Ladungssicherung (rechtliche Grundlagen, Sanktionen, Haftung, Technische Regelwerke sowie physikalische Grundlagen) sind in den Bänden „Spezialwissen Lkw" sowie „Spezialwissen Bus" jeweils im Kapitel „Sicherheit der Ladung" zu finden.

Fahrer

Wer als Fahrer täglich im Straßenverkehr Güter oder Personen befördert, kann seinen Beruf zu Recht als bedeutend für die Wirtschaft empfinden. Auf dieser Basis und der mit den Jahren zunehmenden Berufserfahrung kann sich eine professionelle Einstellung gegenüber dem Verkehrsgeschehen entwickeln. Der Fahrstil eines selbstbewussten Fahrers zeichnet sich durch Gelassenheit, Fachkenntnisse, fahrerisches Können und besonderes Verantwortungsbewusstsein aus, wodurch er auch für andere Fahrer zum Vorbild werden kann.

Damit der Fahrer seine Tätigkeit optimal ausüben kann, sollte er einige grundsätzliche Dinge zur menschlichen Leistungsfähigkeit wissen.

Alter
Die allgemeine Verkehrsunfallstatistik zeigt für junge Fahrer von 18 bis 25 Jahren ein stark erhöhtes Unfallrisiko auf. Jugendspezifische Verhal-

tensweisen (z. B. Risikobereitschaft, Imponier- und Konkurrenzverhalten) spielen dabei ebenso eine Rolle wie die vergleichsweise geringe Fahrerfahrung. Bei Lkw-Unfällen ist es die Altersgruppe der 35- bis 45-Jährigen, die an Verkehrsunfällen am stärksten beteiligt ist, bei Omnibusunfällen sind es die 45–55-Jährigen. Dies hängt auch damit zusammen, dass diese Altersgruppen bei den Fahrern besonders stark vertreten sind. Deutlich wird auch, dass es sich bei verunfallten Berufskraftfahrern schwerpunktmäßig nicht um Fahranfänger handelt.

Typische Fahrweise
Entsprechend der allgemeinen Verkehrsunfallstatistik für das Jahr 2008 werden bei Lkw-Unfällen als häufigste Unfallursachen mangelnder Sicherheitsabstand und unangepasste Geschwindigkeit genannt. Bei Bus-Unfällen ist die häufigste Unfallursache falsches Verhalten gegenüber Fußgängern gefolgt von mangelndem Sicherheitsabstand. Geschwindigkeit nimmt als Unfallursache eine Sonderrolle ein, denn Geschwindigkeit allein kann kaum Ursache eines Unfalls sein. In der Regel kommen Fehleinschätzungen der Situation oder ein Fahrfehler hinzu. Die Wahl einer – z. B. unangepassten – Geschwindigkeit wird beim Fahrer von vielen unterschiedlichen Faktoren bestimmt:

- Wahrnehmungsprobleme (z. B. Unterschätzen der tatsächlichen Geschwindigkeit)
- Nichterkennen des Gefährdungspotenzials (Fehleinschätzungen)
- Psychische Barrieren bei der Gefahrenwahrnehmung („Alles unter Kontrolle" bzw. „Mir passiert schon nichts")
- Situative Faktoren (z. B. Zeitdruck, Stress)

Auch beim Unterschreiten des angemessenen Sicherheitsabstands spielen die genannten Faktoren eine Rolle. Hinzu kommt die Verkehrsdichte, die den Fahrer immer wieder dazu veranlasst, sein Tempo zu

**Beschleunigte Grundqualifikation
Basiswissen Lkw/Bus**

verringern, während er vielleicht lieber den Schwung nutzen möchte. Überholverbote zwingen den Fahrer häufig, hinter langsameren Fahrzeugen zu bleiben, was Unmutgefühle und Stress auslösen kann.

Leistungsfähigkeit, Wissensstand und Erfahrung

Ein Kraftfahrzeug zu fahren erfordert komplexe Wahrnehmungs-, Entscheidungs- und Steuerungstätigkeiten. Die relevanten Signale aus der Umgebung müssen über die Wahrnehmungskanäle erfasst, gefiltert und bewertet werden, damit entsprechende Handlungen eingeleitet und ausgeführt werden können. Auch wenn der Gesundheitszustand von Kraftfahrern einer regelmäßigen Kontrolle unterworfen ist, gibt es hinsichtlich der Informationsaufnahme und -verarbeitung individuelle Grenzen und Unterschiede. Ein Beispiel hierfür ist das visuelle Erkennen.

Abbildung 171:
Schilderwald
Quelle: pixelio.de/
Gisela Schlenzig

Bei hoher Informationsdichte (z. B. „Schilderwald") sind eine Überforderung des Wahrnehmungssystems und daraus resultierende Fahrfehler möglich. Vor allem unter Stress-Einflüssen können daraus unter Umständen schwerwiegende Fehler entstehen. Lkw- und Busfahrer versuchen diese Engpass-Problematik zum Teil dadurch auszugleichen, dass sie viele Steuerungs- und Bedienungsvorgänge in eine Routine überführen. Doch dieses routinierte Fahren kann auch zu Unfällen führen, wenn Änderungen der gewohnten Situation (Vorfahrtwechsel, Baustellen etc.) nicht rechtzeitig erkannt oder berücksichtigt werden.

Konzentration und Aufmerksamkeit hängen auch von der Gestaltung und Einrichtung des Fahrerarbeitsplatzes ab. Auf der einen Seite ist es die Ergonomie, die hier entscheidende Vorgaben macht, die die Konstrukteure mehr oder weniger gut umsetzen können. Andererseits entscheidet der Fahrer selbst, wie gut er an seinem Arbeitsplatz arbeiten kann. Dazu gehört, sich nicht durch Arbeitsmaterialien, „wohnliches" Zubehör oder Dekorationsgegenstände die Sicht nach draußen selbst zu verbauen. Potenzielle „Flugobjekte" auf der Armaturentafel sowie Gepäck müssen weggeräumt oder so gesichert werden, dass sie sich

Risiken des Straßenverkehrs und Arbeitsunfälle 4.1

bei Brems- und Lenkmanövern nicht selbstständig machen und als Geschosse durch den Innenraum fliegen können (s.a. § 23 StVO).

Abbildung 172: Wahrnehmen und Handeln

sehen
fühlen
riechen
hören
handeln

> ⊕ **Hintergrundwissen** → Nach § 8 der BOKraft ist es dem Fahrer verboten, während der Beförderung von Fahrgästen zu rauchen, beim Lenken des Fahrzeugs Fernseher, Funkempfänger oder Handys zu benutzen und sich beim Lenken des Fahrzeugs zu unterhalten. Im Linienverkehr ist zudem die Benutzung von Radio- oder Tonwiedergabegeräten zu anderen als zu betrieblichen Zwecken oder zu Verkehrsfunk-Hinweisen verboten. Ebenfalls verboten ist der Genuss von Alkohol vor und während der Dienstbereitschaft sowie während der Fahrt.

Ein guter Fahrer wird bei aller Routine immer darauf achten, konzentriert zu fahren, um jederzeit schnell auf wechselnde Situationen reagieren zu können. Völlig tabu müssen alle jene Beschäftigungen sein, bei denen der Fahrer den Blick sekundenlang vom Verkehrsgeschehen abwenden würde oder die ihn am schnellen Reagieren (Lenken, Bremsen) hindern, wie z. B. Bedienung des Navigationsgeräts, Reiseführertätigkeit oder im Linienbus während der Fahrt kassieren.

Physische und Psychische Verfassung

Ermüdung und Krankheiten können ebenso wie altersbedingte Prozesse die vorhandenen Grenzen menschlicher Leistungsfähigkeit herabsetzen. Schon ungenügender Schlaf oder ein grippaler Infekt verringern die Aufmerksamkeit, verlangsamen die Reaktionsgeschwindigkeit und beeinträchtigen die Entscheidungsprozesse. Medikamente können diese Probleme noch verstärken. Viele Schlaf-, Schmerz- und Beruhigungsmittel, aber auch Medikamente gegen Erkältungen und Schnupfen haben negative Auswirkungen auf die Gesamtverfassung des Fahrers und beeinflussen die Fahrfähigkeit. Anregungsmittel (Aufputschmittel) oder auch Appetitzügler vermitteln ein Gefühl besonderer Leistungsfähigkeit. Dies kann zu einer gefährlichen Selbstüberschätzung führen.

Auch psychische Belastungen können die Leistungsfähigkeit vorübergehend beeinträchtigen. Ursächlich für die Belastungen können sowohl die betrieblichen Bedingungen (Auseinandersetzungen mit Vorgesetzten, Kollegen oder Kunden, schlechtes Betriebsklima, enge Fahrpläne) als auch der private Bereich des Fahrers sein.

4.2 Risikofaktor Technik

▶ **Die Teilnehmer sollen typische Arbeitsunfälle kennenlernen und erkennen, dass sie für die Vermeidung von Unfällen ebenso verantwortlich sind wie ihr Arbeitgeber und andere Vorgesetzte.**

- Erläutern Sie in einem Vortrag die Bedeutung des technischen Zustands und der Ausstattung des Lkw bzw. Omnibusses. Erläutern Sie in einem Vortrag die richtige Reihenfolge für den korrekten Ein- und Ausbau einer Autobatterie sowie dem Geben von Starthilfe. Führen Sie optional alle 3 Vorgänge auch in einer praktischen Unterweisung an einer Bus- bzw. Lkw-Batterie aus.

- Erläutern Sie in einem Vortrag den richtigen Umgang mit Rädern und den Radwechsel. Prüfen Sie optional den Luftdruck eines Reifens.

- Erläutern Sie in einem Vortrag mögliche Gefahren im Motorbereich und der Werkstatt. Fertigen Sie auf dem Flipchart eine Tabelle an, auf der Sie zeigen, welcher Arbeitsumgebung welche Schutzbekleidung zugeordnet ist.

Ca. 180 min

Führerschein: Fahren lernen Klasse C, Lektion 1, 4, 9; Fahren lernen Klasse D, Lektion 2, 4, 5, 9, 16, 18

Nutzfahrzeuge verleiten den Fahrer kaum zu einer sportlichen oder aggressiven Fahrweise. Insofern bieten sie gute Voraussetzungen, den Fahrer zu einer überlegten, „sachlichen" Fahrweise zu motivieren. Im Vergleich zum Pkw sind Nutzfahrzeuge jedoch relativ schwerfällig. Auf Autobahnstrecken kann sich der Fahrer verleitet fühlen, den Schwung auszunutzen und deshalb entweder zu schnell zu fahren oder anderen zu dicht „auf die Pelle zu rücken". Im Stadtverkehr machen sich die großen Abmessungen des Fahrzeugs, die schlechte Manövrierbarkeit und die eingeschränkte Übersicht (tote Winkel) ungünstig bemerkbar.

Abbildung 173:
Eingeschränkte Sicht durch toten Winkel
Quelle: DVR

Technischer Zustand und Ausstattung

Der Anteil technischer Mängel am Unfallgeschehen ist vergleichsweise gering. Wenn sich doch technische Mängel als unfallursächlich erweisen, betrifft dies in erster Linie Mängel an Reifen und der Bremsanlage. Aber auch schlechte Sichtverhältnisse und eingeschränkte Leistungsfähigkeit von Heizung und Lüftung bzw. Klimaanlage sind für die Sicherheit relevant.

Bei der Ausstattung sind in erster Linie die Einrichtungen der aktiven Sicherheit (Automatische Blockier-Verhinderer, Elektronisches Stabilitätsprogramm, Abstandsregeltempomat, Spurhalteassistent usw.) zu nennen. Diese können in kritischen Situationen zur aktiven Sicherheit beitragen, Voraussetzung ist jedoch, dass der Fahrer diese Systeme korrekt nutzt. Aber auch eher komfortorientierte Ausstattungsmerkmale wie Thermoscheiben, geschlossener Funk und Lautsprecher für die Musikbeschallung können die Belastung des Fahrers reduzieren und so dazu beitragen, dass seine Leistungsfähigkeit länger erhalten bleibt.

Eine Überautomatisierung kann jedoch auch Fehlhandlungen begünstigen: Automatikgetriebe und Tempomat entlasten den Fahrer, können aber unter Umständen dazu führen, dass er sich aus der aktiven Fahrtätigkeit zurückzieht und gedanklich nicht mehr am Straßenverkehr teilnimmt. In einer plötzlich auftauchenden kritischen Situation wird vom ihm jedoch sofortiges und richtiges Handeln verlangt.

Einrichtungen wie der genannte Automatische Blockier-Verhinderer („ABS"), Abstandsregeltempomat (z. B. „ACC"), Elektronisches Stabi-

Risiken des Straßenverkehrs und Arbeitsunfälle — 4.2

litätsprogramm („ESP") oder der Spurhalteassistent (z. B. „LDW") dienen zwar der Fahrsicherheit, können jedoch zu einer unvorsichtigen Fahrweise durch den Glauben verleiten, dass „die Technik es schon richten wird". Die Psychologie bezeichnet dieses Verhalten als „Risikokompensation".

> **PRAXIS-TIPP**
>
> Führen Sie regelmäßig eine Abfahrtkontrolle durch!

Abbildung 174: Überprüfung des Reifenluftdrucks

Eine fachgerechte Wartung und Pflege der Fahrzeuge ist für die Einsatzbereitschaft und Sicherheit des Fahrzeugs unumgänglich. Über die gesetzlichen Vorschriften hinaus wird jeder Betrieb eigene Regelungen zur Überprüfung und Wartung von Fahrzeugen entwickelt haben, um die Fahrzeuge im bestmöglichen technischen Zustand zu erhalten. Wartungsmängel wie z. B. falscher Reifenluftdruck erhöhen nicht nur den Verschleiß, sondern können unter Umständen auch zu Unfällen führen.

> **Hintergrundwissen** → Nach § 36 Unfallverhütungsvorschrift „Fahrzeuge" (BGV D29) hat der Fahrer zu Beginn jeder Arbeitsschicht – vor Inbetriebnahme eines (z. B. auf dem Betriebshof) abgestellten Fahrzeuges – die Wirksamkeit der Betätigungs- und Sicherheitseinrichtungen zu prüfen und während der Arbeitsschicht den Zustand des Fahrzeuges auf augenfällige Mängel hin zu beobachten. Festgestellte Mängel hat der Fahrer dem zuständigen Aufsichtsführenden, bei Wechsel des Fahrers auch dem Ablöser, mitzuteilen. Bei Mängeln, die die Betriebssicherheit gefährden, hat er den Betrieb einzustellen (Betriebssicherheit = Verkehrssicherheit + Arbeitssicherheit).

**Beschleunigte Grundqualifikation
Basiswissen Lkw/Bus**

Wie umfangreich die Fahrer eine Prüfung des Nutzfahrzeuges auf Verkehrs- und Arbeitssicherheit durchführen müssen, ist von Betrieb zu Betrieb unterschiedlich geregelt (s. auch Berufsgenossenschaftlicher Grundsatz (BGG) 915 „Prüfung von Fahrzeugen durch Fahrpersonal").

Die Betriebe führen zu diesem Punkt **Unterweisungen** der Fahrer durch. Dazu werden betriebsspezifische Checklisten erstellt.

Fahrerplatz einschließlich Sicht, Fenster und Spiegel

Zum Fahrerarbeitsplatz haben in den vergangenen Jahren umfangreiche Forschungsarbeiten stattgefunden. Eine individuelle, sorgfältige Einstellung des Fahrersitzes auf den Fahrer ist nicht nur im Hinblick auf Ergonomie und Komfort wichtig, sondern hilft auch dabei, Unfälle zu verhindern: Nur wer entspannt sitzt und alle Bedienungseinrichtungen ohne Verrenkungen erreicht, kann auf Dauer konzentriert fahren. Im Güterkraftverkehr entstehen häufig Unfälle durch falsches Auf- und Absteigen an Lkw-Fahrerhäusern und -Ladeflächen.

Abbildung 175:
Rundumblick
Quelle: Daimler AG

Risiken des Straßenverkehrs und Arbeitsunfälle 4.2

Hier einige Beispiele aus den Unfallmeldungen an die BG Verkehr:

Unfälle am Fahrerarbeitsplatz und ihre Folgen	
Beim Verlassen des Fahrzeugs abgerutscht und gestürzt	Rippenprellung
Beim Überfahren einer Bodenvertiefung löst sich die hintere Arretierung des Fahrersitzes, Fahrer fällt mit Sitz um	Halswirbelsäulentrauma
Beim Aussteigen auf dem Betriebshof auf den Randstein der Tankstellenumrandung getreten und umgeknickt	Bänderriss

Im Bereich des Fahrerarbeitsplatzes verdienen auch die Sichtverhältnisse nähere Beachtung: Die Sichtverhältnisse sollten nicht durch abgelegte Gegenstände (z. B. Fahrertasche, Zeitungen, Kaffeemaschine) eingeschränkt werden. Auch die genaue Spiegeleinstellung und die Reinigung der Scheiben (innen und außen) sind wichtig. Beim Einstellen der Spiegel und beim Reinigen der Scheiben kann es zu Unfällen kommen, wenn beispielsweise ungeeignete Aufstiegshilfen benutzt werden oder vom Einstieg aus gearbeitet wird.

Unfälle im Bereich Sicht, Fenster und Spiegel und ihre Folgen	
Konzepthalter („Klemmbrett") und Fahrertasche versperren Sicht, beim Fahrerwechsel wird Kollege überfahren	Tödliche Verletzungen
Beim Reinigen der Fenster von der Leiter gefallen	Verstauchungen, Brüche
Beim Einstellen der Spiegel von Einstiegsstufe abgerutscht	Verstauchungen, Knochenbrüche

**Beschleunigte Grundqualifikation
Basiswissen Lkw/Bus**

Türeinstieg und -ausstieg
(einschließlich Haltestellenbremse beim Bus)

Am häufigsten treten bei den Mitgliedern der BG Verkehr Unfälle im Zusammenhang mit Stolpern, Rutschen, Stürzen auf. Dies trifft sowohl für Lkw- als auch für Busunfälle zu. Was auf den ersten Blick ungewöhnlich erscheint, bestätigen arbeitswissenschaftliche Erkenntnisse. Danach sind Aktivitäten, denen ein geringes Risiko beigemessen wird, unfallträchtiger als solche, deren Gefährlichkeit offensichtlich ist.

Generell werden selbstverständliche, alltägliche Vorgänge wie das Laufen oder Treppensteigen meist ohne große Überlegung und ohne Sorgfalt, stattdessen aber oft in Eile und „nebenbei" vollzogen. Das Resultat dieser Verhaltensweise schlägt sich in der Unfallstatistik nieder. Bei Kraftfahrern ist möglicherweise durch das lange Sitzen die Tiefensensibilität im Beinbereich beeinträchtigt, so dass der Fahrer beim Aussteigen „wenig Gefühl" in den Beinen hat.

Auch die Gestaltung des Bodens rund um den Fahrersitz und die unterschiedlichen Bodenhöhen bei den verschiedenen Fahrzeugen haben Einfluss auf das Unfallrisiko. Die Konsequenz kann nur sein, diesen Vorgängen im Alltag genauso viel Aufmerksamkeit zu widmen und zusätzliche Unfallquellen konsequent auszuschalten. Dazu gehört auch, geeignetes Schuhwerk zu tragen und sich – wo möglich – an Geländern festzuhalten.

Unfälle beim Türein- und -ausstieg und ihre Folgen	
Fahrer steigt mit abgezogenem Schlüssel aus, wird zwischen Fahrzeug und Werkstatttor eingeklemmt	**Quetschung**
Beim Aussteigen mit linkem Fuß umgeknickt	**Bänderzerrung**
Bei Sonnenlichteinwirkung im Bus Kontrollleuchte der hinteren Tür nicht erkannt und mit geöffneter Tür angefahren, einsteigender Mitfahrer fällt heraus und wird überrollt.	**Tödliche Quetschungen**

Risiken des Straßenverkehrs und Arbeitsunfälle 4.2

Für Lkw-Fahrer gilt:
- Springen Sie nie vom Fahrzeug! Das Auf- und Absteigen über Reifen, Felgen oder Radnaben ist gefährlich.
- Benutzen Sie am Fahrzeug vorhandene Aufstiege und Haltegriffe!
- Falls erforderlich, führen Sie auf Fahrzeugen ausreichend lange und sichere Leitern mit.

⚠ Reifen, ringförmige Tritte an Radnaben oder Felgen sowie Sprossen mit rundem Querschnitt sind als Aufstiege unzulässig!

Abbildung 176:
Anlegeleitern sind im richtigen Winkel aufzustellen und in geeigneter Weise zu sichern
Quelle: BG Verkehr

Abbildung 177:
Eingeklemmter Arm
Quelle: VAG Nürnberg

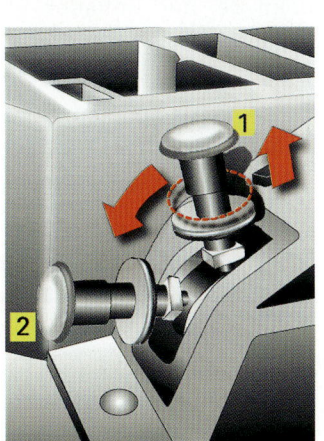

In den Bereich des Ein- und Aussteigens fallen auch die Unfälle, die dadurch verursacht werden, dass der Fahrer das Fahrzeug nicht richtig gegen Wegrollen sichert. Nach dem Aussteigen überrollen die Fahrzeuge den Fahrer oder drücken ihn gegen Mauern, Tore oder benachbarte Fahrzeuge. Die Haltestellenbremse im Bus – vergleichbare Systeme gibt es in Entsorgungsfahrzeugen wie z. B. dem sog. „Seitenlader" – sichert oft nur bei laufendem Motor bzw.

Abbildung 178:
Lösen (1) und Aktivieren (2) der Feststellbremse im Bus

eingeschalteter Zündung. Bei geschlossener Tür oder abgezogenem Schlüssel müssen auch diese Fahrzeuge mit der Feststellbremse gesichert werden, um solche Unfälle auszuschließen.

Be- und Entladen

Im Zusammenhang mit dem Be- und Entladen nehmen die Fahrer oft eine ungünstige Körperhaltung ein, die zu einer erhöhten Belastung der Wirbelsäule führt. Hier kann es bei vorliegenden Vorschädigungen unter anderem zu Bandscheibenvorfällen kommen.
Für den Linienbusfahrer gehört Heben und Tragen zu den Ausnahmen. Deswegen sind hier in erster Linie Lkw- und Reisebusfahrer angesprochen, die das Transportgut bzw. das Gepäck der Fahrgäste verstauen müssen. Die Art der Ladung und die Lage der Laderäume bedingen dabei zum Teil sehr ungünstige Körperhaltungen.

Für den Lkw-Fahrer gilt: „Trage nichts, was gerollt werden kann!"

- Nutzen Sie für die jeweilige Transportaufgabe geeignete und sichere Fahr-, Hebe- und Tragehilfen.
- Achten Sie darauf, dass die Hilfen funktionstüchtig und ausreichend tragfähig sind.
- Befestigen Sie Fahr-, Hebe- und Tragehilfen bei Mitnahme im Laderaum so, dass sie nicht verrutschen oder umfallen können.

Abbildung 179:
Handhubwagen
Quelle: BG Verkehr

Beim Be- und Entladen von Omnibussen sind zusätzliche Regeln zu beachten:
- Nach Möglichkeit Koffer aufrecht nebeneinander stellen.
- Auf geeignetem Bodenbelag Gepäckstücke schieben oder ziehen.
- Müssen Gepäckstücke übereinander gestapelt werden, gehören die leichten Koffer und Taschen nach oben.

Beim Be- und Entladen von Lkw sind zusätzliche Regeln zu beachten:
- Stauen Sie die Ladung nach Möglichkeit formschlüssig, das heißt die Ladung liegt allseitig an den Laderaumbegrenzungen, anderen Ladegütern oder Zwischenwandverschlüssen an.
- Schließen Sie Freiräume auf der Ladefläche durch Füllmittel, wie z. B. Luftsäcke, Schaumstoffpolster oder Leerpaletten.

Darüber hinaus können von den Klappen beim Bus selbst Unfallgefahren ausgehen. Beim Schließen der Klappen können Finger eingeklemmt werden. Wenn die Gasdruckfeder defekt ist, senkt sich die Klappe ab und der Fahrer kann sich beim Anstoßen verletzen. Auch beim Auswechseln der Federn geschehen Unfälle, wenn beispielsweise die Klappe herunterfällt und die arbeitende Person trifft. Beim Lkw können aufschlagende Bordwände und Laderaumtüren zur tödlichen Gefahr werden. Deshalb:

- Prüfen Sie zuerst, ob Ladung gegen die Bordwände drückt: z. B. durch Sichtkontrolle der Ladefläche oder durch Feststellen des Kraftaufwandes beim Betätigen der Bordwandverschlüsse.
- Beseitigen Sie nach Möglichkeit den Ladungsdruck z. B. durch Entladung von der gegenüberliegenden Fahrzeugseite oder durch Abpacken von Hand.
- Stellen Sie sich immer so hin, dass Sie nicht von aufschlagenden Bordwänden oder evtl. abstürzender Ladung getroffen werden können.
- Sichern Sie Laderaumtüren und -klappen gegen unbeabsichtigtes Zuschlagen, z. B. durch Feststeller.
- Lassen Sie Steckbretter und Spriegelstangen nicht herunterfallen, sondern heben Sie diese von Hand herab.

Abbildung 180: Vorsicht beim Öffnen der Bordwände
Quelle: BG Verkehr

Wartungs- und Werkstattarbeiten

Batteriewartung und Starthilfe

Die Bedeutung der Pluspolabdeckungen von Batterien wird häufig unterschätzt. Beim Hantieren mit ungeeignetem (nicht isoliertem) Werkzeug oder bei einem Unfall besteht ohne Pluspolabdeckung die Gefahr, dass durch gleichzeitige Berührung der Pole mit einem leitenden Gegenstand ein Kurzschluss erzeugt wird, was im Extremfall zu einem Fahrzeugbrand oder zum Zerknall der Batterie führen kann.

Beschleunigte Grundqualifikation
Basiswissen Lkw/Bus

Beim Laden von Batterien müssen die Herstelleranweisungen berücksichtigt werden. Für Räume, in denen Batterien geladen werden, gibt es Vorschriften hinsichtlich des Explosionsschutzes (z. B. Lüftung). Beim Umgang mit Batteriesäure ist für die persönliche Schutzausrüstung zu sorgen (Schutzhandschuhe, Gummischürze, Augen- bzw. Gesichtsschutz). Werden Batterien im Fahrzeug geladen, insbesondere mit dem Schnellladegerät, ist darauf zu achten, dass die Lüftungsöffnungen nicht durch Verschmutzungen, Rost o. ä. eingeengt sind. Unfälle, bei denen ein Batteriezerknall ausgelöst wird, können zu Verbrennungen und Verätzungen durch austretende Batteriesäure führen.

Der Ausbau einer Batterie ist in folgender Reihenfolge vorzunehmen:
1. Stromverbraucher (z. B. Lampen) – soweit wie möglich – ausschalten
2. Minuspol abklemmen
3. Pluspol abklemmen

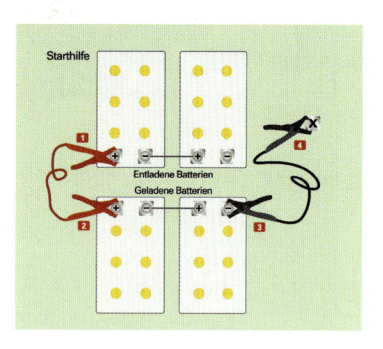

Beim Einbau ist in umgekehrter Reihenfolge vorzugehen.

Springt der Motor einmal nicht an, weil die Fahrzeugbatterie entladen ist, kann mit einem Starthilfekabel eine separate Batterie oder die Batterie eines anderen Fahrzeuges (beide mit gleicher Nennspannung) zum Starten benutzt werden. In jedem Fall ist die Bedienungsanleitung des Fahrzeugherstellers zu beachten. Das Starthilfekabel muss hierfür geeignet sein (ausreichend großer Leitungsquerschnitt, isolierte Polzangen). Folgende Reihenfolge ist unbedingt zu beachten:

Abbildung 181:
Ablauf bei der Starthilfe

1. Die erste Polzange des roten Kabels mit dem Pluspol der entladenen Batterie (oben) verbinden.
2. Die zweite Polzange des roten Kabels am Pluspol der geladenen Batterie (unten) anklemmen.
3. Die erste Polzange des schwarzen Kabels am Minuspol der geladenen Batterie (unten) anklemmen.
4. Die zweite Polzange des schwarzen Kabels – möglichst weit entfernt und unterhalb der entladenen Batterie (oben) – an einem Masseanschluss des Fahrzeuges anklemmen.

Nach dem Starten beide Kabel bei laufendem Motor in umgekehrter Reihenfolge wieder abnehmen.

Risiken des Straßenverkehrs und Arbeitsunfälle 4.2

> ⚠️ Die zweite Polzange des schwarzen Kabels niemals am Minuspol der entladenen Batterie anklemmen. Beim Fremdstarten wird der Wasseranteil der verdünnten Schwefelsäure in der entladenen Batterie elektrolytisch zersetzt. Dabei entsteht das hochexplosive Knallgas (Sauerstoff-Wasserstoff-Gemisch), das über die Entlüftungsleitungen aus der Batterie abgeleitet wird. Der beim Abklemmen einer Polzange entstehende Funken reicht aus, um dieses Knallgas zu entzünden und die Batterie zum Explodieren zu bringen.

Ein Beispiel aus einer Unfallmeldung: Ein Kurzschluss bei der Batteriewartung verursachte einen Batteriezerknall und führte zu Verbrennungen und Verätzungen im Gesicht und am Oberkörper.

Räder und Radwechsel
Das Thema „Räder und Radwechsel" betrifft die Fahrer dann, wenn sie unterwegs bei einer Panne das Rad wechseln müssen, oder – wie in einigen Unternehmen üblich – auch mit Wartungsarbeiten betraut sind.

Abbildung 182: Beim Anklemmen/Fremdstarten unbedingt die Bedienungsanleitung beachten!

Beim Montieren und Befüllen von Luftreifen kommt es vereinzelt immer wieder zu schweren Arbeitsunfällen. Die Ursachen liegen häufig in der Missachtung von Sicherheitsvorschriften.

Unfälle beim Reifenwechsel und ihre Folgen	
Neu montierter Reifen platzt beim Befüllen	Schwere Prellungen, tödliche Verletzungen
Schlauch des Druckluftschlagschraubers platzt	Trommelfell geplatzt

Beschleunigte Grundqualifikation
Basiswissen Lkw/Bus

Unfälle gibt es durch platzende Reifen oder beim Platzen des Druckluftschlauches des Schlagschraubers. Bei einer Panne ist das Absichern des Fahrzeugs wichtig, damit der Fahrer nicht durch andere Fahrzeuge gefährdet wird. Muss in Bereichen gearbeitet werden, in denen sich andere Fahrzeuge bewegen, muss sich der Fahrer sichtbar machen. Dazu ist die Benutzung einer geeigneten Warnweste (nach DIN EN 471) vorgeschrieben. Im Bus müssen auch die Fahrgäste darüber informiert werden, wie sie sich in dieser Situation zu verhalten haben.

Beim Anheben des Kraftfahrzeuges mittels Luftfederung können sich bei Wartungs- bzw. Reparaturarbeiten folgenschwere Unfälle ereignen. So wurde beispielsweise bei einem Reifenwechsel durch das absinkende Fahrzeug der Kopf des Monteurs zerquetscht. Ein ähnlicher Unfall ereignete sich beim Auswechseln eines Luftfederbalgs.

Gefahren im Motorbereich
Im Motorraum besteht Gefahr durch Stromspannung (Hochspannungsanlagen an Scheinwerfern oder von Hybridfahrzeugen), Hitzeeinwirkung (Auspuff, Kühlwasser) und rotierende Teile (Keilriemen, Lüfterräder). Verletzungen durch rotierende Teile können sicher verhindert werden, wenn das Fahrzeug mit einem Motorklappenschalter ausgerüstet ist, der die Stromzufuhr zum Anlasser bei geöffneter Klappe unterbricht.

Ein Beispiel aus einer Unfallmeldung im Motorbereich: Als der Arm beim Starten des Motors in den Keilriemenantrieb hineingezogen wurde, führte dies zum Hand- und Armabriss und zu Fingerverletzungen.

Werkstatt
Unfälle gibt es auch bei Wartungs- und Reparaturarbeiten in der Werkstatt. Oft werden bei diesen Unfällen einfache Sicherheitsregeln missachtet. Sorglosigkeit und Gedankenlosigkeit sind hier oft ausschlaggebend, hinzu kommen Gewohnheiten („Dabei ist noch nie was passiert") und falsches „Heldentum", wenn mit ungeeignetem Werkzeug „improvisiert" wird.

Risiken des Straßenverkehrs und Arbeitsunfälle

Unfälle in der Werkstatt und ihre Folgen	
Sturz in Arbeitsgrube nach dem Versuch, darüber zu springen (Abkürzen des Weges vom Aufenthaltsraum zum Lager)	**Schwere Rückenprellungen**
Beim Lösen einer Mutter durch Aufsetzen einer Verlängerung auf den Maulschlüssel abgerutscht und von der Leiter gestürzt	**Wirbelanbruch**
Festgesetzter Handgriff am Hochdruckreiniger	**Pistole schlägt unkontrolliert hin und her und führt zu Schnittverletzungen an beiden Schienenbeinen**

Persönliche Schutzausrüstung

Eine geeignete PSA (persönliche Schutzausrüstung) schützt vor schädigenden Einwirkungen bei der Arbeit. Die verschiedenen Ausführungen der Schutzkleidung können gegen eine oder mehrere Einwirkungen schützen. Für den Kraftfahrer ist das vorrangig bei der Durchführung von Wartungsarbeiten und beim Be- und Entladen ein Thema.

Sicherheitsschuhe bieten nicht nur Schutz gegen Quetschungen und Verletzungen durch herunterfallende Teile, sondern sorgen auch beim Gehen und Stehen für Halt und sicheren Tritt. So können Rutsch- und Stolperunfälle vermieden werden. Durch die orthopädische Gestaltung dieser Schuhe ergeben sich über diese Wirkungen hinaus weitere zusätzliche positive Effekte für den Gesundheitsschutz. Beim Einsatz von Handhubwagen bzw. Mitgängerstaplern („Ameisen") und immer dann, wenn Ladung zu heben und zu tragen ist, müssen Sie Sicherheitsschuhe tragen. Während beim Fahren feste, den Fuß umschließende Schuhe genügen, müssen bei Werkstattarbeiten Sicherheitsschuhe getragen werden.

Abbildung 183: Sicherheitsschuhe

Beschleunigte Grundqualifikation
Basiswissen Lkw/Bus

Abbildung 184:
Kategorien von
Sicherheitsschuhen
DIN EN 345
Quelle: BGR 191

Kategorie	Grundanforderung	Zusatzanforderung
SB	I oder II*	
S 1	I	Geschlossener Fersenbereich, Antistatik, Energieaufnahmevermögen im Fersenbereich
S 2	I	Wie S 1, zusätzlich: Wasserdurchtritt, Wasseraufnahme
S 3	I	Wie S 2, zusätzlich: Durchtrittsicherheit, profilierte Laufsohle
S 4	II	Antistatik, Energieaufnahmevermögen im Fersenbereich
S 5	II	Wie S 4, zusätzlich: Durchtrittsicherheit, profilierte Laufsohle

*) Herstellungsarten:
 I: Schuhe aus Leder oder anderen Materialien, hergestellt nach herkömmlichen Schuhfertigungsmethoden (z. B. Lederschuhe)
 II: Schuhe vollständig geformt oder vulkanisiert (Gummistiefel, Polymerstiefel – z. B. aus PUR – für den Nassbereich)

Geeignete Schutzhandschuhe schützen gegen chemische und mechanische Einwirkungen. Sie können Schnitt-, Riss- und Quetschwunden verhindern oder deren Folgen verringern. Beim Umgang mit spitzen und scharfen Gegenständen (z. B. Blechplatten) sowie heißen und kalten Gütern sind sie unerlässlich. Zudem sorgen sie auch in vielen anderen Fällen für den richtigen „Grip" beim Umgang mit Fahrzeugteilen oder Werkzeug.

In Bereichen, in denen mit Kränen gearbeitet wird, muss stets ein Schutzhelm getragen werden. Beim Arbeiten in Kühlräumen ist die Verwendung einer Kälteschutzkleidung angebracht.

Luftfedersysteme
Im Zusammenhang mit der Hubeinrichtung an Luftfedersystemen ereigneten sich mehrere Unfälle mit schweren bzw. tödlichen Verletzungen, insbesondere schwere Quetschungen des Kopf- bzw. Oberkörperbereichs. Eine Auswertung der Unfallberichte ergab, dass sich die Unfälle in zwei Gruppen einteilen lassen: Bei der einen Gruppe wurde

Risiken des Straßenverkehrs und Arbeitsunfälle 4.2

durch den Ausbau oder die Reparatur eines Bauteiles der Luftfeder das System schlagartig entlüftet. Der Fahrzeugaufbau senkte sich ab und die am Fahrzeug arbeitende Person wurde im Bereich der Bodengruppe eingeklemmt. Bei diesen Arbeiten wurden keine Vorkehrungen gegen unbeabsichtigtes Absinken des Aufbaus getroffen. Bei der anderen Gruppe rutschte beim Anheben bzw. Absenken des Fahrzeugaufbaus der Wagenheber von der Aufnahme ab. Die Ursachen für das Abrutschen des Wagenhebers waren falsch gewählte Ansatzpunkte für die Hebeeinrichtung und unebene Bodenverhältnisse.

Gefahrbereiche	Fahrzeug angehoben (mm)	Fahrzeug abgesenkt (mm)	Abstandsänderung (mm)
Gummibalgfeder	155	0	155
Schmutzabweisblech	360	170	190
Bodenblech	390	200	190
Radkasten	260	70	190
Spurkasten/Querlenker	100	30	70
Stoßdämpferaufnahme Querlenker	30	12	18

Abbildung 185:
Quetsch- und Schergefahren durch die Luftfederung
Quelle: BG Verkehr

Bei Einhaltung der entsprechenden Sicherheitsvorkehrungen ist eine Absicherung gegen diese Unfälle gegeben: Fahrzeuge müssen bei den angesprochenen Arbeiten gegen Bewegung gesichert werden. Beim Arbeiten an Druckluftleitungen, -armaturen und -behältern von luftgefederten Fahrzeugen sind Vorkehrungen gegen unbeabsichtigtes Absinken des Aufbaus infolge Entweichens der Luft aus dem Federsystem zu treffen.

> **Hintergrundwissen** → Die Unfallverhütungsvorschrift „Fahrzeuge" (BGV D29) untersagt den Aufenthalt im Gefahrbereich „unter ungesicherten beweglichen Fahrzeugteilen, die sich in geöffneter oder angehobener Stellung befinden".

Beschleunigte Grundqualifikation
Basiswissen Lkw/Bus

4.3 Arbeits- und Verkehrsunfälle im Überblick

> Die Teilnehmer sollen menschliche, materielle und finanzielle Auswirkungen durch Verkehrs- und Arbeitsunfälle kennenlernen und einen Überblick über Verkehrsunfallstatistiken bekommen.

Erklären Sie die allgemeine Entstehung von Unfällen und zeigen Sie typische Verkehrs- und Arbeitsunfälle auf. Bewirken Sie mit positiven Praxisbeispielen eine Motivation zum sicherheitsgerechten Verhalten.

Erläutern Sie anhand von Statistiken die häufigsten Unfallorte (Haushalt, gefolgt von Verkehr) und weisen Sie auf die häufigsten
- Fehlverhalten bei Unfällen
- Arbeitsunfälle
- Verletzungen

hin.

Machen Sie auf dem Flipchart eine Rechnung darüber auf, welche Kosten ein Unfall produziert.

Ca. 45 min

Führerschein: Fahren lernen Klasse C, Lektion 3, 8; Fahren lernen Klasse D, Lektion 16

Entstehung von Unfällen

„Unfälle passieren nicht, Unfälle werden verursacht!" Dieser Kernsatz prägt seit langem die Diskussion um die Sicherheit. Unfälle haben Ursachen, und diese liegen oft im Bereich menschlichen Verhaltens. Dies gilt auch für Verkehrsunfälle mit Beteiligung von Kraftfahrzeugen und das Unfallgeschehen rund um das Kraftfahrzeug. Unterstellt man, dass kaum jemand Unfälle willentlich herbeiführt, bleibt als Konsequenz, dass sich die Menschen in ihrem Alltag häufig unbewusst für nicht sichere Verhaltensweisen entscheiden. Wer näher hinsieht, entdeckt allerdings auch, dass menschliches Verhalten sich unter konkreten Rahmenbedingungen vollzieht, die wiederum Einfluss auf das Verhalten haben. Beide bedingen sich wechselseitig.

Risiken des Straßenverkehrs und Arbeitsunfälle 4.3

> **Hintergrundwissen** → In der Sicherheitstechnik wird zwischen der Gefahr und der Gefährdung unterschieden. Eine Gefahr geht von einer Energiequelle aus, wobei die frei werdende Energie (mechanisch, elektrisch, elektromagnetisch, thermisch oder chemisch) schädlich auf den Menschen wirken kann. Voraussetzung für einen Unfall ist das Vorhandensein einer Gefährdung. Eine Gefährdung entsteht dann, wenn sich ein Mensch in den Einwirkungsbereich einer gefährlichen Energiequelle begibt.
>
> Die Fahrtätigkeit der Kraftfahrer stellt eine Gefährdung dar. Im Straßenverkehr sind das eigene Fahrzeug und fremde Fahrzeuge als Energieträger anzusehen. Aber auch bei einer Panne (Radwechsel) ist der Fahrer einer Gefährdung ausgesetzt, da er im Bereich gespeicherter Energien (Luftfederung, aufgebocktes Fahrzeug) arbeitet. Auch der Fahrer selbst kann diese Energiequelle darstellen, z. B. wenn er beim Ein- bzw. Ausstieg stolpert oder stürzt.

Ein Unfallentstehungsmodell

In der Regel sind mehrere Unfall begünstigende Faktoren vorhanden, bevor es zu einem Unfall kommt. Das folgende Modell, das gleichermaßen für die Arbeits- und die Verkehrssicherheit gilt, stellt diesen Zusammenhang dar.

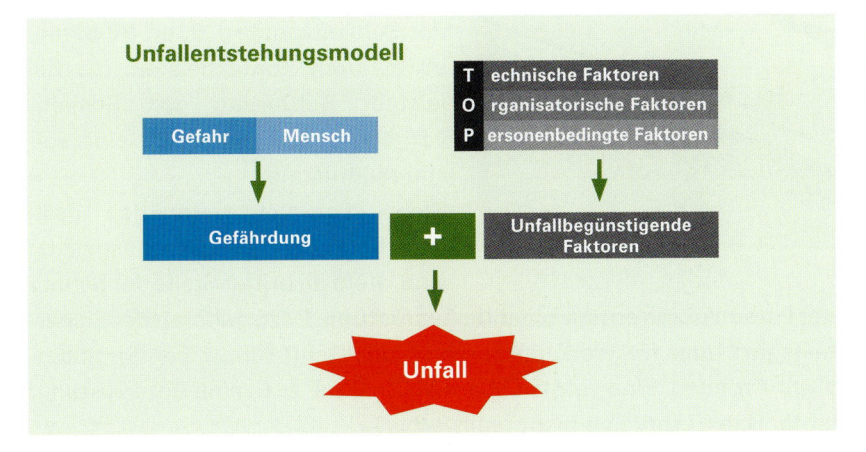

Abbildung 186: Ein Unfall entsteht, wenn zu einer Gefährdung weitere „unfallbegünstigende" Faktoren hinzukommen

Beschleunigte Grundqualifikation
Basiswissen Lkw/Bus

Schutzmaßnahmen gegen Gefahren

Hinsichtlich der Wirksamkeit von Schutzmaßnahmen geht man in der Arbeitssicherheit von einer klaren Hierarchie aus. Die wirkungsvollste – und anzustrebende – Schutzmaßnahme ist es, **die Gefahr ganz zu beseitigen.** Dies wird auch als „unmittelbare Sicherheitstechnik" bezeichnet. In Bezug auf den Straßenverkehr wird es kaum möglich sein, alle Gefahren, die für die Verkehrsteilnehmer vorhanden sind, zu beseitigen. Selbst wenn ein komplettes System kreuzungsfreier Straßen erstellt werden könnte, wären dadurch Kollisionen zwischen Verkehrsteilnehmern immer noch nicht vollständig ausgeschlossen. In Teilbereichen können Gefahren jedoch durchaus eliminiert werden: Die Quetschgefahr an Türen ließe sich beispielsweise komplett beseitigen, wenn man anstelle der Türen Vorhänge installieren würde. Diese „Lösung" stünde jedoch im Widerspruch zu anderen Sicherheitsanforderungen, wie z. B. den Schutz gegen Hinausfallen.

Ist unmittelbare Sicherheitstechnik nicht oder nicht vollständig möglich, sollen besonders sicherheitstechnische Mittel angewendet werden, um die Gefahr wirkungslos zu machen oder sie abzuschwächen. Dies bezeichnet man als „mittelbare Sicherheitstechnik". Hier bietet sich zunächst die **Trennung von Person und Gefahr** an. Dies kann auf zwei Wegen geschehen: Einerseits durch eine Entfernung der Person, andererseits durch eine Abschirmung der Gefahr. Die Absicherung der Schließkanten z. B. an Bustüren, etwa durch Kontaktleisten, die bei leichter Berührung den Schließvorgang unterbrechen, ist eine solche Maßnahme.

Wenn sich nicht vermeiden lässt, dass Personen Gefahren ausgesetzt sind, steht an dritter Stelle der **Schutz der Person durch entsprechende Ausrüstung**. Dazu gehören der Sicherheitsgurt oder für Werkstattpersonal der Gehörschutz bei lärmintensiven Arbeiten. Eine vergleichbare Maßnahme (z. B. eine Ritterrüstung) ist für den Türbereich nicht realisierbar.

Abbildung 187:
Zusätzliche Lichtschranke zur Sicherung der Bustür
Quelle: BG Verkehr

Risiken des Straßenverkehrs und Arbeitsunfälle 4.3

An letzter Stelle dieser Wirksamkeits-Hierarchie stehen Maßnahmen, die das Verhalten der gefährdeten Personen beeinflussen sollen. **Sicherheitskennzeichnung, Schulung und Training** rangieren also auf dieser Liste auf dem letzten Platz. Unter dem Begriff „hinweisende Sicherheitstechnik" fasst man alle Maßnahmen zusammen, die dem Betroffenen angeben, unter welchen Bedingungen ein gefahrloses Arbeiten möglich ist. Im oben genannten Beispiel der Türen wäre dies zum Beispiel ein Warnschild mit dem Text: „Achtung Quetschgefahr", das man direkt an den Türen anbringt.

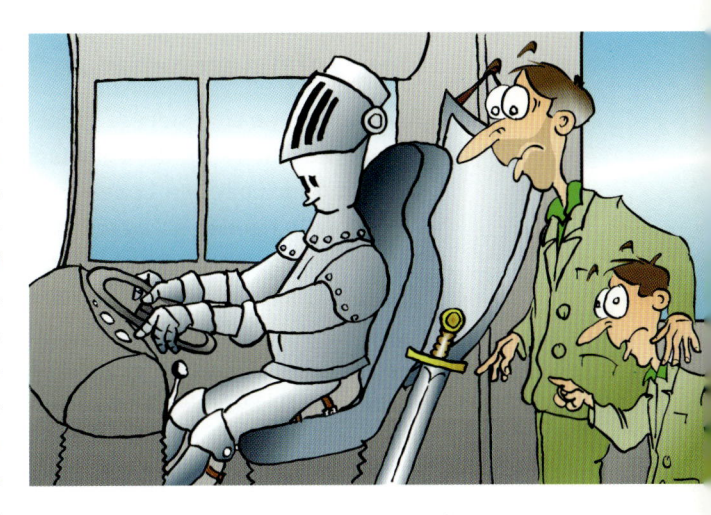

Technische Lösungen sollten also nach Möglichkeit bevorzugt werden. Dies bedeutet jedoch nicht, dass Werbungs- und Schulungsmaßnahmen unnütz sind, im Gegenteil. Denn häufig – und dies gilt besonders in Bezug auf den Straßenverkehr – entscheidet das Verhalten des Menschen über das Ausmaß seiner Gefährdung. Aber auch im Bereich der Unfälle, die rund um das Kraftfahrzeug geschehen, ist sicherheitsbewusstes Verhalten oft die einzige umsetzbare Schutzmaßnahme.

Aus dem Vorhandensein einer Gefährdung ergibt sich noch nicht automatisch ein Unfall. Winterliche Straßenverhältnisse mit Nebel, Regen und Schnee werden von vielen Fahrern täglich gemeistert, nur manchmal führen sie eben – wie im Unfallentstehungsmodell dargestellt – zu Unfällen. „Hinweisende" Sicherheitsarbeit setzt an den personenbedingten Fragen an. Durch geeignete Maßnahmen werden die Mitarbeiter zu sicherheitsgerechtem Verhalten motiviert. Durch Schulung, Ausbildung, Information und Motivationsarbeit kann das Verhalten der Fahrer positiv verändert werden.

Abbildung 188:
Schild: Warnung vor Quetschgefahr
Quelle: BG Verkehr

**Beschleunigte Grundqualifikation
Basiswissen Lkw/Bus**

Das Unfallgeschehen in Zahlen

Kraftfahrzeuge sind sichere Verkehrsmittel, und auch für den Lkw- und Busfahrer gibt es im Berufsalltag normalerweise keine dramatischen Gefahren für Leib und Leben. Stolpern, Umknicken und Ausrutschen, also Unfälle bei den alltäglichen Tätigkeiten des Gehens oder Ein- und Aussteigens, sind die häufigsten Unfallsituationen. Doch schauen wir uns das Unfallgeschehen einmal genauer an.

Die meisten Menschen sind der Meinung, dass sich Unfälle am häufigsten im Straßenverkehr ereignen. Dies entspricht jedoch nicht den Tatsachen, wie die Grafik zeigt.

Unfalltote/Unfallverletzte im Vergleich

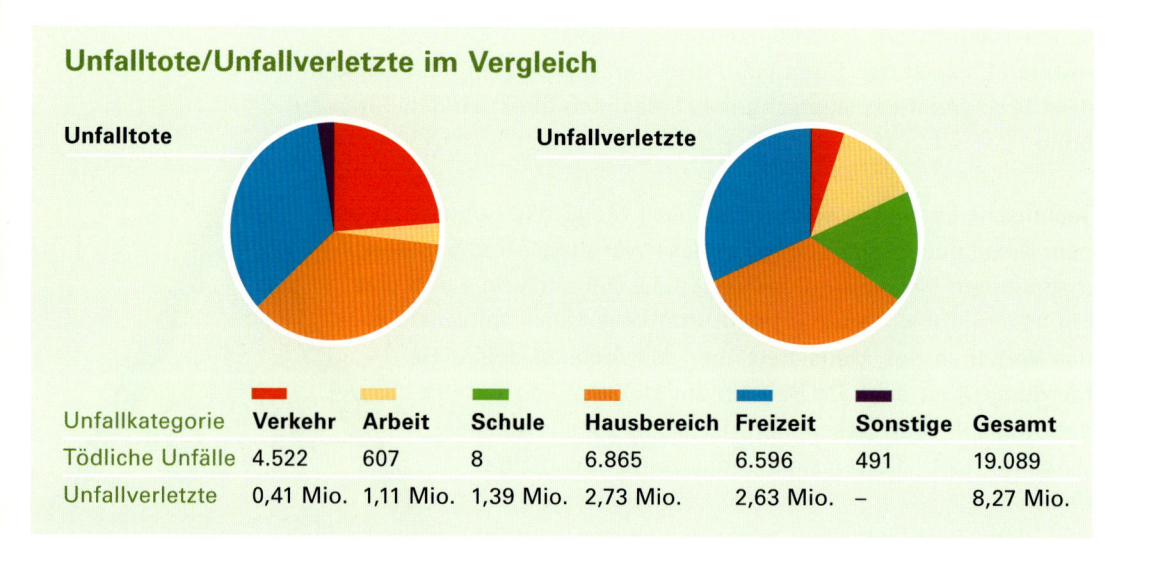

Unfallkategorie	Verkehr	Arbeit	Schule	Hausbereich	Freizeit	Sonstige	Gesamt
Tödliche Unfälle	4.522	607	8	6.865	6.596	491	19.089
Unfallverletzte	0,41 Mio.	1,11 Mio.	1,39 Mio.	2,73 Mio.	2,63 Mio.	–	8,27 Mio.

Abbildung 189:
Unfalltote/Unfallverletzte im Vergleich
(Angaben von 2008)
Quelle: BAuA

Trotz des höheren Risikos, im Haushalt und in der Freizeit als bei der Arbeit einen Unfall zu erleiden, ist jedes Jahr eine Vielzahl von Arbeitnehmern in einen Arbeitsunfall verwickelt. Dabei liegt die Zahl der meldepflichtigen Arbeitsunfälle – hierzu zählen auch Unfälle bei der Fahrtätigkeit – von Unternehmen, die bei der Berufsgenossenschaft für Transport und Verkehrswirtschaft (BG Verkehr) versichert sind, deutlich über dem Durchschnitt aller gewerblichen Berufsgenossenschaften (pro tausend Beschäftigte/1.000-Mann-Quote).

Risiken des Straßenverkehrs und Arbeitsunfälle — 4.3

Arbeitsunfälle pro 1000 Vollarbeiter* (ohne Wegeunfälle)

- BGF: 41,1
- Alle gewerblichen BGen und öffentlicher Dienst: 25,6

* Vollarbeiter = arbeitet mindestens 1.580 Stunden/Jahr (2008)

Abbildung 190:
Die an die BGF (Rechtsvorgängerin der BG Verkehr) gemeldeten Arbeitsunfälle lagen deutlich höher als die aller anderen BGen
Quelle: BG Verkehr

Verkehrsunfälle mit Beteiligung von Lkw

Im Jahr 2008 ereigneten sich 34.430 Unfälle mit Personenschäden (Angaben des Statistischen Bundesamtes), an denen mindestens ein Lkw beteiligt war. 2.392 Unfälle waren Alleinunfälle, d. h. ca. 7 % aller Lkw-Unfälle. Lkw verursachen deutlich weniger Alleinunfälle als Pkw. In ca. 18.000 Fällen war der Lkw-Fahrer bei Kollisionen mit anderen Verkehrsteilnehmern der Hauptverursacher.

Unfälle zwischen einem Lkw und einem weiteren Beteiligten 2008

- Pkw: 59 %
- Fahrrad: 15 %
- Motorisiertes Zweirad: 10 %
- Fußgänger: 7 %
- Lkw: 5,9 %
- Bus: 0,9 %
- Sonstige: 1,8 %

Abbildung 191:
Die häufigsten Unfallgegner von Lkw sind die Pkw
Quelle: Statistisches Bundesamt

Am häufigsten kollidieren Lkw und Pkw miteinander. Bei den schwächeren Verkehrsteilnehmern (Fahrer motorisierter Zweiräder, Radfahrer und Fußgänger) ist der Anteil der Radfahrer bei Kollisionen mit einem Lkw am größten.

Beschleunigte Grundqualifikation
Basiswissen Lkw/Bus

Die häufigsten Unfallursachen waren Abstandsfehler mit ca. 17 % und eine nicht angepasste Geschwindigkeit sowie Fehlverhalten bei Vorfahrt und Vorrang mit je 13 %, die den unfallbeteiligten Fahrern von Güterkraftfahrzeugen angelastet wurden. Fehlverhalten im Zusammenhang mit Abbiege- und Überholvorgängen sowie die Nutzung der falschen Straßenseite und Verkehrstüchtigkeit stand weniger im Vordergrund.

Abbildung 192:
Abstand –
Unfallursache Nr. 1
Quelle:
Statistisches
Bundesamt

Fehlverhalten der Fahrer von Güterkraftfahrzeugen 2008

Abstand	17 %
Nicht angepasste Geschwindigkeit	13 %
Vorfahrt, Vorrang	13 %
Fehler beim Abbiegen	8,5 %
Überholen	5 %
Falsche Straßennutzung	4,5 %
Verkehrstüchtigkeit	3,6 %
sonstige Ursachen	35,4 %

Lassen Sie die Teilnehmer schätzen! Im PC-Professional Multiscreen können Sie zunächst nur die Prozentwerte einblenden. Fragen Sie dann die Teilnehmer, welche Unfallursachen ihrer Einschätzung nach häufig und welche weniger häufig vorkommen. Per Mausklick können Sie anschließend die Antworten den richtigen Prozentwerten zuordnen.

Verkehrsunfälle mit Beteiligung von Omnibussen
Im Jahr 2008 ereigneten sich laut Statistischem Bundesamt ca. 5.200 Verkehrsunfälle mit Personenschaden, an denen mindestens ein Omnibus beteiligt war. Davon waren 409 Unfälle sogenannte Alleinunfälle.

Risiken des Straßenverkehrs und Arbeitsunfälle 4.3

Dieser Anteil liegt damit deutlich unter dem bei Pkw-Unfällen. An ca. 2.100 Unfällen im Zusammenhang mit anderen Verkehrsteilnehmern war der Omnibus als Hauptverursacher beteiligt. Bei den übrigen Unfällen war der Unfallgegner Hauptverursacher.

Beteiligte Fahrer von Kraftomnibussen an Unfällen mit Personenschaden, darunter Hauptverursacher

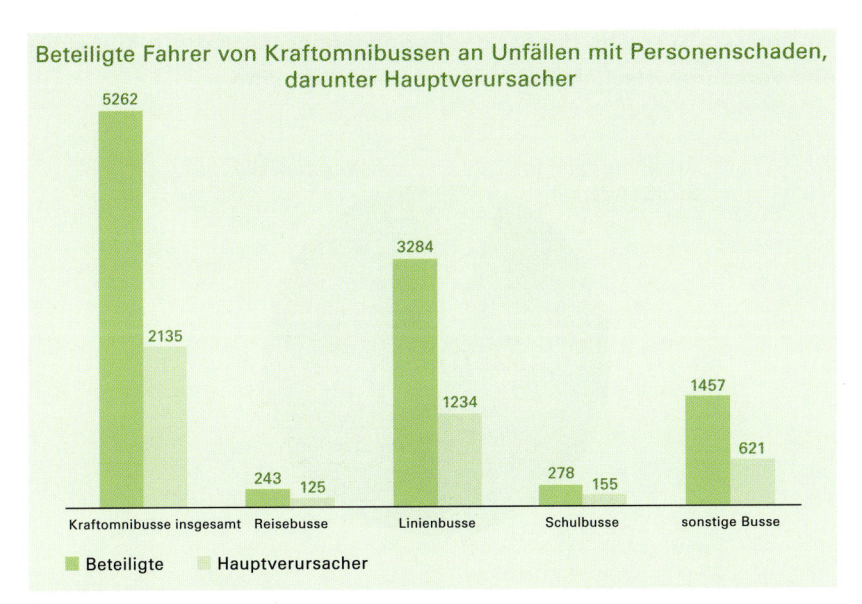

	Beteiligte	Hauptverursacher
Kraftomnibusse insgesamt	5262	2135
Reisebusse	243	125
Linienbusse	3284	1234
Schulbusse	278	155
sonstige Busse	1457	621

Abbildung 193:
In der Mehrheit der Fälle waren die Busfahrer nicht Hauptverursacher der Unfälle (2008)
Quelle: Statistisches Bundesamt

Fehlverhalten der Fahrer von Kraftomnibussen bei Unfällen mit Personenschaden im Straßenverkehr 2008

Falsches Verhalten gegenüber Fußgängern	13 %
Abstand	12 %
Vorfahrt, Vorrang	8,6 %
Nicht angepasste Geschwindigkeit	7,8 %
Fehler beim Abbiegen	7,4 %
Überholen	4,6 %
Falsche Straßenbenutzung	4,4 %
Sonstige Ursachen	42,2 %

Abbildung 194:
Häufigste Unfallursache: Falsches Verhalten gegenüber Fußgängern
Quelle: Statistisches Bundesamt

Omnibusunfälle mit Personenschäden ereignen sich innerhalb von Ortschaften häufiger als außerhalb. Die häufigsten Fehler der Omnibusfahrer bei diesen Unfällen sind falsches Verhalten gegenüber Fußgängern bzw. nicht ausreichender Abstand.

Arbeitsunfälle im Umgang mit Lkw

Die untenstehende Grafik zeigt das Unfallgeschehen der Arbeitnehmer im Güterkraftverkehr, die bei der Berufsgenossenschaft für Transport und Verkehrswirtschaft (BG Verkehr) versichert sind.

Abbildung 195: Meldepflichtige Arbeitsunfälle im Güterkraftverkehr (Stand: 2008) Quelle: BG Verkehr

- Arbeitsunfälle im Straßenverkehr: 7%
- Wegeunfälle: 5%
- Unfälle bei Tätigkeiten rund um den Lkw: 88%

Ca. 2/3 der meldepflichtigen Arbeitsunfälle im Güterkraftverkehr ereignen sich an Be- und Entladestellen, auf dem Betriebshof und im Laderaum bzw. auf der Ladefläche.

Abbildung 196: Arbeitsunfälle nach Arbeitsbereichen (2008) Quelle: BG Verkehr

Meldepflichtige Arbeitsunfälle (ohne Verkehrsunfälle) im Güterkraftverkehr nach Arbeitsbereichen

- Be- und Entladestelle: 41%
- Betriebshof: 18%
- Laderaum, Ladefläche: 9%
- Öffentliche Straße, Weg: 9%
- Fahrerplatz: 4%
- Lagergebäude: 4%
- Werkhalle, Werkraum: 4%
- Baustelle: 3%
- Parkplatz, Garage etc.: 2%
- Treppen etc.: 1%
- Sonstige Arbeitsbereiche: 5%

Die meisten *tödlichen* Unfälle hingegen ereignen sich im Straßenverkehr.

Tödliche Unfälle bei Tätigkeiten rund um den Lkw — 27%
Tödliche Wegeunfälle — 14%
Tödliche Arbeitsunfälle im Straßenverkehr — 59%

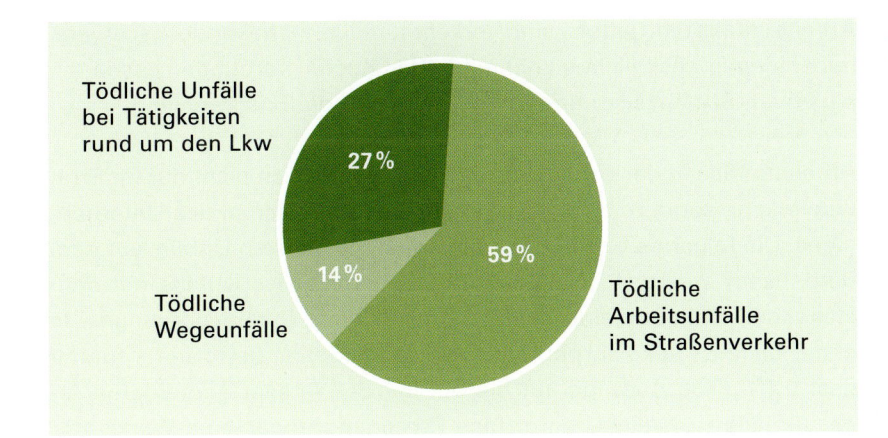

Abbildung 197:
Tödliche Arbeitsunfälle im Güterkraftverkehr
(Stand: 2008)
Quelle: BG Verkehr

Arbeitsunfälle mit Beteiligung von Omnibussen

Die nachfolgende Darstellung gibt einen Einblick in das Unfallgeschehen bzw. über die Anzahl der meldepflichtigen Unfälle der bei der BG Verkehr versicherten Arbeitnehmer, deren Tätigkeit im Omnibusbereich angesiedelt ist.

Arbeitsunfälle im Straßenverkehr — 11%
Wegeunfälle — 17%
Unfälle bei Tätigkeiten rund um den Bus — 72%

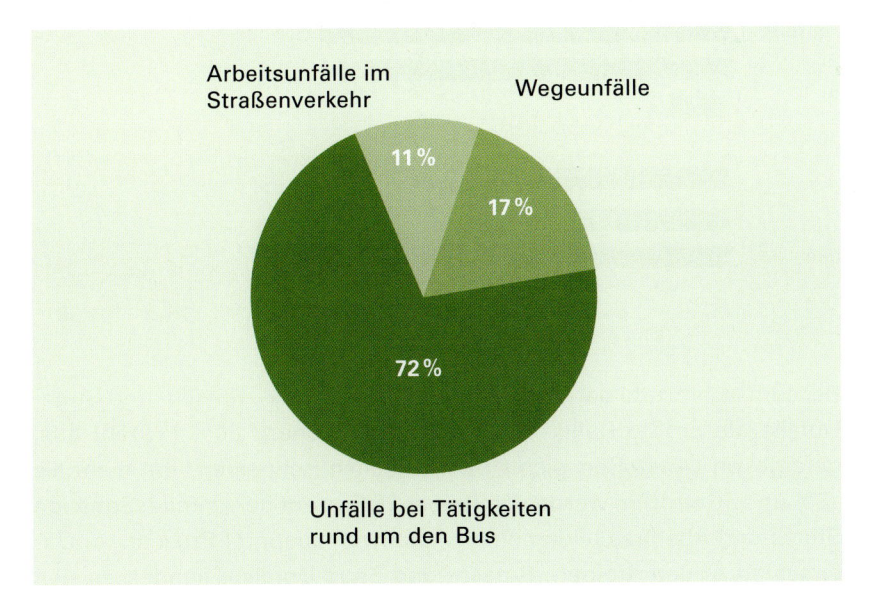

Abbildung 198:
Meldepflichtige Arbeitsunfälle im Personenverkehr
(Stand 2008)
Quelle: BG Verkehr

Beschleunigte Grundqualifikation
Basiswissen Lkw/Bus

Bei einer Betrachtung der Arbeitsunfälle zeigt sich, dass sich lediglich 11 Prozent der meldepflichtigen Arbeitsunfälle im Straßenverkehr ereignen. Damit stellen sie nicht den Hauptanteil der meldepflichtigen Arbeitsunfälle dar. Jedoch sind Verkehrsunfälle, insbesondere schwere, neben dem menschlichen Leid mit hohen Kosten verbunden sowie mit negativen Schlagzeilen und Imageverlust für die Busbranche.

Arbeitsunfälle in der Omnibusbranche ereignen sich nicht nur im Straßenverkehr, sondern auch in anderen Arbeitsbereichen des Unternehmens. Die folgende Grafik zeigt, dass sich die meisten Unfälle auf dem Betriebshof ereignen. Im Wesentlichen betrifft dies Unfälle mit dem stehenden Omnibus einschließlich des Be- und Entladevorganges. In erster Linie ist das Fahrpersonal von den Unfällen betroffen – zumindest trifft diese Aussage auf die bei der BG Verkehr gemeldeten Arbeitsunfälle zu. Weitere betroffene Personengruppen sind Werkstatt-, Reinigungs- und Wartungspersonal sowie Unternehmer.

Meldepflichtige Arbeitsunfälle in Omnibusunternehmen nach Arbeitsbereichen in Prozent

Arbeitsbereich	Prozent
Betriebshof	26,7
Öffentlicher Weg oder Straße	18,5
Werkhalle, Werkraum	16,4
Parkplatz	2,7
Fahrer- und Beifahrerplatz, Fahrgastraum	9,6
Haltestelle, Bahnhof	7,5
Sonstige Arbeitsbereiche	18,6

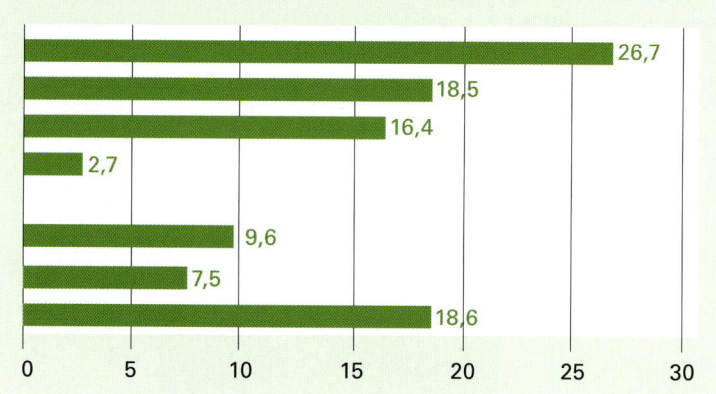

Abbildung 199: Unfälle rund um den Omnibus (Stand 2008) Quelle: BG Verkehr

Bei der Gesamtzahl der Unfälle spielen die Stolper-, Rutsch- und Sturz-Unfälle die größte Rolle. Ihr Anteil macht nahezu 30 % Prozent aus, gefolgt von „Anstoßen, sich stoßen, stechen, schneiden" mit mehr als 18 % und „Getroffen werden" mit über 16 Prozent der Unfälle. Sonstige Stürze und Abstürze bilden einen Anteil von knapp 11 Prozent. Im Unterschied zu den Stolper-, Rutsch- und Sturz-Unfällen handelt es sich hier um Stürze bzw. Abstürze, die sich nicht beim reinen Gehen ereignen, sondern z. B. beim Transport von Gegenständen.

Risiken des Straßenverkehrs und Arbeitsunfälle — 4.3

Am häufigsten von Verletzungen betroffen sind bei Arbeitsunfällen in Omnibusunternehmen die Gliedmaßen (Knöchel, Fuß, Hand, Bein, Schulter, Arm, Handgelenk und -wurzel) und der Kopf.

In ca. 30% der Fälle war der unfallauslösende Gegenstand der Omni- bzw. Schulbus. Mit weitem Abstand folgen Fußböden, Gehwege und Plätze. Den häufigsten Anteil stellen jedoch sonstige Gegenstände dar.

Unfallkosten

Unfälle, gleich welcher Art, können erhebliche Kosten verursachen. Das folgende Beispiel eines Unfalles macht deutlich, welche Kosten folgen können. Bei diesem Unfall war ein Fahrer beim Verlassen des Fahrzeugs von der Einstiegsstufe abgerutscht und hatte sich Prellungen sowie einen Bänderriss zugezogen.

Abbildung 200:
Viele Unfälle ereignen sich beim Ein- und Aussteigen
Quelle: Lobbe Entsorgung GmbH

Kosten eines Arbeitsunfalls (Fallbeispiel)

- Krankenhausbehandlung
- Medizinische Nachbehandlung
- Lohn- und Sozialkosten

Gesamtkosten in Höhe von 8.000 bis 10.000 €

Abbildung 201:
Kosten eines Arbeitsunfalls
Quelle: BG Verkehr

Beschleunigte Grundqualifikation
Basiswissen Lkw/Bus

Das Beispiel zeigt, welche Kosten bereits mit einem relativ „einfachen" Arbeitsunfall verbunden sind. Dabei sind weitere betrieblichen Kosten wie z. B. für Organisations- und Verwaltungsaufwand, Fahrzeugreparatur, Aushilfsfahrer/-in, Ausfallzeiten sowie evtl. Erhöhungen von Versicherungsprämien nicht berücksichtigt, die die Unfallkosten noch erheblich steigern können.

Auch wenn solche Schaden teilweise durch Versicherungen abgedeckt sind, stellt ein Unfall aus Sicht des Betriebes immer einen Kostenfaktor dar: Selbst wenn niemand ernsthaft verletzt wird, muss der Fahrer seine Tour unterbrechen, der Unfall muss aufgenommen werden, und der Betrieb muss für ein Ersatzfahrzeug sorgen. Neben der Störung des Betriebsablaufes bedeutet dies zusätzlichen Organisations- und Verwaltungsaufwand, Ausfallzeiten, Wege- und Mietkosten usw. Wenn sich der Unfall im Linien- oder Reisebusverkehr ereignet, sind die betroffenen Fahrgäste durch den Aufenthalt verärgert. Beförderungsbetriebe und Lieferunternehmen können Liefertermine nicht einhalten und erleiden einen Imageverlust. Wird der Fahrer verletzt, kommt die Lohnfortzahlung in den ersten Tagen der Abwesenheit des Verunfallten hinzu. Ersatzkräfte müssen gefunden und eingewiesen werden. Nicht zuletzt entstehen bei Verletzten Kosten für die ärztliche Behandlung und Rehabilitation, auch wenn hier die Berufsgenossenschaft einspringt.

Nach dem Unfall sind in zum Teil aufwändigen Verfahren Haftungsfragen zu klären, Gerichte werden eingeschaltet, Versicherungsprämien werden erhöht und Kunden gehen möglicherweise verloren. Welche Kosten aus einem Unfall für den Betrieb tatsächlich entstehen, kann nur für den Einzelfall und vor dem Hintergrund der konkreten Rahmenbedingungen nach betriebswirtschaftlichen Gesichtspunkten ermittelt werden.

4.4 Sicherheitsgerechtes Verhalten

▶ **Die Teilnehmer sollen zu sicherheitsgerechtem Verhalten motiviert werden.**

↻ Sensibilisieren Sie die Teilnehmer für die Bedeutung einer sicherheitsgerechten Fahrweise. Fragen Sie die Teilnehmer, wie sich der Anhalteweg zusammensetzt und erläutern Sie anschließend die Auswirkung von überhöhter Geschwindigkeit, von verzögerter Reaktion und von einer Verkürzung des vorgeschriebenen Sicherheitsabstandes auf den Anhalteweg.

Erläutern Sie, je nach Zusammensetzung der Teilnehmer, Besonderheiten im Linien-, Reise-, Schulbus- oder Güterverkehr.

🕑 Ca. 75 min

📖 Führerschein: Fahren lernen Klasse D, Lektion 5, 9, 10, 11, 13, 15; Fahren lernen Klasse C, Lektion 1, 3, 14

Sicheres Fahren

Sicheres Fahren setzt Kenntnisse der Fahrphysik und der Gefahrenlehre voraus. Dazu gehört auch das Wissen über das Verhalten anderer Verkehrsteilnehmer. Ein guter Fahrer weiß, dass Unfälle in der Regel nicht aus dem Versagen einer Komponente des „Systems Straßenverkehr" herrühren, sondern aus dem Zusammentreffen mehrerer Komponenten (z. B. Fehler des Verkehrspartners und ungünstige Fahrbahnbedingungen und zu geringer Abstand). Defensives Fahren bedeutet in diesem Verständniszusammenhang, alle oder möglichst viele Komponenten des Systems möglichst aufeinander abzustimmen.

> ✚ **Hintergrundwissen** → Motivation zu sicherheitsgerechtem Verhalten
>
> Das Wissen um eine richtige bzw. sicherheitsbewusste Verhaltensweise allein ist offenbar noch nicht ausschlaggebend dafür, das entsprechende Verhalten auch in die Tat umzusetzen. Jeder Autofahrer kann an sich selbst beobachten, wie häufig er im

Alltag klare und allseits bekannte Verkehrsregeln – z. B. Geschwindigkeitsbegrenzungen – bewusst oder unbewusst übertritt. Neben dem Wissen um „das Richtige" muss es also noch andere Mechanismen geben, die das menschliche Verhalten bestimmen. Stark vereinfacht bildet die Basis unserer Entscheidungen eine Kosten-Nutzen-Rechnung: Was nutzt eine bestimmte Verhaltensweise und was kostet sie? Dabei sind mit dem Begriff „Kosten" nicht nur finanzielle Aspekte gemeint, sondern auch nicht-materielle Dinge wie z. B. ein Gewinn an Zeit, Bequemlichkeit, Ansehen usw.

An sich müsste das Bedürfnis nach Sicherheit einen hohen Rang im Bewusstsein des Menschen einnehmen. Im Alltag wird sicherheits- und gesundheitsbewusstes Verhalten jedoch häufig unterlassen. Es muss also Gründe dafür geben, weshalb die Umsetzung dieser Verhaltensweisen unterbleibt. Entscheidend für das Verhalten ist offenbar, inwiefern eine Situation als gefährlich wahrgenommen und wie hoch ein Risiko eingeschätzt wird.

Bei Untersuchungen im Bergbau hat man festgestellt, dass gut ausgebaute Wege unter Tage, bei denen das Risiko des Stolperns von den Bergleuten als gering eingeschätzt wird, eine höhere Unfallquote aufwiesen als stark blockierte oder schwer passierbare Wege. Insofern ist die Schulung und Verbesserung der Gefahrenwahrnehmung eine wichtige Aufgabe der Arbeitssicherheit. Das Unfallrisiko wird offenbar nicht nur von der tatsächlichen Gefährdung, sondern auch von der subjektiven Einschätzung bestimmt. Ein sorgloses Verhalten in vergleichsweise „sicherer" Umgebung kann unter Umständen gefahrenträchtiger sein als ein aufmerksames Verhalten in einer als gefährlich erkannten Situation. Dies erklärt möglicherweise auch den hohen Anteil an Stolper-Unfällen. Als Konsequenz sollte man jedoch keineswegs technisch sichere Wege wieder umpflügen, sondern vielmehr durch geeignete Maßnahmen die Aufmerksamkeit der Mitarbeiter gerade in der vertrauten Umgebung erhöhen und ihr Gefahrenbewusstsein trainieren.

> Eine spezielle Problematik ergibt sich weiterhin durch den – eigentlich positiven – Umstand, dass Unfälle ein vergleichsweise seltenes Erlebnis im Leben eines Menschen darstellen. Nicht jede gefährliche Verhaltensweise hat auch einen Unfall zur Folge. Nach vorsichtigen Schätzungen kommt auf 250.000 sicherheitswidrige Handlungen nur ein Unfall. Dies bedeutet, dass sicherheitswidrige Handlungen in den meisten Fällen keine unmittelbar spürbaren negativen Auswirkungen haben. Da die Handlung also offenbar ihr Ziel erreicht hat (Bequemlichkeit, Zeiteinsparung usw.), nimmt der Handelnde diese Erfahrung als Bestätigung seines Tuns. Nach diesem Prinzip der positiven Verstärkung falscher Verhaltensweisen dürfte sich das Geschwindigkeitsverhalten der meisten Autofahrer herausgebildet haben. Dieser Mechanismus ist nur schwer zu durchbrechen. In Sicherheitstrainings wird dies durch praktische Übungen erreicht, indem der Fahrer auf dem Übungsplatz die Gelegenheit erhält, die fatalen Auswirkungen einer vergleichsweise geringen Geschwindigkeitserhöhung unmittelbar zu erleben.

Geschwindigkeitsbegrenzungen

Hinsichtlich der Fahrgeschwindigkeit sind für den Kraftfahrer vier Geschwindigkeitsgrenzen wichtig: Innerhalb geschlossener Ortschaften sind für Busse und Lkw wie für alle anderen Fahrzeuge 50 km/h vorgeschrieben, sofern keine andere Geschwindigkeitsbegrenzung gilt. Außerorts darf maximal 60 km/h (Lkw und Busse mit Stehplätzen) bzw. 80 km/h (Busse mit und ohne Gepäckanhänger) gefahren werden. Auf Autobahnen und Kraftfahrstraßen mit Fahrbahnen für eine Richtung, die durch Mittelstreifen oder sonstige bauliche Einrichtungen getrennt sind, dürfen Busse mit Stehplätzen 60 km/h, Lkw 80 km/h und Busse ohne Anhänger 100 km/h fahren. Dazu muss am Bus der Nachweis der Eignung des Fahrzeugs erbracht und durch eine „100 km/h-Plakette" kenntlich gemacht sein. Die Geschwindigkeit muss generell den Straßen,

Abbildung 202: Das „System Straßenverkehr"

Beschleunigte Grundqualifikation
Basiswissen Lkw/Bus

Sicht- und Witterungsbedingungen angepasst werden. Bei Nebel mit Sichtweiten unter 50 m darf beispielsweise maximal 50 km/h gefahren werden. Auch bei Nachtfahrten ist die Geschwindigkeit auf die Sichtverhältnisse abzustimmen.

Reaktionsweg, Bremsweg und Anhalteweg

Aus diesen Geschwindigkeitsbegrenzungen ergeben sich sehr unterschiedliche Brems- bzw. Anhaltewege. Der Anhalteweg setzt sich aus dem Reaktionsweg und dem Bremsweg zusammen:

FORMEL

Anhalteweg = Reaktionsweg + Bremsweg

Wichtig ist es, zum Bremsweg den **Reaktionsweg** hinzuzurechnen. Dies ist der Weg, den das Fahrzeug zurücklegt, während Sie als Fahrer die Bremsnotwendigkeit erkennen und das Bremspedal je nach Situation bis hin zu einer Vollbremsung betätigen (Bremsbeginn).
Die Reaktionszeit liegt im Normalfall in dem Bereich 1,0–1,5 Sekunden. Bei geübten und aufmerksamen Fahrern kann diese Zeit im Idealfall etwas kürzer sein, bleibt aber bei unvorbereiteten Reaktionszeiten im Bereich der sog. Schrecksekunde. Unter Alkohol, Medikamenteneinfluss oder Drogen verlängert sich die Zeit deutlich. Ist der Fahrer abgelenkt, kann die Reaktionszeit bis zu 5 Sekunden betragen.
Der Reaktionsweg ist abhängig von
- Der Reaktionszeit, in der das Fahrzeug ungebremst weiterfährt
- Der Geschwindigkeit

FORMEL

$$\text{Reaktionsweg} = \left(\frac{\text{Geschwindigkeit (km/h)}}{10}\right) \times 3$$

Diese vereinfachte Faustformel geht von einer Reaktionszeit von ca. 1 Sekunde aus.

4.4 Risiken des Straßenverkehrs und Arbeitsunfälle

FORMEL

Die Geschwindigkeit kann in km/h oder in m/s angegeben werden. Um km/h in m/s umzurechnen, muss dieser Wert durch 3,6 geteilt werden.

AUFGABE/LÖSUNG

a) Berechnen Sie anhand der Faustformel, wie viel Meter ein Fahrzeug mit 50 km/h in einer 1 Sekunde zurücklegt (also der Reaktionsweg bei einer Reaktionszeit von 1 Sekunde).
b) Wie lang ist der Reaktionsweg bei einer Reaktionszeit von 5 Sekunden?
c) Wie lang ist der Reaktionsweg bei einer Reaktionszeit von 1 Sekunde und einer Geschwindigkeit von 100 km/h?

a) $\text{Reaktionsweg} = \dfrac{50 \text{ km/h}}{10} \times 3 = 15 \text{ m}$

b) $\text{Reaktionsweg} = \dfrac{50 \text{ km/h}}{10} \times 3 \times 5 = 75 \text{ m}$

c) $\text{Reaktionsweg} = \dfrac{100 \text{ km/h}}{10} \times 3 = 30 \text{ m}$

⚠️ Wenn sich die Geschwindigkeit verdoppelt, verdoppelt sich auch der Reaktionsweg.

Der **Bremsweg** hängt von vielen verschiedenen Faktoren ab. Diese werden beeinflusst durch:

- Bremsmethode des Fahrers
- Geschwindigkeit
- Fahrzeuggewicht
- Bremssystem des Fahrzeuges
- Reifen
- Technischer Fahrzeugzustand
- Fahrbahnzustand, Witterung
- Gefälle, Steigung

Beschleunigte Grundqualifikation
Basiswissen Lkw/Bus

Unter Bremsweg versteht man die Strecke, die ein Fahrzeug vom Beginn der Bremsung bis zum Ende der Bremsung zurücklegt. Entscheidend für die Länge des Bremsweges sind die gefahrene Geschwindigkeit v in m/s bzw. km/h und die Verzögerung a in m/s².

Der Bremsweg lässt sich wie folgt abschätzen:

FORMEL

$$\text{Bremsweg} = \frac{\text{Geschwindigkeit (km/h)}}{10} \times \frac{\text{Geschwindigkeit (km/h)}}{10}$$

Diese Faustformel geht von einer Verzögerung von ca. 4 m/s² aus, also wie bei einer Vollbremsung auf nasser Fahrbahn. Auf trockenem Asphalt beträgt der Bremsweg ca. 60 % des Faustformel-Wertes, die Verzögerung ca. 7 m/s².

AUFGABE/LÖSUNG

Berechnen Sie anhand der Faustformel den Bremsweg eines Fahrzeugs bei 30, 50, 100 km/h!

$$\text{Bremsweg bei 30 km/h:} = \frac{30 \text{ km/h}}{10} \times \frac{30 \text{ km/h}}{10} = 9 \text{ m}$$

$$\text{Bremsweg bei 50 km/h:} = \frac{50 \text{ km/h}}{10} \times \frac{50 \text{ km/h}}{10} = 25 \text{ m}$$

$$\text{Bremsweg bei 100 km/h:} = \frac{100 \text{ km/h}}{10} \times \frac{100 \text{ km/h}}{10} = 100 \text{ m}$$

⚠️ Wenn sich die Geschwindigkeit verdoppelt, vervierfacht sich der Bremsweg.

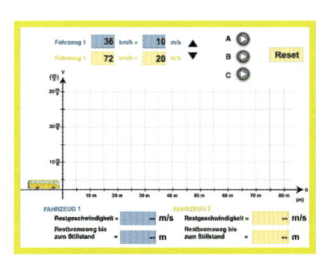

Risiken des Straßenverkehrs und Arbeitsunfälle 4.4

Bei doppelter Geschwindigkeit vervierfacht sich der Bremsweg. Im PC-Professional Multiscreen können Sie anhand einer interaktiven Animation zeigen, warum das so ist.

Vorschlag für den Einsatz des Elements:

Gehen Sie von der voreingestellten Geschwindigkeitskombination 36 und 72 km/h aus. Fordern Sie zunächst die Teilnehmer auf, zu errechnen, wie lang die Reaktionswege der beiden Fahrzeuge sind (10,8 und 21,6 m).

Klicken Sie "A" und lassen Sie die Fahrzeuge bis zum Ende des Reaktionswegs fahren. Verdeutlichen Sie noch einmal, dass die Fahrer beider Fahrzeuge zu diesem Zeitpunkt noch nicht einmal damit angefangen haben, Geschwindigkeit abzubauen.

Fragen Sie anschließend, wie weit das schnellere gelbe Fahrzeug noch fährt, bis es auf die Geschwindigkeit des blauen Fahrzeugs heruntergebremst hat. Nachdem die Teilnehmer Schätzungen abgegeben haben, klicken Sie auf "B", um den weiteren Verlauf der Kurve bei Fahrzeug 2 einzublenden. Besprechen Sie den Verlauf mit den Teilnehmern.

Klicken Sie abschließend auf "C", um die Fahrzeuge bis zum Stillstand zu bringen. Fragen Sie die Teilnehmer, was ihnen an den Kurven auffällt.

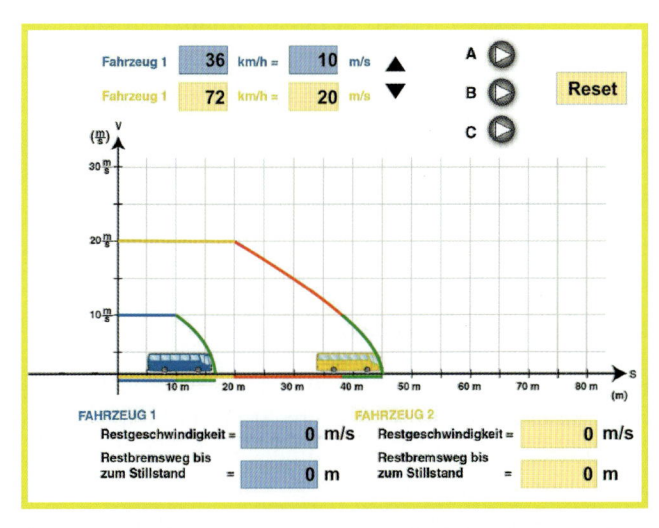

**Beschleunigte Grundqualifikation
Basiswissen Lkw/Bus**

> Die Kurven zeigen deutlich, dass der Bremsvorgang nicht linear abläuft. Der Bremsweg aus 36 km/h (10 m/s) ist bei beiden Fahrzeugen natürlich gleich lang (grüne Kurven). Der Teil des Bremsweg, den Fahrzeug 2 zuerst zurücklegt, um auf 36 km/h herunter zu bremsen (rote Kurve), ist wesentlich länger. Insgesamt ist der Bremsweg von Fahrzeug 2 viermal (und nicht etwa doppelt) so lang wie der von Fahrzeug 1.
> Spielen Sie das Ganze anschließend mit den anderen Geschwindigkeitskombinationen (30 und 60 km/h sowie 50 und 100 km/h) durch.

Technisch gesehen hat aber auch die Leistungsfähigkeit der Bremsanlage einen Einfluss auf den Bremsweg. In modernen Fahrzeugen werden Sie als Fahrer von elektronischen Helfern wie dem Bremsassistenten (BAS) unterstützt. Der BAS erkennt eine Notbremsung elektronisch und unterstützt während des Bremsweges.

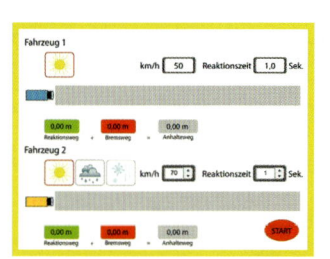

> Die Auswirkungen der Faktoren Fahrbahnzustand, Geschwindigkeit und Reaktionszeit auf den Anhalteweg können Sie im PC-Professional Multiscreen interaktiv verdeutlichen. In dieser Animation sind die Werte des oberen Fahrzeugs fest voreingestellt, die des unteren Fahrzeugs können individuell eingestellt werden. Zeigen Sie den Teilnehmern, was schon ein geringfügig erhöhtes Tempo oder eine etwas verzögerte Reaktionszeit für Auswirkungen haben!

Geschwindigkeit und Abstand

Geschwindigkeit und Abstand entscheiden in ganz wesentlichem Maße darüber, wie viel Spielraum dem Fahrer im Ernstfall bleibt, um auch auf unvorhergesehene Ereignisse zu reagieren. Wer beispielsweise seine Geschwindigkeit über die erlaubten 80 km/h hinaus auf 86 km/h erhöht, verlängert seinen Anhalteweg bei einer angenommenen Reaktionszeit von 1 Sekunde und einer mittleren Bremsverzögerung von 6 m/s² von 63,37 m auf 71,45 m. Dort, wo der Fahrer in diesem Rechenbeispiel aus 80 km/h bereits steht, beträgt die (Rest-)Geschwindigkeit des schnelleren Fahrers noch 35,45 km/h – trotz genauso schneller Reaktion und gleich starker Bremsung. Die zusätzlich notwendigen 8,08 m können im Extremfall zwischen „gerade noch mal gut gegangen" und einem Aufprall mit 35 km/h entscheiden. Fährt ein Lkw oder Bus mit dieser Geschwindigkeit auf einen stehenden Pkw auf, haben dessen Insassen keine Überlebenschance.

Abbildung 203: Auswirkung überhöhter Geschwindigkeit auf den Anhalteweg

	Reaktionsweg (1s)	Bremsweg (6 m/s²)	
80 km/h	22,22 m	41,15 m	
86 km/h	23,89 m	47,56 m	35,45 km/h

Die im vorherigen Beispiel wirkenden physikalischen Gesetzmäßigkeiten machen sich auch bemerkbar, wenn wir die **Auswirkungen einer verzögerten Reaktion** (etwa durch Müdigkeit oder Ablenkung) betrachten: Beträgt die Reaktionszeit des Fahrers statt der oben angenommenen Sekunde 1,5 Sekunden, verliert er dadurch bei einer Fahrgeschwindigkeit von 80 km/h allein durch die verzögerte Reaktion 11,11 m, die zum Anhalteweg hinzu addiert werden müssen. Bei gleichen Bedingungen wie oben (Bremsung mit 6 m/s²) bedeutet dies im Extremfall eine Aufprallgeschwindigkeit von 41,56 km/h an der Stelle, an der das andere Fahrzeug (Reaktionszeit 1 Sekunde, gleiche Bremsverzögerung) steht.

Wenn sich der Fahrer – beispielsweise beim Einsatz des Tempomaten – aus dem aktiven Fahrgeschehen zurückzieht und geistig „abschaltet", kann die Reaktionszeit noch drastischer erhöht werden. Dies gilt auch bei Ablenkung durch Nebentätigkeiten.

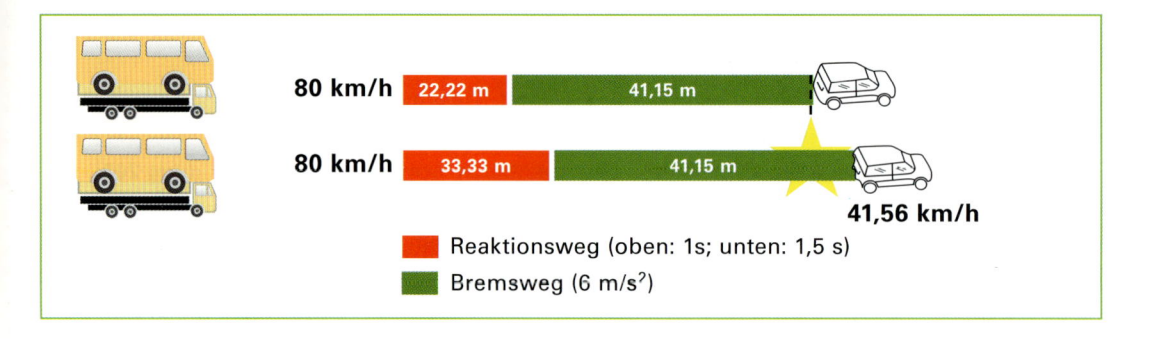

Beschleunigte Grundqualifikation
Basiswissen Lkw/Bus

80 km/h | 22,22 m | 41,15 m
80 km/h | 33,33 m | 41,15 m | **41,56 km/h**

■ Reaktionsweg (oben: 1s; unten: 1,5 s)
■ Bremsweg (6 m/s²)

Abbildung 204: Auswirkung verzögerter Reaktion auf den Anhalteweg

Die physikalischen Gesetzmäßigkeiten, die bei den oben genannten Beispielen zum Tragen kommen, haben auch im Hinblick auf den **Abstand** gravierende Auswirkungen: Wer bei einer Geschwindigkeit von 80 km/h den für Omnibusse und Lkw oberhalb von 50 km/h vorgeschriebenen Sicherheitsabstand von mindestens 50 m einhält, kann auch dann noch rechtzeitig reagieren und anhalten, wenn ein vorausfahrender Pkw plötzlich eine Notbremsung durchführt (angenommene mittlere Bremsverzögerung des Pkw = 8 m/s²).

80 km/h — Abstand 50 m — 30,86 m
80 km/h | 22,22 m | 41,15 m

■ Reaktionsweg (1s)
■ Bremsweg (Verzögerung Pkw (oben): 8 m/s²; Lkw/Bus (unten): 6 m/s²)

Abbildung 205: Vollbremsung durch vorausfahrenden Pkw, Lkw/Bus hält Sicherheitsabstand (50 m) ein

Wer dagegen den Abstand zum Vordermann in unzulässiger Weise auf 20 m verkürzt, wird bei ansonsten unveränderten Bedingungen unweigerlich einen Auffahrunfall mit einer Geschwindigkeit von über 40 km/h verursachen.

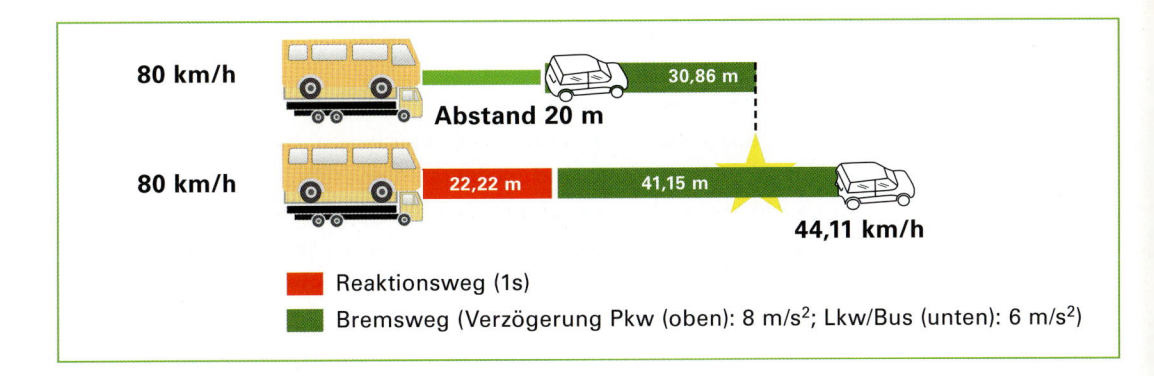

4.4 Risiken des Straßenverkehrs und Arbeitsunfälle

80 km/h — Abstand 20 m — 30,86 m

80 km/h — 22,22 m — 41,15 m — **44,11 km/h**

- Reaktionsweg (1s)
- Bremsweg (Verzögerung Pkw (oben): 8 m/s²; Lkw/Bus (unten): 6 m/s²)

Dies belegt anschaulich, dass dem ausreichenden Sicherheitsabstand eine ähnliche Bedeutung für die Verkehrssicherheit zukommt wie der Wahl der richtigen, d.h. angepassten Geschwindigkeit und einer schnellen Reaktion. Wer bei Tempo 80 den Abstand zum Vordermann um 10 Meter vergrößert, gewinnt eine Reaktionsreserve von fast 0,5 Sekunden. So entspricht es durchaus den Regeln der Fahrphysik, wenn der Gesetzgeber auf Autobahnen für Fahrzeuge über 3,5 t bei einer Geschwindigkeit von mehr als 50 km/h einen Mindestabstand von 50 m vorschreibt.

Abbildung 206: Vollbremsung durch vorausfahrenden Pkw, Lkw/Bus hält nur 20 m Abstand

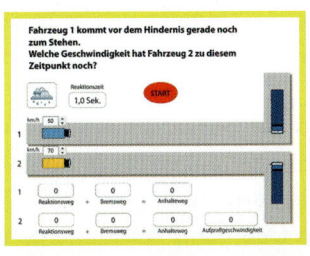

Welche Auswirkungen eine auch nur wenig erhöhte Geschwindigkeit im Notfall haben kann, lässt sich eindrucksvoll anhand der Restgeschwindigkeit demonstrieren. Im PC-Professional Multiscreen können Sie ein Vergleichsfahrzeug mit erhöhter Geschwindigkeit bei ansonsten unveränderten Bedingungen fahren lassen – der Rechner zeigt an, welche Geschwindigkeit das langsamere Fahrzeug noch hat (mit welcher es also auf ein stehendes Hindernis aufprallen würde), wenn das langsamere schon steht.

Beispiel: Ein Fahrzeug mit 50 km/h kommt vor dem Hindernis gerade noch zum Stehen. Das Vergleichsfahrzeug mit nur 10 km/h mehr, hat zu diesem Zeitpunkt noch eine Restgeschwindigkeit von über 38 km/h!

Besonderheiten im Linienverkehr

Anfahren einer Haltestelle

Im Fahrbetrieb darf der Fahrer nicht vergessen, dass er Personen befördert. Vor allem ältere und mobilitätseingeschränkte Fahrgäste sind durch plötzlich und unerwartet einwirkende Kräfte stärker gefährdet als jüngere Personen, die diese Kräfte besser kompensieren können. Ruckartiges Beschleunigen, heftige Bremsmanöver und zu hohe Geschwindigkeiten sollten also vermieden werden. Generell ist die Fahrgeschwindigkeit bei der Beförderung von stehenden Fahrgästen auf 60 km/h beschränkt.

Besondere Aufmerksamkeit verdient das Anfahren von Haltestellen. Vor allem ältere Fahrgäste verlassen sehr früh ihren Sitzplatz, um sich auf das Aussteigen vorzubereiten. Ein „schwungvolles" Anfahren der Haltestelle bzw. einer Haltebucht kann sie leicht zu Fall bringen. Der sich in Richtung Tür bewegende Fahrgast ist besonders anfällig gegen ruckartiges Bremsen und die Querbeschleunigung beim Einschwenken in die Bucht. Diese Fahrmanöver müssen also entsprechend sanft durchgeführt werden. Im Sicherheitsprogramm des DVR für Omnibusfahrer werden entsprechende Fahrübungen durchgeführt.

Abbildung 207: Sogenanntes „Bügelbrett" zur Befestigung eines Rollstuhls im Linienbus
Quelle: BG Verkehr

Rollstuhlfahrer und Kinder in Kinderwagen müssen in Omnibussen an besonderen Plätzen abgestellt werden.

An der Haltestelle sollte der Fahrer einerseits möglichst nah an den Bordstein heranfahren, um das Ein- und Aussteigen zu erleichtern. Andererseits darf er natürlich nicht durch den Überhang Wartende gefährden. Im Idealfall kommt er mit den Türen in Höhe der wartenden Fahrgäste zum Stehen. Wichtig ist es, die Türen so lange geöffnet zu halten, bis auch ein beim Anhalten noch sitzender Fahrgast den Weg zur Tür bewältigt hat. Vor dem Schließen der Türen muss der Fahrer aufmerksam beobachten, ob alle Fahrgäste eingestiegen sind. Die Angst, von schließenden Türen eingeklemmt zu werden, ist trotz aller Informationskampagnen immer noch gegenwärtig. Mit dem Abfahren sollte der Fahrer möglichst so lange warten, bis alle gefährdeten Personen einen sicheren Platz erreicht haben. Die automatische Haltestellenbremse verhindert, dass versehentlich losgefahren wird, obwohl noch Türen geöffnet sind, doch nicht alle Busse haben sie an allen Türen.

Türsicherungen

Bei neueren Fahrzeugen dürfen die Nothähne automatisch gesperrt werden, wenn der Bus schneller als 5 km/h fährt. Dies ist sinnvoll, um einen Missbrauch während der Fahrt auszuschließen. Bei älteren Fahrzeugen ist diese Sicherung nicht vorhanden, der Fahrer sollte dies wissen oder entsprechend unterwiesen werden. Ebenfalls sollte er wissen, dass die Türabsicherung bei Bussen, die nach dem 12. Februar 2005 zugelassen wurden, nur noch in Schließrichtung wirkt. Deshalb ist ein Einklemmen der Fahrgäste durch sich öffnende Türen nicht mehr auszuschließen. Auch für die Tür 1 ist nach Straßenverkehrsrecht keine Absicherung mehr vorgeschrieben.

Personenanhänger

In neuerer Zeit gibt es Bemühungen, Omnibusse mit Anhängern erneut zur Personenbeförderung zum Einsatz zu bringen. Seit 1960 war diese Fahrzeugkombination verboten, zumal die aufkommenden Gelenkbusse sich seinerzeit als Alternative anboten. Im Zuge fortgeschrittener Fahrzeug- und Kommunikationstechnik wird die geltende Regelung derzeit überdacht, zumal ein Anhängerbetrieb verschiedene Vorteile bieten könnte, wie z.B. eine höhere Flexibilität bei schwankendem Fahrgastaufkommen, einer Senkung des Kraftstoffverbrauchs (gegenüber dem Einsatz mehrerer Fahrzeuge) sowie engerer fahrbarer Kurvenradien (im Vergleich zum Schubgelenkomnibus), was das Durchfahren dicht bebauter Stadtgebiete ermöglicht.

> **Hintergrundwissen** → Für den Betrieb eines Omnibuszuges ist derzeit eine Ausnahmegenehmigung erforderlich. Bestimmungen der StVO bzw. StVZO, die für Kraftomnibusse gelten, sind entsprechend auch auf den Anhänger anzuwenden. Ein weitergehender Anforderungskatalog wurde vom Fachausschuss Kraftfahrzeugtechnik – Sonderausschuss Kraftomnibusse – erarbeitet. Demnach erfordert das Führen eines Omnibusses mit Anhänger zur Personenbeförderung die Fahrerlaubnis der Klasse DE. Vorschriften, die laut Personenbe-

förderungsgesetz und BOKraft für Omnibusse gelten, sowie Vorschriften der StVO und StVZO, sind auch auf die Anhänger anzuwenden (z. B. Ausrüstung entsprechend den Witterungs- und Fahrbahnbedingungen, Ausstattung des Anhängers mit Feuerlöschern).

Der Ausschuss schlägt unter anderem folgende Auflagen bzw. Bedingungen bei der Erteilung einer Ausnahmegenehmigung vor:
- Ausstattung mit Rückfahrwarneinrichtung oder Kamera an Bus und Anhänger
- Kenntlichmachung der Überlänge durch seitliche gelbe Rückstrahler und rückwärtige retroreflektierende oder beleuchtete Schilder
- Einsatz nur im Linien- und Überlandlinienverkehr, nicht im Gelegenheitsverkehr
- Die Bildung fester Züge
- Durchführung einer Sicherheitsprüfung von der Erstzulassung an im Abstand von drei Monaten, wobei die gesamte feste Zugkombination vorgestellt werden muss
- Besondere Unterweisung des Fahrpersonals vor Aufnahme des Fahrbetriebes und in Abständen von sechs Monaten
- Bei Bedarf kann diese Unterweisung auch ein praktisches Fahrtraining enthalten

Abbildung 208: Personenanhänger Quelle: Sascha Böhnke

Beim An- und Abkuppeln sollten Sie besonders vorsichtig sein. Die Vorschriften, Hinweise und Empfehlungen, die für das Kuppeln beim Lkw gelten, sind sinngemäß auch beim Omnibus anzuwenden. Der Anhänger muss gegen Wegrollen gesichert sein. Wenn der Omnibus an den Anhänger heranfährt, darf sich niemand zwischen Zugfahrzeug und Anhänger aufhalten. Falls vorhanden, wird die Rückfahrkamera dabei eingeschaltet, sie ersetzt aber nicht den Einweiser. Keinesfalls darf der Anhänger durch verbotenes Auflaufenlassen (Auflaufen des Anhängers auf das Zugfahrzeug im Gefälle durch Lösen der Bremse) gekuppelt werden. Beim Abstellen der Anhänger ist auf eine entsprechende Sicherung gegen Wegrollen zu achten.

Besonderheiten im Reiseverkehr

Bordtoilette

Auch im Sanitärbereich bestehen Gesundheits- und Unfallgefahren. Deshalb müssen die Toiletteneinrichtungen und Ausrüstungen so gestaltet und angeordnet sein, dass sie leicht und gefahrlos erreicht und benutzt werden können. Geöffnete Türen dürfen den Fluchtweg nicht versperren. Scharfe Ecken und Kanten darf es nicht geben. Toiletten müssen mit einer vom Fahrgastraum unabhängigen Lüftungseinrichtung mit ausreichendem Wechsel und einer nicht verschließbaren Entlüftung ausgestattet sein. Ein Beispiel aus einer Unfallmeldung im Sanitärbereich: Als beim Reinigen der Bordtoilette der Tasterschalter durch ein Streichholz blockiert wurde, schloss sich der Toilettenschieber, als das Streichholz heraussprang, und führte dazu, dass ein Finger bzw. die Hand abgeschert wurde.

Abbildung 209: Bordtoilette

Das Wartungspersonal muss die Toilette sicher und hygienisch entleeren können (sichere Betätigungselemente). Der Raum muss ausreichend gekennzeichnet und die Fluchtwege erkennbar sein. Eine Unterweisung hinsichtlich der Hygiene ist erforderlich, und die Lage der Entsorgungsstellen im Betrieb und auf Fahrtrouten muss bekannt und ausgewiesen sein. Je nach Tätigkeit ist eine arbeitsmedizinische Vorsorgeuntersuchung notwendig.

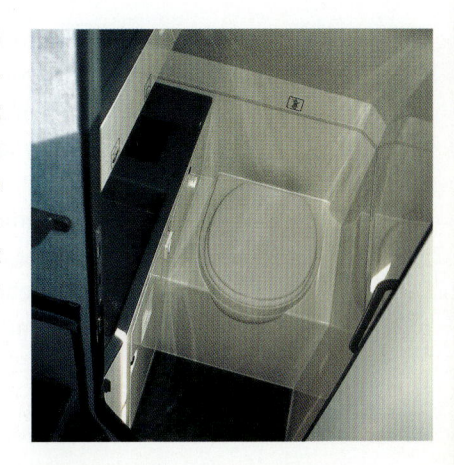

**Beschleunigte Grundqualifikation
Basiswissen Lkw/Bus**

Abbildung 210:
Angeschnallte
Fahrgäste
Quelle: Volvo

Passive Sicherheit

Sicherheitsgurte in Reisebussen müssen benutzt werden, das ist gesetzlich vorgeschrieben. Dies gilt gleichermaßen für Fahrer und Fahrgäste. Ausnahmen gibt es nur für Servicekräfte („Betriebspersonal"), für Begleitpersonen von besonders betreuungsbedürftigen Personengruppen, z.B. Blinde oder Kinder bis zum 10. Lebensjahr, sowie für Fahrgäste, die ihren Platz kurzzeitig für einen Toilettengang verlassen.

Der Gurt bietet im Fall einer Kollision und des Umkippens des Busses einen nicht zu unterschätzenden Schutz für Fahrer und Passagiere. Auch wenn das statistische Risiko eines Unfalls gerade im Omnibus relativ gering ist, sollten weder Fahrgäste noch der Fahrer auf diesen Schutz verzichten. Ein verantwortungsvoller Fahrer wird den Gurt deshalb immer anlegen. Er ist gesetzlich verpflichtet, seine Fahrgäste auf die Benutzungspflicht aufmerksam zu machen. Bei Polizeikontrollen werden jedoch immer wieder Verstöße gegen die Gurtanlegepflicht festgestellt und geahndet.

Risiken des Straßenverkehrs und Arbeitsunfälle 4.4

Service im Bus

Häufig wird bei Busreisen ein Service im Fahrzeug angeboten. Es wird Kaffee serviert, am Platz eine Frage beantwortet oder im Gang stehend eine Ansage gemacht. Bei all diesen Tätigkeiten bewegt sich die Servicekraft ungesichert im fahrenden Bus. Bei einer Vollbremsung oder einem Verkehrsunfall hat sie kaum eine Chance, sich festzuhalten oder abzustützen. Deshalb sollte sich auch die Servicekraft nur kurzzeitig ungesichert im fahrenden Bus bewegen.

Eine Alternative zum Service im rollenden Bus sind Servicepausen. Häufiger mal eine kurze Pause zu machen, ist für den Fahrer wie für die Fahrgäste entspannend. Die Busfahrer schätzen zudem die Entlastung der Bordtoilette. Während der Pause kann der Service abgewickelt werden.

Abbildung 211:
Service im Bus
Quelle: bdo

Neben dem richtigen Timing des Serviceangebots ist eine sicherheitsgerechte Buseinrichtung besonders wichtig. Denn ein Bus, in dem Mahlzeiten und Getränke serviert werden sollen, muss auch dafür ausgerüstet sein. Dies gilt umso mehr, da auf engstem Raum gearbeitet wird.

Neben einzelnen Detaillösungen ist eine übergreifende Betrachtung sinnvoll. Viele Probleme lassen sich am besten lösen, wenn die Gestaltung des „Servicearbeitsplatzes" als Gesamtkonzept geplant wird, wobei Bordküche, Vorratsräume und Gang eine Einheit bilden sollen.

Abbildung 212:
Bordküche
Quelle: Daimler AG

Liegeplätze in Führerhäusern und Fahrer-Ruheräume

Auch die Nutzung von Liegeplätzen in Führerhäusern und Fahrer-Ruheräumen kann mit Unfallgefahren verbunden sein, wenn bestimmte Bedingungen nicht berücksichtigt werden.

> **Hintergrundwissen** → Für die Gestaltung von Fahrer-Ruheräumen gelten unter anderem folgende Regelungen (BGR 136):
>
> - Vorhandene Notausstiege müssen von innen erkennbar und leicht zu öffnen sein.
> - Zugänge zu Ruheräumen sowie Notausstiegen müssen von außen erkennbar sein.
> - Das Verbotszeichen „Rauchen verboten" muss deutlich erkennbar und dauerhaft angebracht sein.
> - Der Ruheraum muss leicht und sicher zu erreichen sein,
> - Ruheräume, die quer zur Fahrzeuglängsachse angeordnet sind, müssen, unabhängig vom Zugang zum Innenraum, an jeder Fahrzeugseite mit jeweils einem Notausstieg ausgestattet sein.
> - Ruheräume müssen mindestens mit einem Fenster ausgerüstet sein, das die Sicht nach außen ermöglicht.

Für die Nutzung von Liegeplätzen und Fahrer-Ruheräumen gelten unter anderem folgende Regeln:

- Liegeplätze in Führerhäusern und Ruheräumen von Fahrzeugen sowie Dachschlafkabinen dürfen nur bestimmungsgemäß benutzt werden (Liegeplätze sind z. B. nicht als Lagerflächen für Transportgut, mitgeführte Ersatzteile oder Werkzeuge zulässig).
- Sicherungen gegen das Herausfallen von Personen an Liegeplätzen sind während der Fahrt bestimmungsgemäß zu benutzen.
- Bewegliche Liegeplätze müssen in angehobener Stellung formschlüssig gesichert werden.
- In Ruheräumen von Kraftomnibussen sowie in Dachschlafkabinen darf nicht geraucht werden.

Risiken des Straßenverkehrs und Arbeitsunfälle 4.4

Abbildung 213:
Ruhekabine

> ⊕ **Hintergrundwissen** → Ruheräume, die nicht den Anforderungen der Richtlinie entsprechen, müssen mit einem Aufenthaltsverbot gekennzeichnet werden. Dies gilt generell für alle Ruheräume, die parallel zur Fahrzeugslängsachse angeordnet sind. Ruheräume dürfen im stehenden Fahrzeug nur benutzt werden, wenn sie mit einer Heizungs- und Lüftungsanlage ausgestattet sind.

Leider gibt es bei Kontrollen immer wieder Grund zu Beanstandungen der Ruheräume. So werden Ruheräume als Gepäckraum zweckentfremdet, Ein- und Ausstieg durch Gegenstände verstellt oder auch vollkommen ungeeignete Räume als „Ruheraum" präsentiert. Schon aus eigenem Interesse sollte sich der Fahrer mit solchen „Lösungen" nicht arrangieren.

Rangieren

Rückwärtsfahren und Rangieren gehören zum Alltag des Fahrers, beispielsweise wenn er am Zielort das Fahrzeug zum Ausladen in eine geeignete Position bringt oder Fahrgäste an Sammelpunkten abholt. Bei den Abmessungen heutiger Fahrzeuge gestaltet sich dieses Manöver vor allem auf beengten Parkplätzen manchmal schwierig. Anhänger erschweren das Manöver und schränken zusätzlich die Sicht nach hinten ein.

**Beschleunigte Grundqualifikation
Basiswissen Lkw/Bus**

Abgefahrene Spiegel und Schrammen im Lack sind zwar keine gravierenden Schäden, dennoch sind auch solche „Lappalien" Störungen im Betriebsablauf, die Fahrer und Betrieb Zeit und Geld kosten. Vermeiden lassen sich solche Schäden nur durch Übung bzw. Training und durch die Einsicht, dass Stress und Hektik häufig Ursache für Fehler im Rangierbetrieb sind. Wer es schafft, auch beim Rangieren seine Gelassenheit zu bewahren, wird eher schadenfrei bleiben.

Es sei daran erinnert, dass Fahrer nur rückwärts fahren oder zurücksetzen dürfen, wenn eine Gefährdung anderer Personen zweifelsfrei ausgeschlossen ist. Ist dies nicht der Fall, muss er sich einweisen lassen. Das gilt nicht nur für den Bereich des Straßenverkehrs, sondern auch innerbetrieblich. Die einweisende Person muss sich so aufstellen, dass sie sich im Sichtbereich des Fahrers befindet, und sie muss gut erkennbar sein (z.B. durch eine Warnweste). Der Bereich hinter rückwärts fahrenden Fahrzeugen darf nicht betreten werden. Es ist zweckmäßig, sich auf ein Verständigungssystem durch Zurufe oder eindeutige Handzeichen festzulegen, um Missverständnisse bei der Einweisung auszuschließen. Wer auf diese Vorsichtsregeln verzichtet und nach der Devise „Bis jetzt ist immer alles gut gegangen" vorgeht, handelt fahrlässig.
Auch die bei einigen Fahrzeugen zum Einsatz kommenden Rückfahrhilfen (Videosystem und Rangierwarneinrichtungen) gewährleisten keine hundertprozentige Sicherheit. Deshalb sind sie kein Einweiserersatz.

Besonderheiten im Schulbusverkehr

Kontakt mit den Schülern

Niemand wird erwarten, dass der Fahrer eine ungünstige Situation bzw. dauerhafte Konflikte gewissermaßen durch einen Zauberspruch lösen kann. Er ist aber durchaus in der Lage, Einfluss zu nehmen: Auf die Einhaltung von Regeln, auf das Klima im Bus und auf die Art und Weise, wie Konflikte gelöst werden. Dazu muss er jedoch seine Einflussmöglichkeiten nutzen. Und schließlich kann er bei immer wiederkehrenden Problemen Gespräche zwischen Busunternehmen und Schule anregen.

Risiken des Straßenverkehrs und Arbeitsunfälle 4.4

Abbildung 214:
Schulbus
Quelle: Daimler AG

Regeln aufstellen und einhalten

Für das Verhalten der Schüler bei der Beförderung sollten klare Regeln vereinbart werden. Es geht dabei nicht darum, die Kinder zu gängeln oder sie in ein enges Verhaltens-Korsett einzuzwängen. Vielmehr sollten grundlegende Dinge, die zu mehr Sicherheit führen, auch und gerade im Interesse der Kinder verbindlich festgelegt werden.

Beispiele für solche Regeln sind:
- An der Haltestelle:
  - Beim Warten ausreichenden Abstand zum Bordstein halten.
  - Die Türen werden nicht berührt, bevor sie nicht geöffnet sind.
- Beim Einsteigen: Die Fahrausweise werden vorgezeigt.
- Im Bus:
  - Die Schüler halten sich auf Stehplätzen fest.
  - Die Trittstufen werden nicht als Steh- od. Sitzplätze genutzt.
  - An Haltestangen wird nicht geturnt.
  - Für Aussteigende wird ausreichend Platz gemacht.

Diese Regeln müssen eingehalten werden. Auf ihre Missachtung muss eine Reaktion erfolgen, denn eine stumme Hinnahme wird als Einverständnis interpretiert.

> **PRAXIS-TIPP**
>
> - Handlungsmöglichkeiten des Fahrers: eine ruhige Durchsage oder das direkte Ansprechen der betreffenden Schüler.
> - In „hartnäckigen" Fällen ist eine Meldung des Fahrers an den Busbetrieb und eine Kontaktaufnahme mit der Schule notwendig. Ein längerfristiger Ausschluss eines Schülers von der Beförderung ist nur in schwerwiegenden Fällen und nur durch den Schulträger möglich.
> - Wichtig ist: Die Fahrer müssen unbedingt einheitlich vorgehen, damit die „Erziehungserfolge" der einen nicht durch das großzügige Verhalten der anderen zunichte gemacht werden.

Besonderheiten im Güterverkehr

Rückwärtsfahren und Rangieren

Rückwärtsfahren und Rangieren stellen erhebliche Gefahren für Personen dar, die zu Fuß unterwegs sind, weil Lkw-Fahrer große Bereiche hinter ihrem Fahrzeug nicht einsehen können.

> **PRAXIS-TIPP**
>
> - Lassen Sie sich einweisen!
> - Der Einweiser muss sich außerhalb des Gefahrenbereiches, seitlich links im Sichtbereich des Fahrers aufhalten, also nie hinter dem Fahrzeug!
> - Fahren Sie nur Schrittgeschwindigkeit!
> - Besteht kein Blickkontakt zum Einweiser mehr, halten Sie das Fahrzeug sofort an!

Mit Hilfe geeigneter Assistenzsysteme kann Rückwärtsfahren sicherer gemacht werden. Rangier-Warneinrichtungen geben Ihnen als Fahrer optische und akustische Warnsignale, wenn sich Personen oder Gegenstände im Gefahrenbereich hinter dem Fahrzeug befinden.
Videosysteme können Ihnen als Fahrer Bildinformationen über die Situation im rückwärtigen Bereich des Fahrzeuges liefern. Optimal wäre eine Kombination beider Systeme. Rechtlich werden diese Systeme aber nicht als Ersatz für einen Einweiser gewertet.

Risiken des Straßenverkehrs und Arbeitsunfälle 4.4

Abbildung 215:
Einweiser

Ankuppeln

> ⊕ **Hintergrundwissen** → Laut der Bundesanstalt für Arbeitsschutz und Arbeitsmedizin (BauA) ereignete sich in den zurückliegenden Jahren eine Vielzahl von tödlichen Unfällen beim An- und Abkuppeln von Lkw-Anhängern. Die folgenden aufgeführten Sicherheitsmaßnahmen beim Kuppeln sollen der Verbesserung des Arbeitsschutzes dienen.

PRAXIS-TIPP

Tragen Sie Arbeitshandschuhe! Sie sind unverzichtbar für alle An- und Abkuppelvorgänge. Muss mit Verkehr anderer Fahrzeuge gerechnet werden: Warnweste tragen, damit man besser gesehen wird! Im Baustellenbereich müssen außerdem Schutzschuhe und Schutzhelm getragen werden.

1. Betätigen Sie die Feststellbremsen und legen Sie die Unterlegkeile an.

**Beschleunigte Grundqualifikation
Basiswissen Lkw/Bus**

⚠ Eine Bremsung durch Trennen der Bremsluftleitungen ist nicht ausreichend. Wird nach dem Kuppelvorgang die Vorratsleitung wieder angeschlossen, wird die Bremsstellung des Anhängerbremsventils wieder aufgehoben. Wurde das Zugfahrzeug nicht zuvor durch die Feststellbremse gesichert, setzt sich der Zug im Gefälle unkontrolliert in Bewegung!

Sofern die Standfläche nicht vollständig eben und waagerecht ist – und das ist sie nur ganz selten –, müssen zusätzlich Unterlegkeile angelegt sein. Unterlegkeile dürfen nur an Rädern der starren Achse angelegt sein, nie jedoch an lenkbarer Achse und Liftachse.

2. **Lösen Sie die Vorderachsbremse (bei Gelenkdeichselanhängern)**

⚠ Achtung: Beim Lösen der Vorderachsbremse kann die Zuggabel seitlich herumschlagen, wenn die Räder der Vorderachse nicht auf ebenem, glattem Untergrund stehen!

3. **Fahren Sie mit dem Zugfahrzeug bis auf ca. 1 m an die Zugöse heran.**
4. **Gelenkdeichselanhänger: Stellen Sie die Zugöse auf die Kupplungshöhe ein.**

Abbildung 216: Überprüfen: Zuggabel auf Kupplungshöhe?

Risiken des Straßenverkehrs und Arbeitsunfälle

> ⚠️ Auf gar keinen Fall darf die Zuggabel während des anschließenden Ankuppelvorganges von Hand hochgehalten werden (durch eine zweite Person).

Starrdeichselanhänger: Stellen Sie die Zugöse auf die Fangmaulmitte oder geringfügig auf den unteren Lappen des Fangmauls ein.

> ⚠️ Die Stützlast am Kuppelpunkt des Starrdeichselanhängers darf nie negativ (nach oben gerichtet) sein! Das muss durch richtige Beladung sichergestellt werden.

5. Öffnen Sie die Kupplung und die Handhebel bis zum Anschlag.
6. Treten Sie aus dem Gefahrenbereich zwischen Zugfahrzeug und Anhänger heraus.

> ⚠️ Niemals beim Kuppelvorgang zwischen die Fahrzeuge treten!

7. Kuppeln Sie durch Zurücksetzen des Zufahrzeuges, nie durch verbotenes Auflaufenlassen!
8. Setzen Sie das Zugfahrzeug mit der Feststellbremse fest. Kontrollieren Sie, ob die Kupplung geschlossen und gesichert ist.

> ⚠️ Wenn das Zugfahrzeug nicht sicher mit der Feststellbremse gesichert ist, rollt der Zug nach dem Anschließen der Vorratsleitung bzw. dem Lösen der Anhänger-Feststellbremse weg!

Beschleunigte Grundqualifikation
Basiswissen Lkw/Bus

9. Schließen Sie die Verbindungsleitungen an. Zuerst die Bremsleitung (gelber Kupplungskopf), dann die Vorratsleitung (roter Kupplungskopf) und dann die weiteren Anschlüsse.
10. Gelenkdeichselanhänger: Lösen Sie soweit erforderlich die Höheneinstelleinrichtung. Starrdeichselanhänger: Bringen Sie die Stütze in Fahrstellung.
11. Entfernen und verstauen Sie die Unterlegkeile.
12. Lösen Sie die Anhängerfeststellbremse.

> ⚠ Wenn die Luftfeder auf „Senken" gestellt ist, der Aufbau aber wegen noch gebremster Räder (bedingt durch Kinematik) nicht vollständig abgesenkt ist, dann schlägt beim Lösen der Anhängerbremse der Aufbau herunter. Dies kann besonders bei Wechselbrückenanhängern auftreten.
> Zur Vermeidung zuerst Luftfeder auf „Stop" stellen, dann erst Anhängerfeststellbremse lösen.

13. Stellen Sie das Anhängerlastventil, soweit noch vorhanden, ein.
14. Falls erforderlich: Regulieren Sie die Luftfeder nach. Heben Sie die Liftachse an oder senken Sie sie ab. Decken Sie die Park-Warntafel ab oder entfernen Sie diese.
15. Führen Sie eine Abfahrtkontrolle durch.

Abkuppeln

1. Positionieren Sie den Zug möglichst gestreckt und sehen Sie ausreichend Freiraum zum späteren Ankuppeln vor.
2. Betätigen Sie die Feststellbremsen von Zugfahrzeug und Anhänger.
3. Legen Sie Unterlegkeile an.
4. Gelenkdeichselanhänger: Setzen Sie, soweit erforderlich die Höheneinstellungen fest.
   Starrdeichselanhänger: Senken Sie die Stütze soweit ab, bis die Zugöse leicht vom Fangmaulgrund abgehoben ist.
5. Trennen Sie die Verbindungsleitungen: Zuerst die Vorratsleitung (roter Kupplungsknopf), dann die Bremsleitung (gelber Kupplungsknopf) und dann die weiteren Anschlüsse.

6. Öffnen Sie die Kupplung und den Handhebel bis zum Anschlag.
7. Ziehen Sie das Zugfahrzeug vor.

> ⚠ Starrdeichselanhänger können unter ungünstigen Bedingungen hochschlagen!

8. Schließen Sie die Kupplung.

> ⚠ Keinesfalls den Kupplungsbolzen durch Manipulation in der offenen Kupplung (bei Handhebel in der Kuppelstellung) auslösen! Verletzungsgefahr!

9. Bringen Sie – falls erforderlich – eine Park-Warntafel an.

Nach der Fahrt

Abstellen und Sichern eines Lkw

Durch mangelhafte Sicherung der abgestellten Lkw kommt es wie beim Bus zu schweren Unfällen. Die Fahrzeuge überrollen die Fahrer oder drücken sie gegen Mauern oder Tore. Auch können die Fahrer zwischen Fahrzeug und Bordstein gequetscht werden.

> ⊕ **Hintergrundwissen** → Die Unfallverhütungsvorschrift „Fahrzeuge" (BGV D29) regelt die Sicherung des Fahrzeugs. Nach § 55 darf der Fahrer ein mehrspuriges Fahrzeug erst verlassen, nachdem er es gegen unbeabsichtigtes Bewegen gesichert hat.

Um solche Unfälle zu verhindern, darf ein mehrspuriges Fahrzeug erst verlassen werden, nachdem es gegen unbeabsichtigtes Bewegen gesichert ist. Insbesondere sind folgende Maßnahmen erforderlich:

Beschleunigte Grundqualifikation
Basiswissen Lkw/Bus

Auf ebenem Gelände:

Feststellbremse
+
kleinster Gang/Parksperre

Bedienungsanleitung beachten!

Auf unebenem Gelände oder im Gefälle:

Feststellbremse
+
kleinster Gang/Parksperre

Bedienungsanleitung beachten!
+
Unterlegkeile

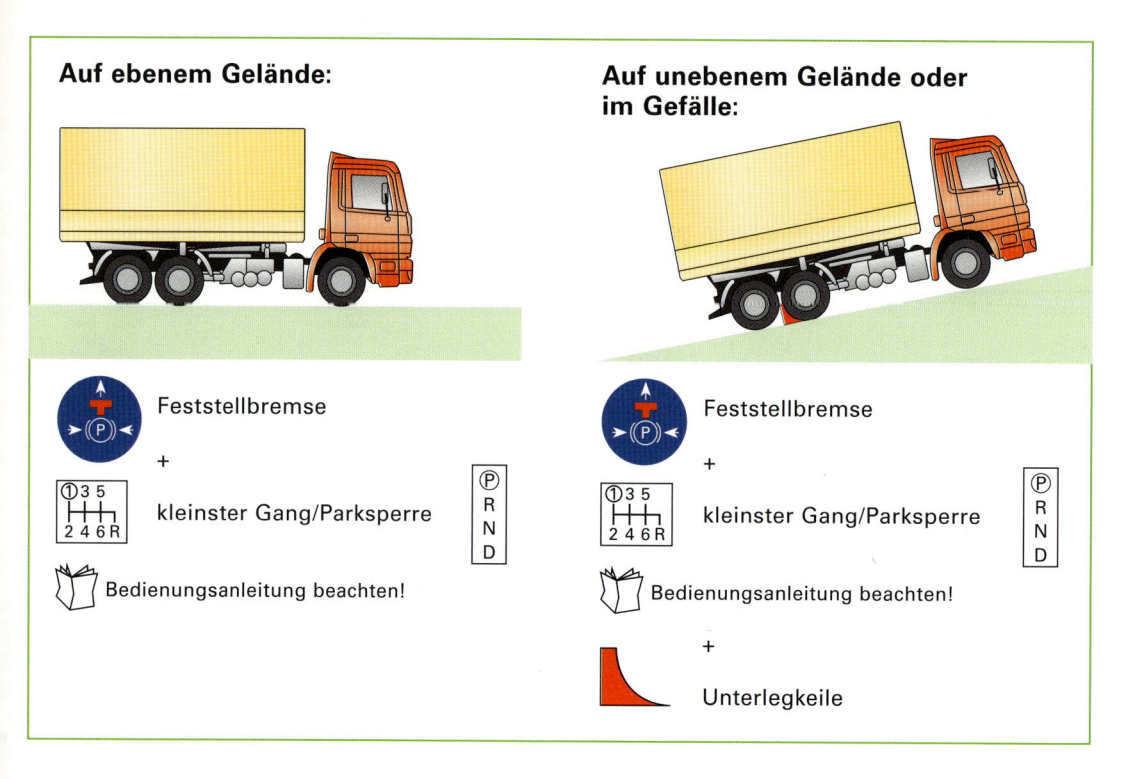

Abbildung 217:
Abstellen und Sichern eines Lkw

1. **Auf ebenem Gelände**
   - Betätigen der Feststellbremse,
   - Einlegen des kleinsten Ganges bei maschinell angetriebenen Fahrzeugen (sofern nach der Betriebsanleitung des Fahrzeugs möglich)

   oder

   - Einlegen der Parksperre bei Fahrzeugen mit automatischem Getriebe

2. **Auf stark unebenem Gelände oder im Gefälle**
   - Betätigen der Feststellbremse und Benutzen der Unterlegkeile,
   - Betätigen der Feststellbremse und Einlegen des kleinsten gegenläufigen Ganges (sofern nach der Betriebsanleitung des Fahrzeugs möglich)

   oder

   - Betätigen der Feststellbremse und Einlegen der Parksperre bei Fahrzeugen mit automatischem Getriebe

Risiken des Straßenverkehrs und Arbeitsunfälle — 4.4

Beim Befahren der Ladefläche mit dem Stapler rollt das Fahrzeug durch die auftretenden Kräfte in Längsrichtung beim Abbremsen des Staplers los und der Staplerfahrer stürzt beim anschließenden Zurücksetzen mit seinem Gerät zwischen Ladefläche und Rampe ab. Deshalb:

3. **Beim Be- und Entladen von Fahrzeugen,** wenn gefahrbringende Kräfte in Längsrichtung auftreten können,
   – Betätigen der Feststellbremse und Benutzen der Unterlegkeile.

Das Abstellen des Anhängers durch Trennen der Luftleitungen ist kein Betätigen der Feststellbremse im Sinne der Vorschriften, da sich das Fahrzeug bei Luftverlust in den Vorratsluftkesseln unbeabsichtigt in Bewegung setzen kann. Als Feststellbremse gilt bei einem Anhänger die mechanische Bremse (Handspindelbremse) oder der separat über den (meist) roten Knopf zu betätigende Federspeicher (Lösen vor der Abfahrt nicht vergessen!).

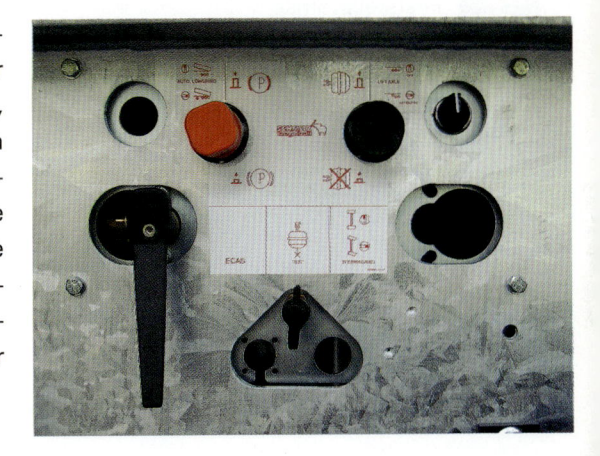

Abbildung 218:
Federspeicher
Quelle: Ralf Brandau

Abstellen und Sichern eines Busses

Nach der Fahrt muss das Fahrzeug abgestellt und gesichert werden. Insbesondere sind folgende Maßnahmen erforderlich:

1. **Auf ebenem Gelände:**
   – Betätigen der Feststellbremse und
   – Einlegen des kleinsten Ganges bei maschinell angetriebenen Fahrzeugen (soweit möglich, Betriebsanweisung des Fahrzeugs beachten), oder Einlegen der Parksperre bei Fahrzeugen mit automatischem Getriebe

2. **Auf unebenem Gelände oder im Gefälle bzw. beim Be- und Entladen,** wenn in Längsrichtung gefahrbringende Kräfte auftreten können:
   – Betätigen der Feststellbremse und
   – Einlegen des kleinsten gegenläufigen Ganges (soweit möglich, Betriebsanweisung des Fahrzeugs beachten), oder Einlegen der Parksperre bei Fahrzeugen mit automatischem Getriebe und
   – Benutzen der Unterlegkeile

Beschleunigte Grundqualifikation
Basiswissen Lkw/Bus

Auf ebenem Gelände:

Feststellbremse

+

kleinster Gang/Parksperre

Bedienungsanleitung beachten!

Auf unebenem Gelände oder im Gefälle:

Feststellbremse

+

kleinster Gang/Parksperre

Bedienungsanleitung beachten!

+

Unterlegkeile

Niemals Haltestellenbremse benutzen!

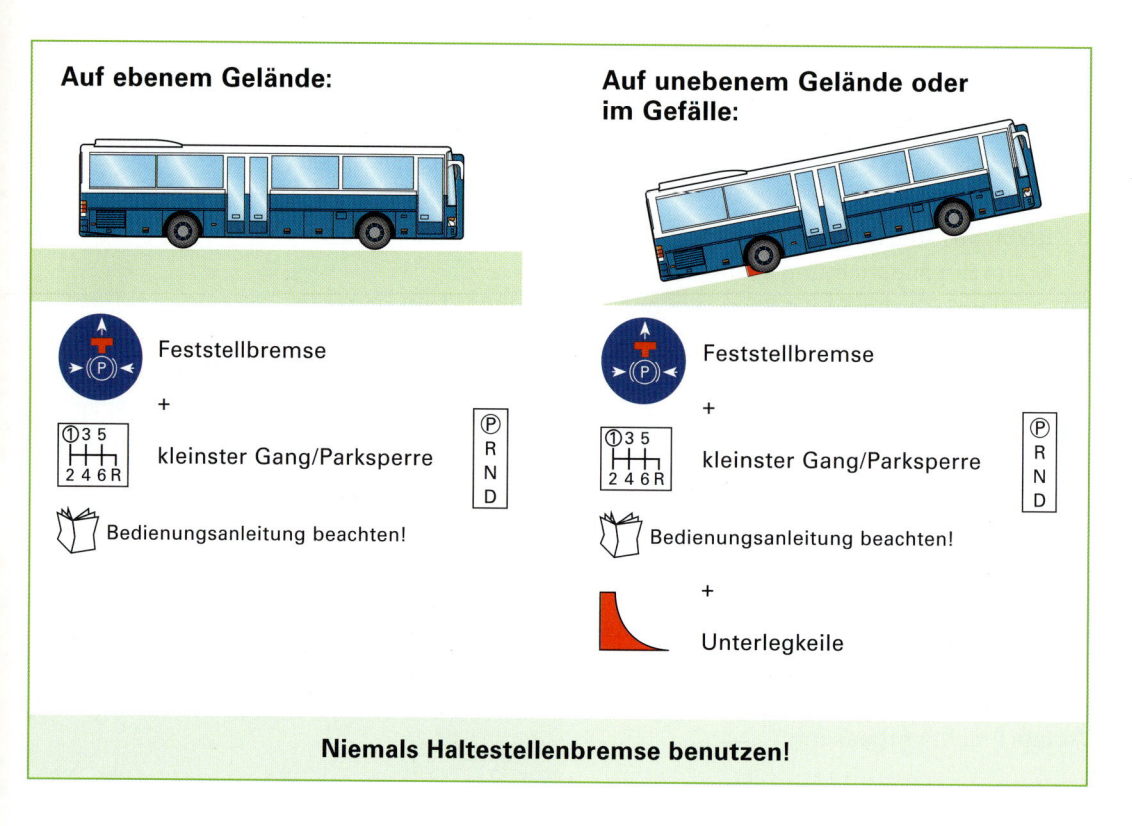

Abbildung 219: Abstellen und Sichern eines Busses

Durch mangelhafte Sicherung des abgestellten Busses können schwere Unfälle verursacht werden. Solche Unfälle ereignen sich sowohl auf dem Betriebshof als auch auf der Strecke bzw. an Haltestellen. Die Fahrzeuge überrollen die Fahrer oder drücken sie gegen Mauern oder Tore. Auch können die Fahrer zwischen Fahrzeug und Bordstein gequetscht werden.

Die Haltestellenbremse sichert den Bus oft nur bei laufendem Motor bzw. eingeschalteter Zündung. Bei geschlossener Tür oder abgezogenem Schlüssel muss das Fahrzeug mit der Feststellbremse gesichert werden, um solche Unfälle auszuschließen. Bei Omnibussen mit Automatik-Getriebe muss der Wahlhebel vor dem Abstellen des Motors auf P oder N gestellt werden, sonst kann sich der Bus beim nächsten Starten selbstständig in Bewegung setzen, unter Umständen sogar ohne dass Druckluft in der Bremsanlage ist.

In der Vergangenheit gab es Unfälle, bei denen Fahrer zwischen ungesicherten Türen eingeklemmt und schwer bzw. tödlich verletzt wurden Daher besteht hier Klemmgefahr, besonders beim Verlassen des Fahrerplatzes und beim mechanischen Verschließen der Tür von außen.

Risiken des Straßenverkehrs und Arbeitsunfälle 4.4

Fahrzeugübergabe

Ein Austausch über den Fahrzeugzustand und eventuell nötige Verbesserungen fallen leichter, wenn ein entsprechender Informationsfluss betrieblich geregelt ist (Meldezettel, Mängelberichte, feste Ansprechpartner in der Werkstatt usw.). Fahrerbesprechungen sind ebenfalls ein wichtiges Forum zum Austausch von Informationen.

> ➕ **Hintergrundwissen** → Laut BG-Regel D29 muss der Fahrer zu Beginn jeder Arbeitsschicht und vor Inbetriebnahme eines (z. B. auf dem Betriebshof) abgestellten Fahrzeuges die Wirksamkeit der Betätigungs- und Sicherheitseinrichtungen prüfen und während der Arbeitsschicht den Zustand des Fahrzeuges auf augenfällige Mängel hin beobachten. Zu einer ordnungsgemäßen Fahrzeugübergabe gehört auch die Dokumentation von besonderen Vorkommnissen und etwaigen Mängeln am Fahrzeug. Gegebenenfalls ist nach dem Abstellen eine abschließende Kontrolle des Fahrzeugs durch den Fahrer (Reifenzustand usw.) sinnvoll. Bei vorhandenen Mängeln müssen die entsprechenden Personen (Fuhrparkleiter, Werkstatt, ggf. Ablöser) informiert werden.

Abbildung 220:
Pausierender
Lkw-Fahrer
Quelle: DVR

Ruhezeiten aktiv gestalten

Pausen während der Fahrzeit sollten überwiegend zur aktiven Erholung genutzt werden. Bewegung an der frischen Luft bringt dem Fahrer in der Regel mehr als die Zigarette und die Zeitung, die am Fahrerplatz gelesen wird.

Um die Ruhezeiten möglichst effektiv zur Erholung zu nutzen, ist es wichtig, bewusst mit der häufig knappen Ruhezeit umzugehen. Schlafbedürfnis, Hobby, Familie, Freunde oder Sport sollten nicht miteinander in Konkurrenz treten. Vielmehr kommt es auf eine ausgeglichene Balance zwischen den einzelnen Interessen an, damit die Leistungsfähigkeit nach einer langen Tour wiederhergestellt und möglichst (lebens-)lang erhalten bleiben kann.

Beschleunigte Grundqualifikation
Basiswissen Lkw/Bus

4.5 Lösungen zum Wissens-Check

1. Bei welcher Witterung ist das Unfallgeschehen größer?

- ☐ a) Bei starkem Regen
- ☒ b) Bei hoher Wärmebelastung

2. Was bezeichnet der Begriff „Aquaplaning"?

Aquaplaning bezeichnet das Aufschwimmen der Räder oder Wasserglätte und meint die Unterbrechung des Kontaktes zwischen Reifen und Fahrbahn durch einen Wasserfilm.

3. Die Tageszeit beeinflusst die Leistungsfähigkeit eines Menschen. Wann ist die Leistungsfähigkeit normalerweise am geringsten?

- ☒ a) Zwischen 2 und 4 Uhr
- ☐ b) Zwischen 10 und 12 Uhr
- ☐ c) Zwischen 18 und 20 Uhr

4. Welches Schuhwerk darf der Fahrer beim Führen eines Fahrzeugs benutzen?

- ☐ a) Schlappen (z. B. Badelatschen)
- ☒ b) Fußumschließendes Schuhwerk (z. B. Sandalen mit Fersenriemen, Halbschuhe)
- ☐ c) Kein bestimmtes Schuhwerk gefordert

5. Wobei erleiden die Fahrer mehr Arbeitsunfälle?

- ☐ a) Beim Fahren im Straßenverkehr (z. B. Autobahn)
- ☒ b) Bei Tätigkeiten rund um das Fahrzeug (z. B. Ein- und Aussteigen, Be- und Entladen)

**Beschleunigte Grundqualifikation
Basiswissen Lkw/Bus**

6. Welche Aussagen sind richtig?

- ☒ a) Beim An- und Abkuppeln von Fahrzeugen dürfen sich keine Personen zwischen Zugfahrzeug und Anhänger aufhalten.
- ☒ b) Das Auflaufen lassen von Anhängern ist verboten.
- ☒ c) Beim Auflaufen lassen von Anhängern kommt es immer wieder vor, dass die Person zwischen Zugfahrzeug und Anhänger eingequetscht wird und ihren schweren Verletzungen erliegt.
- ☒ d) Beim An- und Abkuppeln muss der Anhänger mittels betätigter Feststellbremse und angelegten Unterlegkeilen gegen Wegrollen gesichert sein.

7. Wie sollte der Fahrer seine Pausen gestalten, um sich effektiv zu erholen?

- ❏ a) Möglichst viel essen und trinken
- ☒ b) Bewegung an der frischen Luft
- ☒ c) Kurzschlaf (max. 30 Minuten) und anschließend Bewegung an der frischen Luft

8. Worauf hat der Fahrer beim Rückwärtsfahren oder Zurücksetzen mit dem Fahrzeug zu achten?

- Er darf nur rückwärts fahren oder zurücksetzen, wenn eine Gefährdung anderer Verkehrsteilnehmer zweifelsfrei auszuschließen ist. Ist dies nicht der Fall, muss er sich einweisen lassen.
- Die einweisende Person muss sich so positionieren, dass sie sich im Sichtbereich des Fahrers befindet und gut erkennbar ist (z. B. durch Tragen einer Warnweste).
- Der Bereich hinter rückwärts fahrenden Fahrzeugen darf nicht betreten werden.
- Festlegen eines Verständigungssystems zwischen Fahrer und Einweiser, um Missverständnisse bei der Einweisung auszuschließen (z. B. Zurufe, eindeutige Handzeichen).

9. Laut § 9 (5) StVO müssen sich Fahrer beim Rückwärtsfahren so verhalten, dass eine Gefährdung anderer Verkehrsteilnehmer ausgeschlossen ist. Erforderlichenfalls haben sie sich einweisen zu lassen. Welche Kleidung sollte der Einweiser tragen?

Reflektierende Kleidung, möglichst eine Warnweste.

10. Was versteht man unter dem Begriff „Halbsicht"?

Dieser Begriff bezeichnet Stellen, an denen Hindernisse mit niedriger Höhe den Blick nur teilweise verstellen, so dass sich genau im nicht einsehbaren Bereich weniger hohe Fahrzeuge ungesehen nähern können.

11. Was ist mit „Adaption des Auges" gemeint?

Die vollständige Anpassung des Auges an eine wechselnde Umgebung von Hell zu Dunkel.

12. Der Fahrer eines Lkw oder Omnibusses sollte sein Fahrzeug professionell fahren. Was versteht man unter einer „professionellen Fahrweise"?

Ein Fahrer mit einer professionellen Fahrweise verhält sich stets aufmerksam, rational und vermeidet Risiken. Er weiß um die Verantwortung, die er für sich und andere Verkehrsteilnehmer sowie die Mitfahrer und sein Fahrzeug trägt.

13. Fahrerassistenzsysteme tragen zur Erhöhung der Fahrsicherheit bei. Welche Fahrerassistenzsysteme gibt es? Nennen Sie mindestens vier.

- Automatischer Blockier-Verhinderer („ABS")
- Abstandsregeltempomat
- Elektronisches Stabilitätsprogramm („ESP")
- Spurhalteassistent

**Beschleunigte Grundqualifikation
Basiswissen Lkw/Bus**

14. In welcher Reihenfolge sind die Polzangen bei der Starthilfe anzuklemmen? Sortieren Sie die Schritte.

_3_ Die erste Polzange des schwarzen Kabels am Minuspol der geladenen Batterie (unten) anklemmen.

_2_ Die zweite Polzange des roten Kabels am Pluspol der geladenen Batterie (unten) anklemmen.

_1_ Die erste Polzange des roten Kabels mit dem Pluspol der entladenen Batterie (oben) verbinden.

_4_ Die zweite Polzange des schwarzen Kabels – möglichst weit entfernt und unterhalb der entladenen Batterie (oben) – an einem Masseanschluss des Fahrzeuges anklemmen.

15. Welches Schuhwerk darf zum Führen eines Fahrzeugs verwendet werden?

- ❏ a) Flip-Flops, Clogs
- ☒ b) Stiefel
- ❏ c) Schlappen
- ☒ d) Halbschuh
- ☒ e) Sicherheitsschuh

16. Was ist beim Abstellen eines Fahrzeuges auf unebenem Gelände oder im Gefälle zu beachten?

- Betätigen der Feststellbremse und Benutzen der Unterlegkeile,
- Betätigen der Feststellbremse und Einlegen des kleinsten gegenläufigen Ganges (sofern nach der Betriebsanleitung des Fahrzeugs möglich)
oder
- Betätigen der Feststellbremse und Einlegen der Parksperre bei Fahrzeugen mit automatischem Getriebe.

17. Wie wird erreicht, dass die Zuggabel auf Kupplungsmaulhöhe steht?

- ❏ a) Zweite Person korrigiert die Höhe der Zuggabel von Hand
- ☒ b) Höheneinstelleinrichtung benutzen
- ❏ c) Zuggabel mittels Holzlatte abstützen

18. Wie ist die Umrechnung zwischen der Geschwindigkeit in km/h und m/s?

Geschwindigkeit (km/h) geteilt durch 3,6 = Geschwindigkeit (m/s)

19. Welche Komponente ist für den Anhalteweg dem Bremsweg unbedingt hinzuzurechnen?

Der Reaktionsweg

20. Wie groß ist die Reaktionszeit im Normalfall und welchen Wert kann sie bei intensiver Ablenkung erreichen?

Reaktionszeit = 1–1,5 s, bei intensiver Ablenkung bis zu 5 s

21. Wie ist die vereinfachte Faustformel für den Reaktionsweg?

$$\text{Reaktionsweg} = \frac{\text{Geschwindigkeit (km/h)}}{10} \times 3$$

22. Wie ist die vereinfachte Faustformel für den Bremsweg bei einer niedrigen Bremsverzögerung von ca. 4 m/s²?

$$\text{Bremsweg} = \frac{\text{Geschwindigkeit (km/h)}}{10} \times \frac{\text{Geschwindigkeit (km/h)}}{10}$$

23. Sie fahren mit einer Geschwindigkeit von 100 km/h und leiten eine Bremsung ein. Wie lang ist der Reaktionsweg bei einer Reaktionszeit von 1 Sekunde und wie lang bei einer Reaktionszeit von 5 Sekunden?

Nach der Faustformel:

Reaktionsweg bei Reaktionszeit 1 Sekunde: $\frac{100 \text{ km/h}}{10} \times 3 = 30 \text{ m}$

Reaktionsweg bei Reaktionszeit 5 Sekunden: $\frac{100 \text{ km/h}}{10} \times 3 \times 5 = 150 \text{ m}$

Beschleunigte Grundqualifikation
Basiswissen Lkw/Bus

Dieses Kapitel behandelt Nr. 3.2 der Anlage 1 der BKrFQV

5 Kriminalität und Schleusung illegaler Einwanderer

5.1 Illegale Einwanderung

▶ **Die Teilnehmer sollen für die Problematik der illegalen Einwanderung sensibilisiert werden.**

↻ Zum Einstieg stellen Sie den Teilnehmer den Begriff „Migration" vor und besprechen, was der Einzelne damit verbindet. Sammeln Sie die Nennungen und machen Sie diese im Unterrichtsraum dauerhaft anschaulich. Leiten Sie zum Thema illegale Einwanderung über.
- Die Teilnehmer nennen ihre Vorstellungen zum Thema.
- Was verbinden sie mit dieser Problematik?

Der Trainer notiert die Nennungen, ohne zu kommentieren.
- Die Teilnehmer diskutieren *ihr* Verständnis zum Begriff „Unerlaubte Migration" als Bus- bzw. Lkw-Fahrer innerhalb der Gruppe (3 Gruppen arbeitsgleich, Gruppenbildung nach Zufallsprinzip).
- Gruppen stellen ihre Ergebnisse ohne Zwischenwertung der anderen Teilnehmer und des Trainers vor.
- Der Trainer stellt den Teilnehmern anschließend eine derzeit gebräuchliche Begriffsdefinition zum Vergleich vor (wertfrei).
- Erstellen einer „gemeinsamen Basis" für die Bearbeitung der folgenden Seminarschwerpunkte:
  Steckkarten der einzelnen Gruppen und die des Trainers werden zu einem Gesamtbild zusammengetragen.
- Ausgehend von den rechtlichen Grundlagen werden die verschiedenen Formen der unerlaubten Migration durch den Trainer aufgezeigt.
- Die Teilnehmer nennen ihre Vorstellungen zu den verschiedenen Formen der Migration.

Kriminalität und Schleusung illegaler Einwanderer 5.1

> Fassen Sie die Nennungen der Teilnehmer zusammen und weisen Sie auf die Ausführungen im Handbuch hin.
>
> Erläutern Sie die möglichen Rahmenbedingungen und Hintergründe für unerlaubte Migration. Stellen Sie (z. B. mit Hilfe der Faltkarte „Schengen-Raum") die Ausdehnung und die Grenzverläufe des Schengen-Raums dar.
> Besprechen Sie mit den Teilnehmern in Auswertung der Todesfälle mögliche Schwerpunktgebiete für illegale Migration und stellen Sie einen Bezug zu möglichen Schwerpunktgebieten in Deutschland her.

🕐 Ca. 60 Minuten

💻 Dieses Thema wird in der Führerschein-Ausbildung nicht oder nur ansatzweise behandelt.

Einwanderung – Migration

Definition

Migration, Wanderung, ist ein in der Wissenschaft unterschiedlich gefasster Begriff für den dauerhaften Wechsel des Lebensumfeldes einer Person, einer Gruppe oder einer Gesellschaft im geographischen und sozialen Raum.

Menschen, die einzeln oder in Gruppen ihre bisherigen Wohnorte verlassen, um sich an anderen Orten dauerhaft oder zumindest für längere Zeit niederzulassen, werden als Migranten bezeichnet.
Tourismus und andere Kurzzeitaufenthalte fallen nicht unter die Definition von Migration. Saisonale Arbeitsmigration wird jedoch manchmal mit einbezogen.

Überschreiten Menschen im Zuge ihrer Migration Ländergrenzen, werden sie aus der Perspektive des Landes, das sie betreten, Einwanderer oder Immigranten (von lat.: migrare, wandern) genannt. Aus der Perspektive des Landes, das sie verlassen, heißen sie Auswanderer oder Emigranten. Weltweit wird die Anzahl der Immigranten auf 214 Millionen geschätzt (UN-Schätzung, 2009), das sind 3,1 % der Weltbevölkerung. Migration ist eine bedeutende Änderung im Leben eines Menschen und mit großen, zum Teil lebensbedrohlichen Risiken verbunden (siehe unerlaubte Migration) und zerreißt oft Familienverbände und soziale Strukturen. Deswegen findet Migration meist aufgrund von Ausnahmesituationen wie Krieg, Not oder Verfolgung statt, in einem vermutlich geringeren Anteil spielen Neugier und die Hoffnung auf ökonomische Verbesserung eine Rolle.

Das moderne Bild der Immigration steht in Beziehung zur Entstehung von Nationalstaaten mit Nationenzugehörigkeit, Pässen, Grenzen und Grenzkontrollen und Staatsbürgerschaftsrecht. In solchen Staaten haben Immigranten als Nicht-Staatsbürger im Verhältnis zu Staatsbürgern eingeschränkte Rechte, besonders das Recht auf Niederlassung wird zum Teil streng durch Immigrationsgesetze beschränkt.

Immigranten haben oftmals von den Einwohnern eines Staates verschiedene Sprachen, Kulturen und verschiedenes Aussehen. Abhängig auch von der Kultur und eventuell bestehenden *Xenophobien* (das heißt „Angst vor Fremden") des Einwanderungslandes kann dies zu Problemen und sozialen Spannungen führen. Dabei unterscheiden sich die Erfahrungen von Migranten mit Einheimischen und umgekehrt im Einzelfall oft erheblich.

Illegale Einwanderung – Unerlaubte Migration

Definition „Illegale Migration"
Unerlaubte Migration bezeichnet Staatsgrenzen überschreitende Wanderungsbewegungen: das heißt Einwanderung, Auswanderung oder Transitwanderung, die außerhalb staatlicher Regelungen stattfinden.
Da der Begriff „illegale Migration" in Verbindung mit Migranten teilweise als herabsetzend empfunden wird, finden sich auch die alternativen Begriffe „irreguläre", „unkontrollierte" oder „undokumentierte" Migration.

> **Hintergrundwissen** → Unerlaubte Migration wird auch „illegale" oder „irreguläre Migration" genannt, was bedeutet, dass diese Art der Migration Gesetze verletzt. Unabhängig von den rechtlich-ordnungspolitischen Bestimmungen erfolgt illegale Migration aber entlang beobachtbaren sozialen und ökonomischen Regeln, z. B. dem Vorhandensein von Arbeitsplätzen, Unterkünften oder sozial-ethnischen Netzwerken vor Ort.

Kriminalität und Schleusung illegaler Einwanderer

5.1

Definition „Illegaler Migrant"

Eine Person, die unerlaubt (illegal) in ein Land einreist und/oder sich unerlaubt in einem Land aufhält, wird als *illegaler Migrant* bezeichnet.

Unerlaubte Einreisen können vorliegen, wenn:

- die betreffenden Personen für ihre Einreise keine gültigen Papiere besitzen beziehungsweise besitzen können, die ihnen diese Einreise erlauben würden und sie deshalb im Falle einer Kontrolle mit einer Einreiseverweigerung, Abschiebung, Ausweisung oder Verhaftung rechnen müssen.
- die Papiere der betreffenden Personen ungültig werden, die einst regulär erhalten wurden und einen erlaubten Aufenthalt begründeten (z. B. Visa, Aufenthaltserlaubnisse).

Abbildung 221:
Zur Schleusung illegaler Einwanderer verwendeter Kleintransporter
Quelle: ho/ddp

Immigration ohne gesetzliche Erlaubnis oder Verstoß gegen die durch die Form der Aufenthaltserlaubnis gesetzten Grenzen – so genannte illegale Immigration – kann strafbar sein und führt gewöhnlich zur Festnahme, Verurteilung und zur Abschiebung durch Staatsorgane.

> **Beschleunigte Grundqualifikation**
> **Basiswissen Lkw/Bus**

> ⊕ **Hintergrundwissen** → Von den so definierten Illegalen wird jene Personengruppe abgehoben, die mit Hilfe falscher oder gefälschter Papiere scheinbar legal einreist bzw. sich im Land aufhält. Diese Personen nennt man scheinlegale Migranten. Scheinlegale Immigranten sind Personen, die mit gefälschten Papieren (Pässe, Personalausweise, Sichtvermerke) einreisen.
> Eine weitere Unterscheidung ist die zwischen „einfach illegalen" und „doppelt illegalen" Migranten. Während die „einfach illegalen" gegen Auflagen verstoßen, die an ein legal erworbenes Visum oder einen Aufenthaltstitel gebunden wären, sind jene, die ohne gültige Papiere einreisen und gegen andere erlaubnisrechtlich geregelte Sachverhalte verstoßen, „doppelt illegal".

Formen der unerlaubten Migration

Unerlaubte Migration hat verschiedene Formen:

Fluchtmigration

Fluchtmigration ist die Verlagerung des Lebensmittelpunkts aus der Herkunfts- in eine Zielregion.

> ⊕ **Hintergrundwissen** → Laut der Genfer Flüchtlingskonvention vom 28. Juli 1951 ist Fluchtmigration die räumliche Bewegung einer Person, die sich „aus der begründeten Furcht vor Verfolgung wegen ihrer Religion, Nationalität, Zugehörigkeit zu einer bestimmten sozialen Gruppe oder wegen ihrer politischen Überzeugung außerhalb des Landes befindet, dessen Staatsangehörigkeit sie besitzt, und den Schutz dieses Landes nicht in Anspruch nehmen kann oder wegen dieser Befürchtungen nicht in Anspruch nehmen will."
> Wirtschaftlich zwingende Gründe (Armut) werden für die Definition einer Person als Flüchtling in der Genfer Flüchtlingskonvention demnach nicht anerkannt.

Arbeitsmigration

Arbeitsmigration ist das Auswandern von Menschen zum Zweck einer Arbeitsaufnahme in einem fremden Land.

Dabei ging und geht auch heute noch die Wanderung vorwiegend aus industriell weniger entwickelten Ländern in wirtschaftlich weiter entwickelte bzw. aus vorindustriellen Gesellschaften in Industrienationen.

Die Arbeitsmigranten pendeln häufig nur in das andere Land und behalten ihren Lebensmittelpunkt im Herkunftsland bei. Auf diesem Gebiet sind die Migrationen oft zeitlich begrenzt, das heißt, dass der Migrant nach einer bestimmten Zeit in sein Land zurückkehrt.

Rahmenbedingungen für unerlaubte Migration

Unerlaubte Migration ist eine Begleiterscheinung der Globalisierung. Von entscheidender Bedeutung sind hierbei grenzübergreifende Netzwerke, über die Informationen, Geld und andere Ressourcen zwischen Herkunfts- und Zielländern verlaufen. Der Hauptgrund aller Migrationsbewegungen ist nach wie vor Armut.

Das Geschehen kann als eine Art Wettrüsten gesehen werden. Zunehmend verschärfte Grenzkontrollmaßnahmen halten Migranten nicht von ihrem Wunsch ab, sich aus verschiedensten Gründen (z. B. Wunsch nach Sicherheit, Familieneinheit oder Arbeit) dennoch in das Gebiet eines anderen Staates zu begeben.
Dabei sind Migranten zunehmend auf professionelle Grenzübertrittshilfe angewiesen. Kriminelles Gebaren ist dabei nicht ungewöhnlich. So wird beispielsweise Immigranten gegenüber die bezahlte Dienstleistung nicht erbracht oder die „Kunden" gar ausbeutet. Schätzungen gehen von 20–25 % aller Fälle aus.

Die Länder des Schengen-Raumes grenzen „geschlossen" an Länder mit deutlich niedrigerem Wohlstandsniveau und vergleichbar großem Wohlstandsgefälle wie zwischen den USA und Mexiko oder Australien und vielen asiatischen Staaten.
Die Europäische Union ist ein besonders beliebtes Einwanderungsziel. Menschen aus Osteuropa, Zentralasien und auch aus Afrika erhoffen sich in Europa einen Arbeitsplatz und damit verbunden eine bessere Zukunft für sich und ihre Familien.

Beschleunigte Grundqualifikation
Basiswissen Lkw/Bus

Todesfälle durch illegale Migration

Unterschiedliches Wohlstandsniveau und Wohlstandsgefälle führen immer mehr zur unerlaubten Migration. Alleine auf den Kanarischen Inseln landeten im Jahr 2009 etwa 2.250 Bootsflüchtlinge. Dies ist die niedrigste Zahl von ankommenden Flüchtlingen seit 10 Jahren. Den Höhepunkt erlebten die Kanaren im Jahr 2006. Damals erreichten insgesamt 31.859 Bootsflüchtlinge die Kanarischen Inseln.

In den Ländern des Schengener Abkommens gibt es gemeinsame Grenzsicherungen. Die EU geht an ihren Grenzen auf Druck der besonders betroffenen Mittelmeeranrainerstaaten Italien, Spanien und Frankreich zunehmend rigide gegen illegale Einwanderer vor.

Aufgrund von Einsätzen der EU-Grenzschutzbehörde FRONTEX in den Jahren 2007 und 2008 gingen die Flüchtlingsbootankünfte auf den Kanarischen Inseln wieder zurück. Insbesondere entlang der westafrikanischen Küste wurden zahlreiche Boote abgefangen und viele Personen an der Auswanderung gehindert.

> **Hintergrundwissen** → Anfang 2007 wurde die Grenzsicherungsagentur Europäische Agentur für die operative Zusammenarbeit an den Außengrenzen (FRONTEX) mit Sitz in Warschau begründet. Sie ist zuständig für die Zusammenarbeit der Mitgliedsstaaten an den Außengrenzen der EU.

Allerdings scheint sich auch die Befürchtung zu bewahrheiten, dass diese Maßnahmen die Flüchtlinge auf riskantere Routen treiben. Es gibt keine offiziellen Statistiken über die Toten an den EU-Außengrenzen. Nach Pressemitteilungen starben seit 1988 entlang der europäischen Grenzen mindestens 14.687 Immigranten. Die meisten davon ertranken im Mittelmeer oder in Grenzflüssen. Weitere Todesopfer sind durch Verdursten in der Wüste, durch Erschießen durch Kontrollorgane und durch Tod beim Verstecken in Zügen und Flugzeugfahrgestellen zu beklagen. In Lastwägen oder Schiffscontainern versteckt auf dem Weg in europäische Häfen kamen mindestens 475 Personen in Albanien, Frankreich, Deutschland, Griechenland, der Türkei, England, Irland, Italien, den Niederlanden, Spanien und Ungarn ums Leben.

5.2 Rechtliche Grundlagen und staatliche Kontrolle

▶ **Die Teilnehmer sollen die rechtlichen Rahmenbedingungen im Zusammenhang mit illegaler Einwanderung kennen.**

- Der Trainer stellt die Rechtssituation der unerlaubten Migration und damit verbundene Auswirkungen dar.
- Gehen Sie auf damit zusammenhängende Gesetze und Verordnungen im Pass- und Zollrecht ein (Aufenthaltsgesetz, Aufenthaltsverordnung, Schengener Grenzkodex, EU-Visum-Verordnung).

Erläutern Sie den Teilnehmern die Probleme der staatlichen Kontrolle bei der unerlaubten Migration. Stellen Sie heraus, dass sich durch die Ausdehnung des Schengen-Raums und des vorhandenen Personals eine hundertprozentige Einschränkung von illegaler Migration nicht realisieren lässt.

- Die Teilnehmer nennen ihre Vorstellungen über eine mögliche Kriminalität im Zusammenhang mit illegaler Migration.
- Der Trainer stellt Zusammenhänge zwischen illegaler Migration und damit verbundener Kriminalität dar.

Bus- und Lkw-Fahrer können jederzeit mit dem Thema illegale Migration konfrontiert werden. Stellen Sie diesen Fakt zu Beginn des Themas deutlich heraus! Der Fahrer repräsentiert „sein" Unternehmen in der Öffentlichkeit. Weisen Sie noch einmal auf die Rechtslage und dabei besonders auf den § 63 AufenthG hin.

- Wie können illegale Migranten von den Fahrern erkannt werden?
- Wie sollen Sie sich in solchen Fällen verhalten?

Stellen Sie deutlich heraus, dass es für die Beantwortung dieser Fragen kein Allheilmittel gibt und der Grat in Richtung Ausländerfeindlichkeit sehr schmal ist. So hat z. B. die Bundespolizei nur ein sehr allgemeines und knapp gehaltenes „Merkblatt für Beförderungsunternehmer" im Internet veröffentlicht. Auch die Deutsche Bahn AG als Beförderungsunternehmer verweist seine Mitarbeiter auf die Information der Transportleitung bzw. der Bundespolizei, wenn Hilfe benötigt wird. Es sind also keine „Helden" gefragt. Die Fahrer sollten im Verdachtsfall sofort Einsatzleitung, Polizei oder Bundespolizei informieren.

- Besprechen Sie mit den Teilnehmern mögliche Handlungsweisen.

**Beschleunigte Grundqualifikation
Basiswissen Lkw/Bus**

🕐 Ca. 120 Minuten

☕ Dieses Thema wird in der Führerschein-Ausbildung nicht oder nur ansatzweise behandelt.

Aufenthaltsgesetz

Die rechtliche Grundlage für den Aufenthalt von Ausländern in Deutschland bildet in Zusammenhang mit anderen Gesetzen das „Gesetz über den Aufenthalt, die Erwerbstätigkeit und die Integration von Ausländern im Bundesgebiet" (Aufenthaltsgesetz, kurz „AufenthG").

Für die gewollte legale Einreise in Deutschland ist für den Einreisenden der § 3 des AufenthG zur **Passpflicht** von Bedeutung. Hierin heißt es: *Ausländer dürfen nur in das Bundesgebiet einreisen oder sich darin aufhalten, wenn sie einen anerkannten und gültigen Pass oder Passersatz besitzen, sofern sie von der Passpflicht nicht durch Rechtsverordnung befreit sind. Für den Aufenthalt im Bundesgebiet erfüllen sie die Passpflicht auch durch den Besitz eines Ausweisersatzes.*

Abbildung 222:
Bundespolizeibeamtin bei der Überprüfung eines Passes
Quelle: Bundespolizei

➕ **Hintergrundwissen** → Im § 1 Zweck des Gesetzes – Anwendungsbereich heißt es wie folgt:
Das Gesetz dient der Steuerung und Begrenzung des Zuzugs von Ausländern in die Bundesrepublik Deutschland. Es ermöglicht und gestaltet Zuwanderung unter Berücksichtigung der Aufnahme- und Integrationsfähigkeit sowie der wirtschaftlichen und arbeitsmarktpolitischen Interessen der Bundesrepublik Deutschland. Das Gesetz dient zugleich der Erfüllung der humanitären Verpflichtungen der Bundesrepublik Deutschland. Es regelt hierzu die Einreise, den Aufenthalt, die Erwerbstätigkeit und die Integration von Ausländern. Die Regelungen in anderen Gesetzen bleiben unberührt.

Kriminalität und Schleusung illegaler Einwanderer — 5.2

Durch das Einhalten der Passpflicht sind sie somit in der Lage, sich bei Kontrollen auszuweisen. Weiter legt das Aufenthaltsgesetz in § 4 fest, dass der Einreisende einen sogenannten Aufenthaltstitel besitzen muss.

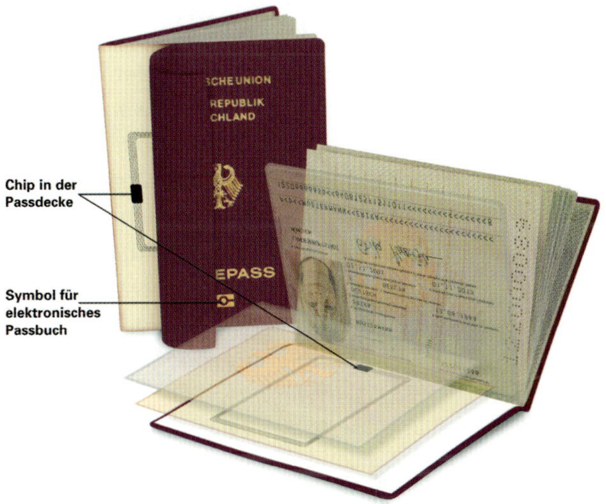

§ 4 Erfordernis eines Aufenthaltstitels
Ausländer bedürfen für die Einreise und den Aufenthalt im Bundesgebiet eines Aufenthaltstitels, sofern nicht durch Recht der Europäischen Union oder durch Rechtsverordnung etwas anderes bestimmt ist oder auf Grund des Abkommens vom 12. September 1963 zur Gründung einer Assoziation zwischen der Europäischen Wirtschaftsgemeinschaft und der Türkei (BGBl. II 1964 S. 509) ein Aufenthaltsrecht besteht.

(Bildbeschriftung: Chip in der Passdecke; Symbol für elektronisches Passbuch)

Abbildung 223: Elektronischer Reisepass
Quelle: Bundesministerium des Innern

Die Aufenthaltstitel werden erteilt als:
- Visum (§ 6 AufenthG),
- Aufenthaltserlaubnis (§ 7 AufenthG),
- Niederlassungserlaubnis (§ 9 AufenthG) oder
- Erlaubnis zum Daueraufenthalt-EG (§ 9a AufenthG).

> **Hintergrundwissen** → Für Busfahrer – das heißt Beförderer – ergeben sich aus den §§ 3 und 4 des AufenthG entsprechende Pflichten, die in den §§ 63 und 64 festgeschrieben sind.
> § 63 Pflichten der Beförderungsunternehmer
> (1) Ein Beförderungsunternehmer darf Ausländer nur in das Bundesgebiet befördern, wenn sie im Besitz eines erforderlichen Passes und eines erforderlichen Aufenthaltstitels sind.
> (2) Das Bundesministerium des Innern oder die von ihm bestimmte Stelle kann im Einvernehmen mit dem Bundesministerium für Verkehr, Bau und Stadtentwicklung einem Beförde-

> rungsunternehmer untersagen, Ausländer entgegen Absatz 1 in das Bundesgebiet zu befördern und für den Fall der Zuwiderhandlung ein Zwangsgeld androhen.
> Widerspruch und Klage haben keine aufschiebende Wirkung; dies gilt auch hinsichtlich der Festsetzung des Zwangsgeldes.
> (3) Das Zwangsgeld gegen den Beförderungsunternehmer beträgt für jeden Ausländer, den er einer Verfügung nach Absatz 2 zuwider befördert, mindestens 1.000 und höchstens 5.000 Euro. Das Zwangsgeld kann durch das Bundesministerium des Innern oder die von ihm bestimmte Stelle festgesetzt und beigetrieben werden
> Im § 64 des AufenthG ist die Rückbeförderungspflicht der Beförderungsunternehmer geregelt.
> (1) Wird ein Ausländer zurückgewiesen, so hat ihn der Beförderungsunternehmer, der ihn an die Grenze befördert hat, unverzüglich außer Landes zu bringen.

Weitere zu beachtende rechtliche Grundlagen sind in erster Linie:
- der Schengener Grenzkodex
- die Aufenthaltsverordnung
- die EU-Visum-Verordnung
- das Pass- und Zollrecht

> **Hintergrundwissen** → Ausführliche Informationen zum Schengen-Raum erhalten Sie auf der Internetseite des Bundesinnenministeriums unter www.bmi.bund.de. Dort können Sie auch den Info-Flyer „Der Schengen-Raum" kostenlos für Ihre Teilnehmer bestellen.

Wird gegen diese Gesetze und Verordnungen vorsätzlich verstoßen, spricht man von einer unerlaubten Migration. Ob sich aus einer unerlaubten Migration ein illegaler Status ergibt, wird wieder nach dem AufenthG entschieden. Fällt der Fall unter den § 95 (Strafvorschriften) AufenthG, kann der Fall als Straftat gewertet werden, wenn er zur Anzeige gebracht wird.

Staatliche Kontrolle

Illegale Migration wird trotz technisch verbesserter Kontrollmöglichkeiten für die Staaten immer schwerer kontrollierbar. In der heutigen Welt fördern und erlauben Staaten bestimmte grenzübergreifende Wanderungsbewegungen (z. B. von Geschäftsleuten, Besuchern und Touristen), was auch anderen ermöglicht, diese erlaubten Wanderungsmöglichkeiten „zweckzuentfremden".

Der Einschluss biometrischer Merkmale in Personaldokumente wird an hier bestehenden Kontrollproblemen nicht viel ändern, denn Kontrolle setzt Kontrollierbarkeit voraus. Würden hier stets alle Papiere in der erforderlichen Gründlichkeit geprüft, bräche der Grenzverkehr zusammen. Diese Aussage hat auch Gültigkeit nach dem EU-Beitritt der zehn mittel- und osteuropäischen Nachbarländer.

Der **Schengen-Raum** wurde seit dem Schengener Abkommen von 1985 immer mehr erweitert, seit dem 12. Dezember 2008 entfallen die Grenzkontrollen in insgesamt 22 EU-Staaten, sowie in der Schweiz, in Norwegen und in Island.

Abbildung 224:
Beamte der Bundespolizei bei der Überwachung der Grenzen
Quelle: Bundespolizei

> **Beschleunigte Grundqualifikation**
> **Basiswissen Lkw/Bus**

Zunächst sind die Kontrollen für Pkw- und Zugreisende sowie in Häfen und auf Schiffen weggefallen, später auch die Kontrollen an Flughäfen.

Zum Schengen-Raum gehören (seit 29.03.2009):
Belgien, Dänemark, Deutschland, Estland, Finnland, Frankreich, Griechenland, Island, Italien, Lettland, Litauen, Luxemburg, Malta, Niederlande, Norwegen, Österreich, Polen, Portugal, Schweden, Schweiz, Slowakei, Slowenien, Spanien, Tschechische Republik, Ungarn.

Für Großbritannien und Irland, die ebenfalls dem Schengen-Raum angehören, gelten Ausnahmeregelungen (kein Wegfall der Grenzkontrollen).

Rumänien, Bulgarien und Zypern (griechischer Teil) werden erst zu einem späteren Zeitpunkt dem Schengener-Durchführungsübereinkommen beitreten bzw. dieses anwenden.

Künftig werden die Reisebewegungen über die Schengen-Außengrenzen nun den neuen Staaten kapazitätsmäßig vergleichbare Probleme bringen wie der ungleich besser ausgestatteten Bundesrepublik. Der unerlaubte Übertritt über die **grüne Grenze** verliert zunehmend an Attraktivität wegen der immer höheren Kosten und des immer höheren Risikos, von der Grenzpolizei mit Hilfe von hochtechnisierten Geräten aufgespürt, anschließend verhaftet und zurückgeschoben zu werden. Vergleichbar ist die Situation an der **blauen Grenze**, also dem Seeweg, wie die unvermindert hohe Zahl an Todesfällen im Mittelmeer belegt. In allen Fällen gilt aber: Hat man die EU-Außengrenze an einer Stelle überwunden, besteht aufgrund der europaweiten Reisefreiheit kein größeres Problem mehr, an den gewünschten Zielort zu gelangen.

Unabhängig von den neuen Erleichterungen werden die Schengen-Länder auf ihren Hoheitsgebieten weiterhin **Kontrollen** durchführen. Reisende sollten deshalb Personalausweis oder Reisepass in das EU-Ausland mitnehmen! Darüber hinaus steht es den einzelnen Staaten frei, zum Schutz der öffentlichen Ordnung, Gesundheit und Sicherheit in Ausnahmefällen Kontrollen an den Grenzen durchzuführen.

In diesem Zusammenhang kommt auch dem Einsatz biometrischer Technologie eine stärkere Bedeutung zu. Mithilfe des im Aufbau befindlichen Visa-Informationssystems (VIS) werden die Überprüfungen bei der Einreise an den Außengrenzen und innerhalb des Hoheitsgebiets erleichtert, da zukünftig mittels der Fingerabdrücke festgestellt werden kann, ob für den betreffenden Drittstaatsangehörigen tatsächlich das Visum erteilt wurde und so illegale Einreisen verhindert werden. Das VIS wird zudem zur Identifizierung von Personen beitragen, die die Voraussetzungen für die Einreise in einen Mitgliedstaat oder den dortigen Aufenthalt nicht bzw. nicht mehr erfüllen.

Kriminalität im Zusammenhang mit unerlaubter Migration

Der Zusammenhang von illegaler Migration und Kriminalität besteht weniger darin, dass einzelne Einwanderer kriminelle Handlungen begehen. Vielmehr entsteht kriminelles Verhalten vorwiegend aus der Verwicklung der Migranten mit dem professionellen **Schleusertum**. Ungeklärt ist bislang, ob das bundesdeutsche Recht mit der Praxis der sofortigen Abschiebung illegal Zugewanderter die Aufdeckung und Bekämpfung des Schleusertums behindert. So wird diskutiert, potentiellen Zeugen und Geständigen ein begrenztes Aufenthaltsrecht zuzugestehen, wenn sie zur Aufklärung von Verbrechen beitragen können.

In der öffentlichen Wahrnehmung besteht ein direkter Zusammenhang zwischen Ausländern ohne Aufenthaltsrecht und kriminellen Aktivitäten. So wird häufig von „Ausländischen Banden" berichtet, wenn Einwanderer oder Einwanderinnen betroffen sind, während von „Einzeltätern" berichtet wird, wenn es in dem Medienereignis um Nicht-Einwanderer geht.
Wissenschaftliche Untersuchungen ergaben jedoch, dass sich die Betroffenen eher durch einen unauffälligen Lebenswandel auszeichnen und sich in der Regel von kriminellen Aktivitäten fernhalten. Die Gefahr, ins kriminelle Milieu abzugleiten ist besonders dann gegeben, wenn der Migrant ohne Aufenthaltsrecht den Arbeitsplatz verliert.
Um die aufgebauten Migrationsbarrieren der einzelnen Staaten zu umgehen, begibt sich der illegale Migrant häufig in die Hände von Schleusern.

**Beschleunigte Grundqualifikation
Basiswissen Lkw/Bus**

Definition „Schleuser"
Schleuser sind Menschen, die anderen Menschen zur Flucht in ein anderes Land verhelfen oder die es anderen Menschen ermöglichen, entgegen den aufenthaltsrechtlichen Bestimmungen des Ziellandes in dieses Land zu gelangen und sich dort aufzuhalten.

Sie organisieren gegen entsprechende Bezahlung die unrechtmäßige Einreise ins Zielland, wobei festzustellen ist, dass mit zunehmender Grenzsicherung der Bedarf an professioneller Hilfe bei der Grenzüberwindung steigt.

Da die finanziellen Mittel der illegalen Migranten in der Regel beschränkt sind, kommt es im Zusammenhang mit der Schleusung häufig zu Zwangsarbeit und Menschenhandel.

Definition „Zwangsarbeit"
Unter Zwangsarbeit versteht man dabei jede Art von Arbeit oder Dienstleistung, die von einer Person unter Androhung irgendeiner Strafe verlangt wird und für die sie sich nicht freiwillig zur Verfügung gestellt hat. Beim Menschenhandel werden vorwiegend Frauen im Rahmen sexueller Ausbeutung zur Prostitution gezwungen.

Illegale Migranten in Bussen

Beförderungsverbot gem. § 63 AufenthG
Gemäß § 63 Abs. 1 AufenthG darf ein Beförderungsunternehmer Ausländer nach Deutschland nur befördern, wenn sie im Besitz eines erforderlichen Passes und eines erforderlichen Aufenthaltstitels (Visum, Aufenthaltserlaubnis, Niederlassungserlaubnis, Erlaubnis zum Daueraufenthalt) sind.

Mögliche Erkennungsmerkmale von illegalen Migranten in Bussen
- Der Reisende hat Verständigungsprobleme und versteht auch keine geläufigen Fremdsprachen (z. B. Englisch).
- Der Reisende verhält sich nervös und sucht die Umgebung durch häufige Kopfbewegungen in alle Richtungen ab.
- Durch lange Reisewege kann die Sauberkeit des Reisenden zu wünschen übrig lassen (unangenehmer Körpergeruch, unansehnliches Äußeres).

Kriminalität und Schleusung illegaler Einwanderer 5.2

- Die Reisenden können als größere Gruppen (Familienverbände) unterwegs sein.
- Die Art des Gepäcktransportes (Plastiktaschen statt Koffer, Sackkarre mit allem Gepäck) und die Menge des Gepäcks im Verhältnis zur Personenzahl sind auffällig.
- Der Reisende hat keine oder nicht deutlich als Reisedokumente erkennbare Dokumente bei sich, um sich auszuweisen.
- Die vorhandenen Dokumente weisen Druckfehler auf oder sind als Fälschungen deutlich erkennbar.

Da Sie als Busfahrer Vertreter Ihres Beförderungsunternehmens sind, haben Sie das Recht, sich Dokumente des Reisenden zur Legitimation zeigen zu lassen. Wenn Sie sich nicht sicher sind, ob es sich um illegale Migration handelt, verständigen Sie die Bundes- oder Landespolizei. Haben Sie keine Scheu nachzufragen! Versucht sich der Reisende zu entfernen und eine Kontrolle zu umgehen, haben Sie nach § 127 Absatz 1 der Strafprozessordnung das Recht einer so genannten **Festnahmebefugnis**.

Abbildung 225: Polizeikontrolle im Bus
Quelle: Michael Gottschalk/ddp

§ 127 (1) Strafprozessordnung
Wird jemand auf frischer Tat betroffen oder verfolgt, so ist, wenn er der Flucht verdächtig ist oder seine Identität nicht sofort festgestellt werden kann, jedermann befugt, ihn auch ohne richterliche Anordnung vorläufig festzunehmen. Die Feststellung der Identität einer Person durch die Staatsanwaltschaft oder die Beamten des Polizeidienstes bestimmt sich nach § 163b Absatz 1.

Beschleunigte Grundqualifikation
Basiswissen Lkw/Bus

Illegale Migranten in Lkw

Woran sollten Sie als Lkw-Fahrer denken?

Als Lkw-Fahrer spielt für Sie zunächst die Kontrolle der Ladung eine bedeutende Rolle. Darauf sollten Sie besonders achten:

- Kontrolle der Verplombung (Zollplomben und evtl. Firmenplomben), Verschlusssicherheit etc. und Ladefläche nicht nur bei/vor Fahrtantritt (Startpunkt), sondern auch bei Fahrtunterbrechungen oder Übernachtungen
- Hierbei auch auf die Straffheit der Verzurrung (Seile bei Planen-Lkw) achten, da sonst die Gefahr des Hindurchkriechens besteht.
- Die Zeit, in der der Lkw nicht unter Aufsicht steht, wird für das unbemerkte Zusteigen genutzt (Rollende Landstraße, Huckepackverkehr, Wechselbrücken, Planen-Lkw), auch innerhalb Deutschlands oder anderer EU-Staaten.
- Nach Pausen auch unter das Fahrzeug schauen.
- Häufig werden die Transportrouten im Vorfeld ausgekundschaftet.
- Welche Route fährt der Lkw – ist sie identisch mit Migrationsrouten?
  z. B.: Irak – Türkei – Balkan – Österreich – Deutschland – Dänemark – Schweden
  Italien – Österreich – Tschechien usw.

Abbildung 226: Kontrolle eines Lkws an der deutsch-polnischen Grenze (vor der Erweiterung des Schengen-Raumes) Quelle: Michael Urban/ddp

- Jede Möglichkeit wird zum Zusteigen genutzt, z. B. über das Dach oder die Stirnseite hinter dem Führerhaus mittels Leitern!
- Deshalb auch den Auflieger kontrollieren.
- Kontrollen auch bei „Ruhe" durchführen (Hörprobe) und hören, ob eventuell Stimmen oder andere Geräusche von der Ladefläche, einem Container oder Trailer ausgehen.
- Eine „Geruchsprobe" ist auch denkbar, da Menschen nach mehreren Tagen Transport in engen „Räumen" erhebliche Ausdünstungen entwickeln können, z. B. durch Verrichten der Notdurft.

⚠️ Achtung: Im geschlossenen Trailer droht Erstickungsgefahr!

Insbesondere im Verkehr mit **Großbritannien** besteht die Gefahr, dass sich blinde Passagiere in Ihrem Fahrzeug verstecken. Da in Großbritannien kein dem deutschen ähnliches Meldewesen existiert, können sich illegale Einwanderer freier bewegen. Außerdem ist es in Großbritannien unüblich, Ausweispapiere mit sich zu führen.
Die britische Regierung hat ein Gesetz verabschiedet, um die Zunahme der illegalen Einwanderung einzudämmen. Dieses sieht unter anderem eine Geldstrafe von bis zu 2000,- GBP für jeden auf einem Lkw aufgegriffenen illegalen Einwanderer vor. Das bedeutet, dass jede verantwortliche Person (Eigentümer des Fahrzeugs, Fahrer oder alle anderen mit der Beförderung im Zusammenhang stehenden Personen) zur Verantwortung gezogen werden kann, wenn illegale Einwanderer auf, unter oder im Fahrzeug aufgegriffen werden.

Die UK Border Agency hält folgende Punkte als Verteidigung für den Frachtführer für sinnvoll:
- Die Person wusste nicht und hatte keinen Grund zur Annahme, dass sich ein illegaler Einwanderer auf dem Fahrzeug befindet bzw. befinden könnte.
- Für das Fahrzeug war ein sogenanntes „effektives System" (s. u.) im Einsatz, um die Beförderung illegaler Einwanderer zu verhindern.
- Die für die Anwendung des Systems verantwortlichen Personen haben auch danach gehandelt.

Beschleunigte Grundqualifikation
Basiswissen Lkw/Bus

Das „effektive System" für den Fahrer beinhaltet:
- securing (Fahrzeugsicherheit nach dem Beladen)
- checking (Fahrzeugkontrolle nach jedem Stop)
- recording (Dokumentation in einer sogenannten „vehicle security checklist")
- conducting (Ausführung eines finalen Checks bevor das Hafengelände befahren wird)

WWW Die UK Border Agency hat einen Verhaltenscodex (Code of Practice) und eine vehicle security checklist herausgegeben. Sie finden diese Informationen im Internet unter: http://www.ukba.homeoffice.gov.uk/aboutus/workingwithus/transportindustry/vehicleoperators/effectivesystem/

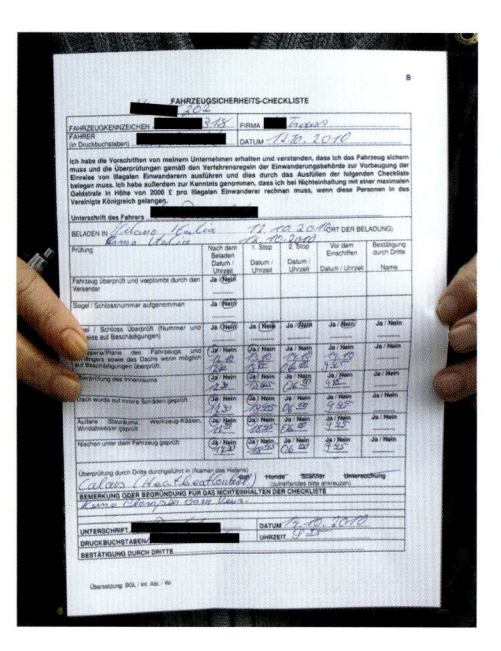

Diese oder eine ähnliche **Checkliste** sollte bei jeder Fahrt nach Großbritannien ausgefüllt werden.

Fragen Sie bei Ihrem Chef nach einer solchen Liste. Ist dieser Mitglied beim Bundesverband Güterkraftverkehr Logistik und Entsorgung (BGL), kann er z. B. dort eine Vorlage erhalten.

Wenn eine **Kontrolle** des Fahrzeuges durch Behörden vor der Verladung auf die Fähre möglich ist, lassen Sie diese gegen entsprechende **Quittung** durchführen.

Wenn Sie bei der Verladung nicht anwesend sein dürfen, lassen Sie sich eine **Bestätigung des Absenders** geben, dass er die notwendigen Sicherheitsvorschriften beachtet hat und sich keine unberechtigten Personen auf dem Fahrzeug befinden.

Abbildung 227:
Beispiel für eine
Fahrzeug-Checkliste
Quelle:
Reiner Rosenfeld

Wenn Sie vermuten, dass sich ein illegaler Einwanderer in Ihrem Fahrzeug befindet, informieren Sie die lokalen Behörden und verständigen Sie die UK Border Agency unter der Rufnummer: 0044(0)2087456006.

Kriminalität und Schleusung illegaler Einwanderer 5.2

Mögliche Verhaltensregeln im „Ernstfall"
- Konflikte vermeiden
- Personen beobachten und eventuelle Besonderheiten einprägen
- Sprachliche Distanz schaffen und Personen nicht duzen
- Körperliche Distanz schaffen und nicht handgreiflich werden
- Sich selbst nicht in Gefahr bringen
- Eigenen Standort kennen, wichtig für Hilfskräfte
- Aufrufen von Hilfe über jeweilige Einsatzleitung
- Professionelle Hilfe rufen, z. B. Hotline der Bundespolizei 0800/6888000 oder Polizei 110

Auswirkungen bei Gefahr der Beihilfe der illegalen Migration
Wenn Sie erkannt haben, dass es sich um eine illegale Migration handelt und diese nicht der Bundes- oder Landespolizei melden oder Sie von Schleusern Geldangebote zur Weiterbeförderung annehmen, erfüllen Sie den Bestand einer Straftat. Diese wird durch die zuständigen Behörden verfolgt und geahndet!

Abbildung 228:
Illegaler Einwanderer klettert aus einem Versteck unter einem Trailer
Quelle:
Wolfgang Maier

Aus der Praxis – für die Praxis

TIPPS FÜR UNTERWEGS

Die Situation der illegalen Einwanderer

Für Lkw-Chauffeure, die regelmäßig England- oder Griechenlandtouren fahren, gehören illegale Immigranten zum Arbeitsalltag. Für sie ist es traurige Normalität, fremdländische Männer, Frauen, Jugendliche und Kinder rund um die großen griechischen Mittelmeerhäfen oder entlang der französischen oder belgischen Atlantikküste zu beobachten. Sie wissen, dass es illegal Reisende sind, die eine Möglichkeit suchen, sich in einem Lkw zu verstecken, der auf einer Fähre das ionische Meer Richtung Italien oder den Ärmelkanal nach England überquert. Die einen erhoffen sich dort Chancen auf Anerkennung als Asylsuchende, andere locken die Verdienstmöglichkeiten und damit ein besseres Leben für ihre Familie zuhause.

Brennpunkte

Doch weil Europa sich mit immer besseren Methoden gegen die Migrantenströme abschottet, ist es im Laufe der letzten Jahre zunehmend schwieriger geworden, illegal Grenzen zu überqueren. Besonders griechische und französische Fährhäfen stellen auf den klassischen Migrationsrouten fast unüberwindbare Hindernisse dar, weil hier täglich tausende von Lastwagen gezielt nach versteckten Menschen durchsucht werden. Je nach Hafen kommen dabei Suchhunde oder Hightech-Equipment à la CO_2-Sonden und Herzschlagdetektoren **(Foto)** zum Einsatz. Alleine an der französischen und belgischen Atlantikküste werden so jährlich bis zu 30.000 heimliche Einwanderer in Lkws und Containern entdeckt. Wer er-

Quelle: Chambre Commerce Calais

wischt wird, wird erkennungsdienstlich behandelt und dann, weil eine Rückführung ins Herkunftsland meist nicht möglich ist, wieder freigelassen. Als Folge belagern inzwischen tausende Migranten die Atlantikhäfen Calais, Dunkerque, Le Havre und Brest und auf griechischer Seite Patras und Igoumenitsa in der Hoffnung auf eine neue Chance, heimlich in einen Lkw zu gelangen, um endlich nach Italien oder England zu kommen. An manchen Stellen haben sich richtiggehende Camps gebildet, in denen Immigranten in provisorischen Holzverschlägen oder unter Plastikplanen hausen. Andere vegetieren in abrissreifen Häuser und Fabriken oder in Zelten dahin (Foto). Überlebenshilfe bekommen sie meist nur von Hilfsorganisationen, die bisweilen halblegal operieren müssen, da Unterstützern von illegalen Migranten in europäischen Ländern hohe Haftstrafen drohen.

Quelle: Reiner Rosenfeld

Von den Behörden werden die Illegalen zum Teil stillschweigend geduldet, zum Teil kommt es aber auch immer wieder zu Verhaftungen oder Zwangsauflösungen der Camps. Doch wirklich wirksam ist dieses Vorgehen nicht. Denn nach wie vor machen sich jährlich Hunderttausende mit der Hoffnung auf ein besseres Leben im Gepäck illegal auf den Weg nach Europa.

Mögliche Folgen für den Fahrer

Was für die Migranten eine Chance bedeutet, kann für die Lkw-Fahrer schnell zum Horror werden. Denn wer in den griechischen, italienischen, französischen oder englischen Häfen mit einem illegalen Passagier an Bord erwischt wird, muss mit oft drakonischen Strafen rechnen.

Immer wieder ist zu hören, dass ganze Lastwagengespanne monatelang beschlagnahmt werden, Fahrer wochenlang im Gefängnis schmoren oder saftige Geldstrafen aus eigener Tasche bezahlen müssen. In England drohen beispielsweise pro geschmuggeltem Passagier 2000,- englische Pfund Strafe, umgerechnet rund 2400,- Euro. Die Strafe wird üblicherweise auch dann fällig, wenn Personen ohne Wissen des Fahrers auf oder unter das Fahrzeug geklettert sind.

Schutzmaßnahmen

Keine Pausen an Brennpunkten

Immer mehr Fahrer greifen deswegen zu Maßnahmen, um sich gegen Migranten zu schützen, die ihr Fahrzeug entern wollen. Die einfachste ist es, auf den Zufahrten zu den Häfen nicht mehr anzuhalten. Im Griechlandverkehr bedeutet dies, zwischen Athen und dem Fährhafen Patras den Fuß nur noch dann vom Gas zu nehmen, wenn es der Straßenverkehr gar nicht anders zu lässt. Trotzdem besteht so noch immer beim Ampelstopp oder auf langsamen Streckenabschnitten die Gefahr, dass Migranten versuchen, Trailertüren zu öffnen oder sich un-

Aus der Praxis – für die Praxis

TIPPS FÜR UNTERWEGS

ter dem Fahrzeug auf Achsen zu verstecken. Im Englandverkehr koordinieren viele Fahrer ihre Lenk- und Ruhezeiten so, dass sie Pausen oder Tagesruhezeiten mindestens zwei Stunden vor den französischen Atlantikhäfen Calais oder Dunkerque einlegen. Nach der Ruhepause ziehen sie dann Nonstop zu den Fährterminals oder zur Einfahrt des Kanaltunnels durch.

Fahrzeug gründlich durchchecken

Aber selbst in den Hafengeländen oder im Bauch von Fähren besteht die Gefahr, dass sich Personen noch auf Lastwagen verstecken. Bei der Wahl der Verstecke mangelt es nicht an Phantasie. So berichten Fahrer, dass sie blinde Passagiere nach Fährpassagen hinter Dachspoilern oder im Inneren der Lastwagenkabine im hochgeklappten, oberen Bett entdeckt haben. Ein anderer Fahrer erzählt von einer Art Hängematte, die sich ein blinder Passagier mit Hilfe einer Wäscheleine im Rahmen seiner Zugmaschine ganz nahe an der Sattelkupplung gebaut hatte. Fahrer sind also gut beraten, ihr Fahrzeug selbst vor dem Verlassen von Fähren noch einmal genau durchzuchecken. Ansonsten kann es bei einer Durchsuchung durch Behörden im Zielhafen einen Haufen unnötiger Probleme geben.

Drahtseile, Ketten, Vorhängeschlösser

Dass die oft verzweifelten illegalen Migranten bei der Wahl ihrer Verstecke oft große Risiken für Leib und Leben eingehen, beweist das Beispiel einer deutschen Silospedition. Die hatte Ende 2009 im Hafen von Calais massive Probleme, weil sich achtzehn (!) Migranten im Inneren eines mit Rieselgut beladenen Silotrailers versteckt hatten. Offensichtlich hatte ein Schleuser einen Domdeckel des Silos geöffnet, die Menschen einsteigen lassen und das Mannloch danach wieder verschlossen. Die Gefahr, dass Menschen im Silo ersticken könnten, wurde dabei billigend in Kauf genommen. In einem anderen Fall hatte ein Fahrer der Spedition bereits damit begonnen, einen Silotrailer zu entladen, als er von innen ein verzweifeltes Klopfen und Rufen hörte. Auch in seinem Fahrzeug hatten sich Menschen versteckt. Inzwischen sichern die Fahrer ihre Siloaufbauten mit einem extrastarken Stahlseil, das durch die Verschlüsse der Domdeckel geführt wird **(Foto)**. Das Drahtseil ersetzt die ansonsten übliche, leicht zu manipulierende Zollschnur. Die hatten die Schleuser jedes Mal durchtrennt und später mit Superkleber wieder zusammengefügt.

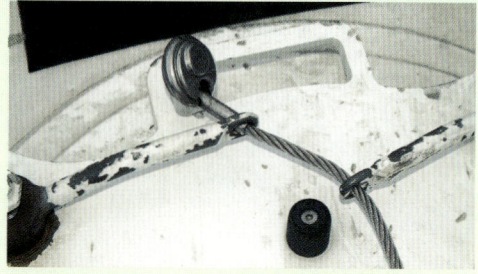

Quelle: Reiner Rosenfeld

Superkleber kommt auch zum Einsatz, wenn die kriminellen Helfer der Migranten Plomben durchtrennen, um ihre zahlenden Kunden zwischen Ladungsteilen auf versiegelten Lastwagen zu verstecken. Selbst auf gut verriegelten und zusätzlich gesicherten Kühltrailern werden Illegale versteckt – in manchen Fällen bereits beim Laden, in anderen Fällen, indem die massiven Türen am unteren Rand aufgehebelt werden und Menschen durch den schmalen Schlitz ins Innere schlüpfen. Dazu reicht schon ein Spalt von nur dreißig Zentimetern. Hinweise, dass jemand auf die verschlossene Ladefläche gelangt sein könnte, gibt es danach nicht. Deswegen sichern immer mehr Frigofahrer Türen von Kühlaufbauten mit starken Ketten und jeder Menge zusätzlichen, massiven Vorhängeschlössern **(Foto)**.

Rücken an Rücken

Andere nutzen die Möglichkeit, sich gemeinsam mit einem Kollegen gegen die Illegalen zu schützen. Sie stellen sich dann zentimetergenau Rücken an Rücken **(Foto)**. Das heimliche Öffnen der Türen ist so, zumindest bei Kofferaufbauten, nicht mehr möglich. Ist kein Kollege mit einem passenden Fahrzeug zur Hand, rangieren erfahrene Chauffeure ihre Trailer auch schon mal mit der türbewehrten Rückseite nahe an eine Hauswand, um sich gegen Eindringlinge und Diebe zu schützen. Wieder andere satteln ab und stellen sich mit dem Zugfahrzeug ganz nahe vor die Trailertüren.

Bewachte Parkplätze

Inzwischen machen aber auch bewachte Parkplätze auf den Zufahrten zu einigen Fährhäfen gute Geschäfte. Die modernsten bieten dabei Sicherheit vom Feinsten: rundherum Elektrozäune, die ungewünschte Eindringlinge an eine Zentrale melden, an den Ein- und Ausfahrten Sicherheitsschleusen, an denen Kennzeichen per Video notiert werden, Dutzende von Kameras, die 24 Stunden am Tag das Gelände kontrollieren und Wachen mit Hunden, die jeden einfahrenden Lastwagen nach versteckten Personen durchsuchen **(Foto)**. Wer gut schlafen will und einen Chef hat, der das oft sehr teure Sicherheitspaket bezahlen will, ist gut beraten, solche bewachten Parkplätze anzusteuern.

**Beschleunigte Grundqualifikation
Basiswissen Lkw/Bus**

5.3 Schutz vor Diebstahl und Überfällen

▶ **Die Teilnehmer sollen wissen, wie sie Diebstählen von Fahrzeugen oder Ladung vorbeugen können und wie sie sich im Schadensfall verhalten müssen.**

↻ Fragen Sie die Teilnehmer nach deren Einschätzung zum richtigen Verhalten, um Diebstahl und Überfällen vorzubeugen und stellen Sie dann die wichtigsten Verhaltensregeln vor.

⏱ Ca. 30 Minuten

💻 Dieses Thema wird in der Führerschein-Ausbildung nicht oder nur ansatzweise behandelt.

Während eines Gütertransports ist die Ladung und der Lkw, vor allem bei plan- oder außerplanmäßigen Aufenthalten besonders gefährdet. Doch auch Busse sind in letzter Zeit immer wieder von dreisten Diebesbanden gestohlen worden. Oft stecken vernetzte Strukturen hinter den Diebstählen. Das setzt Wissen über die Art der Ladung, den Fahrweg bzw. den Abstellort des Fahrzeugs voraus. Zu den Informanten gehören oft Tramper und Prostituierte, die auf Rastplätzen ihre Dienste anbieten. Aber auch Personen, die sich als andere Fahrer oder Beschäftigte ausgeben, können zum Kreis der Informanten zähle. Seien Sie also auch hier besonders aufmerksam!

Die nachstehenden Tipps sollen Ihnen helfen, die Sicherheit während der Fahrt zu erhöhen.

Fahrzeugschlüssel

- Informieren Sie sich, wer über einen weiteren Schlüssel für Ihr Fahrzeug verfügt und sorgen Sie dafür, dass die Ausgabe des Schlüssels sorgfältig dokumentiert und quittiert wird.
- Verstecken Sie einen Schlüssel nie für einen anderen Kollegen oder Fahrer, der das Fahrzeug übernehmen soll. Die üblichen Verstecke sind bekannt oder leicht auszuspähen.
- Geben Sie den Schlüssel, auch kurzzeitig, nicht in die Hände Dritter.
- Ziehen Sie den Zündschlüssel grundsätzlich beim Verlassen des Fahrzeuges ab.

- Vergewissern Sie sich, dass die Schlüssel nicht identifiziert werden können. So darf beispielsweise am Schlüsselring nicht erkennbar sein, zu welchem Fahrzeug der Schlüssel gehört.

Vor dem Transport

Jeder Fahrer hat vor jedem Einsatz sein Fahrzeug auf die Betriebssicherheit und Verkehrssicherheit zu überprüfen.

Führen Sie täglich eine Abfahrtskontrolle durch:
- Sicherungseinrichtungen: Prüfen Sie alle Sicherungseinrichtungen des Fahrzeuges z. B. Schlösser, Alarmanlagen, Telematiksysteme auf Funktionalität.
- Verkehrsrelevante Sicherheitseinrichtungen: Führen Sie einen Funktionstest der verkehrsrelevanten Sicherungseinrichtungen des Fahrzeuges durch.
- Betriebsstoffe: Prüfen Sie alle Betriebsstoffe des Fahrzeuges, um einen außerplanmäßigen Aufenthalt während des Transportes zu vermeiden, wie z. B.: Ist genügend Treibstoff, Motoröl, Kühlwasser, Scheibenwischerwasser vorhanden?
- Sicherheitssysteme: Informieren Sie sich, welche Sicherheitssysteme an Bord des Fahrzeuges sind und machen Sie sich vor Fahrtantritt mit deren Umgang vertraut.
- Lkw-Laderaum: Überprüfen Sie den Laderaum auf Beschädigungen (Planen und Verschlüsse) und ob ausreichend Ladungssicherungsmittel vorhanden sind. Als Fahrer sind Sie für das Mitbringen der üblichen Ladungssicherungsmittel verantwortlich.
- Melden Sie Mängel sofort und lassen Sie diese vor Fahrtantritt beseitigen.

Während des Transportes

- Wählen Sie eine sichere Fahrtstrecke aus (soweit Ihnen diese nicht bereits vorgeschrieben worden ist) und halten Sie die Lenk- und Ruhezeiten ein.
- Denken Sie immer an die Sicherheit für Fahrzeug und Ladung, wenn Sie das Fahrzeug verlassen.
- Verschließen Sie das Fahrzeug grundsätzlich und aktivieren Sie alle Sicherungseinrichtungen, selbst bei einem kurzfristigen Verlassen des Fahrzeuges.

Beschleunigte Grundqualifikation
Basiswissen Lkw/Bus

- Verschließen Sie beim Verlassen des Fahrzeuges immer die Fenster.
- Bei Zwei-Fahrer-Besetzung: Ein Fahrer muss grundsätzlich im Fahrzeug verbleiben.
- Vermeiden Sie unnötige Unterwegsstopps.
- Lassen Sie keine Wertgegenstände sichtbar im Fahrzeug liegen und weisen Sie ggf. auch die Fahrgäste darauf hin.
- Verschließen Sie Fahrzeug und Fenster, wenn Sie im Fahrzeug schlafen.
- Gewähren Sie keinem Dritten Einblick in die Transport- oder Begleitdokumente.
- Nehmen Sie keine Anhalter mit.
- Werden Sie während eines Gütertransports von der Polizei, dem Bundesamt für Güterverkehr (BAG) oder dem Zoll kontrolliert und die Ladefläche und Plombe wird geöffnet, notieren Sie bitte Dienstausweisnummer und Name der betreffenden Person und sorgen Sie unverzüglich nach der Kontrolle wieder für eine ordentliche Verplombung durch die Kontrollperson.
- Wenn Sie Ladungseinheiten unterwegs wechseln oder tauschen (Begegnungsverkehre), prüfen Sie bei Übernahme den ordnungsgemäßen Zustand von Ladeeinheit, Verschlüssen und Plomben.
- Müssen Sie während der Fahrt außerplanmäßig halten, dann nur auf gesicherten Parkplätzen. Eine Übersicht der gesicherten Parkplätze in Europa erhalten Sie über die IRU International Road Transport Union, CH Genf (www.iru.org). Als sicher ist ein Parkplatz im Ausland einzustufen, der allseits mindestens mit einem 2 m hohen Zaun gesichert ist und über einen 24-Std.-Wachdienst verfügt. Alternativ suchen Sie belebte Parkplätze auf und parken Sie in der Nähe weiterer Fahrzeuge. Meiden Sie unbeleuchtete, abgelegene Parkplätze. Vermeiden Sie auch regelmäßiges Parken auf dem gleichen unbewachten Parkplatz.
- Versuchen Sie Ihren Lkw mit den Ladetüren gegen ein sicheres Hindernis (z. B. Wand) zu parken, sodass ein Zugang zum Laderaum unmöglich ist. Ggf. können auf Parkplätzen auch zwei Lkw Tür an Tür geparkt werden.
- Versuchen Sie auf Rastplätzen, Ihr Fahrzeug in Sichtweite zu parken.
- Sprechen Sie auf Rastplätzen oder über Funk nicht über Ladung und Fahrtroute.

5.3 Kriminalität und Schleusung illegaler Einwanderer

Abbildung 229:
Lkw-Kontrolle durch das Bundesamt für Güterverkehr
Quelle: Peter Roggenthin/ddp

- Interne Abläufe sind grundsätzlich gegen Einblicke von außen zu schützen.
- Überprüfen Sie nach jedem Stopp vor Fahrtantritt immer die Sicherungseinrichtungen bzw. ob sich jemand am Fahrzeug zu schaffen gemacht hat.
- Bei Unregelmäßigkeiten sofort die Polizei und das Unternehmen/den Auftraggeber informieren.
- Seien Sie vorsichtig, wenn Ihnen jemand signalisiert, dass etwas mit Ihrem Fahrzeug nicht in Ordnung ist und Sie zum Anhalten animiert.
- Seien Sie vorsichtig, wenn Sie jemand um Hilfe bittet oder Ihnen ohne Aufforderung seine Hilfe anbietet.

Was ist während des Transports zu beachten? Abbildungen im PC-Professional Multiscreen geben Hinweise auf kritische Punkte. Zeigen Sie diese den Teilnehmern als Hilfestellung und blenden Sie die erläuternden Stichwörter anschließend aus der Erweiterungsleiste ein.

Aus der Praxis – für die Praxis

TIPPS FÜR UNTERWEGS

Schutz vor Diebstahl

Kriminalität im Umfeld von Lastwagen und Bussen ist in Europa keine Seltenheit. Immer wieder hört und liest man Berichte über gestohlene Ladungen, verschwundene Lastwagen und Busse oder bestohlene und überfallene Fahrer.

Fahrzeug immer abschließen!

Dabei lautet der wichtigste aller Tipps: Schließen Sie Ihr Fahrzeug ab, auch wenn Sie die Kabine nur für einen Moment verlassen! Das gilt, wenn Sie jemanden nach dem Weg fragen wollen, um den Truck oder Bus herumlaufen müssen, weil es irgendwo klappert oder Sie nur mal schnell zum Pinkeln aussteigen wollen. Wer einmal erlebt hat, wie schnell Fremde um ein Fahrzeug rumschleichen, wenn man es nur ein paar Sekunden alleine lässt, versteht diese eherne Grundregel. Besonders Lkw-Fahrer sollten das Absperren der Kabine auch dann beherzigen, wenn sie rund ums Fahrzeug mit Ladearbeiten beschäftigt sind. Denn einige Gauner haben sich offensichtlich auf solche Situationen spezialisiert und dringen, während der Fahrer voll aufs Arbeiten konzentriert ist, über die Beifahrertüre ins Fahrerhaus ein. Nachher fehlen das Handy, der Geldbeutel und die Tankkarten. Bei diesem Trick machen es Lastwagenfahrer, die ihre Fahrerkabine mit Hilfe einer Fernbedienung entriegeln, Verbrechern übrigens oft unbewusst besonders einfach. Denn bei vielen Fernbedienungen wird neben der Fahrertüre üblicherweise auch gleich die Beifahrertüre geöffnet.

Türsicherung

Weil Kriminelle besonders oft über die Beifahrertüre in Fahrzeuge eindringen, sind erfahrene Trucker inzwischen dazu übergegangen, diese Schwachstelle am Fahrzeug besonders zu schützen. Beispielsweise durch Riegel, die von innen vorgelegt werden (Foto) oder Vorrichtungen, die verhindern, dass der Türöffnungsmechanismus heimlich von außen bedient werden kann (Foto). Nachrüstbare Türsicherungen gibt es inzwischen auch im Zubehörhandel zu kaufen.

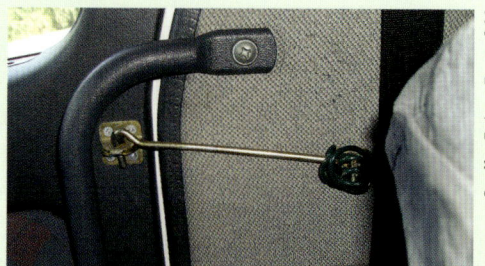

Quelle: Reiner Rosenfeld

Quelle: Reiner Rosenfeld

Werden die Türsicherungen an beiden Türen nachgerüstet, kann das auch nachts für zusätzliche Sicherheit sorgen. Kriminelle haben so keine Chance, überraschend in die Kabine einzudringen, während der Fahrer drinnen schläft. Alternativ behelfen sich Fahrer mit einem schmalen Spanngurt, mit dem sie beide Kabinentüren zusammenziehen. Aber Achtung, diese Methode hat den gefährlichen Nachteil, dass der Fahrer in einem Notfall das Fahrerhaus unter Umständen nicht ausreichend schnell verlassen kann. Andere Fahrer befestigen innen an den Türen Alarmgeber, die einen extrem lauten Ton aussenden, wenn Führerhaustüren heimlich geöffnet werden.

Alles „am Mann"?
Am billigsten und besonders effektiv ist es aber, Privat- und Firmenhandys, Geldbeutel, Tank- und Kreditkarten, sowie die Fahrzeugpapiere in eine kleine Bauchtasche zu packen. Die schnallt sich der Fahrer dann um, wenn er das Fahrzeug verlassen will, um Essen zu gehen oder eine Tasse Kaffee zu trinken. Das kleine Täschchen signalisiert Gaunern, dass im Truck oder Bus nichts mehr zu holen ist, weil der Fahrer alles Wichtige und Wertvolle am Mann hat. Warum sollten Autoknacker jetzt noch einbrechen wollen?

Tank- und Kreditkarten: Nicht aus den Augen lassen!
Tank- oder Kreditkarten sind bei Betrügern äußerst beliebt, weil sich davon sogenannte Dubletten erstellen lassen. Das sind elektronische Kopien des Magnetstreifens, mit denen später auf Kosten des Besitzers getankt werden kann. Weil Dubletten aber nur solange einsetzbar sind, bis der Besitzer den Betrug entdeckt und die Karten gesperrt hat, gehen Verbrecher beim Kopieren äußerst hinterlistig vor. Sie dringen so in Fahrzeuge ein, dass der Fahrer kaum eine Chance hat, zu bemerken, dass ein Fremder die Kabine durchsucht und Kopien von den Karten angefertigt hat. Die zur Karte passende PIN-Nummer liefern viele Fahrer den Gaunern übrigens meist frei Haus. Zumindest wenn sie, wie in viel zu vielen Fällen üblich, die PIN-Nummer direkt auf der Karte oder irgendwo in der Nähe notiert haben. Mit Dublette und PIN ausgestattet, ist es für Verbrecher ein Leichtes, auf große Tank- oder Einkaufstour zu gehen. Um vor Tankkartenbetrügern sicher zu sein, müssen Fahrer demnach Tankkarten und PIN-Nummer unter allen Umständen räumlich getrennt aufbewahren! Lassen Sie die Karten auch bei Bezahlvorgängen nicht aus den Augen und geben Sie die PIN-Nummer immer verdeckt ein.

Leere Ladefläche?
Gegen Gauner, die wertvolle Ladungen ausspähen und für den schnellen Blick auf die Ladefläche Planen aufschneiden (Foto), ist übrigens auch ein Kraut gewachsen; zumindest wenn Ihre Ladefläche leer oder mit „wertloser" Ware beladen ist. In diesem Fall lohnt es sich, nachts einfach die Türe der Ladefläche offenstehen zu lassen, oder die Plane am Heck so einzuschlagen, dass ein kleines, dreieckiges Fenster entsteht. Das Aufschlitzen der Plane, um auf die Ladefläche zu blicken, ist so nicht mehr nötig.

Quelle: Reiner Rosenfeld

Ach übrigens: Fahren Sie morgens nie los, ohne Ihre Abfahrtskontrolle am Fahrzeug gemacht zu haben. Bei manchem Kollegen hat schon mal ein Rad gefehlt, waren die hinteren Türen offen oder keine Lampen mehr dran.

Beschleunigte Grundqualifikation
Basiswissen Lkw/Bus

Verhalten im Schadensfall

Allgemeine Verhaltenshinweise bei Überfall sowie bei Diebstahl von Fahrzeug und/oder Ladung:

- Ruhe bewahren, Täter nicht provozieren, keinen Widerstand leisten
- So früh wie möglich hilfeleistende Stelle verständigen (Polizei, Konsulat, Rechtsanwalt, Verbandszentralen)
- Erste Hilfe leisten
- Fluchtfahrzeug (Typ, Farbe, Kennzeichen, besondere Auffälligkeiten) und Fluchtrichtung merken
- Kurze Personenbeschreibung des/der Täter (Größe, scheinbares Alter, auffällige äußere Merkmale)
- Zeugen feststellen (Name, Anschrift, Telefonnummer)
- Wo war der Lkw/Bus abgestellt (Parkplatz, Straße, etc.)?
- Wie war das Fahrzeug/die Ladung gesichert?
- Zweck der Fahrtunterbrechung?
- Kilometerstand zum Diebstahlzeitpunkt?
- Andere Wahrnehmungen schriftlich festhalten (Auffälligkeiten im Vorfeld der Tat, wie z. B. verfolgende Fahrzeuge, Ansprechen durch Unbekannte bei Fahrtunterbrechung etc.)
- Nichts berühren, nichts verändern

(Quelle: Zentrale LKA Niedersachen, Hannover)

Wenn Sie einen Diebstahl feststellen oder Opfer eines Übergriffs werden, informieren Sie auch unverzüglich Ihren Arbeitgeber.

5.4 Gefahren von Drogen- und Warenschmuggel

▶ **Die Teilnehmer sollen wissen, welche Waren in welcher Menge eingeführt werden dürfen und wie sie einem unbeabsichtigten Schmuggel in ihrem Fahrzeug vorbeugen können.**

↳ Fragen Sie die Teilnehmer nach deren Einschätzung zu den Dimensionen des Drogen- und Warenschmuggel in Deutschland. Stellen Sie anschließend die folgenden Zahlen vor. Bei Kontrollen wurden 2009 281 Millionen unversteuerte Zigaretten, 1.7 Tonnen Marihuana, 1,4 Tonnen Kokain, 739 Kilogramm Haschisch und 431 Kilogramm Heroin durch den Zoll beschlagnahmt.
Diskutieren Sie mit den Teilnehmen die wirtschaftlichen Folgen des Schmuggels.
Zigarettenschmuggel:
Durch nicht versteuerte Zigaretten gehen dem Staat laut einer Studie der Zigarettenindustrie mindestens vier Milliarden Euro jährlich verloren. Da es sich bei geschmuggelten Zigaretten oft um Produktfälschungen handelt, bergen diese oft Gesundheitsrisiken durch enthaltene Giftstoffe wie z. B. Blei, Cadmium oder Arsen in sich.
Schwarzarbeit:
Durch die Finanzkontrolle Schwarzarbeit wurde 2009 ein Schaden von rund 625 Mio. € aufgedeckt.
Marken- und Produktpiraterie:
2009 konnte der Zoll verhindern, dass gefälschte Waren (Plagiate) im Wert von 364 Mio. € in den Verkehr gebracht werden konnten. Oft werden neben Luxusartikel auch ganz alltägliche Gegenstände wie Rauchmelder oder Kfz-Bremsbeläge gefälscht, die bedenkliche Sicherheitsmängel aufweisen.
Die DIHK geht davon aus, dass bisher durch die Marken- und Produktpiraterie in Deutschland mindestens 70 000 Arbeitsplätze verloren gingen.

🕐 Ca. 30 Minuten

☕ Dieses Thema wird in der Führerschein-Ausbildung nicht oder nur ansatzweise behandelt.

Beschleunigte Grundqualifikation
Basiswissen Lkw/Bus

Grenzpolizeiliche Kontrollen finden an den Grenzen zu den so genannten „Schengen-Staaten" grundsätzlich nicht mehr statt. Der Wegfall der Zollkontrollen für Angehörige von Schengen-Vollanwenderstaaten bedeutet aber nicht, dass Drogenkuriere, Waffenhändler und Zigarettenschmuggler ungehindert agieren können.

Damit der Wegfall der Kontrollen an den Binnengrenzen nicht zu einer Gefährdung der Sicherheit oder zu Ausfällen bei den Steuereinnahmen führt, hat der Zoll mobile Kontrolleinheiten eingerichtet. Diese können unter bestimmten Voraussetzungen im Inland Personen und Fahrzeuge anhalten sowie Gepäck und Ladung überprüfen.

Illegale Drogen

Zu den in Deutschland verbotenen Betäubungsmitteln gehören die bekannten Drogen Heroin, Opium, Kokain, Haschisch, Marihuana oder LSD, aber auch Amphetamine, die Modedroge Ecstasy oder das pflanzliche Produkt Khat.
Anbau, Herstellung, Handel, Ein- und Ausfuhr, Veräußerung, Abgabe, Inverkehrbringen und der Erwerb von illegalen Drogen werden strafrechtlich verfolgt.

Warenschmuggel

Aus jedem Land der Europäischen Union, von einigen Sondergebieten abgesehen, können Sie Waren abgabenfrei mitbringen, wenn sie für Ihren persönlichen Ge- oder Verbrauch bestimmt sind und keinen Verboten und Beschränkungen der Ein- oder Durchfuhr unterliegen.

> **Hintergrundwissen → Sondergebiete**
> Sonderregelungen gelten für die Kanarischen Inseln (Gomera, Fuerteventura, Gran Canaria, Hierro, La Palma, Lanzarote, Teneriffa), die französischen Überseedepartements (Französisch-Guyana, Guadeloupe, Martinique, Réunion) sowie St.-Pierre-et-Miquelon, Åland, Berg Athos und die britischen Kanalinseln. Für diese Sondergebiete gelten Freimengen für Reisen aus Drittländern.

Kriminalität und Schleusung illegaler Einwanderer   **5.4**

Abbildung 230: Sicherstellung von Zigaretten, die im doppelten Boden eines Lkw geschmuggelt wurden
Quelle: Sven Karsten/ddp

Innerhalb der Europäischen Gemeinschaft gelten folgende Richtmengen:
Tabakwaren:
- Zigaretten 800 Stück
- Zigarillos 400 Stück
- Zigarren 200 Stück
- Rauchtabak 1 kg

Alkoholische Getränke:
- Spirituosen 10 Liter
- Alkoholhaltige Süßgetränke (Alkopops) 10 Liter
- Zwischenerzeugnisse (z. B. Likörwein, Wermutwein) 20 Liter
- Wein (davon höchstens 60 Liter Schaumwein) 90 Liter
- Bier 110 Liter

Sonstige verbrauchsteuerpflichtige Waren:
- Kaffee 10 kg

Bis zu diesen Mengen wird eine private Verwendung angenommen. Werden diese Richtmengen überschritten, muss ein Nachweis über die private Verwendung erbracht werden.

Um einem unbeabsichtigten Schmuggel vorzubeugen, sollten Sie folgende Punkte beachten:

- Behalten Sie beim insbesondere beim Aufenthalt an Rastplätzen stets Ihr Gepäck im Auge.
- Besonders häufig suchen Schmuggler nach Gelegenheiten, Fahrzeuge zu präparieren. Dabei wird die Schmuggelware nicht

Beschleunigte Grundqualifikation
Basiswissen Lkw/Bus

nur in der Ladung bzw. im Reisegepäck versteckt. Auch Hohlräume am Fahrzeug wie z. B. Staukästen oder das Reserverad werden gern genutzt.

Wer beim Schmuggeln erwischt wird, zahlt nicht nur die fälligen Einfuhrabgaben, sondern auch noch einen Zuschlag in gleicher Höhe. Häufig drohen sogar ein Strafverfahren und die Sicherstellung der geschmuggelten Waren.
So kann beispielsweise der Zigarettenschmuggel mit Freiheitsstrafe bis zu fünf Jahren, in besonders schweren Fällen bis zu zehn Jahren, bestraft werden.

Hintergrundwissen → Für bestimmte Personengruppen gelten eingeschränkte Reisefreigrenzen. Dazu zählen:
- Bewohner einer grenznahen Gemeinde zu einem Drittland
- Grenzarbeitnehmer (Personen, die zur Arbeit in das benachbarte Drittland fahren)
- Personen, die beruflich auf gewerblich eingesetzten Beförderungsmitteln (z. B. **Lkw-Fahrer**) oder als **Reisebegleiter** tätig sind und üblicherweise häufiger als einmal pro Monat aus einem Drittland einreisen.

Für diese Personen gelten die nachfolgenden Freigrenzen:
- Tabakwaren (wenn der Reisende mindestens 17 Jahre alt ist):
    – 40 Zigaretten oder
    – 20 Zigarillos oder
    – 10 Zigarren oder
    – 50 g Rauchtabak oder
    – eine anteilige Zusammenstellung dieser Waren.
- Andere Waren bis zu einem Warenwert von insgesamt 90 Euro; davon dürfen nicht mehr als 30 Euro auf Lebensmittel des täglichen Bedarfs entfallen.
- Für Alkohol und alkoholische Getränke gibt es keine Freigrenzen. Diese Waren müssen beim Zoll immer (mündlich) angemeldet und die entsprechenden Abgaben entrichtet werden.

Die Abgabenfreiheit kann nur einmal am Tag in Anspruch genommen werden.

5.5 Lösungen zum Wissens-Check

1. Wie nennt man Menschen, die einzeln oder in Gruppen ihre bisherigen Wohnorte verlassen, um sich an anderen Orten niederzulassen?

- ❏ a) Migräne
- ❏ b) Migrane
- ☒ c) Migranten
- ❏ d) Migrissten

2. Worin besteht der Unterschied zwischen Immigranten und Emigranten?

Immigranten sind Einwanderer, Emigranten sind Auswanderer.

3. Welches Gesetz bildet in Deutschland in Verbindung mit anderen Gesetzen die rechtliche Grundlage für einen Aufenthalt von Ausländern?

Aufenthaltsgesetz (AufenthG)

4. Welche Punkte können auf illegale Migranten in Bussen hinweisen? Nennen Sie mindestens drei Punkte.

- Der Reisende hat Verständigungsprobleme
- Der Reisende verhält sich nervös
- Die Sauberkeit des Reisenden lässt zu wünschen übrig
- Größere Gruppen, ungewöhnlich viel Gepäck
- Keine oder fehlerhafte Reisedokumente

Beschleunigte Grundqualifikation
Basiswissen Lkw/Bus

5. Worauf sollten Sie als Fahrer besonders achten, um Ihr Fahrzeug vor illegalen Migranten zu schützen? Nennen Sie mindestens drei Punkte.

- Kontrolle der Verplombung, Verschlusssicherheit und Ladefläche (auch bei Fahrtunterbrechungen)
- Karosserie/Plane des Fahrzeugs und Anhängers sowie des Dachs wenn möglich auf Beschädigungen überprüfen
- Auf die Straffheit der Verzurrung (Seile bei Planen-Lkw) achten, da sonst die Gefahr des Hindurchkriechens besteht
- Auflieger kontrollieren
- Überprüfung des Innenraums
- Dach auf innere Schäden prüfen
- Äußere Stauräume, Werkzeug-Kästen, Windabweiser prüfen
- Nischen unter dem Fahrzeug prüfen
- Kontrollen auch bei „Ruhe" durchführen (Hörprobe)
- Evtl. auch „Geruchsprobe"

6. Welche Punkte umfasst das so genannte „effektive System" der UK Border Agency?

- securing (Fahrzeugsicherheit nach dem Beladen)
- checking (Fahrzeugkontrolle nach jedem Stop)
- recording (Dokumentation in einer sogenannten „vehicle security checklist")
- conducting (Ausführung eines finalen Checks, bevor das Hafengelände befahren wird)

7. Welche Möglichkeiten gibt es, um Ihr Fahrzeug auf Rastplätzen vor Diebstahl und Überfällen zu schützen? Nennen Sie mindestens drei Punkte.

- Fahrzeug verschließen und alle Sicherungseinrichtungen aktivieren, selbst bei kurzfristigem Verlassen des Fahrzeuges
- Beim Verlassen des Fahrzeuges immer die Fenster verschließen
- Bei Zwei-Fahrer Besetzung: Ein Fahrer muss grundsätzlich im Fahrzeug verbleiben.
- Keine Wertgegenstände sichtbar im Fahrzeug liegen lassen und ggf. auch die Fahrgäste darauf hinweisen

Kriminalität und Schleusung illegaler Einwanderer

- Fahrzeug und Fenster verschließen, wenn Sie im Fahrzeug schlafen.
- Bei außerplanmäßigen Stopps: gesicherte oder zumindest belebte Parkplätze aufsuchen und in der Nähe von anderen Fahrzeugen parken
- Lkw mit den Ladetüren gegen ein sicheres Hindernis (z. B. Wand) oder Tür an Tür parken
- Auf Rastplätzen das Fahrzeug in Sichtweite parken
- Auf Rastplätzen oder über Funk nicht über Ladung und Fahrtroute sprechen
- Nach jedem Stopp vor Fahrtantritt immer die Sicherungseinrichtungen überprüfen

8. Wie verhalten Sie sich richtig, wenn Sie einen Diebstahl bemerken? Nennen Sie mindestens drei Punkte.

- Ruhe bewahren, Täter nicht provozieren, keinen Widerstand leisten
- So früh wie möglich hilfeleistende Stelle verständigen (Polizei, Konsulat, Rechtsanwalt, Verbandszentralen)
- Erste Hilfe leisten
- Fluchtfahrzeug (Typ, Farbe, Kennzeichen, besondere Auffälligkeiten) und Fluchtrichtung merken
- Kurze Personenbeschreibung des/der Täter (Größe, scheinbares Alter, auffällige äußere Merkmale)
- Zeugen feststellen (Name, Anschrift, Telefonnummer)
- Beobachtungen schriftlich festhalten
- Nichts berühren, nichts verändern

Beschleunigte Grundqualifikation
Basiswissen Lkw/Bus

Dieses Kapitel behandelt Nr. 3.3 der Anlage 1 der BKrFQV

6 Gesundheitsschäden vorbeugen

6.1 Ergonomie

▶ **Die Teilnehmer sollen fähig sein, Gesundheitsschäden vorzubeugen. Dabei sollen sie die Grundsätze der Ergonomie sowie die Funktion der Wirbelsäule kennen, insbesondere**
— **Gesundheitsbedenkliche Bewegungen und Haltungen**
— **Physische Konditionen**
— **Richtiger Umgang mit Lasten**
— **Richtiges Sitzen**
— **Individueller Schutz**

↻ Definieren Sie in einem Vortrag Belastung und Beanspruchung.

Bitten Sie die Teilnehmer, Ihnen verschiedene Belastungen, die im Fahrdienst auftreten können, zuzurufen und ordnen Sie diese auf einer Tafel an.

Bitten Sie die Teilnehmer, ihre persönlichen Belastungen und ihre Beanspruchung zu bewerten.

Bitten Sie die Teilnehmer, ihre Belastung zu testen, indem Sie sie eine Wasserflasche mit gestrecktem Arm festhalten, an der Wand mit drei Teilnehmern in der Hocke sitzen oder Kniebeugen machen lassen. Messen Sie anschließend den Puls.

Erläutern Sie in einem Vortrag Funktion und Aufbau der Wirbelsäule.

Erläutern Sie typische Fehler beim Sitzen. Erläutern Sie die Sitzschablone.

Sammeln Sie auf einem Flipchart Grundsätze für richtiges Heben und Tragen.

Beladen Sie in einer praktischen Übung den Kofferraum eines Pkw oder Busses und nehmen Sie den Vorgang gegebenenfalls mit einer Videokamera auf.

Gesundheitsschäden vorbeugen

6.1

Zeigen Sie in einer praktischen Übung Fitnessübungen, die in der Pause gemacht werden können.

Ca. 180 min

Führerschein: Fahren lernen Klasse C, Lektion 1. Dieses Thema wird in der Führerscheinausbildung Klasse D nicht oder nur ansatzweise behandelt.

Grundlagen der Ergonomie

Den überwiegenden Teil ihrer Arbeitszeit verbringen Bus- und Lkw-Fahrer im Sitzen. Ein lauer Job, könnte man meinen – doch weit gefehlt. Das stundenlange Sitzen stellt eine große Belastung für Muskulatur und Wirbelsäule dar. Moderne Fahrersitze können eine ganze Menge, aber trotzdem gehen die langen „Sitzungen" nicht spurlos am Fahrer vorbei. Fast jeder kennt die Symptome: Verspannungen, Müdigkeit und Rückenschmerzen.

Aber auch das Heben und Tragen, das zum Alltag vieler Fahrer gehört, strapaziert den Körper. Damit das lange Sitzen und auch das Bewegen von Lasten keine bleibenden Schäden hinterlassen, muss man als Fahrer etwas tun: Den Sitz richtig einstellen, vor allem beim Be- und Entladen auf eine körpergerechte Haltung achten und immer wieder für Bewegung und körperlichen Ausgleich sorgen.

Mit alledem beschäftigt sich die Ergonomie. Das Wort Ergonomie ist aus dem Griechischen abgeleitet. „Ergos" bedeutet Arbeit und „Nomos" Gesetz, Regel, Wissenschaft. Ergonomie als Teil der Arbeitswissenschaft versucht aus technischer, medizinischer, psychologischer und wirtschaftlicher Sicht auf den Menschen ausgerichtete und damit gesundheitlich günstige Arbeitsplatzverhältnisse zu schaffen.

Das Ziel der Ergonomie ist also die bestmögliche Anpassung der Arbeit an den Menschen, zum Zweck einer optimaleren und wirtschaftlicheren, vor allem aber auch menschlicheren („humaneren") Nutzung seiner Leistungsfähigkeit.

Belastung und Beanspruchung

Während die Begriffe „Belastung" und „Beanspruchung" von der Allgemeinheit meist bedeutungsgleich verwendet werden, werden sie in der Arbeitswissenschaft scharf voneinander abgegrenzt. Denn wie sehr jemand durch eine Belastung tatsächlich beansprucht wird, hängt von vielen Dingen ab: zum Beispiel von der Dauer und der Stärke, in der die Belastung einwirkt, von der Möglichkeit, sich zu erholen oder von individuellen Eigenschaften und Fähigkeiten jedes Einzelnen.

Unter Belastung wird die Gesamtheit der äußeren Einflüsse verstanden, die auf den Menschen einwirken. Mit Beanspruchung sind die körperlichen sowie psychischen Reaktionen des Menschen auf die Belastungen gemeint.

Wenn beim Heben oder Tragen einer Last das Gewicht (= die Belastung) verdoppelt wird, wächst auch die Beanspruchung. Nur ein Gepäckstück einzuladen stellt eine geringere Belastung dar als fünfzig Stücke einzuladen. Auch die hierfür aufgewandte Zeit bewirkt eine höhere Beanspruchung.

Hintergrundwissen → Die Beziehung zwischen Belastung und Beanspruchung ist in den meisten Fällen nicht linear. Wird die Belastung verdoppelt, bedeutet dies noch lange nicht eine Verdoppelung der Beanspruchung. Eine niedrige Belastung kann durchaus zu einer höheren Beanspruchung führen, zum Beispiel im Fall von Monotonie.

Gesundheitsschäden vorbeugen 6.1

Die Gesamtbelastung einer Person setzt sich aus verschiedenen Teilbelastungen zusammen. Das folgende Modell verdeutlicht das Belastungs-Beanspruchungs-Konzept:

Teilbelastungen aus:	Individuelle Eigenschaften, Fähigkeiten, Fertigkeiten	Teilbeanspruchung von:

• Arbeitsaufgaben (arbeitsinhaltsbezogen)
• Arbeitsumgebung (situationsbezogen)
• Belastung:
   Höhe
   Dauer
 	
Zusammensetzung der Teilbelastungen:
• simultan (gleichzeitig)
• sukzessiv (nacheinander)
		• Skelett
		• Sehnen/Bändern
		• Muskeln
		• Herz/Kreislauf
		• Atmung
		• Sinnesorganen
		• Schweißdrüsen
		• Zentralnervensystem
		• Haut
		
		Beanspruchung:
		• objektiv engpassorientiert
		• von Arbeitsperson erlebt

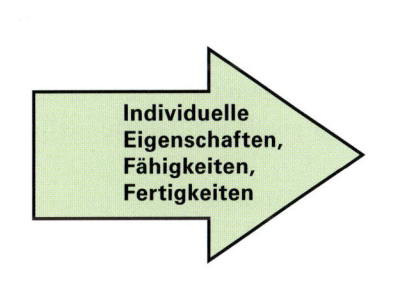

Außerdem muss eine Belastung nicht automatisch etwas Schlechtes bedeuten: Im Sport zum Beispiel sind angemessene Belastungen Voraussetzung für Trainingseffekte und eine Steigerung der Leistungsfähigkeit. Auch im Alltag würden wir uns ohne Aufgaben oder Herausforderungen nicht wohl fühlen. Das Fehlen von Belastungen kann sogar negative Auswirkungen haben: Muskeln oder Gelenke, die zu wenig oder gar nicht belastet werden, verkümmern. Wer kennt nicht das Sprichwort: „Wer rastet, der rostet"?

Abbildung 231: Belastungs-Beanspruchungs-Konzept

> **Hintergrundwissen →** Belastung und Beanspruchung können sich als Unfall- und Gesundheitsrisiko auswirken. Mit dem allgemein wachsenden Verkehrsaufkommen steigen auch die Anforderungen an die Fahrer. Neben den Gefahren im öffentlichen Straßenverkehr, die zu Unfällen mit Verletzungen führen können, ist Stress ein wesentlicher Faktor, der auf die Gesundheit der Fahrer einwirkt. Betriebsärztliche Untersuchungen von rund 1200 Busfahrern ergaben, dass Erkrankungen des Bewegungsapparates, des Herz-Kreislauf-Systems, des Magen- und Darmbereichs sowie Stoffwechselstörungen bei Fahrern der öffentlichen Verkehrsbetriebe häufiger vorkommen als bei Vergleichsgruppen. Die Statistiken des Bundesverbandes der Betriebskrankenkassen kommen zu ähnlichen Ergebnissen.

Beschleunigte Grundqualifikation
Basiswissen Lkw/Bus

Wie stark ist die Belastung und Beanspruchung am Arbeitsplatz eines Kraftfahrers?

„Heute hat mich der Job geschafft!" Sind Sie auch schon einmal mit diesem Gefühl aus dem Fahrzeug gestiegen? Als Fahrer sind Sie vielfältigen Belastungen ausgesetzt: Hektischem Verkehr, Wintereinbruch/sommerlicher Hitze, Zeitdruck, Konflikten mit Fahrgästen oder Verladepersonal – die Reihe ließe sich weiter fortsetzen. Machen Sie doch einmal Ihren persönlichen Belastungs-Test (siehe unten).

Im Gegensatz zu anderen Tests gibt es hier keine Auswertung nach dem Motto „Wenn Sie mehr als 5-mal ‚stark' oder ‚sehr stark' angekreuzt haben, ..." Denn wie sehr jemand durch eine Belastung tatsächlich beansprucht wird, hängt – wie erwähnt – von vielen Dingen ab.

Abbildung 232: Persönlicher Belastungstest

Wie stark fühlen Sie sich im Fahrdienst durch folgende Faktoren belastet?	kaum	wenig	stark	sehr stark
1. Fahrersitz	O	O	O	O
2. Nachtfahrten	O	O	O	O
3. Klima	O	O	O	O
4. Lärm	O	O	O	O
5. Ernährungs-Unregelmäßigkeiten	O	O	O	O
6. Ermüdung	O	O	O	O
7. Unregelmäßige Dienste	O	O	O	O
8. Gesundheitliche Probleme	O	O	O	O
9. Unangenehme Fahrgäste/ Art der Ladung	O	O	O	O
10. Toilettenmangel	O	O	O	O

Belastungen reduzieren, Belastbarkeit erhöhen

Der Fahrer ist während seiner Arbeit verschiedensten Belastungen ausgesetzt, mit denen er sich ständig auseinandersetzen muss. Diese lassen sich nicht einfach beseitigen. Hohes Verkehrsaufkommen, unangenehme Beifahrer oder Fahrgäste, Lärm oder schlechte Witterung sind nur einige Beispiele. Einzelne Belastungen lassen sich reduzieren. Hier könnten technische Lösungen in Betracht kommen, wie zum Beispiel ein optimierter Fahrerarbeitsplatz. Die körpergerechte Einstellung muss jedoch durch den Fahrer erfolgen. Regelmäßige **aktive Pausen** zum Ausgleich der durch die Zwangshaltung verursachten Beanspruchung sind hier sehr wichtig. Nicht zuletzt kann der Fahrer selbst durch gesunde Lebensweise und körperliches und geistiges Training seine individuelle Belastbarkeit erhöhen.

Andere Belastungen wie zum Beispiel durch Fahr- und Schichtpläne lassen sich wirkungsvoll nur auf Unternehmensebene reduzieren. Der Umgang mit Kundenbeschwerden – denn häufig dient der Fahrer nur als „Blitzableiter" – ist ebenfalls ein wichtiger Punkt für die Arbeitszufriedenheit der Fahrer.

> **Hintergrundwissen** → Schließlich hat die Auswahl der Fahrzeuge bzw. deren Ausstattung unmittelbare Auswirkungen auf die durch die Fahrtätigkeit entstehenden Belastungen. Mitsprachemöglichkeiten in diesem Bereich sind deshalb für die Fahrer wichtig, wenngleich sie nicht überall gegeben sind.

Die Wirbelsäule und „ihre" Bandscheiben

Die Wirbelsäule stützt den Körper und ermöglicht dem Menschen die aufrechte Haltung. Solange sie klaglos ihren Dienst versieht, macht sich kaum jemand Gedanken darum, wie die Wirbelsäule aufgebaut ist und was sie so alles aushalten muss. Wussten Sie zum Beispiel, dass beim Anheben einer Last von 50 Kilogramm in einer ungünstigen Körperhaltung das Gewicht eines ganzen Kleinwagens auf die unteren Bandscheiben drücken kann? Da kann man sich leicht verheben.

Aber auch ganz normale Betätigungen belasten Wirbelsäule und Muskulatur. Das gilt zum Beispiel für längeres Stehen oder Sitzen. Und wer dabei eine schlechte Haltung einnimmt, verstärkt die Belastung zusätzlich.

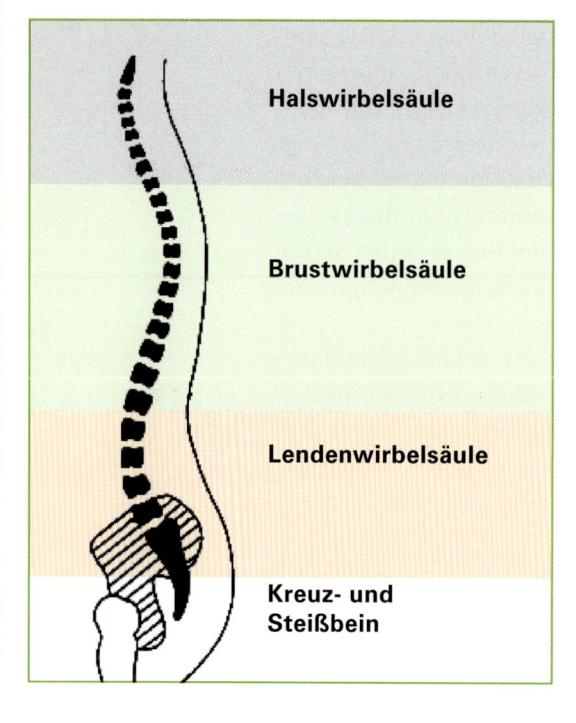

**Beschleunigte Grundqualifikation
Basiswissen Lkw/Bus**

Kennzeichnend für die menschliche Wirbelsäule ist ihre Doppel-S-Form. Die Wirbelsäule besteht aus einzelnen Wirbelkörpern. Im Einzelnen unterscheidet man verschiedene Abschnitte: die Halswirbelsäule, die Brustwirbelsäule, die Lendenwirbelsäule sowie Kreuz- und Steißbein.

Anders als die meisten Organe werden die Bandscheiben nicht durchblutet. Ihre Versorgung mit Nährstoffen erfolgt allein durch einen Flüssigkeitsaustausch mit ihrer Umgebung. Dies ist mit dem Zusammendrücken und der folgenden Ausdehnung eines Schwamms vergleichbar. Bei Belastung wird verbrauchte Flüssigkeit aus der Bandscheibe herausgedrückt. Bei einer länger andauernden Entlastung, zum Beispiel nachts, werden Nährstoffe, Flüssigkeit und Sauerstoff aufgenommen.

Abbildung 233:
Die Abschnitte der Wirbelsäule

Die Abbildungen auf der folgenden Seite stellen dar, wie die Bandscheiben beim Heben von Lasten belastet werden.

Abbildung 234:
Belastung der Bandscheiben beim Heben von Lasten

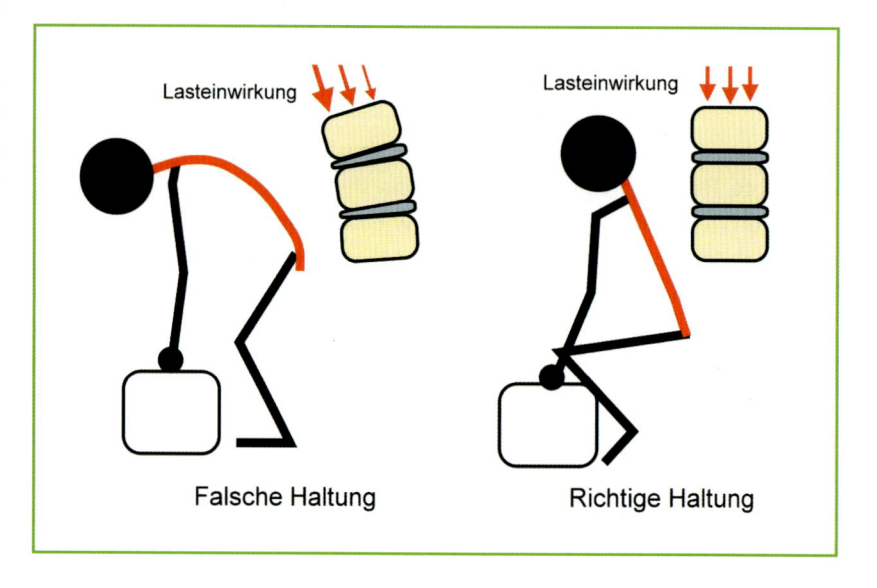

Falsche Haltung — Richtige Haltung

Die Bandscheiben selbst sind nicht schmerzempfindlich. Auch bei grober „Misshandlung" melden sie sich erst, wenn Schädigungen bereits eingetreten sind. Häufige Ursache für Wirbelsäulen- bzw. Rückenbeschwerden sind Verspannungen der Muskulatur.

Die Bandscheiben machen zusammen etwa ein Viertel der Gesamtlänge der Wirbelsäule aus. Die Flüssigkeitsabgabe geht mit einer Volumenabnahme bzw. Höhenminderung der Bandscheiben einher. Am Morgen ist der erwachsene Mensch ein bis zwei Zentimeter größer als am Abend, weil sich die in der Nacht nur gering belasteten Bandscheiben wieder ausgedehnt haben. Da die Nährstoffversorgung nur über den beschriebenen Pump-/Saug-Mechanismus sichergestellt wird, kann man ohne weiteres sagen: Die Bandscheibe lebt von der Bewegung.

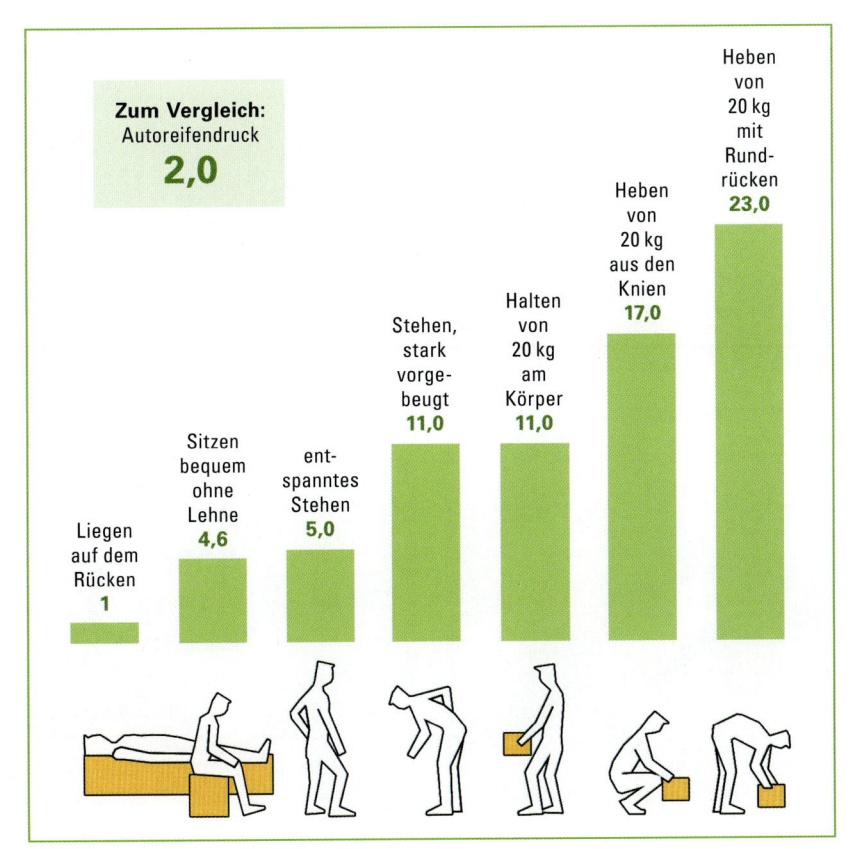

Abbildung 235: Druckwirkung auf die Bandscheibe in Bar

Position	Druck (Bar)
Zum Vergleich: Autoreifendruck	2,0
Liegen auf dem Rücken	1
Sitzen bequem ohne Lehne	4,6
entspanntes Stehen	5,0
Stehen, stark vorgebeugt	11,0
Halten von 20 kg am Körper	11,0
Heben von 20 kg aus den Knien	17,0
Heben von 20 kg mit Rundrücken	23,0

Beschleunigte Grundqualifikation
Basiswissen Lkw/Bus

Heben und Tragen am Arbeitsplatz
Omnibus und Lkw

Zu den Nebentätigkeiten eines Busfahrers, vorzugsweise eines Reisebusfahrers, gehört es, das Gepäck der Fahrgäste im Kofferraum zu verstauen. Dies ist häufig aufgrund der Anordnung der Kofferräume mit Zwangshaltungen verbunden.

Abbildung 236:
Zwangshaltung beim Be- bzw- Entladen eines Busses
Quelle: BG Verkehr

Abbildung 237:
Beim Bücken und Heben in die Hocke gehen!
Quelle: BG Verkehr

Abbildung 238:
Heben mit geradem Rücken
Quelle: BG Verkehr

Außerdem ist die Form, Größe und das Gewicht der Gepäckstücke sehr unterschiedlich und größtenteils können diese nur durch einseitiges Heben und Tragen bewegt werden. Auch andere Lasten, wie zum Beispiel Proviant, muss der Fahrer in enge Stauräume verladen.

Gesundheitsschäden vorbeugen 6.1

Lkw-Fahrer hingegen sind mit dem Be- und Entladen betraut. Dabei werden sie in den meisten Fällen auf Transportgeräte wie zum Beispiel die Sackkarre, den Paletten-Hubkarren oder den Gabelstapler zurückgreifen. Auch das Umpacken („Kommissionieren") von Hand ist nicht selten.
Grundsätzlich sollten Lasten möglichst nah am Körper und mit geradem Rücken angehoben und getragen werden.

Abbildung 239:
Falsch: Heben mit rundem Rücken

Abbildung 240:
Richtig: Achten Sie beim Heben auf einen geraden Rücken

Abbildung 241:
Gehen Sie beim Heben in die Hocke!

Abbildung 242:
Noch besser: Statt mehrerer Lasten gleichzeitig, tragen Sie lieber einzeln!

Beim Anheben:
- Möglichst nah und frontal an den Gegenstand herantreten
- Die Beine beugen
- Den geraden Oberkörper durch eine Bewegung im Hüftgelenk nach vorn beugen
- Den Körper durch Anspannen der Rumpfmuskulatur stabilisieren
- Das Gewicht gleichmäßig durch Strecken im Hüft-, Knie- und Sprunggelenk anheben

**Beschleunigte Grundqualifikation
Basiswissen Lkw/Bus**

Beim Tragen:
- Gewicht nah am Körper tragen
- Den Körper bewusst aufrecht halten
- Wenn möglich, Gewicht symetrisch verteilen
- Wenn einseitig getragen werden muss, abwechselnd links und rechts tragen
- Hohlkreuzstellung vermeiden

Abbildung 243: Lasten mit geradem Rücken und möglichst nah am Körper tragen!

Abbildung 244: Wenn möglich, das Gewicht symmetrisch verteilen

Gesundheitsschäden vorbeugen 6.1

Sitzen am Arbeitsplatz Omnibus und Lkw
Sitzeinstellung

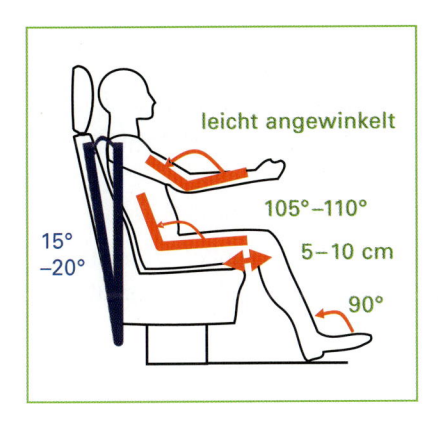

Moderne Bus- und Lkw-Sitze bieten zahlreiche Einstellmöglichkeiten. Die meisten Fahrerinnen und Fahrer können in ihren Fahrzeugen eine belastungsarme Sitzposition einnehmen, wenn sie die Verstellmöglichkeiten nutzen.
Mit der Universal-Sitzschablone können Sie Ihre Sitzhaltung im Fahrzeug überprüfen.

Abbildung 245:
Richtige Sitzposition

WWW www.bg-verkehr.de
Hier können Sie Ihre persönliche Sitzschablone bestellen.

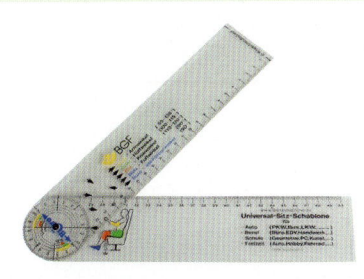

Anzustreben ist eine leicht zurückgelehnte, entspannte Haltung. Ausgangsstellung: Lenkrad und gegebenenfalls Instrumententräger in vorderer Position.

Abbildung 246:
Sitzschablone

PRAXIS-TIPP

Schritt für Schritt:
Fahrersitz richtig einstellen

(1) Sitzflächentiefe
(= Länge der Sitzfläche) einstellen
- Abstand zur Kniekehle etwa eine halbe Handbreite

(2) Neigung der Sitzfläche einstellen
- Leicht nach hinten abfallend, ca. 5 Grad

**Beschleunigte Grundqualifikation
Basiswissen Lkw/Bus**

(3) Auf den Sitz ganz nach hinten setzen, Neigung der Rückenlehne einstellen
- Ca. 15–20 Grad, fast wie beim Pkw
- Rücken soll ganz an der Rückenlehne anliegen
- Winkel zwischen Oberkörper und Oberschenkel im Lkw, in Linien- und Reisebussen 100–115 Grad (bei optimierten Fahrerarbeitsplätzen 100–105 Grad)
- Kein Druckgefühl oder Beengtheit im Bauchbereich

(4) Mittleren Pedalwinkel zwischen Ruhestellung und Vollausschlag bestimmen
- Ferse soll aufstehen
- Fußwinkel 90 Grad
- Fuß muss beim Betätigen auf der gesamten Pedalfläche aufstehen

(5) Sitzhöhe und Sitzlängsverstellung (= Abstand zu Pedalen) einstellen
- Pedale müssen gut erreichbar sein
- Oberschenkel sollen auf der Sitzvorderkante aufliegen

(6) Kniewinkel überprüfen
- Im Lkw 110–120 Grad, im Reisebus 110–120 Grad (Sicherheitstrainer bevorzugen wegen der besseren Gurtwirkung 105 Grad), im neuen Linienbus 110–130 Grad, falls nötig, Sitzhöhe und Längseinstellung korrigieren

(7) Lage der Oberschenkel überprüfen
- Oberschenkel liegen leicht auf der Sitzvorderkante auf
- Kein Druck der Vorderkante auf die Oberschenkel, falls nötig zuerst Sitztiefe, dann nochmals Sitzhöhe und Längseinstellung überprüfen

(8) Lenkrad und ggf. Instrumententräger richtig einstellen
- Leicht angewinkelte Arme beim Lenken

(9) Lendenwirbelstütze einstellen
- Fühlbare Stützwirkung ohne unangenehmen Druck

(10) Kopfstütze einstellen
- Oberkante über Augenhöhe (keine „Nacken"-Stütze)

Gesundheitsschäden vorbeugen 6.1

Maßnahmen gegen Rückenbeschwerden

Häufig werden Rückenbeschwerden durch Verspannungen der Muskulatur ausgelöst. Dagegen können Sie etwas tun: Durch richtige Sitzhaltung und rechtzeitige Pausen können Sie die Belastung Ihrer Wirbelsäule reduzieren. Ein trainierter Körper kann unvermeidbare Belastungen besser „wegstecken". Wer in der Freizeit Sport treibt, ist deshalb im Vorteil. Durch spezielle Übungen, die Sie in einer Rückenschule lernen, können Sie Ihre Muskulatur weiter kräftigen.

Mit den Übungen in diesem Kapitel können Sie in Fahrpausen ihre Muskulatur lockern, Verspannungen vorbeugen und sich auf Belastungen vorbereiten.

Übungen für die Fahrpause

Strecken des Rumpfes
Räkeln Sie sich im Sitz und strecken Sie die Arme hoch. Heben Sie dabei den Brustkorb an. Halten Sie die Spannung 3 bis 6 Sekunden und lösen Sie sie dann – tief durchatmen. Die Übung 3 x wiederholen.

Dehnen der Halsmuskulatur
Nehmen Sie eine aufrechte Sitzhaltung ein. Führen Sie einen Arm über den Kopf und legen Sie die Hand an das gegenüberliegende Ohr. Neigen Sie den Kopf unter dem Gewicht der auf dem Ohr liegenden Hand leicht zur Seite. Nun strecken Sie den Arm in Richtung Boden, bis Sie eine angenehme Dehnung im Hals spüren. Halten Sie die Spannung einige Sekunden. Die Übung 2 x wechselseitig wiederholen.

Dehnen der Schultern
Fassen Sie mit der linken Hand den rechten Arm oberhalb des Ellbogens. Ziehen Sie den rechten Arm zur Seite, bis Sie eine Dehnung in den hinteren Schultermuskeln spüren. Halten Sie die Spannung etwa 20 Sekunden und wechseln Sie dann die Seite.

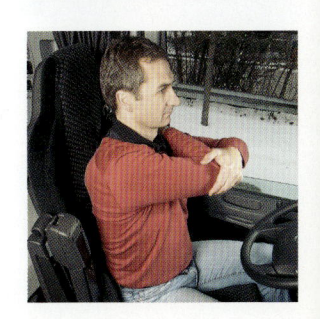

Beschleunigte Grundqualifikation
Basiswissen Lkw/Bus

Lockern des Nackens
Bewegen Sie den Kopf nach links und blicken Sie die linke Schulter an. Bewegen Sie den Kopf dann langsam über unten nach rechts, bis Sie über der rechten Schulter zur Seite sehen. Das Kinn hält bei der Bewegung Kontakt zur Brust bzw. dem Schlüsselbein. Die Übung 8 x wiederholen.

Lockern der Schultern
Greifen Sie mit den Händen locker an die Schultern und lassen Sie sie im Wechsel nach vorne und nach hinten kreisen.

Dehnung der Arme
Fassen Sie mit der linken Hand hinter dem Kopf den rechten Ellbogen. Ziehen Sie den Ellbogen nach links, bis Sie im rechten Oberarm eine Dehnung spüren. Halten Sie die Spannung etwa 20 Sekunden und wechseln Sie anschließend die Seite.

www www.bg-verkehr.de
Eine ausführliche Anleitung und weitere Übungen enthält die Broschüre „Fit auf langen Fahrten", die bei der Berufsgenossenschaft für Transport und Verkehrswirtschaft (BG Verkehr) erhältlich ist.

Gesundheitsschäden vorbeugen 6.1

Diese und weitere Übungen, die im Fahrerhaus sitzend gemacht werden können, finden Sie auch im PC-Professional Multiscreen dargestellt – vielfach mit Bewegungsabläufen. Spielen Sie diese Übungen einfach einmal mit den Teilnehmern durch, dies kann direkt am Platz, ohne spezielle Kleidung oder Ausrüstung erfolgen! Hat man die Bewegungen in der Schulung einmal selbst vollzogen, wird man auch später in einer Fahrpause eher darauf zurückgreifen.

Desweiteren enthält PC-Professional Multiscreen Anregungen für Übungen außerhalb des Fahrzeugs. Diese müssen im Stehen mit etwas mehr „Bewegungsfreiheit" ausgeführt werden – zum Beispiel als Auflockerung nach der Mittagspause!

Rückenfreundliche und rückenfeindliche Sportarten

Sport ist Mord, und Turnen füllt Urnen – so heißt es im Volksmund. Dies mag vielleicht für manche Spielarten des Leistungssports zutreffen. Mit Augenmaß betrieben hat regelmäßiger Sport auf jeden Fall positive Auswirkungen auf die Gesundheit. Die erhöhte Sauerstoffversorgung des Organismus, die Stärkung der Muskeln und die Kräftigung des Herz-Kreislauf-Systems erhöhen die Belastbarkeit und beugen Erkrankungen und Schädigungen vor. Im Hinblick auf Rückenleiden ist jedoch die Auswahl einer geeigneten Sportart unerlässlich. Sportarten, die eine zusätzliche Belastung für die Wirbelsäule darstellen, sind ungeeignet.

Beschleunigte Grundqualifikation
Basiswissen Lkw/Bus

Abbildung 247:
Rückenfreundliche und rückenfeindliche Sportarten

Rücken-freundlich	Bedingt rückenfreundlich	Rücken-feindlich
Tanzen	Fußball	Kampfsportarten
Wandern	Handball	Golf
Laufen	Basketball	Tennis
Radfahren	Turnen	Ski-Abfahrtslauf
Schwimmen	Tischtennis	Snowboard
Ski-Langlauf	Aerobic	Segeln
Mini-Trampolin	Bergwandern	Rudern
Wanderreiten	Bodybuilding	Kajak, Kanadier
	Springreiten	Windsurfen
	Military	Wasserski
		Turmspringen
		Feld- und Eishockey
		Squash
		Badminton
		Trampolin
		Mountainbike
		Motocross

6.2 Sehen und gesehen werden

▶ **Die Teilnehmer sollen Grundlagen des Sehvorganges kennen, insbesondere die Beeinträchtigungen und Grenzen des Sehvermögens.**

↻ „Welche Probleme haben Bus- und Lkw-Fahrer beim Sehen im Arbeitsalltag?" Lassen Sie die Teilnehmer diese Frage in Gruppenarbeit mit Kartenabfrage beantworten.

Stellen Sie in einem Vortrag den Aufbau des Auges vor. Erläutern Sie Fehlsichtigkeiten wie z. B. Kurzsichtigkeit.

Führen Sie in einem Experiment einen Kurzsehtest wie beim Optiker durch.

Zeigen Sie den Teilnehmern in einem Experiment für 10 sec. ein Bild aus dem Straßenverkehr. Was wird wahrgenommen? Sammeln Sie die Meldungen der Teilnehmer auf einem Flipchart.

Besprechen Sie den Blindflug beim Tachoblick oder sonstiger Instrumente.

Zeigen Sie in einer Übung, wie man den Spiegel richtig einstellt.

Besprechen Sie das Rückwärtsfahren mit einem Einweiser und erklären Sie den toten Winkel.

🕐 Ca. 90 min

💻 Führerschein: Fahren lernen Klasse C, Lektion 1 und 14; Fahren lernen Klasse D, Lektion 5

Grundlagen des Sehvorgangs – Das Auge

> ✚ **Hintergrundwissen** → Das Auge kann immer nur einen Teil des Sehfeldes scharf darstellen. Im Randbereich der Wahrnehmung ist die Abbildungsleistung sehr viel geringer. Erfahrene Kraftfahrer tasten den Verkehrsraum mit ihren Augen ständig ab. Als wichtig empfundene Beobachtungen werden fixiert und eingehend betrachtet. Die Zeit, die das Auge benötigt,

Beschleunigte Grundqualifikation
Basiswissen Lkw/Bus

> um sich einem neuen Objekt zuzuwenden und sich entsprechend der Entfernung scharf einzustellen, verlängert die Reaktionszeit.
>
> Die Konzentration auf ein Objekt birgt jedoch auch Gefahren: Ein Fahrer, der spielende Kinder in der Ferne beobachtet, übersieht leicht einen Fußgänger im seitlichen Nahbereich. „Er hat mich gesehen und ist trotzdem losgefahren", heißt es häufig in Zeugenaussagen bei Verkehrsunfällen. Dies muss kein Widerspruch sein, denn erst wenn die Informationen, die das Auge liefert, im Gehirn, unserer „Schaltzentrale", angekommen und verarbeitet worden sind, haben wir etwas wirklich „gesehen".

Im Prinzip funktioniert unser Auge ähnlich wie eine Kamera. Die durchsichtige Hornhaut wirkt zusammen mit der dahinter befindlichen Regenbogenhaut und der von außen nicht sichtbaren Linse wie das Linsensystem eines Objektivs. Die Regenbogenhaut, die dem Auge die charakteristische Farbe gibt, bildet eine im Durchmesser variable Blende, die die einfallende Lichtmenge entsprechend der Helligkeit reguliert. Hornhaut und Linse entwerfen im Innern des Auges auf der Netzhaut ein Bild. Von dort werden die Bilder über den Sehnerv zum Gehirn gesendet. Das Gehirn setzt schließlich aus den Aufnahmen beider Augen ein räumliches Bild zusammen.

Abbildung 248: Querschnitt durch das Auge

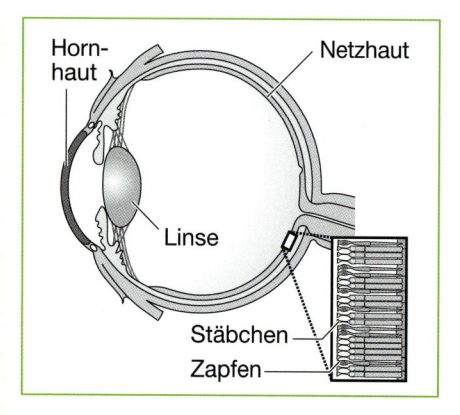

Insbesondere für Berufskraftfahrer ist gutes Sehvermögen eine unabdingbare Voraussetzung für eine sichere Teilnahme am Straßenverkehr. Man schätzt, dass der Anteil der durch schlechtes Sehvermögen verursachten Unfälle in der gleichen Größenordnung liegt wie der der durch Alkoholeinfluss verursachten, nämlich bei ca. 7 % aller Unfälle. Studien zeigen immer wieder, dass die Einschätzung des eigenen Sehvermögens in vielen Fällen ganz und gar nicht mit dem tatsächlichen Sehvermögen übereinstimmt. Vor allem sich langsam entwickelnde Verschlechterungen des Sehvermögens werden häufig nicht wahrgenommen und mancher, der sich noch für voll fahrtauglich hält, ist in Wahrheit fahruntüchtig.

Das Sehvermögen

Unter dem Sehvermögen versteht man die Gesamtleistung des Sehorgans, also des Auges und der zugehörigen Zentren im Gehirn. Dies beinhaltet nicht nur die Sehschärfe, die man vom Sehtest her gewohnt ist, sondern auch das Sehen bei Dämmerung und im Dunkeln, das Gesichtsfeld, die Zusammenarbeit der Augen, das Farbensehen und das 3D-Sehen. Alle diese Einzelleistungen müssen getrennt geprüft werden und können bei Einschränkungen bereits für sich allein die Fähigkeit, am Straßenverkehr teilzunehmen, beeinträchtigen bzw. das Unfallrisiko insbesondere in bestimmten Verkehrssituationen erhöhen. Wenn auch nicht zum Begriff „Sehvermögen" gehörend, ist darüber hinaus die Blendempfindlichkeit ein weiterer bedeutsamer Faktor im Straßenverkehr. Was bedeuten nun diese einzelnen Begriffe, wie werden sie getestet und inwieweit beeinflussen sie unsere Verkehrstauglichkeit?

Die Sehschärfe

Die Sehschärfe ist die maximale Fähigkeit des Netzhautzentrums (Makula), zwei Punkte mit hohem Kontrastunterschied (schwarz zu weiß) noch getrennt zu erkennen oder, praxisnäher, ein schwarzes Zeichen auf weißem Hintergrund von einem anderen zu unterscheiden. Verwendet werden hier so genannte Sehtafeln auf denen Zahlen, E-Haken oder die für genaue Prüfungen (z. B. Führerscheinsehtest) vorgeschriebenen Landoltringe abgebildet sind.

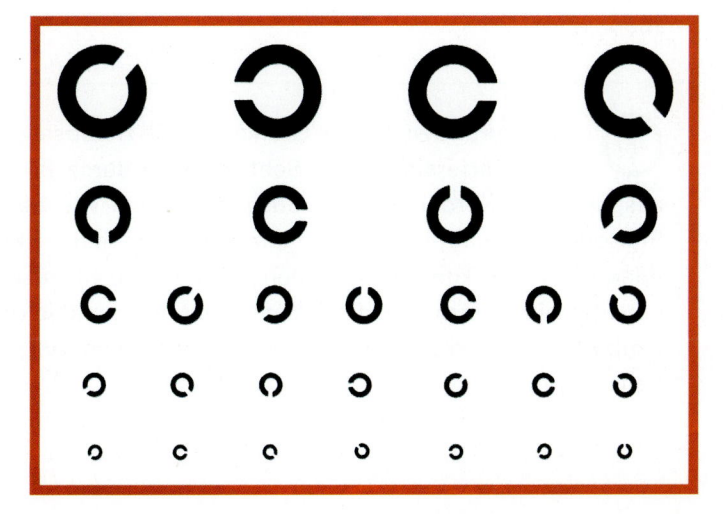

Abbildung 249: Sehtafel mit Landoltringen
Quelle: Kuratorium Gutes Sehen

Beschleunigte Grundqualifikation
Basiswissen Lkw/Bus

> ⊕ **Hintergrundwissen** → Je kleiner das erkannte Zeichen, desto besser die Sehschärfe bzw. der Visus, wie sie auch genannt wird. 1,0 entspricht dabei vereinfacht 100 % und somit normalem Sehvermögen und 0,5 z. B. ist dementsprechend nur 50 % Sehvermögen.
>
> Die Sache wird noch komplizierter, da man die so genannte Tagessehschärfe von der Fähigkeit, in der Dämmerung zu sehen (Dämmerungssehschärfe) und vom Sehen bei Dunkelheit unterscheiden muss. Durch Anpassungsvorgänge des Auges auf den geringen Lichteinfall werden die Gegenstände in der Dämmerung unschärfer und grauer, bis man schließlich im Dunkeln nur noch Grautöne und keine Farben mehr erkennen kann.

Die Sehschärfe fällt in der Dämmerung auf ungefähr die Hälfte und in der Dunkelheit auf 10 % der Tagessehschärfe ab. Das heißt, wer tagsüber nicht optimal sieht, erkennt nachts noch weniger.

Die Bedeutung der Sehschärfe für den Straßenverkehr liegt darin, dass je schlechter die Sehschärfe ist, umso später die kritische Verkehrssituation erkannt wird und desto kürzer die Entfernung und damit die Zeit zur Reaktion ist. Die typischen Unfallsituationen für Kraftfahrer mit herabgesetzter Sehschärfe sind Überholmanöver im Überlandverkehr, Abbiege- und Wendemanöver und Einfahrten in vorfahrtberechtigte Straßen.

> ⊕ **Hintergrundwissen** → Gründe für die Herabsetzung der Sehschärfe sind meist Sehfehler, die durch Brillen etc. ausgeglichen werden können oder Trübungen wie der graue Star oder Hornhaut-Veränderungen, bei denen lediglich Operationen in Frage kommen. Problematischer und meist nicht zu beheben sind Netzhautprobleme wie die Makulopathie oder gar Schäden in der Weiterleitung zum Gehirn (Sehnerv) oder im Sehzentrum selbst.

Das Gesichtsfeld

Das Gesichtsfeld ist der Bereich, den wir ohne Kopf und Augen zu bewegen gleichzeitig überblicken können. Für den Straßenverkehr bedeutsam ist das beidäugige Gesichtsfeld, dass heißt die Überlagerung der Gesichtsfelder beider Augen. Ursachen für Ausfälle können unter anderem der grüne Star, Schlaganfälle, Schädelverletzungen oder Hirntumore sein. Wird der Ausfall eines Auges durch das andere Auge ausgeglichen, ist dies noch akzeptabel. Treten weitere Ausfälle auf, werden in entsprechenden Verkehrssituationen (Spurwechsel, Kinder betreten plötzlich die Fahrbahn etc.) Informationen übersehen und Unfälle sind vorprogrammiert.

> **Hintergrundwissen** → Ein sehr großes Problem stellt die Tatsache dar, dass Patienten mit Gesichtsfeldausfällen diese meistens gar nicht selber wahrnehmen. Das Gehirn ist darauf trainiert, sozusagen daran „vorbeizugucken". Es fällt daher häufig schwer, den Patienten diese Problematik zu vermitteln. Zur Therapie von solchen Ausfällen muss man leider sagen, dass man lediglich abwarten kann, ob sich das Gehirn nach einem Schlaganfall wieder erholt und der ausgefallene Bereich wieder funktionsfähig wird. Bei Schäden durch den grünen Star kann die Behandlung nur eventuell eine Verschlimmerung verhindern. Einmal ausgefallene Areale sind leider nicht wiederzuholen. Trainingsprogramme, durch vermehrte Blickbewegungen die fehlenden Bereiche auszugleichen, stellen im Alltag zwar eine Hilfe dar, sind für die Wiederherstellung der Verkehrstauglichkeit jedoch ungeeignet. Von hoher Bedeutung ist auch die Aufmerksamkeit und der Wachheitszustand, da Veränderungen im äußeren Bereich des Gesichtsfeldes bei Ermüdung und unter Medikamenten/Drogen nicht mehr wahrgenommen werden, es kommt zu einem so genannten „Tunnelblick".

Dämmerungssehvermögen und Blendempfindlichkeit

Auch normal sehtüchtige Kraftfahrer geraten in der Dämmerung und bei Nachtfahrten leicht an die Grenzen der Leistungsfähigkeit ihrer Augen. Schlecht erkennbare Objekte im Straßenverkehr, wie z. B. dun-

**Beschleunigte Grundqualifikation
Basiswissen Lkw/Bus**

kel gekleidete Fußgänger werden leicht zu spät erkannt. Weniger als ein Viertel aller Fahrten in Deutschland findet während der Nacht statt, aber 40 % aller Verkehrstoten sind bei Dunkelheit zu beklagen. Bei den tödlich verunglückten Fußgängern sind es sogar 60 %. Zu bedenken ist daher wieder das obige Prinzip „Je schlechter das Sehvermögen – und nachts ist es bei jedem schlechter als tags – desto später werden Dinge erkannt", d. h. die Geschwindigkeit sollte nachts niedriger sein als tags, um noch zeitgerecht reagieren zu können.

In der Nacht kann das Sehvermögen auf ein Zwanzigstel des tagsüber erreichten Wertes absinken. Gefährliche Informationslücken sind die Folge. Für eine ausreichende Hell-Dunkel-Anpassung (Adaption) benötigt das Auge etwa fünf bis sechs Minuten. Ein Blick in die Scheinwerfer entgegenkommender Fahrzeuge kann die Anpassung auf einen Schlag zunichte machen. Bei älteren Fahrern lässt die Fähigkeit des Auges, sich auf schlechtere Lichtverhältnisse einzustellen, nach.

Die Sichtweite ist bei Nacht keineswegs konstant. Sie hängt nicht nur von der Bauart und der Leistung der Fahrzeugscheinwerfer ab, sondern auch vom Reflexionsgrad der Straße und möglicher Hindernisse. Mit Abblendlicht kann ein dunkel gekleideter Fußgänger auf einer ansonsten nicht beleuchteten Straße erst aus einer Entfernung von 25 bis 30 Metern erkannt werden. Eine weiß gekleidete Person ist dagegen schon aus 100 Metern sichtbar. Durch das asymmetrische Abblendlicht sind vor allem Personen, die von links die Fahrbahn überqueren wollen, gefährdet.

**Abbildung 250:
Blendung durch entgegenkommende Fahrzeuge**

Auch unabhängig von Erkrankungen verschlechtern sich das Dämmerungssehvermögen und die Blendempfindlichkeit mit zunehmendem Alter. Ab dem 50. Lebensjahr ist davon auszugehen, dass bei einem nicht geringen Prozentsatz der Bevölkerung Einschränkungen vorliegen. Bei den über 70-Jährigen liegt der Anteil der für das nächtliche Fahren ungeeigneten Fahrer bereits ohne Blendung bei 35 % und mit Blendung bei 54 %. Durch die schleichende Entwicklung ist dies dem Autofahrer in der Regel nicht bewusst und sollte ein Grund sein, dies ab dem 45. Lebensjahr überprüfen zu lassen.

Auch Veränderungen der Pupillenreaktion und Erkrankungen von Netzhaut und Sehnerv führen zu Einschränkungen. Was kann man nun tun? Anpassung der Geschwindigkeit, frühzeitiges Anschalten des Fahrlichtes zur besseren Erkennbarkeit für andere in der Dämmerung, Vermeidung

Gesundheitsschäden vorbeugen

6.2

> ✚ **Hintergrundwissen** → Hauptursache für die Verschlechterung im Alter ist die zunehmende Streulichtentwicklung durch altersbedingte Trübungen in den klaren Strukturen des Auges (z. B. grauer Star). Es legt sich ein Lichtschleier über die Netzhaut, der den Kontrast vermindert. Zu bedenken ist hier auch, dass bei geringeren Trübungen die daraus entstehende Blendempfindlichkeit nachts schon zu starken Seheinschränkungen führen kann, wenn tags noch 100 % Sehvermögen vorliegt.

von kritischen Situationen, evtl. Behandlung von Krankheiten (z. B. Operation des grauen Stars) und die passenden optischen Verhältnisse. Letzteres heißt, von innen und außen gereinigte Autoscheiben und ungetönte und reflexgeminderte (entspiegelte) Brillengläser. Warum ungetönte Gläser, wenn man doch eventuell blendempfindlich ist? Jede Tönung lässt weniger Licht durch. In Versuchen wurde bewiesen, dass diese Verminderung an Helligkeit mehr die Erkennbarkeit stärker behindert als der Gewinn durch die Blendminderung ausmacht.

> ✚ **Hintergrundwissen** → Durch Schäden oder Erkrankungen der steuernden Nerven und Gehirnzentren kann es zu Problemen bei der Zusammenarbeit der Augen kommen. Blicke in bestimmte Richtungen sind nicht mehr möglich oder es treten dauerhaft oder zeitweise Doppelbilder auf. Dann liegt Fahruntauglichkeit vor. Bei seit der Kindheit bestehendem Schielen bestehen keine Doppelbilder (werden im Gehirn unterdrückt, man sieht nur mit einem Auge gleichzeitig) und nach dem Gesetz besteht zumindest Fahrtauglichkeit für Pkw. Das etwas eingeschränkte Gesichtsfeld (es gibt kein beidäugiges Gesichtsfeld in diesen Fällen) sollte einem jedoch bewusst sein. Ursachen für die Entstehung von Doppelbildern im Erwachsenenstadium sind z. B. die Zuckerkrankheit, Schädelverletzungen, Schlaganfälle, Tumore oder ausgeprägtes verstecktes Schielen. Solange die Grunderkrankung nicht soweit therapierbar ist, dass das Schielen wieder verschwindet, besteht die Fahruntauglichkeit weiter.

Das Farbensehen

Besonders kritisch ist die Rotschwäche. Bei schlechten Lichtverhältnissen erkennt der Normalsichtige ein Auto ja häufig nur noch an den roten Rücklichtern. Der hier Eingeschränkte erkennt das Auto dann entsprechend später oder zu spät. Der typische Unfall eines Roteingeschränkten ist der Auffahrunfall bei schlechter Sicht. Therapeutisch gibt es hier kaum Möglichkeiten, da diese Sehfehler in der Regel angeboren und nicht behandelbar sind. Bei den erworbenen Farbschwächen liegen manchmal rückgängig machbare Veränderungen vor. Ein Beispiel ist der Farbempfindlichkeitsverlust durch Trübungen der Linse (grauer Star). Ein 55-Jähriger hat auch im gesunden Zustand 35 % Farbempfindlichkeitsverlust gegenüber einem 19-Jährigen. Bei ungewöhnlichen Farbschwächen muss gegebenenfalls eine genaue Ursachenforschung betrieben werden.

Visuelle Wahrnehmung

Geschätzte 80–90 % der für den Straßenverkehr relevanten Sinneseindrücke werden über das Auge wahrgenommen. Das Auge ist für den Kraftfahrer also das wichtigste Informationsorgan. Vom Auge wird immer nur ein Teilbereich scharf abgebildet.
Die Wahrnehmung ist stets auf ein Zentrum konzentriert. Zwar wird das gesamte Blickfeld durch die Wahrnehmung abgedeckt, aber an den Rändern, im Bereich des peripheren Sehens, ist die Abbildungsleistung sehr viel geringer. Im Peripheriebereich der Wahrnehmung werden Bewegungen weitaus eher erkannt als statische Objekte. Da der Kraftfahrer sich angesichts der gefahrenen Geschwindigkeiten sehr weit nach vorn orientieren muss, verschwindet der Nahbereich in der peripheren Wahrnehmung. Vor allem bei hohen Geschwindigkeiten entsteht so ein gefährlicher Tunnelblick. Der Fahrer muss deshalb den Blick immer wieder bewusst zurücknehmen, wenn er den Nahbereich unter Kontrolle halten will.

Ein Kraftfahrer tastet ständig mit wechselnden Blicken den Verkehrsraum ab. Mal blickt er in den Fern-, mal in den Nahbereich. Wohin der Kraftfahrer blicken muss, wird von seiner Erfahrung gesteuert, denn je nach Verkehrsführung und Situation sind es andere Bereiche, auf die er sich besonders konzentrieren muss. Erfahrene Fahrer erreichen eine bessere Abdeckung der Verkehrssituation und können daher eher reagieren.

> **Hintergrundwissen** → Bei starker Übermüdung kann das periphere Sehen gar nicht mehr zur visuellen Orientierung beitragen. Die Informationsaufnahme ist dann nur noch auf den fixierten Blickbereich beschränkt.

Auch der Blick während des Fahrens auf die Instrumente im Fahrzeug kann zu Problemen und somit zu Gefährdungen führen. Im Blindflug legt ein Fahrer folgende Zeitspannen zurück:

Blickzuwendung zum Tacho:	0,05 sec
Zielerfassung (Korrektursakkade):	0,15 sec
Scharfstellen (Umakkomodation) auf den Nahbereich:	0,4 sec
Blickverweildauer zur Informationserfassung:	0,5–1 sec
Blickzuwendung zur Straße:	0,05 sec
Scharfstellen (Umakkomodation) auf den Fernbereich:	0,4 sec
Gesamt:	1,55–2,05 sec

Bei einer Geschwindigkeit von 100 km/h entspricht das einer Strecke von ca. 40–60 m. Erst dann setzt beim Erkennen einer Gefahr die normale Reaktionszeit ein. Dass die von der Rechtsprechung zugrunde gelegten Reaktionszeiten von 0,7 bis 1 Sekunde unter diesen Umständen oft nicht ausreichen, liegt auf der Hand.

Ein Kraftfahrer ist im Straßenverkehr einer Vielfalt von Informationseindrücken ausgesetzt. Neben dem Auge werden auch Ohren, Nase und Tastsinn angesprochen. Dabei kann es leicht zu Überlastungen des Informationshaushaltes kommen. Wie bei einer überlasteten Telefonanlage kann es dann passieren, dass für die zentrale Information, auf die es ankommt, kein Kanal mehr frei ist. Die oben beschriebene Beeinträchtigung der peripheren Wahrnehmung durch Konzentration auf eine andere Blickrichtung kann auch durch akustische Reize ausgelöst werden. Gespräche mit Fahrgästen (bei Busfahrern), Radio, Betriebsfunk oder Mobiltelefon können also ebenfalls die visuelle Informationsverarbeitung stören. Mehrfachtätigkeiten (z. B. Fahren und Karte lesen),

**Beschleunigte Grundqualifikation
Basiswissen Lkw/Bus**

Abbildung 251:
Komplexe Verkehrssituation
Quelle: Deutscher Verkehrssicherheitsrat e.V., Bonn

Ablenkung, Müdigkeit oder Zeitdruck begünstigen eine Informationsüberlast und können Verarbeitungs- und Entscheidungsprobleme hervorrufen.

Spiegeleinstellung

Abbildung 252:
Sichtfeld des Busfahrers

Nach der richtigen Sitzeinstellung erfolgt die Einstellung der Spiegel.

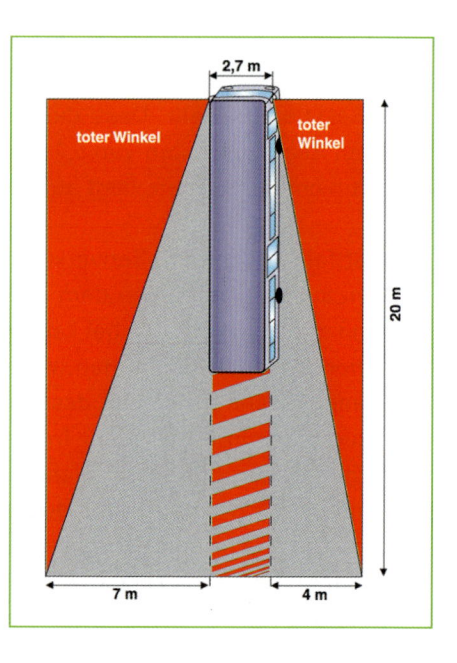

Beide Außenspiegel müssen so eingestellt werden, dass das eigene Fahrzeug seitlich noch zu sehen ist (beim Bus muss die hintere Tür im Blickfeld sein) und zudem ein möglichst großer Verkehrsraum um das eigene Fahrzeug herum erkennbar ist. Falsch ist es, die Einstellung der Außenspiegel so zu wählen, dass nur der Verkehrsraum oder nur die Räder beobachtet werden können. In den Außenspiegeln muss in einer Entfernung von 20 m, nach hinten vom Spiegel aus gemessen, der Verkehrsraum von der verlängerten Fahrzeugseite nach links 7 m und nach rechts 4 m übersehbar sein. Ein Frontspiegel, der über der Windschutzscheibe angebracht ist, ermöglicht die Sicht auf den Bereich unmittelbar vor dem Bus bzw. Lkw.

Abbildung 253: Sichtfeld Lkw

Sehhilfen

Schmale Fassungsränder sowie dünne Bügel von Brillen kommen dem Sichtfeld von Kraftfahrern zugute. Der Blick in Innen- und Außenspiegel durch die Brillengläser hindurch sollte ohne Kopfdrehung möglich sein.

Die Brille sollte vorzugsweise entspiegelt und mit Kunststoffgläsern versehen sein. Für ältere Fahrer hat sich bei Kurz- und Weitsichtigkeit eine Gleitsichtbrille bewährt. Eine frühzeitige Gewöhnung an diese Brille ist deshalb sinnvoll. Empfehlenswert für Brillenträger und Träger von Kontaktlinsen ist das Mitführen einer Ersatzbrille.

Sonnenbrillen helfen gegen Blendung und übermäßige Beanspruchung der Augen durch helles Tageslicht oder tiefstehende Sonne. Beim Kauf einer Sonnenbrille ist auf Qualität zu achten. Billige Fabrikate verzerren oft das Bild.

Abbildung 254:
Haustier und Hausrat schränken die Sicht ein

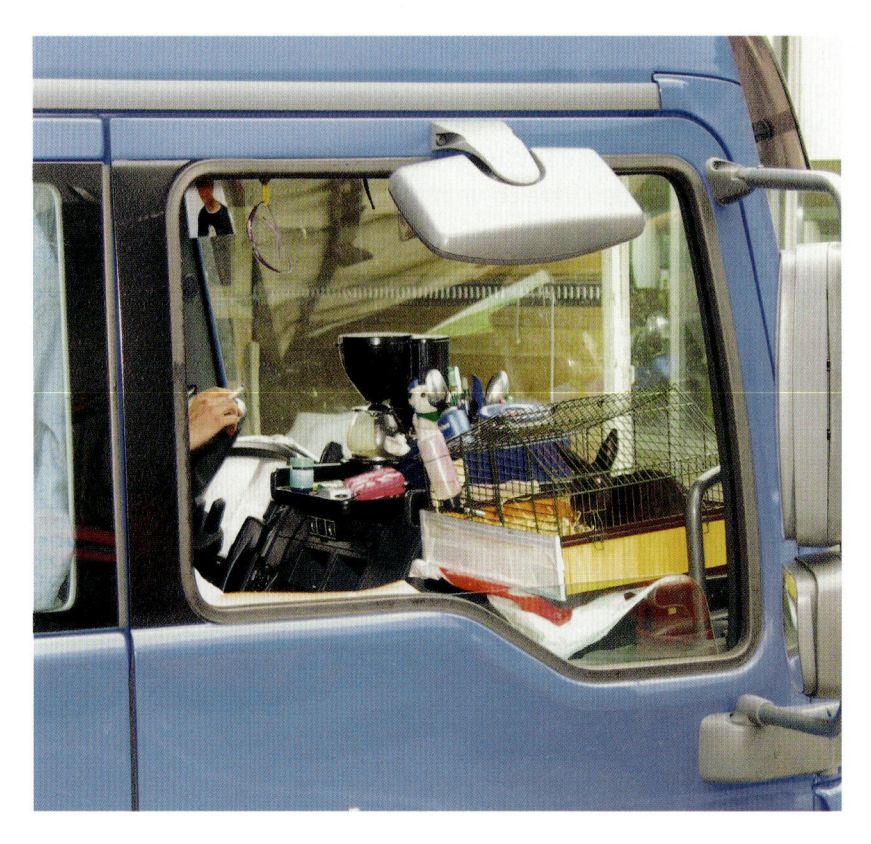

Windschutzscheiben und Scheinwerfer

Verschmutzungen und Kratzer auf der Frontscheibe können die Sichtmöglichkeiten des Fahrers erheblich beeinträchtigen. Die Verschmutzung wirkt wie ein Filter, der große Lichtmengen schluckt. Durch verkratztes Glas werden Streulichtbildung und Blendung verstärkt. Die Abbildung 255 zeigt, wie sich die Verschmutzungen und Beschädigungen der Frontscheibe, aber auch verschmutzte Scheinwerfergläser, auf die Sichtweite auswirken.

Ebenfalls sinnvoll sind eine regelmäßige Reinigung der Frontscheiben von innen sowie die Reinigung der Scheinwerfer. Der regelmäßige Tausch der Wischerblätter trägt ebenfalls zur Schonung der Windschutzscheibe bei.

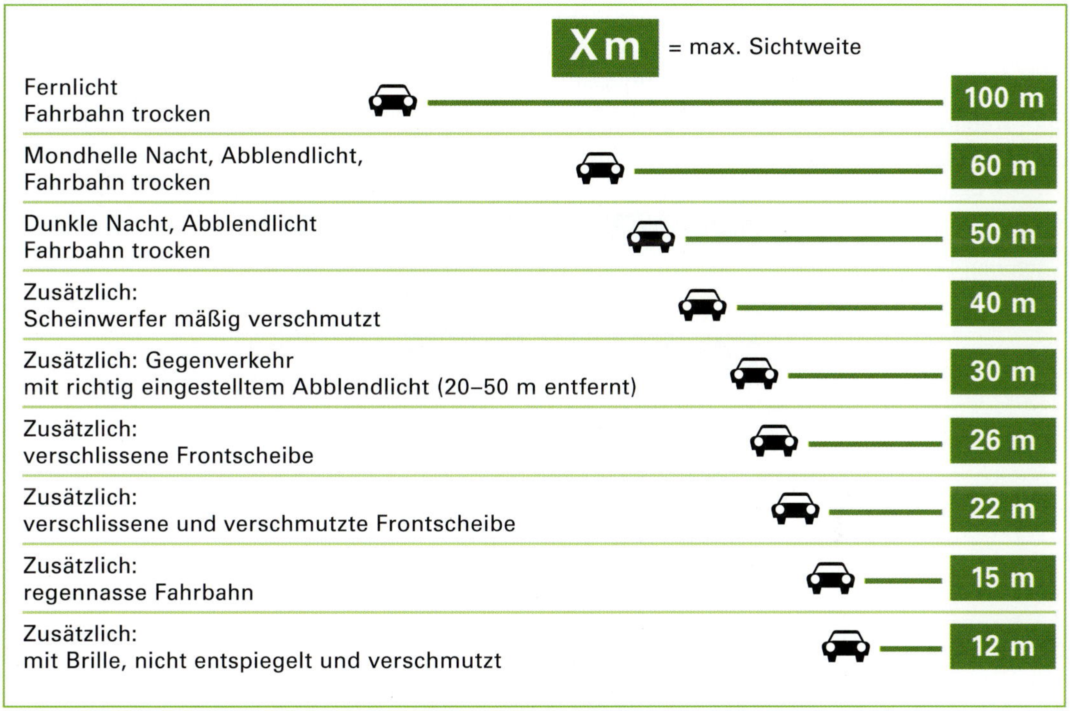

Gesundheitsschäden vorbeugen 6.2

Bedingung		Sichtweite
	X m	= max. Sichtweite
Fernlicht, Fahrbahn trocken		100 m
Mondhelle Nacht, Abblendlicht, Fahrbahn trocken		60 m
Dunkle Nacht, Abblendlicht, Fahrbahn trocken		50 m
Zusätzlich: Scheinwerfer mäßig verschmutzt		40 m
Zusätzlich: Gegenverkehr mit richtig eingestelltem Abblendlicht (20–50 m entfernt)		30 m
Zusätzlich: verschlissene Frontscheibe		26 m
Zusätzlich: verschlissene und verschmutzte Frontscheibe		22 m
Zusätzlich: regennasse Fahrbahn		15 m
Zusätzlich: mit Brille, nicht entspiegelt und verschmutzt		12 m

Abbildung 255: Sichtweite unter verschiedenen Bedingungen

Rückwärtsfahren und Rangieren

Laut StVO § 9 Abs. 5 muss sich der Fahrer beim Rückwärtsfahren so verhalten, dass eine Gefährdung anderer Verkehrsteilnehmer ausgeschlossen ist; erforderlichenfalls hat er sich einweisen zu lassen. Im Klartext bedeutet dies: Der Fahrer darf nur rückwärts fahren oder zurücksetzen, wenn sichergestellt ist, dass keine Personen gefährdet werden. Ist dies nicht der Fall, muss er sich einweisen lassen. Eine vergleichbare Regelung enthält die Unfallverhütungsvorschrift „Fahrzeuge" (BGV D29, § 46).

Dabei darf nicht vergessen werden, dass gerade die Einweiser beim Rückwärtsfahren zu den gefährdeten Personen gehören. Dies bedeutet, dass auch der Sicherheit des Einweisers Rechnung getragen werden muss. Die einweisende Person muss sich so aufstellen, dass sie sich im Sichtbereich des Fahrers befindet, aber nicht vom Fahrzeug erfasst werden kann. Reflektierende Kleidung (z.B. Warnweste) erhöht die Sichtbarkeit des Einweisers. Wo es möglich ist, sollte der Rangierbereich entsprechend beleuchtet sein. Monitorsysteme ersetzen keineswegs einen Einweiser. Das gleiche gilt für ein Abstandswarngerät.

Beschleunigte Grundqualifikation
Basiswissen Lkw/Bus

Beide Systeme zu kombinieren, wäre für den Fahrer beim Rückwärtsfahren und Rangieren ein großer Vorteil.

Abbildung 256: Überwachungsbereich nach Rangier-Warneinrichtung DIN 75031

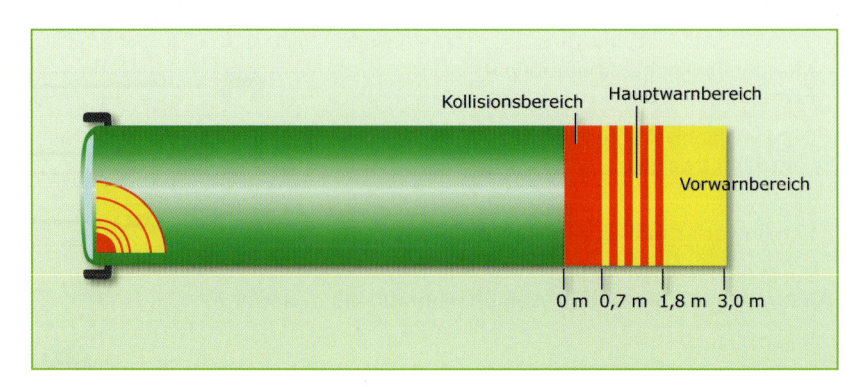

Gesundheitsschäden vorbeugen — 6.3

6.3 Klima

▶ **Die Teilnehmer sollen die Auswirkungen der klimatischen Bedingungen auf das Leistungsvermögen kennen, insbesondere die daraus resultierenden Gesundheits- und Unfallgefahren und den Umgang mit technischen Klimaeinrichtungen.**

↻ Erklären Sie in einem Gespräch die Begriffe Kern- und Schalentemperatur.

„Steigende Temperatur – was bedeutet das für den Körper?" Sammeln Sie mit den Teilnehmern Antworten auf die Frage am Flipchart.

„Wie trinkt man bei hohen Temperaturen richtig?" Sammeln Sie mit den Teilnehmern Antworten auf die Frage am Flipchart.

Erklären Sie, wie man eine Klimaanlage richtig einstellt.

🕒 Ca. 30 min

💬 Dieses Thema wird in der Führerscheinausbildung der Klassen C und D nicht oder nur ansatzweise behandelt.

Abbildung 257: Die Umgebungstemperatur links beträgt ca. 35° C, rechts ca. 20° C

Einleitung

„Das sind ja heute wieder Temperaturen wie in der Sauna!" Haben Sie das auch schon mal gedacht, als Sie im Hochsommer auf dem Fahrersitz Platz genommen haben? In der Tat: Bei intensiver Sonneneinstrahlung kann man hinter der Front- und Seitenscheibe Temperaturen bis zu über 70 °Celsius messen! Anders als in der richtigen Sauna macht die Hitze im Kraftfahrzeug aber alles andere als fit.

Der menschliche Wärmehaushalt

Die Kerntemperatur des Menschen liegt bei ca. 37 °Celsius. Diese Temperatur existiert im Gehirn, im Herzen und im Bauchraum. Die Kerntemperatur erhöht sich bei Fieber, körperlicher Arbeit oder warmer Umgebung.

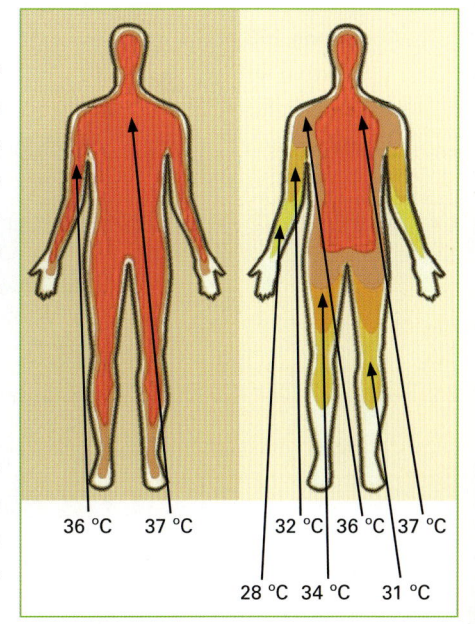

In den äußeren Körperbereichen wird die so genannte Schalentemperatur gemessen. Diese Temperatur, z. B. in der Haut oder in den Muskeln, unterliegt hohen Schwankungen, d. h. die Temperatur gleicht sich ihrer Umgebung an. Bei körperlicher Arbeit haben die Muskeln eine höhere Temperatur als bei der Büroarbeit.

Im Wesentlichen sind es drei Prozesse, die den Wärmehaushalt des Körpers im Gleichgewicht halten: Der Wärmetransport durch das Blut, die Schweißabsonderung und die Wärmeproduktion durch Muskelzittern. Wärmetransport und Schweißabsonderung sind unmittelbar entscheidend dafür, wie gut der Körper mit warmen Umgebungstemperaturen fertig werden kann. Dabei laufen folgende Mechanismen ab: Der Blutkreislauf sorgt für einen Temperaturausgleich innerhalb des Körpers. Die blutdurchströmten Gefäße erfüllen dabei die Funktion von Heiz- oder Kühlleitungen. Sie können Wärme in überhitzten Körperregionen aufnehmen und sie in anderen Regionen wieder abgeben.

Die Schweißabsonderung dient zur Abkühlung der Haut. Beim Verdunsten des Schweißes entsteht Verdunstungskälte. Bei hohen Außentemperaturen dient die Schweißabsonderung auch der Wärmeabfuhr aus dem Körperinneren und der Abkühlung der Körperoberfläche. Je größer die Oberfläche der Haut, desto größer die Wärmeabgabe. Bei

Abbildung 258: Reaktion auf Temperaturunterschiede

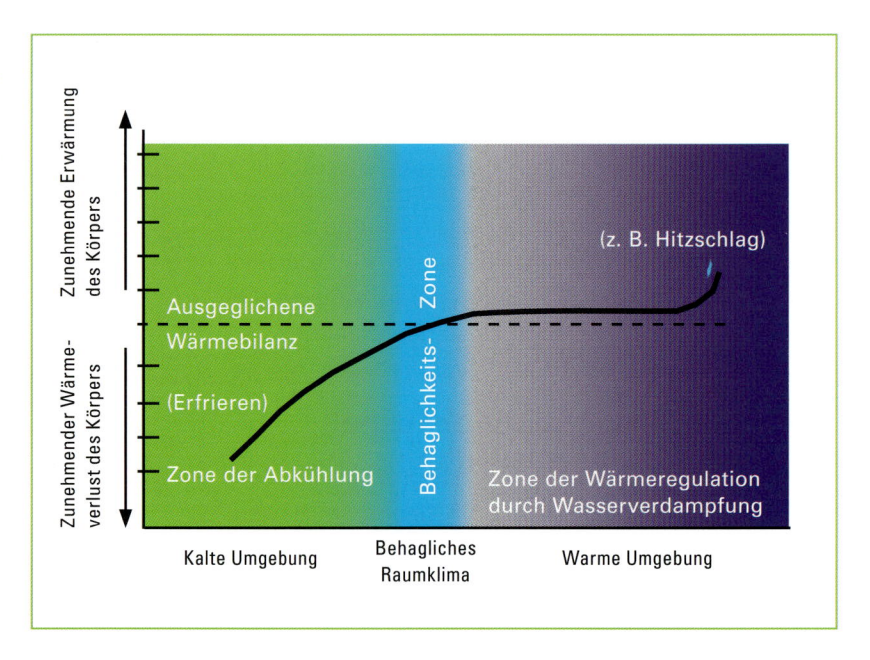

niedrigerer Luftfeuchtigkeit kann mehr Wärme abgegeben werden als bei hoher Luftfeuchtigkeit.

Behagliches Klima

Es existiert ein nur recht enger Bereich, in dem der Wärmehaushalt im menschlichen Körper ausgeglichen ist. Hier wird die Temperaturregelung allein durch den Blutkreislauf übernommen.
Die Temperatur, bei der sich Frauen behaglich fühlen liegt ca. 1 °C höher als bei Männern. Das Gleiche gilt für Personen, die mehr als vierzig Jahre alt sind. Für den Innenraum von Kraftfahrzeugen werden 23–27 °Celsius als Behaglichkeitsbereich angegeben.

Für die Behaglichkeit ist jedoch nicht nur die absolute Temperatur der Umgebungsluft entscheidend. Das Behaglichkeitsgefühl des Menschen in Bezug auf Wärme wird von folgenden Faktoren beeinflusst (man spricht hier auch vom Behaglichkeitsindex):
1. Mensch: Bekleidung, Aktivitätsgrad, Aufenthaltsdauer
2. Raum: Strahlungstemperatur (Temperatur der Umschließungsfläche)
3. Raumluft: Lufttemperatur, Luftgeschwindigkeit, Luftfeuchte

Umschließungsflächen für den Bus- und Lkw-Fahrer sind der Fahrersitz, die Armaturen und die Fensterflächen. Gerade die Strahlungswärme der Fenster macht den Fahrern in den kalten und warmen Jahreszeiten zu schaffen.

Bei sitzender Arbeit soll die Luftbewegung allgemein nicht über der vergleichsweise niedrigen Geschwindigkeit von 0,2 m/s liegen, da Werte oberhalb dieser Grenze als unangenehm empfunden werden. Solche Werte werden jedoch im Bus bzw. Lkw bei voll eingeschaltetem Gebläse oder geöffneten Fenstern stets überschritten.

Körperliche Auswirkungen und Unfallrisiko durch thermische Belastung

Steigt die Wärme der Umgebung an, werden verschiedene Anpassungserscheinungen des Organismus ausgelöst:

- Die Schweißproduktion steigt heftig an.
- Die Herzfrequenz wird erhöht.

Beschleunigte Grundqualifikation
Basiswissen Lkw/Bus

- Die Körpertemperatur nimmt leicht, die Schalentemperatur stark zu.
- Die Hautdurchblutung wird auf ein Mehrfaches verstärkt.
- Die Tätigkeit der Verdauungsorgane wird reduziert.

Als Folge nimmt die Leistungsfähigkeit für körperliche und geistige Arbeit ab, während die Ermüdbarkeit zunimmt. Auch der Appetit nimmt bei zunehmender Wärme ab.

Abbildung 259: Die Auswirkungen der Abweichung von behaglichem Raumklima

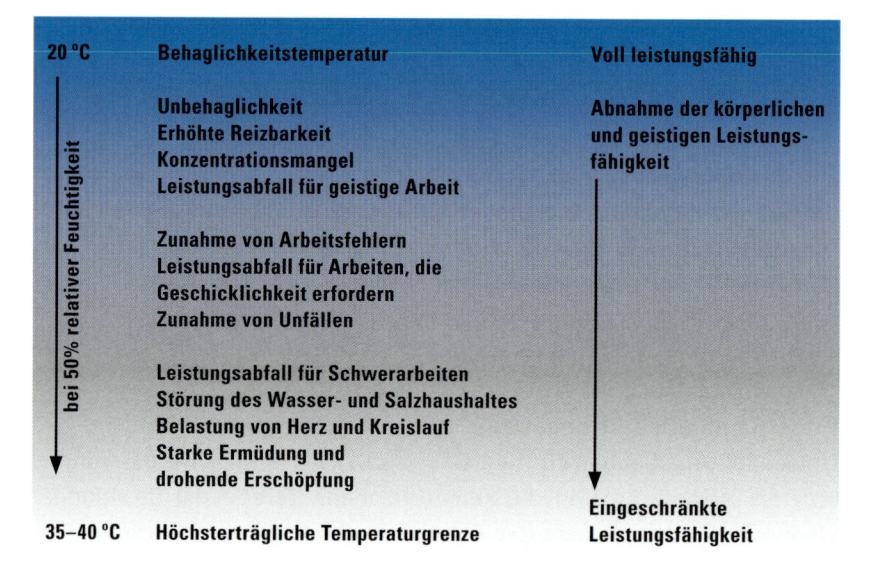

20 °C	Behaglichkeitstemperatur	Voll leistungsfähig
	Unbehaglichkeit Erhöhte Reizbarkeit Konzentrationsmangel Leistungsabfall für geistige Arbeit	Abnahme der körperlichen und geistigen Leistungsfähigkeit
bei 50 % relativer Feuchtigkeit	Zunahme von Arbeitsfehlern Leistungsabfall für Arbeiten, die Geschicklichkeit erfordern Zunahme von Unfällen	
	Leistungsabfall für Schwerarbeiten Störung des Wasser- und Salzhaushaltes Belastung von Herz und Kreislauf Starke Ermüdung und drohende Erschöpfung	
35–40 °C	Höchstertägliche Temperaturgrenze	Eingeschränkte Leistungsfähigkeit

Bei mehr als 39 °C Körperkerntemperatur kann es zum Hitzschlag kommen, durchaus mit tödlichem Ausgang. Die Ursache des Hitzschlags ist die Unfähigkeit des Körpers zur Wärmeabgabe (eingeschränkte Schweißproduktion) oder deren Behinderung durch isolierende Kleidung. Bei übergewichtigen Menschen ist ein Hitzschlag eher zu erwarten als bei Menschen mit Normalgewicht. Studien zeigen: Es ist unumstritten, dass das Klima am Arbeitsplatz die Leistungsfähigkeit des Fahrers beeinflusst. Die Versuchsreihe ergab zusätzlich, dass sich nicht nur die Fehlerhäufigkeit, sondern auch die Reaktionszeit bei zunehmender Wärme erhöht hat.

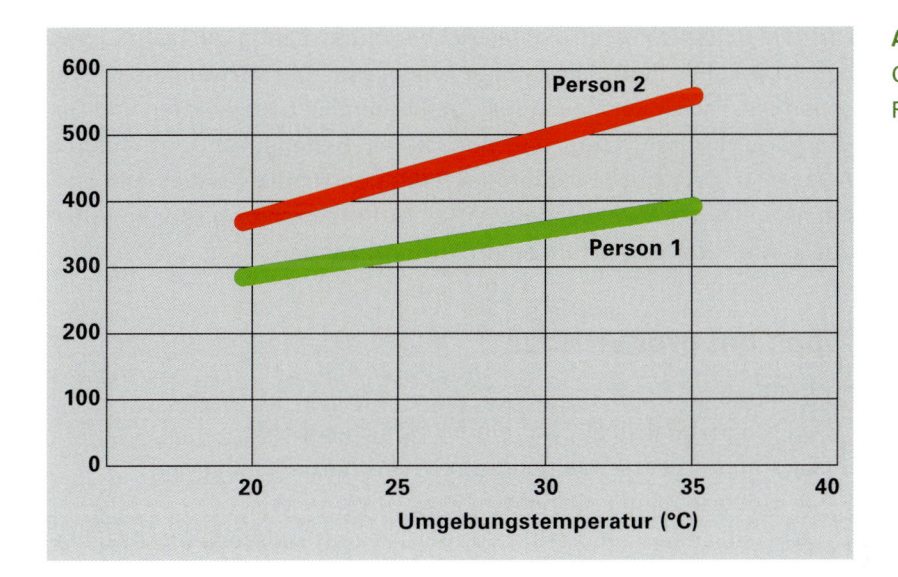

Abbildung 260: Gemittelte Fehlerzahl

> **Hintergrundwissen** → In einem Fahrsimulator wurden bei zunehmender Wärme und speziellen Aufgaben Fehlerzahlen von Versuchspersonen ermittelt. Es konnte eine direkte Abhängigkeit der Fehlerzahlen von der steigenden Umgebungstemperatur festgestellt werden. Abbildung 260 zeigt die Zunahme von Fahrfehlern zweier Testpersonen während des Anstiegs der Umgebungstemperatur von 20 auf 35 °C.

Klimaanlagen und Filtersysteme

Klimaanlagen stellen ein wichtiges Komfortmerkmal dar. Bei der Einstellung der Klimaanlage sollte die Temperaturdifferenz bei hohen Außentemperaturen 4 °Celsius nicht überschreiten, um insbesondere bei älteren Menschen Kreislaufprobleme auszuschließen. Auch in kälteren Jahreszeiten ist eine Klimaanlage von Vorteil. Zum Beispiel lässt sich das Beschlagen der Scheiben verhindern. Nachteil: Zu trockene Luft führt zum Austrocknen der Schleimhäute und begünstigt Infekte der oberen Atemwege.

Die Klimaanlage sorgt, wenn auch in gewissen Grenzen, für eine Luftreinigung. Staub, Abgase etc. werden aufgenommen und fließen dann mit dem Kondenswasser ab. Wichtig ist jedoch eine regelmäßige Wartung der Klimaanlage.

Um die Schadstoffe im Fahrzeuginnenraum niedrig zu halten, werden Aktivkohle- und Partikelfilter eingesetzt. Die verwendeten Filter sollen den Fahrer vor Gesundheit gefährdenden Schadstoffen und Gasen wie Dieselruß, Ozon und Benzol, vor Blütenpollen und anderen Allergenen sowie vor bestimmten Bakterien schützen. Auch geruchsintensive Gase sowie viele Industrie- und Motorabgase können durch geeignete Filter aus der Innenluft entfernt werden.

Tipps bei großer Hitze

Im Sommer...
- Nie mehr als 0,25 l auf einmal zu sich nehmen
- Atmungsaktive Kleidung tragen (Wetterbericht hören!)
- Gebläse richtig ausrichten, Zugluft vermeiden
- Klimaanlage rechtzeitig vor der Ankunft drosseln, um Akklimatisierung zu ermöglichen
- In Pausen Lenkrad und Armaturenbrett mit hellem Tuch abdecken
- Aktive Pausen im Schatten einlegen
- Fahrzeug möglichst im Schatten parken

⚠️ Achtung:
Kohlensäurehaltige Getränke + Sonne = explosiv!

Im Winter...
- Fahrzeuginnenraum nicht überheizen
- An die Witterung angepasste Kleidung tragen
- Klimaanlage hilft auch gegen beschlagene Scheiben
- Zugluft vermeiden: Fahrgäste im Überlandverkehr nur hinten aussteigen lassen

Gesundheitsschäden vorbeugen   6.4

6.4 Lärm

▶ Die Teilnehmer sollen die Auswirkungen von Lärm auf den menschlichen Organismus kennen, insbesondere, dass Lärm Stress auslösen und Gehörschutz schützen kann. Sie sollen Lärm mindernde und Gehör schonende Verhaltensweisen im Alltag kennenlernen.

↻ „Welcher Lärm ist für Sie unangenehm?" Sammeln Sie am Flipchart mit den Teilnehmern Antworten.

Lassen Sie die Teilnehmer in einer praktischen Übung die Lautstärke verschiedener Geräuschquellen mit Hilfe einer Dezibeltabelle einschätzen.

Erläutern Sie in einem Vortrag die Lärmgrenzwerte.

Finden Sie in einem Gespräch mit den Teilnehmern heraus, welchem Lärm diese bei ihrer Tätigkeit ausgesetzt sind.

⏱ Ca. 45 min

🖥 Dieses Thema wird in der Führerscheinausbildung der Klassen C und D nicht oder nur ansatzweise behandelt.

Einleitung

„Lärm wird die Seuche der Zukunft sein", prophezeite vor mehr als 100 Jahren der Arzt und Bakteriologe Robert Koch, und er scheint Recht zu haben: Zwei von drei Erwachsenen fühlen sich heutzutage in ihrem Alltag vom Straßenlärm gestört.

Seit der Urzeit ist Lärm für den Menschen ein Alarmzeichen. Lärm löst eine Reaktion im Körper aus, die mit Stress verbunden ist. Je nach Art des Schalls, seiner Lautstärke und der Dauer der Einwirkungen kann man körperliche und seelische Folgen beobachten.

Wie wir hören

Beim Hören treffen Druckwellen auf unser Ohr, breiten sich über Gehörgang, Trommelfell und Gehörknöchelchen zum Innenohr aus und bringen dann die Membran in der nur erbsengroßen Schnecke zum Schwingen. Unser eigentliches Hörorgan besteht aus 20.000 hochemp-

Abbildung 261:
Folgen von Lärmbelästigung

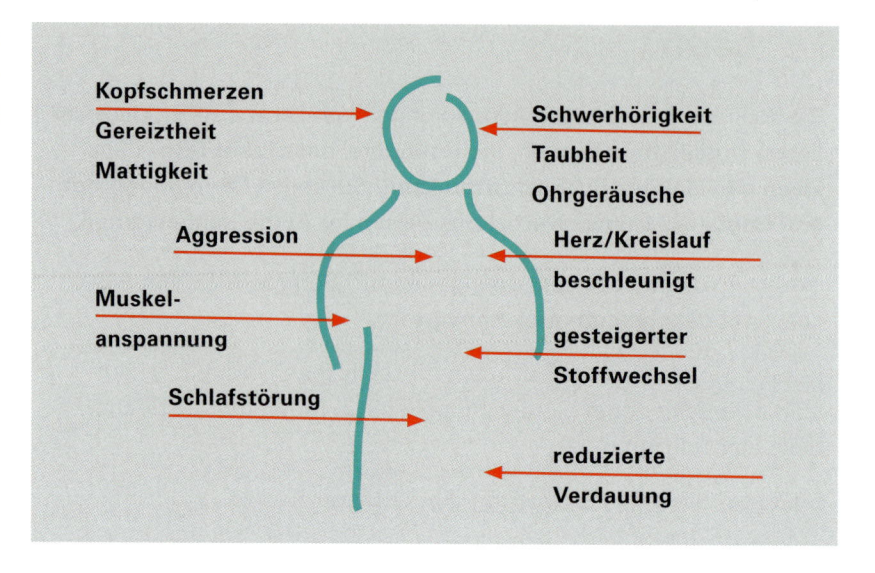

- Kopfschmerzen
- Gereiztheit
- Mattigkeit
- Aggression
- Muskelanspannung
- Schlafstörung
- Schwerhörigkeit
- Taubheit
- Ohrgeräusche
- Herz/Kreislauf beschleunigt
- gesteigerter Stoffwechsel
- reduzierte Verdauung

findlichen Haarzellen, die auf einer Membran angeordnet sind. Die Haarzellen geben elektrische Impulse an die Hörnerven ab, die unser Gehirn auswertet. Bei großer Lautstärke verbiegen sich die Haarzellen stark. Wenn sie derartig kräftig und immer wieder gereizt werden, ermüden die Fasern und werden gelähmt. Der Betroffene hört schlecht.

Schall ist messbar

Lärm ist unerwünschter Schall. Die Druckwellen des Schalls breiten sich in der Luft mit 340 Metern pro Sekunde, also mit über 1200 km/h aus. Ihre Stärke lässt sich mit einem Mikrofon messen, das die Schwingungen der Schallwellen in elektrische Signale umwandelt. Diese zeigen sich entsprechend der Lautstärke auf einer Skala von 0 bis 130 Dezibel (dB). Dabei nimmt das Messgerät die verschiedenen Frequenzen ungefähr so wie das menschliche Ohr auf. Diese Filterung heißt auch A-Bewertung, die Kurzbezeichnung der Skala lautet daher dB(A).

Die größte Hörempfindlichkeit liegt zwischen 1.000 und 4.000 Hz. Tiefe Töne unter 1.000 Hz und hohe Töne über 4.000 Hz nimmt man also subjektiv leiser wahr als Töne aus dem mittleren Frequenzbereich.

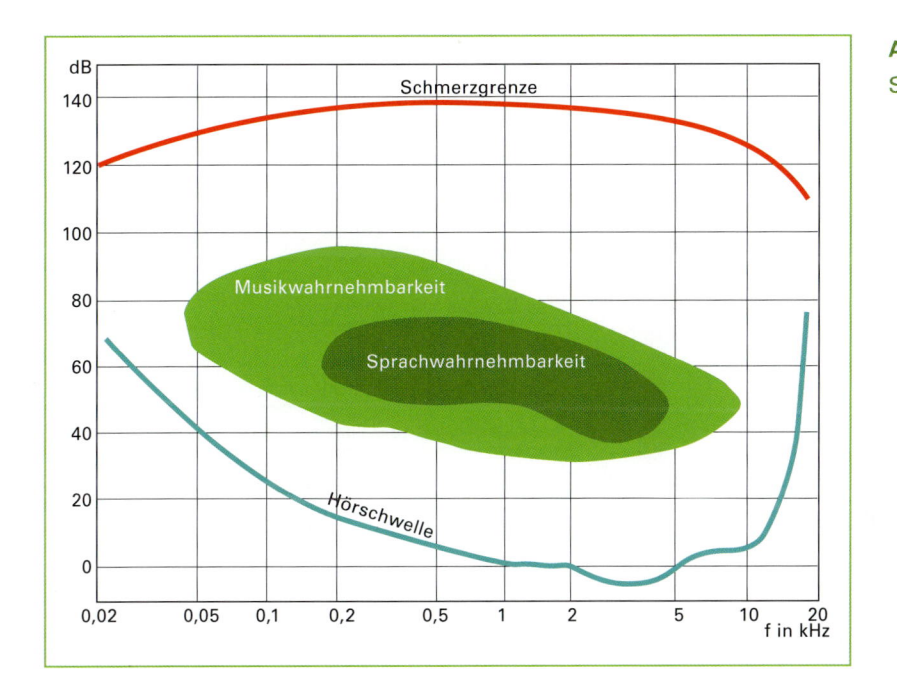

Abbildung 262:
Schall

Am oberen Rand der Skala liegt die Schmerzgrenze, sprich: Ein Geräusch mit 130 dB(A) tut uns körperlich weh. Am unteren Rand befindet sich dagegen die Hörschwelle, also die Grenze unseres Hörvermögens. Den Anstieg der Werte dazwischen empfinden wir allerdings nicht gleichmäßig: Ein um 10 dB(A) lauteres Geräusch nehmen wir als doppelt so laut wahr. Zum Beispiel ist ein mit ca. 80 dB(A) vorbei fahrendes Auto doppelt so laut wie ein Rasenmäher, der mit 70 dB(A) brummt. Problematisch dabei ist: Tatsächlich erzeugt eine Steigerung von nur 3 dB(A) schon eine Verdoppelung des Schalldrucks. Das heißt, wir setzen das Ohr möglicherweise schon einer doppelten Belastung aus, ohne es zu spüren.

Das „Lärmometer" gibt Auskunft über die Schädlichkeit verschiedener Alltags-Lärmquellen (s. S. 490).

Lärm und seine Auswirkungen

Im fortgeschrittenen Stadium erschwert die Schwerhörigkeit unsere Kommunikation und führt uns in die Isolation. Aber nicht nur das Gehör, auch das vegetative Nervensystem leidet unter Lärm. So können beispielsweise Magenleiden oder Nervosität die Folge eines durch Dauerlärm angegriffenen Nervenkostüms sein.

**Beschleunigte Grundqualifikation
Basiswissen Lkw/Bus**

Abbildung 263:
„Lärmometer"
Quelle: Ulrike Borowsky/ddp

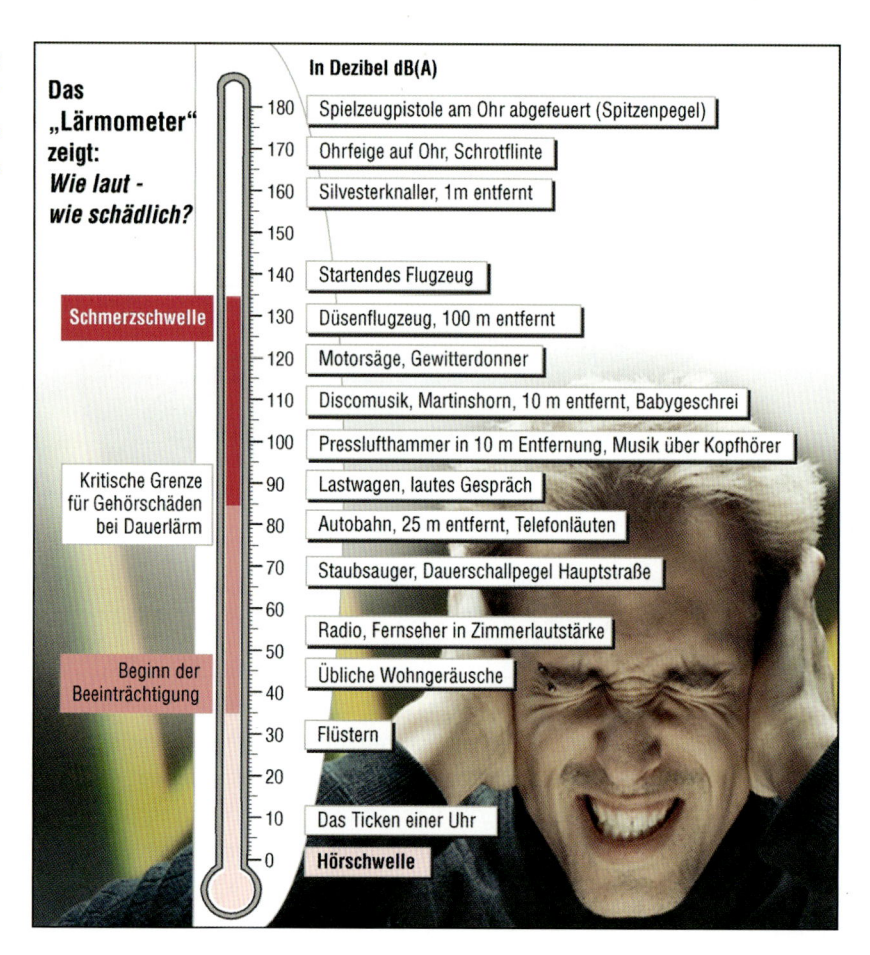

Das „Lärmometer" zeigt: Wie laut – wie schädlich?

In Dezibel dB(A)

- 180 – Spielzeugpistole am Ohr abgefeuert (Spitzenpegel)
- 170 – Ohrfeige auf Ohr, Schrotflinte
- 160 – Silvesterknaller, 1m entfernt
- 150
- 140 – Startendes Flugzeug
- 130 – Düsenflugzeug, 100 m entfernt — **Schmerzschwelle**
- 120 – Motorsäge, Gewitterdonner
- 110 – Discomusik, Martinshorn, 10 m entfernt, Babygeschrei
- 100 – Presslufthammer in 10 m Entfernung, Musik über Kopfhörer
- 90 – Lastwagen, lautes Gespräch — **Kritische Grenze für Gehörschäden bei Dauerlärm**
- 80 – Autobahn, 25 m entfernt, Telefonläuten
- 70 – Staubsauger, Dauerschallpegel Hauptstraße
- 60
- 50 – Radio, Fernseher in Zimmerlautstärke
- 40 – Übliche Wohngeräusche — **Beginn der Beeinträchtigung**
- 30 – Flüstern
- 20
- 10 – Das Ticken einer Uhr
- 0 – **Hörschwelle**

Auch Schlafstörungen und Bluthochdruck sind typische Lärmkrankheiten. Laut Verkehrsclub Deutschland haben 13 Millionen Deutsche ein erhöhtes Herzinfarktrisiko, weil sie an lauten Straßen oder Schienen wohnen. Nicht zu unterschätzen, wenn auch nicht messbar und individuell sehr verschieden, sind die Auswirkungen von Lärm auf unsere Psyche. Lärm verursacht Stress, macht uns gereizt und unkonzentriert. Das erhöht die Unfallgefahr am Arbeitsplatz oder im Verkehr.

Eine Dauerschädigung des Innenohrs kann mit einem Ohrsausen (Tinitus) und/oder einer vorübergehenden Hörverschlechterung beginnen. Oft verläuft der Weg in die Taubheit aber schleichend. Zuerst fallen die hohen Töne oberhalb der Sprachfrequenzen, wie zum Beispiel das Vogelgezwitscher, aus. Dann wirkt sich die Taubheit bei den Sprachfrequenzen aus. Zunächst verschwinden die stimmlosen, dann die stimmhaften Konsonanten, schließlich die Vokale. Bei dauerhaft

Gesundheitsschäden vorbeugen 6.4

kräftiger Geräuscheinwirkung kann die Lärmschwerhörigkeit auch schnell zunehmen. Oft addiert sie sich zu einer altersbedingten Schwerhörigkeit. Im fortgeschrittenen Stadium verstehen wir nichts mehr und können nicht mehr mitreden. Das macht einsam.

Wer behauptet, er sei an Lärm „gewöhnt", hat meistens schon einen Hörschaden. Die Taubheit selbst ist unheilbar; sie kann durch Hilfsmittel wie zum Beispiel Hörgeräte nur gemildert werden.

Außer dem Gehör leidet das vegetative Nervensystem: Lärm schlägt uns auf den Magen und macht nervös.

Um eine Geräuschsituation über einen längeren Zeitraum zu erfassen, bildet man Mittelwerte der gemessenen Schallpegel. Der so genannte „Beurteilungspegel" bezieht sich auf einen achtstündigen Zeitraum. Er kann arbeitsplatzbezogen oder personenbezogen ermittelt werden. In besonderen Fällen kann er auch über eine 40-stündige Arbeitswoche gemittelt werden.

Abbildung 264: Dauerschallpegel in dB(A)

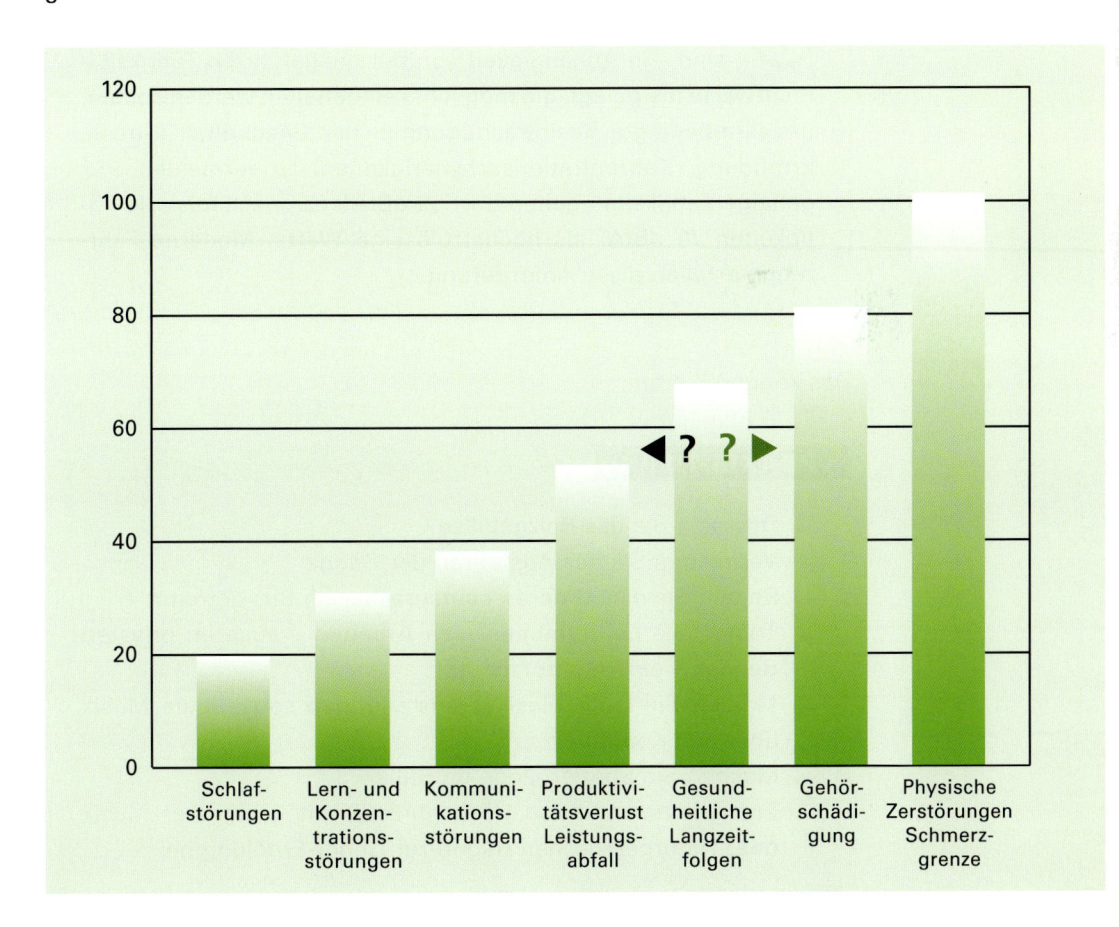

**Beschleunigte Grundqualifikation
Basiswissen Lkw/Bus**

Lärm in Fahrzeugen

Im Hinblick auf eine Gehörschädigung liegen die Messwerte am Fahrerarbeitsplatz in **Omnibussen** unterhalb der kritischen Werte. Eine Gehörgefährdung ist demnach nicht zu erwarten.

Bei Reisebussen zum Beispiel liegen die ermittelten Dauerschallpegel im Fahrbetrieb zwischen 67 und 75 dB(A). Dabei sind die Geräusche aller Fahrzustände, die verschiedene Fahrbahnen sowie Zusatzgeräusche wie Heizung/Klimaanlage, Verkehrsfunk und Radio enthalten. Im Schulbusverkehr können hohe Werte – gelegentlich über 100 dB(A) – erreicht werden. Diese sind aber nur sehr kurzzeitig und somit kaum relevant im Hinblick auf eine mögliche Gehörschädigung.

> **Hintergrundwissen** → In der VDI-Richtlinie 2058 Bl. 3 sind – in Abhängigkeit von der ausgeführten Tätigkeit – Richtwerte festgelegt, die möglichst eingehalten werden sollten, um lärmbedingte Beeinträchtigungen der Gesundheit (Stress, Ermüdung, Konzentrationsschwierigkeiten) zu vermeiden. Für geistige Tätigkeiten gelten dort 55 dB(A), für mechanisierte Tätigkeiten 70 dB(A) als höchstzulässige Werte. Moderne Fahrzeuge erfüllen diese Anforderung.

Das können Sie tun:

PRAXIS-TIPP

- Drosseln Sie das Heizgebläse
- Vermeiden Sie das Ausfahren der Gänge
- Regeln Sie die vorderen Lautsprecher im Bus getrennt
- Tragen Sie bei lärmintensiven Arbeiten – auch im privaten Bereich – einen Gehörschutz
- Meiden Sie laute Musikveranstaltungen sowie laute Musik über den Kopfhörer
- Machen Sie Spaziergänge im Stillen
- Entspannte und leise Hörerlebnisse mit geeigneter Musik oder Naturgeräuschen tragen zur Gehör-Erholung bei

Gesundheitsschäden vorbeugen 6.4

Bei modernen **Lkw** stellen die Innengeräusche, die durch das Fahrzeug verursacht werden, in der Regel kein Problem dar. In Einzelfällen, zum Beispiel bei älteren Fahrzeugen oder Lkw für spezielle Einsatzgebiete (Baustellenfahrzeuge, Mobil- und Autokrane, ältere KEP-Fahrzeuge) können jedoch hohe Lärmpegel auftreten, die auch ins Fahrerhaus dringen. Auch unterhalb der kritischen Schwelle kann Lärm als Stressor wirken, der Ihre Befindlichkeit und Ihre Konzentration beeinträchtigt.

Abbildung 265: Lärmbelastung auf Baustellen Quelle: Scania Deutschland

Außerhalb des Fahrerhauses entsteht Lärm in erster Linie bei Belade- und Entladevorgängen. Spezielle Fahrzeuge wie zum Beispiel Silofahrzeuge, Kühlfahrzeuge und Betonmischer (Betonpumpen) sind als lärmintensiv anzusehen. Hier werden unter Umständen gehörschädigende Grenzwerte überschritten. Auch der Einsatz von Glas- und Abfallsammelfahrzeugen ist mit einer hohen Geräuschbelastung verbunden. Das können Sie als Fahrer tun:

PRAXIS-TIPP

- Bei Schlafpausen die Leistung des Kühlaggregates reduzieren („Schildkrötenstellung")
- Auf den Wartungszustand der Fahrzeuge achten (z.B. Schalldämpfer und Schallschutz-Hauben der Aggregate)
- Bei lärmintensiven Arbeits- und Ladevorgängen geeigneten Gehörschutz tragen
- Pausen bewusst zur Gehörerholung nutzen
- Den Lkw, wenn möglich, nicht mit der Kabine zur Fahrbahn abstellen
- Ohropax aus Apotheke oder Drogerie benutzen und sich mit einem Wecker, der neben dem Kopf abgestellt wird, und zusätzlich einem Handy wecken lassen

6.5 Einflussfaktor Alter

> Die Teilnehmer sollen erfahren, dass jedes Lebensalter mit spezifischen Stärken und Schwächen verbunden ist. Insbesondere sollen sie Risiken und Probleme erkennen sowie Möglichkeiten kennen, altersbedingte Defizite zu kompensieren.

„Älter werden heißt…" Lassen Sie die Teilnehmer in Partnerarbeit positive und negative Auswirkungen des Alterns erarbeiten und fassen Sie diese auf einem Flipchart zusammen.

„Jung sein heißt…" Lassen Sie die Teilnehmer in Partnerarbeit positive und negative Aspekte des Jung-Seins erarbeiten und fassen Sie diese auf einem Flipchart zusammen.

„Wodurch bleibe ich im Alter fit?" Sammeln Sie mit Hilfe der Teilnehmer Antworten auf dem Flipchart.

Ca. 45 min

Dieses Thema wird in der Führerscheinausbildung der Klassen C und D nicht oder nur ansatzweise behandelt.

Einführung zum Einflussfaktor Alter

In den Industrienationen hat sich der Unterschied in der Lebenserwartung in den letzten 100 Jahren eindeutig verstärkt. So wurden um 1900 Männer im Durchschnitt 45, Frauen 48 Jahre alt. Der Unterschied von drei Jahren hat sich bis heute verdoppelt, denn die mittlere Lebenserwartung des Mannes beträgt mittlerweile in der Bundesrepublik 76 Jahre, die der Frau 82 Jahre.

Noch vor hundert Jahren konnte die Altersstruktur in Deutschland durch eine Pyramide dargestellt werden, bei der es eine breite Basis junger und eine schmale Spitze alter Menschen gab. Inzwischen hat sich dies entscheidend gewandelt: Über einer vergleichsweise schmalen Basis erhebt sich heute ein dicker „Bauch" der 30- bis 60-Jährigen. Diese Entwicklung wird sich, so lauten die Prognosen, noch weiter verstärken und den Lebensbaum in den älteren Jahrgängen noch breiter ausformen.

Gesundheitsschäden vorbeugen 6.5

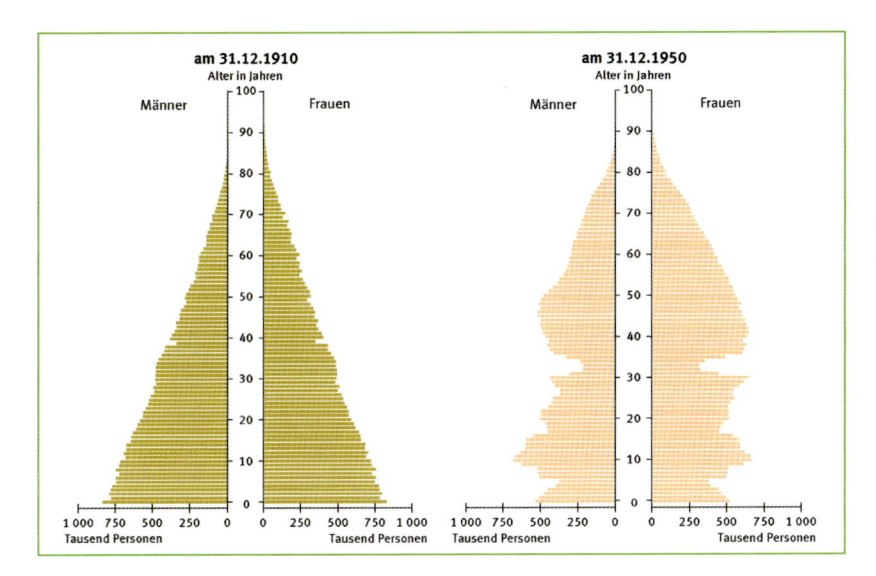

Abbildung 266: Altersaufbau der Bevölkerung in Deutschland 1910 und 1950
Quelle: Statistisches Bundesamt

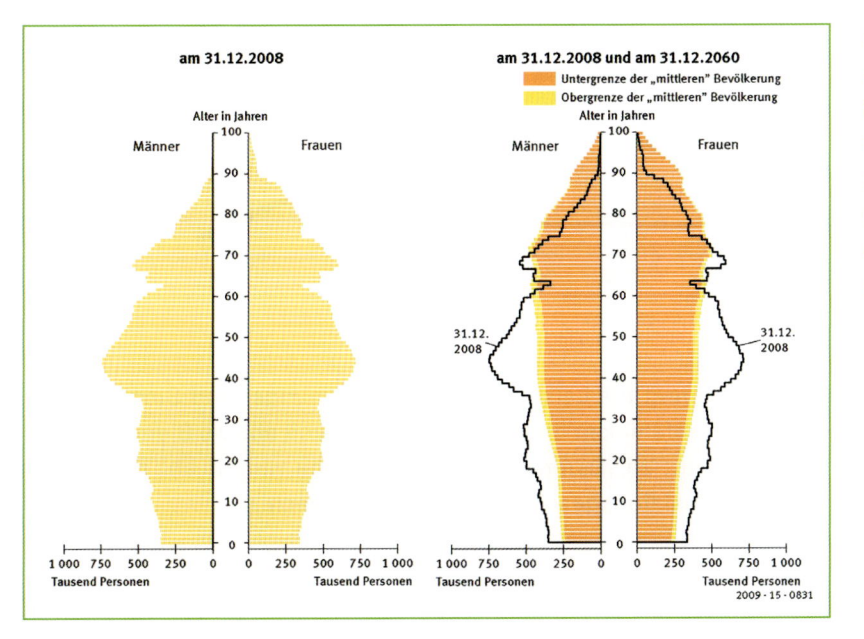

Abbildung 267: Altersaufbau der Bevölkerung in Deutschland 2008 und 2060 (Hochrechnung)
Quelle: Statistisches Bundesamt

Das hat zur Folge, dass auch die Zahl der älteren Mitarbeiter in den Betrieben zunehmen wird. Um die Gesundheit und Sicherheit der Fahrer zu erhalten, müssen hier nicht nur die Prävention und der Gesundheitsschutz ansetzen, sondern dieser Personenkreis selbst muss initiativ werden, um auch weiterhin leistungsfähig zu bleiben.

Beschleunigte Grundqualifikation
Basiswissen Lkw/Bus

Das Alter und die Entwicklung der Leistungsfähigkeit

> **Hintergrundwissen** → Zwischen dem zwanzigsten und dreißigsten Lebensjahr erringen Spitzensportler ihre größten Erfolge. Beim Ausdauersport reicht die höchste Leistungsfähigkeit bis zum vierzigsten Lebensjahr. Mit zunehmenden Lebensjahren stellt man fest, dass die Kräfte langsam nachlassen. Der Fahrer tut sich z. B. schwerer beim Be- und Entladen seines Fahrzeugs.

Der Begriff der „biologischen Systeme" fasst die angesprochenen körperlichen Funktionen zusammen. Die Entwicklung dieser biologischen Systeme lässt sich stark vereinfacht als Kurve darstellen.

Abbildung 268: Entwicklung der Zellfunktion, Muskelkraft und Beweglichkeit biologischer Systeme

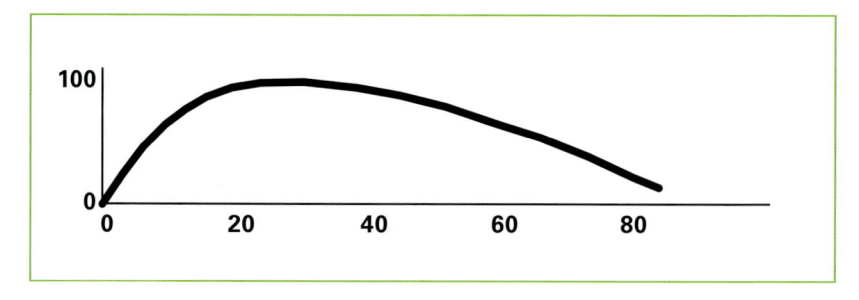

Ebenfalls nimmt die Leistung der Wahrnehmungs- und Sinnesorgane sowie die Sehfähigkeit und Altersweitsichtigkeit ab. Die Blendempfindlichkeit nimmt zu, Dämmerungssehschwäche nimmt ab. Das Gehör sowie die Reaktionsgeschwindigkeit lassen nach.

Weniger einheitlich stellt sich das Bild bei den geistigen bzw. kognitiven Fähigkeiten dar. In der Psychologie spricht man von „kognitiven Systemen", mit denen wir bewusste Kenntnis von uns selbst und unserer Umwelt erhalten. Dazu zählen die Intelligenz, Gedächtnisleistungen, das Lernen, die sprachliche Ausdrucksfähigkeit und der Umfang des Wissens.

Gesundheitsschäden vorbeugen 6.5

> ⊕ **Hintergrundwissen** → Mittlerweile unterscheidet man in der Wissenschaft zwischen der „fluiden" (d.h. flüssigen) und der „kristallisierten" (also verfestigten) Intelligenz. Bei der „fluiden" Intelligenz handelt es sich um die Lernkapazität des Menschen, um grundlegende Prozesse der Informationsverarbeitung und Problemlösung. Dazu gehören die Geschwindigkeit der Informationsverarbeitung, das Kurzzeitgedächtnis, die räumliche Vorstellung und das logische Schlussfolgern. Diese Fähigkeiten werden vordringlich dazu benötigt, um neuartige kognitive Aufgaben zu lösen. Bei vielen Intelligenztests werden den Teilnehmern gerade solche zumeist abstrakten Problemstellungen vorgelegt. Im Bereich der fluiden Intelligenz sind in der Tat bereits ab dem Erwachsenenalter Rückgänge zu beobachten, die mit zunehmendem Alter schwerwiegender werden.

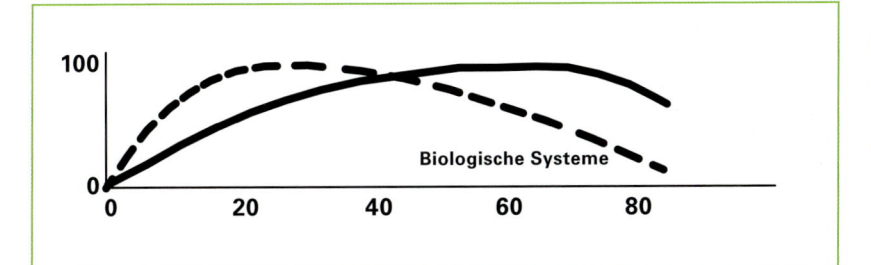

Abbildung 269: Entwicklung des Gedächtnisses, der Intelligenz und des Wissens kognitiver Systeme

> ⊕ **Hintergrundwissen** → Die davon abzugrenzende „kristallisierte" Intelligenz umfasst in erster Linie die Fähigkeiten, die benötigt werden, um vertraute kognitive Aufgaben zu lösen. Dazu benötigt der Mensch auch das Wissen und die Erfahrung, die er im Laufe seines Lebens angesammelt hat. Während sich die fluide Intelligenz also mehr auf formale Fähigkeiten bezieht, geht es bei der kristallisierten Intelligenz um die inhaltliche Ausgestaltung des Denkens und Wissens. Zu ihr gehören sowohl faktisches Wissen, etwa in Bezug auf den Beruf oder die Freizeit, als auch das so genannte prozedurale Wissen, also das Wissen darüber, mit welchen Vorgehensweisen man am besten zu einem Ziel oder einer Lösung kommt. Dies umfasst die Kennt-

> nis von Strategien, die nötig sind, um die Anforderungen z. B. des Berufs zu meistern. Die kristallisierte Intelligenz weist gegenüber der fluiden Intelligenz eine erheblich größere Stabilität auf. Wenn im zunehmenden Alter die Erfahrungen weiter ausgebaut und Wissen hinzugewonnen wird, kann die kristallisierte Intelligenz weiter zunehmen.

Älter zu werden heißt nicht, dass die geistige Leistungsfähigkeit generell abnimmt. Bis ins hohe Alter sind demnach noch Steigerungen in Teilbereichen der kognitiven Systeme möglich.

Wie wirkt sich das Lebensalter im Arbeitsleben aus?

In Untersuchungen, in denen man die Leistungsfähigkeit von Arbeitnehmern auf der Grundlage tatsächlicher Leistungsergebnisse zu erfassen suchte, fanden sich keine eindeutigen Zusammenhänge zwischen der Leistungsfähigkeit und dem Lebensalter.

> **Hintergrundwissen** → Die am besten abschneidende Gruppe im Bürobereich lag zwischen den 25- und 44-jährigen Mitarbeitern. Die über 55-Jährigen schnitten nur geringfügig schlechter ab. Bei ausgebildeten Industriearbeitern waren die Leistungen der 45- bis 54-jährigen am besten. Das galt ebenfalls für Fließbandarbeiter.

Altersbedingte Rückgänge in der Leistungsfähigkeit treten dort zu Tage, wo die Aufgabe komplexe Informationsverarbeitung unter Zeitdruck erfordert, beispielsweise bei Maschinenbedienern. Häufig können solche Einbußen aber durch andere Fähigkeiten ausgeglichen werden. Hinsichtlich der Leistungsfähigkeit von Bus- und Lkw-Fahrern liegen keine Untersuchungen vor.

Gesundheitsschäden vorbeugen 6.5

Wissen durch Erfahrung oder Routine sind bei älteren Mitarbeitern stärker ausgeprägt als bei jüngeren. Auch die sozialen Fähigkeiten stehen höher im Kurs. Selbstsicherheit und positiver Einfluss auf andere Mitarbeiter, insbesondere jüngere, findet man bei älteren Mitarbeitern häufiger. Allerdings lässt sich in einigen Arbeitsbereichen der Leistungsabfall nicht aufhalten. Hier wäre die Schicht- und Nachtarbeit zu nennen, was natürlich auch für die Berufskraftfahrer zutrifft. Ab dem 51. Lebensjahr sind bei Busfahrern, wie Untersuchungen zeigen, gesundheitliche Einschränkungen spürbar. Durchblutungsstörungen, z. B. durch Arterienverkalkung, zu hoher oder zu niedriger Blutdruck sind bei Älteren öfter anzutreffen als bei Jüngeren. Jüngere Fahrer hingegen neigen eher zu jugendlichem Übermut und zu Selbstüberschätzung. Dies ist bei Berufskraftfahrern aufgrund der umfangreicheren Ausbildung allerdings weniger ausgeprägt als bei Pkw-Fahrern.

> **Hintergrundwissen →** Nach wie vor sind junge Fahrer zwischen 18 und 25 Jahren die durch Verkehrsunfälle am stärksten gefährdete Verkehrsteilnehmergruppe. Während der Anteil dieser Jahrgänge an der Gesamtbevölkerung ca. acht Prozent beträgt, stellen sie ca. 20 Prozent der bei Verkehrsunfällen Getöteten und Verletzten. Als Unfallursachen steht bei jungen Fahrern überdurchschnittlich häufig „nicht angepasste Geschwindigkeit, Abstandfehler oder Fehler beim Überholen" in den Unfallmeldebögen der Polizei. Der mit 30 Prozent hohe Anteil der „Fahrunfälle", also der Unfälle ohne Fremdbeteiligung, weist darauf hin, dass Selbstüberschätzung und vergleichsweise geringe Fahrerfahrung hier eine gefährliche Mischung darstellen. Ein großer Teil dieser Unfälle ereignet sich in der Freizeit, der nächtliche „Discounfall" am Wochenende ist für diese Altersgruppe typisch.
>
> Diese Ergebnisse können selbstverständlich nicht unmittelbar auf den Kraftverkehr übertragen werden.

Einfluss des Alters der Pkw-Fahrer auf die Unfallzahlen

In der allgemeinen Unfallstatistik tauchen ältere Pkw-Fahrer hinsichtlich der Unfallbeteiligung vergleichsweise selten auf. Vielmehr zeigt sich, dass die Zahlen der an Unfällen beteiligten Fahrer mit steigendem

**Beschleunigte Grundqualifikation
Basiswissen Lkw/Bus**

Alter stetig abnehmen. Bei der Abbildung ist zu bedenken, dass die erste Säule nur sieben Jahrgänge umfasst, die übrigen dagegen jeweils zehn. Ältere Fahrer vermeiden sicher auch Zeiten hoher Verkehrsdichte sowie schlechte Witterung.

Abbildung 270:
Beteiligung an Pkw-Unfällen nach Alter
Quelle: Statistisches Bundesamt
(Stand: 2009)

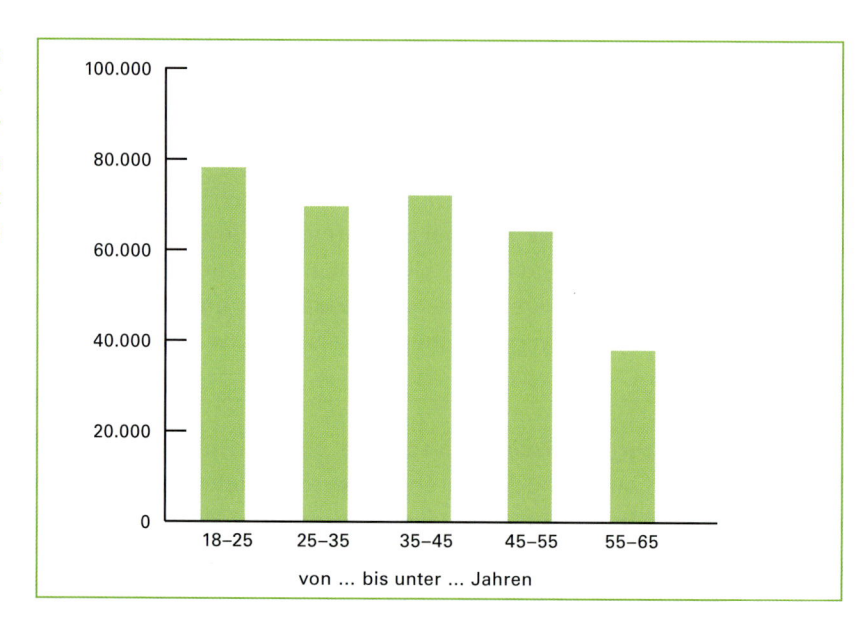

Abbildung 271:
Hauptverursacher von Pkw-Unfällen nach Alter
Quelle: Statistisches Bundesamt
(Stand: 2009)

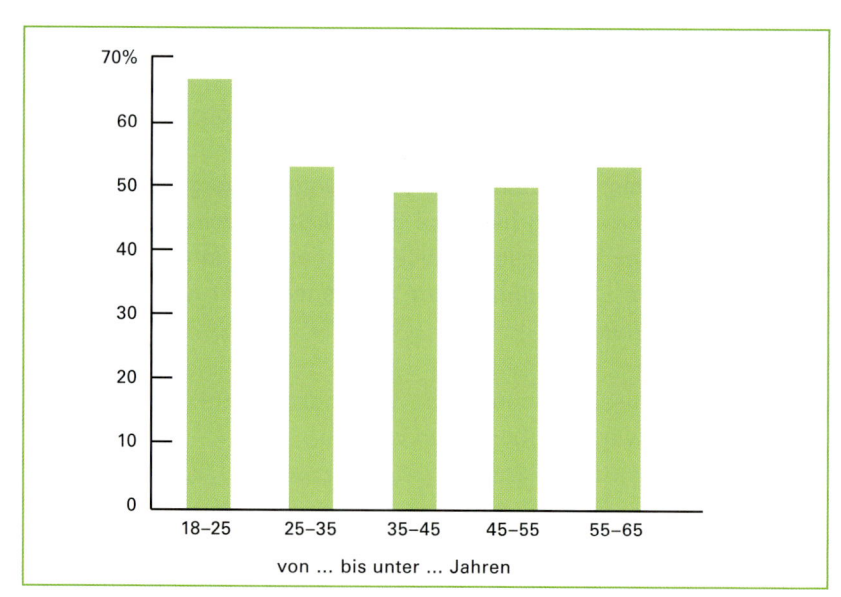

Gesundheitsschäden vorbeugen   6.5

Anders sieht es hingegen aus, wenn man nach den Unfallverursachern fragt. Dann wird deutlich, dass ältere Kraftfahrer – wenn sie denn an Unfällen beteiligt sind – häufiger als Hauptverursacher genannt werden als die „mittleren Jahrgänge" zwischen 35 und 55 Jahren. Dennoch ist auch hier festzustellen, dass die jungen Fahrer von 18 bis 25 Jahren mit sehr hohen Zahlen auffallen.

Einfluss des Alters von Bus- und Lkw-Fahrern auf die Unfallzahlen

Diese Zahlen können jedoch nicht einfach auf Bus- und Lkw-Fahrer übertragen werden. Durch die regelmäßigen Gesundheitsuntersuchungen, denen sich viele Fahrer unterziehen, können altersbedingte Leistungseinbußen früher erkannt werden. Hinzu kommt die besondere Aus- und Weiterbildung, die den Fahrern zuteil wird, so dass im Hinblick auf eine sichere Verkehrsteilnahme bei dieser Gruppe von anderen Voraussetzungen ausgegangen werden kann.

Bei Unfällen mit Beteiligung von Omnibussen dominieren demnach bei den Fahrzeugführern die 35- bis 55-Jährigen. Möglicherweise hängt dies auch damit zusammen, dass diese Altergruppe unter den Fahrern besonders häufig vertreten ist. Bei Unfällen mit Beteiligung von Lkw schneidet die Altersgruppe von 25 bis 55 Jahren am schlechtesten ab. Die 18- bis 25-Jährigen sowie die über 55-Jährigen sind deutlich weniger beteiligt (vgl. Abbildung 274 auf S. 503).

Nimmt man bei den an Unfällen beteiligten Omnibusfahrern den Anteil der Hauptverursacher in den Blick, ergibt sich folgendes Bild: Ähnlich wie bei den Pkw-Fahrern ist der Anteil der Hauptverursacher auch bei den jungen und den älteren Fahrern größer als bei den mittleren Jahrgängen. Bei allen Altersgruppen liegt der Anteil der Hauptverursacher bei den Fahrern von Omnibussen jedoch deutlich niedriger als bei den Pkw-Fahrern.

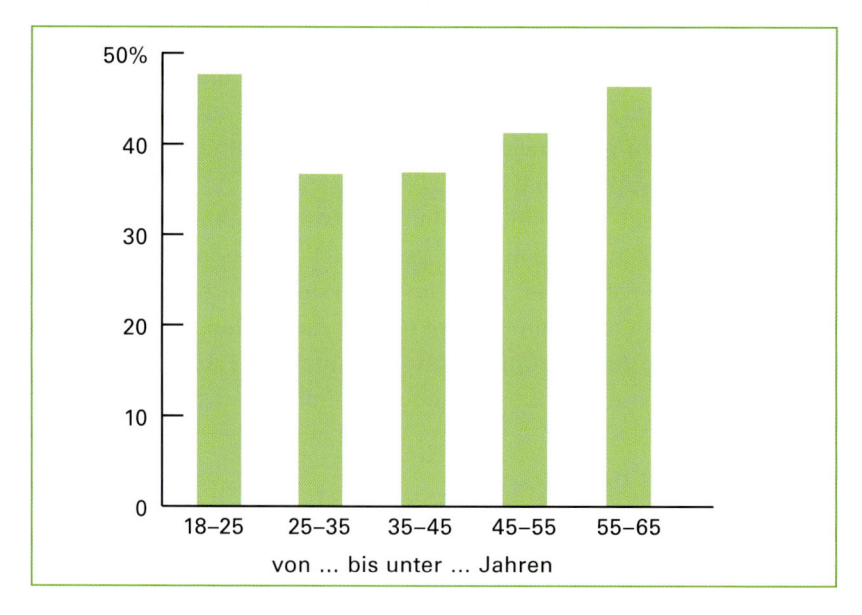

Beschleunigte Grundqualifikation
Basiswissen Lkw/Bus

Abbildung 272: Beteiligung an Omnibus-Unfällen nach Alter
Quelle: Statistisches Bundesamt (Stand: 2009)

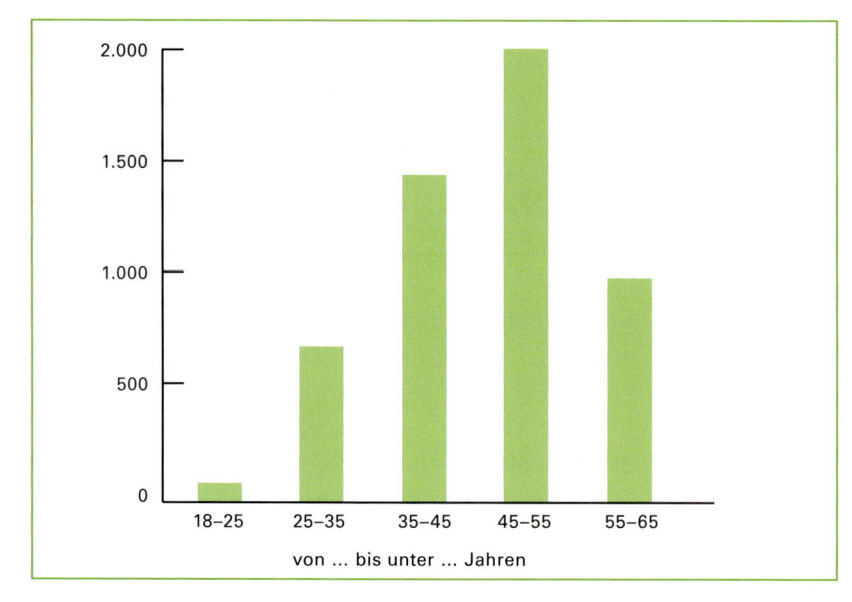

Abbildung 273: Hauptverursacher von Omnibusunfällen nach Alter
Quelle: Statistisches Bundesamt (Stand: 2009)

Gesundheitsschäden vorbeugen 6.5

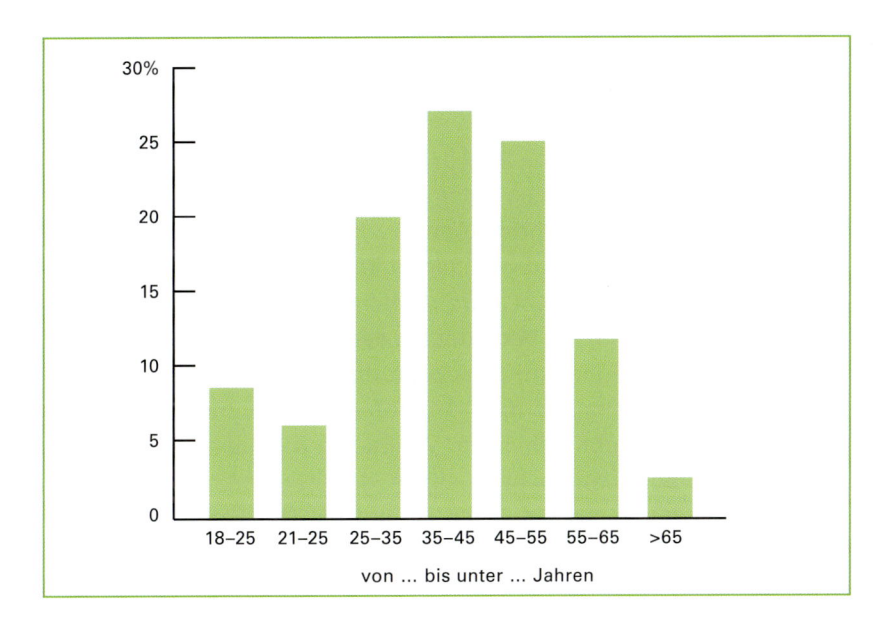

Abbildung 274: Beteiligung an Lkw-Unfällen nach Alter
Quelle: Statistisches Bundesamt (Stand: 2009)

Aufgrund der demographischen Struktur in der Bundesrepublik wird der Anteil der älteren Fahrer in den Betrieben zunehmen. Durch entsprechende Konzepte (z. B. flexible Arbeitszeitmodelle), zu denen auch weitere Maßnahmen der Gesundheitsförderung gehören, konnten in der Praxis Fehlzeiten in Busbetrieben verringert, vorzeitige Fahrdienstuntauglichkeit verhindert und die Rehabilitation gefördert werden.

Wie kann man altersbedingten Risikofaktoren entgegenwirken?

Wie kann das Risikoverhalten junger Fahrer gesenkt werden? Hier bietet z. B. der Deutsche Verkehrssicherheitsrat (DVR) Fahrsicherheitstrainings an. Dieses Training findet in altersgemischten Gruppen statt. Junge Teilnehmer können von erfahrenen Teilnehmern lernen. Auch Mitarbeiterzirkel und Fahrerstammtische werden von dieser Altersgruppe gern angenommen, da solche Angebote dem Bedürfnis, mitreden und mitentscheiden zu können, entgegenkommen.

Welche Strategien sind im Umgang mit altersbedingten Einschränkungen von Vorteil?
Hierzu erwähnte der Musiker Arthur Rubinstein im Alter von 80 Jahren Folgendes: Er habe sein Repertoire verringert, übe diese Stücke öfter

**Beschleunigte Grundqualifikation
Basiswissen Lkw/Bus**

und wende bei Auftritten kleine Kunstgriffe an, z. B. verlangsame er das Tempo vor besonders schnellen Passagen, damit danach der Eindruck des schnelleren Spielens entstehe. Übersetzt auf den Reisebus- und Lkw-Fahrer kann dies bedeuten, auf besonders lange und anstrengende Fahrten zu verzichten oder längere Pausen einzulegen. Der Linienbusfahrer könnte z. B. häufiger auf bekannten Strecken und weniger im Schichtdienst eingesetzt werden. Vielleicht wäre auch Teilzeitarbeit möglich. „Häufiger üben" bedeutet für den Kraftfahrer zum einen, an den Trainings- und Weiterbildungsprogrammen teilzunehmen, die man ihm anbietet. Zum anderen sollte er bestrebt sein, seine Vitalität zu erhalten. „Kunstgriffe" anzuwenden heißt, Hilfen, die altersbedingte Einschränkungen ausgleichen, zu nutzen. Der Fahrer sollte zum Beispiel:

- Optimale Sehhilfen benutzen
- Den Fahrersitz besonders sorgfältig einstellen
- An Trainingsprogrammen teilnehmen
- Medizinische Vorsorge betreiben
- Sport treiben und auf gesunde Ernährung achten
- „Gehirn-Jogging" betreiben

Ein chinesisches Sprichwort sagt sehr zutreffend: **Wer alt werden will, muss früh damit anfangen.**

Abbildung 275:
Radsport
Quelle: aboutpixel.de/bbbbogi

6.6 Arbeitsmedizinische Betreuung

▶ **Die Teilnehmer sollen Kenntnisse über arbeitsmedizinische und psychologische Betreuung durch den Betriebsarzt besitzen, insbesondere sollen sie**
— **Inhalte der Gesundheitsuntersuchung nach G 25 und FeV kennen**
— **bereit sein, Gesundheitsvorsorge wahrzunehmen.**

↻ Erläutern Sie in einem Vortrag alle wichtigen Informationen über G 25, FeV sowie der Psychometrie.

🕒 Ca. 30 min

☕ Dieses Thema wird in der Führerscheinausbildung der Klassen C und D nicht oder nur ansatzweise behandelt.

Grundinformationen über die gesundheitliche Betreuung

Berufskraftfahrer müssen sich im Rahmen von Rechtsvorschriften arbeitsmedizinisch untersuchen lassen. Dadurch bietet sich für den Fahrer die Möglichkeit, rechtzeitig gesundheitliche Veränderungen zu erkennen und therapeutisch einzugreifen. Die arbeitsmedizinische und psychologische Betreuung des Kraftfahrers bietet eine umfassende Beratung und Hilfe in Gesundheitsfragen und ist nicht nur eine Eignungsuntersuchung.

Zum einen hat sich hier seit vielen Jahren die berufsgenossenschaftliche Grundsatz-Untersuchung G 25 bewährt. Diese ist für Personal, welches Fahr-, Steuer- und Überwachungstätigkeiten ausübt, ausgelegt. Sie wird nicht nur bei Bus- und Lkw-Fahrern, sondern z.B. auch bei Fahrern von Flurförderzeugen (Staplern) und Kranfahrern angewandt.
Untersucht wird man in der Regel vom Betriebsarzt in Abständen von drei Jahren. Selbstverständlich bleibt auch hier die ärztliche Schweigepflicht gewahrt. Nur z. B. durch Arbeits- oder Tarifverträge, Betriebsvereinbarungen oder offensichtliche Gesundheitsstörungen ist eine solche Untersuchung Tätigkeitsvoraussetzung. Die Untersuchungen (Erst- und Nachuntersuchungen) bestehen aus folgenden Punkten:

Beschleunigte Grundqualifikation
Basiswissen Lkw/Bus

Abbildung 276:
Medizinische Untersuchungen laut berufsgenossenschaftlichem Grundsatz „G25" und Fahrerlaubnisverordnung für Bus- bzw. Lkw-Fahrer

- Vorgeschichte, aktuelle Beschwerden
- Vollständige körperliche Untersuchung
- Urinstatus
- Feststellung des Seh- und Hörvermögens

Während die G 25 ihre Berechtigung im Wesentlichen als Präventionsmaßnahme im Sinne der betrieblichen Gesundheitsvorsorge für den betreffenden Fahrer hat, ist die Zielsetzung der Untersuchung nach der Fahrerlaubnis-Verordnung (FeV) eine Erhöhung der Verkehrssicherheit.

	G25	FEV
Art der Untersuchung	Arbeitsmedizinische Vorsorgeuntersuchung	Eignungs- bzw. Tauglichkeitsuntersuchung
Zweck der Untersuchung	Reduktion oder Überwachung einer (inner)betrieblichen Gefährdung Schutz der Beschäftigten (und Dritter)	Sicherheit des öffentlichen Straßenverkehrs
Wer darf untersuchen?	Betriebsarzt bzw. Arbeits-/Betriebsmediziner	Jeder Arzt, bestimmte Anteile der Untersuchung nur durch Spezialisten (z. B. Augenarzt, Arbeitsmediziner)
Freiwilligkeit der Untersuchung	Angebotsuntersuchung (d. h. freiwillig für den Beschäftigten), soweit keine Festlegung durch Tarif- oder Arbeitsverträge existiert	Sofern man seine Fahrerlaubnis behalten will, nicht freiwillig
Gültigkeit	max. 3 Jahre (derzeit)	max. 5 Jahre (Gültigkeit der jeweiligen Fahrerlaubnis)
Verantwortlich für rechtzeitige Untersuchung und Kostenträger	Unternehmer	Fahrerlaubnisinhaber bzw. -bewerber

Die Fahrerlaubnis für bestimmte Klassen unterliegt einer Befristung. Bei der Ersterteilung und vor jeder Verlängerung dieser Klassen sind eine ärztliche und eine augenärztliche Untersuchung erforderlich. Die Untersuchungen müssen durchgeführt werden, bevor das auf der Fahrerlaubnis aufgedruckte Gültigkeitsdatum oder die in der Verordnung

Gesundheitsschäden vorbeugen 6.6

bestimmte Übergangszeit abgelaufen ist, anderenfalls fährt man ohne gültige Fahrerlaubnis.

Fahrerlaubnisklassen	maximale Geltungsdauer
A, A1, B, BE, M, L und T	unbefristet
C1, C1E	bis zur Vollendung des 50. Lebensjahres, danach jeweils 5 Jahre
C, CE	jeweils 5 Jahre
D, D1, DE, D1E	jeweils fünf Jahre, über das 50. Lebensjahr hinaus nur mit Psychometrie
Fahrgastbeförderung	jeweils fünf Jahre, über das 60. Lebensjahr hinaus nur mit Psychometrie

Die spätestens alle fünf Jahre stattfindende ärztliche Untersuchung nach der Fahrerlaubnisverordnung unterscheidet sich nur geringfügig von der G 25-Untersuchung. Im Einzelnen werden folgende Punkte untersucht:

- Vorgeschichte
- Daten: Größe, Gewicht-, Puls-, Blutdruck- und Urinuntersuchung
- Hörweite für Flüstersprache
- Körperbehinderungen
- Herz
- Kreislauf
- Blut
- Erkrankungen der Niere
- Hormonstörungen
- Nervensystem
- Psychische Erkrankungen
- Sucht
- Gehör
- Schlafbezogene Atemstörungen

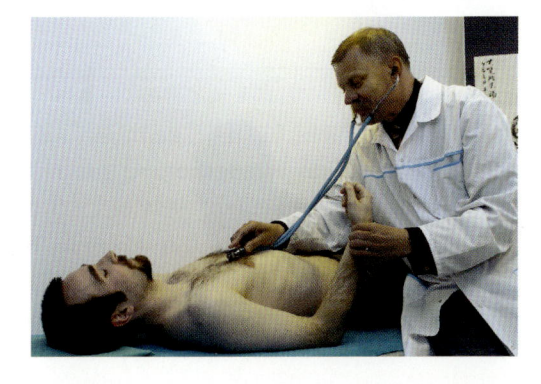

Abbildung 277: Ärztliche Untersuchung Quelle: Jens Koehler/ddp

Beschleunigte Grundqualifikation
Basiswissen Lkw/Bus

Auftraggeber der Untersuchung ist der Fahrerlaubnisbewerber. Sofern nicht der Arbeitgeber die Kosten für die Untersuchung übernimmt, muss er auch die Rechnung selbst begleichen. Der Fahrer leitet die Bescheinigung an die Fahrerlaubnisbehörde weiter.

Für Busfahrer gelten bei der Erstuntersuchung und ab dem 50. Lebensjahr besondere Anforderungen, die durch einen Leistungstest geprüft werden. Wenn Sie morgen dorthin müssten – wäre Ihnen dann mulmig? Dazu besteht eigentlich kein Anlass, denn die Aufgaben sind so angelegt, dass man sie schafft – wenn man wirklich fit ist. Im Wesentlichen handelt es sich bei den Tests um Reaktions-, Aufmerksamkeits- und Orientierungsaufgaben. Bei diesen Aufgaben kommt es auf exaktes Arbeiten, aber auch auf Schnelligkeit an. Nervosität, Lampenfieber und Stressreaktionen können dazu führen, dass ein Bewerber den Anforderungen nicht genügt, obwohl seine Leistungsfähigkeit eigentlich ausreichen würde. Aus diesem Grund ist es wichtig, die Untersuchung möglichst gelassen anzugehen.

> **Hintergrundwissen** → Nicht nur Busunternehmen und Speditionen sind gemäß Arbeitssicherheitsgesetz (ASiG) dazu verpflichtet, Betriebsärzte zu bestellen. Alle anderen Branchen sind auch davon betroffen. In Unfallverhütungsvorschriften werden nähere Einzelheiten z. B. über Mindesteinsatzzeiten geregelt. Der Betriebsarzt hat nicht die Aufgabe, die Krankmeldungen der Mitarbeiter zu überprüfen. Er berät das Unternehmen in allen Fragen des Arbeits- und Gesundheitsschutzes. Das könnten Fragen der Ergonomie (Fahrerarbeitsplatz), im Bereich der persönlichen Schutzausrüstung, der Neubeschaffung von Kraftfahrzeugen oder aber auch Fragen im Bereich von Gefahrstoffen sein. Außerdem begeht er den Betrieb in regelmäßigen Abständen.

Wer den Test nicht besteht, kann ihn nach einiger Zeit wiederholen. Wer auch bei einer Wiederholung „durchfällt", kann durch eine Fahrprobe unter Beweis stellen, dass er im Stande ist, ein Fahrzeug sicher zu führen. In den einzelnen Bundesländern gibt es hierzu unterschiedliche Regelungen.

Ganzheitliche Gesundheitsförderung

Gesundheitsschutz darf sich nicht nur auf die Zeit beschränken, die der Mitarbeiter im Betrieb verbringt. Unter ganzheitlichem Gesundheitsschutz muss auch die Freizeit des Mitarbeiters mit einbezogen werden, denn der private Bereich beeinflusst den Menschen auch während der Arbeitszeit und umgekehrt.

Gesundheitsförderung kann den einzelnen Mitarbeiter im Betrieb ansprechen. Im Einzelnen kann ein Schwerpunkt auf der individuellen Verhaltensänderung des Mitarbeiters ausgelegt werden. Eine Erweiterung kann z. B. durch Ernährungsberatung, Rückenschule oder Stressabbau erfolgen. Nicht nur individuelle, sondern auch betriebsbezogene Maßnahmen können in Betracht kommen. Veränderung der Arbeitsbedingungen oder technische Umgestaltung der Arbeitsplätze wären hier zu nennen.

> **Hintergrundwissen** → Handelt es sich um ein größeres Unternehmen, so können noch weitere Maßnahmen die Gesundheitsförderung unterstützen. Mischarbeit, Änderung der Fahrdienstzeit, Flexible Gestaltung der Dienstpläne oder angemessene Pausenregelung könnten hier helfen, denn durch gesunde und leistungsfähige Mitarbeiter ergeben sich für das Unternehmen betriebswirtschaftliche Vorteile. Außerdem wächst die Motivation der Mitarbeiter und die Darstellung des Unternehmens in der Öffentlichkeit ist positiv.
>
> Als Beispiel sei hier ein mittelständisches Unternehmen mit 530 Beschäftigten im öffentlichen Personennahverkehr genannt, die die krankheitsbedingten Fehlzeiten deutlich gesenkt haben. Nettoeinsparungen von 720.000 Euro waren die Folge. Allein bei den Lohnfortzahlungen einer Spedition mit 420 Beschäftigten konnten im Jahr 280.000 Euro eingespart werden.

Auch die Krankenkassen unterstützen durch Vorsorgeangebote die Gesundheitsförderung der Beschäftigten. Zu nennen sind in diesem Zusammenhang die ärztlichen Vorsorgeuntersuchungen sowie Kuren, deren Kosten von den Kassen übernommen werden. Jede Krankenkasse bietet Information, Beratung und Aufklärung zu den unterschied-

Beschleunigte Grundqualifikation
Basiswissen Lkw/Bus

lichen Feldern des Gesundheitsschutzes an. Diese Angebote wollen und sollen jedoch nicht den Arztbesuch ersetzen. Krankenkassen übernehmen gegebenenfalls auch die Kosten für notwendige Schutzimpfungen (z. B. Grippeschutz).

Abbildung 278: Der Betriebsarzt: Vertragsleistung und Service

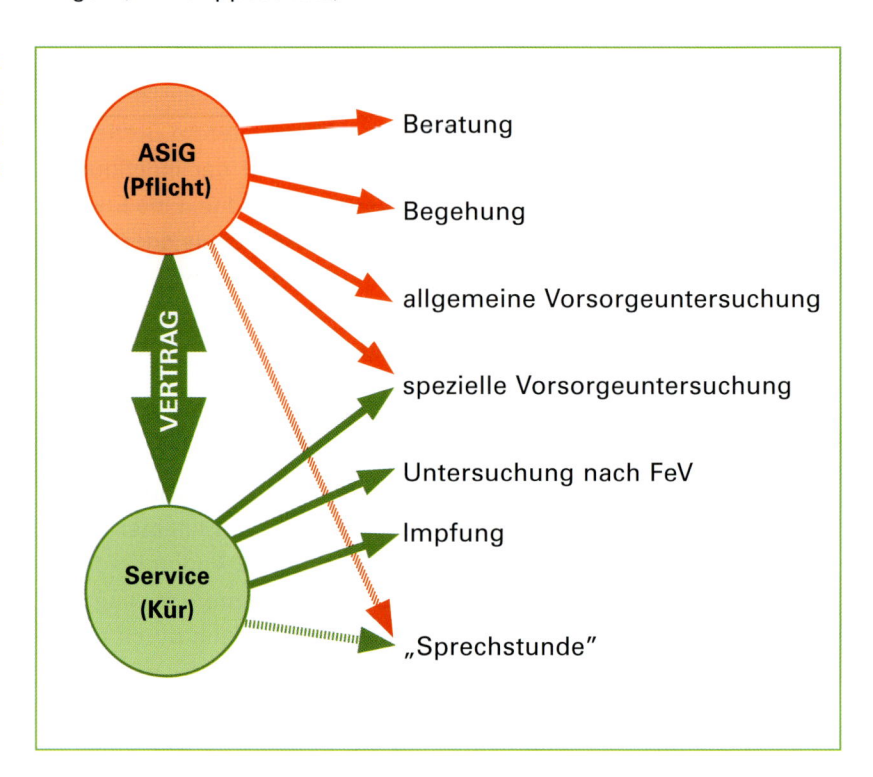

- Beratung
- Begehung
- allgemeine Vorsorgeuntersuchung
- spezielle Vorsorgeuntersuchung
- Untersuchung nach FeV
- Impfung
- „Sprechstunde"

ASiG (Pflicht) — VERTRAG — Service (Kür)

👍 PRAXIS-TIPP

Was tun, wenn Sie unterwegs krank werden?

Hotline: 01805-112 024

DocStop
www.DocStop-online.eu

Auf **www.DocStop-online.eu** sind bundesweit über 290 Anlaufstellen aufgelistet, an denen Berufskraftfahrer medizinische Hilfeleistungen anfordern können.

6.7 Lösungen zum Wissens-Check

1. Wie können Sie die Belastbarkeit im Arbeitsalltag erhöhen?

- Aktive Pause zum Ausgleich der verursachten Beanspruchungen (Gymnastikübungen)
- Gesunde Ernährung
- Ausreichend Schlaf
- Regelmäßige Gesundheitsvorsorge
- Positiv denken

2. Wie heben Sie einen Gegenstand „richtig" an und halten zugleich Ihr Gesundheitsrisiko so gering wie möglich?

- Möglichst nahe und frontal an den Gegenstand herantreten
- Die Knie beugen (Kniewinkel max. 90 Grad)
- Den geraden Körper durch eine Bewegung im Hüftgelenk nach vorn beugen
- Körper durch angespannte Rumpfmuskulatur stabilisieren
- Das Gewicht gleichmäßig durch Strecken im Hüft-, Knie- und Sprunggelenk anheben

3. Wie tragen Sie einen Gegenstand „richtig" und halten zugleich Ihr Gesundheitsrisiko so gering wie möglich?

- Gewicht nah am Körper tragen
- Bewusst den Körper aufrecht halten
- Wenn möglich, das Gewicht symmetrisch verteilen
- Wenn einseitig getragen werden muss, abwechselnd links und rechts tragen
- Hohlkreuzstellung vermeiden

4. Welche der genannten Klimagrößen hat keinen Einfluss auf das Wärmeempfinden des Menschen?

- ☐ a) die Wärmestrahlung
- ☒ b) der Luftdruck
- ☐ c) die Luftbewegung
- ☐ d) die Lufttemperatur

5. Wie viel Prozent der für den Straßenverkehr relevanten Sinneseindrücke werden über das Auge wahrgenommen?

- ☐ a) 10 %
- ☐ b) 30 %
- ☐ c) 60–70 %
- ☒ d) 80–90 %

6. Bei welcher der folgenden Eigenschaften handelt es sich um eine durch Übung erworbene Fertigkeit?

- ☐ a) zwischen „laut" und „leise" unterscheiden können
- ☐ b) einzelne Finger bewegen können
- ☒ c) Entfernungen schätzen können
- ☐ d) Unterschiede von Tönen wahrnehmen können

7. Für eine bestimmte Person soll die beim manuellen Umschlag von Stückgütern zu erwartende Beanspruchung ermittelt werden. Welche Messgröße erscheint dazu als Beanspruchungsgröße geeignet?

- ☐ a) die Masse der zu tragenden Last
- ☐ b) die Länge des Lastweges
- ☒ c) die Herzschlagfrequenz der Person

8. Wenn Sie einen vorgegebenen Text einmal mit der rechten und einmal mit der linken Hand schreiben sollen, dann ändert sich ...

- ❑ a) die Belastungshöhe
- ☒ b) die Beanspruchung
- ❑ c) die Belastungszeit

9. Welche Eigenschaft wird vom Lebensalter kaum beeinflusst?

- ❑ a) Reaktionszeit
- ❑ b) Eignung für körperliche Schwerarbeit
- ☒ c) Geübtheit für alltägliche Tätigkeiten

10. Nehmen wir an, dass ältere Mitarbeiter versuchen, altersbedingte Veränderungen der Leistungsfähigkeit zu kompensieren. Sind sie dann bei gleicher Tätigkeit im Vergleich zu jüngeren Mitarbeitern...

- ❑ a) höher belastet, aber niedriger beansprucht?
- ❑ b) niedriger belastet und niedriger beansprucht?
- ❑ c) gleich belastet und gleich beansprucht?
- ☒ d) gleich belastet, aber höher beansprucht?

11. Wer ist für die rechtzeitige Untersuchung nach der Fahrerlaubnisverordnung (FeV) verantwortlich?

Der Fahrerlaubnisinhaber bzw. -bewerber

12. In welchen Zeitabständen wird/muss die Untersuchung nach G 25 bzw. FeV durchgeführt werden?

G 25: Untersuchung spätestens alle 3 Jahre
FeV: Untersuchung spätestens alle 5 Jahre

13. Welche Zielsetzung verfolgt die G 25- bzw. FeV-Untersuchung?

G 25: Schutz der Beschäftigten (und Dritter)
FeV: Sicherheit des öffentlichen Straßenverkehrs

14. Anders als die meisten Organe werden die Bandscheiben nicht durchblutet. Wie „ernährt" sich die Bandscheibe?

Die Ernährung (Versorgung) erfolgt durch Flüssigkeitsaustausch mit ihrer Umgebung (Schwammprinzip). Nachts werden z.B. Nährstoffe, Flüssigkeit und Sauerstoff aufgenommen. Tagsüber werden verbrauchte Flüssigkeiten abgegeben.

7 Sensibilisierung für die Bedeutung einer guten körperlichen und geistigen Verfassung

Dieses Kapitel behandelt Nr. 3.4 der Anlage 1 der BKrFQV

7.1 Ernährung

> Die Teilnehmer sollen nach dem Kapitel „Ernährung" über Grundkenntnisse des Verdauungstraktes, der Aufgaben der Organe und des Stoffwechsels sowie über Kenntnisse zum unterschiedlichen Tagesbedarf für Fette, Eiweiß, Kohlenhydrate, Flüssigkeit verfügen. Sie sollen die Qualität von Nahrungsmitteln einschätzen können und Kenntnisse über Gesundheitsrisiken bei ungünstiger Ernährung besitzen.

> Tragen Sie die Inhalte vor und fragen Sie dabei auch immer Antworten und Erfahrungen der Teilnehmer ab. Veranschaulichen Sie die Themen durch Beispiele aus dem Alltag.

> Ca. 120 Minuten

> Führerschein: Fahren lernen Klasse D, Lektion 16; In der Führerschein-Ausbildung Klasse C wird dieses Thema nicht oder nur ansatzweise behandelt.

Verdauung, Nahrungsinhalte, Flüssigkeitsbedarf

> Fragen Sie die Teilnehmer: Wie wirken sich die typischen körperlichen Belastungen eines Kraftfahrers auf die Verdauung und das Wohlbefinden aus?

Um die wichtigen Bestandteile aus der Nahrung aufnehmen zu können, ist zunächst die Zerkleinerung der Nahrungsmittel und deren chemische Zerlegung in kleinste Moleküle erforderlich. Bereits beim Kauen beginnt die chemische Verdauung der Speisen durch Enzyme des Speichels (z. B. Amylasen), die verzweigte Kohlenhydratverbindungen (= Stärke) zerlegen. Die Organe des Verdauungstraktes teilen die Nahrung mit Hilfe chemischer Vorgänge Schritt für Schritt in ihre kleinsten Bestandteile auf, z. B. Enzyme der Bauchspeicheldrüse (= Amylasen, Lipasen), die der Zucker- und Fettverdauung dienen. Die Nährstoffe werden im Dünndarm aufgenommen und vom Blut weitertransportiert. Die meisten Energieträger werden direkt nach ihrer Aufnahme von der Leber als Energiereserven gespeichert. Im Dickdarm wird dem Nahrungsbrei Flüssigkeit entzogen und dadurch eingedickt.

Abbildung 279: Schema des Verdauungstraktes mit den Hauptstationen der Nahrungsmittelzerkleinerung bzw. -verdauung

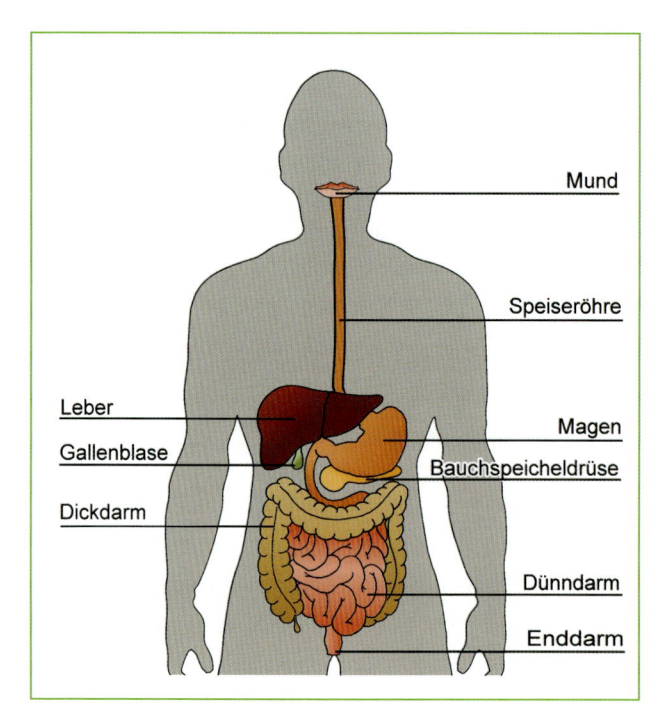

Ob Nahrungsmittel „schwer im Magen liegen", hängt von ihrer Zusammensetzung ab. Sehr fettige und eiweißreiche Speisen (z. B. Schweinebraten, Ölsardinen) können fünf bis neun Stunden im Magen verweilen, hingegen wird z. B. gekochter Fisch mit Reis innerhalb von einer bis zwei Stunden vom Magen weitergeleitet.

Sensibilisierung für die Bedeutung einer guten körperlichen und geistigen Verfassung

7.1

🕐	gekochter Fisch – Reis gekochte Milch – weiches Ei	1–2 Stunden
🕑	Brötchen – Rührei – Sahne Kalbshirn – Kartoffeln	2–3 Stunden
🕒	Geflügel (gekocht) – Schinken – Beefsteak Spinat – Schwarzbrot – Bratkartoffeln	3–4 Stunden
🕓	Kalbsbraten – Rindfleisch – Rauchfleisch Erbsen – Linsen – Schnittbohnen	4–5 Stunden
🕔	Geflügel (gebraten) Schweinebraten	5–7 Stunden
🕕	Ölsardinen	8–9 Stunden

Abbildung 280: Verweildauer verschiedener Speisen (nach Ahlheim)

> Stellen Sie die Bedeutung körperlicher Bewegung, ballaststoffreicher Ernährung und ausreichender Trinkmenge für eine unproblematische Verdauung/ Stuhlgang dar. Die Teilnehmer sollen die Problematik der gestörten Verdauung in Bezug auf bewegungsarme Tätigkeiten ableiten können.

Die Verdauungsgeschwindigkeit hängt zusätzlich davon ab, ob Dünn- und Dickdarm durch Muskeltätigkeit (s. u.), in ihrer Aktivität angeregt werden und ob im Speisebrei unverdauliche Faseranteile (Ballaststoffe) vorhanden sind. Fehlende körperliche Aktivität, ballaststoffarme Speisen (z. B. Konditoreiwaren) und eine zu geringe Trinkmenge (s. u.) führen zu einer trägen Darmtätigkeit, die zu Verstopfungen, Völlegefühl und Erkrankungen der Darmwand führen können.

Die Hüftbeugemuskulatur befindet sich in unmittelbarer Nachbarschaft zu Dünn- und Dickdarm. Bei Lauf- und Gehbewegungen führt der Wechsel zwischen Muskelanspannung und -erschlaffung zu einer mechanischen Reizung des Darmes, evtl. vergleichbar einer Massage, und damit zu einer natürlichen Anregung der Darmtätigkeit.

Die Tabelle stellt die Gründe einer erschwerten Verdauung (inklusive Stuhlgangsproblemen) der normalen Verdauung gegenüber:

Konditoreiwaren
Fettreich (Frittiertes, Gebratenes)
Bewegungsarmut
Geringe Trinkmenge

Vollkorngebäck
Ballaststoffreich (Gemüse, Obst)
Regelmäßige körperliche Betätigung (z. B. Spazierengehen o. ä.)
Normale Trinkmenge

Flüssigkeitsbedarf

Ein Erwachsener benötigt täglich eine Flüssigkeitsmenge von etwa 2,5 Liter (Aufrechterhaltung der Körperfunktionen, Stoffwechsel). **Mindestens 1,5 Liter** müssen in Form von Getränken aufgenommen werden. Auch feste Nahrungsmittel enthalten einen Flüssigkeitsanteil bzw. in den Körperzellen entsteht durch bio-chemische Vorgänge bei der Energiegewinnung aus Zuckern Wasser.

> **Hintergrundwissen** → Nicht zuletzt für die biochemischen Vorgänge in den Körperzellen, den Nährstofftransport zwischen den Körperzellen und die Ausscheidung von Stoffwechselendprodukten (z. B. Harnstoff) über die Nieren und die Galle benötigt der Mensch Wasser. Wird zu wenig getrunken, ist auch der Kreislauf betroffen, der Blutdruck sinkt ab und im Extremfall kann es zu einem Kreislaufzusammenbruch kommen. Ein weniger schwerer Flüssigkeitsmangel löst Seh- und Konzentrationsstörungen aus und führt auch zu Verdauungsproblemen (s. o.). Beträgt der Flüssigkeitsmangel mehr als 1 % des Körpergewichtes (> 750 ml bei einem mittleren Körpergewicht von 75 kg), so sind die geistige und körperliche Leistungsfähigkeit bereits messbar herabgesetzt.

Sensibilisierung für die Bedeutung einer guten körperlichen und geistigen Verfassung

7.1

Energieträger und Stoffwechsel

> Fragen Sie die Teilnehmer: „Was stellen Sie sich unter Stoffwechsel vor, wofür benötigt der Körper die aufgenommene Nahrung?"

Die Nahrungsaufnahme dient u. a. der Energiebereitstellung für die Körperzellen, die Energie für mechanische Bewegungen (= Muskelaktivität) und biochemische Vorgänge (z. B. Herstellung von Eiweißmolekülen) benötigen. Zur Aufrechterhaltung eines gleichmäßigen Energieangebotes reguliert die Leber den Blutzuckerspiegel: Bei Bedarf gibt sie Energieträger (Zucker) in das Blut ab. Für den Energiestoffwechsel benötigt der Körper Sauerstoff, den er über die Lunge aufnimmt und mit Hilfe roter Blutkörperchen (Erythrozyten) zu den Organen transportiert.

Eiweiße und Mineralstoffe aus der Nahrung werden direkt für den Aufbau des Körpers (z. B. Muskelmasse, Knochen,) verwendet. Mit dem Blut können die Nährstoffe im gesamten Organismus verteilt werden. Die Gesamtheit dieser Vorgänge nennt man Stoffwechsel.

Die Wege der Nahrung und des erforderlichen Sauerstoffs sind hier schematisch dargestellt. Ziel des Stoffwechsels zum Beispiel der Muskelzellen ist die Bereitstellung von Energie für mechanische Bewegungen. Wärme fällt als „Abfallprodukt" der chemischen Reaktion an.

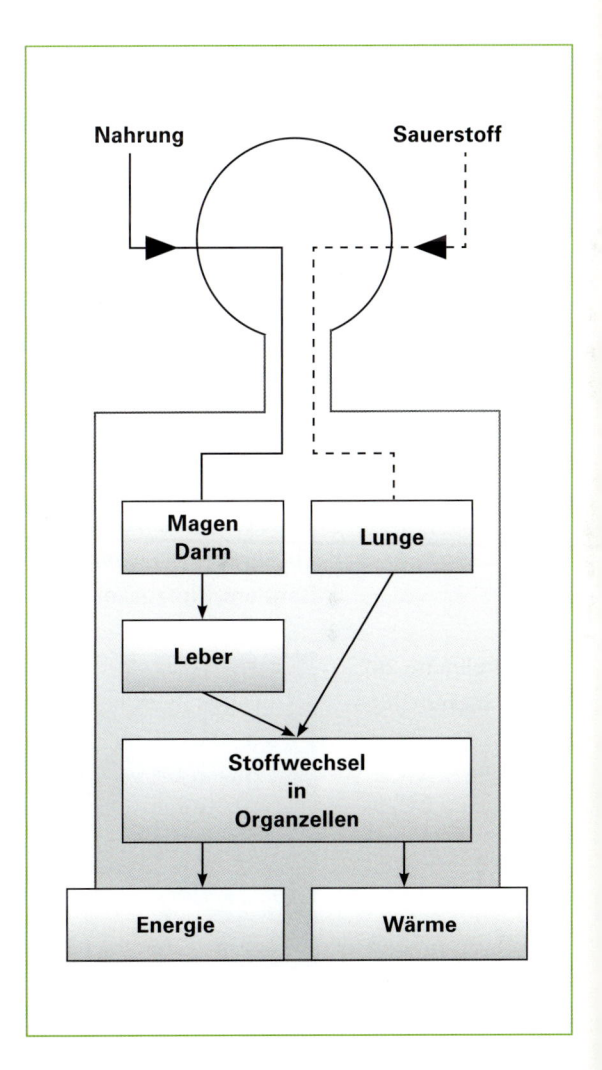

Abbildung 281:
Stoffwechsel

Energieträger

Kohlenhydrate (Stärke, Zucker), Ballaststoffe

Aus Kohlenhydraten (Stärke, Zucker) können Körperzellen am einfachsten Energie herstellen. Bei kurzzeitigen Belastungen, z.B. Laufbelastung oder Hebevorgänge, schöpfen die Muskelzellen ihren Energiebedarf ausschließlich aus Kohlenhydraten. Kartoffeln, Getreideprodukte (Nudeln, Brot), Obst und Gemüse sind Kohlenhydratquellen. Die Hälfte des täglichen Energiebedarfs sollte durch Kohlenhydrate gedeckt werden. Besonders wertvoll sind Nahrungsmittel, wenn sie neben den Energieträgern auch Mineralien, Vitamine (s.u.) und Ballaststoffe (pflanzliches Fasermaterial) enthalten. Letztere sind sowohl für eine gute Darmfunktion, als auch für das Sättigungsgefühl erforderlich. Ballaststoffreiche Lebensmittel enthalten in der Regel „langkettig-verzweigte" Kohlenhydrate (Stärke). Ihre Aufnahme im Darm erfolgt langsam und gleichmäßig, sodass die Sättigung anhaltend ist und keine ungewünscht starken Veränderungen des Blutzuckerspiegels auftreten. Im Gegensatz hierzu wird Traubenzucker sehr rasch von den Verdauungsorganen aufgenommen und an das Blut abgegeben, so dass es zu einem schlagartigen unerwünschten Blutzuckeranstieg kommt, der eine ebenso heftige körperseitige Gegenregulation (Insulinausschüttung) hervorruft, die einerseits zu einer raschen Aufnahme des Zuckers in die Zellen, andererseits aber auch oft zu einer überschießenden Blutzuckersenkung führt. In Folge dieser Unterzuckerung

Abbildung 282: Zuckerhaltige Lebensmittel

kommt es wieder zu einem (Heiß-)Hungergefühl und dramatischem Leistungsverlust. Leicht aufnehmbare Zuckerformen wie Traubenzucker, Industriezucker, Honig oder weißes Mehl (z. B. Weißbrot) wirken sich daher ungünstig auf den Esser aus.

Fett

Fett ist ein Energieträger, der von der Arbeitsmuskulatur bei lang andauernden (> 30 min) (Ausdauer-)Belastungen mittlerer Intensität verwertet wird, z. B. beim Joggen, Radfahren, Rudern. Aus Fett lässt sich doppelt so viel Energie (38 kJ ≈ 9,3 kcal) wie aus der gleichen Menge Eiweiß oder Kohlenhydrate freisetzen. Die Organzellen benötigen Fett als Bausubstanz, weiterhin ist Fett erforderlich bei der Aufnahme fettlöslicher Vitamine (Vitamin A, D, E, K). In Nahrungsmitteln tierischer Herkunft (Fleisch-/ Wurstwaren, Milchprodukte) ebenso wie in Pflanzen (z. B. Kokos, Sonnenblumen, Raps, Oliven, Nüsse) kommen Fette vor.

Der Fettanteil in der täglichen Nahrung sollte 30 % nicht übersteigen (ca. 70 g pro Tag). Fehlen o. g. Ausdauerbelastungen im täglichen Bewegungsmuster, so wird der Energieträger Fett vom Körper gespeichert.

Speisefette unterscheiden sich in ihrer Qualität deutlich. Die Verwertung „gesättigter" Fettsäuren aus z. B. Kokosfett, Fleischwaren, Milchprodukten, Kuchen und Schokolade ist für den Körper ungünstig. Gemeinsam mit Fetten vor allem tierischer Herkunft nimmt der Körper Cholesterin auf. Sind die Blutfettwerte bzw. der Cholesterinwert ständig erhöht, so kann fettreiche Nahrung zum Erkrankungsfaktor für Blutgefäße werden. Unter ungünstigen Bedingungen werden Blutfette, u. a. auch Cholesterine, in der Gefäßwand abgelagert und führen so zur Gefäßverengung.

> **PRAXIS-TIPP**
>
> Fett sollte am besten über ungesättigte Fettsäuren aufgenommen werden, da diese vom Körper leichter verarbeitet werden können als gesättigte Fettsäuren. Ungesättigte Fettsäuren sind z. B. in Nüssen, Oliven- und Sonnenblumenöl enthalten, gesättigte z. B. in Fleischwaren, Milchprodukten, Kuchen oder Schokolade.

Beschleunigte Grundqualifikation
Basiswissen Lkw/Bus

In der Tabelle sind die Energieträger verschiedenen typischen körperlichen Belastungsbeispielen zugeordnet, die von den Zellen der Arbeitsmuskulatur zur Deckung ihres Energiebedarfes verwertet werden:

Abbildung 283: Gegenüberstellung der Energieträger bei Kurz- und Dauerbelastung

Fett	Zucker (Kohlenhydrate)
Lang dauernde Belastung, maximal mittlere Belastungshöhe	Kurzzeitbelastung, hohe Belastungsstärke
Jogging	Sprint
Zügiges Spazierengehen (> 45 min)	Krafttraining
Fahrradfahren	Gewichtheben

Proteine (= Eiweiße)

Eiweiß ist in tierischen und pflanzlichen Nahrungsmitteln (z. B. Hülsenfrüchte, Soja, Mais) enthalten. Körperzellen benötigen Eiweiß für ihre Zellstruktur, biochemische Vorgänge des Stoffwechsels und z. B. im Blut als Transportmoleküle für Botenstoffe oder Stoffwechselprodukte. Bestimmte Eiweiße stellt der Körper selbst her, andere müssen mit der Nahrung aufgenommen werden. 10–15 % der täglichen Energiezufuhr sollte aus Eiweißen bestehen. Der Tagesbedarf des Erwachsenen wird bereits durch 1 g Eiweiß pro Kilogramm Körpergewicht gedeckt.

Vitamine

Vitamine sind lebenswichtige Nahrungsbestandteile, die für biochemische Vorgänge des Stoffwechsels zwingend erforderlich sind und vom Körper überwiegend nicht selbst hergestellt werden können. Vollkornprodukte, Hülsenfrüchte, frisches Gemüse und Obst, Fleisch, Fisch und Eier enthalten Vitamine. In Zeiten eingeschränkter Nahrungsverfügbarkeit traten bestimmte Erkrankungen als direkte Folge von Vitaminmangel auf (Nerven-, Haut-, Knochenerkrankungen). Das abwechslungsreiche Nahrungsangebot Europas stellt derzeit die ausreichende Versorgung des Körpers mit Vitaminen sicher. Für eine ausgewogene Ernährung sind keine Vitaminpräparate oder Nahrungsergänzungsmittel erforderlich. Viele Vitamine sind gegen Hitze empfindlich bzw. zersetzen sich bei längerer Lagerung und werden für die Ernährung wertlos. Eine schonende Zubereitung der Speisen ist nicht zuletzt für die Vitaminversorgung wichtig.

Sensibilisierung für die Bedeutung einer guten körperlichen und geistigen Verfassung

7.1

Abbildung 284:
Vitaminträger:
Gemüse und Obst
Quelle: www.
aboutpixel.de/
Mandanadine

PRAXIS-TIPP

Frisches Obst bzw. ungegartes Gemüse sollten daher den täglichen Speiseplan regelmäßig ergänzen!

Mineralstoffe

Mineralstoffe sind anorganische Nährstoffe, die u. a. zur Informationsübertragung der Nerven und Körperzellen, der Muskelaktivität und in biochemischen Enzymen benötigt werden. Z. B. ist Kalzium, das u. a. in Milchprodukten enthalten ist, zum Knochenaufbau erforderlich. Eisen benötigt der Körper für die Bildung des roten Blutfarbstoffes, an dem Sauerstoff von der Lunge zu den Organen transportiert wird. Quellen für Eisen sind Fleischprodukte, Hülsenfrüchte und bestimmte Getreide. Jod ist Bestandteil des Schilddrüsenhormons, das Stoffwechsel- und Wachstumsvorgänge steuert. Da in vielen Regionen Deutschlands im Trinkwasser kein oder zuwenig Jodid vorhanden ist, sollten u. a. mindestens jodiertes Speisesalz und z. B. Seefisch regelmäßig verzehrt werden.

Beschleunigte Grundqualifikation
Basiswissen Lkw/Bus

Energiebedarf

Der tägliche Energieverbrauch des Menschen ist die Summe von Grund- und Leistungsumsatz. Der Grundumsatz, der abhängig von Geschlecht, Alter, Körpergröße und Gewicht ist, beschreibt die Energiemenge, die der Körper für die Grundfunktionen in Ruhe benötigt. Mit Leistungsumsatz wird der zusätzliche Energiebedarf bezeichnet, den körperliche Bewegung verlangt. Die Höhe des Leistungsumsatzes wird wesentlich von der Belastung der Arbeitsmuskulatur und der Umgebungstemperatur bestimmt. Den individuellen Energieverbrauch kann man mit einer Faustformel abschätzen:

FORMEL

Vereinfachte Formel zur Berechnung des Energiebedarfes normalgewichtiger Personen:

Grundumsatz (kJ)   = Broca-Index x Geschlechtsfaktor
Gesamtumsatz   = Grundumsatz x Aktivitätsfaktor

Der Broca-Index dient zur groben Abschätzung des „Normalgewichtes" einer Person
Broca-Index = Körpergröße [cm] – 100 = Normalgewicht [in kg]
Geschlechtsfaktor: Männer = 90, Frauen = 80
Aktivitätsfaktor: hauptsächlich am Steuer und bewegungsarme Freizeitgestaltung = 1,4; während der Arbeit und in der Freizeit überwiegende Bewegung = 1,7

Rechenbeispiel:

Merkmale	Rohdaten	Rechengrößen	Rechenwerte
Körpergröße	1,80 m	Broca-Index = 180 – 100	80
Geschlecht	männlich	Geschlechtsfaktor	90
Tätigkeit	überwiegend Fahren, in der Freizeit geringe körperliche Aktivität	Aktivitätsfaktor	1,4

Sensibilisierung für die Bedeutung einer guten körperlichen und geistigen Verfassung

Gesamtumsatz = 80 x 90 x 1,4 kJ = 10.080 kJ
Ein 80 kg schwerer, normalgewichtiger Mann, der im Beruf und in der Freizeit geringe körperliche Aktivitäten aufweist, hat einen Gesamtumsatz von ca. 10.100 kJ (= ca. 2.410 kcal, der Umrechnungsfaktor Kalorie (cal) in Joule (J) ist 4,19).

AUFGABE/LÖSUNG

Wie hoch ist der Gesamtumsatz eines 1,80 großen, normalgewichtigen Mannes, der in der Freizeit regelmäßig Sport treibt?

80 x 90 x 1,7 = 12.240 kJ = 2.921 kcal

Fordern Sie die Teilnehmer auf, anhand der Formel ihren eigenen Grund- und Gesamtumsatz zu bestimmen.

Eine tägliche Nahrungsaufnahme mit einem Energiegehalt von 10.000–12.600 kJ (2.400–3.000 kcal) ist für Männer in der Regel ausreichend. Liegen keine besonderen körperlichen Belastungen vor, so genügen für Frauen 8.500–11.000 kJ (2.000–2.600 kcal).
Reine Fahrtätigkeit, die vergleichbar mit Schreibtisch- bzw. Büroarbeit ist, wird zu den körperlich leichten Tätigkeiten gerechnet. Der Energieverbrauch eines Bus- oder Lkw-Fahrers ist in der Regel nicht sehr hoch, somit werden die zuviel aufgenommenen Energieträger nicht verbraucht, sondern meist in Form von Speicherfett deponiert.

Wieviele Kalorien in bestimmten Lebensmitteln enthalten sind, können Sie der folgenden, beispielhaften Kalorientabelle entnehmen. Bei vielen Produkten ist der Kalorienwert auch auf der Verpackung angegeben. Achten Sie dabei auch immer auf die Menge, die diesem Wert zugrunde liegt.

Nahrungsmittel	Menge	Energie in kcal
In der Raststätte		
Salat mit Hähnchen	100 g	48
Chili con Carne	100 g	101

**Beschleunigte Grundqualifikation
Basiswissen Lkw/Bus**

Spaghetti Bolognese	100 g	129
Reisauflauf mit Käse und Schinken	100 g	143
Frikadelle	100 g	187
Schweineschnitzel paniert	100 g	236
Hamburger	100 g	295
Currywurst	100 g	344
Pommes frites	100 g	350
Unterwegs		
Apfel	100 g	49
Banane	100 g	70
Vollmilchjoghurt mit Früchten	100 g	106
Gummibärchen	100 g	332
Vollmilchschokolade	100 g	569
Kartoffelchips	100 g	598

Achtung, alle Angaben sind nur ungefähre Werte!

Überschlagen Sie einmal, wieviel kcal Sie am Tag zu sich nehmen! Vergleichen Sie diesen Wert dann mit dem Gesamtumsatz.

Gesundheitsrisiken bei ungünstiger Ernährung

Nach Schätzungen der Weltgesundheitsorganisation (WHO) hängt die Hälfte der Todesursachen bei Personen, die vor dem 65. Lebensjahr versterben, mit fehlerhafter Ernährung zusammen. Ungünstige Ernährung bzw. **Übergewicht** nehmen eine herausragende Position bei den Erkrankungs- und Todesursachen ein. Bewegungsmangel und zu hohe Aufnahme von Fett, Zucker und Alkohol sind für das Übergewicht verantwortlich.

Der Fettanteil an der täglichen Nahrung sollte 30 % nicht übersteigen (ca. 70 g pro Tag), tatsächlich liegt in Deutschland der durchschnittliche tägliche Fettverzehr deutlich über 110 g pro Tag. Hoher Fettverzehr führt zu erhöhten Blutfett- und Cholesterinwerten, die in Verbindung mit Blut-

Sensibilisierung für die Bedeutung einer guten körperlichen und geistigen Verfassung

7.1

hochdruck den Gefäßverschluss (Arteriosklerose) begünstigen. Das Risiko für Folgeerkrankungen (Bluthochdruck, Durchblutungsstörungen, Herzinfarkt, Schlaganfall) steigt deutlich.

Stoffwechselstörungen wie z. B. Zuckerkrankheit, Gicht und Osteoporose stehen in Verbindung mit ungünstigem Ernährungsverhalten. Zwischen bestimmten Darm-, entzündlichen Leber- und verschiedenen Krebserkrankungen und der Über- bzw. Fehlernährung gibt es Zusammenhänge.

Die erhöhte mechanische Belastung des Bewegungsapparates durch Übergewicht führt regelmäßig zu vorzeitigem Gelenkverschleiß und begünstigt degenerative Veränderungen der Wirbelsäule bzw. der Bandscheiben.

Häufigste Krankheitsrisiken durch Fehlernährung in Deutschland
- Herz-Kreislauf-Krankheiten
- Diabetes mellitus
- Gicht
- Fettstoffwechselstörung
- Übergewicht
- Schilddrüsenerkrankung
- Alkoholismus
- Karies
- Gallenerkrankung
- Chronische Lebererkrankungen
- Bauchspeicheldrüsenerkrankungen
- Osteoporose

Body-Mass-Index (BMI)

Im Jahr 2001 untersuchte eine Forschungsgruppe in Zusammenarbeit mit der Berufsgenossenschaft für Fahrzeughaltungen ca. 1000 Lkw- und Busfahrer hinsichtlich ihrer Körpermerkmale (z. B. Größe, Gewicht). Auffällig war u. a. das im Vergleich zur Normalbevölkerung deutlich erhöhte Körpergewicht, sowohl bei Fahrern als auch bei Fahrerinnen. **Durchschnittlich wog der Berufskraftfahrer ca. 8 kg mehr als eine Vergleichsperson.**

Zur Abschätzung ob Übergewicht vorliegt, zieht man derzeit zwei Messgrößen einer Person heran: die in Metern gemessene Körperlänge und das in Kilogramm gemessene Körpergewicht. Aus beiden Parametern wird der „Body-Mass-Index", kurz BMI errechnet:

Beschleunigte Grundqualifikation
Basiswissen Lkw/Bus

FORMEL

$$BMI = \frac{\text{Körpergewicht}}{\text{Körperlänge}^2}$$

Beispiel:
90 kg schwere Person, 1,78 m groß:
BMI = 90 / (1,78 x 1,78) = 25,46

Berechnung des BMI mit Hilfe des Nomogramms:

Abbildung 285: Nomogramm zur Errechnung des BMI

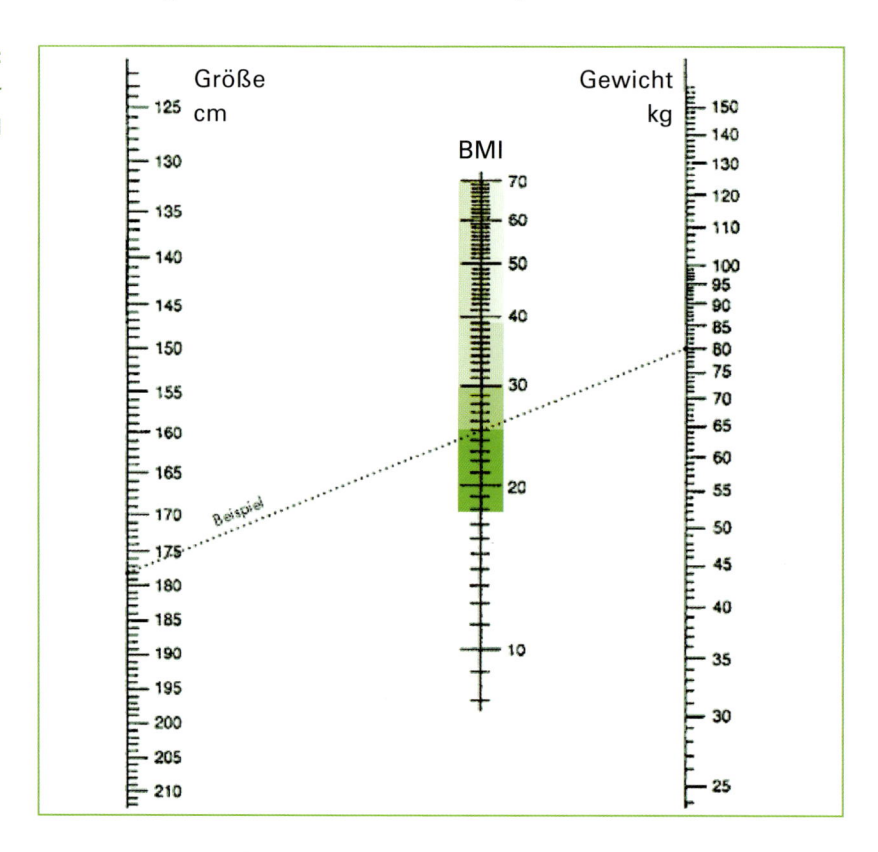

Mit Hilfe eines Lineals verbindet man die Skalenpunkte der Körpergröße (linke Spalte) und Gewicht (rechte Spalte) auf der mittleren Skala kann der BMI direkt abgelesen werden.

Sensibilisierung für die Bedeutung einer guten körperlichen und geistigen Verfassung

7.1

> ↻ Lassen Sie die Teilnehmer ihre eigenen BMIs errechnen und ablesen!

Ein BMI-Wert zwischen 18 und 25 zeigt **Normalgewicht** an. BMI-Werte zwischen 26 und 30 weisen auf **Übergewicht** hin, das reduziert werden sollte. BMI-Werte von mehr als 30 zeigen eine dringend erforderliche Gewichtsabnahme an. Die Interpretation des BMI gilt gleichermaßen für Frauen und Männer.

Eine weitere einfache Abschätzung, ob aus dem Übergewicht mit hoher Wahrscheinlichkeit Gesundheitsrisiken resultieren, ist mit Hilfe der Betrachtung des **Fettverteilungsmusters** möglich:
Eine „apfelförmige" Stammfettverteilung (männlicher Typ) mit relativ schlanken Armen und Beinen und großem Bauchumfang (bei Männern mehr als 94 cm, bei Frauen mehr als 80 cm), ist als ungünstiger Prognosefaktor zu bewerten. Personen mit dieser Form der Fettverteilung unterliegen dem deutlich erhöhten Risiko, Gesundheitsschäden zu erlei-

Apfel-Typ	Birnen-Typ
großer Bauchumfang (über 94 cm bei Männer, über 80 cm bei Frauen)	Fettdepots Hüfte, Oberschenkel
hohes Gesundheitsrisiko – Herzinfarkt – Schlaganfall	geringeres Gesundheitsrisiko
Metabolisches Syndrom – Diabetes mellitus – Bluthochdruck – Fettstoffwechselstörung	

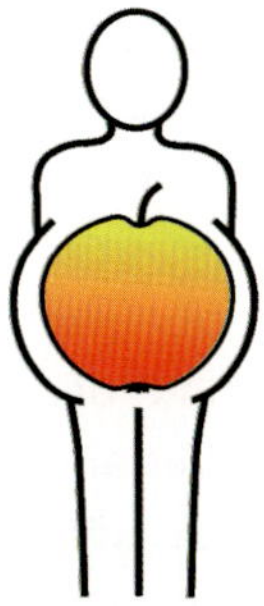

Abbildung 286: Fettverteilungsmuster

den: Fettstoffwechselstörung, gehäuftes Auftreten von Zuckerkrankheit, Bluthochdruckerkrankung und Durchblutungsstörungen an den Herzkranzgefäßen.

Als günstiger wird eine „birnenförmige" Stammfettverteilung angesehen (weiblicher Typ), d. h. Fettverteilung hauptsächlich auf Hüften und Oberschenkeln.

> **Hintergrundwissen** → Einseitige „Hau-Ruck-" oder „Bikini-Diäten" führen genauso wenig zum gewünschten Ziel der dauerhaften Gewichtsabnahme wie pharmakologische „Schlankheitsmittel". Grundsätzlich bergen einseitige Diäten die Gefahr der Mangelernährung bzw. leiden sie unter dem rasch einsetzenden Motivationsverlust aufgrund des vollständigen Verzichts auf bestimmte Nahrungsprodukte.
>
> Wurde eine Gewichtsabnahme zu schlagartig herbeigeführt, z. B. „Hungerdiäten", so beobachtet man regelmäßig den sogenannten „Jojo-Effekt". Der zunächst erfolgreichen Gewichtsabnahme folgt nach Diätende eine deutliche Gewichtszunahme. Die dauerhafte Gewichtsnormalisierung gelingt nur durch eine Umstellung zu einem bewussten und kritischen Ernährungs- und Essverhalten. Damit ein zielführender Einstieg in ein verändertes Ernährungsverhalten erfolgreich bleibt, sind begleitender ärztlicher Rat oder eine qualifizierte Ernährungsberatung (z. B. durch die Krankenkasse) sinnvoll.
>
> Maßgeblich für eine Gewichtsreduzierung sind der Energie- (Fett-) Verbrauch und die Energieaufnahme. Verlangt der Gesamtumsatz (s. o.) einen Energieverbrauch, der höher als die Energieaufnahme mit der Nahrung ist, dann reduziert sich das Körpergewicht, da Energie-(Fett-)Depots abgebaut werden. Durch Freizeitaktivitäten lässt sich der Leistungsumsatz beeinflussen. Bereits die zusätzliche Muskelarbeit körperlicher Aktivitäten (z. B. zügiges Spazierengehen, Radfahren, Schwimmen) von jeweils 3 x 30 Minuten pro Woche sind ausreichend, um zusammen mit einer angepassten, d. h. fettarmen Ernährung eine Gewichtsreduktion zu beschleunigen.

Sensibilisierung für die Bedeutung einer guten körperlichen und geistigen Verfassung

7.1

Das individuelle Fettverteilungsmuster bzw. der Bauchumfang sind eng verbunden mit dem Risiko, Folgeerkrankungen zu erleiden.

Beispielbetrachtung: Energiebedarf Joggen

Der Leistungsumsatz wird durch Dauerlauf/Joggen gegenüber dem „Ruhezustand vor dem Fernseher" deutlich erhöht. Ein 80 kg schwerer Läufer, der eine 4 km lange Strecke mit mittlerer Laufgeschwindigkeit überwindet, verbraucht ca. 750 kJ (180 kcal), was dem „Heizwert" von ca. 15 g Butter entspricht.

Günstige und ungünstige Nahrungsmittel

> Erstellen Sie mit den Teilnehmern eine Stoffsammlung: Das typische Speisenangebot in Raststätten und Unterkünften. Im Lehrvortrag stellen Sie die Nahrungsmittel hinsichtlich der Kriterien bedarfsgerecht/ungünstig für Bus- und Lkw-Fahrer dar. Diskutieren Sie mit den Teilnehmern Ernährungsalternativen bei der Berufsausübung und ordnen Sie die Speisen mit Hilfe der Nahrungsmittelpyramide zu.

Als Bus- und Lkw-Fahrer sind Sie bei Ihren Mahlzeiten von den Randbedingungen wie z. B. Dienst- und Pausenzeiten abhängig. Die Verpflegung unterwegs besteht häufig aus mitgebrachtem Essen. Im Gegensatz zum Essensangebot in Raststätten oder Kantinen liegt der Vorteil der selbst zusammengestellten **Brotzeit** darin, dass sie kostengünstiger als Gaststättenessen ist und dass man Einfluss auf die Qualität und den Geschmack der ausgewählten Lebensmittel nehmen kann. Im Butterbrotpapier „lauert" daher vollwertige Ernährung.

Die Qualität und Ausgewogenheit der Kantinenspeisen hängen von der Küchenführung ab. Überwiegend werden in Kantinen oder Raststätten Fleischgerichte angeboten, deren Nährwert, Eiweiß-, Fett- und Salzgehalt ungünstig hoch sind. Ursache hoher Fettanteile können fettreiches Rohmaterial (Wurstwaren) und die Garverfahren der Hauptspeise bzw. der Beilagen sein (z. B. Frittieren, Braten). Der Nährwert angebotener Gemüse leidet oft unter langen Warmhaltezeiten und dem damit verbundenen Vitaminverlust (s. o.). Das Angebot in Schnellrestaurants (Bratwürste, Pommes frites, Hamburger) ist meist ebenfalls zu fett-, eiweiß- und salzhaltig.

Beschleunigte Grundqualifikation
Basiswissen Lkw/Bus

Die Verdauung großer, energiereicher Nahrungsmengen ist im Hinblick auf Leistungsfähigkeit und Aufmerksamkeit speziell für Verkehrssituationen ungünstig. Grundsätzlich günstiger sind **mehrere kleinere, leicht verdauliche Mahlzeiten,** die z. B. bei jeder kleineren Fahrtpause, d. h. etwa alle zwei Stunden, verzehrt werden.

> ⊕ **Hintergrundwissen** → Durch die berufliche Trennung von der Familie und anderen sozialen Kontakten bildet sich häufig ein „Belohnungs- bzw. Frust-Essen" aus. Die „Belohnung" besteht aus Konditorei- und Zuckerwaren oder besonders kalorienreichen Getränken. Mangelnde Anerkennung oder emotionale Defizite werden durch diese kalorienreichen Lebensmittel ausgeglichen. Hat dieses Verhalten sich ähnlich einer Sucht verstetigt, so ist eine Umstellung dieses Verhaltens oft nur mit professioneller Hilfe möglich, z. B. Hausarzt, Ernährungsberatung.

Zur leichteren Orientierung innerhalb des vielfältigen Speisenangebotes in Richtung einer ausgewogenen Ernährung können der Ernährungskreis der Deutschen Gesellschaft für Ernährung e. V. (DGE) und die zehn DGE-Regeln dienen. Durch Einhaltung dieser Regeln bleibt die

Abbildung 287:
Salatbuffets sind eine gesunde Alternative

| Sensibilisierung für die Bedeutung einer guten körperlichen und geistigen Verfassung | 7.1 |

Abbildung 288:
DGE-Ernährungskreis®
Copyright: Deutsche Gesellschaft für Ernährung e.V., Bonn

breite „Nahrungsmittelpalette", und damit der Spaß und Genuss am Essen erhalten.

1. Vielseitig essen
Genießen Sie die Lebensmittelvielfalt. Merkmale einer ausgewogenen Ernährung sind abwechslungsreiche Auswahl, geeignete Kombination und angemessene Menge nährstoffreicher und energiearmer Lebensmittel.

2. Reichlich Getreideprodukte und Kartoffeln
Brot, Nudeln, Reis, Getreideflocken, am besten aus Vollkorn, sowie Kartoffeln enthalten kaum Fett, aber reichlich Vitamine, Mineralstoffe, Spurenelemente sowie Ballaststoffe und sekundäre Pflanzenstoffe. Verzehren Sie diese Lebensmittel mit möglichst fettarmen Zutaten.

3. Gemüse und Obst – Nimm „5 am Tag" ...
Genießen Sie 5 Portionen Gemüse und Obst am Tag, möglichst frisch, nur kurz gegart, oder auch eine Portion als Saft – idealerweise zu jeder Hauptmahlzeit und auch als Zwischenmahlzeit: Damit werden Sie reichlich mit Vitaminen, Mineralstoffen sowie Ballaststoffen und se-

kundären Pflanzenstoffen (z. B. Carotinoiden, Flavonoiden) versorgt. Das Beste, was Sie für Ihre Gesundheit tun können.

4. Täglich Milch und Milchprodukte; ein- bis zweimal in der Woche Fisch; Fleisch, Wurstwaren sowie Eier in Maßen

Diese Lebensmittel enthalten wertvolle Nährstoffe, wie z. B. Calcium in Milch, Jod, Selen und Omega-3 Fettsäuren in Seefisch. Fleisch ist wegen des hohen Beitrags an verfügbarem Eisen und an den Vitaminen B_1, B_6 und B_{12} vorteilhaft. Mengen von 300–600 Gramm Fleisch und Wurst pro Woche reichen hierfür aus. Bevorzugen Sie fettarme Produkte, vor allem bei Fleischerzeugnissen und Milchprodukten.

5. Wenig Fett und fettreiche Lebensmittel

Fett liefert lebensnotwendige (essentielle) Fettsäuren und fetthaltige Lebensmittel helfen das der Körper fettlösliche Vitamine aufnehmen kann. Fett ist besonders energiereich, daher fördert zu viel Nahrungsfett das Übergewicht. Zu viele gesättigte Fettsäuren erhöhen das Risiko für Fettstoffwechselstörungen, mit der möglichen Folge von Herz-Kreislauf-Krankheiten. Bevorzugen Sie pflanzliche Öle und Fette (z. B. Raps- und Sojaöl und daraus hergestellte Streichfette). Achten Sie auf unsichtbares Fett, das in Fleischerzeugnissen, Milchprodukten, Gebäck und Süßwaren sowie vielen Fast-Food und Fertigprodukten enthalten ist. Insgesamt 60 – 80 Gramm Fett pro Tag reichen aus.

6. Zucker und Salz in Maßen

Verzehren Sie Zucker und Lebensmittel, bzw. Getränke, die mit verschiedenen Zuckerarten (z. B. Glucosesirup) hergestellt wurden, nur gelegentlich. Würzen Sie kreativ mit Kräutern und Gewürzen und wenig Salz. Verwenden Sie Salz mit Jod und Fluorid.

7. Reichlich Flüssigkeit

Wasser ist absolut lebensnotwendig. Trinken Sie rund 1,5 Liter Flüssigkeit jeden Tag. Bevorzugen Sie Wasser – ohne oder mit Kohlensäure – und andere kalorienarme Getränke. Alkoholische Getränke sollten nur gelegentlich und nur in kleinen Mengen konsumiert werden.

8. Schmackhaft und schonend zubereiten

Garen Sie die jeweiligen Speisen bei möglichst niedrigen Temperaturen, soweit es geht kurz, mit wenig Wasser und wenig Fett – das

Sensibilisierung für die Bedeutung einer guten körperlichen und geistigen Verfassung

erhält den natürlichen Geschmack, schont die Nährstoffe und verhindert die Bildung schädlicher Verbindungen.

9. Nehmen Sie sich Zeit, genießen Sie Ihr Essen
Bewusstes Essen hilft, richtig zu essen. Auch das Auge isst mit. Lassen Sie sich Zeit beim Essen. Das macht Spaß, regt an vielseitig zuzugreifen und fördert das Sättigungsempfinden.

10. Achten Sie auf Ihr Gewicht und bleiben Sie in Bewegung
Ausgewogene Ernährung, viel körperliche Bewegung und Sport (30 bis 60 Minuten pro Tag) gehören zusammen. Mit dem richtigen Körpergewicht fühlen Sie sich wohl und fördern Ihre Gesundheit.

PRAXIS-TIPP

Tipps zu gesunder Ernährung

Das besser nicht	Das hält fit
STATT ...	WÄHLEN SIE
Croissants	Obst
	Müslibrötchen
Brot/Brötchen mit Salami	Brötchen mit z. B. Schinken, Pute; Gemüsestreifen zum Brot
Salate mit Mayonnaise	Salate mit Essig/Öl
Currywurst mit Pommes frites	Nudeln mit Tomatensauce
Gerichte mit Sahnesaucen	Reis oder Gemüseaufläufe
Gyros mit Pommes	
Paniertes Schnitzel mit Kartoffelsalat	Schnitzel/Kotelett natur gebraten mit Gemüse oder Salat
Panierte Hähnchenteile mit Pommes und Cola	

Aus der Praxis – für die Praxis

TIPPS FÜR UNTERWEGS

Verpflegung unterwegs

Der Speiseplan

Regelmäßig in Rasthöfen zum Essen gehen, ist teuer. Da bleibt am Monatsende vom Lohn und den Spesen kaum etwas übrig. Viele Kollegen, die im Fernverkehr fahren, sind deswegen zu Selbstversorgern geworden. Die kennen sämtliche Supermarktfilialen, die sie auf ihren Stammstrecken ohne zeit- und spritaufwendige Umwege ansteuern können und versorgen sich dort vor langen Touren mit Proviant: Kaffee, Tee, Mineralwasser, Obst, Gemüse, Brot, Wurst, Joghurt und Käse stehen dann, genau wie zu Hause, auf dem Speiseplan. Damit warme Speisen im Wochenverlauf nicht zu kurz kommen, wird die Marschverpflegung meist noch durch Fertiggerichte aus Dosen und Tüten ergänzt.

Wer seine Einkaufsliste nach den Regeln der Deutschen Gesellschaft für Ernährung zusammenstellt, kann sich auch im Lastwagen ausgewogen ernähren. Fertiggerichte stehen dem nicht entgegen. Schließlich können sie die schnelle Mahlzeit aus der Dose beim Kochen im Lkw ja immer wieder mal mit kleingeschnittenen Zwiebeln oder frischem Gemüse aufpeppen. Das sorgt für Nachschub an frischen Vitaminen und stiftet ein paar zusätzliche Ballast- und Nährstoffe. Dazu kann frischer Salat den Lkw-Speiseplan ergänzen. Den gibt's in den Kühlregalen deutscher Supermärkte ja inzwischen in kleinen Portionen abgepackt, inklusive Dressing in verschiedenen Geschmacksrichtungen.

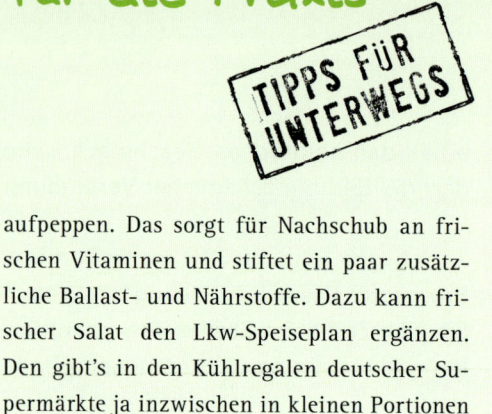

Warme Mahlzeit – kein Problem!

Was nun noch fehlt, um wirklich unabhängig von teuren Autohöfen und Restaurants leben zu können, ist ein anständiger Kocher. Am besten einer der flachen Gaskocher **(Foto)**, die seit ein paar Jahren unter Lkw-Fahrern Furore machen. Dieser Kochertyp hat sich beim Einsatz in der Kabine bewährt, weil er Töpfen, Wasserkesseln oder Pfannen eine große, sichere Standfläche bietet. Da wird der Nachteil, dass für passende Gaskartuschen verhältnismäßig viel Geld auf den Tisch gelegt werden muss, gerne in Kauf genommen. Zu kaufen gibt's die Kocher im Campinghandel oder auf Truckerhöfen.

Immer schön kühl bleiben

Damit empfindliche Nahrungsmittel auch in heißen Sommerwochen haltbar bleiben, gehört in jeden Lkw ein Kühlschrank oder eine Kühlbox. Aber kein extrabilliges Sparmodell für 20 Euro aus dem Supermarkt, sondern ein hochwertiges Gerät, das die Kühltemperatur dauerhaft um mindestens 35 Grad unter die Umgebungstemperatur drücken kann. Das schaffen eigentlich nur die sogenannten Kompressorgeräte. Die sind zwar alles andere als billig, haben dafür aber auch noch den Vorteil, dass sie sehr energiesparend laufen. Ach-

Quelle: Reiner Rosenfeld

tung: Kompressorgeräte sind eigentlich unverwüstlich, solange eine wichtige Grundregel beachtet wird: Stellen Sie das Gerät unbedingt auf „Off", bevor in einer Werkstatt die Fahrzeugkabine nach vorne gekippt wird. Bei diesem extremen Neigungswinkel besteht die Gefahr, dass Öl zur Saugseite des Kompressors läuft. Springt dann die Kühlung an, brennt der Elektromotor durch, weil Öl nicht verdichtet werden kann. Schalten Sie deswegen das Kühlaggregat auch erst dann wieder an, wenn die Kabine schon geraume Zeit (mindestens eine Stunde) wieder in der Waagrechten ist, damit das Öl zurück fließen kann.

Kochen – drinnen und draußen

Bei der Ausstattung der Fahrzeugkabine mit Kochutensilien sind einige Kollegen übrigens sehr erfinderisch. Einige bringen ihr Equipment in sogenannten Kochkisten **(Foto)** im Fahrerhaus unter. Da findet sich alles was wichtig ist für die gesunde Ernährung an Bord: Kocher, Töpfe, Tassen, Teller und Besteck; Gewürze, Nahrungsmittel und Spülmittel samt Bürste. Unbestrittener Vorteil einer Kochkiste ist ihr variabler Einsatzort. Bei schlechtem Wetter wird drinnen gekocht. Bei schönem Wetter kann die Kiste inklusive aller Küchengeräte auf die Schnelle aus der Kabine gehoben werden. Und schon kann Mann oder Frau im Campingstuhl sitzend das Abendessen zubereiten und dabei die Strahlen der Abendsonne genießen. Das sind dann die wirklich schönen Seiten des Truckerlebens.

Die Methode, Küchenutensilien in einem Staukasten außen am Lastwagen oder am Trailer zu deponieren und dort auch gleich zu kochen, wie das bei Kollegen aus dem Süden oder Osten Europas zu beobachten ist, hat sich im deutschen Transportalltag übrigens nicht bewährt. Dazu sind a) die Lkw-Buchten auf deutschen Parkplätzen zu eng und b) muss viel zu oft der Auflieger oder Anhänger getauscht werden.

In diesem Sinne wünschen wir Ihnen auf Ihren Fahrten durch Deutschland oder Europa immer einen vollen Kühlschrank und „Guten Appetit!"

Quelle: Reiner Rosenfeld

Beschleunigte Grundqualifikation
Basiswissen Lkw/Bus

Abbildung 289:
Gesunde Ernährung

AUFGABE/LÖSUNG

Welche Energieträger decken den Energiebedarf eines Bus- oder Lkw-Fahrers?

- Kohlenhydrate (Brot, Kartoffeln, Nudeln)
- Eiweiß

Welche Energieträger führen zu Übergewicht eines Bus- oder Lkw-Fahrers und zu erhöhten Gesundheitsrisiken?

- Fette (frittierte Nahrungsmittel, Eierspeisen, fettreiche Fleischwaren)

Sensibilisierung für die Bedeutung einer guten körperlichen und geistigen Verfassung

7.2 Tagesrhythmus und Müdigkeit

▶ **Die Teilnehmer sollen über Kenntnisse zur menschlichen Tagesrhythmik und deren Bedeutung für die Leistungsfähigkeit verfügen und wissen, dass die Tagesrhythmik nicht beeinflussbar ist. Sie sollen die Ursachen von Müdigkeit kennen, deren Symptome erkennen können und wissen, welche Maßnahmen bei Müdigkeit erforderlich sind.**

↻ Tragen Sie die Inhalte vor und fragen Sie dabei auch immer Antworten und Erfahrungen der Teilnehmer ab. Veranschaulichen Sie die Themen durch Beispiele aus dem Alltag.

⏲ Ca. 120 Minuten

📖 Führerschein: Fahren lernen Klasse D, Lektion 16; in der Führerschein-Ausbildung Klasse C wird dieses Thema nicht oder nur ansatzweise behandelt.

Tagesrhythmus

Verschiedene Vorgänge des menschlichen Körpers (z. B. Hormonausschüttung, Körpertemperatur, Stoffwechselaktivität, psychische Ermüdung) laufen in regelmäßig wiederkehrenden Kreisläufen ab. Dieser Rhythmus ist an einen Zyklus von ca. 24 Stunden gekoppelt, der auch fortbesteht, wenn äußere Signale (Tag-Nacht-Wechsel) fehlen.

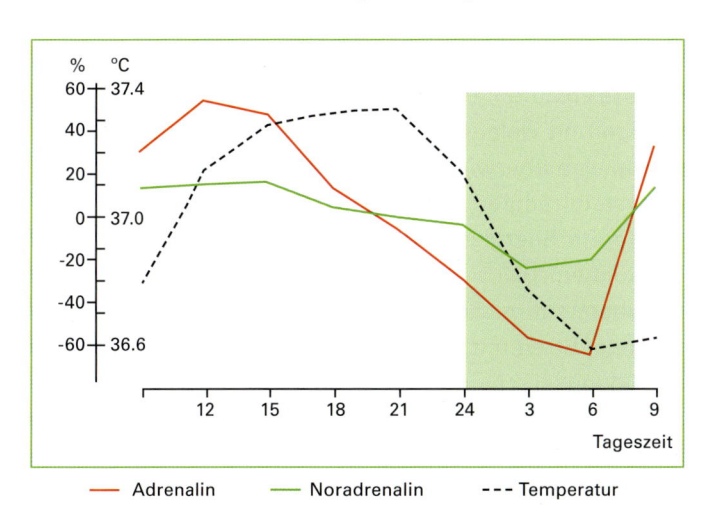

Abbildung 290: Diagramm der Tageskurven für Körpertemperatur, verschiedene Hormone

Beschleunigte Grundqualifikation
Basiswissen Lkw/Bus

Das Diagramm zeigt den Verlauf der Körpertemperatur und der im Blut befindlichen Hormonmengen innerhalb eines Tages. Deutlich zu erkennen sind die nächtlichen Absenkungen der Körpertemperatur und der Hormonspiegel.

Verschiebt sich die Wachphase in die Nacht, so ändern sich die körpertypischen Abläufe nicht bzw. nur in sehr geringem Maße. So besteht beispielsweise der Verlauf der Körpertemperaturkurve, mit einer Temperaturabsenkung zur Nacht, fort. Der Wechsel der Wachphase in die Nacht hinein führt nicht zu einer parallelen Umstellung der körpereigenen Rhythmik, das heißt: **Ein „Umtrainieren" der verschiedenen Funktionen** durch z. B. lang andauernde Nachtdienstphasen **ist nicht möglich**.

Ermüdung und Müdigkeit

> Stellen Sie den Teilnehmern die Fragen: Nennen Sie Ursachen von Müdigkeit! Wie erkennt man Müdigkeit? Was kann man gegen Müdigkeit tun? (alternativ Gruppenarbeit). Die Antworten werden von Ihnen auf z. B. einer Pinnwand strukturiert. Im Lehrgespräch diskutieren Sie mit den Teilnehmern Ursachen und Folgen der Ermüdung. Gemeinsam mit den Teilnehmern erarbeiten Sie am Flipchart die Anzeichen der Müdigkeit.

Allgemeines

Das zentrale Nervensystem steuert über ein Aktivierungs- und Dämpfungssystem, ob wir wach und aktiv sind oder ob Erholungs- und Regenerationsprozesse ablaufen. Eine Erregung des Aktivierungssystems führt zu einer Steigerung vieler Körperfunktionen (Herzfrequenz, Blutdruck usw.). Hier spielen überwiegend Einflüsse von außen eine Rolle. Das Dämpfungssystem reagiert auf Einflüsse aus dem Körperinneren (Ermüdung, erschöpfte Energiereserven usw.) und sorgt dafür, dass wir uns erholen können. Beide Systeme können sich durch entsprechende Impulse übersteuern. So sorgt eine starke emotionale Belastung (z. B. Bedrohung, Streit mit Fahrgästen oder Kollegen) dafür, dass vorhandene Ermüdungserscheinungen schlagartig übersteuert werden. Der Körper wird in einen Zustand erhöhter Leistungsfähigkeit versetzt. Umgekehrt kann eine monotone Arbeit dazu führen, dass aufgrund ausbleibender Reize die Wachsamkeit abnimmt.

Sensibilisierung für die Bedeutung einer guten körperlichen und geistigen Verfassung 7.2

Der Schlaf

Schlaf ist ein Zustand der äußeren Ruhe. Dabei unterscheiden sich viele Körpervorgänge von denen des Wachzustands. Puls, Atemfrequenz und Blutdruck sinken ab, und die Gehirnaktivität verändert sich. Im Schlaf werden viele Hirnfunktionen blockiert, so dass sich Schlafende kaum bewegen und kaum etwas wahrnehmen. Psychische und körperliche Belastungen können den Schlaf vorübergehend aus dem Gleichgewicht bringen. Dazu spielen z. B. falsche Ernährung sowie Alkohol-, Nikotin- und Koffeingenuss eine besondere Rolle, insbesondere bei bereits vorhandenen Schlafstörungen. Auch äußere Einflüsse wie Licht, Lärm, Raumtemperatur, beengende Kleidung usw. beeinflussen den Schlaf. Besonders Schichtarbeiter oder Personen mit sehr unregelmäßiger Arbeitszeit leiden unter Schlafstörungen.

Menschen sind in unterschiedlichem Maße gegen Störungen anfällig. Auch benötigt nicht jeder gleich viel Schlaf. Wer nach wenigen Stunden Schlaf ausgeruht und tags leistungsfähig ist, hat dementsprechend ausreichend geschlafen. Wird versucht, länger zu schlafen, als eigentlich notwendig (zum Beispiel wegen des Glaubens, acht Stunden seien ein zwingendes Mindestmaß), so kann dieses Verhalten auf Dauer ebenfalls Schlafstörungen auslösen, die sich in häufigem Erwachen oder schlechter Schlafqualität äußern.

Ermüdung

Der Zustand herabgesetzter Leistungs- oder Widerstandsfähigkeit wird als Ermüdung bezeichnet. Dabei wird grundsätzlich zwischen Muskelermüdung (periphere Ermüdung) und allgemeiner Ermüdung (zentrale Ermüdung) unterschieden.

Ursachen der Ermüdung

- Allgemeine körperliche Ermüdung, die durch körperliche Belastung des ganzen Organismus hervorgerufen ist
- Geistige bzw. psychische Ermüdung durch geistige Arbeit
- Durch Monotonie hervorgerufene Ermüdung
- Augenermüdung, die durch ungünstige Belastungen des Sehapparates entsteht (z. B. Fehlsichtigkeit, Blendung, ungünstige Kontraste im Blickfeld)
- Chronische Ermüdung, die durch lang andauernde und verschiedenartige Ermüdungseinflüsse bedingt ist

Beschleunigte Grundqualifikation
Basiswissen Lkw/Bus

Faktoren für Ermüdung, die messbar die Leistungsbereitschaft und Leistungsfähigkeit reduzieren:
- Dauer und Intensität körperlicher und geistiger Arbeit
- Umgebungsfaktoren wie Licht, Lärm, Klima
- Psychische Faktoren wie Sorgen, Angst, Konflikte
- Krankheit, Schmerzen, Ernährungsfehler
- Überforderung oder Unterforderung (z. B. Monotonie)

Symptome bei Müdigkeit
- Herabsetzung der Aufmerksamkeit
- Verlangsamung und Dämpfung der Wahrnehmung
- Behinderung des Denkens
- Abnahme des Leistungswillens
- Abnahme der Leistungsfähigkeit (körperlich und geistig)

Leistungskurve
Wir wissen alle, dass unsere Leistungsfähigkeit über den Tag verteilt unterschiedlich ist. Die Leistungsfähigkeit und -bereitschaft folgt einer Kurve, die sich im Laufe der Evolution entwickelt hat, und die für alle Menschen in etwa gleich ist. Der Tag wird von der inneren Uhr in eine

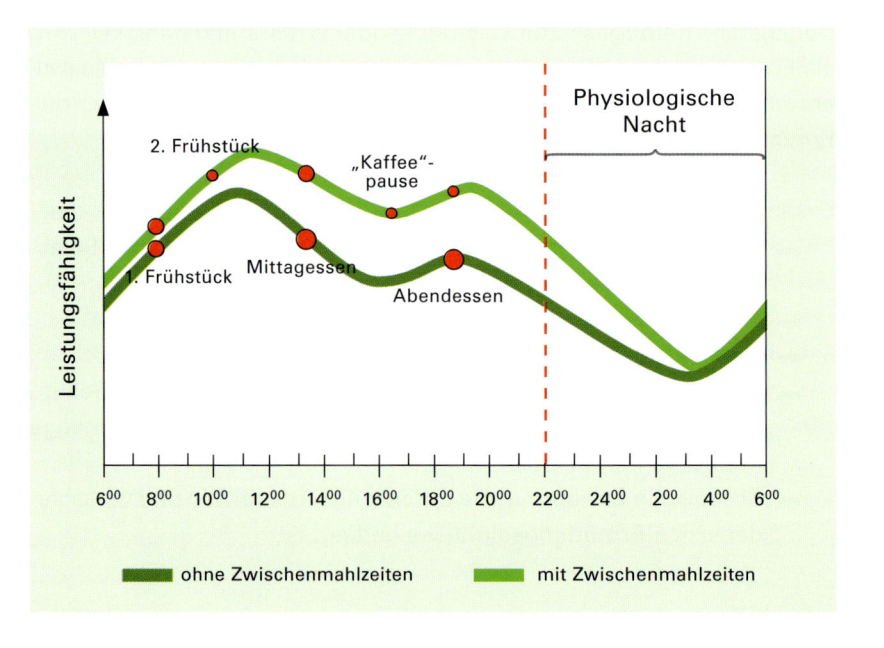

Abbildung 291: Darstellung der Leistungsfähigkeit im Verlauf eines Tages

aktive Phase (= heller Tag) und eine Ruhephase (= Nacht) eingeteilt. Individuell ergeben sich nach Typ „Frühaufsteher" oder „Nachtmensch" Verschiebungen der Leistungshochs/-tiefs. Grundsätzlich muss jedoch von einer deutlich herabgesetzten Leistungsfähigkeit in den Stunden nach Mitternacht bis zum frühen Morgen ausgegangen werden.

An der Kurve (Abbildung 291) ist zu erkennen, dass die „Totpunkte" in den frühen Morgenstunden und am Nachmittag liegen, während am Vormittag und am frühen Abend Leistungsspitzen bestehen. Zu unterscheiden sind noch Personen, die früh aufstehen und fit sind, – die „Lerchen" – und die „Morgenmuffel", die in der zweiten Aktivitätsphase ihre Höhepunkte haben, – die „Eulen".

Es ist nicht möglich, sich einen anderen Rhythmus anzutrainieren, die individuelle Leistungskurve ist biologisch fest programmiert. Schichtarbeiter müssen sich bewußt sein, dass sie auch zu Zeiten eingeschränkter Leistungsfähigkeit arbeiten müssen.

Schlafdefizit

Durch verkürzten Nachtschlaf stellt sich ein Schlafdefizit ein. Verschiedene Ursachen können hierfür verantwortlich sein: verkürzte oder fehlende Tiefschlafphase mit mangelhafter psychischer Erholung, Störung der Hormonproduktion bei verkürzter Schlafdauer, unzureichende Zellregeneration u.v.m. Betroffene Personen sind weniger erholt und anfälliger für Leistungseinbußen wie z.B. Konzentrationsstörungen.
Wurde die normale Schlafphase einmalig um nur wenige Stunden verkürzt, so kann der Körper diesen Mangel in den folgenden Nächten ausgleichen. Sind die Schlafphasen regelmäßig verkürzt (< 5 Stunden), z.B. durch Störungen oder durch Nachtschichten, so ist ein einfacher Ausgleich des Schlafdefizites nicht mehr möglich. Die Leistungsfähigkeit Betroffener ist tagsüber deutlich herabgesetzt. Sehr häufig besteht eine erhöhte Reizbarkeit. In monotonen Situationen besteht die Gefahr, sehr schnell müde zu werden, z.B. bei eintönigen Autobahnfahrten.

> **Hintergrundwissen → Schlafapnoe**
> Schwerwiegende Atemstörungen während des Schlafes können am Tage zu erheblichen Leistungseinbußen führen. Verschiedene Grunderkrankungen (z. B. Behinderungen im Bereich der oberen Atemwege wie Nasenpolypen, vergrößerte Rachenmandeln u. ä., Bluthochdruck i. V. m. Fettleibigkeit) sind geeignet, im Schlaf zu Atempausen von mehr als 10 Sekunden zu führen. Häufen sich diese Atempausen, d.h. mehr als 10 pro Stunde, so beobachtet man trotz ausreichender Schlafdauer eine vermehrte Müdigkeit und Einschlafneigung am Tage sowie Konzentrations- und Gedächtnisstörungen. Wahrscheinlich wird durch Sauerstoffmangel während des Schlafes die erholsame Tiefschlafphase nicht erreicht.
> Unbehandelt schränkt ein Schlafapnoe-Syndrom die Leistungsfähigkeit derart ein, dass eine sichere Teilnahme am Straßenverkehr nicht mehr möglich ist. Nicht zuletzt sieht die Fahrerlaubnisverordnung vor, dass Personen mit unbehandelter Schlafapnoe keine Fahrerlaubnis erhalten.

Müdigkeit

Definition: Müdigkeit ist ein Missbehagen aufgrund vorangehender Anstrengung, einer Krankheit oder des unterdrückten Schlafbedürfnisses.

Woran erkennt man Müdigkeit?

- Gähnen
- Brennende Augenlider
- Blendempfindlichkeit
- Häufiges Augenzwinkern
- Verspannungen der Schulter- und Rückenmuskulatur
- Leichte Kopfschmerzen
- Erhöhte Reizbarkeit
- Blickstarre (Bilder laufen wie im Film ab)
- Tunnelförmige Einengung des Blickfeldes
- Wahrnehmungsfehler bis hin zu Halluzinationen
- Schlechtes Abschätzen von Abständen zur Seite und zum vorausfahrenden Fahrzeug (auch: permanentes Fahren am oder auf dem Mittelstreifen)

Sensibilisierung für die Bedeutung einer guten körperlichen und geistigen Verfassung

7.2

Abbildung 292:
Müdigkeit

- Ruckartige und unnötige Lenkradbewegungen
- Häufiges Verschalten
- Unangemessen heftige Bremsmanöver
- Verlangsamte Reaktionen
- Entscheidungsunfreudigkeit
- Konzentrations- und Orientierungsschwierigkeiten
- Übermäßige Euphorie
- Das Bedürfnis, sich die Nasenwurzel zu massieren
- Leichtes Frösteln
- Wiederholtes Aufschrecken aus Unaufmerksamkeit

Ungewolltes Einschlafen („Sekundenschlaf")

„Sekundenschlaf" ist die populäre Bezeichnung für ungewolltes Einschlafen. Entgegen landläufiger Meinung kann der „Sekundenschlaf" auch mit offenen Augen ablaufen und in körperlich ausgeruhtem Zustand vorkommen. Die Ursache liegt z. B. in einer bequemen Sitzhaltung, bei der Nervenzellen längs der Wirbelsäule einen Ruhezustand signalisieren und damit im Gehirn das Weckzentrum ausschalten. Wenn dann die Sinneswahrnehmung der Augen noch durch monotone Bildeindrücke die Aufmerksamkeit unterfordert, wird die Gehirnaktivität soweit zurückgefahren, dass Reaktionszeiten von mehreren Sekunden die Folge sind. Die oben aufgezählten Symptome können auch ein ungewolltes Einschlafen ankündigen.

**Beschleunigte Grundqualifikation
Basiswissen Lkw/Bus**

AUFGABE/LÖSUNG

Welche Strecke legt Ihr Fahrzeug zurück, wenn Sie bei einer Geschwindigkeit von 60 km/h zehn Sekunden lang schlafen?

$$\frac{60 \text{ km/h}}{10} \times 3 \times 10 = 180 \text{ m}$$

Unfallrisiko infolge Müdigkeit

Verschiedene Studien kommen zu dem Ergebnis, dass ca. 25 % der Autounfälle durch Einschlafen verursacht werden. Allen Studien ist gemeinsam, dass die Ursache „Einschlafen" erst dann als wahrscheinlich angesehen wird, wenn alle anderen Faktoren (andere Verkehrsteilnehmer, Witterung, Straßenglätte, Straßenverlauf, technische Ursachen, medizinische Ursachen (z. B. Herzinfarkt, Schlaganfall usw.) ausscheiden.

Es wurde nachgewiesen, dass Schlafmangel ähnliche Auswirkungen hat wie Alkohol. Personen, die über einen Zeitraum von 24 Stunden wach gehalten wurden, reagierten ebenso verlangsamt wie solche, die einen Blutalkoholspiegel von 1 Promille aufwiesen. Ein Niveau vergleichbar mit 0,5‰ Blutalkohol wird schon nach 17 Stunden Wachsein erreicht. Die Fehlerhäufigkeit steigt mit zunehmendem Schlafmangel. Die Abhängigkeit der Reaktionsgeschwindigkeit von der Fahrtdauer zeigt das folgende Diagramm.

Abbildung 293: Abhängigkeit der Reaktionsgeschwindigkeit von Fahrtdauer und Pausenhäufigkeit

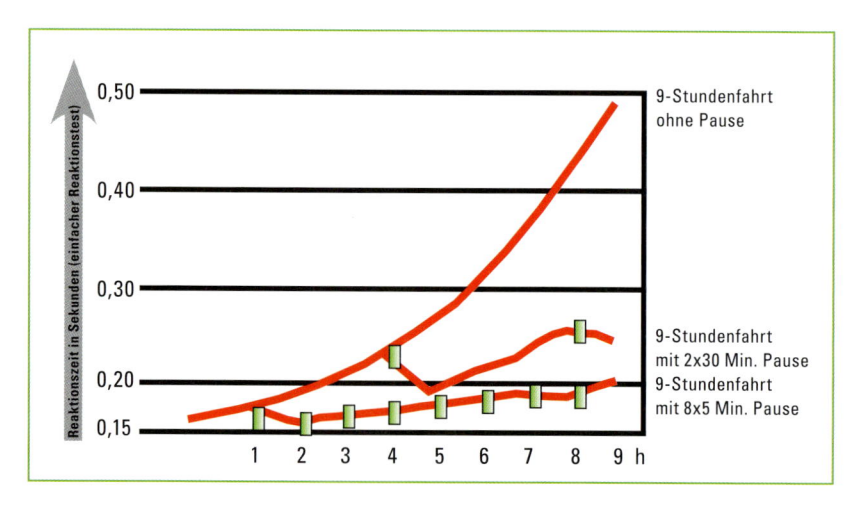

Sensibilisierung für die Bedeutung einer guten körperlichen und geistigen Verfassung

7.2

Mit zunehmender Fahrtdauer nimmt aufgrund von Ermüdungseffekten die Reaktionsgeschwindigkeit ab. Der hohe Erholungswert häufiger kurzer Pausen zeigt sich in der nur geringen Abnahme der Reaktionsgeschwindigkeiten. Ungünstig sind wenige bzw. gar keine Pausen. Eine Verlängerung der Pausendauer wirkt sich nicht zusätzlich günstig auf die nachlassende Reaktionsgeschwindigkeit aus.

Maßnahmen gegen Müdigkeit?

> Sie richten die Frage an die Teilnehmer: Welche Maßnahmen verhindern das vorzeitige Ermüden? Die Antworten werden von Ihnen auf dem Flipchart strukturiert und im Lehrgespräch kommentierend bewertet.

Stichwort „Schlafhygiene"
Der Schlaf ist erholsam, der Körper hatte Zeit zur Regeneration, ist fit und leistungsbereit, wenn die Rahmenbedingungen optimiert sind: Raumtemperatur und -helligkeit, keine Störungen, regelmäßige Schlafzeit, Bekleidung etc.

Stichwort „Richtige Ernährung"
Fleisch und fetthaltige Gerichte sowie Eierspeisen benötigen einen längeren Verdauungsvorgang als kohlenhydratreiche Speisen oder gegarte Gemüse. Der Verdauungsprozess löst im vegetativen Nervensystem dämpfende Nervensignale aus und macht so „müde". Besonders mittags, wenn die psychische Leistungsfähigkeit einen Tiefpunkt erreicht, erhöht eine „schwere Mahlzeit" die Müdigkeit.

Auch regelmäßige Flüssigkeitsaufnahme ist zur Vermeidung einer vorschnellen Ermüdung wichtig. Säfte, Mineralwasser und Tee ergänzen die vom Körper ausgeschiedene Flüssigkeit und führen Mineralien und Kohlenhydrate nach.

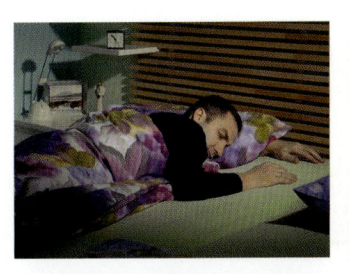

Abbildung 294: Erholsamer Schlaf

Abbildung 295: Viel Trinken

Anregende Getränke wie Kaffee, Schwarzer Tee oder „Energy-Drinks" sind als Mittel gegen Müdigkeit ungeeignet. Die chemische Struktur der Stoffe in den Getränken ähneln der des Adenosins, einem körpereigenen Stoff. Dieser dämpft normalerweise die Tätigkeit aktiver Ner-

Beschleunigte Grundqualifikation
Basiswissen Lkw/Bus

Abbildung 296: Aktive Pausen

Abbildung 297: Powernapping

Abbildung 298: Gutes Klima

venzellen und schützt sie vor Überanstrengung. Zwar steigt die Leistungs- und Konzentrationsfähigkeit kurzfristig an, die Wirkung hält aber nicht lange an.

Bei längerem oder häufigem Genuss „aufputschender Getränke" hilft sich der Körper darüber hinaus selber. Er bildet mehr Rezeptoren für das dämpfende Adenosin aus, so dass die Wirkung nachlässt.

Stichwort „Pausen"

Aus wissenschaftlichen Untersuchungen ist bekannt, dass es besser ist, häufiger kleine Pausen einzulegen als eine große. Ideal ist es, alle zwei Stunden eine Pause von 10 bis 15 Minuten einzulegen. Auch Bewegung wirkt der Ermüdung entgegen.

Stichwort „Powernapping"

In der Pause kann auch, wenn möglich, ein Tagschlaf – das so genannte Powernapping – gehalten werden. Nach Meinung von Schlafforschern erhöht sich durch einen kurzen Tagschlaf die Konzentrations-, Leistungs- und Reaktionsfähigkeit. Man sollte beim Powernapping jedoch vermeiden, länger als 30 Minuten zu schlafen, da man nach etwa dieser Zeit in tiefere Schlafphasen fällt.

Stichwort „Gutes Klima"

Ausreichend frische Luft und ein angenehmer Temperaturbereich unterstützen die Leistungsbereitschaft und Leistungsfähigkeit des Körpers. Deshalb sollten Sie die Fahrerkabine regelmäßig lüften bzw. ausreichend belüften und die Temperatur so einstellen, dass man weder schwitzt noch friert.

Stichwort „Medikamente"

Sie können die Fahrtüchtigkeit einschränken und Ermüdungserscheinungen verstärken. Führen Sie keine Eigenbehandlung mit Medikamenten ohne Befragung eines Arztes durch. Hier können bei einem Verkehrsunfall auch strafrechtliche Konsequenzen die Folge sein.

Abbildung 299: Vorsicht bei Einnahme von Medikamenten

7.3 Stress

> **Die Teilnehmer sollen über allgemeine Kenntnisse zu Stressmodellen verfügen, Kenntnisse von Faktoren haben, die Stress erzeugen können, Kenntnisse zum individuellen Umgang mit Stressoren haben, über Kenntnisse zu den Auswirkungen von Stress verfügen und über Strategien verfügen, um unausweichlichem Stress besser begegnen zu können.**

> Tragen Sie die Inhalte vor und fragen Sie dabei auch immer Antworten und eigene Erfahrungen der Teilnehmer ab. Veranschaulichen Sie die Themen durch Beispiele aus dem Alltag und führen Sie die praktischen Übungen durch.

> Ca. 180 Minuten

> Dieses Thema wird in der Führerschein-Ausbildung der Klassen C und D nicht oder nur ansatzweise behandelt.

Der Begriff Stress kommt aus dem lateinischen „stringere" und bedeutet „anspannen".
Er bezeichnet zum einen durch spezifische äußere Reize (Stressoren) hervorgerufene psychische und physiologische Reaktionen beim Menschen, die zur Bewältigung besonderer Anforderungen befähigen, und zum anderen die dadurch entstehende körperliche und geistige Belastung.

> **Hintergrundwissen → Stressmodelle**
> Stress wird individuell unterschiedlich wahrgenommen bzw. mit Beanspruchungsreaktionen beantwortet. Verschiedene Stresstheorien haben versucht, den Zusammenhang zwischen Stressoren und Stressreaktion darzustellen. Die Modelle sind mit wachsendem Erkenntnisstand zunehmend komplexer geworden. Beispielhaft können benannt werden: Allgemeines Adaptationssyndrom, Notfallreaktion, Stressmodell von Henry, Transaktionales (oder kognitives) Stressmodell, Theorie der Ressourcenerhaltung.

Allgemeines Adaptationssyndrom

Dieses Modell ist das ursprüngliche Stresskonzept. Es stellt die Folgen punktuellen und chronischen Stresses dar. Mit Wahrnehmung eines (jeden) Stressors folgt eine Anpassungsreaktion. Nachgewiesen wurde, dass auf jede Anspannungs- eine Entspannungsphase folgen *muss*, da nur bei ausreichender Erholung ein gleichbleibendes Niveau zwischen Ruhe und Erregung gehalten werden kann. Folgen in kurzen Abständen weitere Stressoren, wächst das Erregungsniveau weiter an und das Individuum gerät aus dem Gleichgewicht.

Notfallreaktion

Nach diesem Modell reagiert der Körper blitzartig durch die Herstellung einer „Flucht- oder Angriffsbereitschaft".

Stressmodell von Henry

Dieses Modell unterscheidet spezifische physiologische Reaktionen je nach Stresssituation: Furcht (Flucht) führt zu Adrenalinanstieg; Ärger (Kampf) zu Noradrenalin- und Testosteronanstieg; Depression (Kontrollverlust, Unterordnung) zu Cortisolanstieg und Testosteronabfall. Noradrenalin und Cortisol sind Hormone, die vom menschlichen Köper produziert werden. Noradrenalin führt zu einer Engstellung der Gefäße und infolgedessen zu einer Blutdrucksteigerung. Cortisal fördert den Kohlehydrat- und Fettstoffwechsel im Körper und somit die Leistungsfähigkeit.

Transaktionales (oder kognitives) Stressmodell

Zusätzlich zu den oben genannten Modellen fügt dieses Stressmodell persönliche Bewertungsebenen ein. Demnach wird Stress wesentlich von kognitiven Bewertungsprozessen mitbestimmt. Stress ist damit eine Interaktion zwischen der (individuellen) Person und ihrer Umwelt. Es wurde nachgewiesen, dass die individuelle Stressbewertung durch Einstellung und Erfahrung beeinflussbar ist.

Theorie der Ressourcenerhaltung

Die Theorie der Ressourcenerhaltung ermöglicht ein umfassenderes und stärker an den sozialen Kontext gebundenes Ver-

Sensibilisierung für die Bedeutung einer guten körperlichen und geistigen Verfassung 7.3

ständnis von Stress. Zentrale Annahme ist, dass Menschen ihre eigenen Ressourcen (hierunter kann in diesem Zusammenhang die Leistungsfähigkeit eines Menschen verstanden werden) schützen wollen und danach streben, neue aufzubauen. Stress wird als eine Reaktion auf die Umwelt definiert, in der der Verlust von Ressourcen droht, der tatsächliche Verlust von Ressourcen eintritt und/oder der adäquate Zugewinn von Ressourcen nach einer Ressourceninvestition versagt bleibt im Sinne einer Fehlinvestition.

Unter Ressourcen werden in diesem Zusammenhang die Fähigkeiten, Fertigkeiten, Kenntnisse, Geschicke, Erfahrungen, Talente, Neigungen und Stärken angesehen.

STRESS

Im Allgemeinen wird Stress als unangenehme physische und psychische Belastung des Organimus empfunden

- **Stress durch Reize**
  - Mittels Stressoren von innen oder außen

- **Stress als Reaktion**
  - Positiv oder negativ

- **Stress als Wechselwirkung**
  - Bewertung und Bewältigung

Abbildung 300: Stress

Was ist Stress bzw. was sind Stressoren?

Stress durch Reize

Im Allgemeinen wird Stress als unangenehme physische und psychische Belastung des Organismus empfunden. Diese wird durch äußere oder innere Reize oder Ereignisse (Stressoren) hervorgerufen. Häufig wird damit ein Ereignis oder eine Situation verbunden, der man nicht ausweichen kann (z. B. eine Prüfungssituation).

**Beschleunigte Grundqualifikation
Basiswissen Lkw/Bus**

Für die individuelle Beanspruchung eines Menschen stellen sich dabei zwei Fragen: Wie wird die Situation oder das Ereignis bewertet? Welche Möglichkeiten habe ich, damit umzugehen?

So ist der Tod eines nahen Familienangehörigen immer ein belastendes und einschneidendes Ereignis. Trotzdem gehen die Menschen unterschiedlich damit um. Dies führt zu individuellen Beanspruchungsreaktionen durch diese Situation.

> Verdeutlichen Sie die individuelle Belastung anhand eigener Beispiele aus dem Alltag wie Suchfahrten oder eine Rede anlässlich einer Familienfeier.

Allerdings ist zu beachten, dass die Reize, also die Stressoren, nicht zwangsläufig für den Menschen schädigend sind. Stress wirkt bis zu einem bestimmten, individuell unterschiedlichen Punkt positiv, motivierend und wird dann als Eu-Stress bezeichnet. Führt die Beanspruchungsreaktion zu Gesundheitsstörungen, d. h. liegt negativ wirkender Stress vor, dann wird dieser als Dis-Stress unterschieden. Da der Eu-Stress im Umgangssprachlichen kaum vorkommt, beziehen sich die weiteren Ausführungen auf den Dis-Stress.

Abbildung 301:
Arten von Stressoren

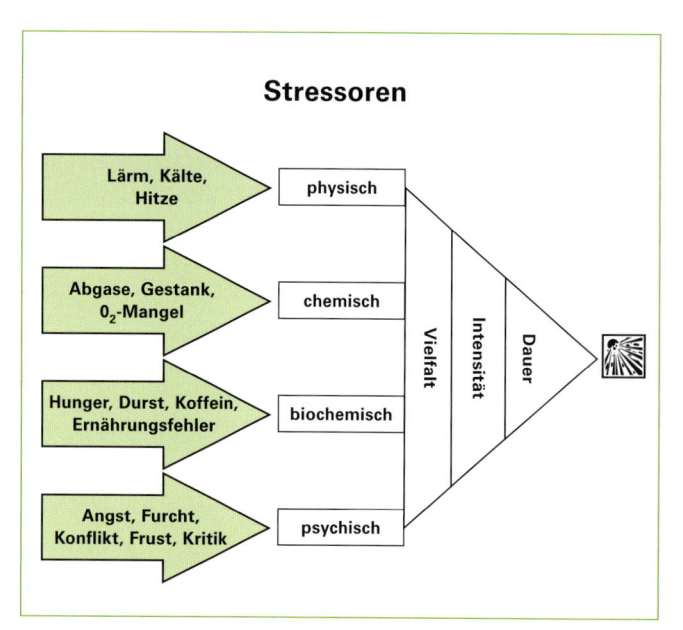

Stressoren

- Lärm, Kälte, Hitze → physisch
- Abgase, Gestank, O₂-Mangel → chemisch
- Hunger, Durst, Koffein, Ernährungsfehler → biochemisch
- Angst, Furcht, Konflikt, Frust, Kritik → psychisch

(Vielfalt, Intensität, Dauer)

Stress als Reaktion

Die inneren und äußeren Reize führen zu einer *Reaktion*. In der Medizin ist allgemein erforscht und bestätigt, dass Stress zu einem „Symptom des allgemeinen Krankseins" führen kann, das heißt, dass mehrere Krankheitssymptome regelmäßig in Kombination auftreten.

Der Körper reagiert mit einer „Stress-Antwort". Es steht dabei nicht so sehr die abstrakte Belastung (Stressor) im Vordergrund, sondern die Beanspruchungsreaktion, also die Reaktion des Körpers.

7.3 Sensibilisierung für die Bedeutung einer guten körperlichen und geistigen Verfassung

Die Reize, die eine entsprechende Beanspruchung erzeugen, werden auch Stressoren genannt, die aus verschieden Quellen stammen. Die Belastung steigt mit der Anzahl, der Intensität und der Einwirkungsdauer der Stressoren.

> Veranschaulichen Sie den Sachverhalt anhand eines Beispieles: Die Rahmenbedingungen der Lernsituation sind für alle Teilnehmer gleich (Raum, Licht, Temperatur, Stühle usw.), trotzdem ist die Beanspruchung unterschiedlich.

AUFGABE/LÖSUNG

Welche generellen äußeren und inneren Stressoren können Stress im Körper erzeugen? Nennen Sie jeweils ein Beispiel!

Physische Faktoren:	Lärm
Chemische Faktoren:	Abgas
Biochemische Faktoren:	Durst
Psychische Faktoren:	Angst

> Erarbeiten Sie das Diagramm mit den Teilnehmern. Fordern Sie die Teilnehmer auf, eigene Beispiele einzubringen (z.B. Reaktion bei Angst um den Arbeitsplatz oder schwerer Krankheit). Beispiele für positiven Stress (Eu-Stress) sind Lampenfieber, sportlicher Erfolg etc.)

Wechselbeziehung zwischen Stress und Individuum

Stress als Wechselwirkung

Wie schon erwähnt, ist die Reaktion des Körpers auf Stressoren individuell. Der Mensch reagiert nicht wie eine Maschine auf den Reiz. Stressor A folgt nicht automatisch die Reaktion B, sondern der Mensch reagiert als Individuum, dessen Eigenschaften und Fähigkeiten dazu führen, dass die Situationen und Ereignisse zu unterschiedlichen Be-

**Beschleunigte Grundqualifikation
Basiswissen Lkw/Bus**

anspruchungen führen. Es entsteht eine Wechselwirkung zwischen den Stressoren und dem Individuum. Wir bewerten die Situationen unterschiedlich und haben unterschiedliche Bewältigungsstrategien, so dass die Beanspruchungsreaktionen auf gleiche Stressoren sehr individuell, d. h. unterschiedlich ausfallen können.

Die Bewertungsebene ist genetisch vorbelastet. So sind Menschen „von Hause aus" eher optimistisch („Das Glas ist halb voll") oder pessimistisch („Das Glas ist halb leer"). Hier spielen Gedanken, Gefühle, Erfahrungen, Einstellungen, gesellschaftliche Zwänge usw. eine große Rolle. Die Möglichkeiten der Bewältigung hängen von den persönlichen Voraussetzungen und Erfahrungen ab.

Abbildung 302:
Auswirkungen von Stress auf den Körper
Quelle: Nach BG/DVR-Programm „Stress im Straßenverkehr", 2002

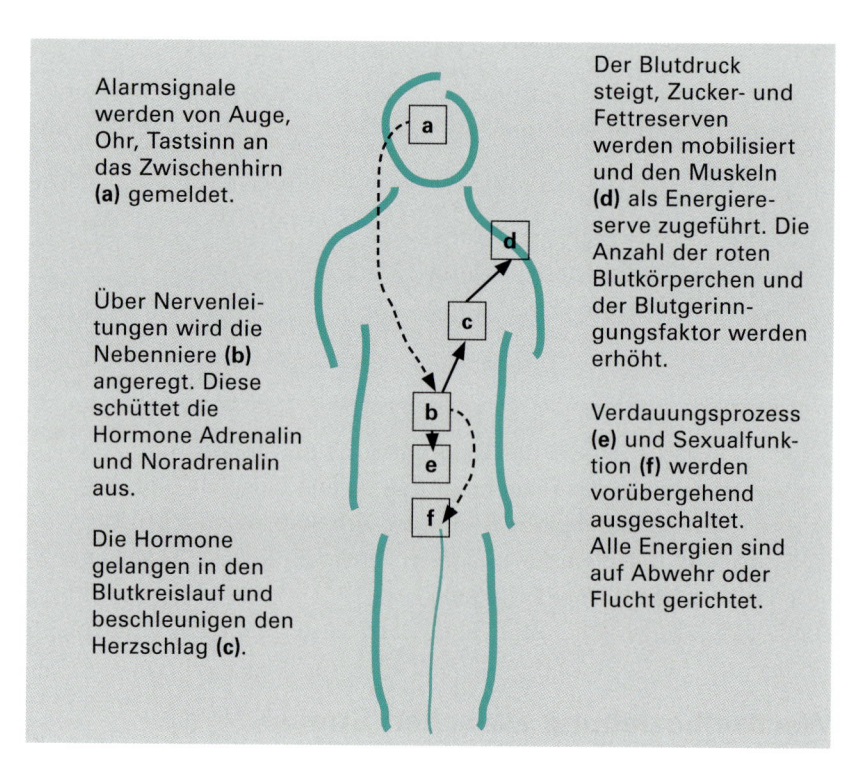

Alarmsignale werden von Auge, Ohr, Tastsinn an das Zwischenhirn (a) gemeldet.

Über Nervenleitungen wird die Nebenniere (b) angeregt. Diese schüttet die Hormone Adrenalin und Noradrenalin aus.

Die Hormone gelangen in den Blutkreislauf und beschleunigen den Herzschlag (c).

Der Blutdruck steigt, Zucker- und Fettreserven werden mobilisiert und den Muskeln (d) als Energiereserve zugeführt. Die Anzahl der roten Blutkörperchen und der Blutgerinnungsfaktor werden erhöht.

Verdauungsprozess (e) und Sexualfunktion (f) werden vorübergehend ausgeschaltet. Alle Energien sind auf Abwehr oder Flucht gerichtet.

Zusammenfassend kann gesagt werden, dass der Mensch versucht, eine ihn belastende (stressige) Situation zu umgehen, indem er sowohl die Situation als auch seine Bewältigungsfähigkeiten und -möglichkeiten bewertet. Je schlimmer eine Situation bewertet wird und je geringer die Bewältigungsmöglichkeiten angesehen werden, desto größer wird das Risiko einer negativen Auswirkung auf den Körper.

Sensibilisierung für die Bedeutung einer guten körperlichen und geistigen Verfassung 7.3

Der Ablauf von Stressreaktionen wird in vier Phasen unterteilt.

Vorphase
Das Gehirn filtert Reize aus der Umgebung, die es als bedrohlich interpretiert. Wachsamkeit und Konzentration nehmen zu, gleichzeitig werden Kreislauf und Stoffwechsel „heruntergefahren", um Kräfte zu sammeln.

Alarmphase
Die Bedrohung wird konkret. Es erfolgt Alarm. Das Denken wird teilweise blockiert. Der gesamte Körper wird auf Höchstleistung geschaltet. Blutdruck und Herzfrequenz steigen, Adrenalin und Hormone werden ausgeschüttet und mehr Blut in die Muskeln gepumpt. Für die Situation unwichtige Körperfunktionen (Verdauung oder Appetit) werden abgeschaltet.

Handlungsphase
Die im Körper freigesetzte Energie wird in die Tat umgesetzt. Im klassischen Sinn erfolgt der Angriff oder die Flucht.

> Weisen Sie die Teilnehmer darauf hin, dass sie als Bus- bzw. Lkw-Fahrer weder angreifen noch fliehen können.

Erholungsphase
Die Körperfunktionen werden wieder auf Ruhe geschaltet. Es folgt die Erholung. Man fühlt sich müde und der Organismus kehrt langsam in den Normalzustand zurück. Dieses Stressreaktionsmuster läuft in unserer schnellen, modernen Gesellschaft genauso ab wie vor Jahrtausenden. Möglicherweise hatte jedoch der vorzeitliche Mensch nach einer Handlungsphase eine anschließend großzügiger bemessene Erholungsphase zur Verfügung.

Beschleunigte Grundqualifikation
Basiswissen Lkw/Bus

Abbildungen 303:
Stressphasen
Quelle: Nach BG/DVR-Programm „Stress im Straßenverkehr", 2002

Stressphasen

Entspannung — Normallage — Anspannung

- Vorphase ①
- Alarmphase ②
- Handlungsphase ③
- Erholungsphase ④

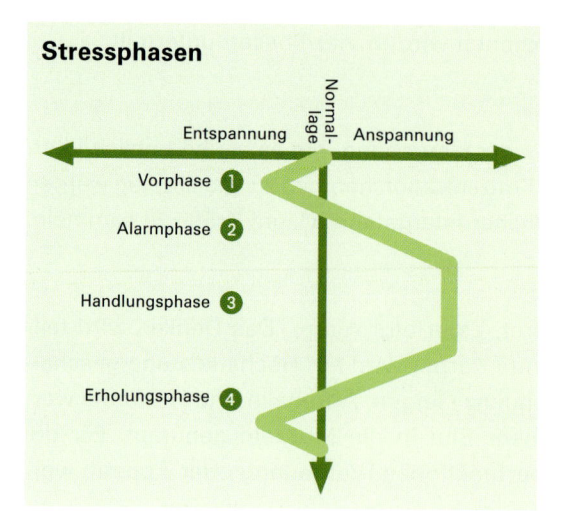

Das haben wir heute oft nicht. Wohin mit der bereitgestellten Energie, wenn die anderen Verkehrsteilnehmer „stressen" oder der Termindruck zu groß ist? Die Handlungs- und Erholungsphasen sind häufig nicht realisierbar. Der Körper befindet sich in einem ständigen Niveau der erhöhten Alarmbereitschaft und Anspannung. Es kommt zu einem gefährlichen Aufschaukelungsprozess und eine Überforderung tritt ein. Dies kann am besten an der Stress-Treppe dargestellt werden.

Abbildungen 304:
Stresstreppe
Quelle: Nach BG/DVR-Programm „Stress im Straßenverkehr", 2002

Stressor ① — Stressor ② — Stressor ③ — Stressor ④

Anspannung / Normallage / Entspannung

Stresstreppe

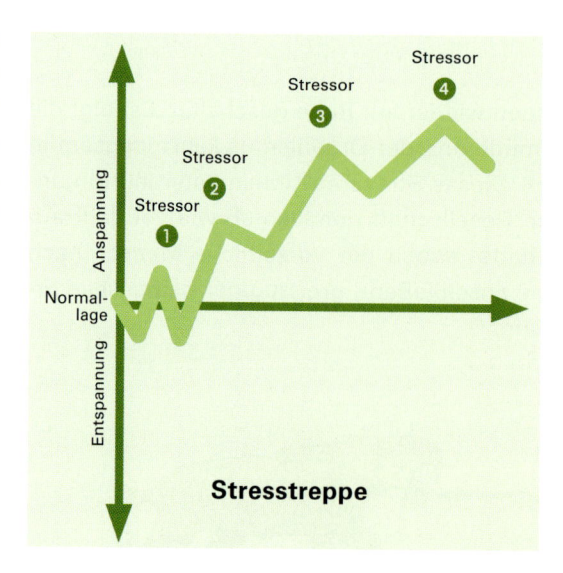

7.3 Sensibilisierung für die Bedeutung einer guten körperlichen und geistigen Verfassung

> **AUFGABE/LÖSUNG**
>
> Von der Entwicklung des Menschen her war Stress überlebenswichtig. Warum?
>
> Bei Stress setzt der Körper ein Programm in Gang, welches ihn auf Höchstleistung bringt. Der Mensch kann reflexartig auf eine Situation mit Angriff oder Flucht reagieren.

Stresserkennung, Strategien der Stressbewältigung

> **PRAKTISCHE ÜBUNG**
>
> Mindestens 8
>
> Sie teilen die Teilnehmer in vier Kleingruppen, die den Auftrag erhalten, innerhalb von ca. 15 Minuten folgende Fragen zu beantworten: 1. Wie wirkt sich Stress auf Ihre Gedanken aus? 2. Wie wirkt sich Stress auf Ihre Nerven und Organe aus? 3. Wie wirkt sich Stress auf Ihre Gefühle aus? 4. Wie wirkt sich Stress auf Ihre Muskeln aus? Die Ergebnisse werden auf Karten festgehalten und an einer Tafel oder am Flipchart visualisiert. Dabei verdeutlichen Sie die Ebenen.
>
> Ca. 30 Minuten

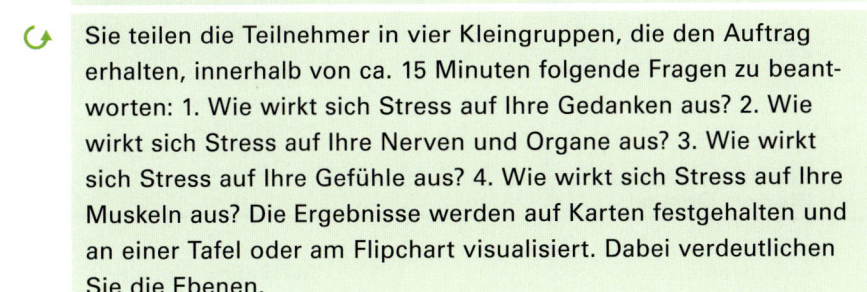

Wie erkenne ich Stress, wie wirkt er sich aus?

Der Körper teilt durch Signale mit, dass er durch eine belastende Situation beansprucht ist. Dabei müssen wir vier Ebenen unterscheiden:
1. Kognitive Ebene (Gedanken)
2. Vegetative Ebene (Nerven, Hormone)
3. Emotionale Ebene (Gefühle)
4. Körperliche Ebene (z. B. muskuläre Anspannung)

Die Symptome, die den Ebenen zugeordnet werden können, zeigt die Abbildung auf Seite 558.

Eine direkte Folge der stressbedingten Überforderung ist die reduzierte Fähigkeit zur Informationsverarbeitung. Über unsere Sinne gelangen ständig Informationen in unser Gehirn, die gefiltert und in

Beschleunigte Grundqualifikation
Basiswissen Lkw/Bus

Reaktionen umgesetzt werden. Wir können pro Sekunde ca. 4–5 Informationen aufnehmen, die dann etwa 5 Sekunden zur Verarbeitung im Gehirn bereitgehalten werden. Stressbedingt wird die Informationsdichte reduziert, so dass Situationen und Ereignisse nicht wahrgenommen oder ausgeblendet werden. Beispiel: Aussagen von Autofahrern nach einem Verkehrsunfall wie „Den habe ich nicht gesehen ...", obwohl der Unfallgegner zu erkennen gewesen wäre, da keine objektivierbare Sichtbeeinträchtigung vorlag. Weitere Auswirkungen zeigt das Schaubild auf Seite 559.

Abbildung 305: Stress-Signale des Körpers
Quelle: Nach BG/DVR-Programm „Stress im Straßenverkehr", 2002

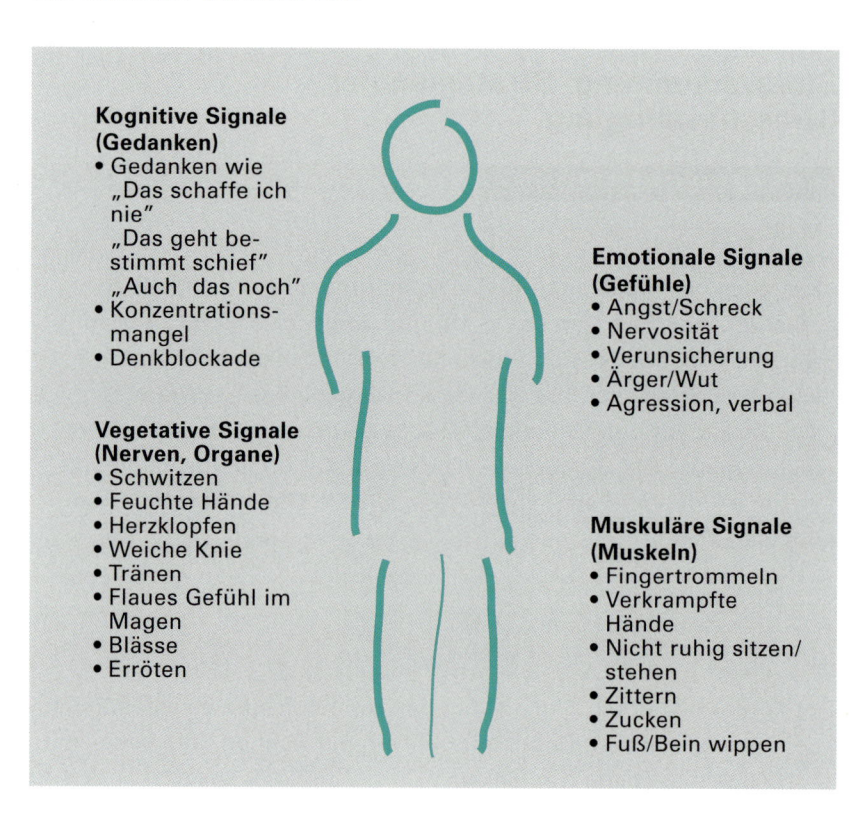

Kognitive Signale (Gedanken)
- Gedanken wie „Das schaffe ich nie" „Das geht bestimmt schief" „Auch das noch"
- Konzentrationsmangel
- Denkblockade

Vegetative Signale (Nerven, Organe)
- Schwitzen
- Feuchte Hände
- Herzklopfen
- Weiche Knie
- Tränen
- Flaues Gefühl im Magen
- Blässe
- Erröten

Emotionale Signale (Gefühle)
- Angst/Schreck
- Nervosität
- Verunsicherung
- Ärger/Wut
- Agression, verbal

Muskuläre Signale (Muskeln)
- Fingertrommeln
- Verkrampfte Hände
- Nicht ruhig sitzen/stehen
- Zittern
- Zucken
- Fuß/Bein wippen

Sensibilisierung für die Bedeutung einer guten körperlichen und geistigen Verfassung

7.3

> ⚠️ **Erste Warnzeichen bei Überlastung des Gehirns**
> Diese stressbedingten Ausfallerscheinungen sollten Sie unbedingt ernst nehmen, Beispiele sind:
>
> - **Selbstvergessenheit**
>   Wenn Sie sich nicht mehr erinnern, wie Sie die letzten Kilometer zurückgelegt haben und keine Einzelheiten dazu mehr abrufen können.
>
> - **Alarmzeichen übersehen**
>   Wenn Sie ein rote Ampel oder ein Stoppschild zu spät wahrnehmen oder gar übersehen.
>
> - **Gleichgültigkeit**
>   Wenn Sie merken, dass Sie auf Menschen im Straßenverkehr nicht stärker als auf Gegenstände wie Schilder oder Autos reagieren.

Eingeengte Wahrnehmung

▶ Zu viele Informationen treffen gleichzeitig ein. Das Gehirn zieht eine Art Notbremse. Die Informationen werden extrem gesiebt und gefiltert, die meisten werden nicht mehr ins Arbeitszentrum des Gehirns vorgelassen. In diesem Fall können z. B. Verkehrsschilder noch wahrgenommen werden, aber die Reaktion erfolgt zu spät.

Eingeengtes Blickfeld

▶ An den Rändern des Blickfeldes nimmt der Fahrer nichts mehr wahr. Sein Blickfeld verengt sich, so dass er z. B. das Kind am Straßenrand oder einen Fußgänger, der gerade die Straße überqueren will, nicht sehen kann.

Erkennungsfehler

▶ Ein Fahrer sieht das Schild mit der Bedeutung „Einfahrt verboten". Er glaubt aber, das Schild mit der Bedeutung „Verbot für Fahrzeuge aller Art" zu erkennen, und rechnet deshalb damit, dass diese Straße auch in Gegenrichtung befahren werden darf.

Entscheidungsfehler

▶ Ein Entscheidungsfehler liegt vor, wenn ein Fahrer die Verkehrssituation zwar richtig wahrgenommen hat, aber trotzdem falsch reagiert. Beim Einfädeln in eine Vorfahrtstraße merkt er, dass er die Geschwindigkeit des fließenden Verkehrs unterschätzt hat. Statt Vollgas zu geben, bremst er ab und kommt mitten auf der Kreuzung zum Stehen.

Erinnerungslücken

▶ Das Gehirn des Fahrers kann unter Stress die Verkehrssituation nicht länger als zwei Sekunden speichern (normal wären fünf). Daher vergisst er, wie er seinen Weg zurückgelegt hat. Erst bei der übernächsten Kreuzung kommt er ins Grübeln. War das eine Ampel oder nicht?

Fehlende Wahrnehmung

▶ Bestimmte Aspekte des Verkehrsgeschehens werden völlig übersehen, z. B. eine rote Ampel oder eine Vorfahrtstraße.

Gehirnblockade

▶ Bei totaler Überforderung kann der Fahrer völlig reaktionsunfähig werden. Diesen Zustand nennt man Blackout. Dabei ist der Betroffene lahmgelegt – wie im Schockzustand.

Abbildung 306:
Folgen einer Überbelastung des Informationshaushaltes
Quelle: Nach BG/DVR-Programm „Stress im Straßenverkehr", 2002

Beschleunigte Grundqualifikation
Basiswissen Lkw/Bus

Abbildung 307:
Informations-
verarbeitung
Quelle: Nach BG/
DVR-Programm
„Stress im Straßen-
verkehr", 2002

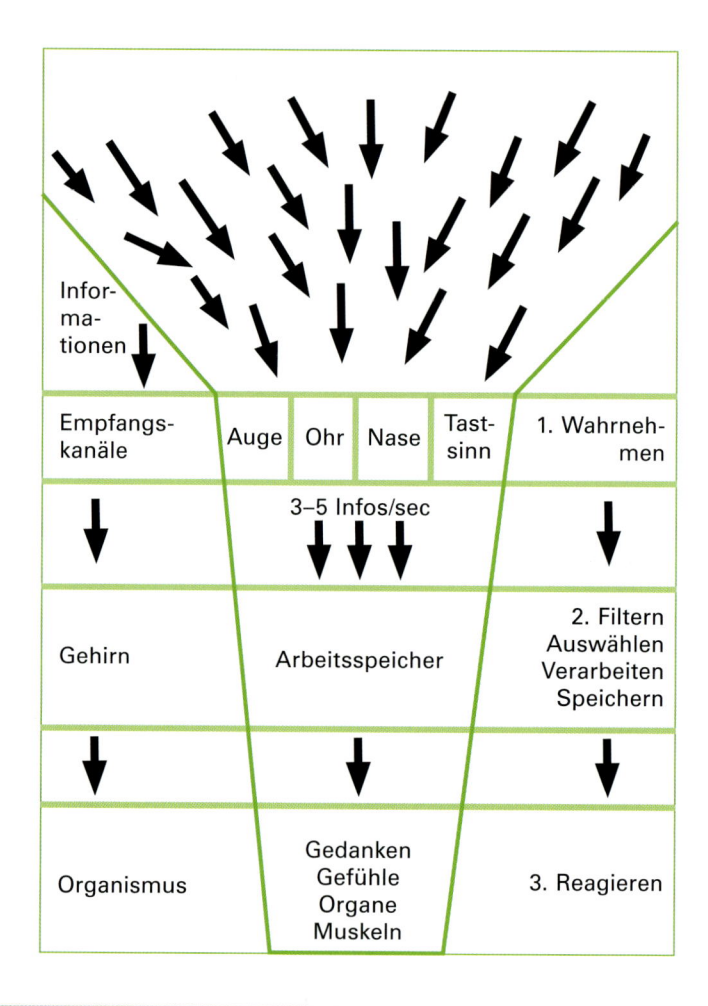

Informationen					
Empfangs-kanäle	Auge	Ohr	Nase	Tast-sinn	1. Wahrnehmen
		3–5 Infos/sec			
Gehirn		Arbeitsspeicher			2. Filtern Auswählen Verarbeiten Speichern
Organismus		Gedanken Gefühle Organe Muskeln			3. Reagieren

PRAKTISCHE ÜBUNG

Mindestens 8

Gruppenarbeit: Können Sie unter Zeitdruck arbeiten?
An dieser Stelle kann mit den Teilnehmern ein kleines Experiment durchgeführt werden.
Teilen Sie die Gruppe. Eine Hälfte bleibt im Raum, die andere verlässt ihn. Bitten Sie zwei oder drei Teilnehmer (je nach Gruppenstärke) der Raumgruppe, stille Beobachter zu sein.
Der Rest der Raumgruppe soll sich, während die andere Gruppe einen Test durchführt, stehend in einer Ecke unterhalten und „ein wenig Lärm" (Stress) machen. Achten Sie aber darauf, dass der Lärm nicht übertrieben wird.

Sensibilisierung für die Bedeutung einer guten körperlichen und geistigen Verfassung

7.3

Jetzt wird die zweite Gruppe gebeten, Platz zu nehmen und die Testfragen zu beantworten.
Die Beobachter sollen notieren, wie sich die Teilnehmer der Testgruppe verhalten. Dabei können sie die Symptome der vier Ebenen notieren. Werten Sie die Situation anschließend aus und fragen Sie die Teilnehmer nach ihren Erfahrungen.

⏲ Ca. 30 Minuten

🔧 Einen „Nonsens-Test" in Kopie für jeden Teilnehmer (s. S. 562)

Stressbelastung im Straßenverkehr

Die als Stress empfundene Belastung im Straßenverkehr ist individuell. Mehrere Befragungen von Kraftfahrern zeigen aber Faktoren auf, die als besonders belastend angegeben wurden. Die am häufigsten genannten Situationen und Ereignisse waren:

- Berufliche Probleme
- Private Probleme
- Gesundheitliche Probleme
- Berufsverkehr
- Stau/Baustellen
- Nicht nachvollziehbare Verkehrszeichen
- Fahrten bei Nacht, Nebel
- Glatteis, Nebel, Schnee, Regen
- Verkehrslärm, Lärm allgemein
- Gespräche beim Fahren
- Telefonieren während der Fahrt

Beschleunigte Grundqualifikation
Basiswissen Lkw/Bus

3-Minuten-Test

_____
Name

Können Sie unter Zeitdruck arbeiten?

1. Lesen Sie alle Aufgaben durch, bevor Sie zu arbeiten beginnen.
2. Schreiben Sie Ihren Namen in die rechte obere Ecke des Blattes.
3. Rechnen Sie im Kopf aus: 12 x 19 =
4. Schreiben Sie bitte hier Ihr Geburtsdatum auf: _____
5. Addieren Sie die Quersumme Ihres Geburtstages: _____
6. Zählen Sie die Ergebnisse der Aufgaben 3 und 5 zusammen:
7. Ergänzen Sie diese Reihe: □ ○ □ ○ … … … … …
8. Machen Sie einen Punkt in alle Quadrate der Aufgabe 7.
9. Zeichnen Sie ein „X" in alle Kreise der Aufgabe 7.
10. Rufen Sie laut: „Halb fertig!"
11. Rechnen Sie schriftlich auf der Rückseite 319 x 278 =
12. Addieren Sie 3624 zum Ergebnis der Aufgabe Nr. 11.
13. Schreiben Sie das Ergebnis aus Aufgabe 12 hier auf:
14. Machen Sie einen Kreis um das Ergebnis der Aufgabe 13.
15. Zählen Sie bitte laut von 1 bis 7.
16. Und nun leise weiter bis 20.
17. Machen Sie ein Kästchen um Ihren Namen oben rechts.
18. Schreiben Sie „ja" hinter die Frage der Überschrift.
19. Rufen Sie laut: „Vorletzte Aufgabe!"
20. Nachdem Sie nun alle Punkte aufmerksam durchgelesen haben, tun Sie bitte nur das, was in den Aufgaben 1 und 2 verlangt wird.

_____
Datum   Zeit

Sensibilisierung für die Bedeutung einer guten körperlichen und geistigen Verfassung

Stressvermeidung und Stressbewältigung

So individuell wie die Auswirkungen von Stressoren auf die Menschen sind, so individuell sind auch die Möglichkeiten, Stress zu vermeiden oder zu bewältigen. Was dem Einen hilft, kommt für den Anderen nicht in Frage. Es gibt aber einige grundlegende Strategien, die im Einzelnen vorgestellt werden. Diese Strategien anzuwenden, hat für den Einzelnen, aber auch für den Betrieb Vorteile.

Individuum	Betrieb
Zufriedenheit	Weniger Fehlzeiten
Gesteigertes Wohlbefinden	Weniger Fehlreaktionen
Vorbeugung vor Erkrankungen durch Stress	Geringere Fehlerquote, mehr Qualität
Höheres Leistungsvermögen	Ausgeglichene Mitarbeiter und damit eine bessere Außenwirkung
Ausgeglichenheit	Weniger innerbetriebliche Spannungen
Vorhersehbarer Tagesablauf	Höhere Motivation

Abbildung 308: Vorteile der Stressvermeidung für Mitarbeiter und Unternehmen

AUFGABEN/LÖSUNGEN

Nennen Sie die Alarmsignale sowie jeweils ein Beispiel, wie Sie Stress am „eigenen Leib" feststellen können.

Negative Gedanken	Das hat mir gerade noch gefehlt
Nerven, Organe	Kloß im Hals
Negative Gefühle	Wut
Muskuläre Signale	Fingertrommeln

Welche Folgen können stressbedingt beim Führen eines Fahrzeuges auftreten?

Blickfeldverengung, Erkennungsfehler, Entscheidungsfehler, Erinnerungslücken, Gehirnblockade

**Beschleunigte Grundqualifikation
Basiswissen Lkw/Bus**

Kurzfristige Möglichkeiten zur Stressvermeidung

Abbildung 309:
Anti-Stress-Strategien
Quelle: Nach BG/DVR-Programm „Stress im Straßenverkehr", 2002

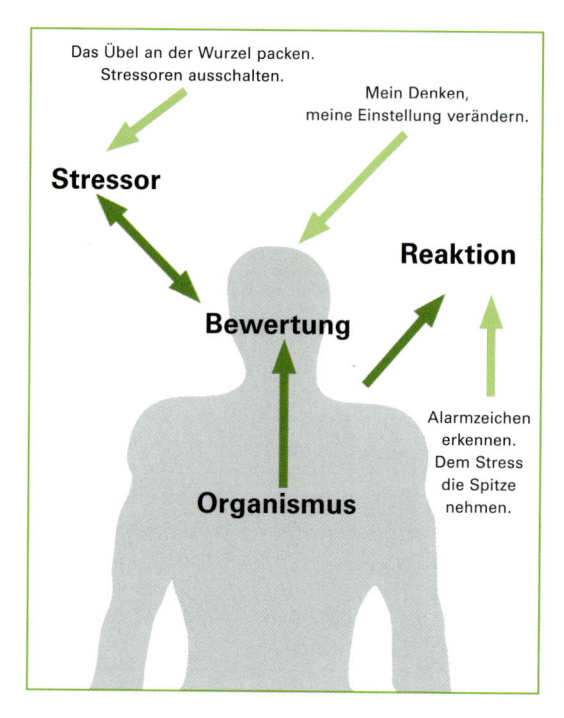

Das Übel an der Wurzel packen.
Stressoren ausschalten.

Mein Denken, meine Einstellung verändern.

Stressor

Reaktion

Bewertung

Alarmzeichen erkennen.
Dem Stress die Spitze nehmen.

Organismus

Stressoren ausschalten oder verringern

Am einfachsten ist es, Stressoren zu reduzieren oder auszuschalten. Schlechter Luft im Fahrzeug kann man durch Lüften begegnen, ein zu kalter oder zu warmer Innenraum durch Betätigung der Heizung oder der Klimaanlage. Bei Suchfahrten kann z. B. das Autoradio ausgeschaltet werden, welches in dieser Situation u. U. in Form einer Lärmbelästigung „stresst".

Gelassen bleiben

Auf Zeit- oder Termindruck, der durch unvorhersehbare Ereignisse entsteht (Stau, Unfall, Umleitung, technischer Defekt am Fahrzeug usw.), haben wir alle überhaupt keinen Einfluss. Dies muss man sich selber immer wieder positiv zugestehen. Hier bewusst die Verantwortung für diese Umstände abzulehnen, schont die eigenen Ressourcen und hilft, Stress zu vermeiden. Auch ein betriebliches Krisenmanagement und eine gute betriebliche Organisation (z. B. gute Tourenplanung oder Berücksichtigung der Mitarbeiterwünsche bei der Tourenplanung) helfen, Stress erst gar nicht aufkommen zu lassen.

Abbildung 310:
Gedankenstopp

Gedankenstopp

Lassen sich negative Gedanken und Grübeleien nicht eindämmen, kann der Gedankenstopp helfen. Man sagt laut STOPP und haut ggf. noch leicht mit der Hand auf einen Gegenstand. Während der Fahrgastbeförderung ist es auch möglich, das Wort gewissermaßen lautlos auszusprechen. Wichtig ist, dass mit dem Stopp ein Ruck durch den Körper geht, eine Aufforderung das „Gedankenkarussel" aufzuhalten.

Sensibilisierung für die Bedeutung einer guten körperlichen und geistigen Verfassung 7.3

Atemübungen
Medizinisch ist nachweisbar, dass die Atmung unter Stressbelastung flacher wird. Es bleibt einem also „die Luft weg". Hier helfen gezielte Atemübungen. Die Atmung bewusst vertiefen und die Atemfrequenz verringern. Das geht notfalls auch beim Fahren.

> Lassen Sie die Teilnehmer Übungen durchführen. Sie können den Effekt ggf. mit einem Pulsmesser verdeutlichen.

Zehneratmung
Ganz normal atmen und beim Ausatmen bis zehn zählen. Dann wieder bei eins anfangen.
Hiermit soll die Konzentration auf die Atmung gelenkt werden. Das Ausatmen wird gezählt, da hier die Atemspannung abgebaut wird und dies somit entspannender ist. Die Übung kann auch hinter dem Steuer eines Fahrzeuges durchgeführt werden. Sie eignet sich, um Gedankenkreisel abzustellen und auch um den Ärger zu dämpfen.

Progressive Muskelentspannung
Stress kann zu Verspannungen der Nacken- und Schultermuskulatur führen. Hier hilft kurzfristig eine Übung, die auch im Fahrzeug während Pausen oder an Ampelstopps durchgeführt werden kann. Hierzu werden die verspannten Muskelgruppen bis zu einer mittleren Stärke bewusst angespannt, die Spannung einige Sekunden gehalten und dann wieder entspannt. Dieser Vorgang wird 3- bis 5-mal wiederholt.

Langfristige Möglichkeiten

Stress schon im Vorfeld vermeiden
Zeitdruck muss z. B. nicht entstehen, wenn man dies vorher organisieren kann. Lieber etwas früher zur Arbeit fahren, als den geliebten Schlaf noch bis zur letzten Minute zu verlängern.

> Fragen Sie die Teilnehmer nach ihren persönlichen Strategien zur Stressvermeidung.

**Beschleunigte Grundqualifikation
Basiswissen Lkw/Bus**

Auf Situationen einstellen

Wenn Situationen unvermeidbar sind, dann macht es Sinn, sich vorher darüber im Klaren zu sein, was auf einen zukommt. Es ist besser, bewusst und gelassen einer solchen Situation gegenüberzutreten, als sich von ihr überraschen zu lassen. Keiner von uns mag gerne im Stau stehen. Aber wenn er unausweichlich ist, ist es allemal besser, den Stau zu akzeptieren und sich vorher zu sagen: „Ich stehe zwar im Stau, aber es macht mir nichts aus", als negative Gedanken zu äußern, z.B.: „Warum immer ich? Das war mir schon klar, dass ich jetzt schon wieder im Stau stehe." Wer sich über das Unvermeidliche ärgert, macht es sich unnötig schwer.

Positiv denken und sich *vorher* selber positiv programmieren.

> **Bedenken Sie:** Das Verhalten der anderen Verkehrsteilnehmer kann man selber fast nie beeinflussen. Man hat es aber selber in der Hand, ob man sich darüber aufregt.

> Besprechen Sie mit den Teilnehmern Beispielsituationen: Was denken Sie, wenn Sie jemand forsch überholt und kurz vor Ihnen einschert? „Ist der verrückt?", „Der hätte mich jetzt fast erwischt.", „Der will mich abhängen." Oder: „Eilige muss man fahren lassen.", „Vielleicht hat er ja einen Grund."

Gesunde Lebensweise

Es ist nachgewiesen, dass eine gesunde Lebensweise die allgemeine Belastbarkeit erhöht. Hierzu zählen eine gesunde **Ernährung**, ausreichend **Schlaf** und **Bewegung**. Wer sich nicht bewegt und häufig „kleine Unterstützer" wie Kaffee, Zigaretten und Alkohol zu sich nimmt, macht es Stressoren leichter, Körperreaktionen auszulösen. An folgendem Beispiel soll dies verdeutlicht werden.

Stress verursacht, wie schon erwähnt, einen Anstieg des Adrenalinspiegels. Adrenalin ist ein Hormon, welches den Körper auf Höchstleistung programmiert. Alle Kräfte und Reserven werden für Angriff oder Flucht mobilisiert. Während der Arbeit sind aber weder die Flucht noch der Angriff möglich, zumindest nicht ohne Schaden für die Beteiligten.

Nach der Arbeit muss daher die aufgestaute Energie abgebaut werden.

Sensibilisierung für die Bedeutung einer guten körperlichen und geistigen Verfassung — 7.3

Dies kann nur durch die Bewegung geschehen. Die Möglichkeiten hierzu sind vielfältig – Spazierengehen, Joggen, Schwimmen, Radfahren, Nordic Walking, Kegeln usw. Wer sich mit einem von Adrenalin aufgeputschten Körper schlafen legt, muss sich nicht wundern, wenn er keinen Schlaf findet. Schlafmangel wiederum führt zu Müdigkeit und schnellerer Ermüdung – ein Teufelskreis. Auch die Ernährung spielt hier eine große Rolle, wie im Kapitel „Ernährung" dargestellt wird.

Zu einer gesunden Lebensweise gehört auch, den Kopf frei zu bekommen. Wer immer an die Arbeit denkt, wird nicht zur Ruhe kommen. Zu einer Stressreaktion gehört, wie das 4-Phasen-Modell gezeigt hat, auch eine Erholungsphase. Hierzu ist es notwendig, Hobbys zu pflegen oder sich Routinen anzueignen. Sie lenken ab, der Geist beschäftigt sich mit anderen Dingen und eine Ruhephase tritt ein. Nur so kann der Stress abgebaut werden.

Realistische Ziele setzen

Stress wird auch dadurch erzeugt, dass der Anspruch an die eigene Leistung und das eigene Verhalten zu hoch sind. Der Aufwand, der zum Erreichen dieser Ziele nötig ist, kann den Menschen überfordern. Fehlschläge gehen oft mit übertriebenen Schuldzuweisungen an die eigene Person einher. Sinnvoll ist es, größere Ziele in kleinere, aber leicht erreichbare „Teilziele" zu zerlegen. Ein mittleres, aber realistisches Anspruchsdenken hat mehr Realitätsbezug. Fehlschläge können leichter ausgeglichen werden. Dies gilt beruflich und privat. Jeder Mensch muss sich fragen, welchen Preis er zu zahlen bereit ist, um ein Ziel zu erreichen.

AUFGABE/LÖSUNG

Was können **Sie** kurzfristig und langfristig gegen Stress tun?

Kurzfristig: Gedankenstopp, Zehneratmung, muskuläre Entspannung, Stressoren ausschalten
Langfristig: Kein Zeitdruck (rechtzeitig planen), positiv denken (auf die Situation einstellen), realistische Ziele setzen, gesunde Ernährung, Bewegung und Sport (Adrenalinabbau)

Beschleunigte Grundqualifikation
Basiswissen Lkw/Bus

7.4 Alkohol, Arzneimittel, Stoffe mit Änderung des Verhaltens

> **Die Teilnehmer sollen über**
> - **Kenntnisse zum Ausmaß des kritischen Konsumverhaltens mit Suchtmitteln verfügen**
> - **Kenntnisse zu Suchtursachen verfügen**
> - **Kenntnisse über einen erfolgreichen Therapieansatz und die Bedeutung des beruflichen Umfeldes haben**
> - **Kenntnisse zur Fahruntüchtigkeit unter Suchtmitteleinfluss verfügen**
> - **Grundkenntnisse zum Suchtpotential von Arzneimitteln verfügen**
> - **Strategien zur Vermeidung von Arzneimittelnebenwirkungen verfügen**

↻ Tragen Sie die Inhalte vor und fragen Sie dabei auch immer Antworten und Erfahrungen der Teilnehmer ab. Veranschaulichen Sie die Themen durch Beispiele aus dem Alltag.

⏲ Ca. 180 Minuten

🖥 Führerschein: Fahren lernen Klasse D, Lektion 16; In der Führerschein-Ausbildung Klasse C wird dieses Thema nicht oder nur ansatzweise behandelt.

Suchtmittelkonsum

„Sucht" bezeichnet den Zustand, dass Personen auf bestimmte Substanzen oder ein bestimmtes Verhalten angewiesen sind. Typisch ist der Gewöhnungseffekt an den „Stoff" (z. B. Alkohol, Drogen, Medikamente). Es besteht ein zwanghaftes Verlangen zur Substanzeinnahme, um positive Empfindungen hervorzurufen bzw. unangenehme zu vermeiden.
Die Kontrollfähigkeit über den Konsum (Beginn, Verringerung, Ende) ist trotz Wissens über schädliche Folgen vermindert bzw. aufgehoben. Die Alltagsaktivitäten sind dem Substanzkonsum angepasst, soziale und berufliche Verpflichtungen werden vernachlässigt. Körperliche und psychische Symptome treten beim Entzug der bisher konsumierten Substanz auf bzw. erneuter Konsum der Substanz lindert oder vermeidet Entzugssymptome.

Sensibilisierung für die Bedeutung einer guten körperlichen und geistigen Verfassung 7.4

Merkmale von Sucht
- Konsument ist auf eine bestimmte Substanz angewiesen
- Toleranzentwicklung gegenüber konsumierter Substanz (Zunahme der Konsummenge)
- Entwicklung körperlicher und psychischer Entzugssymptome
- Kontrollverlust hinsichtlich Konsummenge und Konsumanlass
- Alltagsaktivitäten werden dem Substanzkonsum angepasst

Fragen Sie die Teilnehmer vorab, wie hoch sie den Anteil von Alkohol-, Medikamenten- und Drogensüchtigen in der erwerbstätigen Bevölkerung einschätzen. Fragen Sie nach der Einschätzung des Altersgipfels von Alkoholerkrankungen. Erläutern Sie dann die derzeitigen Kenntnisse zum Suchtgeschehen in Deutschland.

Alkohol

Nach den Angaben der Deutschen Hauptstelle für Suchtfragen (DHS) sind in Deutschland mindestens 5 % aller Beschäftigten alkoholkrank. Es wird geschätzt, dass in der Altersgruppe der 25- bis 45-Jährigen die Rate Alkoholkranker bei 10–13 % liegt. Extrem hoch ist die Erkrankungsrate bei jüngeren Erwachsenen. 10 % der Bevölkerung gilt als unmittel-

Abbildung 311:
Suchtmittel
Quelle: Deutscher Verkehrssicherheitsrat

Beschleunigte Grundqualifikation
Basiswissen Lkw/Bus

bar suchtgefährdet bzw. zeigt ein so genanntes kritisches Konsumverhalten. Alkoholmissbrauch kann angenommen werden, wenn die tägliche Konsummenge reinen Alkohols bei Männern 50 g (= 1,5 l Pils) bzw. bei Frauen 20 g (= 0,5 l Pils) übersteigt.

Arzneimittel
Die Anzahl der in Deutschland Arzneimittelabhängigen wird von verschiedenen Stellen z. B. DHS bzw. Universitätskliniken, auf 450.000 bis 1,5 Millionen geschätzt, mit einem Frauenanteil von ca. zwei Dritteln. Der Altersgipfel der Arzneimittelabhängigkeit liegt zwischen 40 und 50 Jahren. Auswirkungen auf die Fahrtüchtigkeit haben vor allem Beruhigungs- und Schlafmittel und Medikamente mit anregender Wirkung (psychotrope Arzneimittel).

Rauschgifte
Die Anzahl der Rauschgiftabhängigen liegt mit 450.000 bis eine Million Personen fast genauso hoch wie die der Arzneimittelabhängigen. Neben den klassischen Rauschmitteln wie Cannabis, Heroin und Kokain werden zunehmend synthetische Rauschmittel (z. B. Amphetamin, LSD, Ecstasy) konsumiert. Alle Rauschmittel führen zu einer körperlichen und psychischen Abhängigkeit, bei Heroin reicht bereits ein einmaliger Konsum. 68 % der Drogenkonsumenten sind unter 25 Jahre alt. In der Altersgruppe der 12- bis 25-Jährigen haben ca. 27 % bereits schon einmal illegale Drogen ausprobiert.

Abbildung 312: Suchtmittelstatistik

Suchtmittel		Häufigkeit	Altersgipfel
Alkohol	Gesamtbevölkerung	10 % gefährdet	
	Beschäftigte	5 %	25–45 Jahre (diese Gruppe: 10–13 %)
Arzneimittel	Gesamtbevölkerung	450.000–1,5 Mio	40–50 Jahre (davon ca. 2/3 Frauen)
	Beschäftigte	2 %	
Rauschgifte	Gesamtbevölkerung	450.000–1 Mio	< 25 Jahre
	Beschäftigte	0,5 %	

Suchtursachen

> Fragen Sie die Teilnehmer, was sie sich als Ursachen für Alkohol-/Suchtmittelabhängigkeit vorstellen. Erarbeiten Sie eine Stoffsammlung. Stellen Sie dann im Lehrgespräch die Ursachen für Alkoholabhängigkeit in den verschiedenen Lebensbereichen (Privat, Beruf, Psyche) dar.

Ursachen für Alkoholabhängigkeit

Privater Bereich
Stetige Alkoholverfügbarkeit, häufiger Alkoholkonsum in Familie oder Freundeskreis, die Vorbildfunktion Erwachsener und der Gruppendruck senken die Schwelle zum Alkoholkonsum. Wenn häufig versucht wird, Belastungssituationen im privaten Bereich mit Alkohol zu lösen, besteht die Gefahr, dass sich diese Verhaltens- bzw. „Problemlösungsmuster" verfestigen.

Beruf
Gruppendruck und Rangfolgeverhalten innerhalb der Gruppe am Arbeitsplatz können zur Nachahmung des Alkoholverhaltens führen. Körperliche Beschwerden als Folge der Arbeitsbelastung oder Arbeitsorganisation, z. B. Schlafstörungen aufgrund von Nacht-/Schichtarbeit, sind häufig die Ursache von wiederkehrendem kritischem Alkoholkonsum.

Psyche
Derzeit gibt es keine sicheren Kenntnisse darüber, welche Charaktereigenschaften das Entstehen einer Suchtmittel-Abhängigkeit hervorrufen bzw. davor schützen. Der typische Trinker, bzw. dessen biologische und genetische Voraussetzungen, kann nicht angegeben werden. Personen, deren Selbstwertgefühl nur schwach ausgebildet ist, die nur geringe Fähigkeiten zur Problemlösung besitzen und deren Versagensängste groß sind, findet man in der Gruppe der Alkoholkranken häufig. Gleichwohl sind auch berufliche bzw. soziale Unterforderung und Termindruck mit Störungen der Sozialkontakte Faktoren, die die Entwicklung eines kritischen Alkoholkonsumverhaltens begünstigen.

**Beschleunigte Grundqualifikation
Basiswissen Lkw/Bus**

Sucht-Phasen

Die Entwicklung einer Abhängigkeitserkrankung verläuft in Phasen, die regelhaft in unterschiedlicher Ausprägung von den Suchtkranken durchlaufen werden.

Abbildung 313:
Suchtphasen

1. Einstieg
⬇
2. Erleichterung
⬇
3. Gewöhnung
⬇
4. Abhängigkeit

(Kontrollverlust hinsichtlich Konsummenge bzw. Konsumsituation, z. B. morgendliches Alkoholtrinken, Alkoholkonsum in sozial unangebrachten Situationen)

Beispiel Alkohol
1. Alkohol ist in Deutschland frei verfügbar, sein Konsum legal.
2. Durch Vorbild und eigenen Konsum macht der Abhängige die Erfahrung, dass der Suchtmittelkonsum zunächst zur seelischen Erleichterung führt. Ängste und Minderwertigkeitsgefühle werden durch den Konsum verdeckt.
3. Durch wiederkehrenden, regelmäßigen Suchtmittelkonsum mit dem Ziel der seelischen Erleichterung wird die konsumierte Menge erhöht und das Suchtmittel beginnt, die Gedanken zu beherrschen.

Neben seelischer Suchtmittelabhängigkeit, die sich bereits in Phase 3 verdeutlicht, entstehen körperliche Abhängigkeiten (Entzugssymptome). Die Kontrolle über das Suchtmittel (Konsummenge, -anlass, -ort) ist verlorengegangen.

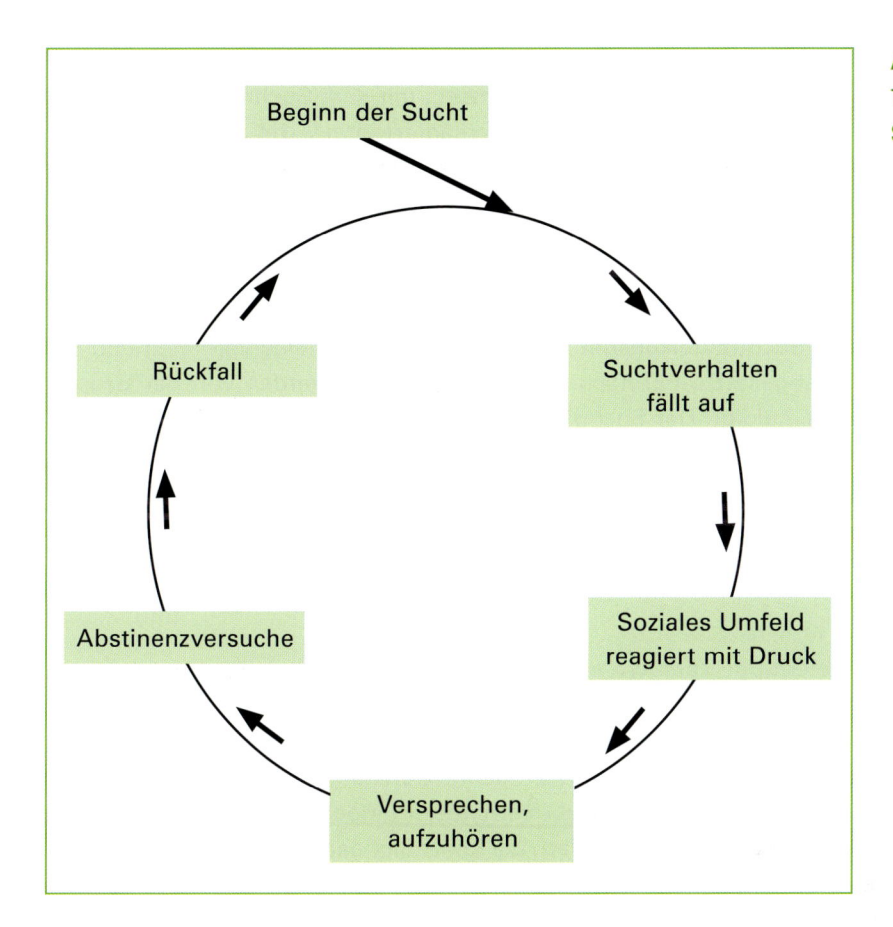

Sensibilisierung für die Bedeutung einer guten körperlichen und geistigen Verfassung

7.4

Abbildung 314:
Teufelskreis Suchtkarriere

Beginn der Sucht → Suchtverhalten fällt auf → Soziales Umfeld reagiert mit Druck → Versprechen, aufzuhören → Abstinenzversuche → Rückfall → (Beginn der Sucht)

Co-Alkoholismus

↻ Fragen Sie die Teilnehmer nach eigenen Beispielen für den Umgang (Kollegen/Vorgesetzte) mit Alkohol-/Suchtkranken im Betrieb. Mit Hilfe z. B. einer Kartenabfrage erstellen Sie gemeinsam mit den Teilnehmern eine Stoffsammlung.
Nach der Vorstellung jeder einzelnen Phase können Sie die Teilnehmer fragen: Kennen Sie Beispiele für die Beschützerphase im Betrieb/in der Familie? Kennen Sie Beispiele für die Kontrollphase? Kennen Sie Beispiele für die Anklagephase?
Erstellen Sie jeweils eine Stoffsammlung am Flipchart/Overheadprojektor o. ä.

In sozialen Gruppen findet in der überwiegenden Zahl der Fälle keine problemlösende Auseinandersetzung mit dem Suchtkranken, der häufig leicht reizbar und aggressiv reagiert, statt. Um das harmonische Gruppengefüge nicht zu stören, wird das Suchtproblem zunächst beschönigt. Das Verhalten im Umfeld des Suchtkranken verläuft stereotyp in Phasen:

1. Beschützer-/Erklärungsphase
Der Suchtmittelkonsum, unangemessenes soziales Verhalten und die herabgesetzte berufliche Leistungsfähigkeit werden von der Gruppe entschuldigt. Der Suchtkranke wird von der Gruppe abgeschirmt, berufliche Aufgaben des Betroffenen werden von anderen Gruppenmitgliedern übernommen. Oft lassen auch Vorgesetzte den Suchtkranken zunächst gewähren und entwickeln ein beschützendes Verhalten gegenüber dem Betroffenen.

2. Kontrollphase
Die Gruppe versucht sich in kontrollierenden Maßnahmen: Suchtmittelrationierung, Meidung der Konsumanlässe (z. B. Betriebsfeiern). Dem Suchtkranken werden Versprechen abgerungen, den Suchtmittelkonsum zu reduzieren. Die Suchterkrankung und der damit verbundene Kontrollverlust (s. o.) verhindern jedoch, dass die Versprechen eingehalten werden, sodass die Kontrollphase mit Frustrationen innerhalb der Gruppe endet.

3. Anklagephase
Die zunehmende Belastung der Gruppenmitglieder durch die Kompensationsleistungen für den Suchtkranken in Verbindung mit frustrierenden und untauglichen Problemlösungsversuchen der 2. Phase führen zur Abkehr vom Erkrankten. Das Problem wird von den verschiedenen Akteuren „weitergereicht", meist an die Personalabteilung des Betriebes.

Die Effekte der Co-Alkoholismusphasen haben eine nicht unerhebliche zeitliche Verschleppung der Erkrankung und ein unnötiges, fortgesetztes Abgleiten in die Sucht zur Folge.

Erfolgreicher Therapieansatz

Eine erfolgreiche Suchttherapie benötigt neben professioneller medizinischer Hilfe auch einen verlässlichen Rahmen im Betrieb. Akteure für den Einstieg in eine erfolgreiche Suchttherapie sind:
- Vorgesetzter
- Hilfsangebote (Betriebsarzt, betriebliche Suchtkrankenhilfe, außerbetriebliche Beratung)
- Einbettung in ein verbindliches arbeitsrechtliches Gefüge (Festlegen von Regeln und Konsequenzen)

Alkoholismus ist arbeitsrechtlich als Erkrankung anzusehen. Der Ausweg aus der Suchterkrankung liegt daher innerhalb eines schützenden Rechtsrahmens wie z. B. Arbeitsunfähigkeit, Entgeltfortzahlung. Auch ein Rückfall nach zunächst erfolgreicher Therapie hat arbeitsrechtlich nicht zwingend eine Kündigung zur Folge. Eine Therapie nach einem Suchtrückfall wird in der Regel von den Sozialversicherungsträgern gewährt.

In der Praxis hat sich nur ein konsequenter Problemlösungsansatz im Umgang mit Suchterkrankungen bewährt. Das Suchtproblem muss vom Vorgesetzten angesprochen und die erforderliche Verhaltensänderung eingefordert werden. Für die ersten Schritte als Einstieg in eine professionelle Therapie muss Hilfestellung gewährt werden.

Erfolgsquote der Suchtbehandlung

In Deutschland wurden 2004 insgesamt 55.100 Alkohol-, 13.500 illegale Drogen-, 700 Medikamenten- und 5.800 Mehrfachabhängige therapiert. Die Abstinenzrate nach der Therapie, die mit der Erfolgsquote gleichgesetzt wird, betrug mehr als 40%.

Der erfolgreiche Therapieverlauf gliedert sich in: 1. Entgiftung, 2. Entwöhnung, 3. Rehabilitation. Bewährt haben sich stationäre Therapien, die eine räumliche Entfernung des Suchtkranken aus einem meist ungünstigen Umfeld ermöglichen.

Fahruntüchtigkeit unter Suchtmitteleinfluss

Auswirkungen von Alkohol im Straßenverkehr

Im Jahr 2009 wurden in Deutschland 17.434 Alkoholunfälle mit Personenschaden im Straßenverkehr registriert. Damit war Alkoholeinfluss bei 5,6% aller Unfälle mit Personenschaden eine der Unfallursachen. Allerdings kamen etwa 11% aller Verkehrstoten durch einen Alkoholunfall ums Leben.

**Beschleunigte Grundqualifikation
Basiswissen Lkw/Bus**

➕ **Hintergrundwissen → Akute Auswirkungen des Alkohols** (Trinkmenge bezogen auf eine 90-kg-Person)
- Ab 0,2 Promille (entspricht ca. 0,33 l Pils)
  - Verminderung der Sehleistung
  - Verlängerung der Reaktionszeit
  - Nachlassen von Aufmerksamkeit, Konzentrations-, Kritik- und Urteilsfähigkeit
- Ab 0,5 Promille (Ordnungswidrigkeit; entspricht ca. 0,75 l Pils)
  - Verminderung der Sehleistung um etwa 15 Prozent
  - Herabgesetztes Hörvermögen
  - Beginnende Enthemmung
  - Anstieg der Reizbarkeit
  - Fehleinschätzung von Geschwindigkeiten
- Ab 0,7 Promille (entspricht ca. 1 l Pils)
  - Gleichgewichtsstörungen
  - Nachlassen der Nachtsehfähigkeit
  - Verlängerung der Reaktionszeit
- Ab 0,8 Promille (entspricht ca. 1,25 l Pils)
  - Ausgeprägte Konzentrationsschwäche
  - Rückgang der Sehfähigkeit um rund 25 Prozent
  - Verlängerung der Reaktionszeit um 35 bis 50 Prozent
  - Beginnende Euphorie
  - Zunehmende Enthemmung
  - Selbstüberschätzung
  - Tunnelblick
- Ab 1,1 Promille (absolute Fahruntüchtigkeit; entspricht ca. 1,5 l Pils)
  - Weitere Verschlechterung des räumlichen Sehens und der Anpassung an Helligkeit und Dunkelheit
  - Maßlose Selbstüberschätzung
  - Verlust der Kritikfähigkeit
  - Erheblich gestörtes Reaktionsvermögen
  - Starke Gleichgewichtsstörungen
  - Sprechstörungen
  - Verwirrtheit
  - Orientierungsstörungen

Sensibilisierung für die Bedeutung einer guten körperlichen und geistigen Verfassung

7.4

- Ab 2,4 Promille (entspricht 3,5 l Pils)
  - Gedächtnislücken
  - Bewusstseinsstörungen
  - Fast vollständiger Verlust des Reaktionsvermögens

Lassen Sie die Teilnehmer den Pils-Konsum (in Flaschen) den Promillegrenzen eines 90 kg schweren Standardfahrers und den psycho-motorischen Auswirkungen zuordnen!

Alkoholabbau

Der Alkoholstoffwechsel bzw. -abbau findet zu 90 % in der Leber statt. Der biochemische Abbauvorgang ist durch äußere Maßnahmen nicht zu beschleunigen, d.h. der Blutalkoholspiegel kann nicht künstlich gesenkt werden. Pro Stunde baut die Leber 150 mg Alkohol ab (= ca. 0,15 ‰).

AUFGABE/LÖSUNG

Wie lange dauert es, bis ein Kraftfahrer (90 kg), der vier 0,5 l-Flaschen Pils in der Zeit von 20:00 bis 21:45 (Fußballübertragung) getrunken hat, wieder völlig nüchtern und fahrtüchtig ist?
Die Abbaudauer in diesem Fall würde ca. knapp zehn Stunden betragen. Je nach den gegebenen Umständen kann die Abbaudauer jedoch von Fall zu Fall sehr unterschiedlich sein.

Anhand des Videos im PC-Professional Multiscreen können Sie die Problematik verdeutlichen. Gezeigt wird ein Fußballabend unter Freunden, bei dem Bier getrunken wird. Das Video schließt mit der Frage: Darf der gezeigte Berufskraftfahrer am nächsten Morgen zu seiner Tour starten? Die Auflösung kann anschließend anhand des Videos aus der Erweiterungsleiste gegeben werden.

**Beschleunigte Grundqualifikation
Basiswissen Lkw/Bus**

Chronische Auswirkungen des Alkohols

- Schäden am Lebergewebe (Entzündung mit anschließend narbigem Gewebeumbau) treten ab einer Blutalkoholkonzentration von 60 g Alkohol auf, dies ist bereits der Fall nach dem Genuß von ca. 1,5 l Pils
- Bauchspeicheldrüsenentzündung
- Magen-, Dünndarmschleimhautreizung/-entzündung
- Muskelschwund aufgrund Überernährung mit den Energieträgern Kohlenhydrate bzw. Alkohol bei gleichzeitigem Eiweißmangel in der Nahrung
- Impotenz (Hodenschrumpfung)
- Brustkrebs
- Nervenerkrankungen (Zitterleiden, Gefühlsstörungen, Delirium tremens, Hirnschrumpfung)
- Nach Angaben der Lebensversicherer ist durch Alkoholabhängigkeit die Lebenserwartung um fünfzehn Jahre reduziert

Abbildung 315:
Alkohol
Quelle: Deutscher Verkehrssicherheitsrat

Gefahren durch Arzneimittelmissbrauch

> Fragen Sie die Teilnehmer, ob sie Arzneimittel-Nebenwirkungen kennen, die sich nachteilig auf die Verkehrstüchtigkeit auswirken.

Die direkte Wirkung oder die zunächst unerwünschten Nebenwirkungen von Arzneimitteln können beim Arzneimittelkonsumenten ähnlich angenehme Wahrnehmungen hervorrufen, wie sie von der Alkoholsucht bekannt sind: z. B. Lösen seelischer Spannungen, Hemmen von Angstzuständen, Unterdrücken von Frustrationen und Langeweile, Dämpfen von Erregungszuständen, Beseitigung von negativen Gemütszuständen.

Die Möglichkeit, seelische und körperliche Zustände mit Hilfe von Medikamenten steuern zu können und die Gewöhnung an diesen Zustand stellen vielfach den Einstieg in die Medikamentenabhängigkeit dar. Je größer die Gewöhnung und der Kontrollverlust des Medikamentenkonsums sind, desto mehr gleicht das Verhalten der Rauschmittelsucht. Problematisch wird der Medikamentenmissbrauch im Straßenverkehr.

Sensibilisierung für die Bedeutung einer guten körperlichen und geistigen Verfassung

Auf den seelischen Zustand bzw. auf das zentrale Nervensystem wirkende Arzneimittel bergen oft das Potential, verkehrsuntüchtig zu machen. Neben der Beeinträchtigung der Wahrnehmung und den damit verbundenen Nachteilen für die Handlungsfähigkeit (z. B. Situations- und Risikobewertung), können auch Sinneswahrnehmungen verändert sein, sodass wichtige Signale oder Informationen im Straßenverkehr nicht oder zu spät wahrgenommen werden.

Abbildung 316: Beispiele für Medikamenten-Nebenwirkungen

Medikamentengruppe	Hauptwirkung	Nebenwirkung
Beruhigungsmittel	Bekämpfung von Angst, Unruhe	Entspannung, Euphorie, Schläfrigkeit
Schlafmittel	Beseitigung von Schlafstörungen aufgrund seelischer Anspannung oder äußeren Störungen	Dämpfung, seelische Entspannung
Schmerzmittel, zentrale Wirkung	Schmerzbekämpfung	Dämpfung, seelische Entspannung

Da die Selbstwahrnehmung unter Medikamenteneinfluss verändert ist, kann erforderliches selbstkritisches Verhalten eingeschränkt oder ausgeschaltet sein, so dass Fehlhandlungen nicht selbst bemerkt werden.

Vermeidung unerwünschter Nebenwirkungen

Arzneimittel werden z. B. verordnet, um eine Erkrankung zu heilen, deren Auswirkungen zu lindern (z. B. „Seekrankheitstablette") oder dem Entstehen einer Erkrankung vorzubeugen (z. B. Malariaprophylaxe). Medikamente können ungewollt gefährliche Wirkungen entfalten, indem sie eine Fahruntüchtigkeit herbeiführen.

> Fragen Sie die Teilnehmer nach eigenen Erfahrungen mit Arzneimittelnebenwirkungen in Bezug auf die Fahrtüchtigkeit.

Beschleunigte Grundqualifikation
Basiswissen Lkw/Bus

Die Verantwortung hinsichtlich der Fahrtüchtigkeit liegt beim Fahrer. Unterliegt ein Verkehrsteilnehmer einer Arzneimittelverordnung, so ist folgendes Vorgehen sinnvoll:

- Wenn ein Arzneimittel verordnet wird, muss die Problematik der Fahrtüchtigkeit mit dem Arzt besprochen werden. Der verordnende Arzt muss hierzu ausführlich und inhaltlich klar verständlich die Risiken darstellen, ggf. ist bei Kraftfahrern für die Dauer der Medikation eine Arbeitsunfähigkeit festzustellen.
- Beim Arzneimittelkauf den Apotheker zu Nebenwirkungen befragen, die sich ggf. auf die Fahrtüchtigkeit auswirken könnten. Die Absprache zwischen Apotheker und Arzt erlaubt häufig die Auswahl eines unproblematischen Arzneimittels.
- Den Beipackzettel immer aufmerksam lesen. Bei Hinweisen auf eine eingeschränkte Fahrtüchtigkeit bzw. Beschränkungen beim Führen und Steuern von Maschinen sollte nochmals der Arzt zur Problematik befragt werden.
- Die Anweisungen und Empfehlungen sind zu beachten, d. h. wenn Einschränkungen hinsichtlich der Fahrtüchtigkeit aufgrund einer Medikamenteneinnahme bestehen, muss die Teilnahme am Straßenverkehr mit einem Fahrzeug unterbleiben.

Abbildung 317:
Arzneimittel-Nebenwirkungen

Medikamentengruppe (Auswahl)	Nebenwirkungen
Blutzuckersenkende Mittel (Antidiabetika)	Unterzuckerung, Bewusstlosigkeit
Blutdrucksenkende Mittel (z. B. Beta-Blocker)	Dämpfende Wirkung
Psychopharmaka	Dämpfende Wirkung, Störung der angemessenen Gefahrenbeurteilung u. v. m.
Mittel gegen Allergien	Dämpfende Wirkung, Schläfrigkeit
Mittel gegen See-/Reisekrankheit	Zentrale Dämpfung, Sehstörungen

7.5 Lösungen zum Wissens-Check

1. Welche Energieträger decken den Energiebedarf eines Berufskraftfahrers?

Kohlenhydrate (Brot, Kartoffeln, Nudeln), Eiweiß

2. Welche Energieträger führen zum Übergewicht eines Berufskraftfahrers und zu erhöhten Gesundheitsrisiken?

Fette (frittierte Nahrungsmittel, Eierspeisen, fettreiche Fleischwaren)

3. Lebensmittel lassen sich in verschiedene Bestandteile zerlegen, z. B. unverdauliche Ballaststoffe, Mineralstoffe usw. Aus welchen Lebensmittelbestandteilen kann der menschliche Körper Energie gewinnen?

Zucker (Kohlenhydrate), Fett, Eiweiß

4. Wie können Sie selbst die Verdauung anregen und Verstopfungen vorbeugen?

- Körperliche Bewegung
- Ausreichende Trinkmenge
- Ballaststoffe
- Vermeidung ballaststoffarmer Speisen

5. Welche Energieträger nutzt die Arbeitsmuskulatur z. B. beim Verladen von Koffern, Anheben von Stückgut?

Zucker bzw. Kohlenhydrate, (kein Fett!)

Beschleunigte Grundqualifikation
Basiswissen Lkw/Bus

6. In welchen Nahrungsmitteln befinden sich lebenswichtige Vitamine?

In Vollkornprodukten, Hülsenfrüchten, frischem Obst und Gemüse, Eiern, Fisch

7. Wie hoch sollte die tägliche Fettaufnahme sein?

- ❏ a) max. 10 % der täglichen Energieaufnahme
- ☒ b) max. 30 % der täglichen Energieaufnahme
- ❏ c) max. 50 % der täglichen Energieaufnahme
- ❏ d) max. 70 % der täglichen Energieaufnahme

8. Welche Eiweißaufnahme pro Tag ist ausreichend?

10–15 % der täglichen Energiezufuhr, 1 g Eiweiß pro Kilogramm Körpergewicht

9. Welche chronischen Erkrankungen sind mit Übergewicht verbunden?

Herzinfarkt, Schlaganfall, Zuckerkrankheit, Bluthochdruck, Fettstoffwechselstörung

10. Welche körperliche Aktivität hilft Übergewicht (Körperfett) zu vermindern?

Regelmäßige leichte bis mittlere Ausdauerbelastung, z. B. Spazierengehen, Joggen, Fahrradfahren, Rudern

11. Wie sollte man die Mahlzeiten auf den Arbeitstag verteilen?

- ❏ a) am besten morgens und abends jeweils eine üppige Mahlzeit
- ❏ b) maximal drei Mahlzeiten täglich
- ☒ c) mehrere kleinere Mahlzeiten (mehr als drei)
- ❏ d) auf jeden Fall eine üppige Mahlzeit vor der Lenkzeit

Sensibilisierung für die Bedeutung einer guten körperlichen und geistigen Verfassung 7.5

12. Wie viel Liter muss ein Erwachsener täglich mindestens trinken, damit die Körperfunktionen und Stoffwechselvorgänge aufrechterhalten bleiben?

- ☐ a) 4 Liter
- ☒ b) 1,5 Liter
- ☐ c) 2,5 Liter
- ☐ d) 1 Liter

13. Wie kann vorzeitiger Ermüdung und herabgesetzter Aufmerksamkeit vorgebeugt werden?

- Kurze, häufige Pausen (alle 2 h, 10–15 min)
- Angenehme, nicht zu warme Umgebungstemperatur
- Günstige Ernährung (fettarm, keine Süßigkeiten/Konditoreiwaren)
- Ausreichende Trinkmenge
- Vermeidung von Schlafdefiziten

14. Geben Sie an, zu welcher Tageszeit die Aufmerksamkeit aufgrund der inneren biologischen Uhr besonders schlecht ist!

In den frühen Morgenstunden

15. Nennen Sie fünf Anzeichen von Müdigkeit!

- Gähnen
- Brennende Augenlider
- Blendempfindlichkeit
- Häufiges Augenzwinkern
- Verspannungen der Schulter- und Rückenmuskulatur
- Leichte Kopfschmerzen
- Erhöhte Reizbarkeit
- Blickstarre (Bilder laufen wie im Film ab)
- Tunnelförmige Einengung des Blickfeldes
- Wahrnehmungsfehler bis hin zu Halluzinationen
- Schlechtes Abschätzen von Abständen zur Seite und zum vorausfahrenden Fahrzeug (auch: permanentes Fahren am oder auf dem Mittelstreifen)

- Ruckartige und unnötige Lenkradbewegungen
- Häufiges Verschalten
- Unangemessen heftige Bremsmanöver
- Verlangsamte Reaktionen
- Entscheidungsunfreudigkeit
- Konzentrations- und Orientierungsschwierigkeiten
- Übermäßige Euphorie
- Das Bedürfnis, sich die Nasenwurzel zu massieren
- Leichtes Frösteln
- Wiederholtes Aufschrecken aus Unaufmerksamkeit

16. Welche körperlichen Beeinträchtigungen drohen bei Teilnahme am Straßenverkehr im müden Zustand?

- Ungewolltes Einschlafen
- Abnahme der Aufmerksamkeit
- Abnahme der Reaktionsgeschwindigkeit
- Psycho-motorische Fehler

17. Wie kann der Tagesrhythmus der Körpervorgänge (Wach/Schlafen, nächtliche Körpertemperaturabsenkung, Hormonspiegel, tägliche Leistungskurve) umtrainiert werden?

- ❏ a) Durch regelmäßige Schichtarbeit
- ❏ b) Durch Einnahme von geeigneten Medikamenten
- ❏ c) Durch Autogenes Training
- ☒ d) Gar nicht

18. Im zentralen Nervensystem führen dämpfende Signale zur Ermüdung. Wie kann diese Dämpfung „überlistet" werden?

- ❏ a) Durch Kaffee, Tee und Energy-Drinks
- ❏ b) Durch Helligkeit und Frischluft
- ❏ c) Durch Dehnübungen
- ☒ d) Gar nicht

Sensibilisierung für die Bedeutung einer guten körperlichen und geistigen Verfassung 7.5

19. Welche Faktoren verschlechtern die Schlafqualität?

Alkohol, Nikotin, Koffein, Licht, Lärm, Umgebungstemperatur, enge Kleidung, seelische Belastungen, Schichtarbeit, schlechte Matratze

20. Welche Faktoren fördern ungewolltes Einschlafen?

Monotonie, Schlafdefizit, körperliche Ermüdung

21. Welche Pausenregelung verhindert vorzeitige Ermüdung?

Mehrere kurze Pausen (15 min), z. B. alle zwei Stunden

22. Welchen Erholungswert hat eine große Pause im Vergleich zu mehreren kleinen Pausen?

- ❏ a) Einen genauso großen Erholungswert
- ☒ b) Einen geringeren Erholungswert
- ❏ c) Einen größeren Erholungswert

23. Ersetzt Powernapping den Nachtschlaf?

Nein, Powernapping ist eine kurzfristige Erholungsmaßnahme.

24. Welche Auswirkungen hat Stress auf den Körper?

- ☒ a) Blutdruck und Herzfrequenz steigen, Adrenalin gelangt in den Blutkreislauf
- ❏ b) Man wird ruhig und konzentriert
- ☒ c) Er kann die Informationsverarbeitung im Gehirn verringern
- ❏ d) Häufiger Stress macht den Körper widerstandsfähig

25. Nennen Sie die vier Phasen der Stressreaktion!

- ☒ a) Vorphase – Alarmphase – Handlungsphase – Erholungsphase
- ☐ b) Alarmphase – Handlungsphase – Erholungsphase – Vorphase
- ☐ c) Alarmphase – Aktionsphase – Regenerationsphase
- ☐ d) Vorphase – Handlungsphase – Erholungsphase

26. Welche Aussagen sind richtig?

- ☐ a) Stress wird allein durch äußere Reize auf den Körper verursacht.
- ☒ b) Stress wird durch äußere und innere Reize auf den Körper verursacht.
- ☐ c) Die Reize auf den Körper beanspruchen alle Menschen gleichermaßen.
- ☒ d) Es gibt positiven und negativen Stress.

27. Nennen Sie drei Möglichkeiten Stress zu vermeiden.

Stressoren ausschalten, Gedankenstopp, Zehneratmung

28. Nennen Sie drei Beispiele, wie Sie erkennen können, dass Ihr Körper unter Stress steht.

Angstgefühle, Wahrnehmungsfehler, Schwitzen

29. Welche Maßnahmen sind gut geeignet, um einen Suchtkranken in eine Erfolg versprechende Therapie zu bringen?

- ☐ a) Arbeitskollegen sorgen durch Übernahme von Arbeitsaufgaben dafür, dass der Betroffene seinen Rausch ausschlafen kann, um einen klaren Kopf zu bekommen.
- ☐ b) Die Familie verringert Tag für Tag die getrunkene Alkoholmenge auf ein normales Maß.
- ☒ c) Das Unternehmen vereinbart einen standardisierten Umgang mit Suchterkrankungen, bestehend aus verbindlichen Hilfsangeboten und arbeitsrechtlichen Folgen, wenn die Angebote nicht wahrgenommen werden.

30. Welche Maßnahmen helfen, die nachteiligen Alkoholwirkungen auf die Leistungsfähigkeit und Urteilsfähigkeit zu vermindern?

- ☐ a) Fettes Essen (z. B. Ölsardinen), um die Alkoholaufnahme in den Körper zu verhindern
- ☐ b) Bier mit Limonade zu verdünnen (z. B. Radler, Alsterwasser)
- ☐ c) Coffeinhaltige Flüssigkeiten trinken, um den Alkoholabbau zu beschleunigen
- ☒ d) Keine dieser Maßnahmen

31. Welche gesellschaftlichen/persönlichen Umstände führen häufig zur Alkoholabhängigkeit?

- Verfügbarkeit des Suchtmittels
- Ungünstige Konsumvorbilder (Beruf, Familie, Medien)
- Die Vorstellung, Alkohol führe zu seelischer Erleichterung, Verdeckung von Angst bzw. Minderwertigkeit
- Schleichender Übergang zu höheren Konsummengen und Kontrollverlust

32. Wie hoch ist die durchschnittliche Erfolgsquote nach Alkoholentzugstherapie?

- ☐ a) 10 %
- ☐ b) 25 %
- ☐ c) 30 %
- ☒ d) 40 %

33. Was zeichnet eine Medikamentensucht aus?

Gewöhnungseffekt, Einnahmezwang, Kontrollverlust, Entzugssymptome

34. Ab welcher täglichen Alkoholmenge liegt ein „kritisches Trinkverhalten" vor?

- 50 g Alkohol (1,5 l Pils) bei Männern
- 20 g Alkohol (0,5 l Pils) bei Frauen

35. Warum können sich Arzneimittel auf die Fahrtüchtigkeit auswirken?

Durch ihre Nebenwirkungen (z. B. dämpfend, schlaffördernd, Störung der Sehfähigkeit, Beeinträchtigung der Beurteilungsfähigkeit)

36. Wo findet man Co-Alkoholismus?

In Familien, bei Freunden, am Arbeitsplatz

37. Wodurch zeichnet sich Co-Alkoholismus aus?

Durch Verdrängen des Suchtproblems, Abschirmen des Suchtkranken, Kompensieren der Minderleistung

38. Was sind die typischen Suchtphasen?

Einstieg, vermeintliche Erleichterung durch Suchtmittelkonsum, Gewöhnung, Abhängigkeit

39. Wie ist arbeitsrechtlich eine Alkoholsucht einzuordnen?

Als Erkrankung

40. Mit welchen Maßnahmen können Sie den Alkoholabbau im Körper beschleunigen?

- ☒ a) gar nicht
- ❑ b) Wasser trinken
- ❑ c) Fettreiche Nahrung (z. B. Bratkartoffeln, Ölsardinen)
- ❑ d) Frische Luft

41. Welche Organe werden durch Alkoholsucht geschädigt?

Leber, Bauchspeicheldrüse, Hoden, Magen, Dünndarm

Sensibilisierung für die Bedeutung einer guten körperlichen und geistigen Verfassung

42. Um wie viele Jahre kann eine Alkoholsucht die durchschnittliche Lebenserwartung senken?

- ❏ a) 1 Jahr
- ❏ b) 5 Jahre
- ❏ c) 10 Jahre
- ☒ d) 15 Jahre

Beschleunigte Grundqualifikation
Basiswissen Lkw/Bus

> Dieses Kapitel behandelt Nr. 3.5 der Anlage 1 der BKrFQV

8 Verhalten in Notfällen

8.1 Pannen und Notfälle

▶ Die Teilnehmer sollen einen Überblick über mögliche Pannen und Notfälle mit Omnibus und Lkw – auch in Extremsituationen in Tunneln und auf Brücken – bekommen und Hilfestellungen bei der Lageeinschätzung erhalten.

↪ Erläutern Sie in einem Vortrag mögliche Pannen und Notfälle mit Omnibus bzw. Lkw.

🕓 Ca. 45 min

💻 Führerschein: Fahren lernen Klasse C, Lektion 8; Fahren lernen Klasse D, Lektion 9 und 16

Einführung

Pannen und Notfälle sind in der Regel unerwartete und plötzliche Ereignisse, die die meisten Menschen unvorbereitet treffen.
Aber was sind eigentlich Pannen und Notfälle? Der Begriff „Panne" wird verwendet, wenn technische oder organisatorische Störungen den gewünschten Betriebsablauf verzögern oder stoppen. Im „Notfall" kommt es neben der Beeinträchtigung der Technik auch zu einer Gefährdung von Menschen, die dabei zu Schaden kommen können. Art und Umfang der Schadensschwere kann von Sachbeschädigung und leichten Verletzungen bis hin zum Verlust des Lebens reichen.
Für den Fahrer ist es wichtig, sich mit diesem Thema zu beschäftigen, damit er weiß, dass sein richtiges Verhalten den Verlauf einer Pannen- oder Notfallsituation in eine positive Richtung steuern kann. Nur wer vorher Handlungsmuster für Pannen und Notfälle mehrfach und regelmäßig trainiert

Abbildung 318: Beispiel für einen Notfall

hat, wird im „Ernstfall" in der Lage sein, diese bewusst bzw. unbewusst zu „meistern". Ein theoretisches Abhandeln von Pannen und Notfällen bedeutet nur, dass der Teilnehmer Wissen vermittelt bekommt. Handlungsschritte müssen aber auch geübt und durchlebt werden. **Dabei gilt: Lerne auch durch Fehler und dokumentiere richtige Handlungen, um diese erneut zu üben.** Auf diese Weise werden gewollte Handlungsabläufe im Unterbewusstsein abgelegt.

> Ziel ist es, die Fahrer so zu trainieren, dass sie ein gutes Gefühl haben, auf mögliche Pannen und Notfälle vorbereitet zu sein, ohne alles im Griff haben zu wollen. D.h. im „Ernstfall" muss nicht alles perfekt ablaufen und kleine Fehler ohne schädigende Auswirkungen können passieren.

Arten von Pannen und Notfällen

Pannen und Notfälle kennt fast jeder Berufskraftfahrer, der regelmäßig am Straßenverkehr teilnimmt. Zu den realistischen und vorhersehbaren Ausnahmesituationen gehören beispielsweise:

- Reifenpanne
- Motorschaden
- Wildschaden
- Fahrzeugbrand
- Zusammenstoß mit anderem Kfz (Verkehrsunfall)
- Anfahren von Fußgängern oder Radfahrern
- Abkommen von der Fahrbahn und anschließendes Umkippen
- Mitfahrer mit plötzlich kritischem Gesundheitszustand (Herzinfarkt o. ä.)
- Liegenbleiben in einem Tunnel
- Liegenbleiben auf einer Brücke
- Liegenbleiben bei schlechten Sichtverhältnissen (Nebel, Schneetreiben o. ä.)
- Liegenbleiben nach einer Kurve oder hinter einer Kuppe
- Im Bus: Überfall auf den Busfahrer bzw. auf Fahrgäste
- Gewalttaten zwischen den Fahrgästen
- Lkw: Verlorene Ladung

**Beschleunigte Grundqualifikation
Basiswissen Lkw/Bus**

Abbildung 319:
Lkw mit verlorener Ladung

Notfallausrüstung in Bus und Lkw

Kraftfahrzeuge sind zwar in der Regel mit Unterlegkeilen, Verbandkasten, Warndreieck oder Warnleuchte, viele auch mit Feuerlöschern, ausgestattet, die Fahrer wissen aber mitunter nicht, wo sich die Gegenstände im Fahrzeug befinden. Grund ist, dass die Platzierung der Notfallausrüstung vom jeweiligen Fahrzeughersteller abhängt. So unterschiedlich die einzelnen Kraftfahrzeuge sind, so unterschiedlich sind auch die Plätze, an denen die einzelnen Elemente der Notfallausrüstung untergebracht bzw. „versteckt" werden. Deshalb ist es notwendig, dass der Fahrer durch den Unternehmer oder eine beauftragte Person darin unterwiesen wird, bevor er das Fahrzeug das erste Mal führt. Durch die verpflichtende Zustandskontrolle des Fahrzeugs vor Fahrtantritt (gemäß § 36 UVV „Fahrzeuge", BGV D29) vergewissert sich der Fahrer auch vom Vorhandensein und ordnungsgemäßen Zustand der Notfallausrüstung. Auf diese Weise werden die Aufbewahrungsorte ins Gedächtnis gerufen und prägen sich so besser ein.
Der Fahrer hat insbesondere darauf zu achten, dass die Ausrüstung des Fahrzeugs beim Einsatz den jeweiligen Straßen- und Witterungsbedingungen angepasst ist. Wenn es die Umstände erfordern, sind Winterreifen aufzuziehen sowie Schneeketten, Abschleppstange oder -seil, Spaten und Hacke mitzuführen.

Verhalten in Notfällen 8.1

Gemäß der Straßenverkehrs-Zulassungs-Ordnung (StVZO) ist in jedem mehrspurigen Kraftfahrzeug ein Verbandkasten mitzuführen (bei mehr als 22 Fahrgastplätzen: 2 Kästen). Darüber hinaus sind vorgeschrieben:

- Ein Warndreieck
- Eine gelbe funktionsfähige Warnleuchte für Kraftfahrzeuge mit einem zulässigen Gesamtgewicht von mehr als 3,5 t
- Im Bus: eine windsichere Handlampe
- Im Bus mit mehr als 3,5 t zGG : 1 Handfeuerlöscher (6 kg), in Doppeldeckerfahrzeugen mindestens 2 Handfeuerlöscher (6 kg)
- Bei Kraftfahrzeugen mit einem zulässigen Gesamtgewicht von mehr als 4 t: 1 Unterlegkeil; bei drei- und mehrachsigen Fahrzeugen: 2 Unterlegkeile

Bei der Beförderung von gefährlichen Gütern müssen in der Regel mindestens 2 Feuerlöscher mitgeführt werden. Die vorgeschriebene Mindestausstattung richtet sich nach der Menge der gefährlichen Güter und der zGM des Fahrzeugs und ist in Abschnitt 8.1.4 des ADR geregelt.

Gemäß Unfallverhütungsvorschrift „Fahrzeuge" (BGV D29) müssen gewerblich genutzte Fahrzeuge mit mindestens einer Warnweste ausgerüstet sein.

Abbildung 320: Sicherheitsausstattung in Bus und Lkw

Beschleunigte Grundqualifikation
Basiswissen Lkw/Bus

AUFGABE/LÖSUNG

Welche Notfallausrüstung muss bei diesen Fahrzeugen mitgeführt werden?

7,5 t

36 Plätze

1 Warndreieck,
1 Warnweste,
1 Warnleuchte,
1 Erste-Hilfe-Kasten,
1 Unterlegkeil

1 Warndreieck,
1 Warnweste,
1 Warnleuchte,
2 Erste-Hilfe-Kästen,
1 Feuerlöscher
2 Unterlegkeile
1 windsichere Handlampe

Lassen Sie die Aufgabe zunächst von den Teilnehmern im Buch lösen und tragen Sie die Ergebnisse dann im PC-Professional Multiscreen zusammen. Geben Sie die Maus dazu an einen Teilnehmer weiter und lassen Sie die erforderlichen Gegenstände der Notfallausrüstung den Fahrzeugen zuordnen.

Abschleppen

Dem Begriff **Abschleppen** liegt der **Nothilfegedanke** zugrunde. Hierunter ist das Verbringen eines betriebsunfähig gewordenen Fahrzeuges oder einer Fahrzeugkombination von der Fahrbahn oder von anderen Stellen zum möglichst nahe gelegenen, geeigneten Bestimmungsort zu verstehen. Grundsätzlich sind die Hinweise in den Bedienungsanleitungen der Fahrzeughersteller zu beachten (z. B. Gelenkwellen abflanschen, Ausfall der Lenkhilfe).

Abbildung 321:
Abschleppstange

In der StVO, der Fahrerlaubnis-Verordnung (FeV) und in der Unfallverhütungsvorschrift „Fahrzeuge" (BGV D29) wird beschrieben, welche Bedingungen einzuhalten sind, z. B.:

- Beim Abschleppen eines auf der Autobahn liegengebliebenen Fahrzeugs ist die Autobahn bei der nächsten Ausfahrt zu verlassen.
- Beim Abschleppen eines außerhalb der Autobahn liegengebliebenen Fahrzeugs darf nicht in die Autobahn eingefahren werden.
- Während des Abschleppens haben beide Fahrzeuge Warnblinklicht einzuschalten.
- Beim Abschleppen eines Kraftfahrzeugs genügt die Fahrerlaubnis für die Klasse des abschleppenden Fahrzeugs. Am Steuer des abzuschleppenden Fahrzeuges sollte eine erfahrene Person sitzen.
- Fahrzeuge dürfen durch andere Fahrzeuge nur bewegt werden, wenn sie sicher miteinander verbunden sind. Die Benutzung loser Gegenstände zum Schieben, wie Stempel, Riegel, ist unzulässig. Dies bedeutet u. a.:
  Beim Abschleppen ungebremster Fahrzeuge müssen starre Verbindungsteile, z. B. Abschleppstangen, verwendet werden. Beträgt die zGM von maschinell angetriebenen Fahrzeugen mehr als 4 t, sollten grundsätzlich Abschleppstangen – keine Abschleppseile – verwendet werden.
  Die Fahrzeuge müssen durch die hierfür vorgesehenen Verbindungseinrichtungen – z. B. Anhängekupplung und Zuggabel – verbunden sein.
- Bei Abschlepparbeiten ist eine Warnweste zu tragen.

Alles, was über das Abschleppen hinausgeht, ist genehmigungspflichtiges Schleppen im Sinne des § 33 StVZO – unabhängig davon, ob das Fahrzeug betriebsunfähig oder betriebsfähig ist.

8.2 Reaktionen bei Pannen oder Notfällen

▶ **Die Teilnehmer sollen unterschiedliche Szenarien von Pannen und Notfällen kennenlernen und lernen, diese als „Krisenmanager" zu meistern.**

↻ Tragen Sie vor, wie man sich bei einer Notrufmeldung richtig mit den Einsatzkräften verständigt und welche Informationen diese benötigen.
Bitten Sie die Teilnehmer, in Partnerarbeit Notrufmeldungen auszuarbeiten und einzeln vorzutragen, um sie zu üben.
Gestalten Sie die Thematik dieses Kapitels so praxisnah wie möglich.

🕒 Ca. 180 min

💻 Dieses Thema wird in der Führerscheinausbildung der Klassen C und D nicht oder nur ansatzweise behandelt.

Umgang mit der Unfallsituation

Eine einzige Handlungsanleitung, die generell für jede erdenkliche Panne oder jeden Notfall passt und daher eingesetzt werden kann, gibt es nicht. Zu viele unterschiedliche Szenarien von Pannen und Notfällen sind möglich und was in der einen Situation richtiges Verhalten wäre, kann in einer anderen falsch sein. Ein Grundsatz gilt allerdings immer: **„Ruhe bewahren!"**

↻ Bevor Handlungsanleitungen für bestimmte Arten von Pannen und Notfällen erstellt und trainiert werden, sollte der Trainer im Hinterkopf haben, welche Stressreaktionen beim Fahrer ausgelöst werden. Auch wenn das Thema „Stress" in Kapitel 7.3 ausführlich behandelt wird, sind an dieser Stelle einige Punkte zusammengefasst.

Verhalten in Notfällen 8.2

Eine Panne oder ein Notfall stellt für den betroffenen Fahrer in der Regel eine **Stresssituation** dar. Je heikler die Situation, desto heftiger fällt die Stressreaktion aus. So wird eine Reifenpanne ohne Fahrgäste bzw. Ladung wahrscheinlich weniger Stress auslösen als die gleiche Panne mit einem vollbesetzten Bus oder mit einem beladenen Lkw mit dringend benötigter Ware. Dennoch wird vom Fahrer erwartet, beide Situationen zu meistern. Schließlich ist er ein Profi. Wer beim Eintreten der Panne oder des Notfalls in Panik verfällt, handelt nicht mehr rational und hat die Situation nicht mehr im Griff.

1. Variante
Ein Fahrer, der bei einer Panne oder einem Notfall in Panik gerät, wird unkontrolliert „kopflos" hin- und herlaufen. Er wird nicht in der Lage sein, die notwendigen Maßnahmen einzuleiten. Ein Mensch, der sich in dieser Stressphase befindet, trägt nur zu einer Verschlechterung der Lage bei. Damit fällt er als „Krisenmanager", d. h. als derjenige, der für die notwendigen Maßnahmen sorgen soll, aus. Er muss aus der Situation befreit werden, indem er aus dem Verkehr gezogen und beruhigt wird.

2. Variante
Beim Eintreten der Situation bleibt der Fahrer gefasst und ruhig. Er atmet ein- bis zweimal durch, überlegt kurz und handelt. So schafft der Mensch sich die Möglichkeit, die Situation aktiv zu erfassen. Obwohl die Situation die gleiche ist wie in der 1. Variante, läuft der Betroffene nicht „kopflos" weg, sondern versucht die geeigneten Maßnahmen einzuleiten. Hat der Betroffene diese zuvor trainiert und verinnerlicht, kann er sie routinemäßig abrufen und durchführen. Er ist also ein „Krisenmanager", der befähigt ist, die Situation zu meistern.

Warum ist es so wichtig, realitätsnahe Szenarien zu trainieren? Das Verhaltensmuster eines Menschen setzt sich aus dem zusammen, was er in seinem Leben erfahren und gelernt hat. Leider bedeutet das nicht zwangsläufig, dass wir unser Wissen auch immer anwenden können. In Stresssituationen konzentriert sich unser Gehirn vollständig auf die Steuerung der überlebensnotwendigen Funktionen, alles andere wird ausgeblendet! Ursache ist aber nicht Verantwortungslosigkeit, sondern fehlendes Wissen und Training.

**Beschleunigte Grundqualifikation
Basiswissen Lkw/Bus**

Durchführung der ersten Notmaßnahmen

Nach kurzem Durchatmen und Überlegen muss sich der Fahrer einen Überblick über die Lage verschaffen.

Hierbei geht es nicht darum, jeden Fahrgast bis ins Detail nach seinen Befindlichkeiten zu interviewen oder nach der Ursache für die Situation zu forschen. Der erste Überblick dient zur Klärung der Frage, ob eine Hilfeleistung durch Notarzt, Feuerwehr, Polizei oder Sonstige erforderlich ist oder die notwendigen Maßnahmen allein vorgenommen werden können.

Bei der Feststellung, dass fremde Hilfe benötigt wird, muss als erstes der Notruf abgesetzt werden, um nicht weitere wertvolle Zeit bis zum Eintreffen der Rettungskräfte zu verlieren.

Verhalten in Notfällen 8.2

Absetzen des Notrufs

Um einen Notruf überhaupt absetzen zu können, muss zuerst die **Rufnummer 112** gewählt werden. Die Rufnummer 112 ist europaweit für Notrufe bei Unfall, Feuer oder anderen Notlagen eingerichtet worden. Bei Fahrten außerhalb Europas muss der Unternehmer vorher die Notrufnummer des jeweiligen Landes ermitteln und dem Fahrpersonal bekanntgeben.

Für das **Absetzen des Notrufs** sind folgende Punkte zu beachten:
1. Wo ist die Unfallstelle?
2. Was ist passiert?
3. Wieviele sind verletzt?
4. Welcher Art sind die Verletzungen?
5. Warten auf Rückfragen

Für Fahrer von Linienbussen ist die Frage **„Wo ist die Unfallstelle?"** in der Regel ohne Probleme zu beantworten. Die Strecken sind bekannt und eine Weitergabe der Informationen an die Leitstelle per Funk funktioniert meist. Für Reisebus- und Lkw-Fahrer ist es schwieriger, diese Frage zu beantworten, wenn sie sich an für sie unbekannten Orten aufhalten. Eine Hilfestellung für die Standortbestimmung können Navigationssysteme und Mobiltelefone bieten, wenn der Umgang vorher trainiert wurde. Wird ein Notruf über eine Notrufsäule oder Notrufstation abgesetzt, weiß die Notrufleitstelle ebenfalls sofort, wo sich der Hilfesuchende befindet.

Bei der Beantwortung der Frage **„Was ist passiert?"**, geht es um eine kurze Darstellung der Unfallsituation. Es könnten z.B. mehrere Fahrzeuge zusammengestoßen sein. Die Schilderung von Schuldfragen kostet wertvolle Zeit und ist an dieser Stelle nicht von Bedeutung.

Die Anzahl der Verletzten **(„Wie viele sind verletzt?")** ist wichtig für die Anzahl der Rettungswagen. Die Information **„Welcher Art sind die Verletzungen?"** wird benötigt, um zu entscheiden, ob neben dem Einsatz von Fahrzeugen auch beispielsweise Rettungshubschrauber benötigt werden. Das **„Warten"** ist wichtig, falls die Rettungsleitstelle Rückfragen hat. Daher beendet diese grundsätzlich den Anruf.

Je nach Situation kann es erforderlich sein, dass zur Aufrechterhaltung der Kommunikation zwischen Unfall- und Leitstelle permanent eine Person am Notrufgerät sprechbereit bleibt, z.B. wenn die Unfallstelle schwer zu finden ist oder der Ausgang einer Notsituation nicht absehbar ist.

Abbildung 322: Notrufsäule

Abbildung 323: Notruf über Handy absetzen

Beschleunigte Grundqualifikation
Basiswissen Lkw/Bus

PRAKTISCHE ÜBUNG

▶ Die Teilnehmer sollen Notrufmeldungen ausarbeiten und einzeln vortragen, um sie zu üben.

↻ Führen Sie eine Übung zum Absetzen einer Notfallmeldung durch: Jeweils zwei Teilnehmer sollen anhand der Aufgabenstellung eine der unten aufgeführten Durchsagen vorbereiten. Bitten Sie nacheinander **jeden einzelnen Teilnehmer**, hinauszugehen und per Funkgerät eine Notfallmeldung für eine der unten genannten Übungssituationen in den Unterrichtsraum durchzugeben. Dort soll die Meldung, z. B. mit einem Diktiergerät, aufgenommen werden. Anschließend werten Sie die Aufzeichnungen mit den Teilnehmern auf Verständlichkeit und Vollständigkeit aus.

Übung 1: Notruf absetzen nach einem Unfall
Sie sind mit dem Lkw unterwegs und hatten einen Unfall. Ein Pkw hat Ihnen die Vorfahrt genommen. Der Fahrer des Pkw ist schwer verletzt und bewusstlos. Ihr Beifahrer ist leicht verletzt, er hat eine Platzwunde. Sie müssen einen Notruf absetzen.
Überlegen Sie zunächst, welche Informationen die Rettungsleitstelle benötigt. Machen Sie sich Notizen. Geben Sie Ihre „Notfallmeldung" in den Schulungsraum durch.

Übung 2: Notruf absetzen bei medizinischem Notfall
Sie sind mit Ihrem Bus unterwegs. Einer Ihrer Fahrgäste klagt über Übelkeit und starke Schmerzen in der Brust sowie in der linken Schulter. Sein Gesicht ist blassgrau und schweißnass, er ist sehr schwach. Wahrscheinlich hat er einen Herzinfarkt erlitten. Sie müssen einen Notruf absetzen.
Überlegen Sie zunächst, welche Informationen die Rettungsleitstelle benötigt. Machen Sie sich Notizen. Geben Sie Ihre „Notfallmeldung" in den Schulungsraum durch.

🕒 Je nach Anzahl der Teilnehmer

🔧 Funkgerät, Diktiergerät, Notizblöcke, Stifte

8.3 Durchführung weiterer Notmaßnahmen

▶ **Die Teilnehmer sollen**
- wissen, wie eine Pannen- oder Unfallstelle abzusichern ist
- sich an die Grundprinzipien der Ersten Hilfe erinnern
- die Funktion, Handhabung und den richtigen Einsatz von Handfeuerlöschern kennen

↻ Tragen Sie vor, wie sich Nachfolgeunfälle durch Absicherung der Unfallstelle vermeiden lassen. Tragen Sie die Grundlagen der Ersten Hilfe und das Verhalten bei Bränden vor.
Üben Sie das Vorgehen bei Pannen und Notfällen praktisch.
Werten Sie die Praxisübungen mit den Teilnehmern aus, indem sie ggf. Videoaufzeichnungen analysieren und mit Hilfe des Flipcharts beurteilen.

🕒 Ca. 150 min

📖 Führerschein: Fahren lernen Klasse D, Lektion 9 und 16. Dieses Thema wird in der Führerscheinausbildung Klasse C nicht oder nur ansatzweise behandelt.

Absicherung des Fahrzeugs bei einer Panne

Die Absicherungsmaßnahmen warnen den nachfolgenden Verkehr und dienen der eigenen Sicherheit. Grundsätzlich sollte versucht werden, das Fahrzeug an eine sichere oder weniger gefährliche Stelle zu fahren, z. B. einen Parkplatz oder eine Nothaltebucht. Bleibt ein Kraftfahrzeug am helllichten Tag im Stadtverkehr liegen, ist dies weniger gefährlich als ein fahrunfähiges Kraftfahrzeug bei Nacht und Nebel. Hat ein Fahrzeug an einer gefährlichen Stelle (z. B. in einem Tunnel oder auf einer Brücke) eine Panne, sollte der Fahrer möglichst in einen sicheren Bereich mit eingeschalteter Warnblinkanlage weiterfahren. Bevor Absicherungsmaßnahmen durchgeführt werden, ist zur eigenen Sicherheit Warnkleidung anzulegen.

**Beschleunigte Grundqualifikation
Basiswissen Lkw/Bus**

Weitere Sicherungsmaßnahmen:

- Fahrzeug gegen Wegrollen sichern (Feststellbremse)
- Fahrzeugbeleuchtung bei Dunkelheit oder sonstigen schlechten Sichtverhältnissen einschalten (§ 17 Abs. 4 StVO)
- Lenkung wird zum Fahrbahnrand hin eingeschlagen

Das Warndreieck und andere Warneinrichtungen (Warnleuchte, tragbare Blinkleuchte) müssen in ausreichender Entfernung aufgestellt werden. Diese hängt im Allgemeinen von der Geschwindigkeit des fließenden Verkehrs und eventuellen Sichtbehinderungen, wie z.B. Kurven und Kuppen, ab.

Die Entfernung zwischen Fahrzeug und Warndreieck bzw. anderer Warneinrichtung beträgt:
- Ca. 100 m bei schnellem Verkehr
- Mindestens 150 und bis zu 400 m auf Autobahnen
- Ausreichend weit bei Sichtbehinderungen

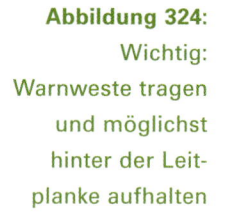

Abbildung 324:
Wichtig:
Warnweste tragen und möglichst hinter der Leitplanke aufhalten

Zum Aufstellen des Warndreiecks ist ein sicherer Weg möglichst abseits der Fahrbahn oder hinter der Leitplanke zu wählen. Alternativ könnte auch der äußere Fahrbahnrand mit Blickrichtung zum fließenden Verkehr benutzt werden.

Verhalten in Notfällen 8.3

AUFGABE/LÖSUNG

Ihr Fahrzeug ist hinter einer Kurve liegengeblieben. Zeichnen Sie ein, wo Sie die Warneinrichtungen platzieren!

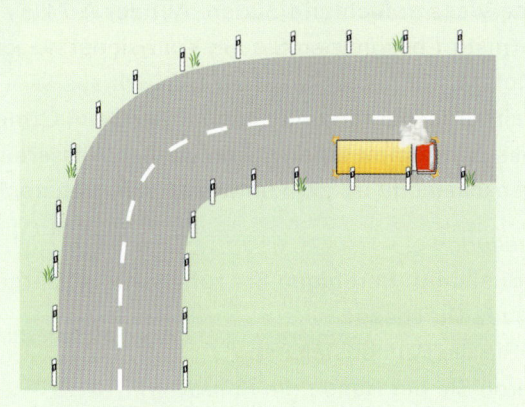

Hier gibt es nicht nur eine Lösung. Sinnvoll wäre z. B.:
- Warndreieck ca. 150 m vor der Kurve
- Warnleuchte ca. 100 m vor der Kurve,

jeweils am rechten Fahrbahnrand.

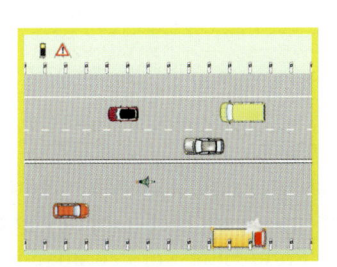

Im PC-Professional Multiscreen können die Teilnehmer interaktiv zwei verschiedene Unfallstellen absichern – per Drag&Drop können Warnleuchte und Warndreieck an die richtige Stelle geschoben werden.

Beschleunigte Grundqualifikation
Basiswissen Lkw/Bus

> **PRAKTISCHE ÜBUNG**
>
> ▶ Die Teilnehmer sollen das Vorgehen bei einer Panne praktisch üben.
>
> ↻ Sie sind unterwegs in Richtung Süden. Auf der A 7 kurz hinter der Abfahrt Marmstorf bekommen Sie ein Warnsignal wegen Überhitzung des Motors. Sie bemerken starken Rauch aus dem Motorraum. Sie fahren rechts ran und steigen aus. Beim Öffnen der Motorraumklappe kommt Ihnen schon weißer Wasserdampf entgegen. Anscheinend ist ein Kühlwasserschlauch geplatzt.
>
> *Aufgabenstellung:*
> - Nur für Busfahrer: Beruhigen Sie zunächst die Fahrgäste mit einer kurzen Durchsage
> - Sichern Sie die Pannenstelle ab
> - Informieren Sie per Handy die Polizei
>
> Bitten Sie die Teilnehmer, die Durchsage und den Telefonanruf auszuarbeiten und vorzutragen. Besprechen Sie Durchsage und Anruf im Lehrgangsraum und führen Sie die Sicherung der Unfallstelle wenn möglich an einem Bus bzw. Lkw durch.
>
> 🕒 30 min
>
> 🔧 Notizblöcke, Stifte, Notfallausrüstung, eventuell Bus oder Lkw

Erste Hilfe

Fahrer von Kraftfahrzeugen sind verpflichtet, Erste-Hilfe-Maßnahmen durchzuführen. Zum Erlernen und Trainieren dieser Maßnahmen ist es sinnvoll, mindestens alle zwei Jahre den Erste-Hilfe-Kurs zu absolvieren bzw. aufzufrischen, um im Bedarfsfall in der Lage zu sein, Sofortmaßnahmen bis zum Eintreffen der Rettungskräfte wirksam auszuführen. Verletzte Personen sollten nach Möglichkeit bei Bewusstsein gehalten und ihre Atmung überwacht werden. Auch bei Erste-Hilfe-Maßnahmen gilt: Die eigene Sicherheit steht im Vordergrund!
Medikamente dürfen nicht durch Laien verabreicht werden. Nur Personen, die über eine entsprechende medizinische Ausbildung verfügen, dürfen Medikamente verabreichen.

Verhalten in Notfällen 8.3

Vorgehen bei Verletzten:
- Eingeschlossene Personen befreien
- Verletzte aus dem Gefahrenbereich bringen
- Erste-Hilfe-Maßnahmen einleiten (Zu den lebensrettenden Sofortmaßnahmen gehören die Herzdruckmassage und Beatmung, die stabile Seitenlage, das Stoppen von Blutungen, das Versorgen von Knochenbrüchen, Verbrennungen, Unfällen durch elektrischen Strom, Verätzungen sowie Vergiftungen)
- Zuerst Verletzte versorgen, die nicht ansprechbar sind (Bewusstlose)
- Ansprechbare Verletzte auf Schockmerkmale (fahle, blasse, kalte Haut, auffällige Unruhe, schneller/schwächer werdender Puls, Frieren, Schweiß auf der Stirn) untersuchen und beruhigen
- Ist eine Wiederbelebung notwendig, muss diese so lange fortgesetzt werden, bis die Eigenatmung bzw. der Puls wieder einsetzt. Die Entscheidung, wann die Wiederbelebungsmaßnahmen eingestellt werden, trifft der Arzt.

Handhabung der Feuerlöscher

In Fahrzeugen mitgeführten Feuerlöscher müssen frei zugänglich aufbewahrt werden. In Bussen befindet sich der Feuerlöscher in der Nähe des Fahrersitzes, in Doppeldeckfahrzeugen ein zweiter auf der oberen Fahrgastebene.

Um einen Feuerlöscher wirkungsvoll einsetzen zu können, sind praxisbewährte Regeln zu beachten. Unterschieden werden zwei „Bauarten":

- Auflade-Feuerlöscher und
- Dauerdruck-Feuerlöscher.

Ein Dauerdruck-Feuerlöscher steht im Inneren des Behälters unter Druck und ist nach dem Entsichern sofort einsatzbereit. Bei einem Auflade-Feuerlöscher muss nach dem Entsichern zuerst das Druckmittel im Löschbehälter freigesetzt werden, bevor dieser einsatzbereit ist.

Beschleunigte Grundqualifikation
Basiswissen Lkw/Bus

Brandklasse	Zugehörige Stoffe	Geeignetes Löschmittel
 A	Feste Stoffe, normalerweise unter Glutbildung verbrennend: Holz, Papier, Textilien etc.	Pulver-Feuerlöscher, Schaum-Feuerlöscher, Wasser-Feuerlöscher
 B	Flüssige oder flüssig werdende Stoffe: Benzin, Fette, Öl, Kunststoffe etc.	Pulver-Feuerlöscher, Schaum-Feuerlöscher, CO_2-Feuerlöscher
 C	Gase: Methan, Erdgas, Wasserstoff etc.	Pulver-Feuerlöscher
 D	Brennbare Metalle und Legierungen: Magnesium, Natrium, Aluminium, deren Legierungen etc.	Pulver-Feuerlöscher mit Metallbrand-Pulver/D-Pulver
 F	Speiseöle-/fette (pflanzliche oder tierische Öle und Fette) in Frittier- und Fettbackgeräten und anderen Kücheneinrichtungen und -geräten	Fettbrand-Feuerlöscher

Hinweis: Beachten Sie immer auch die Warnhinweise auf den Feuerlöschern und eventuelle markenspezifische Besonderheiten

Abbildung 325:
Brandklassen

Verhalten in Notfällen — 8.3

Regeln für den richtigen Einsatz von Feuerlöschern:
- Das Feuer stets in Windrichtung angreifen, damit der Löschende nicht durch Rauch, Hitze und zurückströmendes Löschmittel gefährdet wird.
- Flächenbrände von vorn beginnend ablöschen, um das Feuer „zurückzudrängen".
- Tropf- und Fließbrände sind von der Austrittsstelle, also von oben nach unten, zu löschen.
- Wenn mehrere Feuerlöscher zur Verfügung stehen, sollten diese parallel und nicht nacheinander eingesetzt werden, da so der Brand besser bekämpft und schneller unter Kontrolle gebracht werden kann.
- Nach dem Löschen des Brandes auf ein Neuentfachen achten. Obwohl der Brand augenscheinlich gelöscht ist, kann es zu plötzlichem Neuentfachen kommen.
- Eingesetzte Feuerlöscher durch unbenutzte betriebsbereite Feuerlöscher ersetzen.

Das Löschpulver von Pulverlöschern kann zu Augen- bzw. Bindehautreizungen – und bei empfindlichen Personen zu Erbrechen – führen. Darauf ist beim Einsatz in unmittelbarer Nähe von Personen zu achten. Ein Brand eines Mülleimers im Fahrzeuginnenraum könnte gegebenenfalls auch mit einer oder mehreren Flaschen Mineralwasser gelöscht werden. Feuerlöscher in Fahrzeugen müssen regelmäßig, mindestens einmal jährlich, durch eine sachkundige Person geprüft werden.
Weitere Informationen über das Verhalten speziell bei einem Busbrand finden Sie auf S. 612.

PRAXIS-TIPP

Beim Eintreten einer Panne oder eines Notfalls sollte der Unternehmer oder der Disponent telefonisch informiert werden. So wird die Störung des Betriebsablaufs bekannt und ggf. kann das Unternehmen unterstützend tätig werden.

Beschleunigte Grundqualifikation
Basiswissen Lkw/Bus

Abbildung 326:
Richtig löschen
Quelle: TOTAL
Feuerschutz GmbH

	Richtig	Falsch
Brand in Windrichtung angreifen!		
Flächenbrände von vorne beginnend ablöschen!		
Tropf- und Fließbrände von oben nach unten löschen!	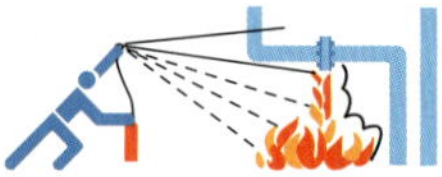	
Ausreichend Feuerlöscher gleichzeitig einsetzen, nicht nacheinander!	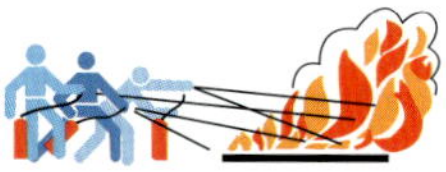	
Rückzündung beachten!		
Nach Gebrauch Feuerlöscher nicht wieder an den Halter hängen. Neu füllen lassen!		

8.4 Verhalten bei Busunfällen

▶ **Die an der Grundqualifikation teilnehmenden angehenden Busfahrer sollen in diesem gesonderten Kapitel über das korrekte Verhalten bei Busunfällen, die Evakuierung der Fahrgäste und in einer praktischen Übung über das Vorgehen bei einem Busbrand unterrichtet werden.**

↻ Erläutern Sie das Vorgehen bei einem Busbrand und -umsturz sowie das korrekte Vorgehen beim Evakuieren von Fahrgästen. Üben Sie das Vorgehen bei einem Busbrand in einer praktischen Übung und trainieren Sie Durchsagen an die Fahrgäste in verschiedenen Notsituationen.

🕒 Ca. 150 min

☕ Dieses Thema wird in der Führerscheinausbildung der Klasse D nicht oder nur ansatzweise behandelt.

> ↻ Behandeln Sie diesen Abschnitt nur, wenn sich unter Ihren Teilnehmern Busfahrer befinden. Da ein Busfahrer besondere Verantwortung für die Fahrgäste trägt, ist die Situation eines Notfalls oder einer Panne für ihn oft noch ein Stück komplexer als für Lkw-Fahrer. Daher wird im Folgenden speziell auf die Busfahrer eingegangen. Lkw-Fahrer können bis zum Kapitel 8.5 „Problemfelder Tunnel und Brücken" vorblättern.

Krisenmanager

Nachdem die Rettungskräfte alarmiert wurden, müssen die weiteren Maßnahmen durchgeführt werden. Dabei sollte sich der Busfahrer über eines bewusst sein: „Ich muss nicht alles selber machen!"
Der Fahrer kann Aufgaben auch an geeignete Fahrgäste delegieren. Die Anweisungen müssen verständlich und eindeutig sein: „Bitte stellen Sie das Warndreieck hinter dem Bus noch vor der Kurve auf".

Beschleunigte Grundqualifikation
Basiswissen Lkw/Bus

> Trainieren Sie mit den Fahrern sowohl allgemeine Informationsdurchsagen als auch Sicherheitsinstruktionen zu Beginn der Fahrt sowie Flucht- und Evakuierungsanweisungen.

Evakuierung der Fahrgäste

Abbildung 327:
Nothahn
Quelle: Daimler AG

Eine Frage, die immer wieder gestellt wird, wenn ein Bus mit Personen an Bord eine Panne oder Notfall hat: **Wohin mit den Fahrgästen?**

Bei einem Linienbus im Stadtverkehr kann der Fahrer die Menschen einfach aussteigen lassen, wenn diese das wünschen. Anders ist es beispielsweise auf einer Landstraße, Autobahn, Brücke oder in einem Tunnel. In dieser Situation muss der Fahrer verschiedene Gesichtspunkte gegeneinander abwägen. Kernfrage ist: **Wo sind die Fahrgäste sicherer aufgehoben?**

Dabei sind sowohl die örtlichen Gegebenheiten zu berücksichtigen als auch die Zusammensetzung der Fahrgäste. Je nach Situation kann der Verbleib der Fahrgäste an Bord klare Vorteile haben.

Bei einem Busbrand hingegen ist eine Evakuierung ohne Verzögerung erforderlich. Sobald die Entscheidung zur Evakuierung der Fahrgäste getroffen wurde, müssen alle Türen geöffnet werden. Eventuell ist die Betätigung des Nothahns erforderlich. Dieser bewirkt, dass die Türen kraftlos geschaltet werden und von Hand geöffnet werden können. Die Betätigung des Nothahns sollte allerdings nur bei stehendem Bus vorgenommen werden, da die auslösende Person aus dem fahrenden Fahrzeug hinausfallen könnte. Je nach Bauart des Busses ist eine Nothahnbetätigung erst bei Geschwindigkeiten unter ca. 6 km/h möglich.

Abbildung 328:
Notausstieg
Quelle: Axel Gebauer

Ist die Benutzung der Türen nicht möglich, weil der Bus beispielsweise auf der Seite liegt, sind die gekennzeichneten Notausstiege zu benutzen. Meist müssen dazu vorgesehene Scheiben mit einem Nothammer eingeschlagen werden (Es gibt z.B. auch Dachluken, die als Notausstiege gekennzeichnet sind.).

Busumsturz

Nach einem Unfall kann ein Bus auf der Fahrzeugseite oder dem Dach zum Liegen kommen. In solchen Situationen muss der Fahrer Ruhe bewahren und diese auch den Fahrgästen vermitteln. Hierzu sollte er Folgendes tun:

1. Per Durchsage die Fahrgäste zu den erforderlichen Maßnahmen anleiten:
   a. Einschlagen der Notausstiege mit dem Nothammer bzw. Öffnen der Dachluken
   b. Flucht ins Freie und in sicherer Entfernung sammeln; dazu einen Helfer bestimmen
2. Überblick über Verletzte verschaffen
3. Notruf absetzen (gegebenenfalls durch einen geeigneten Helfer)
4. Fahrgästen beim Verlassen des Busses helfen
5. Kontrollieren, ob der Bus leer ist
6. Fahrer und Helfer prüfen Vollzähligkeit der Fahrgäste an der Sammelstelle
7. Eintreffen von Rettungskräften und Polizei abwarten

Abbildung 329:
Umgekippter Bus
Quelle: Polizei/ddp

Beschleunigte Grundqualifikation
Basiswissen Lkw/Bus

Abbildung 330:
Brennender Bus
Quelle: Polizei/ddp

Busbrand

Brennende Fahrzeuge, insbesondere Omnibusse, sind keine Phantasien, sondern reale Einzelfälle. Die Chancen, aus einem brennenden Bus gerettet zu werden, sind größer als bei einem brennenden Flugzeug. Trotzdem löst die Feststellung, dass der fahrende Bus brennt, bei dem betroffenen Fahrer zunächst ein ungläubiges Entsetzen aus. Getreu dem Motto: Es kann nicht sein, was nicht sein darf.

Nach der Überwindung des ersten Schockmoments und Realisierung der Situation, kommt jetzt der Moment des Handelns. Der Bus muss schnellstens zum Stillstand gebracht werden. Dabei sollte auf eine Vollbremsung verzichtet werden, da die Fahrgäste dadurch unnötig verletzt und in Panik versetzt werden könnten. Ein Feuerausbruch im Fahrzeuginneren wird in der Regel schneller bemerkt als beispielsweise ein Motorbrand.

Brennt ein Bus zum Beispiel von außen, muss sich der Fahrer, nachdem er angehalten und die Evakuierung der Fahrgäste sowie die Absetzung des Notrufes organisiert hat, zunächst einen Überblick über das Ausmaß des Brandes verschaffen. Erst danach werden Löschversuche unternommen.

PRAKTISCHE ÜBUNG

▶ Die Teilnehmer sollen Busdurchsagen ausarbeiten und einzeln vortragen, um sie zu üben.

↻ Jeweils zwei Teilnehmer sollen anhand der Aufgabenstellung eine der unten aufgeführten Durchsagen vorbereiten. Bitten Sie nacheinander **jeden einzelnen Teilnehmer** (vor allem angehende Busfahrer), hinauszugehen und per Funkgerät eine Durchsage für eine der unten genannten Übungssituationen in den Unterrichtsraum

8.4 Verhalten in Notfällen

durchzugeben. Dort soll die Meldung, z.B. mit einem Diktiergerät, aufgenommen werden. Anschließend werten Sie die Aufzeichnungen mit den Teilnehmern auf Verständlichkeit und Vollständigkeit aus.

Übung 1: Evakuierungsdurchsage bei umgekipptem Bus
Ihr Omnibus ist ins Schleudern geraten und auf die rechte Seite gekippt. Fordern Sie die Fahrgäste zum unverzüglichen Verlassen des Fahrzeugs durch die Notausstiege auf. Wie lautet Ihre Durchsage? Bitte benutzen Sie die wörtliche Rede.

Übung 2: Evakuierungsdurchsage bei Fahrzeugbrand
Während der Fahrt bemerken Sie starke Rauchentwicklung aus dem Motorraum. Sie halten an und fordern die Fahrgäste zum unverzüglichen Verlassen des Omnibusses auf. Wie lautet Ihre Durchsage? Bitte benutzen Sie die wörtliche Rede.

- Je nach Anzahl der Teilnehmer
- Funkgerät, Diktiergerät, Notizblöcke, Stifte

PRAKTISCHE ÜBUNG

▶ Das Vorgehen bei einem Busbrand praktisch üben.

↳ Sie sind mit einer Schulklasse (40 Schüler, 2 Lehrer), die sich auf einer Klassenfahrt befindet, unterwegs nach Italien. Auf der Inntalautobahn A 12 kurz hinter der Abfahrt Aischl bemerken Sie im Rückspiegel dunklen Rauch aus dem Motorraum. Sie fahren auf den Standstreifen und steigen aus. Nach dem Öffnen der Motorraumklappe sehen Sie Flammen im Bereich der Zusatzheizung.

Aufgabenstellung:
- Beruhigen Sie die Fahrgäste mit einer Durchsage
- Bitten Sie einen der Lehrer, die Schüler hinter der Leitplanke in Sicherheit zu bringen
- Bitten Sie den anderen Lehrer, die Unfallstelle abzusichern
- Unternehmen Sie einen Löschversuch (simuliert, scheitert letztlich)
- Informieren Sie per Handy Feuerwehr und Polizei

**Beschleunigte Grundqualifikation
Basiswissen Lkw/Bus**

Bitten Sie die Teilnehmer, die Durchsage, die mündlichen Anweisungen an die Lehrer sowie den Notruf vorzutragen. Lassen Sie die Teilnehmer eine Feuerlöschübung simulieren und weisen Sie sie in die richtige Handhabung des Feuerlöschers ein.

🕒 30 min

🔧 Bus, Feuerlöscher

8.5 Problemfelder Tunnel und Brücken

▶ **Die Teilnehmer sollen den Aufbau von Tunneln und Brücken und die damit zusammenhängenden Notfallmaßnahmen bei einem Unfall oder einer Panne kennenlernen.**

↪ Erläutern Sie die Besonderheiten bei der Durchquerung von Tunneln und Brücken und was bei einem Notfall oder einer Panne zu beachten ist.

Stellen Sie das Vorgehen bei Pannen in Tunneln in einer praktischen Übung nach.

🕓 Ca. 90 min

☕ Dieses Thema wird in der Führerscheinausbildung der Klassen C und D nicht oder nur ansatzweise behandelt.

Besondere Orte: Tunnel

Tunnel in Deutschland werden regelmäßig auf ihre Sicherheitsstandards hin überprüft. Grundlage für das Sicherheitsniveau sind die in Deutschland geltenden „Richtlinien für die Ausstattung und den Betrieb von Straßentunneln" (RABT). Seit 2004 regelt eine europäische Richtlinie die Sicherheitsstandards der Tunnel im europäischen Straßennetz. Allerdings decken die seit einigen Jahren regelmäßig durchgeführten europaweiten Tests immer wieder Sicherheitsmängel an einzelnen Tunneln auf.

Neben der Ausstattung mit Licht und einer wirkungsvollen Belüftung sind vor allem das Notfallmeldesystem sowie die Anlage und Kennzeichnung der Fluchtwege wichtige Bestandteile des Sicherheitskonzepts von Straßentunneln.

In längeren Straßentunneln sind im Abstand von 600 m Pannenbuchten am rechten Fahrbahnrand angeordnet, die einen Nothalt im Tunnel ermöglichen. Notrufstationen in Tunneln befinden sich:
- in Pannenbuchten
- an den Portalen

Abbildung 331:
Notportal im Tunnel

**Beschleunigte Grundqualifikation
Basiswissen Lkw/Bus**

- im Abstand von 150 m auf der freien Strecke in längeren Tunneln.

Wenn ein Halt auf der Strecke notwendig ist, können die Notrufstationen und Pannenbuchten über die Notgehwege zu Fuß sicher erreicht werden.

Die Notrufstationen sind jeweils mit einem manuellen Brandmelder, einer Notrufeinrichtung sowie mit zwei Feuerlöschern ausgestattet. Sobald die Notrufstation betreten, die Notrufeinrichtung betätigt oder ein Feuerlöscher entnommen wird, geht ein Alarmsignal in der Tunnelüberwachungsstelle ein und eine Sprechverbindung wird hergestellt. Handys sollen für Notrufe im Tunnel nicht benutzt werden, da eine Lokalisierung im Tunnel nicht möglich ist. In längeren Tunneln ist eine Videoüberwachung eingerichtet, die den gesamten Tunnelinnenraum, einschließlich der Notrufstationen und Querverbindungen erfasst. Notfälle können so schneller lokalisiert werden.

Für die Selbstrettung im Brandfall sind Fluchtwege eingerichtet und gekennzeichnet. Richtungspfeile markieren den kürzesten Weg. Notausgänge sind im Abstand von längstens 300 m vorhanden. Im Brandfall schaltet sich, zusätzlich zu den ständig betriebenen, selbstleuchtenden Rettungszeichen, eine sehr helle Orientierungsbeleuchtung ein, die im Abstand von etwa 25 m zu den jeweiligen Notausgängen führt.

Abbildung 332:
Sicherheitsausstattung in Tunneln

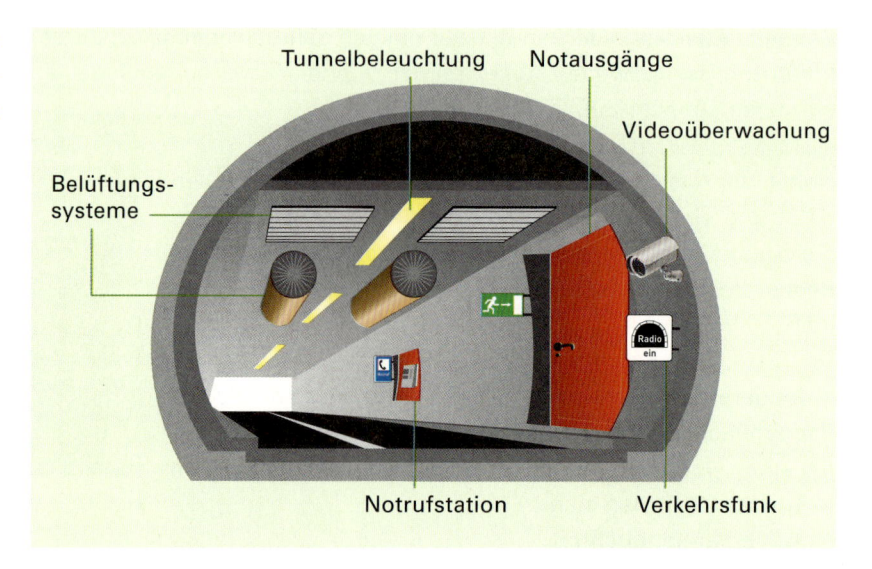

| | Verhalten in Notfällen | 8.5 |

Abbildung 333:
Verhalten bei Feuer im Tunnel

Verhaltenstipps in Tunneln …

… bei Staus:
- Warnblinkanlage einschalten
- Abstand halten, auch bei langsamer Fahrt und im Stand
- Motor bei längerer Standzeit abstellen
- Verkehrsnachrichten oder Lautsprecherdurchsagen beachten
- Wechselverkehrszeichen beachten
- Nicht wenden oder rückwärts fahren

… bei Panne oder Unfall:
- Warnblinklicht einschalten
- Möglichst die nächste Pannenbucht ansteuern, sonst auf Seitenstreifen oder ganz rechts anhalten
- Motor abstellen
- Gefahrenstelle absichern
- Hilfe nur über Notrufeinrichtung anfordern, da ein Handy nicht lokalisiert werden kann
- Erste Hilfe leisten, wenn nötig

… bei einem Brand:
- Möglichst das brennende Fahrzeug aus dem Tunnel fahren

… bei einem Brand, falls Herausfahren nicht möglich:
- Fahrzeug seitlich abstellen
- Motor abschalten, Schlüssel stecken lassen und das Fahrzeug unverzüglich verlassen; für Busbrände bitte Kapitel 8.4 beachten
- An Notrufstation Brandalarm auslösen

Beschleunigte Grundqualifikation
Basiswissen Lkw/Bus

- Wenn noch möglich, Erste Hilfe leisten
- Brand mit Feuerlöschern aus Fahrzeug und Notrufstation bekämpfen
- Wenn Brand nicht zu löschen ist, unverzüglich zum Notausgang flüchten
- Wenn möglich, bergab flüchten

... für nicht direkt vom Brand Betroffene:
- Nicht wenden oder rückwärts fahren
- Lautsprecherdurchsagen und Verkehrshinweise im Radio befolgen
- Bei Feuer und Rauch Fahrzeug verlassen, Schlüssel stecken lassen

PRAKTISCHE ÜBUNG

▶ Das Vorgehen bei Pannen in Tunneln praktisch üben.

↻ Sie sind auf der A 71 unterwegs von Würzburg nach Erfurt. Im Rennsteigtunnel „spinnt" plötzlich die Bordelektronik. Der Motor geht aus. Sie bleiben etwa 50 Meter hinter einer Pannenbucht mit Notausgang liegen.

Aufgabenstellung:
- Schalten Sie die Warnblinkanlage ein
- Sichern Sie die Pannenstelle ab
- Nur für Busfahrer: Beruhigen Sie die Fahrgäste mit einer kurzen Durchsage
- Informieren Sie die Tunnelleitstelle per Notrufsäule und warten Sie auf weitere Anweisungen
- Nur für Busfahrer: Fordern Sie die Fahrgäste auf, sich über den Notgehweg zum Notausgang in Sicherheit zu bringen
- Nur für Busfahrer: Weisen Sie deutlich darauf hin, der Beschilderung im Tunnel zu folgen

Fragen Sie die richtige Reihenfolge der notwendigen Maßnahmen von den Teilnehmern ab. Spielen Sie die Absicherung der Pannenstelle im Tunnel theoretisch durch. Lassen Sie die Teilnehmer die einzelnen Durchsagen/Anweisungen und den Anruf vortragen und besprechen Sie zusammen das bestmögliche Vorgehen.

🕐 30 min

Besondere Orte: Brücken

Auch auf Brücken bringt ein Unfall oder eine Panne besondere Probleme mit sich. Vor allem, wenn es sich um eine Autobahnbrücke mit entsprechender Länge und Höhe handelt, wird die Situation als bedrohlich empfunden.

Falls möglich, sollte – auch unter Inkaufnahme der Beschädigung eines platten Reifens – langsam bis zu einer sicheren Stelle weitergefahren werden. Bleibt das Fahrzeug direkt auf der Brücke stehen, gelten grundsätzlich die gleichen Sicherheitsregeln wie bei anderen Pannensituationen. Achtung: Im Bereich hinter der Leitplanke besteht möglicherweise – insbesondere bei schlechter Sicht – unmittelbare Absturzgefahr (es besteht kein begehbarer Rand).

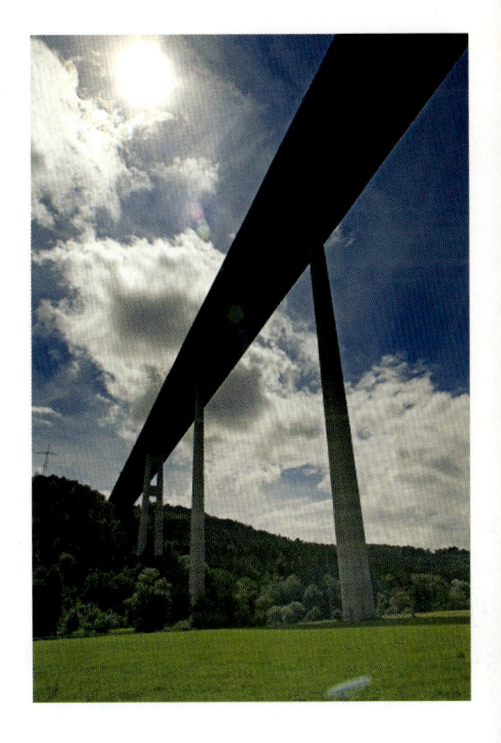

Abbildung 334:
Brücke
Quelle: www.aboutpixel.de/
Rainer Sturm

**Beschleunigte Grundqualifikation
Basiswissen Lkw/Bus**

8.6 Nach dem Unfall

▶ **Die Teilnehmer sollen über den richtigen Umgang mit posttraumatischen Reaktionen auf Unfälle informiert werden. Zudem sollen sie lernen, eine einvernehmliche Unfallmeldung auszufüllen.**

↪ Erläutern Sie den Teilnehmern die Notwendigkeit einer psychologischen Betreuung auch von Fahrern nach einem schweren Unfall. Stellen Sie abschließend vor, worauf bei einer einvernehmlichen Unfallmeldung zu achten ist.

🕒 Ca. 45 min

💻 Dieses Thema wird in der Führerscheinausbildung der Klassen C und D nicht oder nur ansatzweise behandelt.

Betreuung nach schweren Unfällen

Abbildung 335:
Auffahrunfall
Quelle: Juergen Mahnke/ddp

Warum ist eine Betreuung notwendig? Häufig haben Bus- und Lkw-Fahrer Probleme, Extremsituationen psychisch zu verarbeiten. Dies gilt z. B. dann, wenn sie an Verkehrsunfällen mit Schwerverletzten oder Getöteten beteiligt waren oder selbst Opfer eines Überfalls wurden. Diese Erlebnisse lösen häufig heftige seelische Reaktionen aus, da sie über die normalen Belastungen im täglichen Leben weit hinausgehen. Hieraus können schwere Angsterkrankungen entstehen. Der Psychologe spricht in diesem Zusammenhang zum Beispiel von „post-traumatischen Belastungsreaktionen". Das auslösende Ereignis taucht bei den Betroffenen immer wieder als plastisch erlebte Erinnerung auf. In ihren Albträumen erscheint das Geschehen oder zumindest Teile davon immer wieder. Diese Personen sind häufig sehr schreckhaft und leicht reizbar. Oft kommen Schlaflosigkeit, Apathie und ein dauerhaftes Gefühl des Betäubtseins, emotionale Stumpfheit und Gleichgültigkeit hinzu. Körperliche Symptome sind in diesem Zusammenhang vegetative Muskelverspannungen und Kopfschmerzen. Zudem können Depressionen zu Suizidgedanken führen.

Unmittelbar nach einem Ereignis sind diese psychischen Reaktionen normal, da die Seele das Erlebte erst verarbeiten muss. Häufig hat dies eine Arbeitsunfähigkeit von einigen Tagen oder Wochen zur Folge. Wird das Geschehen nicht oder nicht ausreichend verarbeitet, kann diese post-traumatische Reaktion zu einer chronischen Erkrankung werden. Dies kann zu dauerhafter Arbeitsunfähigkeit führen. In dieser Zeit sind Gespräche mit Kollegen, Freunden und Experten hilfreich. Folgen können auch nach Wiederaufnahme der Fahrtätigkeit verstärkt oder erstmals auftreten. Dabei lösen z. B. Erlebnisse während der Fahrt Erinnerungen an das Unfallerlebnis aus und führen zu starken Emotionen. Im Straßenverkehr kann dies zu gefährlichen Situationen führen, wenn der Fahrer vollkommen unerwartet seine Handlungen nicht mehr kontrollieren kann.

Die betroffenen Fahrer erkennen häufig nicht, dass sie Hilfe benötigen. Sie versuchen zunächst, mit der Situation allein fertig zu werden. Der Unternehmer hat jedoch eine Fürsorgepflicht für seine Beschäftigten, d.h. dass er die Betroffenen bei der Verarbeitung des Geschehenen unterstützen muss.

Treten die gesundheitlichen Beeinträchtigungen in Folge eines Arbeitsunfalls auf, tragen die Unfallversicherungsträger die anfallenden Behandlungskosten.

Konzepte und Modelle
Bei der Betreuung der Fahrer unterscheidet man verschiedene Phasen:

Der Fahrer sollte bereits am Unfallort betreut werden. Um die Verletzten kümmern sich die Rettungskräfte intensiv, der zumindest äußerlich unverletzte Fahrer bleibt häufig unbeachtet. Eine zusätzliche Belastung stellen der entstehende Menschenauflauf und Schaulustige dar. Der Fahrer kann in der Regel keinen Abstand zum Geschehen gewinnen, da die Unfallaufnahme bzw. polizeiliche Befragungen aller Beteiligten meist direkt vor Ort stattfinden. Eine große Hilfe kann in solchen Situationen die Anwesenheit einer entsprechend ausgebildeten Kontaktperson sein. Diese kann beruhigend auf den Fahrer einwirken, ihn in einen ruhigeren Bereich bringen und gegebenenfalls weitere Hilfe anfordern. In vielen Fällen kann bereits hier mit einer erfolgreichen Verarbeitung

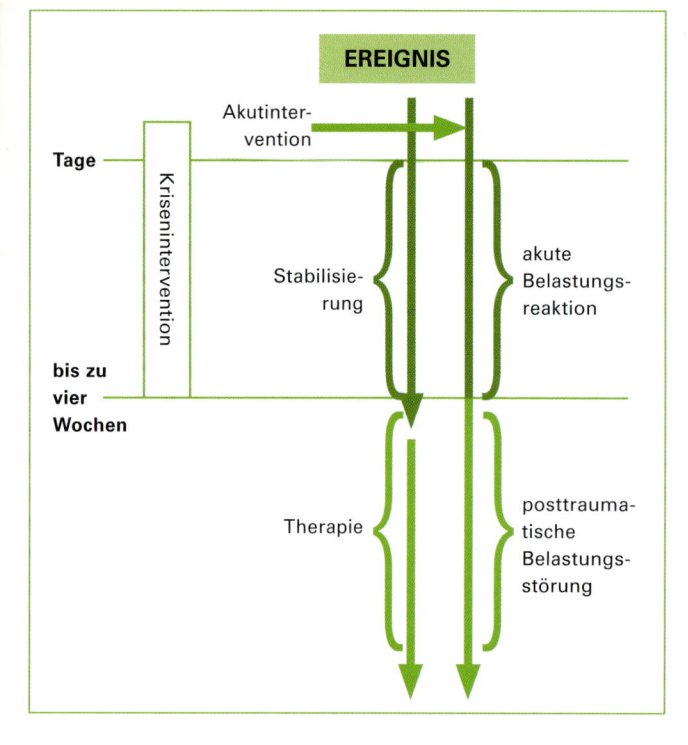

Beschleunigte Grundqualifikation
Basiswissen Lkw/Bus

Abbildung 336: Intervention bei akuter Belastungsreaktion und posttraumatischer Störung

des Geschehens begonnen werden. Folgen wie Ausfallzeiten und Krankheiten können durch die Erstbetreuung in der Akutphase vermieden oder deutlich reduziert werden.

Viele Betriebe streben an, dass die Fahrer schon in dieser Phase von Notfallpsychologen betreut werden. Voraussetzung hierfür ist jedoch, dass diese jederzeit erreichbar sind. Eine andere Möglichkeit ist die Erstbetreuung durch speziell ausgebildetes Personal des Verkehrsunternehmens selbst. Auch psychologisch ausgebildete Rettungskräfte sind in der Erstbetreuung erfolgreich.

Auch eine Folgebetreuung der Fahrer ist erforderlich. Dazu gehört, dass die Fahrer ins Krankenhaus bzw. zur Notfallambulanz begleitet werden, persönliche Gegenstände wiederbeschafft und die Angehörigen über den Unfall informiert werden.

Nach der Rückkehr in den Betrieb muss der Fahrer bei der Verarbeitung des Erlebten weiter unterstützt werden. Hierbei können Notfallpsychologen oder betriebliche Sozialberater sowie Betriebspsychologen helfen. Kollegen und Vorgesetzte des Fahrers werden bei der weiteren Betreuung von diesen Fachleuten eingebunden. Auch der Betriebsarzt wird hinzugezogen, sollte es zu Auffälligkeiten kommen.

Eine therapeutische Weiterbehandlung, z. B. als Einzel- oder Gruppenmaßnahme, kann im Einzelfall notwendig sein, ebenso die Einbeziehung von Angehörigen. Um feststellen zu können, ob ein Fahrer nach einem belastenden Unfallereignis geeignet ist, wieder ein Fahrzeug zu führen, kann eine sogenannte diagnostische Probefahrt sinnvoll sein. Dabei sollten der Vorgesetzte und möglichst auch ein Psychologe anwesend sein.

Unfalldokumentation

Die Dokumentation eines Vorfalls ist für die nachfolgende Bearbeitung von größter Wichtigkeit und kann im Versicherungsfall oder gar vor Gericht als entscheidendes Dokument einfließen.
Die Unfallmeldung soll den Vorfall sachlich und klar widerspiegeln. Mit ihr werden bestimmte Angaben in vorgefertigten Formularen festgehalten. Hinzu kommt eine kurze Schilderung des Vorfalls aus Sicht des Fahrers, eventuell unterstützt durch Skizzen und Fotos.

Folgende Angaben sind notwendig:

- Wo ist die Unfallstelle? (Ort, Straße, evtl. Kilometerangabe)
- Was ist passiert? (Zusammenstoß ...)
- Wer ist verletzt und Art der Verletzung? (Name, Anschrift und Art der Verletzungen)
- Datum und Uhrzeit
- Welche Fahrzeuge waren am Unfall beteiligt?
- Name der Fahrzeughalter
- Amtliches Kennzeichen, Fahrzeugart (Bus, Lkw, Pkw, Motorrad)
- Name, Anschrift und Telefonnummer von Fahrer und Beifahrer der anderen Unfallbeteiligten
- Versicherungsgesellschaft und Versicherungsschein
- Name, Anschrift und Telefonnummer von Zeugen
- Wetter zum Unfallzeitpunkt (trocken, nass, Regen, Sonnenschein, Glatteis, Schnee, Schneetreiben etc.)
- Fahrbahnbeschaffenheit (Asphalt, unbefestigte Straße etc.)
- Besondere Auffälligkeiten (Defekte an anderen Unfallfahrzeugen, ohne Licht gefahren etc.)
- Polizeidienststelle, die den Unfall aufgenommen hat, Namen/Tagebuchnummern der Polizisten?

Beschleunigte Grundqualifikation
Basiswissen Lkw/Bus

Abbildung 337: Unfallbericht

Unfallbericht

Keine Schuldanerkenntnis, sondern eine Wiedergabe des Unfallherganges zur schnelleren Schadenregulierung.

Von beiden Fahrzeuglenkern auszufüllen

1. Tag des Unfalles   Uhrzeit

2. Ort (Gemeinde, Straße, Haus-Nr. bzw. Kilometerstein)

3. Verletzte? (auch leicht) nein ☐ ja ☐ *

4. Andere Sachschäden als an den Fahrzeugen A u. B nein ☐ ja ☐

5. Zeugen (Name, Anschrift, Telefon; *Insassen von A und B unterstreichen*)

Fahrzeug A

6. Versicherungsnehmer (siehe Kfz-Schein/ Grüne Versicherungskarte)

Name: _____
Vorname: _____
Anschrift: _____
Telefon: _____

Besteht Berechtigung zum Vorsteuerabzug? nein ☐ ja ☐

7. Fahrzeug
Marke, Typ: _____
Amtl. Kennzeichen: _____

8. Versicherer
Vers.-Nr: _____
Agent: _____
Nr. der Grünen Karte: _____
Versicherungsausweis oder Grüne Karte   gültig bis: _____

Besteht eine Vollkaskoversicherung? nein ☐ ja ☐

9. Fahrer (siehe Führerscheindaten)
Name: _____
Vorname: _____
Adresse: _____
Führerschein-Nr: _____
Klasse: _____ ausgestellt durch: _____
gültig ab _____ bis _____
(Für Omnibusse, Taxis usw.)

10. Bezeichnen Sie durch einen Pfeil den Punkt des ersten Anstoßes.

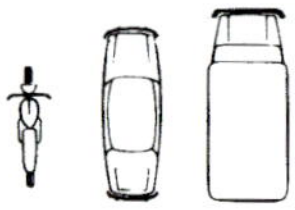

11. Sichtbare Schäden

14. Bemerkungen

12. Umstände

Bitte ankreuzen, soweit für die Beschreibung der Skizze sachdienlich

A			B
☐	1	Fahrzeug parkte (auf der Straße) 1	☐
☐	2	fuhr aus der Parkstelle heraus 2	☐
☐	3	fuhr in eine Parkstelle hinein 3	☐
☐	4	fuhr aus einem Parkplatz, aus einem Grundstück oder einem Feldweg/Privatweg heraus 4	☐
☐	5	fuhr auf einen Parkplatz, bog in ein Grundstück oder einen Feldweg/Privatweg ein 5	☐
☐	6	bog in einen Kreisverkehr ein 6	☐
☐	7	fuhr im Kreisverkehr 7	☐
☐	8	fuhr heckseitig auf ein anderes Fahrzeug auf in dieselbe Richtung und auf derselben Fahrspur 8	☐
☐	9	fuhr in gleicher Richtung, aber in einer anderer Spur 9	☐
☐	10	wechselte die Spur 10	☐
☐	11	überholte 11	☐
☐	12	bog rechts ab 12	☐
☐	13	bog links ab 13	☐
☐	14	setzte zurück 14	☐
☐	15	fuhr in die Gegenfahrbahn 15	☐
☐	16	kam von rechts 16	☐
☐	17	beachtete Vorfahrtszeichen nicht 17	☐

◄ Anzahl der angekreuzten Felder ►

13. Unfallskizze

Bezeichnen Sie: 1. Straßenführung 2. Richtung der Fahrzeuge A und B (durch Pfeile) 3. Ihre Position im Moment des Zusammenstoßes 4. Straßenschilder 5. Straßennamen

15. Unterschrift beider Fahrer

A   B

Fahrzeug B

6. Versicherungsnehmer (siehe Kfz-Schein/ Grüne Versicherungskarte)

Name: _____
Vorname: _____
Anschrift: _____
Telefon: _____

Besteht Berechtigung zum Vorsteuerabzug? nein ☐ ja ☐

7. Fahrzeug
Marke, Typ: _____
Amtl. Kennzeichen: _____

8. Versicherer
Vers.-Nr: _____
Agent: _____
Nr. der Grünen Karte: _____
Versicherungsausweis oder Grüne Karte   gültig bis: _____

Besteht eine Vollkaskoversicherung? nein ☐ ja ☐

9. Fahrer (siehe Führerscheindaten)
Name: _____
Vorname: _____
Adresse: _____
Führerschein-Nr: _____
Klasse: _____ ausgestellt durch: _____
gültig ab _____ bis _____
(Für Omnibusse, Taxis usw.)

10. Bezeichnen Sie durch einen Pfeil den Punkt des ersten Anstoßes.

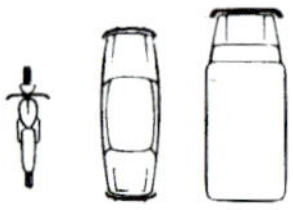

11. Sichtbare Schäden

14. Bemerkungen

* Name und Anschrift angeben

8.7 Lösungen zum Wissens-Check

1. Nennen Sie fünf Arten typischer Pannen und Notfälle von Lkw oder Bussen!

- Reifenpanne
- Motorschaden
- Wildschaden
- Fahrzeugbrand
- Zusammenstoß mit anderem Kfz
- Zusammenstoß mit Fußgänger oder Radfahrer
- Abkommen von der Fahrbahn und anschließendes Umkippen
- Liegenbleiben in einem Tunnel
- Liegenbleiben auf einer Brücke
- Liegenbleiben bei schlechten Sichtverhältnissen (Nebel, Schneetreiben o.ä.)
- Liegenbleiben nach einer Kurve oder hinter einer Kuppe
- Überfall auf Fahrerin/Fahrer

2. Welcher allgemeine Grundsatz gilt für Fahrer bei Pannen und Notfällen?

Ruhe bewahren

3. Welche Frage muss sich der Fahrer stellen, wenn er sich einen ersten Überblick nach einer Panne oder einem Notfall verschafft?

Er muss sich zunächst fragen, ob Notarzt, Feuerwehr oder Polizei zu Hilfe gerufen werden müssen.

4. Wie lauten die 5 „W" einer Notfallmeldung?

1. Wo ist die Unfallstelle?
2. Was ist passiert?
3. Wie viele sind verletzt?
4. Welche Art der Verletzung?
5. Warten auf Rückfragen

**Beschleunigte Grundqualifikation
Basiswissen Lkw/Bus**

5. Warum ist die Angabe der Verletztenzahl wichtig?

Sie ist entscheidend für die notwendige Anzahl der Rettungskräfte und -fahrzeuge.

6. Ist die Verpflichtung zum Tragen einer Warnweste nur bei Dunkelheit gegeben?

Nein! Bei Instandhaltungsarbeiten am Fahrzeug im fließenden Straßenverkehr muss der Fahrer immer eine Warnweste tragen. Zur besseren Erkennbarkeit empfiehlt sich das Tragen einer Warnweste grundsätzlich beim Aufenthalt im fließenden Verkehr.

7. In welchen Entfernungen hinter dem Fahrzeug müssen das Warndreieck bzw. andere Warneinrichtungen aufgestellt sein?

- Ca. 100 m bei schnellem Verkehr
- Mindestens 150 und bis zu 400 m auf Autobahnen
- Ausreichend weit bei Sichtbehinderungen

8. Reicht die Warnblinkanlage bei einem liegengebliebenen Fahrzeug aus oder muss es beleuchtet sein?

Während der Dämmerung, bei Dunkelheit oder sonstigen schlechten Sichtverhältnissen muss das Fahrzeug beleuchtet sein.

9. Wo soll sich der Fahrer auf dem Weg zum Aufstellen des Warndreiecks aufhalten?

Abseits der Fahrbahn, möglichst hinter der Leitplanke

10. Was ist bei einem Fahrzeugbrand noch vor dem Löschversuch mit dem Feuerlöscher zu tun?

Notruf absetzen, damit die Feuerwehr bei Scheitern des Löschversuches schnellstmöglich vor Ort ist.

11. Warum sollen Mobiltelefone (Handys) zum Absetzen des Notrufs im Tunnel nicht benutzt werden?

- Eine Lokalisierung der Position im Tunnel ist im Gegensatz zu Notrufstationen schwierig bzw. eventuell nicht möglich
- Möglicherweise ist kein Mobilfunknetz vorhanden

12. In welche Richtung sollte man in der Regel bei einem Fahrzeugbrand in einem Tunnel flüchten?

- ☐ a) Bergauf
- ☒ b) Bergab

13. Welche besondere Gefahr besteht auf Brücken?

Hinter Leitplanken oder Geländern kann unmittelbare Absturzgefahr bestehen.

14. Was versteht man unter post-traumatischen Belastungsreaktionen?

Seelische Reaktionen wie Schlaflosigkeit, Apathie, Gefühl des Betäubtseins, emotionale Stumpfheit, Gleichgültigkeit

15. Welche Gegenstände gehören zur Notfallausrüstung eines Omnibusses? Nennen Sie mindestens sechs.

- Feuerlöscher
- Verbandskasten (2 Verbandskästen bei mehr als 22 Fahrgastplätzen)
- Warndreieck
- Warnleuchte
- Windsichere Handlampe
- Unterlegkeil (wenn zGM > 4 t, bei 3- und mehrachsigen Kfz: 2 Unterlegkeile)
- Abschleppseil (Abschleppstange bei zGM > 4 t)
- Je nach Straßen- und Witterungsverhältnissen Schneeketten, Spaten, Hacke

Beschleunigte Grundqualifikation
Basiswissen Lkw/Bus

16. In welcher Situation müssen Fahrgäste eines Busses in der Regel sofort evakuiert werden?

Bei Busbränden oder sonstigen Unfällen mit akuter Gefahr für Leib und Leben.

17. Was ist zu tun, wenn die Nutzung der Türen eines Busses nach Panne oder Notfall nicht möglich ist (auch nicht nach Betätigung des Nothahns) und Fahrzeuginsassen nach außen flüchten müssen?

Scheiben mit dem Nothammer einschlagen und/oder Notluke öffnen.

18. Was ist nach einem Busumsturz zu tun? Bringen Sie die folgenden Maßnahmen in die richtige Reihenfolge (durchnummerieren).

- _7_ Warten auf Rettungskräfte und Polizei
- _3_ Notruf wird abgesetzt (Fahrer oder andere geeignete Person)
- _4_ Fahrer hilft den Fahrgästen aus dem Bus
- _6_ Fahrer und Ansprechpartner prüfen Vollzähligkeit der Fahrgäste an der Sammelstelle
- _2_ Fahrer verschafft sich Überblick von Verletzten
- _5_ Fahrer überprüft, ob Bus leer ist
- _1_ Durchsage/Instruktion der Fahrgäste über die erforderlichen Maßnahmen:
    a. Einschlagen der Scheiben (Notausstiege) mittels Nothammer bzw. Öffnen der Notluken (im Dach)
    b. Flucht ins Freie und an einer Stelle sammeln (Ansprechpartner bestimmen)

19. Kann der Fahrer die oben genannten Aufgaben delegieren oder muss er alles selber machen?

Es ist durchaus möglich, dass der Fahrer eine geeignete Person (Reiseleiter, Fahrgast etc.) auswählt und die Aufgaben überträgt.

20. Welche Gegenstände gehören zur Notfallausrüstung eines Lkw? Nennen Sie mindestens fünf.

- Warndreieck
- Warnleuchte
- Verbandskasten
- Unterlegkeil (wenn zGM > 4 t), 2 Unterlegkeile bei drei- und mehrachsigen Fahrzeugen
- Abschleppseil/Abschleppstange
- Je nach Straßen- und Witterungsverhältnissen Schneeketten, Spaten, Hacke
- Feuerlöscher (bei Gefahrgut-Transporten)

21. Wo finden sich die verbindlichen Hinweise über mitzuführende Notfallausrüstungen?

- ☒ a) In der Straßenverkehrs-Zulassungs-Ordnung (StVZO)
- ☐ b) In der Straßenverkehrs-Ordnung (StVO)
- ☐ c) In der Bedienungsanleitung des Herstellers

22. Wie lautet die europaweite Notrufnummer?

- ☐ a) 110
- ☒ b) 112
- ☐ c) 115

23. Auf welche Personen ist die Verpflichtung zur Ersten Hilfe begrenzt?

- ☐ a) Kraftfahrer mit angeschlossener Berufsausbildung
- ☐ b) Ausgebildete und benannte Ersthelfer
- ☒ c) Alle Personen ohne Begrenzung

24. Was ist beim Einsatz von Feuerlöschern zu beachten?

- ☐ a) Immer mehrere Löscher nacheinander einsetzen
- ☐ b) Nur von beauftragten Personen zu benutzen
- ☒ c) Feuer mit dem Wind angreifen

Beschleunigte Grundqualifikation
Basiswissen Lkw/Bus

25. Welche Reihenfolge bei einer Reifenpanne ist richtig?

- ❏ a) Leitstelle informieren, Pannenstelle absichern, Rad wechseln
- ❏ b) Notruf über 112 absetzen, Warnweste überziehen, Rad wechseln
- ☒ c) Warnweste überziehen, Pannenstelle absichern, Rad wechseln

26. Worauf bezieht sich das letzte „W" beim Absetzen eines Notrufes?

- ☒ a) Warten auf Rückfragen, falls die Leitstelle weitere Fragen hat
- ❏ b) Wiederholen aller Angaben, damit sich die Leitstelle Notizen machen kann
- ❏ c) Warnung vor Witterungseinflüssen, z. B. Glatteis

Abkürzungsverzeichnis

AA	Antriebsachse
ABA	Active Brake Assist
ABE	Allgemeine Betriebs-Erlaubnis
ABS	Anti-Blockier-System
Abs.	Absatz
ABV	Automatischer Blockierverhinderer
ACEA	Verband europäischer Kraftfahrzeug-Entwickler
ADR	Accord européen relatif au transport international des marchandises Dangereuses par Route (Europäisches Übereinkommen über die internationale Beförderung gefährlicher Güter auf der Straße)
AETR	Accord Européen sur les Transports Routiers (Europäisches Übereinkommen über die Arbeit des im internationalen Straßenverkehr beschäftigten Fahrpersonals)
AG	Aktiengesellschaft
AGR	Abgasrückführung
AGS	Automatische Getriebe-Steuerung
AIST e.V.	Arbeitsgemeinschaft zur Förderung und Entwicklung des internationalen Straßenverkehrs
AKS	Automatisches Kupplungs-System
ALB	Automatisch-lastabhängige Bremskraftregelung
API	American Petroleum Institute (Amerikanisches Erdölinstitut)
ArbZG	Arbeitszeitgesetz
ART	Abstandsregeltempomat
ASiG	Gesetz über Betriebsärzte, Sicherheitsingenieure und andere Fachkräfte für Arbeitssicherheit
ASOR	Übereinkommen über die Personenbeförderung im grenzüberschreitenden Gelegenheitsverkehr mit Kraftomnibussen
ASR	Antriebsschlupfregelung
ATF	Automatic Transmission Fluid (Automatikgetriebeöl)
ATL	Abgasturbolader
AU	Abgasuntersuchung
AufenthG	Aufenthaltsgesetz
BAG	Bundesamt für Güterverkehr
BAS	Bremsassistent

Beschleunigte Grundqualifikation
Basiswissen Lkw/Bus

BASt	Bundesanstalt für Straßenwesen
BBA	Betriebsbremsanlage
BBiG	Berufsbildungsgesetz
BG	Berufsgenossenschaft
BGB	Bürgerliches Gesetzbuch
BGBl.	Bundesgesetzblatt
BGF	Berufsgenossenschaft für Fahrzeughaltungen
BGI	Berufsgenossenschaftliche Informationen
BGL	Bundesverband Güterkraftverkehr Logistik und Entsorgung
BGR	Berufsgenossenschaftliche Regeln für Sicherheit und Gesundheit bei der Arbeit
BGV	Berufsgenossenschaftliche Vorschriften
BKatV	Bußgeldkatalog-Verordnung
BKrFQG	Berufskraftfahrer-Qualifikations-Gesetz
BKrFQV	Berufskraftfahrer-Qualifikations-Verordnung
BMI	Body-Mass-Index
BMVBW	Bundesministerium für Verkehr, Bau- und Wohnungswesen
BOKraft	Verordnung über den Betrieb von Kraftfahrunternehmen im Personenverkehr
BOStrab	Verordnung über den Bau und Betrieb der Straßenbahnen
BTL	Biomasse-To-Liquid
bzw.	beziehungsweise
CAN	Controller Area Network
CDI	Common-Rail Diesel Injection
CEMT	Conférence Européenne des Ministres des Transports (Europäische Verkehrsministerkonferenz)
CI	Corporate Identity (Firmen-Image)
CMR	Convention Marchandise Routiere (Vereinbarungen im internationalen Straßen-Güterverkehr)
CNG	Compressed Natural Gas
CTU	Beförderungseinheit
CZ	Cetanzahl
d.h.	das heißt
daN	Dekanewton
db(A)	Dezibel (A-Bewertung)
DBA	Dauerbremsanlage
DBL	Dauerbremslimiter

ddp	Deutscher Depeschendienst GmbH
DGE	Deutsche Gesellschaft für Ernährung
DHS	Deutsche Hauptstelle für Suchtfragen
DI	Direct Injection (Direkteinspritzung)
DIN	Deutsche Industrie Norm
DOHC	Double Overhead Camshaft (zwei obenliegende Nockenwellen)
DOT	Department Of Transportation (US-Verkehrsministerium)
DSC	Digital Stability Control (Digitale Stabilitäts-Kontrolle)
DVR	Deutscher Verkehrssicherheitsrat
e.V.	eingetragener Verein
EAG	Elektronisches Automatik-Getriebe
EBS	Elektronisches Bremssystem
ECE	Economic commission for Europe (Europäische Wirtschaftskommission)
EDC	Electronic Diesel Control (Elektronisches Diesel-Motormanagement)
EDV	Elektronische Datenverarbeitung
EFTA	Europäische Freihandelszone
EG	Europäische Gemeinschaft
EGS	Elektronische Getriebesteuerung
EN	Europäische Norm
ESP	Elektronisches Stabilitätsprogramm
etc.	et cetera
ETS	Elektronisches Traktionssystem
EU	Europäische Union
EuGH	Europäischer Gerichtshof
EUR	Euro
EVB	Exhaust Valve Brake (Auslass-Ventil-Bremse)
EWG	Europäische Wirtschaftsgemeinschaft
FAS	Fahrerassistenzsysteme
FBA	Feststellbremsanlage
FDI	Fuel Direct Injection (Benzindirekteinspritzung)
FDR	Fahrdynamikregelung
FDS	Fahrzeug-Diagnose-System
FeV	Fahrerlaubnis-Verordnung
FIS	Fahrerinformationssystem
FPersG	Fahrpersonalgesetz
FPersV	Fahrpersonalverordnung

Beschleunigte Grundqualifikation
Basiswissen Lkw/Bus

FRONTEX	Frontières extérieures (Europäische Agentur für die operative Zusammenarbeit an den Außengrenzen)
FSI	Fuel Stratified Injection (Benzindirekteinspritzung)
FU	Fahrtunterbrechung
FZV	Fahrzeug-Zulassungsverordnung
G 25	Berufsgenossenschaftliche Grundsatz-Untersuchung
GBP	Pfund Sterling (britische Währung)
GDI	Gasoline Direct Injection (Benzindirekteinspritzung)
GGAV	Gefahrgutausnahmeverordnung
GGBefG	Gefahrgutbeförderungsgesetz
GGVS	Gefahrgutverordnung Straße
GGVSEB	Gefahrgutverordnung Straße, Eisenbahn und Binnenschifffahrt
GmbH	Gesellschaft mit beschränkter Haftung
GMT	Greenwich Mean Time
GPS	Global Positioning System
GRA	Geschwindigkeitsregelanlage
GSM	Global System for Mobile Communications
GTL	Gas-To-Liquid
GüKG	Güterkraftverkehrsgesetz
h	Stunde(n)
HA	Hinterachse
HBA	Hilfsbremsanlage
HGB	Handelsgesetzbuch
HU	Hauptuntersuchung
IATA-DGR	International Air Transport Association Dangerous Goods Regulations (Regelwerk für Gefahrguttransport im Luftverkehr)
IBC	Intermediate Bulk Container (Großpackmittel)
IMDG-Code	International Maritime Code for Dangerous Goods (Kennzeichnung für Gefahrgut im Seeschiffsverkehr)
IMO	International Maritime Organization (Internationale Seeschifffahrts-Organisation)
IR	Infarot
IRU	International Road Transport Union
ISO	International Organization for Standardization (Internationale Organisation für Normung)
IVTM	Integrated Vehicle Tire Pressure Monitoring (Reifendrucküberwachung)
JIS	Just-in-sequence

JIT	Just-in-time
KAT	Katalysator
KBA	Kraftfahrt-Bundesamt
kcal	Kilokalorie
KEP	Kurier-, Express- und Paketdienste/Kurier-, Express- und Postdienste
Kfz	Kraftfahrzeug
KITAS	Kienzle Tachographensensor
kJ	Kilojoule
km	Kilometer
km/h	Kilometer pro Stunde
KOM	Kraftomnibus
KraftStG	Kraftfahrzeugsteuergesetz
KrW-/AbfG	Kreislaufwirtschafts- und Abfallgesetz
KV	Kombinierter Verkehr
l	Liter
LC	Lashing Capacity (Zurrkraft)
Lkw	Lastkraftwagen
LPG	Liquefied Petroleum Gas
LVP	Lastverteilungsplan
m	Meter
m/s	Meter pro Sekunde
M+S	Matsch und Schnee
MA	Mittelachse
min	Minute(n)
Mio.	Million(en)
MIV	Motorisierter Individualverkehr
MOZ	Motor-Oktanzahl
Mrd.	Milliarde(n)
MSR	Motor-Schleppmoment-Regler
N	Newton
NA	Nachlaufachse
OBD	On Board Diagnose
OBU	On Board Unit
OHC	Overhead Camshaft (obenliegende Nockenwelle)
ÖPNV	Öffentlicher Personennahverkehr
ÖV	Öffentlicher Verkehr
OWiG	Gesetz über Ordnungswidrigkeiten
PA	Polyamid
PBefG	Personenbeförderungsgesetz

Beschleunigte Grundqualifikation
Basiswissen Lkw/Bus

PES	Polyester
Pkm	Personenkilometer
Pkw	Personenkraftwagen
PP	Polypropylen
PR	Ply Rating (Anzahl der Gewebelagen im Gürtelreifen)
PS	Pferdestärke
PSA	Persönliche Schutzausrüstung
RABT	Richtlinien für die Ausstattung und den Betrieb von Straßentunneln
RFID	Radio Frequency Identification (Radiofrequenztechnik zu Identifikationszwecken)
RFT	Run Flat Tyre
RHM	rutschhemmende Materialien
RIV	Regolamento Internazionale Veicoli (International einsetzbare Güterwagen)
ROZ	Researched (Erforschte) Oktanzahl
s.o.	siehe oben
s.u.	siehe unten
SAE	Society of Automotive Engineers (Verband der Automobilingenieure)
SCR	Selective Catalytic Reduction (Selektive Katalytische Reduktion)
sec	Sekunde(n)
SP	Sicherheitsprüfung
SPA	Spurassistent
StGB	Strafgesetzbuch
StPO	Strafprozeßordnung
StVG	Straßenverkehrsgesetz
StVO	Straßenverkehrs-Ordnung
StVZO	Straßenverkehrs-Zulassungs-Ordnung
SZR	Sonderziehungsrechte
t	Tonne
T.I.R.	Transports Internationaux Routiers (zollrechtliches Versandverfahren)
TCS	Traction Control System (Antriebsschlupfregelung)
THW	Technisches Hilfswerk
TMC	Traffic Message Channel (Verkehrsnachrichtenkanal)
TPM	Tire Pressure Monitoring (Reifendrucküberwachung)
TRZ	Tagesruhezeit
TWI	Tread Wear Indicator (Reifenverschleiß-Indikator)

u.a.	unter anderem
UN	United Nations (Vereinte Nationen)
usw.	und so weiter
UTC	Universal Time Coordinated
UVV	Unfallverhütungsvorschriften
VA	Vorderachse
VDI	Verein Deutscher Ingenieure
vgl.	vergleiche
VIS	Visa-Informationssystem
VO	Verordnung
WHO	Weltgesundheitsorganisation
WRZ	Wochenruhezeit
z.B.	zum Beispiel
zGG	zulässiges Gesamtgewicht
zGM	zulässige Gesamtmasse
ZOB	Zentraler Omnibus-Bahnhof

Formelzeichen

a	Beschleunigung
F	Kraft
F_{Beschl}	Beschleunigungskraft
F_{FW}	Fahrwiderstand
F_G	Gewichtskraft
F_{Luft}	Luftwiderstand
F_N	Normalkraft
F_{Reib}	Reibungskraft
F_{Roll}	Rollwiderstand
F_{Steig}	Steigungswiderstand
$F_{Träg}$	Massenträgheitskraft (Beschleunigungswiderstand)
g	Erdbeschleunigung
M	Drehmoment
m	Masse
n	Drehzahl
P	Leistung
t	Zeit
V	Volumen
μ	Haftreibungszahl

Stichwortverzeichnis

A

Abbiegeassistent 63
Abfahrtskontrolle 187, 437
Abgasuntersuchung 69
Ablenkungen 339f.
Abschleppen 594f.
Absicherung des Fahrzeugs 601
Abstand 195, 382ff.
Abstandsregeltempomat (ART) 61, 348
Abstandsregelung 61ff.
Abstandssensor 61ff.
Abstellen und Sichern 401ff.
Achslastverschiebung 126
– dynamische 127
Active Brake Assistent 63
Adaption (Hell-Dunkel-Anpassung) 335f., 472
AdBlue 159
ADR 593
AETR 203, 206ff., 241ff.
AETR-Vertragsstaaten 207
Alarmphase 555
Alkohol 568ff.
Alkoholabbau 577
alkoholkrank 569
Alkoholmissbrauch 570
Alter 342
Alter 496ff.
Alternative Antriebe 162ff.
An- und Abkuppeln 389, 397ff.
Anfahrdrehmoment 188
Anhalteweg 378ff.
Antiblockiersystem 50ff., 65
Antriebsachse 148f.
Antriebsleistung 108

Antriebsschlupfregelung 17ff., 52ff.
Antriebsstrang 140ff.
Antriebstechnik 141ff.
Aquaplaning 103, 330, 334
Aquatarder 45
Arbeitsmedizinische Betreuung 505
Arbeitsunfälle 362ff., 367ff.
Arbeitszeit 223, 313ff.
Arbeitszeitgesetz 209, 211, 194, 312ff.
– § 21a 211, 312
Arbeitszeitrichtlinie 211
Arzneimittelabhängigkeit 570
Atemübungen 565
Aufenthaltsgesetz 420
Aufenthaltstitel 421
Auflaufbremse 25, 48
Auge 467, 474
Ausdrucke 281
Ausnahmen zur EG-Verordnung 210
Außenplanetenachsen 146
Außenspiegel 476
Ausweispapier 265
Automatik-Fahrzeuge 189
Automatikgetriebe 160f., 192
automatischer Blockierverhinderer 21ff., 50ff., 348
Automatisch-Lastabhängige-Bremskraftreglung (ALB) 34, 48

B

Ballaststoffe 517ff.
Bandscheiben 456f.

Batterie 187, 355 ff.
Bauchumfang 531
Be- und Entladen 354 ff.
Beanspruchung 452 ff.
Belastbarkeit 455
Belastung 452 ff.
Bereitschaftszeit 223, 313 f.
Bescheinigung über berücksichtigungsfreie Tage 303 ff.
Beschleunigung 99, 107, 183
Beschleunigungsdiagramm 183
Beschleunigungskraft 100
Beschleunigungsleistung 116
Beschleunigungswiderstand 108 ff., 173
Betäubungsmittel 444 f.
Betriebsarzt 505 f., 510
Betriebsbremsanlage 16 ff., 47, 66 ff.
Betriebserlaubnis 13 f.
Betriebsstörung 296
Bevölkerungspyramide 494 f.
Biomass-To-Liquid 162
Biorhythmus 336
Blendempfindlichkeit 471 f.
Blutzuckerspiegel 520
Body-Mass-Index 527
Bordtoilette 389
Bordwände 355
Brandklassen 606
Bremsassistent 65
Bremsen, ökonomisches 194
Bremsenprüfung 68
Bremsflüssigkeit 25 ff., 71
Bremskraft 100
Bremsleistung 116
Bremsweg 331, 379 ff.
Brennstoffe, alternative 162 f.

Brennstoffzelle 164
Brillen 477
Broca-Index 524
Brücken 619
Busbrand 612 f.
Busumsturz 611
Busunfall 609 ff.

C
Cholesterin 521
Co-Alkoholismus 573

D
Dämmerung 472
Dauerbremsanlage 17 ff., 44 ff., 66 ff.
Dauerbremslimiter 64
Diagonalreifen 79 ff.
Diagrammscheibe 249, 251 ff.
– vor der Fahrt 258 f.
– nach der Fahrt 259 f.
Diebstahl 436
Differentialsperre 146
Differenzialgetriebe 145 f.
Doppelwoche 220 f.
Drehmoment 175 f.
Drehmomentkurve 177
Drehzahl 178, 193
Drehzahlmesser 193
Drittstaat 208
Drogen 444, 568 ff.
Drogenkonsumenten 570
Drucker 274
– Ersatzdruckerpapier 306
– Papierrolle einlegen 274, 281
Druckluftbehälter 31
Druckluftbremse 68
Druckmanometer 32
Druckregler 30
Durchschnittsverbrauch 195

**Beschleunigte Grundqualifikation
Basiswissen Lkw/Bus**

dynamische Achslastverlagerung 127
dynamische Radlastländerung 127

E
effektives System 429 f.
EG-Flach-Tachograph 250
Einschlafen, ungewolltes 91 ff., 545
Eintragungen bei Fahrzeugwechsel 262
Einweiser 396, 479
Eiweiße 519, 522
Elektronisches Bremssystem (EBS) 37 ff.
Elektronisches Stabilitätsprogramm (ESP) 17 ff., 53 ff., 123, 348
Energiebedarf 522, 524 ff.
Energieträger 516, 519
Entzugssymptome 569
Erdbeschleunigung 99
Erdgasantrieb 162
Ergonomie 450 f.
Erholungsphase 555
Ermüdung 539 ff.
Ernährung 515 ff., 547
Ernährungskreis 533
Erste Hilfe 598 f.
EU-Formblatt 304 f.
EU-Richtlinien 205
Euro-Norm 159 f.
Evakuierung der Fahrgäste 610

F
Fading 17, 67
Fähr- und Eisenbahnverkehr 227 f.
Fahrbahn, geneigte 117 ff.
Fahren, wirtschaftliches 169, 192 ff.
Fahrerinformationssystem 73
Fahrerkarte 265 ff.
– Beantragung 265 f.
– Verlust 266, 302
– Diebstahl 266, 302
– Beschädigung 302
– Fehlfunktion 266
Fahrerlaubnisklassen 507
Fahrerlaubnisverordnung 506 ff.
Fahrer-Ruheräume 392
Fahrersitz 461 f.
Fahrpersonalgesetz 208
Fahrpersonalverordnung 209 f., 236
Fahrphysik 15, 98
Fahrt, gleichmäßige 107
Fahrtunterbrechung 204, 213 ff., 217
Fahruntüchtigkeit 579
Fahrweise
– kraftstoffbetonte 182
– leistungsbetonte 183
– vorausschauende 117, 193
– wirtschaftliche 149 ff., 194 f.
– defensive 339
– professionelle 339
Fahrwiderstand 108 ff., 170 ff.
Fahrzeugbedienung 186 ff.
Fahrzeugfederung 127
Fahrzeughauptachsen 107
Farbschwächen 474
Felge 76 ff.
– Trilex- 77
Feststellbremsanlage 16 ff., 41, 47, 353
Fett 521 f.

Fettsäuren 521
–, gesättigte 521
–, ungesättigte 521
Fettverteilungsmuster 579
Feuerlöscher 605
Fliehkraft 120 ff.
Flüssigkeitsbedarf 518
Form 113
Formschluss 101
Freimengen 445

G

G 25 505 ff.
Gangwechsel 160 ff., 191
Gas-To-Liquid 162
Gedankenstopp 564
Gefäßverengung 521
Gehörschädigung 490 ff.
Gelenkwelle 144 f.
Gesamtumsatz 524 f.
Geschwindigkeit 113, 172, 379 ff.
Geschwindigkeitsbegrenzer 58
Geschwindigkeitsbegrenzungen 377
Geschwindigkeitsregelanlage 57, 75
Geschwindigkeitsschwankungen 194
Gesetzgeber 154 ff.
Gesichtsfeld 471
Getriebe 160 ff., 188 f.
Gewichtskraft 102
Gleitreibung 103
Gleitreibungskraft 104 ff.
Grundumsatz 524
Gürtelreifen 80

H

Haftgrenze 123
Haftreibung 330
Haftreibungskraft 104 ff.
Haftreibungszahl 102
Halbsicht 332 f.
Haltestelle 386 f.
Haltestellenabstand 237 ff.
Haltestellenbremse 23, 43, 352 ff., 404
Handfeuerlöscher 593
Handlampe, windsichere 593
Handlungsphase 555
Handschriftliche Aufzeichnungen 302 f.
Hauptuntersuchung 22, 68
Heben und Tragen 354, 458 ff.
Hilfsbremsanlage 17 ff., 37
Hitze 486
Höchstarbeitsdauer, tägliche 223
– wöchentliche 314 ff.
Hormonspiegel 540
Hybridantrieb 163 ff.
hydraulische Bremsanlage 25 ff., 68
hygroskopisch 27

K

Kalorien 525
Kamm'scher Kreis 123 ff.
Kartenfehlfunktion 294
Kennbuchstabe 81
Kfz-Entwickler 157 ff.
Kinderwagen 386
Kinematische Kette 140
Klima 481 ff.
Klimaanlage 485
Kohlenhydrate 520 ff.
Kombizylinder (Federspeicherbremszylinder) 41 ff.

Kontrollbescheinigung 306 ff.
Kontrollfähigkeit 568
Kontrollgerät 245 ff.
– analoges 247 ff.
– digitales 263 ff.
– Gesamtsystem 270 ff.
– Ausdrucke 281
– Anmeldung zu Fahrtbeginn 286
– Manuelle Nachträge 289
– Auschecken am Ende des Arbeitstages 292
– Bedienungsfehler 293
Kontrollgerätekarten 264
Kontrollgerätekartenregister 209
Kontrollgeräteverordnung VO (EWG) 3821/85 103 f., 246
Kontrollkarten 269
Kontrollmittel 245
Kontrollverlust 569
Konzentrationsstörungen 543
Körpertemperatur 540
Kosten, fixe 150 f.
– variable 151
Kraftschluss 100 ff.
Kraftstoffverbrauch 179 ff., 194
– spezifischer 179 ff.
Kraftstoffverbrauchskurve 180
Kraftstoffverbrauchsmessgerät 195
Kraftstrang 140
Kraftübertragung 141 ff.
Krankheiten 346
Kriminalität 425
Kupplung 143 f., 188 f.

L
Ladungssicherung 341 f.
Längskraft 125
Lärm 487 ff.

Lärmometer 489 f.
Lebensalter 496 ff.
Leistung 178 ff.
Leistungsfähigkeit 542 f.
Leistungskurve 178, 543
Leistungsumsatz 524
Lenkrollradius 111
Lenktätigkeit 214
Lenkzeit 214 ff.
–, tägliche 204
–, wöchentliche 218, 221
Lenkzeitblock 214, 218
Liegeplätze 392 f., 332
Linienverkehr bis 50 km Linienlänge 236
Lkw-Unfälle 367
Löschen 607 f.
Lüfterwiderstand 109 ff.
Luftfedersysteme 360 f.
Luftpresser 29 ff.
Lufttrockner 30 f., 73
Luftwiderstand 109 ff., 171 f.
Luftwiderstandsbeiwert 114

M
Masse 99
Massenspeicher 274
Massenträgheitskraft 108 ff.
Masterplan Güterverkehr und Logistik 156 f.
Mechanische Bremsanlage 24
Medikamente 346, 548, 568 ff., 604
Medikamentenmissbrauch 578
Medizinische Untersuchungen 506 f.
Mehr-Fahrer-Besatzung 233 ff.
Mehrkreisschutzventil 31
Membranzylinder 43
Migranten 413 ff.

Migration 413 ff.
– unerlaubte 414 f.
Mindestverzögerung 17
Mineralstoffe 519, 523
Mitführpflichten 302 ff.
Motor 142, 187
– abstellen 193
Motorbremse 23, 44, 67
Motorenentwicklung 158 f.
Motorkenndaten 175 ff.
Müdigkeit 346, 539 ff., 544 ff.
Muscheldiagramm 180 f.
Muskelaktivität 519
Muskelermüdung 541

N
Nachlauf 111
Nachschneiden 89 f.
Nachtrag 256
Nachweis der wöchentlichen Ruhezeit 289
Nachweis über berücksichtigungsfreie Tage 303 ff.
Navigationssystem 167 f.
Nebenwirkungen 580
Neutral-Stellung 189
Normalgewicht 524
Notausstieg 610
Notbremsassistent 63 ff.
Notfallausrüstung 592 ff.
Notfallmeldung 599 f.
Notfälle 590 ff.
Nothahn 610
Nothammer 610
Notlöseeinrichtung 42
Notmaßnahmen 598 ff.
Notruf 599
Notrufstation 615 ff.
Notstandsklausel 235 f.

O
Ohr 487 f.

P
Pannen 590 ff.
Parkplätze, sichere 438
Pascal'sches Prinzip 25
Personenanhänger 387
Piktogramme 277 ff.
Planetengetriebe 146
post-traumatische Belastungsreaktionen 620
Powernapping 548
Progressive Muskelentspannung 565
Proteine 522
Prüfbuch 70
Prüfplakette 68
Psychologische Betreuung 620
Pufferabstand 195

Q
Querbeschleunigung 117 ff.

R
Rad/Räder 147 f.
Radarkeule 61 ff.
Radialreifen 79 ff.
Radlast 172
Radlastschwankungen 127
Radlastverteilung 126
Radstellung 109 ff.
Radwechsel 357 f.
Radwiderstand 108 ff.
Rangieren 393 f., 396, 479 f.
Reaktionsweg 378 ff.
Reaktionszeit 378 ff.
Regroovable 81, 89
Reibungsarten 19 ff.
Reibwiderstand 109 ff.

Reifen 187 f.
Reifenaufstandsflächen 101 f.
Reifendruck 82 ff., 172
Reifendruckkontrollsystem 86
Retarder 23, 45, 62, 66 ff.
retread 81, 84 ff.
Richtlinie 2002/15/EG 204
Rollphase 195
Rollstuhlfahrer 386
Rollwiderstand 109 ff., 171 f.
Rotschwäche 474
Routenplanung 195
Rückenbeschwerden 463 f.
Rückwärtsfahren 396, 479 f.
Ruhezeiten 204, 227, 405
runderneuert 81, 90 ff.

S

Schall 488
Schalten 191 ff.
Schaltgetriebe 143 f., 191
Schaltphilosophie 192
Schaublätter 306
– Ersatz- 306
Scheibenbremsen 35 ff., 67, 72
Scheibenwechsel 249
Schengener Abkommen 423 f.
Schengen-Raum 424
Schlaf 541
Schlafdefizit 543
Schlafhygiene 547
Schlafmangel 546
Schlafstörungen 541
Schleppen 595
Schleudern 104 ff.
Schleuser 426
Schlupf 52, 106
– Reifen- 106
Schubabschaltung 194 ff.
Schüler 394 ff.

Schutzausrüstung, persönliche 359 f.
Schutzhandschuhe 360
Schutzhelm 360
Schwerkraft 99
Schwung 195
Sehhilfen 477
Sehschärfe 469
Sehvermögen 335 f., 468 f.
Seitenführung 117 ff.
Seitenführungskraft 21 ff., 121 ff.
Seitenwind 117 ff.
Sekundenschlaf 545
Sicherheitsabstand 195
Sicherheitsgurte 390
Sicherheitsprüfungen 22, 69
Sicherheitsschuhe 359
Sicherheitssysteme 158
Sicherheitstechnik,
   unmittelbare 364
– mittelbare 364
– hinweisende 365
Sicherheitstraining 128
Sichtweite 479
Sitzeinstellung 461 f.
Sitzposition 461 f.
Sitzschablone 461 f.
Sozialversicherungsausweis 306
Sozialvorschriften 200 ff.
Speisefette 521
Sperrsynchronisierung 191
Spiegeleinstellung 350 f., 476 f.
Sport 463 ff.
Spreizung 111
Spur 111
Spurassistent (SPA) 59 ff.
Spurhalteassistent (LDW) 349
Spurrillen 117 f.
Stammfettverteilung 530

Starthilfe 355 ff.
Startvorgang 189 f.
Steckachse 146
Steigungswiderstand 99 ff., 173 f.
Steuerleitung 47
Stirnfläche 113
Stoffwechsel 519
Stoffwechselstörungen 527
Straßenverkehrs-Zulassungs-Ordnung (StVZO) 593
Streckenplanung 167 f.
Stress 549 ff.
– Eu-Stress 552
– Dis-Stress 552
Stressbewältigung 557, 563
Stresserkennung 557
Stressoren 551 ff.
Stressphasen 556
Stressreaktionen 555 ff.
Stresssituation 597
Stresstreppe 556
Stressvermeidung 563
Strömungsbremse 45
Sturz 111
Sucht 568 ff.
Suchtbehandlung 575
Suchterkrankung 575
Suchtmittel-Abhängigkeit 572
Sucht-Phasen 572
Suchtrückfall 575
Suchttherapie 485

T
Tachoprüfung 247
12-Tage-Regelung 232, 244
Tages- und Jahreszeiten 335
Tagesausdruck 274
Tageslenkzeit 213 ff.
Tagesrhythmus 539

Tagesruhezeit 214 ff.
– Verkürzung der 224
– Aufteilung der (Splitting) 226 f.
Tankmanagement 167 f.
Technische Mängel 348
Teillastbereich 180 f.
Teillastdiagramm 180 f.
Teilunterbrechung 215
Telematiksysteme 167, 196
Temperatur 481 ff.
Tempomat 57, 75 f.
Tiefschlafphase 543
Toleranzentwicklung 569
Topographie 194
Toter Winkel 348, 476
Tourenplanung 167 f.
Tragen 354, 458 ff.
Tragfähigkeitsklasse 81
Traubenzucker 520
Trinkmenge 517
Trommelbremsen 35 ff., 67, 72
Tube Type 81
Tubeless 81
Tunnel 615 ff.
Türen 386

U
Übergewicht 526, 529
Übungen 463 f.
Unfallbericht 624
Unfalldokumentation 623
Unfallentstehungsmodell 363
Unfallkosten 373
Unfallmeldung 623
Unfallrisiko 546
Unfallstatistik 499 ff.
Unfallstelle 599
Unfallverhütungsvorschrift „Fahrzeuge" 593

Beschleunigte Grundqualifikation
Basiswissen Lkw/Bus

Unfallzahlen 499 ff.
Unterlegkeile 402 ff., 593
Unternehmenskarte 267 f.
Unternehmer 165 ff.
UTC-Zeit 275 ff.

V
vehicle security checklist 430
Verbandkasten 593
Verdauung 515 ff.
Verformung, elastische 109 ff.
–, plastische 110 ff.
Verkehrsentwicklung 154 ff.
Verletzte 605 f.
Verordnung (EWG) 3821/85 203 f., 246
Verordnung (EG) 561/2006 203 f.
Verschleißanzeigen 72, 81
verschleißfrei 17, 23, 45
Verzögerung 22 ff.
Vitamine 522
Volllastdiagramm 175 f., 184
Volllastkennlinien 175 ff.
Volllastschaltgetriebe 190
Vorphase 555
Vorratsleitung 47

W
5 „W" der Notfallmeldung 599 f.
Walkwiderstand 109 ff.
Wandlerschaltkupplung 190
Warenschmuggel 443 ff.
Wärmehaushalt des Körpers 482 f.
Warndreieck 593, 602 f.
Warnleuchte 593, 602
Warnweste 593
Werkstatt 358 f.
Werkstattkarte 268 f.
Wirbelsäule 455 f.
Wirbelstrombremse 46
Witterung 333 f.
Wochenruhezeit 214, 228 ff.
– Verkürzung der 229 f.
– im grenzüberschreitenden Gelegenheitsverkehr 232
– im Linienverkehr bis 50 km Linienlänge 240

Z
Zeitgruppenschalter 249
Zentripetalkraft 120
Zucker 520

Übersicht zur Zeiteinteilung

Kapitel	Zeitansatz (Vorschlag)
Band Basiswissen Lkw/Bus	**Gesamt: 78 Stunden**
1. Technische Ausstattung und Fahrphysik	**Kapitel 1 gesamt: 16 Stunden**
1.1 Gesetzliche Vorschriften	Ca. 45 Minuten
1.2 Arten von Bremsanlagen	Ca. 45 Minuten
1.3 Betriebsbremsanlagen	Ca. 135 Minuten
1.4 Feststellbremse, Hilfsbremse, Haltestellenbremse	Ca. 45 Minuten
1.5 Dauerbremsen	Ca. 45 Minuten
1.6 Anhängerbremsen	Ca. 45 Minuten
1.7 Systeme zur Verbesserung der Fahrsicherheit und Fahrerassistenzsysteme	Ca. 90 Minuten
1.8 Einsatz der Bremsanlage und Bremsenprüfung	Ca. 90 Minuten
1.9 Erzielen des besten Verhältnisses zwischen Geschwindigkeit und Getriebeübersetzung	Ca. 45 Minuten
1.10 Räder und Reifen	Ca. 120 Minuten
1.11 Verhalten bei Defekten	—
1.12 Fahrphysik	Ca. 255 Minuten
2. Optimale Nutzung der kinematischen Kette	**Kapitel 2 gesamt: 9 Stunden**
2.1 Kinematische Kette	Ca. 90 Minuten
2.2 Bedeutung der wirtschaftlichen Fahrweise	Ca. 60 Minuten
2.3 Einflussfaktoren auf die Wirtschaftlichkeit	Ca. 90 Minuten
2.4 Bedeutung der Fahrwiderstände	Ca. 90 Minuten
2.5 Motorkenndaten	Ca. 90 Minuten
2.6 Der Fahrer als Schlüssel zum rationellen Fahren	Ca. 120 Minuten
3. Sozialvorschriften	**Kapitel 3 gesamt: 14 Stunden**
3.1 Warum Sozialvorschriften?	Ca. 30 Minuten
3.2 Rechtliche Grundlagen der Sozialvorschriften	Ca. 90 Minuten
3.3 Die Lenk- und Ruhezeiten	Ca. 240 Minuten
3.4 Kontrollgeräte	Ca. 360 Minuten
3.5 Mitführpflichten	Ca. 30 Minuten

Beschleunigte Grundqualifikation
Basiswissen Lkw/Bus

3.6 Sanktionen bei Fehlverhalten	Ca. 30 Minuten
3.7 Das Arbeitszeitgesetz	Ca. 60 Minuten
4. Risiken des Straßenverkehrs und Arbeitsunfälle	**Kapitel 4 gesamt: 7 Stunden**
4.1 Die Komplexität des Straßenverkehrs	Ca. 120 Minuten
4.2 Risikofaktor Technik	Ca. 180 Minuten
4.3 Arbeits- und Verkehrsunfälle im Überblick	Ca. 45 Minuten
4.4 Sicherheitsgerechtes Verhalten	Ca. 75 Minuten
5. Kriminalität und Schleusung illegaler Einwanderer	**Kapitel 5 gesamt: 4 Stunden**
5.1 Illegale Einwanderung	Ca. 60 Minuten
5.2 Rechtliche Grundlagen und staatliche Kontrolle	Ca. 120 Minuten
5.3 Schutz vor Diebstahl und Überfällen	Ca. 30 Minuten
5.4 Gefahren von Drogen- und Warenschmuggel	Ca. 30 Minuten
6. Gesundheitsschäden vorbeugen	**Kapitel 6 gesamt: 7 Stunden**
6.1 Ergonomie	Ca. 180 Minuten
6.2 Sehen und gesehen werden	Ca. 90 Minuten
6.3 Klima	Ca. 30 Minuten
6.4 Lärm	Ca. 45 Minuten
6.5 Einflussfaktor Alter	Ca. 45 Minuten
6.6 Arbeitsmedizinische Betreuung	Ca. 30 Minuten
7. Sensibilisierung für die Bedeutung einer guten körperlichen und geistigen Verfassung	**Kapitel 7 komplett: 10 Stunden**
7.1 Ernährung	Ca. 120 Minuten
7.2 Tagesrhythmik/Müdigkeit	Ca. 120 Minuten
7.3 Stress	Ca. 180 Minuten
7.4 Drogen	Ca. 180 Minuten
8. Verhalten in Notfällen	**Kapitel 8 komplett: 11 Stunden**
8.1 Pannen und Notfälle	Ca. 45 Minuten
8.2 Reaktion bei Panne oder Notfall	Ca. 180 Minuten
8.3 Durchführung weiterer Notmaßnahmen	Ca. 150 Minuten
8.4 Verhalten bei Busunfällen	Ca. 150 Minuten
8.5 Problemfelder Tunnel und Brücken	Ca. 90 Minuten
8.6 Nach dem Unfall	Ca. 45 Minuten